Über dieses Buch

Die »Kleine Weltgeschichte der Wissenschaft« verfolgt die Gesamtentwicklung der Natur- und Geisteswissenschaften bis zum Beginn unseres Jahrhunderts. Sie zeichnet die Anfänge, die eigentliche Geburt in Griechenland, die Weiterentwicklung der Wissenschaft in Rom und im Islam, im abendländischen Mittelalter und im 17. und 18. Jahrhundert in Band 1 nach. Band 2 ist der ausführlichen Darstellung der Geistes- und Naturwissenschaft im 19. Jahrhundert gewidmet und gibt darüber hinaus Ausblicke auf die Fortsetzung der sich immer stärker spezialisierenden Entwicklung bis in die Gegenwart.

Der Autor

Hans Joachim Störig wurde 1915 in Quenstedt/Harz geboren. Nach dem Studium der Philosophie, Geschichte, Soziologie und Rechtswissenschaft in Freiburg/Br., Köln, Königsberg, Basel, Hamburg und Berlin promovierte er zum Dr. phil. und Dr. jur. Nach 1945 war er schriftstellerisch und verlegerisch tätig. Von 1963 bis 1983 war er Leiter des Lexikographischen Instituts, das zahlreiche verbreitete Nachschlagewerke entwickelt hat. Störig ist auch als Verfasser populärer Sachbücher (z. B. »Weltgeschichte der Philosophie«, »Abenteuer Sprache«), als Herausgeber von Anthologien und als Übersetzer hervorgetreten. Außerdem lehrt er an der Münchner Universität Deutsch als Fremdsprache.

Hans Joachim Störig

Weltgeschichte der Wissenschaft

Band 1

Weltbild Verlag

Lizenzausgabe für Weltbild Verlag GmbH, Augsburg 1992,
mit Genehmigung der S. Fischer Verlag GmbH, Frankfurt,

Einbandgestaltung: Peter Engel, München
Gesamtherstellung: Clausen & Bosse, Leck
Printed in Germany
ISBN 3-89350-519-9

Inhalt

Es läßt sich wohl behaupten, daß die Geschichte der Wissenschaft die Wissenschaft selbst sei. Man kann dasjenige, was man besitzt, nicht rein erkennen, bis man das, was andere vor uns besessen, zu erkennen weiß. Der Lobgesang der Menschheit, dem die Gottheit so gern zuhören mag, ist niemals verstummt, und wir selbst fühlen ein göttliches Glück, wenn wir die durch alle Zeiten und Gegenden verteilten harmonischen Ausströmungen, bald in einzelnen Stimmen, in einzelnen Chören, bald fugenweise, bald in einem herrlichen Vollgesang vernehmen.

Goethe

In den Werken der Wissenschaft aus der Vergangenheit das zu finden, was nicht überholt ist und nicht überholt werden kann, ist vielleicht der wichtigste Teil unseres Suchens. Ein wahrer Humanist muß das Leben der Wissenschaft kennen, wie er das der Kunst und der Religion kennt.

George Sarton

Erstes Kapitel

Warum Geschichte der Wissenschaft?

Es ist sicher, daß niemals, bevor Gott von Angesicht zu Angesicht erblickt wird, ein Mensch irgend etwas mit endgültiger Gewißheit wissen wird. Denn keiner ist so gelehrt, daß er auch nur die Natur und Eigenschaften einer einzigen Fliege wüßte. Und da im Vergleich zu dem, was ein Mensch weiß, jene Dinge, von denen er nichts weiß, unendlich sind und über allen Vergleich größer und schöner, so ist der von Sinnen, der sich seines Wissens rühmt . . . Je weiser Menschen sind, desto demütiger sind sie bereit, Belehrung von anderen zu empfangen.
Roger Bacon

Ein Mensch, auch der gelehrteste, kann eben nicht vollkommener in seiner Bildung werden, als daß er in dem ihm eigenen Nichtwissen aufs beste unterrichtet befunden werde, und je mehr sich einer als Nichtwissenden erkennt, um so gelehrter wird er sein. Nicolaus Cusanus

I. Die Frage

Wissen macht bescheiden. Je tiefer einer in und hinter die Dinge geblickt hat, um so demütiger wird er. Fast alle Großen im Reich des Geistes haben gewußt und ausgesprochen, daß sie nur einen Zipfel der Wahrheit erfaßt hatten. Das sokratische »Ich weiß, daß ich nichts weiß« stand oft am Ende ihres lebenslangen Ringens.

Das Beispiel Isaac Newtons nenne ich für viele andere. Noch nicht 24 Jahre alt, fand Newton, als ihn die Pest aus Cambridge vertrieben hatte, den binomischen Lehrsatz, Differentialrechnung und Integralrechnung, die Farbtheorie und die Grundgedanken seiner Gravitationsgesetze. Er schuf ein Werk für Jahrhunderte, und er wußte das. Und doch hat er am Ende jene ebenso berühmten wie bescheidenen Sätze geschrieben, darin er Sein und Wissen einem uferlosen Meer vergleicht, das nur um so unermeßlicher sich dehnt, je weiter wir auch vordringen.

Erkenntnis macht bescheiden. Macht sie auch glücklich? Darauf scheint es zunächst eine Antwort zu geben: Ja – jedenfalls den Erkennenden, den Forscher, den Entdecker. Das Glück des Erkennenden ist nicht geringer als das Glück dessen, der Werke der Kunst schafft oder Taten des Ruhmes vollbringt. Denn Erkennen ist kein bloßes Abbilden; es ist ein Erobern, ein Gestalten, ein Schaffen – in sich selbst und ganz abseits von seinen vielleicht unabsehbaren Auswirkungen auf das praktische Leben. Es kann wie ein Rausch sein und ist die Befriedigung eines menschlichen Urtriebes.

Den Forscher mag Wissen und Entdecken glücklich machen – aber die Menschheit im ganzen, uns alle, uns Heutige? Freilich verdanken wir das meiste, was unser Leben äußerlich bequem und angenehm macht, solchen Entdeckertaten – aber ebenso fast alles, was uns bedrängt und mit Angst erfüllt!

Ist es vielleicht besser, nicht zu wissen? Ist alles Wissen eitel? Oder gar vom Bösen? Kam nicht das Übel vom Baum der Erkenntnis? Verschaffen sich jene Einzelnen vielleicht Rausch und Glück des Erkennens auf Kosten der Menschheit im ganzen, wenn nicht auch zum Schaden ihrer eigenen Seele?

In der Unrast, die in unsere Welt gekommen ist, mögen heute viele solche Fragen bewegen. Mit Hölderlin möchten sie fragen:

> Wer hub es an, wer brachte den Fluch? Von heut'
> ist's nicht, und nicht von gestern, und die zuerst
> das Maß verloren, unsere Väter,
> wußten es nicht, und es trieb ihr Geist sie.

Wer um sich blickt, hat Anlaß, so zu fragen. Wohin soll er sich wenden? Ein Weg ist, und jedenfalls für den abendländischen Menschen ein notwendiger, durch sein Wesen vorgezeichneter Weg: die Geschichte zu befragen, die Geschichte dieses eigenartigen Phänomens der Erkenntnis, der Wissenschaft.

Von der Wissenschaft und ihrem Werden handelt dieses Buch. Ist das nicht eine Angelegenheit der wissenschaftlichen Fachleute? Ist es notwendig und sinnvoll, darüber zu Nicht-Wissenschaftlern zu sprechen, und ist es möglich? Dieses Buch wendet sich in der Tat in erster Linie an den Nicht-Wissenschaftler, und an den Wissenschaftler gerade insofern er nicht »Fach-Mann«, also nicht Spezialist ist – Fachmann zu sein ist beim heutigen Stande der Wissenschaftsentwicklung immer nur auf einem oder wenigen Teilgebieten möglich, ehrlicher gesagt, auf einem Teilgebiet eines Teilgebietes. Es versucht, Wissenschaft als Gesamtphänomen in den Blick zu bekommen.

Was geht denjenigen, der in einem praktischen oder künstlerischen Beruf steht und mit dem wissenschaftlichen Betrieb vielleicht niemals in engere Berührung gekommen ist, die Wissenschaft und ihre Geschichte an? Und ebenso: Welchen Sinn hat es für den wissenschaftlichen Arbeiter und Forscher, sich dem allgemeinen und etwas vage erscheinenden Thema »Wissenschaft als Ganzes« zuzuwenden, wenn Zeit und Arbeitskraft schon kaum ausreichen, im eigenen Fachgebiet auf dem laufenden zu bleiben, wenn er das Gefühl haben muß, schon auf den seiner Arbeit nächstbenachbarten Gebieten nicht mehr wirklich sachkundig urteilen und mitreden zu können?

Man mag zugeben, daß einzelne auch der Geschichte der Wissenschaft ein wissenschaftliches Interesse widmen können. Es gibt an den Hochschulen Lehrstühle und Institute zur Pflege zum Beispiel der Geschichte der Medizin, der Naturwissenschaften, der Mathematik. Aber ist das nicht ein Spezialgebiet, das für das allgemeine Leben durchaus am Rande des Interesses liegt, ja auch innerhalb der Wissenschaft: indem der einzelne Forscher – was leicht zu beweisen wäre – auf seinem Arbeitsgebiet durchaus Wertvolles leisten kann, ohne über die Geschichte auch nur dieses Teilgebietes besonders gut unterrichtet zu sein? Und schließlich: Wenn schon Beschäftigung mit wissenschaftlichen Fragen außerhalb des eigenen Berufes oder Arbeitsgebietes – sollte man dann nicht an Hand der für die meisten Gebiete vorhandenen guten populärwissenschaftlichen Bücher sich über die neuesten *Ergebnisse* der Forschung unterrichten, um an Hand der Wissenschaft ein bildungsmäßig wertvolles, vielleicht auch praktisches verwertbares Wissen von der uns umgebenden Welt zu gewinnen – anstatt die *Geschichte* der Wissenschaft zu betrachten, die doch vom heutigen Stande der Forschung aus großenteils nur als Vorbereitung und Vorstufe, ja als eine Kette von unzulänglichen Beobachtungen und Erklärungsversuchen, von falschen Theorien, kurz von Irrtümern erscheinen muß?

Ich habe die Antwort im Kern schon zu Beginn vorweggenommen. Für den denkenden Menschen ist eine Beschäftigung mit der Geschichte der Wissenschaft notwendig und sinnvoll, weil die Wissenschaft eine der gestaltenden Kräfte dieser Welt ist.

Da diese Welt nicht so, wie sie ist, vom Himmel gefallen, sondern wie alles uns zugängliche Sein geschichtlich geworden ist, ist sie auch nur auf dem Grunde ihrer geschichtlichen Entwicklung zu verstehen, und ebenso nur aus solchem Verstehen sinnvoll handelnd zu beeinflussen.

2. Blick auf die Vergangenheit

Wenn das Denken den Versuch unternimmt, Grundzüge und Eigenarten unseres irdischen und menschlichen Lebens sich bewußt zu machen oder weitläufige geschichtliche Zusammenhänge zu überschauen, taucht seit dem klassischen Beispiel Voltaires immer wieder die Figur des verstandesbegabten Mars- oder Siriusbewohners auf, der den gedachten Vorgang unbefangen und unvoreingenommen gleichsam von außen betrachten kann. Der Hilfsvorstellung eines außerirdischen Beobachters wollen auch wir uns vorübergehend bedienen, um am Anfang unserer Betrachtung einen möglichst hohen Blickpunkt zu gewinnen. Stellen wir uns also einen Beobachter in großer Höhe über der Erdoberfläche vor, begabt mit einem Fernblick, der ihn Einzelheiten erkennen läßt bis in annähernd diejenige Größenordnung, in der wir Menschen uns bewegen. Statten wir ihn aus mit einem Zeitraffer-Blick, wie wir ihn aus der Filmtechnik kennen. Vorgänge, deren Dynamik unserem normalen Blick entgeht, weil ihr zeitlicher Rhythmus verglichen mit dem unseres eigenen Lebens zu langsam ist – wie das Wachstum der Pflanzen und ihr Drängen zum Licht –, werden uns erst in solcher zeitlichen Verdichtung anschaulich.

Drei Milliarden Jahre besteht unsere Erde. Erst im letzten Fünftel ihrer Geschichte bemerkt unser Beobachter die ersten Spuren des Lebens auf ihr. Jedenfalls reichen die ältesten uns bekannten Spuren des Lebens nicht weiter zurück als etwa 600 Millionen Jahre. Unablässig wandelt

sich durch diese gewaltigen Zeiträume das Bild der Erdoberfläche auf Grund geologischer und vielleicht kosmischer Vorgänge, die teils mit katastrophenartiger Plötzlichkeit, im ganzen aber doch vorwiegend allmählich und fast unmerklich wirken. Kontinente, Meere und Gebirge entstehen und vergehen. In immer erneuter Anpassung an die geologischen und die mit ihnen verbundenen klimatischen Umbildungen entfaltet sich das Leben im Kommen und Gehen zahlloser Generationen zu immer weiter und vielgestaltiger verzweigten Arten und zu immer höher organisierten Formen. Etwa mit dem Beginn des letzten Zehntels seiner Entwicklung hat es die Stufe der Vögel und höheren Säugetiere erreicht. Wir befinden uns jetzt schon in der zweitjüngsten der geologischen Perioden, dem Tertiär, in dem unser europäischer Kontinent mit der Auffaltung der Alpen die uns jetzt vertraute Gestalt annimmt.
Nur die letztvergangene Million Jahre umfaßt das Quartär als jüngste der geologischen Epochen. Es ist gegliedert durch die großen Eiszeiten, die einander im Rhythmus von Jahrzehntausenden oder Jahrhunderttausenden folgen. In irgendeiner der Eiszeiten oder wärmeren Zwischenperioden (in deren einer auch wir uns vermutlich befinden) tauchen zum erstenmal Wesen auf, die wir nach den gefundenen Überresten als menschenähnlich erkennen. Im letzten Zehntel des Quartär, also im letzten Jahrhunderttausend, tritt der Homo sapiens auf und beginnt, seine besondere und allmählich herrschende Stellung unter den Lebewesen zu erkämpfen.
Sosehr nun diese »vor-geschichtliche« Zeit der eigentlichen Menschwerdung für alles, was später aus dem Menschen wird, die wahrhaft entscheidende ist – für unseren fernen Beobachter werden die äußeren Anzeichen dieses Prozesses doch nur langsam und fast unmerklich sichtbar. Hervortretende Züge mögen die Beherrschung des Feuers durch den Menschen, die Herstellung und Verwendung einfacher Werkzeuge, der Bau von Hütten und primitiven Wasserfahrzeugen, die Zähmung der Tiere sein; das Bild der Erdoberfläche im ganzen wird gleichwohl hiervon wenig Spuren aufweisen und nach wie vor so gut wie ausschließlich durch den jahreszeitlichen Wechsel von Klima und Vegetation bestimmt sein.
Das wird erst anders wiederum etwa mit dem letzten Zehntel der Geschichte des Menschen, also im Verlauf der letzten zehntausend Jahre. Es entstehen, ermöglicht durch den Übergang der Menschen von Sammlertätigkeit und primitiver Jagd zu Viehzucht und Ackerbau, mit dem vierten vorchristlichen Jahrtausend – es kommt hier nicht auf Datierungen, sondern nur auf Größenordnungen an – die sogenannten Hochkulturen, von denen an wir erst von menschlicher Geschichte im eigentlichen Sinne sprechen. Nun beginnt die Erde für unseren Betrachter deutliche Spuren der Herrschaft des Menschen und seiner planmäßigen Einwirkung auf die Natur zu zeigen. Denn der Mensch – obzwar selber ein Stück und Glied der Natur – beginnt nun, in der Natur und auf ihrem Boden zwar, »aber im allgemeinen ihrem Stil zuwider«, eine eigene Welt zu erbauen. Er schlägt die Wälder, baut Siedlungen, große Städte mit aufragenden Bauwerken, legt Straßen an, Brücken, Kanäle, Bewässerungs-

anlagen, durchquert die Meere, durchwühlt die Erde nach ihren Schätzen. All dies formt das natürliche Gesicht der Erde zur sogenannten Kulturlandschaft um. Das Ausmaß dieser Veränderungen würde unserem Beobachter auch einen Rückschluß erlauben auf die im Schutz der Zivilisation eingetretene Vermehrung der Menschenzahl. Sie dürfte von wenigen Millionen zur Zeit der kollektiven Jagd bis zur Größenordnung von etwa 100 Millionen im ersten vorchristlichen Jahrtausend zugenommen haben.

Die Hochkulturen ergreifen zunächst nur begrenzte und gegeneinander weitgehend isolierte Bezirke der Erdoberfläche. Wie vereinzelte Inseln im sie umwogenden Meere der Natur mögen sie unserem Beobachter erscheinen. Die Veränderungen, die sie hervorrufen, sind auch zunächst zum großen Teile nicht dauernd. Die Straßen, Städte und kunstvollen Bewässerungsanlagen von Mohenjo Daro in Indien, von Assyrien und Babylon, die der mittelamerikanischen Hochkulturen und andere, sie blühen auf und versinken wieder wie Inseln im Meere; Wüstensand oder Urwald überdecken ihre Ruinen. Einzelne Gebiete, vielleicht solche mit besonders günstigen natürlichen Voraussetzungen, behalten aber den Charakter der Kulturlandschaft durch die Jahrtausende.

Das schon erwähnte Anwachsen der Erdbevölkerung steht mit der Ausbreitung menschlicher Kultur im unmittelbaren Zusammenhang – Kultur hier selbstverständlich verstanden in dem weiten Sinne, in dem Zivilisation nicht aus-, sondern eingeschlossen ist. So wie die räumliche Ausbreitung der Hochkulturen zwar in einem Auf und Ab, im ganzen aber doch vorwärts geht, so geht in dem hier betrachteten Zeitabschnitt vom Entstehen der Hochkultur bis zum Beginn der europäischen Neuzeit die Entwicklung der Bevölkerungszahl zwar auf und ab unter dem Einfluß von Naturkatastrophen, Seuchen und Kriegen, im ganzen aber ebenfalls aufwärts. Denken wir sie in einer Kurve dargestellt, so ist deren Verlauf wellenförmig, die Gesamttendenz aber steigend – und um so steiler, je weiter die Zeit fortschreitet. Sie überschreitet in den ersten nachchristlichen Jahrhunderten die 200-Millionen-Marke und erreicht bis zum Ausgang des europäischen Mittelalters 500 Millionen.

Der letzte Zeitabschnitt, dem wir uns nun zuwenden, ist die sogenannte Neuzeit herkömmlicher abendländischer Zeitrechnung. Das seit dem Stichjahr 1500 n. Chr. verflossene halbe Jahrtausend umfaßt wiederum etwa ein Zehntel der gesamten bisherigen Lebenszeit der Hochkulturen. Die Kurve der Bevölkerungsentwicklung wird jetzt ziemlich stetig in ihrem Verlauf – auch die beiden Weltkriege haben daran nichts geändert –, und immer steiler steigt sie an. Mit Beginn des 19. Jahrhunderts wird die Milliardengrenze, im ersten Drittel des 20. Jahrhunderts die Zwei-Milliarden-Grenze überschritten.

Im Einklang mit der Vermehrung der Zahl der Menschen schreiten die von ihnen hervorgebrachten Veränderungen ihrer Welt fort. Mit dem Zeitalter der Entdeckungen, das am Beginn der Neuzeit steht, werden die bis dahin weitgehend gegeneinander isolierten Kulturlandschaften der Erde erstmalig zu einem einheitlichen globalen Wirkungszusammenhang zusammengeschlossen. Nun erst ergreifen die Menschen eigentlich Besitz von der ganzen Erde. Sie ersteigen die höchsten Berge, durchqueren das ewige Eis der Polargebiete. Ihre Schiffe umfahren die ganze Erde. Neue menschenleere oder menschenarme Kontinente werden von Europa aus entdeckt, erschlossen und besiedelt.

Mit dem Beginn des Industriezeitalters wird der ganze Prozeß sozusagen wiederum mit einem Ruck zu seinem uns heute bekannten Tempo beschleunigt. Millionenstädte und gewaltige Fabrikanlagen schießen aus dem Boden. Ein Netz von Straßen und Eisenbahnen, von Kabeln und Röhren, Strom- und Nachrichtenleitungen überzieht den Erdball. Flüsse und Ströme werden kanalisiert, umgeleitet oder zu riesigen Wasserspeichern gestaut. Endlich wird der Luftraum erobert, und in unseren Tagen hat der Mensch den Mond betreten.

Da der Verstand, mit dem wir unseren Beobachter ausgestattet haben, immer nur ein menschlicher sein kann – denn einen anderen vermögen wir uns nicht wirklich vorzustellen –, so dürfen wir nun wohl vermuten, daß ihn angesichts dieses Schauspiels eine brennende Neugierde ergreifen wird. Denn was zeichnet den menschlichen Verstand mehr aus als die aus staunendem Verwundern geborene Frage nach dem Warum? Was ist die Ursache – wird er fragen –, welche diese, verglichen mit den vorangegangenen unermeßlichen Zeiträumen langsamen Fortschreitens, schier atemberaubende Beschleunigung des Wandlungsprozesses hervorruft? Und welches ist das unbekannte Ziel, dem der Prozeß in anscheinend immer beschleunigterem Tempo zurollt?

Um das zu bestimmen, muß man die der Entwicklung zugrunde liegende innere Gesetzmäßigkeit kennen. Das verweist aber auf den Menschen als den Träger dieser Entwicklung. Was ist es, das die Menschen angetrieben und das sie befähigt hat, die Erde sich zu unterwerfen und immer stärker nach ihrem Willen zu verwandeln?

Unser Beobachter wird seinen hohen Standort verlassen müssen und unter die Menschen treten, um in ihr Inneres zu schauen. Wenn er das vermag, wird er erkennen, daß das Schauspiel, das vor ihm abgerollt ist, nur die Außenseite eines Entwicklungsprozesses darstellt, der sich am und im Menschen abspielt; und daß innerhalb dieses Prozesses das, was wir Wissen nennen, eine führende, ja ausschlaggebende Rolle gespielt hat. Wissen, gewonnen durch methodisches Forschen, geordnet und bewahrt in der systematischen Form der Wissenschaft, hat dem Menschen Macht gegeben. Je tiefer er in die Geheimnisse der ihn umgebenden Welt drang und je besser er ihre Gesetzmäßigkeiten erkannte, um so mehr konnte er ihre Kräfte in seinen Dienst stellen. Der Herkunft der Wissenschaft und ihrem Wesen nachzuspüren, möchte so immerhin sogar für unseren fernen Beobachter einiges Interesse haben. Für ihn wäre es allerdings ein rein theoretisches.

Für uns aber, die wir die Träger, aber auch die Objekte und Opfer dieses Prozesses sind, ist es eine Sache von äußerst dringendem und lebenswichtigem Interesse, uns über diesen Prozeß und unsere Stellung in ihm zu besinnen.

3. Die Welt von heute

Ich sagte, daß nichts das Gesicht unserer heutigen Welt – selbstverständlich soweit die Welt überhaupt vom Menschen gestaltet ist – stärker bestimmt habe und bestimme als die Wissenschaft. Die reine Existenz von mindestens zwei Dritteln der heutigen Menschheit ist möglich gemacht durch Wissenschaft, angewandt auf die Erzeugung von Nahrung und die Ausschaltung von Krankheiten. Die durch Wissenschaft ermöglichte Vermehrung der Menschenzahl wirkt sich in Nahrungsspielraum, Wohndichte, Verkehrsdichte unmittelbar auf die Existenz aus. Die durch Wissenschaft zustande gebrachte Eindämmung von Seuchen und Krankheiten sowie der äußere Schutz der modernen, auf Wissenschaft beruhenden Zivilisation haben die statistisch errechenbare Lebenserwartung auf ein Mehrfaches gegenüber früheren Zeiten erhöht. Das allein genügt, um eine völlige Umorientierung des Denkens, Fühlens und Handelns hervorzubringen: ein Mensch, der sechzig oder mehr Jahre zu leben erwartet, stellt sich äußerlich und innerlich anders ein als einer, dem zwanzig oder dreißig Jahre zugemessen scheinen. Vor allem denkt er mehr an das Diesseits als an den Tod.

Das Gesicht unserer Kulturlandschaft ist geprägt durch die zunehmend auf wissenschaftlicher Grundlage betriebene Land- und Forstwirtschaft und durch die Technik – die zwar nicht einfach ein Produkt der Wissenschaft, aber in ihrer heutigen Ausprägung nicht ohne sie denkbar ist. Die durch Wissenschaft ermöglichte Welt der Technik umgibt und umstellt den Menschen in einem Ausmaß, dessen er sich kaum je voll bewußt ist. Kaum ein Gegenstand ist in seiner Umgebung, kaum einen benutzt er, der nicht hergestellt ist durch Prozesse, die auf der Auswertung wissenschaftlicher Erkenntnisse beruhen.

Unser Satz gilt auch für den heutigen Menschen selbst und die Art seines Denkens, insbesondere für die Art, wie sich die ihn umgebende Welt in seinem Kopfe spiegelt, für sein Weltbild. Was er von der Welt weiß, beruht zum großen Teil auf den Ergebnissen der Wissenschaft. Seine innere Welt, sein Denken, Fühlen, Wollen orientiert sich an Objekten und Produkten der Wissenschaft und Technik. Er ist überzeugt, mit den Schwierigkeiten des Lebens um so besser fertig zu werden, je mehr ihm deren Hilfsmittel zu Gebote stehen. Was ihm die Schule an Wissen vermittelt, sind Ergebnisse wissenschaftlichen Denkens und Forschens früherer Generationen. Rätsel in der Welt gibt es auch für ihn zwar genug. Aber er ist überzeugt, daß sie, wenn überhaupt, durch Wissenschaft gelöst werden können. Bricht Krankheit oder Unfall herein – er erwartet Hilfe von der wissenschaftlichen Medizin. Bricht ein Naturereignis über ihn herein oder erfährt er von einem solchen – er erwartet Aufklärung von den wissenschaftlichen Instituten, Sternwarten, Erdbebenwarten, Wetterwarten usw.

Einer Überfülle von Eindrücken ist der Mensch in der von Wissenschaft und Technik bestimmten Umwelt der modernen Zivilisation täglich und stündlich ausgesetzt. Die durch Technik ermöglichte schnelle Ortsveränderung kann ihn in Stundenfrist in andere Kontinente und Klimate versetzen. Kaum jemals ist er ohne Lärm, in wahrhafter Stille. Vor hundert Jahren schrieb Schopenhauer eine wütende Abhandlung über den Lärm, den die Frankfurter mittels Peitschenknallen vollführten, und behauptete, daß er jedes gesammelte Denken unmöglich mache! Was würde er heute sagen?

Schwerwiegender als der pausenlose Ansturm von Nachrichten und Eindrücken ist die Tatsache, daß die moderne Nachrichtentechnik die Möglichkeit einer ständigen und intensiven, bewußten und planmäßigen Beeinflussung der Menschen geschaffen hat. Niemand vermag sich dieser Einwirkung, sei es Wirtschaftsreklame oder politische oder sonstige Propaganda, auf die Dauer gänzlich zu entziehen. Denjenigen, die den technischen Apparat der Gesellschaft beherrschen, ist damit eine unerhörte Macht in die Hand gegeben.

Die moderne wissenschaftliche Kriegstechnik endlich braucht man nur zu erwähnen, um ihre fast alles andere überschattende Bedeutung für den heutigen Menschen fühlbar zu machen.

Trifft aber nicht dies alles eigentlich nur für einen Teil der heutigen Menschheit zu, der von der westlichen Zivilisation voll erfaßt ist? Allerdings lebt der übrige Teil der Menschheit nicht in einer derartig von Wissenschaft und Technik bestimmten Umgebung wie wir, infolgedessen auch nicht in der dieser entsprechenden inneren Einstellung. Aber hängt nicht das weitere Schicksal der sogenannten zurückgebliebenen Völker und Gebiete der Erde gerade davon ab, wieweit es gelingt, für ihre weitere Entwicklung und Erschließung die moderne, westliche Wissenschaft und Technik nutzbar zu machen? Und war nicht diese Wissenschaft und Technik gerade das Mittel, mittels dessen diese Völker und Gebiete von den Europäern unterworfen und damit in das heute zu unlösbarer Einheit verkettete Gesamtschicksal der Menschheit hineingezogen wurden?

Diese skizzenhafte Aufzählung würde schon genügen, um das Ausmaß bewußt zu machen, in dem unsere Welt von der Wissenschaft und ihren Auswirkungen mitbestimmt ist. Und doch habe ich bisher erst die eine Seite der Sache ins Auge gefaßt: das Wissen des Menschen von der ihn umgebenden lebenden und toten Natur, dasjenige also, was wir, soweit es die Form der Wissenschaft hat, Naturwissenschaft nennen, und deren Auswirkung in der abendländischen Technik.

Neben diesem Naturwissen aber und wahrscheinlich gleich ursprünglich mit ihm steht das Wissen des Menschen von sich selbst und von seiner selbstgeschaffenen Welt. Bei unserem Blick auf die Vergangenheit haben wir es nicht in den Blick bekommen, weil seine Auswirkungen, von ferne und von außen gesehen, freilich weniger ins Auge springen als beim Naturwissen. Auch hat es sich in wissenschaftlicher Form in den sogenannten Geisteswissenschaften erst später konstituiert als das Naturwissen – wobei wir gleich vermuten, dies hänge mit dem andersartigen und weniger distanzierten Verhältnis dieses Wissens zu seinem Gegenstand zusammen, aus welchem Grunde es auch andere Struktur und andere Eigenarten als das Naturwissen haben muß. Es liegt auf der

Hand, daß dieses Wissen für den Menschen, je mehr er sich aus dem ursprünglichen Naturzusammenhang löst und in seiner eigenen selbstgeschaffenen Welt lebt, eine um so größere Bedeutung gewinnen muß.
Der Mensch also – der natürlich, insofern er ein physikalisch-chemischer Gegenstand und ein Lebewesen unter anderen Lebewesen ist, auch zu den Objekten der Naturwissenschaft gehört – steht in diesen Geisteswissenschaften im Mittelpunkt und wird von ihnen erfaßt, gerade insofern er nicht bloßes Naturwesen, sondern etwas anderes, Kulturwesen, Geisteswesen, ist.
Jedes Tier und auch der Mensch, soweit er ein Lebewesen unter anderen ist, kann nur gekannt und verstanden werden, wenn man das Lebewesen nicht für sich und isoliert betrachtet, sondern eingeordnet und eingepaßt in die ganz spezifische »Umwelt«, in der es lebt. So auch der Mensch als Kulturwesen. Ja, sieht man genau zu, so ist uns der Mensch als Erkenntnisobjekt überhaupt nirgends als ein bloßes animalisches Lebewesen gegeben, sondern immer schon, wohin wir auch blicken, in der durchgeformten und auf eine lange Vergangenheit zurückblickenden Umwelt einer Kultur, mögen wir diese auch im Vergleich mit der unsrigen als »primitiv« zu bezeichnen geneigt sein. Und weiter: der Mensch ist uns auch nirgendwo als allgemeines und abstraktes Kulturwesen gegeben, sondern immer und überall als Träger und Glied *einer* ganz bestimmten, geschichtlichen Kultur.
Den Menschen wissenschaftlich kennen und erkennen heißt daher: seine Lebensäußerungen kennen, das, was er tut, denkt, fühlt, spricht, schafft und glaubt. Deshalb erstreckt sich geisteswissenschaftliches Wissen vor allem auch auf die großen Ordnungen des menschlichen Lebens, wie sie sich in Staat, Gesellschaft, Wirtschaft, Recht, Sitte, Erziehung darstellen. Von diesen seinen Gegenständen her empfängt es seine Aufgliederung in die großen Hauptzweige geisteswissenschaftlichen Erkennens, wobei jedes dieser Gebiete unter verschiedenen Gesichtspunkten betrachtet werden kann, unter anderen auch im Hinblick auf sein geschichtliches Werden und seine verschiedenartige Ausprägung in den Zeitaltern und Kulturkreisen.
Auch damit haben wir seinen Umkreis noch nicht erschöpft. Ist der Mensch nur zu verstehen im Zusammenhang mit seinen Lebensäußerungen und Schöpfungen und mit den Ordnungen, die die Menschen sich in ihrem gesellschaftlichen Zusammenleben gegeben haben, so ist dies alles wiederum nur zu verstehen im Zusammenhang mit dem *Sinn*, den der Mensch seinem Leben gibt und der sich in allen seinen Schöpfungen und Ordnungen niedergeschlagen hat. Wenn wir sagen: Das Fragen des Menschen in die äußere Welt hinein und seine hier gefundenen Antworten sei gleichursprünglich mit dem Fragen des Menschen nach sich selbst und seiner eigenen Welt und den hier gegebenen Antworten, so liegt doch hinter diesen beiden Arten des Wissens und unter ihnen, sie erst tragend und fundierend, das Fragen des Menschen nach dem Sinn seines Lebens und damit auch alles dessen, was ihn umgibt und was er schafft. In dieses letzte und ursprünglichste Fragen sind jene

beiden anderen Bereiche schließlich eingebettet. Von ihm aus erst erhalten sie ihren Sinn und gleichsam ihr Licht. Die Antworten des Menschen auf solche Fragen, die ursprünglichen Deutungen des Lebens, wie sie sich niedergeschlagen haben in der Sprache, im Mythos, in Religion, Kunst und Philosophie, bilden ebenfalls einen Gegenstand geisteswissenschaftlichen Forschens und Wissens. Und insofern die Wissenschaft, ein spätes Produkt verglichen mit diesen ursprünglichen Deutungen, schließlich auch eine Antwort auf solche Fragen darstellt beziehungsweise solche Antworten enthält, bildet nun auch sie selbst wieder gewissermaßen ihren eigenen Gegenstand: Wissenschaft, ihr Wesen und Werden, werden wissenschaftlich betrachtet. Dies ist erst recht ein verhältnismäßig spätes Stadium, da dem ursprünglichen Denken mehr die Richtung nach außen, die Richtung auf die »Sachen« hin eigentümlich ist und es einer gewissen Anstrengung bedarf, die Umkehrung, die Rückwendung auf sich selbst zu vollziehen.

Die Bedeutung geisteswissenschaftlichen Wissens für das Leben und im besonderen für die Gestalt unserer heutigen Welt erschöpft sich ebensowenig wie beim Naturwissen etwa darin, daß es in den Köpfen der Gelehrten oder in den entsprechenden Büchern und Bibliotheken aufgestapelt ist. Vielmehr bildet es einen lebenswichtigen und lebensbestimmenden, nicht wegzudenkenden Teil unserer Welt.

Unsere Rechtsordnung zum Beispiel beruht, mindestens seit wir das römische Recht rezipiert haben, auf dem Vorhandensein einer Rechtswissenschaft und der wissenschaftlich gebildeten Juristen. Ob der einzelne eines Richters, eines Rechtsbeistandes oder Beraters bedarf, er ist immer auf den wissenschaftlich Rechtskundigen angewiesen. In unserem Erziehungssystem bilden die Geisteswissenschaften neben den Naturwissenschaften einen Zweig von gleichem Range. Unser Wirtschaftsleben, sowohl im großen Rahmen staatlicher Wirtschaftspolitik und -lenkung wie im einzelnen Unternehmen, ist nicht denkbar und funktionsfähig, vom schon genannten Recht und vielem anderen abgesehen, ohne die Hilfsmittel der wissenschaftlichen Statistik, zum Beispiel der Bevölkerungs-, Berufs-, Produktions-, Verkehrsstatistik ohne Nationalökonomie, Finanzwissenschaft und Betriebswirtschaftslehre.

Erst mit der Einbeziehung der Geisteswissenschaften haben wir die Möglichkeit, die Bedeutung der Wissenschaft für die Gestalt unserer Welt in ihrer ganzen Breite zu übersehen. Selbstverständlich haben Menschen früher ohne Wissenschaft – in unserem Sinne – gelebt. Der Mensch lebt nicht von Wissenschaft, nicht durch Wissenschaft und nicht für Wissenschaft. Diese ist nur eine ganz spezifische, vielleicht »einseitige«, aber geschichtlich mächtig entfaltete Ausprägung seines ursprünglichen und vorwissenschaftlichen oder vortheoretischen Lebenkönnens und »Seinsverstehens«. Insofern würden Menschen auch in der Zukunft wieder ohne Wissenschaft leben können. Aber: nicht in unserer Form! und vor allem auch: nicht so viele Menschen wie heute leben! Würde etwa alles naturwissenschaftliche Wissen morgen schlagartig aus der Welt verschwinden: der Menschheit wäre buchstäblich die Grundlage ihres nackten Daseins entzogen, eine unausdenkbare Katastrophe die Folge. Der größte Teil der Menschheit würde in Seuchen und Krankheit, in Hunger und dem aus diesem zwangsläufig entstehenden Kampf aller gegen alle zugrunde gehen. Verschwände das geisteswissenschaftliche Wissen, so wären zwar für den Augenblick die äußeren Grundlagen der Existenz, Nahrung, Wohnung, Kleidung, nicht gleich zerstört. Aber die gesellschaftlichen Ordnungen des Zusammenlebens, Staat, Wirtschaft, Recht müßten in Kürze verfallen. Die mit dem gesellschaftlichen Zerfall unvermeidlich aufkommende allgemeine Anarchie würde binnen kurzem auch die äußeren Grundlagen der Existenz zerstören.

Von fast allen Völkern der Erde wird die abendländische Wissenschaft und Technik in immer steigendem Maße übernommen. Noch niemals in der Geschichte der Menschheit wurde von so vielen Menschen, an so vielen Stellen der Erde, mit so großen äußeren Mitteln und mit solcher Verbissenheit wissenschaftlich geforscht und gearbeitet wie heute. Schon morgen werden voraussichtlich noch mehr Menschen an noch mehr Stellen mit noch mehr äußeren Mitteln und innerer Energie wissenschaftlich forschen. In gleichem Schritt mit diesem Prozeß vollzieht sich das Eindringen der abendländischen wissenschaftlichen Denkweise in immer neue Völker.

Wissenschaft hat die Vermehrung der Erdbevölkerung auf den jetzigen Stand erst möglich gemacht und ermöglicht im Augenblick ihr weiteres Fortschreiten. Wenn überhaupt die Ernährung der wachsenden Menschenmassen in Zukunft gesichert werden soll, so wird das nur durch ganz neue und grundstürzende Entdeckungen und Fortschritte der Wissenschaft möglich sein. Sollten etwa neue Lebensmöglichkeiten für Menschen außerhalb unserer Erde erschlossen werden, so wird dies ebenfalls das Werk der Wissenschaft sein. Sollte die Menschheit sich zu einer einschneidenden Verminderung ihres ferneren Wachstums entschließen, so wird das zwar nicht ein Werk der Wissenschaft allein, aber ohne wissenschaftliche Mittel und Methoden ebenfalls nicht durchführbar sein.

Die planmäßige Umgestaltung der Kontinente ist geplant mit Hilfe der Wissenschaft und wird durchgeführt zwar unter Führung der politischen Macht, aber mit Hilfe riesiger Stäbe von Wissenschaftlern wie Geologen, Botanikern und Zoologen, Mineralogen, Geographen aller Sparten, Soziologen, Pädagogen, Siedlungsplanern, Statistikern, Wirtschaftswissenschaftlern und vielen anderen, die alle dabei in großem Maßstab zusammenwirken. Wissenschaft hat mit der Erschließung der Atomkräfte eine neue Energiequelle eröffnet.

Wissenschaft hat, auf der anderen Seite, einen entscheidenden Anteil an der Entstehung der modernen Zivilisation mit allen ihren sozialen und sonstigen Unruhen, mit allen ihren schwerwiegenden Gefahren für den Menschen und sein Inneres, die so oft schon eindringlich von Kritikern unserer Kultur beschworen worden sind. Wissenschaft endlich hat bei kriegerischer Verwendung der Atomenergie oder auch noch anderer wissenschaftlich entwickelter Kampfmittel den Weg zur totalen

Zerstörung unserer, vielleicht aller menschlichen Kultur, vielleicht allen Lebens eröffnet.
Ist der Mensch mit seinen seelischen und moralischen Kräften der von ihm selbst geschaffenen Welt gewachsen oder befindet er sich vielleicht in der Lage des Zauberlehrlings, der die Kräfte, die er leichtfertig beschworen, nicht mehr bändigen kann?

4. Erste Abgrenzung des Themas

Fassen wir diese Gesamtentwicklung ins Auge und fragen nach ihren Ursachen, Gesetzmäßigkeiten und Zielen, so ist damit eine wahrhaft unabsehbare Kette von Fragen aufgerührt.
Diese Fragen gehen zunächst auf das, was im biologischen Sinne die Sonderstellung des Menschen unter den Lebewesen ausmacht – Fragen nach der besonderen biologischen Artung des Menschen, wie sie der als Humanbiologie oder biologische Anthropologie bezeichnete Zweig der Biologie zu beantworten sucht. Die Fragen stoßen weiter in das Dunkel, das über den Anfängen der geschichtlichen Menschwerdung und über den Jahrtausenden der menschlichen Frühentwicklung liegt und das aufzuhellen die vorgeschichtliche Forschung in allen ihren Zweigen sich bemüht. Sie gehen weiter auf die Grundlagen menschlicher Kultur, auf das, was den Menschen bewegte und befähigte, zum Kulturmenschen im engeren Sinne zu werden, was das Aufblühen, Wachsen und Vergehen seiner verschiedenen Kulturen, und darunter der unseren, was ihre Ausprägung im einzelnen auszeichnete und bestimmte – Fragen also der Kulturgeschichte in dem weiten Sinne, der alle Zweige geschichtlicher Forschung in sich begreift, sowie der Kulturanthropologie und Kulturphilosophie. Sie gehen schließlich über – je mehr wir uns der Gegenwart und unserem eigenen Leben mit seinen Aufgaben und Entscheidungen nähern – in die Fragen nach dem tieferen Sinn und Ziel dieser ganzen Entwicklung, nach der Bestimmung des Menschen und den richtigen Grundsätzen und Maßstäben unseres Handelns – Grundfragen der Philosophie und der Religion.
Es ist selbstverständlich und im Titel dieses Buches zum Ausdruck gebracht, daß ich weder diesen tiefen und umfassenden Fragen weiter nachgehen noch auch mich vermessen will, zu der oben angedeuteten Schicksalsfrage der heutigen Menschheit eine Voraussage zu machen. Meine Aufgabe ist gegenüber solchen Fragen durchaus begrenzt, in sich freilich immer noch umfassend genug. Die Begrenzung ist zweifach.
Die erste sachliche Einschränkung ist gegenständlicher Art: aus dem bezeichneten Gesamtzusammenhang greife ich den Teilzusammenhang heraus, den wir mit dem Namen der Wissenschaft bezeichnen, und betrachte nur diesen. Solches Herausgreifen setzt aber immer schon einen wenigstens vorläufigen Begriff der Sache voraus, die herausgegriffen werden soll. Ohne einen solchen vorläufigen Arbeitsbegriff kann man gar nicht entscheiden, welche Erscheinungen zum Thema gehören. Alles Erkennen, auch das naturwissenschaftliche – mag es noch so »voraus-

setzungsfrei« sein und »die Natur selbst zum Sprechen bringen« – nimmt ja seinen Ausgang zunächst von einer vorläufigen Annahme, der sogenannten Arbeitshypothese. Bevor ich den Gegenstand selbst befragen und ihn zum Sprechen bringen kann, muß ich zunächst eine Frage richtig gestellt haben. Ich muß allerdings bereit sein – und darin besteht das Wesen einer wissenschaftlichen Denkweise –, die ursprüngliche Annahme nach Maßgabe der Antworten, die ich aus der Sache selbst erhalte, jederzeit zu berichtigen. Gleichwohl bedarf es immer der Ausgangsannahme.

Von alters her hat man im Leben des Menschen unterschieden die Welt der Praxis, des Handelns; die Welt der Theorie, des Erkennens; und die Welt der Kunst, des Bildens. Offensichtlich ist Wissenschaft wesentlich der zweiten dieser Welten, der Welt des Erkennens, zugehörig.

Die eigentümlichen Wurzeln und Antriebe dieser Welt der Theorie (vom griechischen theorein = schauen) müssen wir im Wesen des Menschen selbst suchen. Zu diesem gehört das Urphänomen des Fragens. Der Mensch ist das Wesen, das Fragen stellt. Das Wesen des Menschen selbst ist *frag*würdig im Sinne von fraglich, indem es nichts von vornherein Bestimmtes, sondern ihm als ein zu Bestimmendes und zu Verwirklichendes immer erst noch aufgegeben ist. Und zugleich und eben dadurch ist alles, was es gibt und darunter er selber und sein Wesen, dem Menschen immer frag*würdig* im Sinne von des Fragens wert.

Das Ziel dieser theoretischen Tätigkeit ist Erkenntnis. Der Gegenstand dieser Erkenntnis ist alles Seiende, alles, was irgendwie besteht, Gott, das All, die Natur, der Mensch selbst und seine Werke, dazu auch Zahlen und ihre Verhältnisse, Werte, Denkgesetze, bloße Meinungen und Fiktionen. Ihr oberster Endwert ist Wahrheit. Ihr Ergebnis ist das, was wir als »Wissen« bezeichnen.

Es gibt verschiedene Stufen des Wissens. Im weitesten Sinne meint Wissen den Inbegriff alles von Menschen je Gewußten, alles dessen, was Menschen je als »Bewußtsein von etwas« gehabt haben. In einem engeren Sinne bezeichnet Wissen das durch Fragen und Forschen gewonnene *begründete* Wissen, im Gegensatz zum bloßen Meinen (ein relativer Unterschied vielleicht) und auch im Gegensatz zum Glauben. In einem dritten, noch engeren Sinne wird Wissen gleichbedeutend mit »Wissenschaft«. Wann ist das der Fall?

Dieser Unterscheidung könnte man entgegenhalten, sie sei nur relativ. Tatsächlich ist sowohl für eine systematische wie erst recht für eine geschichtliche Betrachtung die Grenze zwischen nicht- oder vorwissenschaftlichem und wissenschaftlichem Wissen durchaus fließend. Kämpfen doch zum Beispiel viele in ihrem äußeren Bestand und Betrieb schon längst als solche entfalteten »Wissenschaften« noch immer um ihre Anerkennung als »eigentliche« oder »strenge« Wissenschaft! Es mag in Grenzen eine Sache des Übereinkommens oder Standpunktes sein, wo man die Trennungslinie annehmen will. Aber doch nur in Grenzen:

Das Entscheidende liegt in der Art, wie Wissen gewonnen und wie es geordnet wird. Wissenschaftliches Wissen ist gewonnen durch planmäßiges, *methodisches* Forschen, und es ist *systematisch* in einen Zusammenhang geordnet. Was wollen Ausdrücke wie »methodisch« und »systematisch« hier besagen? Was ist eine Methode? Was ist System? In beiden liegt zunächst ein Element des Notwendigen, Gesetzmäßigen, wie es etwa an der Gegenüberstellung von methodischem Forschen und dem »zufälligen« Gewinnen des bloßen Erfahrungswissens in Erscheinung tritt. Unserem Denken liegt offenbar als ein letztes und nicht weiter abzuleitendes Postulat die Voraussetzung einer *Ordnung* zugrunde.

Versuchen wir jetzt, das Erkennen als *eine* Tätigkeit des lebendigen Menschen unter anderen Tätigkeiten, eingebettet in die unteilbare Gesamtheit seines Daseins, zu sehen, so erweist sich, daß diesem Dasein als Ganzem in allen seinen Äußerungen und Tätigkeiten schon eine noch allgemeinere Voraussetzung zugrunde liegt, nämlich die der *Sinnhaftigkeit* allen Seins und Geschehens. Was wir auch anfassen, tun oder denken mögen, immer liegt ihm schon die Annahme einer »Bedeutsamkeit« zugrunde, so selbstverständlich, daß sie fast niemals ausdrücklich ins Bewußtsein erhoben wird. Eine vertiefte Besinnung könnte zeigen, daß ohne diese Voraussetzung uns schlechthin nichts im Leben überhaupt »angehen« oder auch nur begegnen könnte. Auch wo wir etwa von »Sinnlosigkeit« eines Geschehnisses sprechen, sagen wir damit nur aus, daß wir an einer Stelle des Seienden Sinn vermissen, wo eigentlich Sinn sein sollte und müßte. Wir erkennen die Voraussetzung einer »Ordnung« als die dem theoretischen Verhalten des Menschen zugeordnete Seite der allgemeinen Voraussetzung der Sinnhaftigkeit allen Seins.

Für die Frage nach der Abgrenzung wissenschaftlichen Wissens von vor- und nichtwissenschaftlichem haben wir damit einen vertieften Ausgangspunkt, aber noch keine Antwort. Denn die Voraussetzung einer »Ordnung« liegt offensichtlich nicht nur dem wissenschaftlichen, sondern auch jedem anderen Wissen zugrunde. Wenn ein Schreiner im Laufe langjähriger Praxis ein »Wissen« um die verschiedenen Holzarten, ihre Eigenheiten, ihre Verwendbarkeit oder Ungeeignetheit für bestimmte Zwecke und die bei ihrer Bearbeitung jeweils zu beachtenden Grundsätze gewonnen hat, so ist hier zweifellos ein Wissen vorhanden, dem auch die Voraussetzung einer Ordnung als selbstverständlich zugrunde liegt; denn solches Wissen zu sammeln wäre offenbar gänzlich sinnlos, wenn man nicht erwarten könnte, daß »Lindenholz« sich im späteren Falle auch wieder so verhalten wird wie anderes Lindenholz in früheren Fällen. Gleichwohl ist dieses Wissen keine Wissenschaft. Warum nicht?

Können wir den entscheidenden Unterschied darin finden, daß das Wissen des Schreiners seiner praktischen Berufsarbeit, der Bearbeitung des Holzes dient und daß diese praktische Zweckbestimmung dem wissenschaftlichen Wissen nicht eigen wäre? Offenbar ist es nicht so. Auch Wissenschaft wird praktisch ausgewertet; um beim Beispiel zu bleiben: es gibt eine wissenschaftliche Materialkunde, welche dem Wissen des Handwerkers in vielen Fällen auch in der praktischen Auswertbarkeit durchaus überlegen sein kann. Liegt der Unterschied darin, daß das Wissen des Schreiners ein sehr spezialisiertes Wissen ist? Das ist es der

Sache nach: es erstreckt sich nur auf Holzarten, die in der praktischen Schreinerarbeit normalerweise vorkommen oder allenfalls vorkommen können. Und auch dem Gesichtspunkt nach: den Schreiner interessiert am Holz nur das für die praktische Verarbeitung ins Gewicht Fallende: Härtegrad, Elastizität, Zeitbedarf für genügendes Austrocknen – nicht aber etwa die Fragen: Seit wann gibt es Lindenholz? Wo stammt die Linde her? Oder: Woher stammt der Name »Linde«? Auch solche Beschränkung auf einzelne Gegenstände und Gesichtspunkte ist der Wissenschaft eigen. Auch den Forscher der organischen Chemie, der ein Stück Lindenholz untersucht, interessiert weder die Frage nach der möglichen Einwanderung der Linde nach Europa noch die sprachliche Herkunft dieses Wortes.

Daß wir gleichwohl mit diesen Fragen schon in die Nähe des entscheidenden Punktes gelangt sind, erkennen wir, wenn wir die Frage so stellen: Liegt der Unterschied nicht doch darin, daß das Wissen des Schreiners sich in seiner praktischen Auswertung und Auswertbarkeit *erschöpft*? Was will der Schreiner? Er will bestimmte Gegenstände aus Holz herstellen. Wissen erwirbt und verwendet er dabei, insoweit es dafür nötig und zweckdienlich ist, gleichsam als Nebenprodukt und Zwischenglied; aber der wichtigste Teil seiner Fertigkeit beruht gar nicht auf einem Wissen, sondern auf einem *Können:* einem »Wissen, wie man es macht«, welches unausdrücklich oder unbewußt sein kann, nicht aber einem »Wissen, wie es ist«. Was will dagegen der Chemiker? Er *will* zunächst und vor allem *wissen,* wie die chemische Struktur des Lindenholzes ist. Wahrscheinlich wird das so erworbene Wissen dann auch wieder in den Dienst praktischer Zwecke gestellt, möglicherweise gerade wieder der Holzbearbeitung; vielleicht kann er auch nur deshalb forschen, weil eine an der praktischen Holzbearbeitung interessierte Stelle ihm ein Institut und die Mittel zu forschen gegeben hat. Das ändert nichts daran, daß für ihn der Ausgangspunkt das Wissenwollen ist, die praktische Anwendbarkeit ein Nebenprodukt.

Dieser andersartige Ausgangspunkt bedingt die andersartige Weise, in der hier Wissen gesucht und gewonnen wird. Die Prozesse, denen der Chemiker sein Stück Lindenholz unterwirft, haben einen eigenen und von den Arbeitsprozessen der Schreinerei grundsätzlich verschiedenen Charakter. Wenn er etwa das Holz in hauchdünne Scheiben zerlegt und unter dem Mikroskop betrachtet, oder wenn er das Holz mit bestimmten Säuren chemisch reagieren läßt, so wird die praktische Verwendbarkeit dieses Holzes dabei gerade zerstört, zerstört für ein reines Wissenwollen.

Er bedingt weiter die andersartige Weise, in der das Wissen hier bewahrt und geordnet wird. Das Wissen des Schreiners ist nicht systematisch geordnet, sowenig es durch ein methodisches Forschen gewonnen ist. Der Schreiner sieht seine Aufgabe dann als beendet an, wenn das betreffende Werkstück aus Holz fertiggestellt ist. Sein Wissen ist kein ausdrückliches und geordnetes, sondern ein in ihm schlummerndes und aus Anlaß der praktischen Arbeit jeweils wieder erwachendes Können für den Einzelfall. Wann sieht der Chemiker seine Aufgabe als beendet an? Nicht eher, als bis er die hier am Einzelobjekt gewonnene Erkenntnis mit den von ihm und von anderen an Lindenholz gewonnenen Erkenntnissen, darüber hinaus mit den an anderen Holzarten gewonnenen Erkenntnissen, und weiter mit den allgemeinen Forschungsergebnissen der Chemie über die chemischen Eigenschaften des Holzes, ja der organischen Substanz überhaupt, in einen systematischen Zusammenhang gebracht hat! Die Aufgabe der Wissenschaft ist aber an dieser Stelle auch noch nicht beendet; ihr niemals zur Gänze erreichbares und darum ständig erneutes Ziel ist vielmehr, die Erkenntnisse der organischen Chemie wiederum in einen umfassenderen Zusammenhang der allgemeinen Naturwissenschaften einzuordnen, und diese in das wissenschaftliche Weltbild als Ganzes.

Dieses Beispiel vermittelt schon einen überschlägigen Eindruck von der Besonderheit wissenschaftlichen Wissens. Blicken wir aber von den Methoden und Eigenarten wissenschaftlichen Erkennens auf die menschlichen Haltungen, die hinter ihnen stehen, so sehen wir im Gewinnen wie im Ordnen solcher Erkenntnis einen besonderen Einschlag unserer erkennenden Tätigkeit am Werke, den wir »kritisch« nennen können. »Kritisch« in diesem Sinne (vom griechischen krinein = scheiden) bedeutet gleichsam eine Steigerung, eine Potenzierung des ursprünglichen fraglichen und fragenden Wesens des Menschen, indem hier die *Frag*würdigkeit und Frag*würdigkeit* aller Dinge ausdrücklich geworden und ständig ins Bewußtsein erhoben ist, indem die Einsicht in die Fraglichkeit und Fragwürdigkeit das Denken und Erkennen als eine mahnende Stimme ständig begleitet und damit das Denken auch zwingt, sich seiner Ziele, Methoden und Ergebnisse immer erneut bewußt zu sein. Wissenschaftliches Wissen ist daher ein »kritisch geläutertes« im Gegensatz zu einem unkritischen oder naiven Wissen. Es wird uns daher nicht wundernehmen, bei historischer Betrachtung zu erkennen, wie tief und unlöslich das Entstehen eines kritischen Bewußtseins und damit der Wissenschaft verknüpft ist mit dem Heraustreten des Menschen aus der Geborgenheit eines naiven und gleichsam blind vertrauenden Verhältnisses zum Leben und zu seiner Welt.

In unmittelbarem Zusammenhang mit der Eigenart solchen Wissens als eines ausdrücklichen und kritisch geläuterten steht sein weiteres Merkmal: daß es zwingenden Charakter und Allgemeingültigkeit beansprucht. Der hier sich aufdrängenden erkenntnistheoretischen Frage wollen wir nicht nachgehen, sondern lediglich die Tatsache festhalten.

Sosehr nun das Eigentliche und Unterscheidende des wissenschaftlichen Fragens darin liegt, daß es auf ein Wissen um des Wissens willen geht und insofern seinen Antrieb in der ursprünglichen und nahezu unbegrenzten Wiß-Begierde des Menschen hat, sowenig ist andererseits dieses gleichsam selbstzweckhafte Wissen doch ihr alleiniges Ziel. Vielmehr stehen neben diesem Ziel und in wechselnder Art und Stärke mit ihm verwoben andere Ziele, Nebenziele zwar, die aber oft auch als Hauptziel angesehen worden sind. Solcher Nebenziele sind vor allem drei hervorzuheben.

Daß Menschen Wissenschaft hervorbringen oder betreiben, hat seinen Antrieb nicht nur im Wissenwollen, sondern ebenso in der sogenannten Problemnot, in der Bedürftigkeit und Angewiesenheit des Menschen auf seine natürliche und soziale Umwelt, und in dem dieser Not entsprechenden Trieb des Menschen, diese Welt zu beherrschen und in seinen Dienst zu stellen. Wissen ist Macht. Wissenschaftliches Wissen, das so praktischen Machtzielen dient, kann man als instrumentales oder Beherrschungswissen bezeichnen. Es ist bekannt, daß das von der neuzeitlichen Wissenschaft hervorgebrachte Wissen großenteils den Charakter solchen *Beherrschungswissens* hat, und daß die Antriebe zu ihrem Aufstieg zum Teil durchaus in dieser Richtung liegen. Am Beginn ihrer Entwicklung steht als Programmatiker der Engländer Francis Bacon, von dem die klassischen und fast zu Gemeinplätzen gewordenen Formulierungen dieser Auffassung wie »Wir vermögen so viel, wie wir wissen« stammen. Wie eng sich diese Zielsetzung mit der ursprünglichen verbindet, mag der heute vielfach ausgesprochene Satz zeigen, daß »die zweckfreie Grundlagenforschung von heute der Export von morgen« sei.

Ein weiterer Nebenzweck und -erfolg wissenschaftlichen Erkennens ist die allgemein menschliche, geistige und seelische Bereicherung des Weltbildes und der Persönlichkeit. In dieser erzieherischen und bildenden Funktion kann Wissen als *Bildungswissen* bezeichnet werden.

Drittens hat Wissen, soweit es auf große Zusammenhänge und auf Grundfragen des menschlichen Seins geht, oftmals die Funktion des *Erlösungswissens* angenommen. Es kann den Menschen in das ewige Reich der Wahrheit erheben und ihn nach dem schönen Wort des Augustinus als einen Bürger dieses Reiches erweisen. Wissen kann so die Form und Höhe der echten Weisheit erreichen. Die Reife und Festigkeit des echten Weisen beruhen nicht allein, aber auch auf Erkenntnis.

Kehren wir aber zum Hauptinhalt unseres Begriffes zurück.

Wissenschaft als Inbegriff solchen Erkennens und seiner Ergebnisse können wir nunmehr vorläufig definieren: einerseits als *Prozeß* methodischer Forschung und zielbewußter Erkenntnisarbeit aus ursprünglichem sachlichem Wissenwollen und Fragen nach der Wahrheit; andererseits als *Schatz* methodisch gewonnener und systematisch geordneter Erkenntnisse, die mit dem Anspruch auf allgemeine Gültigkeit und zwingenden Charakter auftreten. Beide Formeln finden sich im wissenschaftlichen Schrifttum.

Außer zur Bezeichnung von »Wissenschaft überhaupt« verwendet der Sprachgebrauch das Wort Wissenschaft auch zur Bezeichnung der *einzelnen* Wissenschaft. Mit dem Anwachsen des Wissensstoffes und dem Aufkommen immer neuer Gesichtspunkte hat sich das Wissen immer mehr in Teilgebiete aufgespalten. In der geschichtlichen Betrachtung werden wir immer wieder auf den Prozeß der fortschreitenden Spezialisierung stoßen, in dessen Verlauf sich immer neue Teilgebiete als selbständige Teilwissenschaften konstituieren, ein Prozeß, der nur zu begreifen ist aus dem Zusammenwirken von sachlichen (insofern »notwendigen«) Erfordernissen, die aus den Gegenständen wissenschaftlicher

Erkenntnis und ihrer Struktur erwachsen, mit der geschichtlichen (insofern »zufälligen«) Ausprägung und Verfestigung bestimmter Fragen und Gesichtspunkte, wie sie aus der jeweiligen geschichtlichen Situation des Menschseins entspringen. Wir wollen festhalten, daß eine Einzelwissenschaft definiert werden kann als »sachlicher Zusammenhang von Fragen und Urteilen nebst zugehörigen und verbindenden Untersuchungen und Begründungen, die auf einen bestimmten Gegenstandsbereich bezogen sind«.

Die zweite Einschränkung unserer Aufgabe ist methodisch. Sie besteht darin, daß ich den nunmehr vorläufig bezeichneten Gegenstand nur unter einem einzigen Gesichtspunkt betrachte: dem geschichtlichen. Was das bedeutet, wird zunächst am einfachsten dadurch klar, daß wir uns vergegenwärtigen, welche Fragen damit nicht gestellt, welche Gesichtspunkte und damit Seiten unseres Gegenstandes dadurch ausgeschlossen werden.

Jede menschliche Besinnung vollzieht sich in der Zeit und damit in einer bestimmten Situation. Das bedeutet, daß sie immer drei Dinge zugleich ins Auge fassen muß: die geschichtliche Herkunft der Situation, die Situation selbst, die Möglichkeiten der Zukunft. Entsprechend muß eine Besinnung über Wissenschaft ins Auge fassen: ihre geschichtliche Herkunft und Entwicklung, ihre derzeitige Lage, die Möglichkeiten der Zukunft.

Nur den ersten Teil dieser dreigeteilten, besser gesagt, dreieinigen Aufgabe nehme ich hier in Angriff. Der zweite Teil, eine Vergegenwärtigung der augenblicklichen Lage der Wissenschaft, im Sinne eines Querschnitts durch die wissenschaftliche Organisation, die wissenschaftliche Forschung in ihren Trägern, Zielen und Methoden, und durch ihre Ergebnisse in Gestalt eines heutigen wissenschaftlichen Weltbildes, wäre eine eigene Aufgabe, die allerdings nur auf dem Grunde einer voraufgegangenen wissenschaftsgeschichtlichen Besinnung wirklich gelöst werden kann. Mit der Lösung beider Aufgaben wäre die Voraussetzung geschaffen und die Situation so weit erhellt, daß die dritte Aufgabe in Angriff genommen werden kann.

Ich will also nur einen Blick auf das geschichtliche Werden der Wissenschaft aus dem Dunkel ihrer Anfänge bis an die Schwelle der unmittelbaren Gegenwart werfen, nicht aber einen Überblick über ihren jetzigen Stand geben, und auch nicht Überlegungen anstellen über den Sinn von Wissenschaft, ihre Möglichkeiten und Grenzen, ihren Nutzen und ihre Gefahren für den Menschen und seine Seele, und ähnliches. Diese letztere Aufgabe, die man als eine »Philosophie der Wissenschaft« bezeichnen kann, muß freilich nach dem eingangs Gesagten das Ziel und die Krönung jeglicher Besinnung über den Gegenstand Wissenschaft sein. Sie ist auch unter diesem Titel von berufenen Männern in vielen Ländern in Angriff genommen.

Diese Männer sind durchweg selber Gelehrte und Philosophen. Zumeist sind es Männer, die, wie zum Beispiel Max Planck, Albert Einstein oder

Bertrand Russell, selbst wissenschaftliche Großtaten vollbracht haben und die aus ihrer Lebensarbeit heraus über ein reiches und in bestimmter Weise durch ihre Grundeinstellung artikuliertes Wissen um die Geschichte der Wissenschaften verfügen. Der Laie, der an dieser in der Tat für ihn selber lebenswichtigen Besinnung und Auseinandersetzung teilnehmen will, steht vor der Schwierigkeit, daß er über das dabei vorausgesetzte Wissen aus eigener Arbeit und Anschauung nicht verfügen kann. Ihm Gesichtspunkte und einiges Material für eine Orientierung zu bieten, ist der einzige Zweck des vorliegenden Buches. Nur in diesem mittelbaren Sinne kann es selbst als ein Beitrag zu dieser Auseinandersetzung angesehen werden.

Dieser Abgrenzung einer wissenschaftsgeschichtlichen Betrachtung gegenüber einer Philosophie der Wissenschaft, der Betonung ihrer dienenden Rolle und ihres bloßen Materialcharakters gegenüber dieser, müssen wir noch eine Abgrenzung gegenüber einer wissenschafts*theoretischen* Betrachtungsweise anfügen. Eine systematische Untersuchung der Wissenschaft und Wissenschaften etwa unter dem Gesichtspunkt einer Herausarbeitung und Gegenüberstellung der verschiedenen wissenschaftlichen Methoden, oder eine systematische Stellungnahme zum Problem der Einteilung der Wissenschaften ist wiederum eine eigene Aufgabe. Auch sie ist allerdings ohne die Grundlage einer geschichtlichen Besinnung nicht sinnvoll in Angriff zu nehmen. Erörterungen über Methoden, wie sie sein sollten, oder Programme einer Wissenschaftseinteilung, wie sie sein sollte, verfehlen ihr Ziel, solange sie nicht die wissenschaftlichen Methoden und die Wissenschaftseinteilung da aufsuchen, wo sie geschichtlich auftreten und wo sie sich am konkreten Stoff bewähren. Insofern ist Wissenschaftsgeschichte die Voraussetzung jeder Methodologie, die mehr sein will als leeres Programm.

Unsere Grundfrage können wir nunmehr wie folgt formulieren:

Wie und wo ist Wissenschaft unter den Menschen entstanden und wie hat sie sich bis heute entwickelt?

Dies ist, musikalisch gesprochen, das Hauptthema. Als Nebenthemen, die oftmals anklingen, aber nicht durchgeführt werden, stehen daneben die drei Fragen:

Wie hat Wissenschaft den Menschen verwandelt?

Wie hat Wissenschaft das Bild des Menschen von der Welt gewandelt?

Wie hat der Mensch mit Hilfe der Wissenschaft die ihn umgebende Welt verwandelt?

Nachdem ich so die Grenzen und die Bescheidenheit unserer Aufgabe betont habe, dürfen wir für einen Augenblick auch an ihre Schönheit und Größe denken. Ist es nicht etwas Schönes und Bereicherndes, zu fragen und zu erfahren: Was muß zu allen Zeiten den Menschen von Haus aus interessieren? Wie hat man nach und nach versucht, sich davon Rechenschaft zu geben und auch sich dabei zu beruhigen? Was ist dem Menschen nach und nach bekannt geworden? Wie hat er sich dabei und damit benommen? — So hat Goethe einmal den Sinn der Wissenschaftsgeschichte formuliert.

Zweites Kapitel

Grundgedanken

(Methodische Einleitung)

> *Einige Leute scheinen zu denken, es sei unmöglich, die Geschichte der Wissenschaft als Ganzes zu schreiben, der Gegenstand sei zu groß. Ich möchte eher sagen, daß die Unmöglichkeit darin liegt, aus der unauflöslichen Verflechtung die Geschichte eines einzelnen Zweiges menschlichen Erkennens herauszunehmen.* George Sarton

> *Der Mut, über Zusammenhänge zu reden, die man nicht vollständig kennt, über Tatsachen zu berichten, die man nicht vollständig beobachtet hat, Vorgänge zu schildern, über die man nicht ganz Zuverlässiges wissen kann, kurz: Dinge zu sagen, von denen sich höchstens beweisen läßt, daß sie falsch sind – dieser Mut ist die Voraussetzung aller Produktivität ...* Egon Friedell

I. Arten und Gesichtspunkte der Wissenschaftsgeschichte

MATERIALGESCHICHTE UND PROBLEMGESCHICHTE Wir haben Wissenschaft definiert einerseits als »Schatz« von Erkenntnissen, andererseits als »Prozeß« der Erkenntnis. Zwei verschiedene Arten von Wissenschaftsgeschichte ergeben sich, je nachdem auf welchen Gesichtspunkt wir den Akzent legen. Unter dem ersteren Blickpunkt können wir in jedem beliebigen Augenblick des geschichtlichen Verlaufs einen Querschnitt durch den Stand der Wissenschaftsentwicklung legen und uns so einen Überblick verschaffen über die jeweiligen Ergebnisse des Suchens und Forschens, über den »Stand des Wissens«. Diese Art der Betrachtung kann man als »Materialgeschichte« bezeichnen. Streng durchgeführt, ergibt sich eine beliebige Anzahl von statischen Querschnitten, deren jeder eine Ansammlung von Daten ist, ohne daß deren innerer Zusammenhang erkennbar wäre. Solche Betrachtung verdient eigentlich nicht den Namen geschichtlich. Sie verdient ihn so wenig, wie eine bloße Tabelle von Geschichtszahlen schon politische Geschichte wäre, oder eine Aufzählung von Malern nebst Lebensdatum und Werken schon Kunstgeschichte. Sie wäre auch keine wissenschaftliche Betrachtung.

Was wir suchen und was allein uns Anteilnahme abgewinnen kann, sind nicht die – als solche gewöhnlich auch überholten – Ergebnisse vergangener Wissenschaft, sondern die lebendigen Menschen, die hinter diesem toten Stoff stehen, ihr Suchen, Irren und Finden, und die Probleme, denen ihr geistiges Ringen galt. Wissenschaftsgeschichte, die diesen Namen verdient, muß daher Problemgeschichte sein. Sie muß den lebendigen Geist an der Stätte und in der Stunde seines Ringens aufsuchen. Indem sie nach den Problemen fragt, wird sie zugleich die

Methoden studieren müssen, deren man sich zur Bewältigung dieser Probleme bediente.
Damit darf kein irreführender Gegensatz konstruiert werden. Nicht Materialgeschichte oder Problemgeschichte lautet die Frage, sondern eine Problemgeschichte ist die Forderung, die an Hand der Probleme auch die Methoden und die Ergebnisse im geschichtlichen Wandel zeigt.

ÜBERNATIONALITÄT DER WISSENSCHAFT Wissenschaft ist ihrem Wesen nach übernational. Nirgends wäre nationale Beschränkung weniger am Platze als angesichts unseres Gegenstandes. Es ist ein Unding, von einer deutschen Physik oder Mathematik zu sprechen und ihre Geschichte abgesondert darstellen und verstehen zu wollen. Die Entwicklung der modernen Elektrizitätslehre, um ein schlagendes Beispiel zu nehmen, ist ein Zusammenwirken italienischer, französischer, deutscher, englischer, amerikanischer und anderer Gelehrter und Praktiker. Der die Grenzen und Völker übergreifende Zusammenhang ist hier mit Händen zu greifen.
Die Erkenntnis von der Übernationalität der Wissenschaft und unser Bekenntnis zu ihr dürfen gleichwohl nicht dazu führen, daß wir nationale Gebundenheiten einfach außer acht lassen. Das ist in zweierlei Hinsicht von Bedeutung.
Zum ersten: Die Wissenschaft, so sehr sie heute in aller Welt zu Hause ist und so sehr ihre Ergebnisse in gleicher Weise allen Völkern zugänglich sind und von ihnen genutzt werden, wurde doch geschaffen von der kleinen Gruppe von Völkern, die die abendländische Kulturgemeinschaft bilden, und ihre Schöpfung ist nicht ohne die geistige Tradition dieser Völker und ihre geschichtlich einmalige Eigenart zu denken.
Zum zweiten dürfen wir das am Eingang dieses Buches zitierte Goethe-Wort, daß in der Wissenschaftsgeschichte die Stimmen der Völker wie in einer Fuge nacheinander hervortreten, nicht einseitig in der Weise verstehen, daß wir in ihm bloß einen Hinweis auf den übernationalen, die Völker verbindenden Charakter der Wissenschaft sehen. Denn wenn es auch die Stimmen mehrerer Völker sind, die den Chor ausmachen: es sind doch die Stimmen von *Völkern*, das heißt von geschichtlich gewordenen und geprägten Individualitäten, und sie treten *nacheinander* hervor, das heißt, sie klingen auf und verklingen im geschichtlichen Wandel, jede zu ihrer Zeit.

ÜBERINDIVIDUELLER CHARAKTER DER WISSENSCHAFT Wissenschaft ist überindividuell. Es macht gerade ihr Wesen aus, daß es sich in ihr grundsätzlich um Erkenntnisse handelt, deren Geltung sich nicht auf einen oder wenige beschränkt, die vielmehr mit einem Anspruch auf Allgemeingültigkeit auftreten. Wissenschaftliche Erkenntnisse werden daher auch grundsätzlich im Raum der Öffentlichkeit bekanntgegeben und diskutiert. Wissenschaft ist objektiver geistiger Zusammenhang, von dem aus gesehen das Individuelle – wie zum Beispiel jeglicher Prioritätsstreit, also die Frage, wer von mehreren etwas zuerst erkannt oder ausgesprochen hat – bedeutungslos erscheint. Wissenschaftsgeschichte kann deshalb bis zu einem gewissen Grade unter Außerachtlassung der einzelnen Individuen und ihrer Schicksale geschrieben werden. Was zählt, ist nicht der Forscher, sondern der Beitrag, den er zum Ganzen geleistet. Die Person verschwindet hinter dem Werk.

Wiederum darf uns diese Erkenntnis nicht die Augen dafür verschließen, daß wissenschaftliches Erkennen als menschliche Lebensäußerung sich stets in konkreten Volks- und Kulturgemeinschaften, letztlich immer im einzelnen Individuum vollzieht. Und dies in einem besonderen Sinne: sie ist niemals das Werk beliebiger einzelner, sondern immer die Tat des ausgezeichneten, des einmaligen, des schöpferischen Menschen.

Der schwache Faden, der sich aus dem manchmal so breiten Gewebe des Wissens und der Wissenschaften durch alle Zeiten, selbst die dunkelsten und verworrensten, ununterbrochen fortzieht, wird durch Individuen durchgeführt. Diese werden in einem Jahrhundert wie in dem andern von der besten Art geboren und verhalten sich immer auf dieselbe Weise gegen jedes Jahrhundert, in welchem sie vorkommen. Sie stehen nämlich mit der Menge im Gegensatz, ja im Widerstreit. Ausgebildete Zeiten haben hierin nichts voraus vor den barbarischen: denn Tugenden sind zu jeder Zeit selten, Mängel gemein (Goethe).

Von hier aus ergibt sich eine ganz andere Form von Wissenschaftsgeschichte. Die Biographie des einzelnen Forschers, seine Herkunft und Umwelt, seine Eigenart gewinnen an Bedeutung, ja werden entscheidend. In der literarischen Darstellung ist diese Seite dankbarer. Ein höchst dramatisches Element kommt hier hinein, Kampf und Tragik des Forscherlebens, Erfolg und Scheitern, die Rolle des Zufalls, das Glück einer guten Stunde, ja des Augenblicks.

Mit Recht heben daher Darstellungen, die sich an einen breiteren Leserkreis wenden, gerade dieses Moment hervor. Die hervorragenden Bücher Paul de Kruifs aus der Geschichte der neuzeitlichen Medizin ebenso wie – um ein neues Beispiel zu nennen – das erfolgreiche Archäologiebuch von Ceram, der sich ausdrücklich zum Vorbild de Kruifs bekennt, sind solche Berichte »aus der Werkstatt«. Auch bietet sich so die Möglichkeit, die handelnden Personen in voller Plastik, mit ihren großartigen und liebenswerten Charakterzügen ebenso wie mit ihren Schwächen und dem Allzumenschlichen zu zeichnen.

Ferner öffnet sich von hier aus der Ausblick auf das reizvolle Problem der Psychologie des Forschers. Woher der ausgeprägte und unersättliche Wissensdurst in manchen Menschen, im Gegensatz zu den vielen, die sich stumpf im engsten Kreise der täglichen Bedürfnisse bewegen? Woher die grüblerische und bohrende Art des Denkers oder sein Bestreben, alles in ein »System« zu bringen? Veranlagung? Milieu? Oder wenn beide zusammenwirken – welche Umwelteinflüsse, vielleicht frühe Kindheitserlebnisse, müssen vorhanden sein? Kann man bewußt und planmäßig durch Erziehung solche Charaktereigenschaften bilden? Dies grenzt an das allgemeine Problem der Genialität.

Auch in dieser Frage dürfen wir sowenig bei der Antithese stehenbleiben wie bei den vorhergehenden. Wenn das Wesen des geschichtlichen Lebens und seine unentrinnbare Dialektik gerade in der Durchdringung des Allgemeinen mit dem Einmaligen, in der »unentzifferbaren Verrechnung zwischen Genie und Zeitgeist« besteht, in der »List der welthistorischen Vernunft«, die den einzelnen seine Rolle im großen Drama spielen läßt — so muß Wissenschaftsgeschichte im umfassenden Sinne auf ihrem besonderen Gebiet ebenfalls dem polaren Widerspiel des Objektiv-Geistigen mit dem Individuellen nachspüren.

UNVOLLENDETHEIT DER WISSENSCHAFT Wissenschaft als Prozeß ist immer unvollendet. Der Forscher arbeitet, um überholt zu werden. Max Weber hat darüber treffende und in ihrem Verzicht ergreifende Worte gefunden. Das Wort, die wissenschaftliche Wahrheit von heute sei der Irrtum von morgen, ist ein, allerdings überspitzter, Ausdruck dieser Tatsache. Besser sollte man sagen: Die wissenschaftliche Wahrheit von heute ist der Spezialfall von morgen. Indem Wissenschaftsgeschichte diesen Vorgang deutlich macht, kann sie zu einem Spiegel der Vergänglichkeit werden und einen Unterton von Wehmut und Verzicht tragen. Und doch — läßt uns nicht gerade erst die geschichtliche Betrachtung den Suchenden der Vergangenheit nahe sein, zeigt uns, daß sie ungeachtet der Vergänglichkeit ihrer Ergebnisse im Grunde um die gleichen ewigen Grundfragen gerungen haben wie wir auch, reiht ihr Ringen in den großen Strom und den geistigen Besitz der Menschheit ein und macht es damit in einem höheren Sinne unvergänglich?

»EINHEIT DER WISSENSCHAFT« Die heutige Wissenschaft ist spezialisiert. Das ist so natürlich und notwendig wie bei jeder anderen hochentwickelten und differenzierten menschlichen Tätigkeit. Aller Voraussicht nach wird auch und erst recht in der Zukunft der eigentliche wissenschaftliche Fortschritt zum großen Teil getragen sein vom Spezialisten, der jahrelange Vorarbeit und jahrelange intensive Forschungsarbeit an ein einziges Problem wenden kann. Wissenschaft von heute wäre — nach einem Wort Carl Friedrich von Weizsäckers — »nicht mehr ehrlich, wenn sie nicht bereit zur Spezialisierung wäre«.

Nicht gegen die fachliche Spezialisierung der Forschung sollte sich der Kampf richten, sondern gegen die Verengung, Einseitigkeit oder Verkümmerung des »Fach-Menschen« im Menschlichen, und gegen das daher rührende manchmal zu beobachtende Versagen des Wissenschaftlers in seiner Rolle als Glied der menschlichen Gesellschaft und der staatlichen Gemeinschaft. Dies ist weniger eine Schuld der Wissenschaft als solcher — denn die gleiche Erscheinung ist überall zu beobachten, wo unsere arbeitsteilige Gesellschaftsordung den Fach- und Berufsmenschen hervorgebracht und damit die gleichen Voraussetzungen geschaffen hat — als unseres Erziehungssystems.

Bei den Bestrebungen, die diesen Zustand ändern wollen durch Reform unseres Schulwesens, durch Pflege der Erwachsenenbildung, durch das Studium generale an den Hochschulen, sollte der Wissenschaftsgeschichte ein hervorragender Platz eingeräumt werden. Sie trägt einen Zug zum Ganzen, zur Zusammenschau, in sich selber und kann fachlicher Verengung von vornherein nicht so leicht anheimfallen. Der Historiker der Wissenschaft kann sich sowenig auf ein einzelnes Fach beschränken wie auf ein einziges Volk. Wie könnte eine Geschichte der geographischen Entdeckungen am Beginn der europäischen Neuzeit geschrieben werden ohne ständige Bezugnahme auf den Stand des astronomischen Wissens und damit zugleich der Mathematik, auf die Entwicklung der Zeitmessung und Uhrmacherei, auf den Gebrauch des Kompasses? Wie könnte die Entdeckung des Blutkreislaufs durch Harvey in ihrer geschichtlichen Bedingtheit und Auswirkung gewürdigt werden ohne Bezugnahme auf Anatomie, vergleichende Zoologie, allgemeine Biologie, Naturphilosophie, Chemie, Mechanik? Welche naturwissenschaftliche Disziplin könnte man außer acht lassen, wenn man die Geschichte des Satzes von der Erhaltung der Energie behandeln wollte? Weiter aber, um zum Beispiel zurückzukehren: geschichtlich könnte das Zeitalter der Entdeckungen erst dann verstanden werden, wenn man das Blickfeld ausweitete auf die allgemeine, gesellschaftliche, politische, geistige, religiöse Lage Europas am Ausgang des Mittelalters und auf die nur aus dieser zu begreifende eigenartige Mischung von Motiven, welche die großen Entdecker bewegten.

Geschichtliche Längsschnitte, die ein einzelnes Problem oder Fachgebiet im geschichtlichen Entwicklungsgang verfolgen, sind möglich und wünschenswert. Die wissenschaftliche Arbeit auf unserem Gebiet wird überall zunächst diesen Weg gehen. Doch wird jeder derartige Versuch, wenn er zu eigentlichem geschichtlichem Verstehen vordringen will, seinen Gegenstand schon in einen weiter gespannten geschichtlichen Rahmen einbetten müssen. Denn immer lehrt die geschichtliche Betrachtung erkennen, wie Probleme und ganze Wissenschaften in engster Wechselwirkung miteinander fortgeschritten sind, wie Entdeckungen in der einen zahllose in anderen Zweigen voraussetzten und wiederum zur Folge hatten, wie Probleme und ganze Wissenschaften auseinander hervorgegangen sind; vor allem aber, wie sie alle gemeinsam mit den geistigen Grundlagen und dem Leben unserer Kultur zusammenhängen.

Auf diese Art von Einheit sollte gerade in der Erziehung das Schwergewicht gelegt werden, mehr als etwa auf die – mit Vorsicht zu nehmende und für den Anfänger jedenfalls nicht vollziehbare – Forderung nach dem aus den Einzelwissenschaften hervorgehenden »einheitlichen wissenschaftlichen Weltbild«. Nicht das wahllose und bald vergessene Hineinriechen in ein anderes Fachgebiet neben dem eigenen, das dann beziehungslos neben diesem stehenbleibt, sondern die Vermittlung dieser Einheit durch ihre Aufzeigung im geschichtlichen Leben verdiente den Namen eines Studium generale. Auch für unser Gebiet mag so das Rankewort gelten: »Eine andere Einheit, als welche der Gang der Geschichte gewährt, kann ich nicht aufdecken.«

II. Die Wissenschaft im Kulturganzen

WISSENSCHAFT UND GESELLSCHAFT Wissenschaft ist eine soziale Erscheinung. Neben einer Innenseite, gebildet durch Voraussetzungen, Hypothesen, Methoden, Theorien, geistige Modelle und so weiter, hat sie gleichsam eine Außenseite, einen sozialen Körper in der Gestalt ihrer Träger, in Individuen, Orden, Schulen, Akademien, gelehrten Gesellschaften, Universitäten, Stiftungen, Forschungsgemeinschaften, Wissenschaftsverwaltung, Publikationsorganen und ähnlichem. Diese Außenseite bildet einen notwendigen Bestandteil der Wissenschaftsgeschichte. Ein Ausschnitt aus diesem Fragenkreis ist zum Beispiel die Frage nach der sozialen Stellung der die Wissenschaft tragenden Intelligenzschicht, ihrer Herkunft (zum Beispiel Rolle der Emigranten von den Hugenotten bis heute), ihrer Struktur, ihrem Gewicht.

Das Stichwort »Wissenschaft und Gesellschaft« führt zu einem weiterreichenden Zusammenhang. Der wissenschaftliche Marxismus und der Positivismus, dann die großen universalgeschichtlichen Versuche der letzten fünfzig Jahre, schließlich auch die besonders in den Vereinigten Staaten hoch entwickelte moderne ethnologische Forschung haben den Blick dafür geöffnet und geschärft, wie tiefreichend und vielfältig die Zusammenhänge sind zwischen dem sozialen Gefüge einer gegebenen Gesellschaft und ihrem geistigen Leben.

Verfehlt und einseitig wäre es, aus diesen Einsichten alle wissenschaftlichen Ideen und Erkenntnisse als »ideologischen Überbau«, als Funktion der Arbeits- und Eigentumsordnung zu deuten. Ebenso einseitig wäre es, den Blick vor diesen Zusammenhängen zu verschließen und etwa, um gleich eines der prägnantesten Beispiele herauszugreifen, zu verkennen, wie der Aufschwung der modernen Wissenschaft in Europa sich im Einklang mit der politischen und sozialen Befreiung des Bürgertums in der Renaissance- und Aufklärungszeit vollzogen hat.

Hier besteht kein einsinniger Zusammenhang von Ursache und Wirkung, sondern Wechselwirkung. Wie sehr wissenschaftliche Erkenntnisse und ihre Auswirkung das gesellschaftliche Leben Europas und der ganzen Welt umgestaltet haben, haben wir schon im ersten Abschnitt dieser Einleitung anzudeuten versucht. Wie sehr heute eine chemische Entdeckung oder eine geologische das Gesicht einer ganzen Landschaft und die Lebensverhältnisse ihrer Bewohner mit einem Schlage verändern kann, wird uns täglich vor Augen geführt. Die Wissenschaftsgeschichte muß diesen gegenseitigen Wirkungszusammenhang berücksichtigen.

WISSENSCHAFT UND RELIGION Nach Goethes Wort ist »das eigentliche, einzige und tiefste Thema der Welt- und Menschengeschichte, dem alle übrigen untergeordnet sind, der Konflikt des Unglaubens und Glaubens«. – Der erste Gedanke, der sich uns bei dem Stichwort »Wissenschaft und Religion« einstellt, ist wahrscheinlich der an den Kampf der Kirche gegen das von Galilei vertretene kopernikanische Weltbild. Es wäre jedoch oberflächlich und irreführend zu glauben, daß in dem

Kampf des Glaubens mit dem Unglauben die Wissenschaft allemal auf der Seite des letzteren zu finden wäre.

Zunächst muß unterschieden werden zwischen dem geistigen Kern der Religion und ihren ethischen Forderungen, zweitens der äußeren Form der organisierten Religionsgemeinschaft, gleichsam ihrem irdischen Leib, der Kirche, drittens der Theologie als der wissenschaftlichen Bearbeitung der Glaubenssätze.

Die Beziehungen zwischen der Entwicklung der Wissenschaft und dem geistigen Grundgehalt der Religion sind um so enger, je weiter wir in die Vergangenheit zurückgehen. In den Frühzeiten menschlicher Kultur hat eine Unterscheidung oder gar Entgegensetzung von Religion und Wissenschaft und ebenso dem, was wir als deren Vorstufen erkennen, nur einen bedingten Sinn. Wir können sie höchstens nachträglich hineintragen. Für die damaligen Menschen selbst war die Wahrheit oder das Suchen nach ihr noch in ungeschiedener Einheit, und alles Diesseitige – Dinge, Lebewesen, Ereignisse, Naturkräfte, Schicksale – mit einer tiefen religiösen Bedeutsamkeit versehen. Den Vorgang einer Verselbständigung, einer Emanzipation, und schließlich Entgegensetzung sehen wir zuerst in voller Deutlichkeit bei den Griechen.

Wiederum war in der Geschichte des christlichen Abendlandes durch das Mittelalter hindurch die religiöse Wahrheitssuche in engster Verklammerung mit der wissenschaftlichen. Man kann die Geistesgeschichte des Mittelalters ansehen und darstellen als die Geschichte des Versuchs, das aus der Antike überkommene Erbe wissenschaftlichen Wissens mit dem religiösen Glauben zu verbinden und zu versöhnen. Als dann am Ausgang des Mittelalters diese Einheit gesprengt wurde und in der großen Wende um das 16. Jahrhundert die moderne Naturwissenschaft in einem mit der neuzeitlichen Philosophie sich konstituierte, blieben doch Philosophie und Wissenschaft, so sehr sie sich in der Folge selbständig machten oder auch eine Frontstellung gegen die Religion zu beziehen schienen, immer ein geschichtlich auf dem Mutterboden der christlichen Religion erwachsener und ohne diesen niemals geschichtlich zu verstehender Zweig unserer Kultur, ja, sie hätten überhaupt an keinem anderen geschichtlichen Ort erwachsen können. Wissenschaftsgeschichte kann deshalb die Augen nicht vor der Tatsache verschließen, daß die ganze Geistesentwicklung des Abendlandes – auch dort, wo sie ihm entgegentritt – von der geschichtlichen Erscheinung des Christentums bestimmt ist; ebensowenig vor der anderen, daß zu allen Zeiten die Großen der Wissenschaft, gerade aus ihrem wissenschaftlichen Forschen heraus, oftmals von tiefer Religiosität erfüllt waren und sind.

Diesen geistigen Beziehungen entspricht es, daß wir zwischen der Wissenschaft und den äußeren Religionsgemeinschaften gleichfalls in der Frühzeit den engsten Zusammenhang finden. Priester waren durch die Jahrtausende auch die Bewahrer und Mehrer des weltlichen Wissens, der Sternbeobachtung und des Kalendermachens, der Medizin und der Kunde von der Vergangenheit. Auch in soziologischer Hinsicht sehen wir eine Emanzipation der Wissenschaft in dem Aufkommen einer die

Wissenschaft tragenden weltlichen Intelligenzschicht zuerst bei den Griechen.

Wiederum ist durch das Mittelalter hindurch die christliche Kirche die – in Europa praktisch alleinige – Bewahrerin des antiken Erbes gewesen. Sobald dieses allerdings – auf anderen Wegen – dem abendländischen Bewußtsein voll zugänglich geworden war, konnte die Kirche diese Rolle nicht mehr spielen. Unter gewaltigen Kämpfen vollzog sich die Verselbständigung und Verweltlichung der Wissenschaft. Von beiden Seiten ist in diesen Kämpfen, zuerst in den großen Erschütterungen des Anfangs und danach bis heute, gesündigt worden, indem die Kirche Angriffe auf den Bestand der Religion und ihrer selbst zu erkennen glaubte in Dingen, die in Wahrheit den inneren und ewigen Gehalt der Religion nicht berührten, und entsprechend von der anderen Seite.

Die Theologie endlich als wissenschaftliche Bearbeitung der Glaubenssätze nimmt nach ihren Voraussetzungen und der Eigenart ihres Gegenstandes eine Sonderstellung im Reiche der Wissenschaften ein und kann nicht ohne weiteres im selben Sinne als Wissenschaft bezeichnet werden wie die weltlichen. Im vorliegenden Buch ist deshalb die Geschichte der Theologie nicht mit behandelt. Auch hier muß aber die Wissenschaftsgeschichte sehen, daß die mittelalterliche Theologie in jahrhundertelanger Arbeit der besten Köpfe ein logisches Instrumentarium geschaffen hat, ohne das die moderne Wissenschaftsentwicklung kaum möglich gewesen wäre.

WISSENSCHAFT UND KUNST Wissenschaftsgeschichte und die Geschichte der Kunst sind eng verbunden: gerade die Größten unserer Geschichte, in denen wir zugleich das innerste Wesen unserer Kultur und unserer selbst am reinsten verkörpert sehen – denken wir nur an Leonardo da Vinci und an Goethe –, zeigen in Persönlichkeit und Werk Wissenschaft und Kunst in inniger Vereinigung. Sicherlich beruht die Gleichnishaftigkeit und einmalige Leuchtkraft dieser Gestalten gerade darauf, daß in ihnen die – sonst geschiedenen – erkenntnismäßigen und bildenden Kräfte des Menschen vereint waren.

Wissenschaftsgeschichte und Geschichte der Kunst sind wesensverschieden: In der Kunst spricht sich das innerste Wesen, das nicht in Worte und Formeln gefaßt werden kann, in Bildern, Gleichnissen oder Tönen in seiner jeweiligen Einmaligkeit aus. Kunst will gestalten, nicht erkennen, oder dies jedenfalls nur in jenem mittelbaren, symbolhaften Sinne. Kunst ist an das Genie gebunden. Das übrige zählt nicht. Von einem »Fortschritt« kann in ihr vielleicht die Rede sein in bezug auf die technischen Mittel und Formen der Darstellung, nicht dagegen in bezug auf ihren inneren Gehalt. Ihre Geschichte gleicht eher einer Landschaft, die aus einzelnen gewaltigen Gipfeln besteht, während dazwischen flaches Land liegt. Man kann nicht von einem Gipfel gleich zum nächsten schreiten, sondern muß gewissermaßen dazwischen immer wieder erst in die Ebene hinabsteigen. Kunstwerke können daher kaum veralten. Sie behalten ihren Wert und ihre Gewalt über die Zeiten hinweg.

In der Wissenschaftsgeschichte dagegen kann durchaus von einem Fortschreiten gesprochen werden. Die Behauptung, daß Rodin »besser« bildhauere als Phidias, oder Strawinski besser komponiere als Palestrina, ist ganz sinnlos. Daß aber Einstein oder Planck die Gesetze des Universums besser und tiefer kennen, als sie Newton kannte oder gar ein Grieche, ist wohl zu begründen. Der Künstler kann sich von den Werken der Vergangenheit inspirieren lassen, aber der Wissenschaftler macht praktischen Gebrauch von ihnen. Er steht auf den Schultern seiner Vorgänger. Wenn auch, wie Aristoteles bemerkt hat, die Menschen zu manchen Zeiten vieles wissen, was sie zu anderen wieder vergessen, so ist doch im ganzen ein echter Fortschritt vorhanden. Das einmal Gefundene wird bewahrt, freilich auch immer wieder ein- und umgeschmolzen.

So gleicht die Geschichte der Wissenschaften eher einem großen Strom, der von vielen Seiten Zuflüsse empfängt und auch Seitenströme entläßt, dabei im ganzen im Fortschreiten der Entwicklung immer breiter und mächtiger anschwillt. Auch sie empfängt die richtungweisenden Impulse vom einmaligen Genie. Aber das Werk des Durchschnittsarbeiters hat hier gleichfalls seine Bedeutung. Der wissenschaftliche Fortschritt im einzelnen wird zuwege gebracht durch Männer, die über methodische und wissensmäßige Schulung, intellektuelle Rechtschaffenheit, Beharrlichkeit und auch einen Funken von Inspiration verfügen müssen, aber nicht genial zu sein brauchen.

WISSENSCHAFT UND TECHNIK Beim Stichwort »Wissenschaft und Kunst« wird man auf den ersten Blick geneigt sein, die Wesensverschiedenheit beider zu erkennen und an den Anfang zu stellen. Erst näheres Zusehen und einiges Nachdenken wird ihre mannigfachen Verflechtungen deutlicher werden lassen. Sie bestehen sowohl geschichtlich wie in der Tatsache, daß in jeder praktischen Anwendung wissenschaftlicher Erkenntnis, zum Beispiel in der Medizin, sofort ein Element von Kunst – das Wort in einem weiten Sinne (Können) genommen – hineinfließt, und daß in der Darstellung wissenschaftlicher Erkenntnisse, in ausgezeichneter Weise zum Beispiel in der Geschichtsschreibung, immer ein Einschlag künstlerischen Gestaltens – hier das Wort auch im engeren Sinne – wirksam ist.

Wissenschaft und Technik dagegen wird man von vornherein in einen engen Zusammenhang bringen und fast eher geneigt sein, beide etwas voreilig zusammenzuwerfen. Technik jedoch im Sinne der Herstellung von Werkzeugen und Maschinen oder allgemeiner von werkzeughaften materiellen Mitteln mit Einschluß zum Beispiel auch chemischer Produkte, und die Kunst ihrer Herstellung und Anwendung finden wir schon in den Frühzeiten der Menschheitsentwicklung, in denen von Wissenschaft noch nicht gesprochen werden kann; ja die Auffindung solcher werkzeughafter Mittel ist für uns das früheste untrügliche Zeichen, daß Menschenwesen am Werke waren. Technik finden wir sogar schon im Tierreich – wir brauchen nur an Ameisen, Bienen, Termiten oder an die

Kunstbauten der Biber, Füchse, Maulwürfe oder an den Nestbau der Vögel zu denken.

Als das grundlegende Ereignis in der Entwicklung der Technik, von dem ab die Menschentechnik sich von der der Tiere sonderte und sie weit überholte, haben wir die Gewinnung der Herrschaft über das Feuer anzusehen, welche später die Eroberung der Metalle ermöglichte.

Drei Stufen sind in der Geschichte der Technik unterschieden worden. Die erste, die weit zurückreicht und in die Technik des Tierreiches übergeht, ist die des einfachen *Werkzeugs*, das einfach ist sowohl in seiner Herstellung wie in seiner Wirkungsweise, indem es nur einer einzigen Verrichtung (wie etwa der Hammer) dient. Die zweite Periode ist gekennzeichnet durch die *Maschine* als einer Verbindung von mehreren Werkzeugen. Sie ist komplizierter in der Herstellung, mehrfach statt einfach in der Wirkungsweise, das heißt sie vermag mehrere Verrichtungen zugleich auszuführen (der Pflug, der Wagen) und sie ist damit gegenüber dem Menschen bereits etwas mehr verselbständigt. Die dritte Periode, in der wir uns befinden, ist die der *Maschinensysteme,* der komplizierten, raffinierten Verbindung von Maschinen zu gewaltigen Arbeitszusammenhängen, in der Arbeitsweise weitgehend unabhängig vom Menschen, möglich gemacht durch die Einspannung von Naturkräften, deren Gewalt der menschlichen und tierischen Muskelkraft unendlich überlegen ist.

Unter dem Gesichtspunkt des Verhältnisses zu Wissen und Wissenschaft ist die erste Periode die »kryptotheoretische« genannt worden. Das heißt, die Theorie ist in ihr (zwar vorhanden, aber) »verborgen«. Sie ist vorhanden in Gestalt eines auf den praktischen Einzelfall bezogenen und beschränkten, stückhaften, aber nicht eines ausdrücklichen, systematisierten und durch methodische Forschung gewonnenen und vermehrten Wissens.

Je weiter die Entwicklung voranschreitet, um so mehr wächst die Bedeutung der Theorie. Schon einfache Maschinen wie der Hebel, die Pumpe oder etwa die Wurfmaschinen früherer Kriege setzen ein theoretisches Fundament voraus. Der Übergang zur dritten Periode vollends und ihre Ausbildung ist nicht mehr ohne ausgebildete wissenschaftliche Theorie denkbar, sondern wurde durch diese vorbereitet, ermöglicht und vorangetrieben. Die Ausbildung einer wissenschaftlichen Mechanik durch Galilei ist hier ein entscheidender Wendepunkt. Es zeichnet sich in ihr der Übergang von einem statischen, sozusagen geometrischen Bild der Welt ab zu einem solchen, in dem alles in Fluß und Bewegung geraten ist und in dem dynamische Begriffe wie Bewegung, Stoß, Kraft, Anziehung, Impuls, Energie nun in den Vordergrund treten.

Heute ist das Zusammenwirken von Technik und Wissenschaft so eng wie nie zuvor. Es ist wechselseitig. Die Technik stellt der Wissenschaft Aufgaben. Die Industrie kann heute dem Forscher den Auftrag geben, zum Beispiel einen Stoff mit ganz bestimmten verlangten Eigenschaften zu finden. Auf der anderen Seite wird wissenschaftliche Erkenntnis allenthalben möglichst umgehend in technische Anwendung überführt.

Schlagendes Beispiel ist die Atomenergie. Technik ist so gleichsam der starke Arm der Wissenschaft geworden, durch den Erkenntnis sich in Tat umsetzt und die Welt verändert.

Wissenschaftsgeschichte ist auch noch in einem anderen Sinne aufs engste mit der Geschichte der Technik verbunden. Die äußeren Hilfsmittel, deren sich der wissenschaftliche Erkenntnisgrad bedient, gehören fast alle dem Reich der Technik an. So hilflos der Forscher ohne diese Hilfsmittel ist, so unvollständig wäre Wissenschaftsgeschichte ohne Berücksichtigung ihrer Entwicklung. Sie wäre vollends unmöglich. Man braucht nur zu denken an die Bedeutung eines einfachen Instruments wie der Waage etwa für die Anfänge der Chemie, oder an die Erfindung des Mikroskops und seines Gegenstücks, des Fernrohrs, die in Richtung auf das unsichtbar Kleine beziehungsweise auf das unsichtbar Ferne uns ganze Welten neu erschlossen und ganze Bündel von Wissenschaften haben neu entstehen lassen.

Beschränken wir den Begriff der Technik im Sinne der Umgangssprache auf den Bereich werkzeughafter *materieller* Mittel, so müssen wir naturgemäß beim Suchen nach dem theoretischen Fundament und Gegenstück der Technik die Naturwissenschaften erblicken.

Zweierlei bleibt dabei ausgeschlossen: einmal die nicht-materiellen werkzeughaften Mittel des Menschen. Wir brauchen nur an die Erfindung der Null und des Stellenwertsystems in der Zahlenschreibung und Rechnung zu denken, um uns Bedeutung und Tragweite solcher nichtmaterieller Werkzeuge vor Augen zu führen. Wir rechnen sie jedoch gemeinhin nicht zur Technik – oder höchstens in dem sowohl eingeschränkten wie übertragenen Sinne, in dem wir etwa von einer »Technik des wissenschaftlichen Arbeitens« oder der »Technik der juristischen Urteilsfindung« zu sprechen gewöhnt sind.

Ausgeschlossen bleibt ferner die praktische Anwendung von Erkenntnissen aus anderen Bezirken als denen der Naturwissenschaft, insbesondere in Recht und Wirtschaft und im gesellschaftlichen Leben überhaupt. Erst in jüngster Zeit ist in Amerika der Begriff des Sozial-Ingenieurs (social engineer) geprägt worden. Wir haben diesen Sprachgebrauch nicht. Aber in der Sache ist zu erkennen: Je reifer und gefestigter die Wissenschaften von der Gesellschaft werden, je mehr sich in unserem wirtschaftlichen und sozialen Leben die Planung durchsetzt, um so mehr nimmt auch die Tätigkeit im gesellschaftlichen Bereich, deutlich etwa in der Landes- und Siedlungsplanung oder auch in der Verwaltung, einen technischen oder ingenieurhaften Zug an.

WISSENSCHAFT UND PHILOSOPHIE Mit diesem Stichwort nähern wir uns einem der wichtigsten Zusammenhänge. Zunächst mag man fragen, ob hier eine Gegenüberstellung im ähnlichen Sinne wie bei Religion, Kunst oder Technik angezeigt ist. Ist nicht Philosophie selbst eine Wissenschaft, sei es eine unter anderen mit einem bestimmten Gegenstandsbereich und mit bestimmten Methoden, oder eine (wie viele Philosophen lehren) vor und über allen: indem sie einerseits ihre Voraussetzungen prüft, andererseits ihre Ergebnisse zu einem einheitlichen Weltbilde zu verbinden sucht?

Die Antwort ist selbstverständlich abhängig von dem Inhalt, den man dem Begriff der Philosophie gibt, dieser aber von dem systematischen und weltanschaulichen Ort des einzelnen Philosophen. So viele Antworten auf die Frage nach Sinn, Wesen und Aufgaben der Philosophie – und jeder bedeutende Philosoph gibt darauf eine andere –, so viele Fassungen des Verhältnisses von Philosophie und Wissenschaft.

Nach welcher inneren Logik und Gesetzmäßigkeit vollziehen sich solche Stellungnahmen zum Wesen der Philosophie, der Wissenschaft und zum Verhältnis beider? Die Eigenart und den systematischen Ort eines philosophischen Systems pflegen wir zu bestimmen einerseits nach der geschichtlichen Epoche und Denkrichtung, der es zugehört, und damit seiner geschichtlichen Umwelt im weitesten Sinne, andererseits nach der persönlichen Eigenart seines Schöpfers. Selbstverständlich besteht hier jene unauflösbare Dialektik, jene unentzifferbare Verrechnung zwischen Genie und Zeitgeist, die die Geschichte überall bietet: der einzelne ist durch seine Kultur und seine Zeit bestimmt, andererseits kann er sich gegen diese stemmen und mit genügend geistiger Kraft und einiger Gunst der Umstände sie auch in gewissem Maße seinerseits bestimmen.

Mit der geschichtlichen und weltanschaulichen Grundposition ist stets eine bestimmte Aufgabenstellung für die Philosophie gegeben; mit dieser auch eine ganz bestimmte Akzentuierung der einzelnen philosophischen Problemstellungen und Teilfächer.

Wo aus solchen Voraussetzungen das Schwergewicht der Philosophie in die zentralen Bereiche der Metaphysik und Ontologie (Lehre vom Sein) oder auch der Ethik gelegt wird, wo also Philosophie ein Suchen nach dem letzten Sinn und Rätseln über die »letzten Dinge« wird, finden wir als Ergebnisse philosophischen Fragens Bekenntnisse, Zeugnisse, Sinndeutungen, welche wie die großen Werke der Kunst, einzelnen überragenden Gipfeln gleichen. Sie sind nicht ohne weiteres zu konfrontieren oder auseinander abzuleiten. Sie sind im Grunde nur zu kritisieren auf innere Logik und Folgerichtigkeit auf die einmal eingenommene Grundposition. Sie können verstehend angeeignet werden. Aber wir müssen jeden Gipfel auch hier einzeln und für sich besteigen. Es besteht zwischen ihnen nur gleichsam ein unterirdischer Zusammenhang. Er beruht darin, daß sie alle auf dem gleichen Boden erwachsen, das heißt unvergängliche Zeugnisse des einen Menschseins sind. Von einem Fortschreiten oder einer Akkumulation kann hier sowenig gesprochen werden wie für die Werke der Kunst.

Der Zusammenhang solcher Philosophie mit der Wissenschaftsgeschichte ist nicht an der Oberfläche zu greifen. Er liegt in der Tiefe. Er ist eher mittelbar und beruht darin, daß in solchem Philosophieren wie in der Kunst Leitbilder, Leitideen, gleichsam Urphänomene sichtbar werden, die dann auch dem wissenschaftlichen Fragen im einzelnen Anstoß und Richtung geben, wie auch es hindern oder vielleicht irreführen können.

Wo dagegen aus der nicht weiter ableitbaren Grundposition des Philosophen Teilgebiete und Problemkreise wie Logik, Erkenntnistheorie, Wissenschaftslehre in den Mittelpunkt rücken, ist von vornherein eine unmittelbare, freilich nicht weniger vieldeutige Beziehung zur Wissenschaft gegeben; ebenso, wo das philosophische Interesse sich auf bestimmte Seinsbereich, wie in Geschichts-, Gesellschafts-, Naturphilosophie, verdichtet. Es kann dann geschehen, daß die Aufgabe der Philosophie überhaupt mit Erkenntnislehre oder Wissenschaftslehre gleichgesetzt wird.

Fassen wir diese Seite der Philosophiegeschichte ins Auge, so erblicken wir eine durchaus auf Gegenseitigkeit beruhende fruchtbare Wechselwirkung zwischen Philosophie und Einzelwissenschaften. Im ganzen scheint es, als ob in den Anfängen die Philosophie mehr der gebende Teil gewesen sei. Die einzelnen Wissenschaften haben sich aus dem Schoß der Philosophie, in dem ihr Keim entfaltet worden war, allmählich gelöst; früh die Naturwissenschaften, viel später andere Wissenschaften wie etwa die Sprachwissenschaft oder, erst in geschichtlich jüngster Zeit, die Soziologie und die Psychologie. Noch lange aber auch nach der Loslösung blieben sie dem mütterlichen Blutkreislauf aufs engste verbunden. Die Philosophie war führend. Sie bestimmte Richtung und Aufgaben. Auch äußerlich ist die Verbindung sichtbar darin, daß etwa bis zum 18. Jahrhundert die großen Philosophen zugleich Naturwissenschaftler waren, umgekehrt sich die großen Naturforscher als Philosophen fühlten und betrachteten.

Erst mit fortschreitender Ausweitung des Wissensstoffes und der dadurch bedingten Spezialisierung ist im 19. Jahrhundert der Zusammenhang teilweise ganz abgerissen: zum Schaden sowohl der Philosophie, die nun des Kontakts mit dem lebendigen Fortschreiten des Einzelwissens verlustig ging, wie auch der Wissenschaften, die mit dem Verlust dieser Verbindung oftmals die Fühlung mit dem lebendigen Strom des geistigen Lebens im ganzen verloren, ebenso die von der Philosophie gewährte logische und erkenntnistheoretische Begründung und Besinnung. In unseren Tagen ist der Prozeß an seine Grenze gestoßen: die Einzelwissenschaften stoßen an den verschiedensten Frontabschnitten ihres Vordringens auf letzte – philosophische – Fragen, so daß sie in ihrem eigenen Bereich philosophische, insbesondere erkenntnistheoretische Überlegungen anzustellen genötigt sind, auch den Kontakt mit der Fachphilosophie wieder suchen.

Zu bestimmen, was eigentlich Wesen und Aufgabe der Wissenschaft sei, ist gewiß ein Thema der Philosophie; auch wird die Hilfe der Philosophie unentbehrlich sein, wenn es etwa gilt, den Wahrheits- und Wissenschaftsbegriff verschiedener Zeitalter zu erfassen und zu vergleichen.

Für uns mögen diese Überlegungen genügen, um die Richtigkeit und Tragweite des Goethewortes erkennen zu lassen, daß »die Geschichte der Wissenschaften mit der Geschichte der Philosophie innigst verbunden sei«. Sie werfen außerdem auch ein Schlaglicht auf die Schwierigkeit unseres Gegenstandes: wenn Wissenschaftsgeschichte nicht ohne Geschichte der Philosophie betrieben und verstanden werden kann, so muß ihre Darstellung entweder eine vollkommene Kenntnis der letzteren beim Leser voraussetzen und auf diese ständig Bezug nehmen, oder sie muß den ganzen Reichtum der philosophischen Entwicklung, insbesondere in den näherliegenden Teilgebieten und vor allem in der Geschichte des Erkenntnisproblems, einbeziehen. Es ist kaum nötig zu sagen, daß dies hier mehr als programmatische Forderung ausgesprochen denn verwirklicht werden kann. Schon die Geschichte der Philosophie in den Grundzügen für Laien darstellen zu wollen, ist ein fast allzu kühnes und Mißverständnissen ausgesetztes Unterfangen; wieviel mehr der Versuch, sie mit der Darstellung der Wissenschaftsgeschichte zu vereinen! Wir können hier so recht das Wort Goethes verstehen und nachfühlen, das er »auf die Geschichte der Wissenschaften überhaupt« gemünzt hat:

Es ist äußerst schwer, fremde Meinungen zu referieren, besonders wenn sie sich nachbarlich annähern, kreuzen und decken. Ist der Referent umständlich, so erregt er Ungeduld und Langeweile; will er sich zusammenfassen, so kommt er in Gefahr, seine Ansicht für die fremde zu geben; vermeidet er, zu urteilen, so weiß der Leser nicht, woran er ist; richtet er nach gewissen Maximen, so werden seine Darstellungen einseitig und erregen Widerspruch, und die Geschichte macht selbst wieder Geschichten. – Ferner sind die Gesinnungen und Meinungen eines bedeutenden Verfassers nicht so leicht auszusprechen. Alle Lehren, denen man Originalität zuschreiben kann, sind nicht so leicht gefaßt, nicht so geschwind epitomiert und systematisiert . . . Ein Mann, der länger gelebt, ist verschiedene Epochen durchgegangen; er stimmt vielleicht nicht immer mit sich selbst überein, er trägt manches vor, davon wir das eine für wahr, das andere für falsch ansprechen möchten: alles dieses darzustellen, zu sondern, zu bejahen, zu verneinen, ist eine unendliche Arbeit, die nur dem gelingen kann, der sich ihr ganz widmet und ihr sein Leben aufopfern mag.

»GEHEIME GESCHICHTE« Unsere moderne Hochkultur ist in fast allen ihren Zweigen ununterbrochen damit beschäftigt, über sich selbst nachzusinnen, sich selbst zu verstehen, geschichtlich zu verstehen. Es ist eine merkwürdige Tatsache, daß dabei mehr Anstrengungen darauf verwandt werden, die politischen, militärischen, wirtschaftlichen, künstlerischen Leistungen der Vergangenheit zu sichten und aufzuschließen, als gerade die denkerischen und erkennenden – mit Ausnahme vielleicht der Philosophie. Die Wissenschaftsgeschichte ist für Einzelgebiete gepflegt – für die Naturwissenschaften besonders in den angelsächsischen Ländern –, die Geschichte der Geisteswissenschaften und schließlich der Wissenschaft im ganzen ist vernachlässigt.

Merkwürdig ist diese Tatsache, weil offenkundig ist, daß die Entfaltung von Wissen und Wissenschaft untrennbar verwoben ist mit der aller anderen Zweige menschlicher Gesittung und Kultur. Ja die Geschichte der Wissenschaften kann in einem bestimmten Sinne geradezu als Kern- und Herzstück der Geschichte angesehen werden. Voltaire war einer der ersten, die den Blick der Geschichtsforschung über die politische Geschichte hinaus erhoben und die geistige Entwicklung der Menschheit einbezogen und in den Mittelpunkt rückten. Er brandmarkte, was vor ihm als Geschichte betrieben worden war, als »einen Schwall winziger

Begebenheiten ohne Zusammenhang und Folgerichtigkeit, tausend Schlachten, die nichts geklärt haben«; er forderte und verwirklichte demgegenüber eine Geschichtsbetrachtung, welche »darüber Gewißheit schaffen soll, wie die Menschen im Kreise ihrer Familie lebten, und welche Künste sie gemeinsam pflegten ... Mein Gegenstand ist die Geschichte des menschlichen Geistes und nicht die Aufzählung unbedeutender Tatsachen.«

Die programmatische Forderung Voltaires ist seither nicht wieder verlorengegangen, ihr Rechnung zu tragen gehört zur besten Tradition unserer Geschichtsschreibung von Jacob Burckhardt bis Arnold Toynbee. Für das allgemeine Bewußtsein bleibt gleichwohl in weitem Ausmaß die Feststellung George *Sartons* bis heute zutreffend, daß die eigentliche Geschichte der Menschheit großenteils eine geheime, verborgene Geschichte ist. Sarton stellt – in zugespitzter Form – gegenüber die äußere, politische Geschichte, die in weitem Ausmaß eine Geschichte der Massen ist, und die geistige Geschichte, die eine Geschichte der wenigen ist, fast verborgen, und doch eigentlich die Entwicklung dessen, was das Beste am Menschen ist und was ihn zum Menschen macht: die Entwicklung von Kunst, Wissenschaft, Recht, moralischen und religiösen Ideen, kurz die Schaffung und Entfaltung geistiger Werte.

Diese Werte werden von einzelnen geschaffen, meist von isolierten, einsamen einzelnen. Während für den Staatsmann und Feldherrn die Reichweite seiner Wirkung eine Funktion der Energie der Massen ist, die er in Bewegung zu setzen vermag, schaffen die Großen im Reiche des Geistes allein und weitgehend unabhängig von äußeren und gesellschaftlichen Umständen, ja oft gegen diese. »Diese Gesellschaft kann Sokrates vergiften, Jesus kreuzigen und Lavoisier enthaupten, aber sie kann weder verursachen, daß solche Männer geboren werden, noch ihnen ihre Aufgabe vorschreiben.«

Es gehört zu den schönen und dankbaren Aufgaben des Historikers und der Wissenschaftsgeschichte zu ihrem Teile, jenseits von Königen auf den Thronen und Völkern in Waffen, jenseits des Zusammenpralls von Armeen oder Pöbelhaufen, jenseits der leidenschaftlichen Reden von Staatsmännern und Rebellen den Blick zu lenken auf den Forscher, der schweigend und hartnäckig sein selbstgesetztes Ziel verfolgt. Hinter dem an der Oberfläche erscheinenden Bilde einer Menschheit, die zerrissen ist von Mißtrauen, Zwietracht und Krieg, wird so die tieferliegende Einheit sichtbar, verkörpert in den wenigen, denen die wahre Erfüllung des Menschendaseins anvertraut ist. Denn – so das schöne Bekenntnis George Sartons zu solcher Aufgabe:

Trotz vielfachen gegenteiligen Augenscheins ist der wesentliche Daseinszweck des Menschen nicht ein Kampf ums Dasein oder um Überlegenheit, nicht ein zerstörerisches Raffen nach den Gütern dieser Welt, sondern ein großzügiger und fruchtbarer Wettstreit im Schaffen und Ausbreiten geistiger Werte. Nun findet diese Schöpfung zum großen Teil im Verborgenen statt, denn sie wird nicht vollzogen durch die Menge, noch durch pompöse Würdenträger, die im Angesicht des Volkes amtieren, sondern durch einzelne, welche, oftmals arm und unbekannt, ihrer heiligen Aufgabe in armseligen Dachkammern, in kümmerlichen Laboratorien oder anderen dunklen Winkeln dienen, verstreut über die ganze zivilisierte Welt, fast ohne Rücksicht auf politische Grenzen, auf soziale oder religiöse Schranken. »Der Wind weht von wannen er will.« Die Verborgenheit ihrer Arbeit wird begünstigt durch die Tatsache, daß sie weiterschreitet, ungeachtet der Katastrophen, Kriege und Revolutionen, welche die Aufmerksamkeit des Volkes festhalten. Kriege und Revolutionen sind nicht wesentlich verschieden von Naturkatastrophen wie Erdbeben, vulkanische Eruptionen, Fluten oder Epidemien; sie sind fast ebenso unpersönlich und unkontrollierbar. Für die meisten Menschen sind diese Katastrophen bei weitem die wichtigsten Ereignisse, und dies ist natürlich genug, weil ihr Wohlergehen von ihnen mit schrecklicher Gewalt betroffen wird. Die Entdeckungen eines Galilei oder Newton treiben nicht die Preise für Nahrung oder Wohnung in die Höhe, wenigstens nicht mit genügender Plötzlichkeit, um ins Auge zu fallen. Für uns aber sind im Gegenteil diese Entdeckungen, die früher oder später den Horizont des Menschen umformen und die gewissermaßen sowohl das Universum wie den Menschen selbst größer machen, die kardinalen Ereignisse der Weltgeschichte.

III. Zu Art und Methode meiner Darstellung

DILETTANTISMUS Wir stehen einer wahrhaft erdrückenden Stoffmasse gegenüber. Das Wissen, auf das es ankäme, ist niedergelegt in den Tausenden und aber Tausenden von Bänden, die eine moderne Universitätsbibliothek füllen, und deren bloßer Anblick jeden mutlos machen muß, der ihnen mit dem Vorsatz gegenüberträte, ihren Inhalt sich anzueignen.

Wer die Geschichte der Chemie – beispielsweise – erforschen und darstellen will, muß offenbar über ein gewisses, ja ein sehr gründliches Maß von Fachwissen auf diesem Gebiet verfügen. Er muß nicht nur die Entfaltung dieser Wissenschaft in ihrem äußeren Gang kennen, nach Daten, Ereignissen, führenden Männern. Er muß ebenso ihre Fragestellungen und Probleme, ihre Methoden zu untersuchen, zu experimentieren und zu argumentieren beherrschen, ihr mathematisches und technisches Rüstzeug, ihre Formelsprache, die ganze Fülle ihrer Ergebnisse, und dies nicht nur nach dem Stande von heute, sondern im geschichtlichen Auf und Ab der Völker und Epochen.

Um eine brauchbare Geschichte der Chemie zu schreiben, genügt es aber nicht, ein guter Chemiker zu sein. Mindestens eine Voraussetzung muß hinzutreten: man muß geschichtlich denken können und geschichtlich gebildet sein. Wie soll man sich in die chemischen Vorstellungen und Erklärungsversuche einer Generation, die vor 1000 oder 500 Jahren lebte, hineindenken, wenn man nicht zugleich die ganze äußere und geistige Welt jener Menschen kennt, ihre Religion und Philosophie, ihr politisches und wirtschaftliches Leben?

Um eine Geschichte der Wissenschaft im ganzen zu schreiben, müßte man über das entsprechende Fachwissen auf allen Gebieten verfügen. Das ist heute einem einzelnen Menschen nicht mehr möglich. Auch wer über die erforderliche geistige Kraft und Ausdauer verfügte, würde daran scheitern, daß sein Wissen – wenn er nach Jahrzehnten mit dem Studium fertig wäre – auf den Gebieten, auf denen er angefangen hat, schon wieder zum alten Eisen gehörte.

Eine allgemeine Wissenschaftsgeschichte ist deshalb nur auf zweierlei Weise zu schaffen. Entweder sie muß als Gemeinschaftsarbeit vieler Gelehrter entstehen. Diese Arbeit ist heute höchstens in ihren Anfängen. Wenn sie je abgeschlossen werden sollte, so wird das Jahre dauern und zu einem schon äußerlich so umfänglichen Werk führen, daß die Aneignung wiederum nur wenigen Fachleuten möglich ist. Ein deutsches Sammelwerk, das sich auf die Problemgeschichte beschränkt, ist auf sechzig bis achtzig Bände berechnet.

Die andere Möglichkeit: Man versucht, unter Verzicht auf den wissenschaftlichen Charakter eine vorläufige Übersicht zu gewinnen. Dies will ich versuchen. Die wissenschaftliche Geschichtsforschung empfindet – mit Recht – einen ausgesprochenen Horror vor den sogenannten »großen Linien«. In der Tat, je mehr man sich in einen Stoff vertieft, um so komplexer und verwirrender wird im allgemeinen das Bild, und um so mehr wachsen Skepsis und die Scheu, unter Vernachlässigung von Einzelheiten größere Zusammenhänge zu statuieren. Der wissenschaftliche Historiker wird sich deshalb meistens auf einen Teilausschnitt beschränken müssen, den er nach Studium und kritischer Sichtung aller erreichbaren Quellen wie mit einem Scheinwerferkegel aus dem Zwielicht der tausendfältigen Verflechtung heraushebt.

Nach Goethe besteht der Hauptvorzug des Menschen vor einer großen Stoffmasse darin, »daß er den Stoff zu behandeln und zu beherrschen weiß«. Ich werde dem Leser nur dann einen Dienst erweisen, wenn ich unter Hintanstellung von Bedenken unsere Stoffmasse zu gliedern suche. Den Stoff durch solche Ordnung übersehbar zu machen, und die gewonnene Ordnung durch anschauliche Beispiele zu illustrieren, ist alles, was ich erhoffen kann.

Vom großen Juristen Anselm *Feuerbach* stammt das Wort:

Wer vieles umfassen will, darf sich kleiner Irrtümer nicht schämen; wer alles im ganzen überdenkt, kann nicht alles im einzelnen ergründen, sondern muß über Vieles nur hinüberstreifen, manches im Dunkeln lassen, anderes nur auf Treu und Glauben hinnehmen.

GESCHICHTLICHES DENKEN Der Dilettant soll sich nicht weiter, als unumgänglich ist, von den Grundsätzen wissenschaftlicher Genauigkeit und Methode entfernen, bei historischen Themen insbesondere von den durch die wissenschaftliche Historik erarbeiteten Grundsätzen der kritischen Geschichtsschreibung.

Er soll der Fragwürdigkeit jeder scharfen Periodisierung eingedenk bleiben. In der Geschichte ist alles Fließen und Übergang, und Ursache und Wirkung können Jahrhunderte auseinanderliegen. Er soll sich von dem Fehler freihalten, alles Vergangene vom Standpunkt des Heute zu sehen und ständig von der Frage auszugehen, was man »damals« »schon« beziehungsweise »noch nicht« hatte oder wußte! Geschichte kann vorwärts und rückwärts gelesen werden; Verstehen ist nur möglich, wenn man jedes Ereignis und jede Leistung an den Voraussetzungen der jeweiligen Zeit und Umwelt – und nicht der Gegenwart – mißt. Jede Epoche ist, nach dem großen Wort Rankes, gleich unmittelbar zu Gott. Die Geschichte lehrt, daß die Wahrheit – sei sie auch nur eine – im zeitlichen Wandel in immer neuer Verkleidung und Verhüllung unter die Menschen tritt.

Die lang geratene methodische Vorrede mag für den Leser dazu gedient haben, einige Grundgedanken sichtbar zu machen; Grundgedanken – um mit Egon *Friedell* zu sprechen – »im eigentlichsten Sinn des Wortes: sie liegen dem Gesamtbau des Werkes zugrunde und sind daher, obschon sie ihn tragen, unterirdisch und nicht ohne weiteres sichtbar«.

Drittes Kapitel

Vorbedingungen, Vorstufen, Anfänge

I. Allgemeine Vorbedingungen des Entstehens von Wissenschaft

1. Natürliche Vorbedingungen

Nur im mittelbaren Sinne kann von natürlichen Vorbedingungen des Entstehens von Wissen gesprochen werden. Denn Wissenschaft ist ein Erzeugnis und ein Zweig menschlicher Kultur, und zwar ein spät entfalteter Zweig. Die natürlichen Vorbedingungen ihres Entstehens sind daher diejenigen menschlicher Kultur überhaupt.
Der Dämon des Erdbebens ebenso wie die Schrecken der Eiszeit mußten so weit zurückgewichen sein, daß eine gewisse Stetigkeit menschlicher Entwicklung möglich war. Dabei ist die Entstehung des Homo sapiens als eines denkfähigen Wesens schon vorausgesetzt; wir wissen nicht, welchen Anteil vielleicht gerade frühe erdgeschichtliche Katastrophen kosmischen Ausmaßes an den ersten Entwicklungsschritten des Menschen gehabt haben. Die äußeren Lebensbedingungen, insbesondere das Klima, mußten sich in jenem zwischen den Extremen gelegenen schmalen mittleren Spielraum stabilisiert haben, welcher der Entwicklung höheren irdischen Lebens günstig ist. In der Frühzeit scheint dabei eine gewisse Milde der Lebensbedingungen erforderlich gewesen zu sein; die ersten Hochkulturen erstanden in warmen Ländern. Die fortschreitende Zivilisation breitete sich dann auch über gemäßigte und kältere Klimazonen aus, wobei nunmehr die härteren Lebensbedingungen solcher Gebiete als Ansporn und Herausforderung gewirkt haben. Immer pflegt das Leben auf verstärkte Anforderungen, die eben noch unter der Grenze des Zerstörenden liegen, mit erhöhter Leistung zu antworten – ein Gedanke, der in Nietzsches Wort »Was mich nicht umbringt, macht mich stärker« ebenso anklingt wie, in anderer und tieferer Wendung, auch in Hölderlins schönem Dichterwort »Des Lebens Woge schäumte nicht so schön empor und würde Geist, wenn nicht der alte stumme Fels, das Schicksal, ihr entgegenstände«.
Reiche Gliederung der Landschaft im Horizontalen, die Nähe des Meeres und eine mäßige Gliederung im Vertikalen scheinen der Kulturentwicklung förderlich zu sein.

2. Gesellschaftliche Vorbedingungen

Ein hoher Stand gesellschaftlicher Entwicklung muß anscheinend erreicht sein, bevor Wissenschaft entstehen kann: nach der einen Seite verhältnismäßig umfassende Zusammenschlüsse über Familie, Sippe, Stamm zum Volk in der Form des Staates (Integration), nach der anderen Seite ein entsprechend hoher Grad der Aufgliederung und Arbeitsteilung (Differentiation). Ein auf Religion beruhender Sitten- und Moralkodex und das – im allgemeinen ebenfalls aus dem Bereich des Sakralen stammende – Recht müssen ein Mindestmaß an gesellschaftlicher Ordnung gewährleisten. Dieser Stand der gesellschaftlichen Entwicklung schließt überall das Hervortreten der Stadt als wichtigsten Brennpunktes materieller und geistiger Kultur ein.

Die wirtschaftliche Grundlage des gesellschaftlichen Lebens muß ebenfalls einen gewissen Entwicklungsstand erreicht haben. Dazu gehört der vollzogene Übergang von Jagd und primitiver Sammeltätigkeit zum Ackerbau, welcher unter anderem voraussetzt, daß der ursächliche Zusammenhang zwischen Samen und Pflanze erkannt ist. Dazu gehört die Einführung der Viehzucht, welche neben der Zähmung der Tiere wiederum auch die Erkenntnis des Zusammenhangs zwischen Befruchtung und Geburt zur Voraussetzung hat. Dazu gehört weiter die Entfaltung des Gewerbes. Sie hat unter anderem zu Bedingungen die Beherrschung des Feuers, die Erfindung und Handhabung von Werkzeugen, die Kenntnis verschiedener Werkstoffe und ihrer Eigenschaften, schließlich auch zumindest einfache Formen des Tausches und Handels sowie die Kunst der Schiffahrt oder Möglichkeiten des Warentransports zu Lande.

Zivilisation, verstanden im Sinne einer sozialen Ordnung, die das Entstehen von geistiger Kultur ermöglicht und begünstigt (also nicht etwa im Sinne Oswald Spenglers als spätes Erstarrungs- und Verfallsstadium eines geschichtlichen Kulturganzen), beruht letztlich auf Daseinsvorsorge und Nahrungskontinuität. Völker wie jene Indianer, bei denen es als verächtlich galt, einen Nahrungsvorrat für den kommenden Tag anzulegen, haben keine höhere Kultur hervorgebracht. So sagt Will *Durant*: »Im letzten Grunde beruht Zivilisation auf dem Nahrungsvorrat. Die Kathedrale und das Kapitol, das Museum und der Konzertsaal, die Bibliothek und die Universität sind die Fassade; im Hintergrund ist das Schlachthaus.«

Als förderlich für das Entstehen eines freien Denkens, das der Anfang aller Wissenschaft ist, haben sich soziale und kulturelle Berührung, Ausstrahlung und Durchkreuzung erwiesen, die namentlich durch Handel, Schiffahrt und Verkehr, aber auch durch Krieg und Eroberung ermöglicht wurden.

Die gesellschaftliche Arbeitsteilung schuf Stände, Klassen oder Kasten, insonderheit einen Priesterstand. Sie gab bevorzugten Einzelnen oder Schichten ein gewisses Maß an Muße (otium). Diese gewannen dadurch die Freiheit, ohne den Druck der unmittelbaren Bedürfnisse zu denken und zu beobachten. Muße in diesem Sinne – noch von Bernard *Shaw* wurde sie mit »Freiheit« schlechthin gleichgesetzt – ist eine Vorbedingung der schöpferischen geistigen Leistung. Neugier und Wissensdrang sind dem Menschen, teilweise schon den höheren Tieren, offenbar angeboren. Wir sehen ihre spielerische Betätigung beim Kinde. Aber bei den meisten pflegt sie schnell im Lebenskampf aufgezehrt zu werden.

Es ist das Ziel der Kulturentwicklung oder sollte es doch sein, solche Muße möglichst vielen zuteil werden zu lassen.

3. Geistige Vorbedingungen

SPRACHE Die erste Voraussetzung ist die Sprache. Es ist bekannt, daß wir in bezug auf ihre Entstehung trotz aller genialen Erklärungsversuche auf Vermutungen angewiesen sind. Auch Sprachen, welche die Sprachwissenschaft zu den primitiven rechnet, ja gerade diese, besitzen bereits einen höchst komplizierten Bau und stellen offensichtlich ein spätes Entwicklungsstadium, gemessen an den gewaltigen Zeitspannen der Anfänge, dar. Wir kennen nur den letzten Akt des Dramas. Für uns genügt es hier, festzustellen: Ohne Sprache als wichtigstes Mittel der Verständigung, des Ideenaustausches, der Überlieferung und der Erziehung ist das Entstehen von Wissenschaft nicht denkbar.

Da all unser Denken und jede Mitteilung von Gedachtem sich im Medium der Sprache vollzieht, lebt alle Wissenschaft mit der Sprache und in hohem Grade sogar von der Sprache. Die Tatsache, daß unserem Denken die Bahnen durch die ererbte Sprache vorgezeichnet sind, ist erst in ganz neuer Zeit in das Licht kritischer Besinnung erhoben worden. Diese Erkenntnis hat zu Skepsis und zu schmerzlicher Resignation in bezug auf menschliches Erkennen geführt, wie sie ausgesprochen sind im Worte Jonathan *Swifts* »Die Worte sind nichts als Wind; die Gelehrsamkeit besteht aus nichts als Worten; ergo ist die Gelehrsamkeit nichts als Wind« oder in den genialen sprachkritischen Werken Fritz *Mauthners* und Ludwig *Wittgensteins*. Im ganzen hat solche Besinnung dazu geführt, daß das wissenschaftliche Denken sich zwar nicht von seinen sprachlichen Voraussetzungen hat freimachen können – das ist trotz der dahinzielenden Versuche der modernen Naturwissenschaft immer nur in ganz beschränktem Umfang möglich –, daß es sich aber dieser immer schärfer bewußt geworden ist.

SCHRIFT Im Prinzip sind zwei Arten der Schrift möglich. Entweder zeichnet sie Begriffe und Sinngehalte auf wie die Bilderschriften oder die auf einer Bilderschrift beruhende heutige chinesische Schrift. Oder sie zeichnet Laute auf wie unsere Schrift.

Man liest häufig, die Phönizier seien die Erfinder des Alphabets, das heißt der Buchstabenschrift. Richtig ist, daß die Griechen ihr Alphabet – welches die Grundlage auch unseres Abc ist – von den Phöniziern übernahmen. Der Historiker Herodot berichtet diese Tatsache mit dem Zusatz, daß die Phönizier das Alphabet »erfunden haben sollen«; und bis vor kurzem glaubte man das auch. Neuere Forschungen lassen es möglich erscheinen, daß die Buchstabenschrift bei den Israeliten früher benutzt wurde als bei den Phöniziern. Auf jeden Fall haben die Griechen einen entscheidenden Schritt getan, indem sie nicht nur den Konsonanten (wie die Phönizier), sondern auch jedem Vokal ein eigenes Zeichen zuordneten. Erst damit entstand ein richtiges »Alphabet«.

Die Entstehung der Schrift ist in dasselbe Dunkel gehüllt wie die Sprache. Als wahrscheinlich wird ein Zusammenhang mit dem Kultischen angenommen, wofür zum Beispiel noch das Wort »Hieroglyphe« als Zeugnis angeführt wird.
Für uns kommt es darauf an, daß erst die Schrift eine exakte Festlegung und Überlieferung einmal erworbenen Wissens und damit Wissenschaft ermöglicht. Wissenschaft lebt von und in der Mitteilung. Schriftlose Völker mit ihren manchmal erstaunlichen Gedächtnisleistungen haben oft eine beträchtliche Geisteskultur hervorgebracht, aber keine Wissenschaft.

ZAHL Die dritte Vorbedingung ist die Kunst des Zählens. Ihr ursprünglicher Erwerb durch den Menschen liegt im Dunkel wie bei Sprache und Schrift; anzunehmen ist wie bei diesen, daß der Vorgang sich über große Zeiträume allmählich vollzogen hat. Wir kennen Völker, die nur 1 und 2 – andere 1 bis 4 – als Zahlbegriffe besitzen und jede darüber hinausgehende Menge als »sehr viele« (sozusagen unserem »unendlich« entsprechend) ansprechen. Wir dürfen annehmen, daß bei den Völkern, die über dieses Anfangsstadium hinausgelangten, die Antriebe aus den Erfordernissen der Zeitmessung, der räumlichen Messung und des Handels gekommen sind, welche aber alle drei auf einen ursprünglichen kultischen Grund zurückzuweisen scheinen.
Entscheidende Schritte in der Entwicklung waren die »Erfindung« der Null und die Einführung des Stellenwertsystems. Beides verdanken wir, ebenso wie unsere Ziffern, auf dem Wege über die Araber wahrscheinlich den Indern. Wie überall dürften die ersten Schritte hier die schwersten gewesen sein.
Bei uns hat sich das Dezimalsystem mit der 10 als Grundzahl des Stellenwertsystems durchgesetzt. Es liegt nahe anzunehmen, daß es mit der Fingerzahl zusammenhängt. Andere Systeme sind grundsätzlich gleichberechtigt und gleichwertig. Reste solcher Systeme haben sich bei uns erhalten zum Beispiel in der Dutzendrechnung (Zwölfer-System), im Begriff der Stiege und dem französischen »quatre-vingt« (Zwanziger-System) und in der auf die Babylonier zurückgehenden Stunden- und Winkelteilung (Sechziger-System).
In der Mathematik kann man jede beliebige Zahl in jedem beliebigen System ausdrücken und schreiben und jede Rechnung in jedem System durchführen. Die elektronischen Rechenmaschinen zum Beispiel arbeiten mit dem Zweier-System, weil dieses ermöglicht, jede Rechenoperation auf eine Zweiwegschaltung, auf ein »Entweder-Oder« zu reduzieren. Im Zweiersystem werden nur die Ziffern 1 und 0 benötigt. Unsere Grundzahlenreihe sieht dann so aus:

Dezimalsystem	Zweiersystem
1	L
2	LO
3	LL
4	LOO

5	LOL
6	LLO
7	LLL
8	LOOO
9	LOOL
10	LOLO und so weiter.

MASS Der Zahlensinn bildete die Voraussetzung für die Kunst des Messens. Die Zeitmessung, ursprünglich untrennbar verschwistert mit Religion und Astrologie, alsdann den Bedürfnissen der Seefahrt und der Landwirtschaft dienend, hat bereits bei den alten Völkern einen bemerkenswerten Grad der Genauigkeit erreicht, jedenfalls was den Kalender, also die Messung größerer Zeitstrecken, angeht. Die exakte Messung kleinster Zeiteinheiten ist erst der neuesten Zeit zum Bedürfnis geworden und deshalb gelungen.

Die ersten Ansätze zum Messen von Strecken, Flächen und Räumen dürfen wir in der Feldvermessung sowie im Bauwesen und Gewerbe annehmen. Die ersten Längenmaße waren meist den Verhältnissen des menschlichen Körpers entnommen (Spanne, Elle, Fuß, Schritt und so weiter).

Exaktes Messen ist die Grundlage jeder exakten Wissenschaft. Die Vervollkommnung und Verfeinerung der Meßmethoden und die Vereinheitlichung und Fixierung der Grundeinheiten gehen daher im gleichen Schritt mit der Entfaltung der modernen Naturwissenschaft.

4. Zusammenfassung

Rückblickend erkennen wir zwei Vorgänge der Akkumulation, der Ansammlung und Bewahrung durch die Zeit hindurch als die wichtigsten Schritte in dem Kulturprozeß, der zur Entstehung der Wissenschaft geführt hat. Der eine liegt auf dem äußeren, materiellen Gebiet: Daseinsvorsorge als Akkumulation materieller Güter und sonstiger Mittel der Bedürfnisbefriedigung hat die schützende Hülle der Zivilisation entstehen lassen, in deren Schutz der Keim der Wissenschaft aufgehen konnte. Geistige Überlieferung als Akkumulation all dessen, was von Menschen je gesehen, erkannt und gedacht wurde, ermöglicht vor allem durch Sprache und Schrift, hat die geistigen Voraussetzungen hinzugefügt.

II. Vorstufen und Anfänge wissenschaftlichen Denkens vor den Griechen

1. ÄGYPTEN

Der fruchtbare Landstreifen beiderseits des Nil ist eines der ältesten Zentren menschlicher Zivilisation. Lange galt er sogar als das älteste, bis der Spaten des Archäologen im Zweistromlande des Euphrat und Tigris und neuerdings im Tal des Indus die Spuren von Kulturen freilegte, die der ägyptischen an ehrwürdigem Alter wahrscheinlich gleichzustellen sind. Alle drei Kulturen blühten bereits im 4. vorchristlichen Jahrtausend und erreichten verhältnismäßig früh – an ihrer Lebensdauer gemessen – einen hohen Stand. In Ägypten weisen die ersten Jahrhunderte der uns bekannten Entwicklung – vor 2400 v. Chr. – einen einzigartigen Hochstand der künstlerischen Gestaltungskraft und vergleichsweise auch des Wissens auf. Die ägyptische Überlieferung berichtet von einem Gotte Thot, der mehr als zehntausend Jahre vor dieser Zeit gelebt haben und alle Künste und nützlichen Wissenschaften erfunden haben soll. Der geistreiche Kulturhistoriker Will *Durant* bemerkt hierzu, »unser Wissen könne dieser Theorie nichts Wesentliches hinzufügen«. Das heißt, über die weit zurückreichenden Ursprünge der Entwicklung wissen wir kaum etwas. Der weitere Ablauf zeigt durchaus kein weiteres stetiges Ansteigen von dem früh erreichten Stand, sondern eher Erstarrung und Verfall – eine der Hauptstützen für die bekannte These, daß Kulturen wie Lebewesen wachsen, blühen und dann langsam erstarren und absterben.

Zu den ersten und größten Errungenschaften der alten Kulturen gehört das Schmelzen und das Verarbeiten der Metalle. Die Ägypter kannten das Kupfer und bald darauf die Bronze, aus Kupfer mit einer Beimischung von Zinn bestehend und vielleicht aus der gleichfalls uralten kretischen Kultur übernommen. Die Metallbearbeitung ließ den wahrscheinlich ältesten spezialisierten Beruf entstehen, den des Schmiedes. Die vom Schmied geschaffenen kunstvollen und vielseitigen Werkzeuge machten weitere Spezialberufe möglich und erforderlich.

Die Ägypter schrieben mit Federn und Tinte auf Papyrus, in einer Bilderschrift, die allein schon wegen ihrer Kompliziertheit lange Zeit hindurch das Monopol gelehrter Schreibkundiger blieb. Hier wie anderswo waren es die Priester, die in ihren Tempeln nicht nur die Kunst des Schreibens pflegten und bewahrten, sondern auch vieles andere Wissen wie Baukunst, Mathematik und Medizin. Zahlreiche Papyri sind erhalten geblieben und in der Neuzeit von Europäern entziffert worden. Sie geben im Verein mit den übrigen reichen Ergebnissen der Ausgrabungen, namentlich aus den Königsgräbern, ein anschauliches und farbiges Bild vom Leben dieses Volkes und seinen Errungenschaften.

MATHEMATIK Die Ägypter waren ein Handel treibendes Volk. Sie kauften und verkauften Güter und waren damit genötigt, zu messen, zu wägen, zu rechnen. Sie besaßen ein Zahlensystem mit der 10 als Grundzahl, vermochten allerdings damit nicht annähernd mit der gleichen Leichtigkeit zu rechnen wie wir in unserem, weil sie das Stellensystem nicht kannten, vielmehr für 1, 10, 100, 1000 verschiedenartige Zeichen setzten, ähnlich wie die Römer in ihrer uns noch geläufigen Zahlenschrift. Sie kannten und verwandten die vier Grundrechnungsarten des Addierens, Subtrahierens, Multiplizierens und Dividierens. Das Malnehmen geschah durch immer wiederholtes Verdoppeln, das Teilen entsprechend durch wiederholtes Halbieren; für beides gab es Hilfstabellen.

Auch Brüche waren bekannt, allerdings nur solche mit einer 1 im Zähler, wie $^1/_2$, $^1/_5$ und so weiter. Deswegen wurde zum Beispiel der Bruch $^3/_4$ durch die Summe $^1/_2 + ^1/_4$ dargestellt und geschrieben. Es galt als besondere Kunst, Brüche mit einem größeren Zähler als 1 in solche einfachen, sogenannten aliquoten Brüche aufzulösen. So wurde zum Beispiel $^2/_{97}$ dargestellt als

$$^1/_{56} + ^1/_{679} + ^1/_{776}$$

Dieses Beispiel stammt aus dem sogenannten Rhind-Papyrus, der etwa um 1650 v. Chr. niedergeschrieben wurde, aber eine Abschrift aus einem einige Jahrhunderte älteren Dokument darstellt. Das folgende, diesem Papyrus entnommene Rechenbeispiel zeigt die praktische Anwendung dieser Rechenmethoden:

Siehe, es kam ein Hirte zur Zählung des Viehs mit 70 Ochsen. Da sagte der Viehzähler zu diesem Hirten: Wie wenig Vieh ist es, das du von deinem zahlreichen Vieh gebracht hast! Wo ist deine große Herde? Da sagte der Hirte zu ihm: Was ich dir bringe, sind zwei Drittel von einem Drittel des Viehs, das du mir anvertraut hast. Rechne für mich, und du wirst mich im Recht finden.

Wie die Rechnung geschieht:

. 1
$^2/_3$ $^2/_3$
$^1/_3$ $^1/_3$
$^2/_3$ von seinem $^1/_3$: $^1/_6$ $^1/_{18}$
Teile 1 durch $^1/_6$ $^1/_{18}$:

. $^1/_6$ $^1/_{18}$
.. $^1/_3$ $^1/_9$
4 $^2/_3$ $^1/_6$ $^1/_{18}$
$^1/_2$ $^1/_9$
zusammen: 1

Mache 70mal $4^1/_2$, das ergibt 315.
Dies ist seine Nachweisung:

. 315
$^2/_3$ 210
$^1/_3$ 105
$^2/_3$ von seinem $^1/_3$ 70: dies ist, was er brachte.

Man überzeugt sich leicht von der Richtigkeit. Die Frage würden wir so ausdrücken: Wenn $^2/_3$ von $^1/_3$ einer Zahl = 70 ist, wie groß ist dann die Zahl? Nun wird $^2/_3$ von $^1/_3$ errechnet; das gibt »$^1/_6$ $^1/_{18}$« (also $^4/_{18}$ in unserer Ausdrucksweise). Nun wird 1 durch diesen Wert dividiert. Das Ergebnis ist $^{18}/_4$ oder $4^1/_2$. Dies mit 70 multipliziert, gibt das Endergebnis 315.

Für andere Zweige ihrer praktischen Tätigkeit brauchten die Ägypter nicht nur arithmetische, sondern auch geometrische Fähigkeiten und Grundbegriffe. Das gilt vor allem für Feldvermessung und Baukunst.

Weit überflutete in jedem Jahre der Nil das tiefgelegene Land an seinen Ufern. Die jährlichen Überschwemmungen verliehen dem Boden eine unerschöpfliche Fruchtbarkeit, verwischten aber zugleich die Grenzlinien zwischen den Feldern, so daß nach dem Abebben der Überflutung das Land jedesmal neu vermessen und eingeteilt werden mußte, um jedem Bauern die ihm zustehende Fläche wieder zu sichern, auch um die an den König abzuführende Grundsteuer, die nach Flächeneinheiten berechnet wurde, richtig festsetzen zu können. Die einzelnen Parzellen sollten rechteckig sein. Die Seiten waren dann leicht zu messen. Man brauchte aber ein Verfahren, rechte Winkel herzustellen. Man fand heraus – anscheinend »empirisch«, durch Probieren – daß ein Seil, in zwölf Längeneinheiten eingeteilt und zu einem Dreieck gelegt, einen rechten Winkel ergibt, wenn man die Dreieckseiten drei, vier und fünf Einheiten lang macht. Man bediente sich so eingeteilter Seile, und die Landvermesser hießen auch »Seilspanner«. Das Verfahren ist, wie jeder mathematische Elementarschüler sofort sieht, nichts anderes als eine Anwendung des »Lehrsatzes des Pythagoras«. In seiner allgemeinen Form scheint der Satz aber den Ägyptern nicht bekannt gewesen zu sein.

Geometrische Kenntnisse waren ferner nötig bei der Errichtung von Gebäuden – zum Beispiel wenn man einen Kornspeicher mit einem bestimmten vorgeschriebenen Fassungsvermögen zu bauen hatte. Vor allem aber zeigen die Wunderwerke der großen Pyramiden, daß exakte geometrische Kenntnisse vorhanden gewesen sein müssen. Die große Pyramide von Gizeh, etwa 3000 v. Chr. erbaut, hat ein fehlerloses, genau in Nord-Süd-Richtung ausgerichtetes Quadrat zum Grundriß. Die Außenseiten sind gleichmäßig in einem Winkel von 51 Grad 50 Minuten geneigt.

Wahrscheinlich ist, daß die Ägypter in der Frühzeit nur eine Anzahl einfacher Grundsätze der »angewandten« Mathematik gehabt haben, die untereinander nicht in einen systematischen Zusammenhang gebracht waren. Dokumente aus späterer Zeit, zum Beispiel der sogenannte Moskauer Papyrus, zeigen ausgedehntere Kenntnisse auch in der reinen Geometrie, zum Beispiel Berechnung des Inhalts eines Pyramidenstumpfes und einer Halbkugel. Der Kreisumfang im Verhältnis zum Durchmesser (unsere Zahl π) wurde mit $^{256}/_{81}$ angenommen.

ASTRONOMIE Der Wechsel von Tag und Nacht, der Wechsel des Mondes, die Folge der Jahreszeiten mit den ihnen entsprechenden Veränderungen der Natur sind die ursprünglichen Zeitmesser des Menschen. Für Ägypten war das alljährliche Einsetzen der Nilüberflutung das lebenswichtige und alles andere überschattende Ereignis. Es war, wie bei anderen Völkern Saat und Ernte, zugleich von hoher religiöser Bedeutung. Das Bestreben, diesen Tag möglichst genau vorherzubestimmen, war sicher einer der hauptsächlichen Antriebe für die Schaffung des ägyptischen Kalenders.

Das ägyptische Kalenderjahr hatte zwölf Monate zu je dreißig Tagen und fünf geheiligte Ergänzungstage, zusammen also 365 Tage. Die Länge des Sonnenjahres, also die genaue Umlaufzeit der Erde um die Sonne, beträgt aber rund 365 1/4 Tage. Der Vierteltag war im Kalender nicht berücksichtigt. Dadurch begann jedes Jahr um einen Vierteltag zu früh, gleich einer Uhr, die vorgeht. Die Jahreszeiten und die Naturereignisse einschließlich der Nilüberflutung liefen dadurch im Laufe der Zeit durch das ganze Kalenderjahr hindurch, während umgekehrt die datenmäßig fixierten Festtage nach und nach durch sämtliche Jahreszeiten wanderten. Wie eine vorgehende Uhr nach gewisser Zeit wieder die Normalzeit anzeigt, so kehrten Jahreszeiten und Nilüberschwemmung nach Jahrhunderten wieder in ihr ursprüngliches Datum zurück. Tatsächlich trat dies nach 1460 Jahren ein. Die Ägypter kannten diese Periode und nannten sie »Sothis-Periode«.

Die Ägypter benannten bereits zahlreiche Sterne und Sternbilder mit Namen, die zum Teil in unseren heutigen fortleben. »Sothis« war die ägyptische Bezeichnung für den von uns Sirius benannten Fixstern. Die Ägypter hatten beobachtet, daß das erste jährliche Sichtbarwerden des Sothis etwa mit dem Beginn der Nilüberschwemmung zusammenfiel. Sie besaßen damit einen zuverlässigen astronomischen Zeitmesser.

Es ist zufällig genau bekannt, daß eine neue Sothis-Periode im Jahre 139 n. Chr. begann. Durch einfache Rückrechnung lassen sich die früheren Stichjahre ermitteln. Es ist wahrscheinlich, daß die ägyptische Kalenderrechnung bereits zu Beginn der im Jahre 4241 v. Chr. begonnenen Sothis-Periode bestanden hat, so daß also damals schon die entsprechenden Daten durch lang dauernde Beobachtung bekannt gewesen sein müssen. Der Kalender blieb unverändert bis zur Zeit Julius Cäsars. Dann, mehr als vier Jahrtausende später, war es übrigens wieder ein ägyptischer Astronom, Sosigenes mit Namen, welcher Cäsar bei der Schaffung des nach ihm benannten Julianischen Kalenders beriet. In diesem wird bekanntlich der überzählige Viertel-Tag durch einen jedes vierte Jahr eingelegten Schalttag berücksichtigt.

Trotz der staunenswerten Leistungen bei der Schaffung ihres Kalenders wurden die Ägypter aber in der Astronomie weit übertroffen durch die Babylonier.

CHEMIE Eine eingehende Geschichte der exakten Naturwissenschaft müßte ausgehen von den einfachen handwerklichen Tätigkeiten der frühesten Berufe und noch davor des einfachen, noch unspezialisierten Menschen. In ihnen sammelte der Mensch zuerst in der handgreiflichen Beschäftigung mit dem Stoff und in der Bewährung an ihm ein »Wissen« um die Materie und ihre Eigenschaften. Das gilt insbesondere auch für die Chemie. Die Ägypter besaßen nichts, dem wir diesen Namen geben würden; aber indem sie Kenntnisse über eine Vielzahl von Stoffen, ihre Bereitung und ihre Eigenschaften sammelten, schufen sie die erste und grundlegende Voraussetzung dafür. Sie kannten und verarbeiteten Gold, Silber, Kupfer, Zinn (und damit Bronze), später Blei; dazu das Eisen wahrscheinlich vom zweiten vorchristlichen Jahrtausend an. Eisen wurde aber erst im Verlauf mehrerer Jahrhunderte allgemein verfügbar und bekannt. In der Medizin kannten sie bereits mehrere hundert Stoffe als Heilmittel.

MEDIZIN Seit Urzeiten scheinen zwei Arten der Behandlung von Krankheiten nebeneinander zu bestehen. Die eine beeinflußt Geist und Seele des Kranken in Magie, Hypnose und ähnlichem. Die andere behandelt den Körper durch Heilmittel, Diät, chirurgischen Eingriff und ähnliches. Bekanntlich bestehen beide Richtungen bis heute und schicken sich anscheinend erst jetzt an, sich zu einer einheitlichen »psychosomatischen« (seelisch-körperlichen) Medizin zusammenzuschließen.
Die Fähigkeiten und Erfolge der Ägypter lagen eindeutig in der zweitgenannten Richtung, ihre praktische Medizin ist das eigentliche Ruhmesblatt der ägyptischen Wissenschaft. Den Ausdruck »Wissenschaft« dürfen wir allerdings sowenig wie anderswo in dieser Zeit ohne Vorbehalt verwenden. Die Medizin der Ägypter wie die der anderen alten Völker ist dadurch ausgezeichnet, daß die praktische Heilkunst, also das Erkennen und Behandeln von Krankheiten (Diagnostik und Therapie) hoch entwickelt war, dagegen das Wissen um den Aufbau des Körpers (Anatomie) und seine Wirkungsweise (Physiologie) äußerst dürftig – womit natürlich trotz allem auch der praktischen Heilkunst gewisse unübersteigbare Schranken gesetzt waren.
Einen anschaulichen Einblick in die praktische Medizin der Ägypter gibt der sogenannte Edwin-Smith-Papyrus aus dem zweiten vorchristlichen Jahrtausend. Er unterscheidet sorgfältig heilbare und nicht heilbare Erkrankungen. Für eine große Anzahl der heilbaren werden ins einzelne gehende Anweisungen gegeben, besonders für Wunden, Brüche und Verrenkungen, auch für die Schädeltrepanation, welche die Ägypter anscheinend mit Erfolg ausgeführt haben. Es gab bereits Spezialärzte, zum Beispiel für die Augen, für den Schädel, für die Verdauungsorgane. Es herrschte ein hohes ärztliches Ethos. Der genannte Papyrus ist von abergläubischen Einschlägen ganz frei, praktisch-nüchtern.
Die öffentliche Hygiene war relativ hoch entwickelt. Es gab ausführliche Arzneibücher, die allerdings zahlreiche nach unseren Erkenntnissen unwirksame oder schädliche Mittel empfehlen. Als Beispiel mag hier eine Anweisung aus dem Gebiet der Chirurgie, in der die Ägypter am erfolgreichsten waren, dienen:

> Anweisung für eine Wunde an der Schläfe. Wenn du einen Mann mit einer Wunde an der Schläfe in Behandlung nimmst – jene Wunde klafft nicht, aber sie geht bis auf den Knochen –, dann sollst du seine Wunde untersuchen. Findest du sein Schläfenbein unverletzt, dann sollst du dazu sagen: »Er hat eine Wunde an der Schläfe; ein Leiden, das ich behandle.« Verbinde ihn am ersten Tag mit frischem Fleisch, nachher behandle ihn täglich mit Salbe und Honig, bis er gesundet.

Die Anweisungen haben immer den gleichen Aufbau: Überschrift, Untersuchung, Feststellung der Diagnose, Entscheid, ob das Leiden zu behandeln ist oder nicht, Behandlungsanweisung. Darauf folgen noch, so auch in unserem Beispiel, Begriffserläuterungen, hier zum Beispiel für »Schläfe«.

Ein Gegenbeispiel für ein nicht heilbares Leiden (komplizierter Schädelbruch):

Wenn du einen Mann untersuchst, der eine klaffende Wunde an seinem Kopfe hat, die in den Knochen eingedrungen ist, seinen Schädel zerbrochen und das Gehirn seines Schädels freigelegt hat, dann sollst du seine Wunde untersuchen. Findest du, daß jener Bruch, der an seinem Schädel ist, wie jene Wölbungen ist, die aus geschmolzenem Kupfer entstehen, und etwas darin nachgibt und quillt unter deinen Fingern, so wie die Schädelkrönung eines Kindes weich ist, ehe sie zusammenhängt (denn ist sie entwickelt, dann ist kein Nachgeben und Quellen unter deinen Fingern, bis das Gehirn seines Schädels offen liegt) und er gibt Blut aus seinen beiden Nasenlöchern und er leidet an Lähmung des Nackens (dann sollst du sprechen): »Ein Leiden, das nicht herstellbar ist.« Du sollst jene seine Wunde mit Salbe behandeln, du darfst sie nicht verbinden und du darfst nicht zwei Bandagen darauf legen (wie in anderen Fällen vorgeschrieben), bis du erkennst, daß es zu einer entscheidenden Wendung kommt.

Wir sehen: Eine vorsorgliche Behandlung ist auch für diesen als aussichtslos beurteilten Fall vorgesehen, jedoch eine andere, als für die als heilbar angesehenen Fälle; im übrigen soll die entscheidende Wendung – wir würden sagen die Krise – abgewartet werden.

2. Babylonien

Wir betreten nun das uralte Zweistromland zwischen Euphrat und Tigris, das unter dem einzigartigen Volk der Sumerer und danach unter den Babyloniern eines der glanzvollen Zentren menschlicher Kultur in der Frühzeit gewesen ist. Da die Babylonier mangels ausreichenden Vorkommens von Naturstein mit selbstgebrannten Ziegeln bauten, waren ihre Bauten nicht so dauerhaft wie die Pyramiden der Ägypter. Ihre Ruinen ruhten nach dem Verfall der auf künstlicher Bewässerung beruhenden blühenden Kulturlandschaft lange Zeit unter dem Wüstensand, bis der Spaten der Archäologen in neuester Zeit ihre Kostbarkeiten und Wunder wieder ans Licht hob. Städte und Paläste kamen zutage, edel und kunstfertig gearbeiteter Schmuck, ganze Bibliotheken von Tontafeln mit Aufzeichnungen in Keilschrift, einer aus Bilderschrift hervorgegangenen Symbolschrift. Ich beschränke mich hier auf Mathematik und Astronomie als die beiden Gebiete, auf denen die Babylonier und ihre Nachfahren die herausragendsten Leistungen vollbracht haben. Die babylonische Medizin war im Gegensatz zur ägyptischen mehr in der Richtung der psychischen Behandlung und Beeinflussung des Kranken ausgebildet. Man muß sich hüten, diese trotz der reichen Durchsetzung mit abergläubischen Vorstellungen allzu gering zu achten: Solange die physischen Behandlungsmethoden roh und unentwickelt waren, mag mancher Kranke, der nur seelisch behandelt wurde und im übrigen den heilenden Kräften der Natur überlassen blieb, eher besser daran gewesen sein als einer, der unter das Messer kam. Überdies ist bekannt, daß bis heute die unter dem Stichwort »Vertrauen zum Arzt«

begriffene Suggestivwirkung auch bei rein physischer Behandlung nicht ohne Bedeutung ist. Selbstverständlich gab es in Babylon auch Chirurgen. Nach einem erhaltenen Dokument konnte ein Chirurg, der einen Kunstfehler beging, mit Abhauen der Hand bestraft werden.

MATHEMATIK Die Babylonier waren neben den Indern die begabtesten Mathematiker der alten Welt. Ihr Zahlensystem war ein Sexagesimalsystem, das heißt, die 60 diente als Grundzahl. Dieses System vereinigt die Vorteile des Zehnersystems mit denen des diesem in mancher Hinsicht überlegenen Zwölfersystems, weil 60 durch insgesamt 10 Faktoren: 2, 3, 4, 5, 6, 10, 12, 15, 20 und 30 teilbar ist. Wie schon bemerkt, gehen sowohl unsere Kreisteilung in 360 Grad wie unsere Stunden- und Minutenrechnung hierauf zurück. Ein weiterer entscheidender Vorteil ihres Zahlensystems war, daß sie das Prinzip des Stellenwertes kannten. Bei uns bedeutet zum Beispiel die Zahl 854: »8 × 100, dazu 5 × 10, dazu 4 × 1« oder »8 Hunderter plus 5 Zehner plus 4 Einer«. Entsprechend verwandten die Babylonier die 60 als Grundzahl, allerdings nicht in voller Konsequenz, weil neben der 60 auch die 10 als Grundzahl des Stellensystems mit verwendet wurde.

Das Zeichen 𒁹 stand je nach Position für $^1/_{60}$ oder 1 oder 60 oder 60^2 und so weiter. Daneben gab es > für 10 und $\overset{>}{>}$ für 0 (dies nur im Innern einer Ziffer). Es bedeuten demnach in der Ziffer

𒁹𒁹𒁹 $\overset{>}{>}$ >> 𒁹𒁹

𒁹𒁹𒁹 $= 3 \times 60^2 = 10800$

$\overset{>}{>}$ $= 0 \times 60 = 0$

>> $= 2 \times 10 = 20$

𒁹𒁹 $= 2 \times 1 = 2$

so daß die ganze Zahl 10822 bedeutet.

Dieses babylonische Stellenwertsystem ist möglicherweise auch der Ursprung unseres eigenen, das dann den Weg Babylon–Indien–Araber–Abendland genommen hätte. Die Babylonier lösten bereits quadratische Gleichungen. Rechenbeispiele finden sich auf den erhaltenen Tafeln. Erst kürzlich entzifferte Täfelchen zeigen auch einen bemerkenswerten Stand geometrischer Kenntnisse. So ist der »Lehrsatz des Pythagoras« bereits 1000 Jahre vor diesem griechischen Mathematiker den Babyloniern, und zwar im Gegensatz zu den Ägyptern in der abstrakten Form einer allgemeinen Gesetzmäßigkeit, bekannt gewesen.

ASTRONOMIE Was in fast jeder heutigen Tageszeitung oder Illustrierten unter Titeln wie »Dein Horoskop« oder »In den Sternen steht es geschrieben« steht, geht in seinen Anfängen auf die Babylonier zurück. Das ist freilich nicht Astronomie und nicht Wissenschaft. Wir scheiden heute reinlich zwischen Astronomie als der exakten Wissenschaft von den Stellungen und Bewegungen der Himmelskörper und ihren Gesetzen und der Astrologie als einer Lehre vom Zusammenhang dieser Vorgänge mit irdischen, der bis in das Leben des einzelnen Menschen hineinreichen und wirksam werden soll. Astronomie gilt heute als strenge Wissenschaft. Astrologie gilt nicht dafür, hat sich aber im Volksglauben hartnäckig erhalten, zählt auch unter Gebildeten Anhänger.

Die Sternkunde der Babylonier war Astronomie und Astrologie in einem, oder anders ausgedrückt, Astronomie unter astrologischen Vorzeichen und aus astrologischem Interesse. Der offenkundig beherrschende Einfluß der Sonne auf das irdische Naturgeschehen hat ihr bei fast allen Völkern zu irgendeiner Zeit göttliche Verehrung eingebracht. Auch anderen Himmelskörpern, insbesondere dem Monde und den unter den übrigen Sternen besonders auffälligen Wandelsternen, wurden vielfach besondere Kräfte zugeschrieben oder besondere Verehrung dargebracht. Die Babylonier glaubten, alle irdischen Vorgänge würden von den himmlischen beherrscht oder beeinflußt. Eingehende und lückenlose Beobachtung der letzteren war deshalb für sie von lebenswichtigem Interesse. Dieses tiefe, weil religiöse und metaphysische Interesse an astronomischem Wissen trat zu dem ohnedies vorhandenen praktischen Bedürfnis genauer Zeitrechnung hinzu und führte dazu, daß die babylonischen Priester durch Jahrtausende die Himmelsvorgänge, insbesondere die Bewegungen der Planeten, lückenlos zu beobachten suchten und aufzeichneten. Das Bedürfnis, dem diese astronomische Tätigkeit entsprang, und die Folgerungen, die damals aus den erkannten Daten gezogen wurden, bestehen nun freilich für die heutige Wissenschaft nicht mehr. Doch sehen wir von dieser Frage ganz ab und auch von der kulturgeschichtlich bedeutsamen und fesselnden Erscheinung, daß die ganze Lebensordnung dieses alten Volkes von astrologischen Vorstellungen durchdrungen war – für uns bleibt die Tatsache wichtig, daß die alten Babylonier mit ihren verhältnismäßig exakten Beobachtungen und deren Aufzeichnung und Deutung ein astronomisches System geschaffen und Material gesammelt haben, das für alle folgende astronomische Wissenschaft von unschätzbarem Wert gewesen ist.

Die »Astronomen, Sterndeuter und Monatsvorhersager« der Babylonier sind auch in der Bibel erwähnt. Sie müssen eine ziemlich einzigartige gesellschaftliche Stellung eingenommen haben. Sie teilten den Tierkreis in die noch heute entsprechend genannten zwölf »Häuser« ein; sie benannten auch außer den Planeten – deren damals nur fünf bekannt waren, nämlich Merkur, Venus, Mars, Jupiter und Saturn – viele Sterne und Sternbilder mit den bis heute erhaltenen Namen. Dies gilt allerdings nur für den nördlichen Himmel, den südlichen kannten die Babylonier nicht. Seine Sternbilder tragen deshalb modernere Namen.

Als besonders wichtig galt es, Sonnen- und Mondfinsternisse vorhersagen zu können. Die Babylonier kannten den Zyklus, in dem eine Finsternis eintreten kann (nicht muß, wegen der verschiedenen Neigung der Umlaufsebenen von Sonne, Erde und Mond) mit 233 Mondmonaten oder 18 Jahren 11 1/3 Tagen genau. Sie nannten ihn »Saros«-Zyklus.

Die Finsternis vom 8. März des Jahres 2283 v. Chr. scheint von ihnen schon richtig vorhergesagt worden zu sein. Jahrhunderte genauer Beobachtung müssen bereits davor gelegen haben. Aus den uns bekannten langsamen periodischen Schwankungen der Erdachse und dem Himmelsausschnitt, den die Babylonier sahen, gruppierten und benannten, läßt sich berechnen, daß die Namengebung der wichtigen Sternbilder etwa um 2750 v. Chr. erfolgt sein muß.
Aus dem Bericht eines Astronomen über eine Finsternis, deren tatsächliches Eintreten nicht beobachtet werden konnte:

Dem Könige der Länder . . . Eine Finsternis ging über die Stadt Assur, wo der König wohnet; doch nun sind Wolken überall, so daß wir nicht wissen, ob sie stattfand oder nicht. Laß den Herrn der Könige (Boten) aussenden nach Assur, nach allen Städten, nach Babylon, Nippur, Erech und Borsippa; was immer in jenen Städten beobachtet wurde, der König wird es zur Gewißheit vernehmen . . .

Zeitmessung und Zeitrechnung der Babylonier weisen eine verblüffende Genauigkeit auf. Berechnungen der genauen Dauer des Mondmonats, allerdings aus etwas späterer Zeit, gehen bis auf die sechste Dezimalstelle nach dem Komma und weichen nur in dieser letzten Dezimale von der heutigen genauesten Berechnung ab! Das ist um so erstaunlicher, als ja mechanische Uhren völlig unbekannt waren. Es gab neben den Sonnenuhren, bei denen der Schatten eines Stabes auf ein Zifferblatt fällt und die natürlich vom Sonnenlicht abhängig sind, nur die wahrscheinlich von den Babyloniern erfundenen Wasseruhren. Man ließ Wasser aus einem Gefäß in ein anderes tropfen oder rinnen und maß an der Menge des abgelaufenen Wassers die Zeit. Diese Uhren waren vom Sonnenlicht unabhängig und ermöglichten es, Tag und Nacht in gleiche Teile (Stunden) einzuteilen. Wegen der unvermeidbaren Temperaturschwankungen des Wassers und anderer Einflüsse waren sie aber kaum genauer als Sonnenuhren. Sonnenuhr und Wasseruhr blieben bis ins europäische Mittelalter die einzigen Zeitmesser für Zeiteinheiten unterhalb der Tagesspanne.

3. Indien

Vom Wissen der alten Ägypter und Babylonier führen mannigfache Verbindungen über Griechenland und Rom und über die Araber zu unserer modernen europäischen Wissenschaft. Die dort gebahnten Wege sind eingemündet in die große Straße, auf der wir uns heute einem unbekannten Ziele zu bewegen, ja diese Straße hätte ohne die dort bereiteten Anfänge kaum entstehen können. Das gilt nicht in demselben Maße für die alte indische Kultur und noch weniger für die chinesische. Beide haben sich bis in geschichtlich späte Zeit relativ unabhängig von der westlichen Welt entwickelt. So fesselnd daher diese fremden geistigen Welten sind und so sehr das dort Geleistete auf manchen Gebieten den Taten der Ägypter und Babylonier ebenbürtig sein mag — in unserem Zusammenhang können wir nur einen ganz kurzen Blick auf sie werfen. Andere Kulturen wie die mittelamerikanischen übergehen wir ganz.

Ich darf hier nicht versäumen anzumerken, daß die Einflüsse etwa zwischen Sumerern und Ägyptern oder die Verbindungslinien von den Indern zu den Griechen und Arabern im einzelnen oft wissenschaftlich noch sehr umstritten sind.

Wir finden in Indien zunächst ebenfalls einen durchgearbeiteten Kalender und bemerkenswerte astronomische Erkenntnisse. So wurde zum Beispiel von einem indischen Astronomen die Lehre von der Kugelgestalt der Erde und ihrer täglichen Drehung verfochten. Sie setzte sich aber hier ebensowenig durch wie in Griechenland und Alexandrien. Dies wie auch das Folgende bezieht sich übrigens nicht auf die frühe indische Hochkultur im Industal, von der noch sehr wenig bekannt ist, sondern auf das Indien nach der arischen Eroberung, also auf das erste vorchristliche Jahrtausend und später.

Der größte Ruhm gebührt neben der Medizin den *mathematischen* Leistungen der Inder. Wir verdanken ihnen, wie schon erwähnt, unter anderem unsere Ziffern und die folgenreiche Erfindung der Null. Nur mit Stichworten sei angedeutet, daß die indischen Mathematiker beispielsweise Probleme behandelten und zum Teil bewältigten wie Wurzelziehen, negative Größen, Gleichungen zweiten Grades. Es finden sich Ansätze zur Differentialrechnung. Trigonometrie wurde betrieben. Die Hauptentwicklung der indischen Mathematik liegt allerdings erst im ersten nachchristlichen Jahrtausend. Ihre wichtigsten Namen sind *Aryabhata* (5. Jahrhundert n. Chr.), *Brahmagupta* (7. Jahrhundert) und *Bhaskara* (12. Jahrhundert).

Bhaskara erfreut den Leser durch eine bezaubernde poetische Einkleidung seiner Rechenbeispiele. Eine Aufgabe beginnt:

> Schönes Mädchen mit den glitzernden Augen, sage mir, so du die richtige Kunst der Umkehrung verstehst, welches ist die Zahl ...

Eine andere Aufgabe lautet:

> Acht Rubine, zehn Smaragde und hundert Perlen, die in deinem Ohrring sind, meine Geliebte, habe ich dir zum gleichen Preise gekauft; und der Gesamtpreis der drei Edelsteinsorten war ein halbes Hundert weniger drei; sage mir den Preis eines jeden, glückverkündende Frau!

Es wird berichtet, die schöne Frau, an die sich Bhaskara wendet, sei seine Tochter gewesen. Er liebte sie so zärtlich, daß er sie immer um sich haben wollte und nicht wünschte, daß sie heiratete. Deshalb unterhielt er sie mit mathematischen Aufgaben. Wir wissen nicht, ob er mit dieser Methode sein Ziel erreicht hat.

Diese indische Mathematik ist nicht eine »Vorstufe«, insonderheit nicht der griechischen – sie entstand ja viele Jahrhunderte später als diese. Es ist eine selbständige Ausbildung dieser Wissenschaft zu einer beträchtlichen Höhe. Eine ihrer wichtigsten Errungenschaften, die indische Zahlenschreibung, kam um das Jahr 800 zu den Arabern und durch diese später nach Europa. Ihr tieferer Gehalt, wie die tiefsinnigen Spekulationen der Inder über Unendlichkeitsprobleme, wurde jedoch kaum verstanden, jedenfalls nicht aufgenommen. Die reiche Entfaltung der Mathematik in Indien wurde vielmehr erst zu Beginn des 19. Jahrhunderts durch den Engländer *Colebrooke* für Europa entdeckt.

Für Physik und Chemie waren ähnliche Grundlagen vorhanden wie in Ägypten. Aus Medizin und Gewerbe war eine große Zahl von Stoffen bekannt. Man beherrschte chemische Prozesse und war besonders geschickt in der Metallbearbeitung. Den Römern galt Indien als das Land der größten Kunstfertigkeit. Übrigens war auch der Kompaß bekannt. Finden wir so auf der einen Seite eine Fülle praktischer Grundlagen, aber ohne eine sie ordnende und verbindende naturwissenschaftliche Theorie, so auf der andern Seite höchst bemerkenswerte theoretische Leistungen. Zu diesen kann man im weiteren Sinne die tiefen philosophischen Spekulationen über das Ganze der in Raum und Zeit erscheinenden Natur rechnen, im engeren Sinne etwa die Atomtheorie des Philosophen *Kanada* und anderer. Was wir aber gänzlich vermissen, ist die Verbindung zwischen Theorie und Praxis durch das Experiment.

Bedeutend ist die alte indische Medizin. Kein Volk der Alten Welt ist in der ärztlichen Kunst den Indern zu vergleichen. Das gilt gerade auch für die wissenschaftliche Grundlage in Anatomie und Physiologie. Sehnen, Muskeln, Häute, Lymphgefäße, Nervengeflecht, Gefäße, Gewebe wurden untersucht und beschrieben. Wir finden auch die Lehre von der Unabhängigkeit der Keimzelle vom Körper – eine Grundlehre der modernen Vererbungswissenschaft – sowie Studien über die Entwicklung des menschlichen Embryos.

Auf praktischem Gebiet ist ein besonders herausragender Name der des *Suschutra*, der um 500 v. Chr. lebte. Seine bis heute erhaltenen und zum Teil noch benutzten Werke nennen weit über 1000 Krankheiten und geben Methoden zu ihrer Erkennung und Unterscheidung (Differentialdiagnose) an. Er beschreibt eine Unzahl von ihm erprobter chirurgischer Operationen, darunter Haut-Transplantationen, und 121 dabei zu verwendende Instrumente. Bekannt ist die Fertigkeit der Inder im Gewinnen und Anwenden von Gegengiften, wie sie namentlich für Schlangenbisse erforderlich waren. Bekannt sind auch ihre Methoden der geistigen Konzentration und Beeinflussung, die religiösen Zwecken dienten, aber auch zu medizinischen verwandt wurden. Auch die Impfung war bekannt. Hospitäler hat das buddhistische Indien schon im 3. vorchristlichen Jahrhundert gekannt – ein halbes Jahrtausend früher als das Abendland.

Auch einer geisteswissenschaftlichen Disziplin müssen wir bei den Indern gedenken. Sprachwissenschaft, insbesondere Grammatik, war gepflegt und hoch entwickelt im Zusammenhang mit dem Studium der alten Sanskrittexte. Der berühmteste indische Grammatiker ist *Pannini*.

Nach dieser notgedrungen summarischen und lückenhaften Aufzählung mag ein abschließendes Wort eher als These denn als Schlußfolgerung aus dem Material erscheinen. Die Kulturschöpfungen der Inder auf religiösem und philosophischem Gebiet werden durch nichts übertroffen, was Menschen hervorgebracht haben. Gemessen an ihnen und der in ihnen sich zeigenden Gewalt und Tiefe des indischen Geistes erscheinen die naturwissenschaftlichen Leistungen trotz ihrer Größe auf einzelnen Gebieten zweitrangig. Darin zeichnet sich die ganz auf das Metaphysische gerichtete Grundeinstellung des Inders ab. Man könnte im Anschluß an die in unserer Einleitung gebrauchte Formulierung sagen, die Gegenstände und Gesetze der äußeren Natur seien den Indern zwar *frag*würdig genug (das zeigt ihre Philosophie), aber nicht frag*würdig* genug erschienen.

4. China

Noch ferner als Indien, das doch in vielerlei Hinsicht in innere und äußere Beziehung zum Abendland zu setzen ist, liegt die gewaltige Geisteswelt Chinas der unseren. Auch hier ragen wie in Indien die Werke der großen einsamen philosophischen Denker wie Lao Tse – auch die der Kunst – wie erhabene und fast unersteigbare Gipfel turmhoch über alles empor, was China im engeren Bereich der Wissenschaft geleistet hat. Man mag auch hierin ein Zeichen einer bestimmten Grundeinstellung zu Welt und Leben erblicken. Dies gilt natürlich nur für das alte China und ist keine Prognose für Gegenwart und Zukunft. Übrigens zeigt das chinesische Mittelalter, wie erst in letzter Zeit in der westlichen Welt bekanntgeworden ist, einige Ansätze zu einer der westlichen verwandten analytisch-zergliedernden Betrachtungsweise, die allerdings nicht weiterentwickelt worden sind.

Die Leistungen der Chinesen auf verschiedenen Gebieten der Wissenschaft und Technik sind indessen doch zu bemerkenswert, als daß sie ganz übergangen werden könnten. Das gilt mehr noch als für Mathematik, Astronomie und Medizin für die technischen Erfindungen. Der Kompaß war in China wahrscheinlich schon 1000 v. Chr. im Gebrauch, also zwei volle Jahrtausende früher als in Europa. Das Schießpulver wurde, obwohl man es in Europa außerdem von neuem erfand, wahrscheinlich auch von den Arabern als »chinesischer Schnee« zu den Europäern gebracht. Porzellan, Seide, Papier, Buchdruck wären weiter zu nennen. Auch die Kohle war bekannt. Während aber das chinesische Leben ungeachtet der in diesen Erfindungen schlummernden Möglichkeiten durch die Jahrtausende praktisch unverändert weiterging, hat die alles umstürzende Dynamik des neuen europäischen Menschen sich dieser Dinge in einer für sie charakteristischen Weise bedient.

Aus dem Umkreis der Geisteswissenschaften ist außer dem konfuzianischen Rechtsdenken vor allem die chinesische Geschichtsschreibung zu nennen. Der konservative und immer auf die Tradition blickende Sinn der Chinesen ließ bedeutende chronistische Werke entstehen. Auch Konfuzius, der einflußreichste chinesische Denker des Altertums, hat einige verfaßt oder neu herausgegeben.

5. Israel

Wollten wir statt Wissenschaftsgeschichte Religionsgeschichte oder auch allgemeine Geistesgeschichte treiben – die Entwicklungslinien, die vom alten Israel zu uns führen, müßten an zentraler Stelle stehen. Für die Wissenschaftsgeschichte sind sie nicht die wichtigsten, aber doch wichtig genug. Wir erwähnten schon, daß die Buchstabenschrift möglicherweise eine Schöpfung Alt-Israels ist. Mag dies umstritten werden; kaum zu bestreiten nach dem heutigen Stande des Wissens ist, daß die Juden das erste Volk der Weltgeschichte sind, das Geschichte bewußt erlebte und niederschrieb – Geschichte nicht im Sinne äußerlich chronistischen Festhaltens oder als bloße Verherrlichung von Königs- und Heldentaten verstanden, sondern als inneren Sinn- und Sachzusammenhang.

Bereits im 12. vorchristlichen Jahrhundert sind die ältesten Teile der geschichtlichen Bücher des Alten Testaments niedergeschrieben. Sicher ist anderes, noch Älteres verlorengegangen. Bei keinem Volk der Erde reicht die wirklich geschichtliche, von Zeitgenossen niedergelegte Überlieferung so nahe an die Anfänge der Volkwerdung heran. Der zwischen 1000 und 960 v. Chr. wahrscheinlich von dem Priester Ebjatar niedergeschriebene Bericht reicht von der Krönung König Sauls (1022 v. Chr.) bis kurz nach dem Tode König Davids. Er ist im wesentlichen enthalten in den beiden Büchern Samuelis und im 1. Buch der Könige. Der Verfasser hatte offensichtlich eine intime persönliche Kenntnis von den Vorgängen, die er schildert. Aber er schaut mit fast ironischer Sachlichkeit auf sie herab, und gerade das macht seinen Bericht packend und anschaulich. Es dauerte Jahrhunderte, bis ein anderes Volk eine solche Höhe der Betrachtung erreichte.

6. Das Erbe des Ostens
(Zusammenfassung)

Versuchen wir den Strom der Wissenschaftsentwicklung zurückzuverfolgen bis zum Anfang, so mag es auf den ersten Blick scheinen, dieser liege bei den Griechen. In der Tat kann man wohl erst von diesen an von einem Strom sprechen und ihm den Namen Wissenschaft geben. Von ihnen her sehen wir ihn, zuzeiten nur als Rinnsal, aber im ganzen doch ohne Unterbrechung, auf uns zukommen. Sobald wir aber zu diesem mutmaßlichen Anfang zurückgehen, erkennen wir, daß er hier keineswegs aus dem Nichts entspringt, daß vielmehr hier zahlreiche kleinere oder größere Adern zusammenkommen, die aus dem Dämmer der Vorzeit über die alten Kulturvölker des Ostens zu den Griechen laufen.

Als wichtigste Lehrmeister der Griechen müssen wir die Ägypter und die Babylonier, diese im Verein mit den ihnen folgenden Assyrern und Chaldäern, ansehen. Neben diesen wären noch die Phönizier zu nennen, vielleicht weniger als Kulturschöpfer denn als Vermittler. Andere Völker und Kulturen haben wir teils gestreift, teils ganz übergangen, ebenso wie die als sicher anzunehmenden, im einzelnen aber schwer zu bestimmenden und für unseren Zweck nicht entscheidenden Zusammenhänge zwischen den genannten Kulturvölkern und anderen älteren wie den Sumerern.

Zu der Zeit, da die Griechen in das Licht der Geschichte traten, war der südliche Teil Asiens das Herzland menschlicher Zivilisation. Er war fast ganz von Hochkulturen bedeckt. Was haben diese Völker an Voraussetzungen für die weitere Entwicklung der Wissenschaft geschaffen? Wir wollen folgendes festhalten:

Die Kunst des Rechnens und die Anfänge der Mathematik waren entwickelt.

Es war ein ausgedehntes, auf Beobachtung beruhendes astronomisches Wissen angesammelt und ein brauchbarer Kalender geschaffen. Es hatte sich ein Zeitsinn ausgebildet, weniger für kleinste Zeiteinheiten, aber um so mehr für große Perioden.

Mit der Ausbildung der Schriften und der Erfindung von Schreibmitteln war die Überlieferung und Ausbreitung angesammelten Wissens möglich geworden.

Mit der Erfindung von Werkzeugen der Messung und Stoffbearbeitung, von Gefäßen und ähnlichem waren Mittel des Forschens und Entdeckens bereitgestellt.

Ein allerdings vorerst rein praktisches Wissen um die Welt der Materie war angehäuft in den mannigfach differenzierten Berufen und Tätigkeiten der Menschen. Es konnte zur Grundlage der Physik und Chemie werden.

Die Heilkunde war nach der praktischen Seite, weniger nach der theoretischen, bereits hoch entwickelt.

Die Juden schufen die erste Geschichtsschreibung.

Teilgebiete des Wissens und des tätigen Lebens waren von Aberglauben frei.

Bisher kaum berührt, aber hier ebenfalls anzuführen ist die Tatsache, daß Verkehr und Seefahrt und in ihrem Gefolge die gegenseitige Berührung der Kulturvölker den geographischen Horizont geweitet und auch in geistiger Hinsicht den Blick für andere Welten als die eigene geöffnet hatten. Es gab schon eine Kenntnis fremder Sprachen, zum Beispiel bei den Assyrern.

Fragen wir demgegenüber, was diese Völker »noch nicht« hatten, warum wir das von ihnen Geleistete erst als Vorstufen und erste Anfänge von Wissenschaft bezeichnen, so muß vor allem folgendes hervorgehoben werden:

Im allgemeinen finden wir kein theoretisches und systematisches, sondern ein praktisches, das heißt auf den Einzelfall bezogenes, aus ihm gewonnenes, auf ihn beschränktes, untereinander nicht in Beziehung gesetztes Wissen. Die Ägypter wußten, wie man einen rechten Winkel herstellt, aber sie fanden nicht die ihrem Verfahren zugrundeliegende allgemeinere Gesetzmäßigkeit. Sie hatten Tabellen zur Umrechnung von Brüchen, aber kein allgemeines Verfahren dafür. Ähnliches gilt für die

Medizin. Die Ägypter machten sorgfältige Aufzeichnungen sowohl über astronomische Beobachtungen wie auch über dynastische und andere geschichtliche Daten. Sie hatten aber nicht das Bedürfnis oder kamen nicht auf den Gedanken, die einzelnen aufgezeichneten Beobachtungen oder Tatsachen auf ihren möglichen Zusammenhang hin systematisch zu untersuchen oder zu interpretieren.

Man kann diesen Sachverhalt so ausdrücken: Der Schritt von der Praxis zu der diese verarbeitenden Theorie wurde nicht getan. Es ist aber auch möglich und bedeutsam, ihn von der Seite zu sehen: Es war kein Bedürfnis nach Wissen um des Wissens willen vorhanden. Auch die Astronomie der Babylonier, die die einzelnen Beobachtungsdaten wohl systematisch ordnete und Schlüsse daraus zog, war doch nicht erwachsen aus einem Wissenwollen, sondern aus dem letztlich ebenfalls praktischen Bedürfnis oder Wunsch, das tätige Verhalten nach den zu erwartenden astrologischen Einflüssen einzurichten.

Es ist merkwürdig und erst aus der späteren Geistesentwicklung zu erschließen, daß diesen alten Völkern mit dem Verzicht auf die reine, gewissermaßen interesselose Theorie oder jedenfalls mit dem Fehlen einer solchen gerade die größten Möglichkeiten der von ihnen doch erstrebten praktischen Beherrschung ihrer Umwelt verstellt waren. Die europäische Wissenschaftsgeschichte zeigt, daß erst die eigenartige Einstellung auf das reine Erkennen die Möglichkeiten weitreichender Naturbeherrschung freigegeben hat.

Viertes Kapitel

Die Geburt der Wissenschaft in Griechenland

Wer hat der Welt die Kultur gebracht und wer ihre Städte errichtet? Wer hat die Häfen gebaut, die Kanäle gegraben? Die ruhmreichen Heiden haben alle diese Werke vollbracht. Sie haben die Kunst entdeckt, die Seelen gesund zu machen und die Körper zu heilen. Sie haben die Welt mit nützlichen Einrichtungen erfüllt und mit Weisheit, dem höchsten Gut.

Thabit ibn Qurra (um 900)

Bis heute sind alle zivilisierten Nationen in allem, was die Geistestätigkeit betrifft, Kolonien von Hellas. J. A. Symonds (1920)

Die Geschichte der griechischen Wissenschaft umspannt im wesentlichen das erste vorchristliche Jahrtausend.

Ihre *Vorgeschichte* reicht wahrscheinlich mindestens ebenso lange hinter diese Zeit zurück, wie sich ihre lebendige Nachwirkung durch die Jahrtausende bis auf unsere Zeit fortsetzt. Wir wissen, daß Ägypter und Babylonier die Lehrmeister der Griechen waren. Von der Vorgeschichte im Gebiet der Ägäis und Griechenlands selbst war bis vor kurzer Zeit nur wenig bekannt. Nunmehr hat die Altertumsforschung in Kleinasien, auf Kreta, Zypern und anderswo die Reste gewaltiger Kulturen freigelegt. Ihre Funde bestätigen vieles, was man vorher nur auf Grund mythischer Überlieferung und der großen Dichtung der griechischen Frühzeit vermuten konnte. Es scheint, die menschliche Kultur ist fast überall wesentlich älter, als wir bisher angenommen haben; es sieht so aus, als ob überall die Stunde kommt, wo der geschichtliche Wahrheitsgehalt uralter Überlieferungen durch die Wissenschaft sichtbar gemacht und bestätigt wird. Was allerdings gerade in der Wissenschaft die Griechen von ihren Vorgängern im Mittelmeerraum gelernt haben mögen, werden wir so lange nicht wissen, bis, nach der Entzifferung der Schriftzeichen, die von diesen vorgriechischen Völkern hinterlassenen Dokumente gesichtet sind. Bei der Aufzählung der Lehrmeister der Griechen müssen wir daher an dieser Stelle vorläufig einen Platz frei lassen.

Die *Fortwirkung* der griechischen Wissenschaft liegt vor unseren Augen. In ihr besteht zum erheblichen Teil die fernere Wissenschaftsgeschichte und damit auch der spätere Inhalt dieses Buches. Die Geschichte zeigt fast durchgehend, daß die Völker, welche das Erbe des griechischen Geistes bewahrten oder sich neu aneigneten, in der Wissenschaft eine größere Höhe erreicht haben als die, bei denen die Berührung mit der griechischen Tradition gering blieb.

Wir lernen heute immer mehr erkennen, wie vieles die Griechen ihren

orientalischen Lehrmeistern verdankten. Das allgemeine Bewußtsein ist heute, aus diesem und aus anderen Gründen, weit entfernt von einer einseitigen Idealisierung der griechischen Antike. Das »griechische Wunder« erscheint uns dennoch kaum geringer. Wissenschaft, in dem Sinne, den wir in unseren einleitenden Bemerkungen diesem Begriff gegeben haben, wurde in Griechenland geboren.
Die Griechen als erste fragten und suchten, über die Ansammlung bloßen Erfahrungswissens hinaus, nach *allgemeinen Gesetzen* in und hinter den Erscheinungen. Sie als erste suchten solches Wissen um der Wahrheit, *um des Wissens willen*. Ihr Denken war *rational* und *weltlich*, relativ frei sowohl von Aberglauben wie von der Vermischung mit oder der Bindung an religiöse Vorstellungen oder Dogmen. Die Ergebnisse wurden *öffentlich* dargelegt und diskutiert.
Im Zeitalter des schnell fortschreitenden Verfalls der humanistischen Bildung droht uns das Bewußtsein dafür verlorenzugehen, in welchem Ausmaß wir in allem, was wir denken und tun, auf den Schultern der Griechen stehen. Bedenkt man aber, daß nicht nur die weltlichen Grundlagen unserer Kultur in Wissenschaft, Kunst und Philosophie griechisches Erbe sind, daß auch das Christentum als religiöse Grundlage, obwohl in orientalischem Boden wurzelnd, seine heutige geschichtliche Gestalt erhalten hat auf Grund einer engen Durchdringung mit Gedanken der griechischen Philosophie, so muß der drohende Verlust des Bewußtseins von diesem Zusammenhang als eine schwerwiegende Gefahr erscheinen. Überdies ist nahezu alles, was in unserer Überlieferung nicht original griechischen Ursprungs ist, auch nur durch die Vermittlung der Griechen auf uns gekommen.

DIE HAUPTPERIODEN Die Lebensgeschichte Griechenlands innerhalb des genannten Jahrtausends zeigt deutlich unterscheidbar drei Perioden: Aufstieg, Blütezeit, allmählichen Verfall.
Zählen wir die Zeit der achäischen Vorherrschaft, in der sich der von Homer geschilderte Trojanische Krieg (12. Jahrhundert) abgespielt hat, noch zur Vorgeschichte, so beginnt die erste Periode mit dem Einbruch der Dorer um das Jahr 1100 v. Chr. Die Eroberer zerstörten zunächst fast alles, was an Werken älterer Kulturen auf griechischem Boden vorhanden war. Die ersten Jahrhunderte sind ausgefüllt von Chaos, Krieg und allmählicher Rassenmischung der Eroberer mit den Unterworfenen. Die folgenden brachten das einzigartige Schauspiel der griechischen Ausbreitung über praktisch alle Randländer des Mittelländischen Meeres. Diese Periode des Aufstiegs wird bis zum 6. Jahrhundert gerechnet.
Die Sicherung der griechischen Freiheit durch den Sieg über die Perser, abgeschlossen etwa 480 v. Chr., ermöglichte das freie Aufblühen der griechischen Kultur und leitete ihre höchste Blüte im sogenannten Goldenen Zeitalter des Perikles ein. Sie umfaßt nur ein knappes Jahrhundert und wird bis zum Tode des Sokrates im Jahre 399 gerechnet. Es ist freilich nicht schwer, in ihr schon die Keime des alsbald einsetzenden Verfalls aufzufinden.

Das 4. Jahrhundert mit dem Untergang der griechischen Freiheit ist bereits das Zeitalter dieses Verfalls. Aber der Geist Griechenlands ging nicht mit dem Verlust der Freiheit unter. Die Eroberungen Alexanders des Großen leiteten vielmehr jene Periode der Durchdringung des ganzen ostmittelmeerischen Raumes mit griechischer Sprache und griechischem Denken ein, die man seit Droysen als Zeitalter des Hellenismus bezeichnet. Der zweite Erbe neben dem hellenistischen Osten wurde Rom. Dieses Fortleben griechischen Einflusses reicht im Osten wie in Rom weit in die nachchristliche Zeit.

Für die Geschichte der griechischen Wissenschaft bildet diese allgemeine Periodisierung den notwendigen kulturgeschichtlichen Rahmen. Sie selbst aber weist zwar auch den Rhythmus von Aufstieg, Blüte und Verfall auf, aber in zeitlicher Verschiebung gegenüber der allgemeinen Entwicklung. Ihre Entwicklungsschritte und Höhepunkte liegen später. Es zeigt sich wiederum, daß Wissenschaft eine späte Frucht am Baume der Kultur ist. Die Eulen der Minerva beginnen erst in der Dämmerung ihren Flug, wie Hegel diesen Sachverhalt ausgedrückt hat.

Wir brauchen – wenn wir absehen von der notwendigen Würdigung Homers als Geschichtsschreiber – unsere Betrachtung im wesentlichen erst mit dem 6. Jahrhundert zu beginnen. In ihm regen sich fast plötzlich und an vielen Stellen zugleich die ersten kräftigen Keime freien philosophischen und wissenschaftlichen Denkens. Das 5. Jahrhundert, auf anderen Gebieten der Gipfelpunkt der Entwicklung, steht in der Wissenschaftsgeschichte an Bedeutung zurück. Hier brachte vielmehr das vierte, auf anderen Gebieten die Zeit des Verfalls, die eigentliche Höhe. Die folgende Zeit des Hellenismus zeigt ein deutliches Nachlassen oder auch gänzliches Versiegen der schöpferischen Kraft in der Kunst und auch der Philosophie, in der wissenschaftlichen Einzelarbeit aber brachte sie noch einen weiteren Höhepunkt.

LAND, VOLK, UMWELT Wissenschaftliche Leistung ist wie andere menschliche Lebensäußerung ein Produkt aus Eigenart und Begabung ihres Trägers einerseits und Umwelt andererseits, wobei Umwelt natürliche und gesellschaftliche Bedingungen und geistige Überlieferung umfaßt. Das gilt für Einzelne wie für ganze Völker. Die uns auferlegte räumliche Beschränkung verbietet es, diesen Bedingungen jeweils im einzelnen nachzugehen. Wenn uns aber die Leistungen der Griechen auf den meisten Gebieten des Wissens nicht ein Rätsel bleiben sollen, wenn wir sie in ihrer geschichtlichen Einmaligkeit verstehen wollen, so müssen wir nach dem, was andere Völker vor ihnen geleistet hatten und was ihnen zu Teilen übermittelt wurde, uns wenigstens einleitend in die äußere und geistige Besonderheit ihrer Welt versetzen.

Schauplatz unseres Dramas ist nur in der mittleren Periode, der Blütezeit, das griechische Mutterland und sein geistiger Mittelpunkt Athen. Davor sind es die Kolonien, vornehmlich der von Ioniern besiedelte Streifen an der kleinasiatischen Küste, die Ägäischen Inseln und der von Griechen bewohnte, Magna Graecia genannte Teil Unteritaliens.

Das ist kein Zufall. Die natürlichen und gesellschaftlichen Vorbedingungen kulturellen Aufschwungs waren vielmehr hier am frühesten und in bestmöglicher Form verwirklicht.
Alle diese Zentren frühgriechischen Lebens lagen am Meere, und zwar einem Meere, dessen Inselreichtum auch ohne Benutzung des Kompasses lebhaften Seeverkehr zuließ. Die Griechen waren ein Volk von Seefahrern, die Schiffe waren ihre zweite Heimat. Dazu lagen diese Siedlungen vielfach an der Mündung von Flüssen, den Hauptadern des Handelsverkehrs mit dem Hinterland. Die bevorzugte Stellung im Handel brachte ihnen Wohlstand und damit das Bedürfnis nach Luxus und Verfeinerung; der Wohlstand brachte Muße und ein starkes Bedürfnis nach höherer Bildung.
Die Griechen waren ein Mischvolk wie alle uns bekannten Kulturvölker. Auch diese anscheinend der geistigen Entwicklung förderliche Bedingung war in den Kolonien in sozusagen potenzierter Form verwirklicht. Im ionischen Kleinasien wie anderswo hatten sich die Kolonisten mit der eingesessenen Bevölkerung vermischt, die ihrerseits schon eine Mischbevölkerung war. Das Blut verschiedener Stämme und Rassen mischte sich hier; ebenso berührten sich ihre Sprachen, ihre Sitten und Gebräuche, ihre religiösen und sonstigen Vorstellungen. Es gab Vergleichsmöglichkeiten. Der Bann einer starren religiösen Tradition und darauf begründeten Sitte wurde hier viel früher gebrochen als im Mutterland, das noch lange in ihm verharrte. Seeverkehr und -handel haben fast immer und überall diese auflockernde Funktion gehabt. Und gerade am Ostrande des damaligen griechischen Lebensraumes waren es nicht primitive und den Griechen weit unterlegene Völker, auf die sie stießen, sondern mit dem Warenreichtum des Ostens, mit Holz, Metallen, Früchten und anderen Gütern strömte hier aus dem Osten auch eine Flut von Ideen und Anregungen auf die Griechen ein aus alldem, was von den alten überlegenen Kulturen des Orients bewahrt worden war.
Diese Handelsstädte hatten ferner, wie die meisten Seestädte und Seevölker, wie insbesondere auch die Phönizier, die in Seefahrt und Kolonisation die unmittelbaren Vorgänger der Griechen sind, eine verhältnismäßig freiheitliche politische Verfassung – jedenfalls wenn wir von der Sklaverei absehen und nur die eigentlichen Bürger ins Auge fassen. Auch das trug zum Entstehen eines freieren geistigen Klimas bei. Mit der Rede wurde auch das Denken freier.
Freilich war es nun ein einzigartiges Volk, das unter diesen Bedingungen lebte und sie nützte, beziehungsweise sie selbst geschaffen hatte. Die Blutmischung, der Boden und das Klima, der reiche, für uns nicht mehr voll rekonstruierbare Hintergrund der Überlieferung und jener göttliche Funke der Begnadung, der zu den günstigen geschichtlichen Bedingungen anscheinend hinzukommen muß, wenn Großes entstehen soll, hatten ein Volk entstehen lassen, das rastlos, schweifend, träumerisch, sinnenfroh, leichtlebig, genußsüchtig, listig und verschlagen und dazu freiheitsdurstig, individualistisch, kritisch, debattierfreudig, eminent fruchtbar, praktisch und tatkräftig, kriegs- und seetüchtig in einem

war und in allem einen kaum vergleichlichen Sinn für Maß, Ordnung, Proportion und Schönheit besaß, der seinen Werken, solange Menschen leben, einen unvergänglichen Glanz verleihen wird.
Diese ihre Eigenart behaupteten die Griechen trotz selbstmörderischer politischer Zersplitterung in einer Umwelt von feindlichen Völkern, von Barbaren, wie sie sie alle zusammen etwas geringschätzig nannten. Es ist kaum faßlich, wie die einander zerfleischenden Städte und Städtchen der Griechen sich in dem sie umwogenden Meer der barbarischen Völker gehalten haben. Eines nicht fernen Tages sollten sie dem Ansturm unterliegen. Einige entscheidende Jahrhunderte lang aber war es den Griechen vergönnt, all die aus dem Osten strömenden Anregungen aufzunehmen und sie in Freiheit ihrer Eigenart gemäß schöpferisch weiterzuverarbeiten.
In den ionischen Kolonien waren nicht nur diese Vorbedingungen in nahezu idealer Form gegeben, die Ionier besaßen auch die griechischen Charaktereigenschaften in gewissermaßen potenzierter Form. Hier also im kleinasiatischen Ionien, zuerst in Miletos, der damals führenden der zwölf Städte geschah es, daß zum erstenmal ein rein rationales, kritisches, weltliches Denken sich erhob und den Versuch machte, die Welt mit den Mitteln der Vernunft auf natürliche Weise zu erklären.

PHILOSOPHIE ALS MUTTERBODEN Unsere moderne Wissenschaft sucht die Welt, das heißt unser Bild von ihr, gleichsam von unten her aufzubauen. Die Erkenntnis nimmt ihren Ausgang vom Einzelproblem, von der exakten Beobachtung im einzelnen. Fortgesetzte Beobachtung vieler Erscheinungen an vielen Stellen lehrt dann allmählich größere Zusammenhänge erkennen. Am Ende schließen sich die Einzelerkenntnisse vieler Fachgebiete zu einem einheitlichen wissenschaftlichen Weltbild zusammen; oder bescheidener gesagt, es gilt als Ziel, daß sie dieses tun sollten – ein ideales Ziel, das immer in der Ferne bleibt.
Das war nicht der Weg der Griechen. Sie gingen umgekehrt vor. Sie begannen gleich mit dem allgemeinsten, schwierigsten und umfassendsten Problem. Sie fragten nach der Entstehung des Weltganzen. Ihr Denken ging auf das Ganze des Seienden. Es war damit nicht Wissenschaft in unserem Sinne, sondern Philosophie, wenn sie auch damals im Anfang noch nicht diesen griechischen Namen trug. Es gab nur eine einheitliche Lehre von der »Natur« (physis).
Die Ionier suchten nicht nach den Ursachen des Bestehenden, sondern nach einem einzigen letzten Ursprung. Insofern entspricht ihr Denken den religiösen Erklärungsversuchen, die auch alles Bestehende auf den einen göttlichen Willen zurückführen. Aber zugleich steht es im Gegensatz zur Religion, indem es nicht nach persönlichen Kräften und Göttern sucht, sondern nach unpersönlichen, natürlichen Ursachen, nach einem Urstoff (den wir uns allerdings hüten wollen allzu materiell zu verstehen), und weiter darin, daß es allein an kritisches und vernünftiges Denken appelliert. Diese Denker brauchten sich deshalb noch nicht ausdrücklich gegen die bestehende Religion zu wenden – das taten sie zum

Teil allerdings auch –, sie brauchten nicht offen an der Existenz der Götter zu zweifeln; aber sie suchten die letzten Ursachen, die letzte Instanz jedenfalls nicht bei ihnen.
Durch die ganze griechische Geistesgeschichte, und nicht nur in dieser, sehen wir einen teils ausdrücklichen Kampf, teils mehr unterirdischen Gegensatz zwischen der Religion und dem rationalen Denken sich hindurchziehen. Betrachten wir die Entfaltung der griechischen Philosophie, so sehen wir ihn immer von neuem aufbrechen. Der Gegensatz ist nicht ohne weiteres mit dem von Religion und Philosophie gleichzusetzen. Wir finden einen verwandten Gegensatz nämlich sowohl innerhalb der Religion wieder, wo dem lichten Götterhimmel der Religion Homers die dunklen Kulte der Mysterien des Ostens gegenüberstehen, wie auch innerhalb der Philosophie, wo ebenfalls eine wahrscheinlich orientalisch gefärbte mystische Richtung von Pythagoras über Platon bis zum Neuplatonismus mit einer naturalistischen teils im Kampfe liegt, teils auch verbunden wird. Wir stehen hier vor einem Urphänomen, einem Grund-Gegensatz, der als Grundbaß gleichsam in und unter dem griechischen Leben einhergeht und den wohl Nietzsche mit seiner Unterscheidung des Apollinischen (des Heiteren und Maßvollen) und des Dionysischen (des Rauschhaften und Ungestalteten) gemeint hat.
Für unsere Betrachtung wollen wir festhalten, daß das rationale Denken hier in Griechenland, einmal erwacht, stark genug war, sich selbst zu behaupten. Die Flamme erlosch nicht wieder. Entzündet wurde sie auch an anderen Stellen des Erdballs, in Indien besonders, und merkwürdigerweise zur gleichen Zeit, aber sie blieb dort nicht am Leben. In Griechenland war ihrer Erhaltung und Entwicklung besonders günstig, daß es, ungeachtet der im übrigen durchaus vorhandenen Bedeutung der überlieferten Religion im Leben des Volkes und Staates, doch keinen einheitlichen organisierten Priesterstand mit zentraler geistlicher Autorität und ins Gewicht fallender weltlicher Macht gab. Obwohl also der Kampf zwischen Philosophie (die ja hier die Wissenschaft einschließt) und Religion vorhanden war und zuzeiten auch heftige und dramatische Formen annahm, bestand von Anfang an kein übermächtiger Druck von seiten einer herrschenden Religion oder organisierten Kirche. Die griechischen Denker diskutierten, im ganzen gesehen, Probleme, die anderswo tabu waren, mit einer bemerkenswerten Freiheit und Offenheit.
Wenn trotzdem die griechische Wissenschaft nur auf ganz bestimmten Gebieten eine beherrschende Höhe erreichte und im ganzen einen anderen Weg ging als die moderne europäische, so haben wir die Ursache dafür nicht in solchen Hemmnissen zu suchen, sondern in bestimmten, gleich noch zu berührenden Eigenheiten des griechischen Lebens und Charakters.

PHILOSOPHIE, MATHEMATIK UND NATURWISSENSCHAFTEN Philosophen waren es also, die zuerst die Fackel erhoben. Es gab noch keine Einzelwissenschaften. Die großen ionischen Denker waren wahrhaft universale Geister, sie wandten ihr Interesse Tätigkeits- und Wissensgebieten zu, die wir heute zu weit auseinanderliegenden Fachgebieten rechnen würden.

Mit dem Anwachsen des Wissensstoffes setzt dann die langsame Verselbständigung einzelner Teilgebiete der Erkenntnis ein. Sie emanzipieren sich von der Philosophie. Das ist in sachlicher Hinsicht deutlich zu erkennen zum Beispiel für die Mathematik, doch ging der Prozeß sehr langsam und erreichte bei weitem nicht den Grad von Spezialisierung und gegenseitiger Abgeschlossenheit der Fächer, wie wir ihn heute kennen. Vor allem ist es nicht so zu verstehen, daß nun auch die einzelnen Denker zu »Fach-Leuten« geworden wären. Auch die späteren Forscher vereinen noch gleichsam in Personalunion die Philosophie mit vielen oder allen damals bekannten Einzelwissenschaften. Die Gestalt des Fachmanns im heutigen zugespitzten und engen Sinne war den Griechen eigentlich fremd. Der gefühlsmäßige Eindruck des Freien, Vollkommenen, Harmonischen, der uns beim Betrachten griechischen Lebens, griechischer Persönlichkeiten und Werke unwillkürlich ergreift, beruht, abgesehen von der durch die zeitliche Ferne bewirkten Verklärung, sicherlich mit auf diesem Umstand. Der wissenschaftliche Spezialist ist ein Produkt der Neuzeit. Bei den Griechen galt es als selbstverständlich, daß ein weiser oder gelehrter Mann über Philosophie, Physik, Geometrie, Astronomie, Rhetorik, Musik und anderes lehrte und schrieb. Selbst die Sophisten, die als erste das Lehren der Weisheit und Rhetorik zur berufsmäßigen Tätigkeit machten und Geld dafür nahmen (bis zu ihnen galt das als verächtlich) und die man als die ersten »Intellektuellen« in unserem Sinne mit der dieser Schicht eigentümlichen sozialen Schwebestellung ansprechen könnte, weisen diese Vielseitigkeit auf.

Der Versuch, einen Überblick über die griechische Wissenschaft nach Sachgebieten geordnet zu geben, begegnet deshalb der Schwierigkeit, daß diese Sachgebiete damals gar nicht reinlich geschieden waren. Wir begegnen auf den einzelnen Feldern des Wissens immer wieder denselben Männern.

In der Mathematik haben die Griechen das Größte geleistet. Daß sie auf den verschiedenen Wissensgebieten so verschieden weit gekommen sind, ist nicht zu verstehen ohne Berücksichtigung der Weltanschauung und Gesellschaftsordnung der Griechen und der aus ihr sich ergebenden ganz verschiedenen Wertschätzung der einzelnen Gebiete des Tuns und Erkennens. Wirtschafts- und Gesellschaftsordnung der Griechen beruhte auf der Sklaverei. Wohlstand und Luxus der freien Bevölkerung, die ihr Bedürfnis nach höherer Bildung erweckten, die Muße des Städters, die ihm Zeit zum Denken, Diskutieren, Genießen und Nichtstun ließ – alles ruhte auf Blut und Schweiß ungezählter Sklaven. Nach einer antiken Quelle zählte Attika im Jahre 317 eine Sklavenbevölkerung von 400 000 gegenüber 21 000 freien Bürgern. Die Angabe ist nicht unbedingt verläßlich, vermittelt aber doch einen Begriff von dem Verhältnis. Daß ein Reicher fünfzig Sklaven hatte, war keine Seltenheit, aber auch der »Arme« besaß deren noch mehrere. In dieser Gesellschaft wurde prak-

tisch alle gröbere körperliche Arbeit von Sklaven verrichtet und galt deshalb als eines freien Mannes nicht würdig.
Es läßt sich nun geradezu eine Skala der wissenschaftlichen Erfolge der Griechen aufstellen, geordnet nach der größeren oder geringeren Nähe des Gebiets zu der verachteten körperlichen Arbeit. Die Erfolge sind gewaltig überall da, wo mit reinem Denken und Diskussion gearbeitet werden konnte. Da war zunächst die Philosophie. Nachzusinnen über die Rätsel und die Harmonie des Universums, über die richtige Lebensführung oder die Einrichtung des Staates, war eines freien Mannes wohl würdig. Nächst dem war die Mathematik die Wissenschaft, in der man mit reinem Denken und, soweit Anschauung erfordert war, mit reiner, das heißt geistiger Anschauung am weitesten kommen konnte. In den eigentlichen Naturwissenschaften aber wie Astronomie, Physik, Chemie und so weiter nehmen die Leistungen in eben dem Grade ab, in dem man die exakte Einzelbeobachtung und Messung als Grundlage gebraucht hätte. Denn dazu hätte man sich mit Werkzeugen, Apparaten, Gefäßen, Meßvorrichtungen und so weiter umgeben und in die geduldige Befragung der Natur und das sozusagen handgreifliche Ringen mit dem Stoff einlassen müssen. Das war nicht die Sache der Griechen. Es ähnelte zu sehr der Arbeit eines Handwerkers.
Es gab natürlich Ausnahmen. Vor allem der ärztliche Beruf war hoch geachtet. Die medizinischen Errungenschaften der Griechen sind auch dementsprechend beachtlich. Im ganzen aber war im griechischen Gesellschaftsaufbau der tägliche Umgang mit der widerspenstigen Materie und den hart im Raume sich stoßenden Sachen in einer sozialen Schicht lokalisiert und das freie schöpferische Denken in einer ganz anderen. Es fehlte der fruchtbare Kontakt zwischen beiden. Es fehlte insbesondere auch die bewußte Herstellung dieses Kontaktes im Experiment. Es fehlte ebenso der Antrieb zur Verbesserung der Arbeitsmethoden und zu technischen Erfindungen, der bei einer Gesellschaftsstruktur nicht wirksam werden kann, in welcher billige menschliche Arbeitskraft überreichlich zur Verfügung steht. Umgekehrt sehen wir die Technisierung heute in den Ländern am weitesten fortgeschritten, wo menschliche Arbeitskraft rar und damit teuer ist. Die Leistungen der Griechen im Hinblick auf technische Erfindungen blieben dürftig.
Was wir demnach unter griechischer Astronomie oder Physik vorzuführen haben, ist zum überwiegenden Teil eher Naturphilosophie als Naturwissenschaft in unserem Sinne. Die Griechen schreiten meistens für unseren Geschmack viel zu schnell zur Verallgemeinerung oder beginnen gleich mit dieser, wo sie doch erst einmal hätten Tatsachen feststellen, aufzeichnen und vergleichen sollen. Dieser unser letzter Satz ist selbst eine Verallgemeinerung und eine etwas vorschnelle. Die »Nähe zur Sache« war bei den griechischen Wissenschaftlern im einzelnen sehr unterschiedlich. Das sehen wir am besten bei einer Gegenüberstellung der Standpunkte der beiden größten griechischen Denker, Platon und Aristoteles, und wir sehen dabei zugleich, daß diese Verschiedenheit unmittelbar mit der philosophischen Grundeinstellung zusammenhängt.

Was ist wirklich? Für Platon sind es die *Ideen.* Ideen sind reine und unvergängliche Urbilder. Ihnen allein kommt die wahre Realität zu. Die einzelnen Dinge sind nur schattenhafte und vergängliche Abbilder der Ideen. Im Reich der Ideen nimmt das höchste Gute die oberste Stelle ein. Wir erheben uns in dieses Reich bei der Beschäftigung mit dem Schönen, in Kunst und Musik, mehr aber noch in der Philosophie als reiner, unmittelbarer Anschauung der Idee. Die Erforschung der Körperwelt in Raum und Zeit ist deshalb zweitrangig. Sie zielt nur auf vergängliche Schatten und gewährt weder Gewißheit noch wahre Befriedigung. Platon steht daher der Naturwissenschaft fern, er hat sich mit ihr nur am Rande befaßt. Wo er aber Mathematik oder Astronomie treibt, faßt er diese Wissenschaften als reine Anschauung reiner Formen, die durch praktische Anwendung oder Rücksichtnahme auf den empirischen Einzelfall nur getrübt werden kann.

Ganz anders Platons Schüler und Gegenspieler Aristoteles. Er ist Empiriker. Er baut auf die Sinne und auf die Erfahrung, die sie uns vermitteln. Wirklich sind für ihn in erster Linie die Einzeldinge. Ideen sind allgemeine Begriffe, die wir aus den den Einzeldingen gemeinsamen Eigenschaften abziehen. Für sich genommen und jenseits der Einzeldinge haben die Ideen kein selbständiges Sein. (Dies ist zur Herausarbeitung des Gegensatzes hier etwas vereinfacht, in Wirklichkeit war die Stellung des Aristoteles nicht ganz so konsequent.) Mit der Frage »Vorrang des Einzelnen oder des Allgemeinen?« stehen wir an der Wurzel eines der Hauptprobleme der griechischen und abendländischen Philosophie. Aristoteles war mit dieser Grundeinstellung viel mehr Wissenschaftler im modernen Sinne als Platon. Tatsächlich hat er auf einigen Gebieten der Naturwissenschaft hervorragende Beobachtungen angestellt und Grundlegendes geleistet.

Wo wie bei Aristoteles, jedenfalls in seiner Biologie, oder später in Alexandrien, von geduldiger und liebevoller Beobachtung ausgegangen wurde, traten sofort Ergebnisse zutage, die Bestand hatten und die Grundlage späteren Fortschritts wurden. Im ganzen aber haftet doch der eigentlichen Naturwissenschaft bei den Griechen ein Zug ins Theoretische, Allgemeine, Abstrakte, »Intellektuelle« (im modernen Nebensinne dieses Wortes) an. Das schließt natürlich nicht aus, daß in allgemeiner Form, auf Intuition oder Logik beruhend, Sätze gefunden und ausgesprochen wurden, die spätere exakte Forschung bestätigte. In der Tat sind die meisten Grundprinzipien der abendländischen Naturwissenschaft in dieser Form bereits von den Griechen diskutiert worden.

Das bisher Gesagte gilt nicht im gleichen Sinne für die Geisteswissenschaften oder das, was wir bei den Griechen als deren Anfänge ansehen können. Sie haben andere Grundlagen und insbesondere ein andersartiges Verhältnis zur Philosophie, und zwar eines, dem die bei den Griechen herrschende Rolle der Philosophie besser entspricht.

I. Mathematik

THALES UND ANAXIMANDER *Thales* von Milet, der etwa 624–546 v. Chr. lebte, wird als Ahnherr der griechischen Philosophie und Wissenschaft angesehen. Er war Kaufmann, Staatsmann, Philosoph, Mathematiker, Astronom und Ingenieur und bietet uns damit gleich ein Muster der Vielseitigkeit. Wir werden ihm in späteren Abschnitten nochmals begegnen.

Der Weg des Wissens aus Ägypten und Babylonien ist bei Thales besonders deutlich zu sehen. Er bereiste nämlich diese Länder und eignete sich das dort vorhandene und von ihm bewunderte Wissen an, besonders in Mathematik und Astronomie. So berichtet es jedenfalls die Überlieferung, zum Beispiel der Historiker Herodot. Wir müssen aber an dieser Stelle zum Leben und Werk des Thales wie der ihm folgenden Männer gleich bemerken, daß wir darüber aus unmittelbaren Quellen, das heißt aus ihren Schriften, nichts wissen. Die Werke der griechischen Philosophen und Wissenschaftler vor der Zeit des Sokrates (470–399 v. Chr.) sind teils gar nicht, teils nur in Bruchstücken, den sogenannten Fragmenten der Vorsokratiker, erhalten. Im übrigen sind wir auf wesentlich spätere Quellen angewiesen. Von den mathematischen Erkenntnissen des Thales beispielsweise berichtet uns ein Werk des hellenistischen Philosophen Proklos, der rund tausend Jahre nach Thales (412 bis 485 n. Chr.) gelebt hat.

Es wird berichtet, daß Thales die folgenden Lehrsätze gekannt habe – wobei offenbleibt, ob er sie selbst entdeckt oder von seinen Reisen mitgebracht hat:

1. Ein Kreis wird durch jeden Durchmesser in zwei gleiche Teile geteilt.
2. Ein gleichschenkliges Dreieck (ein Dreieck mit zwei gleich langen Seiten) hat an der dritten Seite, der Basis, zwei gleiche Winkel.
3. Wenn sich zwei Gerade schneiden, sind die einander gegenüberliegenden Winkel paarweise gleich.
4. Ein Dreieck ist dadurch vollständig bestimmt, daß die Basis und die beiden Winkel an ihren Enden gegeben sind.
5. Der in einen Halbkreis eingeschriebene Winkel ist immer ein rechter.

Eine der praktischen mathematischen Leistungen des Thales besteht darin, daß er die Höhe einer Pyramide in Ägypten maß. Er bediente sich dazu eines Stabes von bekannter Länge und verglich diese mit der Länge des von dem Stabe geworfenen Schattens. Im gleichen Augenblick, das heißt bei gleichem Sonnenstande, mußte das Verhältnis zwischen der Höhe der Pyramide und der Länge ihres Schattens das gleiche sein. Die Länge des Schattens konnte man messen und so die Höhe bestimmen. Es ist unbekannt, ob Thales dabei den Augenblick abpaßte, da Stablänge und Schattenlänge gleich waren, oder nicht; im letzteren Fall müßte er schon Proportionen gekannt haben. Diese Leistung soll Thales die besondere Bewunderung des ägyptischen Königs eingetragen haben. Thales soll auch die Entfernung von Schiffen auf See auf eine ähnliche, aber nicht beschriebene Weise bestimmt haben.

Wenn diese Überlieferung zutreffend ist, dann muß man die besondere Leistung des Thales darin sehen, daß er *allgemeine* Lehrsätze aufstellte. Er erkannte, daß zum Beispiel die von den Ägyptern empirisch gefundenen und bei der Feldvermessung angewandten Regeln Spezialfälle allgemeinerer Gesetze waren. Das ist die Begründung der reinen Geometrie als Wissenschaft. Weiter scheint Thales sich als erster mit Linien und Kurven anstatt wie die Ägypter mit Flächen und Rauminhalten befaßt zu haben. Auch dies stellt eine höhere Stufe der Abstraktion dar.

Es ist uns weder bekannt, auf welchem Wege Thales im einzelnen zu seinen Sätzen kam, noch, ob er ihnen Beweise anfügte und welcher Art diese waren. Es liegt nahe, anzunehmen, daß er seine Erkenntnisse mehr intuitiv als im Wege strenger Ableitung und Beweisführung gewonnen hat. Das wäre nichts Besonderes, es dürfte vielmehr bei den schöpferischen Mathematikern aller Zeiten der Fall gewesen sein.

Daß es sich um ganz einfache Sätze handelt, die heute jedem Schüler geläufig sind und fast wie Selbstverständlichkeiten anmuten, dürfte die Bedeutung des Thales eher erhöhen als abschwächen, denn es beweist, daß er Neuland betrat und die Anfangsschritte tat, die hier wie überall am schwersten sind. Wenn die Griechen die sieben weisesten Männer ihres Volkes aufzählten, erkannten sie Thales die erste Stelle unter ihnen zu.

Anaximander (611–547), Landsmann und Freund des Thales und in der Philosophie sein Schüler und Fortsetzer, scheint sich ebenfalls mit Geometrie befaßt zu haben.

PYTHAGORAS UND SEINE SCHULE Pythagoras, dessen Lebenszeit ebenfalls in das 6. Jahrhundert v. Chr. gehört – genaue Daten sind nicht bekannt –, kann mit gleichem Recht wie Thales als Vater der griechischen und europäischen Philosophie und Wissenschaft angesehen werden, für die Mathematik vielleicht noch mit mehr Recht, denn er hatte von ihrem Wesen und ihrer Bedeutung eine tiefere und umfassendere Vorstellung.

Pythagoras stammte von der Insel Samos. Den Hauptteil seines Lebens verbrachte er in Kroton in Unteritalien, das zur eigentlichen Stätte seines Wirkens wurde. Unsicher, aber möglich ist, daß Pythagoras von den Lehren des Thales gewußt hat; ebenfalls unsicher, aber nach dem Gehalt seiner Lehre wahrscheinlich, daß er die Länder des Ostens bereist oder deren Weisheit aus anderer Quelle in sich aufgenommen hat.

Die Unsicherheit der Überlieferung erstreckt sich auch auf die Frage, welche von den Pythagoras zugeschriebenen Errungenschaften auf ihn selbst und welche auf seine Schüler zurückgehen. Phythagoras begründete nämlich zur Bewahrung und Weiterbildung seiner Lehre eine feste Gemeinschaft, eine Art Orden, der mehrere Jahrhunderte Bestand hatte. Ziel war eine sittliche Lebensführung und die Pflege der Weisheit und Wissenschaft. Dazu waren strenge und ins einzelne gehende Lebensregeln erlassen. Die Bedeutung der pythagoreischen Gemeinschaft im Leben des Altertums war in vieler Hinsicht erheblich. Wir können sie hier nicht ausführen, halten aber fest, daß sie in der Geschichte der

westlichen Welt der früheste organisatorische Zusammenschluß zur Pflege des Wissens gewesen ist. Da die zugrundeliegende Lehre geheimgehalten wurde, fehlen uns genaue Kenntnisse darüber, was die Schule wissenschaftlich geleistet hat. Unser Wissen beruht vornehmlich auf einem Bericht des Philolaos, der ein knappes Jahrhundert nach dem Tode des Pythagoras niedergeschrieben wurde.
Die Mathematik stand im Lehrplan an erster Stelle. Daneben wurde besonders die Musik gepflegt. Pythagoras scheint als erster das Wort Mathematik in seiner heutigen Bedeutung verwendet zu haben (vorher bedeutete es Wissen im allgemeinen), ebenso vielleicht auch das Wort Philosophie. Daß die Mathematik einen so hervorragenden Platz einnahm, beruht auf der uns modern anmutenden Überzeugung des Pythagoras, daß die Ordnung der Welt, des Kosmos – auch dieser Ausdruck von ihm wahrscheinlich zuerst in diesem Sinne gebraucht – auf *zahlenmäßigen* Verhältnissen beruhe. Hierin liegt der Gedanke einer allgemeinen, das Universum regierenden Gesetzlichkeit.
Allgemein am bekanntesten sind die geometrischen Erkenntnisse des Pythagoras oder der Pythagoreer, insbesondere der nach dem Meister benannte berühmte Lehrsatz. Sicher scheint, daß die Pythagoreer die Geometrie als reine abstrakte Wissenschaft von allgemeinen Sätzen auffaßten. Ob Pythagoras den Satz tatsächlich gefunden hat, gilt, obwohl es die Überlieferung einhellig behauptet, nicht als ganz sicher. Wir haben gehört, daß die Babylonier ihn mit Gewißheit lange vor Pythagoras kannten. Vielleicht kannten ihn auch die Inder. Wahrscheinlich hat ihn aber Pythagoras selbständig von neuem entdeckt.
Der Satz besagt in geometrischer Formulierung: Zeichnet man über jeder Seite eines rechtwinkligen Dreiecks ein Quadrat (von der Seitenlänge der betreffenden Dreieckseite also), so ist das Quadrat über der längsten Seite (der Hypothenuse) gleich der Summe der Quadrate über den beiden andern Seiten (den Katheten). Der Satz ist ein Grundstein der Geometrie. Er hat eine außerordentliche Tragweite für die angewandte Geometrie, zum Beispiel im Vermessungswesen. Die Pythagoreer haben ihn wahrscheinlich auch bewiesen, doch ist nicht feststellbar, welcher unter den vielen möglichen Beweisen ihnen bekannt war.
Die Pythagoreer lösten noch andere geometrische Aufgaben, zum Beispiel in der Darstellung regelmäßiger Körper, schufen aber auch Grundlegendes in der Arithmetik, insbesondere der allgemeinen Theorie der Zahlen. Die Bedeutung, welche sie dieser Seite ihrer Arbeit beimaßen, ist wiederum nur aus einem Gedanken ihrer Philosophie zu verstehen, nämlich der wahrscheinlich mit orientalischen Vorbildern zusammenhängenden Zahlenmystik. Pythagoras sah in den Zahlen das eigentliche Geheimnis und die Bausteine der Welt, und zwar in einem viel unmittelbareren, buchstäblicheren Sinne als dies etwa die heutige Wissenschaft tut. Diese denkt auch in Zahlenverhältnissen, aber Phythagoras schrieb jeder der Grundzahlen ganz bestimmte Eigenschaften zu und glaubte, mit den Zahlen tatsächlich die Wirklichkeit in der Hand zu haben.
Der tiefverwurzelte Aberglaube, der sich bis in unsere Tage an be-

stimmte glückbringende oder unheilvolle Zahlen wie 3 oder 13 anknüpft, kann uns das Verständnis erleichtern, wenn wir hören, daß zum Beispiel die Zahl 2 dem weiblichen Element zugeordnet wurde, die 3 dem männlichen (dieses Symbolverhältnis deckt übrigens die Tiefenpsychologie in manchen unserer Träume auf!), die 4 der Gerechtigkeit, die 5 der Ehe (Vereinigung von 2 und 3), die 7 der Jungfräulichkeit und so weiter. Als Zahl des Kosmos galt die 10 (Harmonie des Kosmos = Einheit von $1 + 2 + 3 + 4$).

Die intensive Beschäftigung mit den Zahlen führte die Pythagoreer unter anderem zur Unterscheidung der geraden und ungeraden sowie der teilbaren und der Primzahlen. Sie schlugen auch eine Brücke von der Arithmetik zur Geometrie mit ihren Betrachtungen über die sogenannten Dreieckszahlen und Quadratzahlen, das sind solche, die sich regelmäßig verteilt in gleichseitige Dreiecke oder Quadrate einordnen lassen.

Unter den späteren Pythagoreern ist *Archytas* hervorzuheben, der um 400 v. Chr. lebte. Er beschäftigte sich, neben Fragen der Mechanik, unter anderem mit dem Problem der Verdoppelung des Würfels, auf das wir gleich zurückkommen.

DIE »DREI PROBLEME« DER GEOMETRIE Die Pythagoreer beschäftigten sich zwar mit Arithmetik im gleichen Maße wie mit Geometrie; im allgemeinen war aber Arithmetik nicht die Stärke der Griechen. Das hat einen inneren und einen mehr äußerlichen Grund. Der innere: die Griechen waren Fanatiker der Anschauung und bevorzugten deshalb die Geometrie. Abstrakte Formeln sagten ihnen wenig, solange sie nicht in einer anschaulichen Zeichnung darstellbar waren. Der zweite, mehr äußerliche Grund, der aber vielleicht auch nur der Ausfluß dieser inneren Einstellung ist: Zahlenschreibung und Rechenmethoden waren recht schwerfällig. Die Griechen hatten das Dezimalsystem, aber sie kannten weder die Null noch den Stellenwert. 1, 2, 3, 4 wurden durch die entsprechende Anzahl senkrechter Striche geschrieben. Größere Zahlen wurden durch den Anfangsbuchstaben des betreffenden Zahlwortes bezeichnet (wie bei den Römern in ihren uns noch durch Inschriften und ähnliches geläufigen Ziffern: C [centrum] für 100, M [mille] für 1000 und so weiter). Die Schreibung hat gewisse Wandlungen durchgemacht (wie wiederum auch bei den Römern), blieb aber immer gleich umständlich, und damit auch das Rechnen kompliziert, langwierig, unübersichtlich. Das Stellenwertsystem gleicht wirklich einem Zauberstab, der einen großen Teil der Rechenarbeit von selber erledigt. Die Griechen benutzen wahrscheinlich einfache Rechenbretter als Hilfsmittel, wie wir sie auch anderswo finden und wie sie bis heute mit größter Virtuosität von den Japanern benutzt werden. Auch die Bruchrechnung war bei den Griechen ganz unentwickelt.

Drei berühmt gewordene Probleme haben in der griechischen Geometrie lange Zeit eine besondere Rolle gespielt: Quadratur des Kreises, Dreiteilung des Winkels, Verdoppelung des Würfels.

Alle drei wurden nicht gelöst und konnten, wie sich heute dartun läßt, mit den von den Griechen verwandten Mitteln auch nicht gelöst werden. Eben der Tatsache, daß sie im Unterschied zu den zahllosen erfolgreich behandelten anderen Aufgaben einer Lösung unzugänglich blieben, verdanken sie natürlich ihre Berühmtheit.

Bei der Quadratur des Kreises, die zur Bezeichnung einer unlösbaren Aufgabe bis heute redensartlich dient, handelt es sich darum, zu einem gegebenen Kreis ein Quadrat zu zeichnen, dessen Flächeninhalt genau gleich dem des Kreises ist. Die Aufgabe sollte, ebenso wie die oben an zweiter Stelle genannte, einen gegebenen Winkel in drei gleiche Teile zu teilen, nur mit Zirkel und Lineal ohne jedes andere Hilfsmittel gelöst werden.

Es ist ein reizvoller und in der Geschichte der Wissenschaften sich wiederholender Vorgang: Die hartnäckige Beschäftigung mit Problemen, die entweder überhaupt nicht oder jedenfalls nicht mit den zu der betreffenden Zeit zu Gebote stehenden Mitteln lösbar waren, hat gewissermaßen als ungewollte Nebenprodukte eine ganze Reihe bemerkenswerter Entdeckungen zutage gefördert. Das bekannteste Beispiel bilden die Versuche der späteren Alchimisten und ihre Suche nach dem Stein der Weisen. Die Alchimisten machten weder Gold noch fanden sie diesen Stein, aber sie schufen und verbesserten im Laufe ihrer Bemühungen die Technik des chemischen Experimentierens und stellten eine ganze Reihe bis dahin unbekannter und nützlicher Stoffe her.

Auch die griechischen Mathematiker machten im Zuge ihrer Beschäftigung mit den drei Problemen mehrere andere Entdeckungen. So gelang zum Beispiel *Hippokrates* von Chios (Namensvetter des berühmten Arztes) um 400 v. Chr. die Quadratur der halbmondförmigen Fläche, die von einem Viertelskreisbogen und einem diesem übergeschriebenen Halbkreis begrenzt wird.

Die Aufgabe der Verdoppelung des Würfels war auch unter dem Namen des »Delischen Problems« bekannt. Das Orakel im Apollo-Tempel von Delos hatte einer athenischen Gesandtschaft, welche um Errettung von einer Seuche flehte, die Aufgabe gestellt, den würfelförmigen Altar des Gottes in Athen zu verdoppeln. Das Problem bestand also darin, zu einem gegebenen Würfel einen zweiten mit genau doppeltem Rauminhalt zu konstruieren.

PLATON UND DIE MATHEMATIK An der dritten Aufgabe hat sich auch der große *Platon* versucht, gelöst hat er sie ebensowenig wie andere. Wenn er gleichwohl in der Geschichte der Mathematik eine Stätte hat, so nicht wegen eigener schöpferischer Beiträge, sondern wegen seiner allgemeinen Hochschätzung dieser Wissenschaft, durch die er auf ihre weitere Entwicklung einen mittelbaren, aber doch nicht zu unterschätzenden Einfluß ausgeübt hat. Über dem Eingang zu seiner Lehrstätte, der Akademie, hatte er den Spruch angebracht: »Kein Nichtmathematiker (genauer Nichtgeometer) trete hier ein.«

Platon sah die Mathematik als eine Grundlage der Erziehung und Bil-

dung an. Er wollte sie unbedingt als reine und von den Niederungen der praktischen Anwendung fernzuhaltende Lehre, als Übung im Anschauen der reinen Formen angesehen wissen. Er ist in dieser Auffassung wie in anderen Gedanken seiner Philosophie wahrscheinlich von den Pythagoreern nicht unbeeinflußt.
Weil die Auffassung Platons für die ganze Art seines philosophischen Denkens kennzeichnend ist, und weil seine Ansicht vom Wesen der Mathematik die des ganzen klassischen griechischen Zeitalters ist, führe ich zwei Stellen aus Platons »Staat« über Arithmetik und Geometrie wörtlich an. Über die »Rechenkunst« heißt es:

Sokrates: Es liegt uns also ob, dies Fach zum gesetzlichen Lehrfach zu machen und diejenigen, die künftig im Staate der höchsten Amtsgewalt teilhaftig sein sollen, zu veranlassen, sich der Rechenkunst zuzuwenden und sich mit ihr zu befassen nicht etwa bloß in laienhafter Weise, sondern bis sie durch reine Vernunfttätigkeit zur Anschauung der wahren Natur der Zahlen gelangt sind, eine Art der Behandlung, die nichts gemein hat mit Kaufen und Verkaufen wie bei Kaufleuten und Krämern, sondern die auf den Krieg abzielt sowie darauf, der Seele die Umkehr aus dem Werden zu Wahrheit und Sein zu erleichtern.
Glaukon: Treffliche Worte.
Sokrates: Und jetzt . . . wird mir auch klar, was für ein besonders feines Fach es ist und von wie vielfältigem Nutzen für die Erreichung unseres obersten Zieles, sofern man es zur Erweiterung des Wissens, nicht aber zu Zwecken der Krämerei betreibt.
Glaukon: Inwiefern also?
Sokrates: Insofern, als es die Seele, wie eben vorhin dargelegt ward, kräftig nach aufwärts treibt und sie nötigt, nur von reinen Zahlen zu reden und nicht zu dulden, daß man ihr bei den bezüglichen Erörterungen etwa mit Zahlen kommt, die mit sichtbaren oder greifbaren Körpern vermischt sind . . .

In ganz entsprechendem Sinne heißt es im gleichen Dialog ein wenig später über die Geometrie:

Sokrates: Wenn also die Geometrie uns nötigt, das Sein zu betrachten, so ist sie uns von Nutzen, wenn aber das Werden, dann hat sie keinen Nutzen.
Glaukon: So behaupten wir wenigstens.
Sokrates: Das nun werden uns die, welche nur einigermaßen der Geometrie kundig sind, nicht bestreiten, daß das Wesen dieser Wissenschaft in geradem Gegensatz steht zu der Ausdrucksweise, deren sich diejenigen bedienen, die sich mit ihr befassen.
Glaukon: Wieso?
Sokrates: Ihre Ausdrücke sind höchst lächerlich und gezwungen; denn als ob sie etwas ins Werk setzen und eine reale Wirkung erzielen wollten, wählen sie alle ihre Ausdrücke als da sind viereckigmachen (quadrieren), beispannen (oblongieren), hinzutun (addieren) und was sie sonst noch alles für Worte im Munde führen; tatsächlich aber ist der eigentliche Zweck dieser ganzen Wissenschaft nichts anderes als die reine Erkenntnis.
Glaukon: Ganz entschieden.
Sokrates: Dazu müssen wir uns doch über folgendes verständigen.
Glaukon: Worüber?
Sokrates: Daß diese Erkenntnis auf das ewig Seiende geht, nicht aber auf dasjenige, was bald entsteht und wieder vergeht.
Glaukon: Damit hat es keine Not; denn die geometrische Erkenntnis bezieht sich auf das immer Seiende.
Sokrates: So läge denn, mein Trefflicher, in ihr eine Kraft, die die Seele nach der Wahrheit hinzieht und philosophische Denkart erzeugt insofern, als wir dann nach oben richten, was wir jetzt verkehrterweise nach unten richten.

EUDOXOS UND MENAICHMOS Bei der allgemeinen Beliebtheit der Geometrie sind der Namen, die eine erschöpfende Übersicht aufzuzählen hätte, nicht wenige. Unter Übergehung von Männern wie *Hippias* von Elis (um 420) und des auch als Mathematiker bedeutenden Philosophen *Demokritos* will ich hier nur noch zwei Gelehrte ausführlicher erwähnen, die zueinander im Lehrer-Schüler-Verhältnis standen, um danach die Mathematik zu verlassen und sie erst in Alexandria wieder aufzunehmen.

Eudoxos, der etwa 408 bis 355 v. Chr. lebte und in Athen lehrte, war vielseitig und außer in der Mathematik vor allem als Astronom bedeutend. In der Mathematik gilt er als Schöpfer der Lehre von den Proportionen (Verhältnisgleichungen, zum Beispiel $8 : 12 = 12 : 18$). Im Zusammenhang damit beschäftigte er sich mit dem bei den Griechen beliebten und in der Ästhetik eine Rolle spielenden Problem des »Goldenen Schnitts«. Die Aufgabe lautet dabei, eine Strecke so aufzuteilen, daß der kleinere Teil sich zum größeren Teil verhält wie dieser größere Teil zum Ganzen. Er fand ferner die sogenannte Exhaustions- oder Ausschöpfungsmethode, mit der es gelang, den Inhalt von Flächen annähernd zu bestimmen, die von Kurven begrenzt sind (Kreis), sowie von Körpern, deren Grenzflächen geneigt (Pyramide) oder gekrümmt (Kugel, Kegel) sind.

Menaichmos (375–325 v. Chr.) ist der Begründer der Lehre von den *Kegelschnitten.* Denken wir uns eine Schnittfläche durch einen Körper gelegt, so wird diese, wenn der Körper gekrümmte Flächen als Begrenzung hat, durch eine Kurve begrenzt. Der Schnitt durch eine Kugel ergibt zum Beispiel, gleichgültig wie er geführt wird, immer einen Kreis. Durchschneiden wir einen geraden Kreiszylinder, so wird die Schnittfläche kreisförmig sein, wenn die Schnittebene senkrecht zur Achse des Zylinders liegt, rechteckig, wenn sie parallel zu dieser verläuft; liegt sie dagegen schräg zur Achse, so wird der Schnitt durch eine Ellipse begrenzt. Menaichmos untersuchte die möglichen Schnittfiguren bei einem Kegel und fand, daß bei waagerechter Führung ein Kreis entsteht, daß sonst aber je nach Führung des Schnittes drei verschiedenartige Kurven entstehen können: Ellipse, Parabel und Hyperbel.

Menaichmos begann mit dem Studium dieser Schnitte und begründete damit einen der wichtigsten Zweige der Mathematik. Er selbst wußte seine Ergebnisse allerdings kaum auszuwerten; das blieb späteren Zeiten vorbehalten, und dies ist einer der unzähligen Fälle, wo rein vom Erkenntnisdrang geleitetes und fast spielerisches Forschen den Grund gelegt hat nicht nur für gewaltige Gebäude des Wissens, die später darauf errichtet wurden, sondern auch für vom ursprünglichen Schöpfer nicht geahnte praktische Anwendung und Auswirkung.

II. Astronomie

Den Himmelserscheinungen haben die Griechen zu allen Zeiten ein lebhaftes Interesse zugewandt. Sie standen allerdings nicht so sehr im Mittelpunkt des Lebensgefühls wie bei den Babyloniern. Von der babylonischen Astronomie unterscheidet sich die der Griechen auch noch in anderer Weise. Die Stärke der Griechen lag nicht so sehr in der genauen Beobachtung oder Messung. Es war nicht ihre Sache, wie die babylonischen Priester geduldig durch die Jahrhunderte Beobachtungen anzustellen und aufzuzeichnen, und auch nicht, mit Beobachtungsergebnissen minuziöse Berechnungen anzustellen.

Die Rückständigkeit der Griechen in der praktischen Astronomie spiegelt sich deutlich in den Unvollkommenheiten ihres Kalenders. Einen einheitlichen Kalender gab es überhaupt nicht. Die Uneinheitlichkeit auf diesem Gebiet ist genauso groß wie die politische Zersplitterung. Der Jahresbeginn lag verschieden bei den einzelnen Stämmen und Staaten. Die Monate wurden verschieden bezeichnet. Der Monat wurde als Mondmonat zu dreißig Tagen gerechnet. Natürlich waren zwölf solcher Monate zu kurz für ein Sonnenjahr, dreizehn zu lang. Man machte die Monate dann abwechselnd 30 und 29 Tage lang. Dabei wurde das Jahr, mit dreizehn Monaten, aber immer noch viel zu lang. Deshalb ließ man in jedem achten Jahr einen ganzen Monat weg. Auf diese umständliche Weise erreichte man eine annähernde Übereinstimmung mit dem astronomischen Jahr. Die Monate waren nicht in Wochen unterteilt, sondern in Dekaden zu zehn beziehungsweise neun Tagen.

Die Stärke der Griechen lag in einer anderen Richtung, in der Anschauung und der anschaulichen Vorstellung und in der Theorie, oder besser der Spekulation. Als Material stand ihnen frühzeitig – wann genau, ist nicht sicher – von den Ägyptern und Babyloniern gesammeltes Erfahrungswissen zu Gebote. Wir danken den Griechen also in erster Linie nicht neue oder genauere Beobachtungsdaten. Wir danken ihnen Erklärungsversuche für die ihnen bekannten Daten: allgemeine Hypothesen, Entwürfe, Denkmodelle, Überlegungen über die allgemeinen Gesetze des Himmels und auch die Entstehung des Weltganzen; mit dem letzteren also auch Überlegungen, die heute als Kosmologie und Kosmogonie einen selbständigen Zweig der Himmelskunde bilden.

Solche allgemeinen Thesen und geistigen Modelle bereitzustellen ist für die späteren Zeiten nicht weniger wichtig und grundlegend als die Lieferung von Beobachtungstatsachen. Ihre Bedeutung ist weitreichend auch dort, wo sie von der späteren Forschung verworfen wurden. Schließlich haben diese Gedanken der Griechen rund zwei Jahrtausende lang, nämlich bis zur Zeit des Kopernikus und Galilei, das Weltbild und damit auch das allgemeine Weltgefühl der europäischen Menschheit bestimmt. Menschen, die sich »zu Hause« fühlen auf einer Erde, die den Mittelpunkt des Weltalls bildet und um die alle Himmelskörper in verhältnismäßig naher Entfernung kreisen – das Ganze eingeschlossen in eine kugelförmige Schale – haben notwendig ein anderes Weltgefühl als die, deren Blick in die unermeßlichen Weiten ferner Nebelwelten gedrungen ist, zwischen denen unsere Erde und unser ganzes Sonnensystem ein winziges Stäubchen bildet. (Es wäre eine reizvolle Aufgabe festzustellen, wieviel Prozent der heute lebenden Menschen die Tatsachen der Astronomie, wie sie die Wissenschaft heute sieht, mit vollem Bewußtsein zur Kenntnis genommen haben.)

ÄLTESTE VORSTELLUNGEN Der Dichtung *Homers* entnehmen wir das Bild einer Welt, deren Mittelpunkt die Erde bildet. Sie wird als eine flache Scheibe gedacht, überwölbt vom Himmel, unter ihr das Reich der Toten. Dies entspricht etwa den Vorstellungen, die sich anscheinend auch die Ägypter und Babylonier gebildet hatten.

Was das erste Charakteristikum dieses Bildes betrifft: die Erde als Mittelpunkt (geozentrisches Weltbild) – so haben die Griechen, trotz einzelner genialer, später zu erwähnender Versuche, die Erde aus ihrer zentralen Stellung zu verdrängen, an ihm festgehalten. Sie haben sogar dieses Bild der gesamten Nachwelt bis zu Kopernikus aufgeprägt.

Die Vorstellung von der Erde als flacher Scheibe haben sie dagegen bald fallengelassen. Schon die ionischen Naturphilosophen des 6. Jahrhunderts, *Thales, Anaximandros* und *Anaximenes,* haben die Erde als frei im Raume schwebende Kugel angesehen. Thales, den wir eben als Mathematiker kennengelernt haben, war auch der erste große Astronom der Griechen. Er ist vor allem berühmt geworden durch seine richtige Vorhersage einer Sonnenfinsternis. Wir dürfen annehmen, daß er dabei, wie in der Mathematik, orientalisches Wissen benutzt hat. Sein Nachfolger *Anaximander* hat wahrscheinlich als erster die Schiefe der Ekliptik erkannt. *Anaximenes* erkannte und sprach aus, daß der Mond sein Licht von der Sonne erhält.

Pythagoras und seine Schule haben mit großer Wahrscheinlichkeit die Erde aus dem Weltmittelpunkt verdrängt und sie degradiert zu einem Himmelskörper, der mit anderen um ein »Zentralfeuer« kreist. Allerdings sind von Pythagoras und seinen ersten Schülern keine schriftlichen Aufzeichnungen erhalten. Doch berichtet zum Beispiel Aristoteles:

Über ihre (der Erde) Lage nun haben nicht alle dieselbe Meinung. Während die meisten, nämlich alle die, welche das ganze Weltgebäude als begrenzt bezeichnen, sagen, daß sie in der Mitte sich befinde, widersprechen dem die Philosophen in Italien, die sogenannten Pythagoräer; denn sie behaupten: im Mittelpunkt sei das Feuer, die Erde aber, welche selbst ein Gestirn sei, werde im Kreise um den Mittelpunkt bewegt und bewirke dadurch Tag und Nacht. Außerdem ersinnen sie eine zweite, der ersten entgegengesetzte Erde, welche sie als »Gegenerde« bezeichnen . . .

Ein Vertreter derartiger Anschauungen war der Pythagoreer *Philolaos,* der um die Mitte des 5. Jahrhunderts in Süditalien wirkte. Mit dem »Zentralfeuer« haben die Pythagoreer übrigens wohl nicht die Sonne gemeint.

Die bei der Mathematik schon erwähnte eigenartige pythagoreische Zahlenlehre gewann eine besondere Bedeutung für die Astronomie. Die

Zahlen sind ja nach Pythagoras die eigentlichen Bausteine der Welt. Wir tun gut daran, uns zu vergegenwärtigen, daß in der Frühzeit, der Pythagoras zugehört — lange bevor man sich über die grammatische Struktur der Sprache und über die logischen Gesetze des Denkens Gedanken machte — »Zahl« etwas viel Konkreteres bedeutet haben muß als heute. Man schied noch nicht die Vorstellung vom Vorgestellten, den Gedankeninhalt von seinem sprachlichen Ausdruck, vielleicht auch nicht die Zahl von der Wirklichkeit, in der sie »vorkommt«.

Alle Ordnung und Harmonie in der Welt beruht so auf Zahlen und Zahlenverhältnissen. Auch in der Musik beruht der harmonische Zusammenklang von Tönen auf zahlenmäßigen Verhältnissen. Dies hat Pythagoras möglicherweise als erster erkannt. Er soll, der Überlieferung zufolge, beim Vorübergehen an einer Schmiede aufmerksam geworden sein auf das harmonische Zusammenklingen mehrerer Schmiedehämmer, wenn sie auf den Amboß fielen. Er soll dann festgestellt haben, daß das Gewicht der Hämmer in einem bestimmten einfachen zahlenmäßigen Verhältnis stand. Pythagoras wird als der erste Musiktheoretiker bezeichnet. Wenn es zutrifft, daß er als erster an Hand eines mit einer Saite versehenen Instrumentes (Monochord, wie es die Musikforschung bis heute verwendet) die den einfachen Intervallen zugrundeliegenden einfachen Zahlenverhältnisse erkannt hat, so hätte er auch hier den entscheidenden Schritt getan vom Erfahrungswissen, das auf den Einzelfall bezogen und auf diesen beschränkt ist, zu einer allgemeinen Gesetzmäßigkeit und damit zur Wissenschaft.

Im Himmelsall nun, im »Kosmos«, sahen die Pythagoreer die gleiche harmonische und gesetzmäßige Ordnung, wie sie im Reich der Töne herrscht. Der Vergleich zur Musik wurde so weit getrieben, daß man annahm, die himmlischen Körper ließen beim Durcheilen ihrer Bahn eine wunderbare, allerdings unirdische, für unsere Ohren nicht wahrnehmbare, »Sphärenmusik« ertönen.

Zwei Geistesströmungen des Abendlandes, später weit geschieden und sogar einander widerstreitend, finden wir in den astronomischen Gedanken der Pythagoreer im Keimstadium noch vereint. Die eine ist der — hier zum erstenmal in Erscheinung tretende — Zug zu einer *quantitativen* Naturbetrachtung. Die andere, vielleicht weniger bedeutend, aber auch bis heute lebendig, ist der Gedanke einer geheimen, mystischen Bewandtnis der Zahlen. Wir finden ihn bis heute fast ungeschwächt im Volksglauben, wir finden ihn in den verschiedenartigsten Geheimlehren — auch die Pythagoreer waren ja ein Geheimbund, dessen Bräuche und Lehren nur dem Eingeweihten zugänglich waren.

Der schöne Gedanke einer — auch musikalisch zu verstehenden — Harmonie des Weltalls ist von *Kepler* in seiner *»Weltharmonik«* aufgegriffen worden. Paul *Hindemith* hat ihm in seiner Symphonie *»Die Harmonie der Welt«* und in seiner Kepler-Oper eine künstlerische Form gegeben.

ANAXAGORAS *Anaxagoras* von Klazomenai (etwa 488–428 v. Chr.), einer der bedeutendsten griechischen Astronomen, ist in der geistigen und wissenschaftlichen Entwicklung in mehrfacher Hinsicht eine wegweisende Gestalt. Wir finden in ihm jenen unbedingten Wahrheitsdrang verkörpert, wie er den wahren Forscher kennzeichnet, der um der Erkenntnis der Wahrheit willen alles hintansetzt. Befragt, was sein Lebenszweck sei, gab Anaxagoras zur Antwort: »Die Erforschung von Sonne, Mond und Sternen.« Er meinte es ernst damit, denn er vernachlässigte zugunsten dieses Zieles seinen ererbten Reichtum.

Wie alle frühen griechischen Denker war Anaxagoras ein höchst universaler Kopf. Unter den wissenschaftlichen Leistungen, die ihm mit einiger Sicherheit zugeschrieben werden, sind so weit auseinanderliegende Dinge wie: korrekte Erklärung der Ursachen der jährlichen Überflutungen des Nil; zutreffende Erörterungen über die Entstehung von Winden, Wolken, Blitz und Donner, womit er als Begründer der Meteorologie gelten kann; Erklärung der Herkunft von Meteoren; Versuche zur Quadratur des Kreises; Betrachtungen über die Perspektive, insbesondere für das griechische Theater; richtige Erklärung der Mondphasen und der Finsternisse; eigene medizinische Experimente und Sektionen, auch des Gehirns; entwicklungsgeschichtliche Gedanken zur Entstehung der Tiere bis hin zum Menschen.

In der Astronomie schuf Anaxagoras, abgesehen von den eben schon berührten Einzelerkenntnissen, eine ausgebaute und rein rationale Theorie über die Entstehung und den Aufbau des Alls. Danach war das Anfangsstadium der Welt ein ungeordneter Zustand, ein Chaos, in dem alle Dinge zusammengemischt waren. Eine geistige Kraft, Nous genannt und der bewegenden Kraft in uns selbst verwandt, durchdrang das Chaos und versetzte die Teilchen in wirbelnde Bewegung. Aus ihr schieden sich zwei Schichten, eine äußere und eine innere. Im ganzen Weltprozeß bleibt die Masse der Materie unverändert, nur ihre Formen wandeln sich und haben Anfang und Ende in der Zeit. Im Grundsätzlichen kommt diese Theorie den in der Neuzeit von Kant und Laplace aufgestellten nahe. Der Satz von der Erhaltung der Materie ist in ihr enthalten.

Bedeutsam ist, daß Anaxagoras bei allen seinen Überlegungen jegliches mythische und religiöse Element verwirft. Er erstrebt eine vernünftige Erklärung aus natürlichen Ursachen. Als man dem Perikles einen Widder mit einem einzigen Horn auf der Stirn zuführte und dies als Wunder und göttliches Omen ansah, ließ Anaxagoras den Schädel des Tieres öffnen und zeigte, wie die Erscheinung aus natürlichen Ursachen entstanden war. Mochte dies schon den Unwillen der Athener erregen, die an ihren hergebrachten Vorstellungen hingen, so kam Anaxagoras mit seinen astronomischen Theorien erst recht mit diesen in Konflikt. Daß er die Himmelskörper als ganz gewöhnliche, der Erde vergleichbare Klumpen von Materie ansah, die nur durch die Rotation glühend geworden, daß er auch die Sonne, die im Volksglauben noch als göttlich galt, einen »glühenden Stein, größer als der Peloponnes« nannte, wurde ihm als Gottlosigkeit ausgelegt. Es kam zu einem Prozeß gegen ihn. Seine Feinde

brachten es so weit, daß er zum Tode verurteilt wurde, zum Tode durch den Giftbecher, wie bald nach ihm Sokrates. Die Nachricht von seiner Verurteilung quittierte Anaxagoras mit der Bemerkung: »Die Natur hat beide, sie und mich, schon längst verurteilt.« Der Vollstreckung entzog er sich, indem er ins Exil ging.
Die Athener hatten, wie man sieht, zu dieser Zeit noch nicht viel Sinn für aufgeklärte Wissenschaft und Philosophie. Diese hatten ihre Stätte bis zum 5. Jahrhundert in den Kolonien. Außerhalb des Mutterlandes hatte sich der Vorgang der *Entmythologisierung*, der Entthronung der Götter durch die kühle Vernunft, wie er aus dem Werke des Anaxagoras spricht, schon ein Jahrhundert früher abgespielt. Wir sehen ihn hier in dem heftigen Angriff, den der Philosoph *Xenophanes* gegen die überkommene griechische Religion richtete.

PLATON Platon muß an dieser Stelle in ähnlichem Sinne genannt werden wie in der Geschichte der Mathematik. Von ihm stammen keine selbständigen Leistungen in der astronomischen Wissenschaft; ja die Autorität seines Namens hat eher dazu geführt, daß Theorien, die Platon ohne Grundlagen in der Beobachtung aus allgemeinen philosophischen Erwägungen heraus vertrat, die weitere Entwicklung hemmten. Und doch, wie Platon der Mathematik eine hervorragende Stelle zuwies und die Beschäftigung mit ihr durch den Glanz seines Namens gewissermaßen erst adelte, so hat er auch die Astronomie, nach dem Zeugnis des Plutarch, erst zu einem des Studiums werten und von Makel freien Gegenstande gemacht:

Durch Platons berühmten Namen wurde der Makel von der Beschäftigung mit der Astronomie getilgt und jedem zu ihr Zugang geschaffen. Dies geschah, weil man seinen Lebenswandel hochachtete und weil er Naturgesetze geschaffen hatte, die der rechtmäßigen Gewalt der göttlichen Gesetze untergeordnet waren.

Kennzeichnend für Platons Stellung zur Astronomie ist die folgende Stelle aus dem VII. Buch des »Staates«:

Glaukon: ... wie soll denn also deiner Meinung nach der Unterricht in der Astronomie im Gegensatz zu der jetzigen Unterrichtsweise gestaltet werden, wenn er den Schülern nützlich sein soll für den von uns bezeichneten Zweck?
Sokrates: So: man wird zwar die Gestirne, diese Zierde des Himmels, für das Schönste und Regelrechteste halten unter allem Sichtbaren, aber da sie nun einmal im Sichtbaren gebildet sind, so wird man zugeben, daß sie weit hinter dem Wahrhaften zurückbleiben, nämlich hinter den Bewegungen, in welchen sich die wahre Schnelligkeit und die wahre Langsamkeit nach der wahren Zahl und nach durchgängig wahren Figuren gegeneinander bewegen und, was zu ihnen gehört, mit sich führen. Dies ist denn nur durch den Verstand und durch Denken zu erfassen, und nicht durch das Gesicht. Oder meinst du?
Glaukon: Nimmermehr.
Sokrates: Diesen himmlischen Sternenteppich also darf man nur als Fundstätte für Beispiele benutzen, um dadurch Einsicht zu gewinnen in jenes höhere Gebiet, ungefähr so, wie es der Fall wäre, wenn einer geometrische Modelle und Figuren zu sehen bekäme, die von einem Daidalos oder einem anderen Künstler oder Maler vorzüglich gezeichnet und ausgearbeitet worden wären. Denn wenn ein der Geometrie Kundiger dergleichen Werke sähe, so würde er sie zwar als

Meisterwerke der Kunst anerkennen, aber es doch für lächerlich halten, sich ernstlich auf ihre Betrachtung in der Absicht einzulassen, etwa an ihnen das wahre Wesen des Gleichen oder Doppelten oder sonst irgendeines Entsprechungsverhältnisses zu erfassen.
Glaukon: Wie sollte es auch nicht lächerlich sein?
Sokrates: In derselben Lage nun wird doch vermutlich ein wahrhaft Sternkundiger sein, wenn er die Bewegungen der Sterne betrachtet: er wird zwar überzeugt sein, daß der Himmel und was zu ihm gehört von dem Weltbildner so herrlich gestaltet worden sei, als es bei dergleichen Gebilden nur immer möglich ist; was aber das Maßverhältnis der Nacht zum Tage und dieser zum Monat und des Monates zum Jahr und der übrigen Sterne zu diesen und zueinander betrifft, wird er da den nicht für einen Toren halten, der da meint, diese Vorgänge erfolgten immer in genau der gleichen Weise, und es komme nicht die geringste Abweichung vor, während es sich um körperliche und sichtbare Gebilde handelt, und wird er es nicht für ein törichtes Bemühen erklären, daraus auf alle Weise die Wahrheit zu erfassen?
Glaukon: Mir wenigstens scheint es jetzt so beim Anhören deiner Worte.
Sokrates: Unsere Beschäftigung mit der Astronomie hat also, wie es auch bei der Geometrie der Fall war, den Nutzen, daß sie uns Übungsaufgaben liefert; mit dem Sternenhimmel aber wollen wir uns nicht weiter abgeben, wenn wir darauf ausgehen, durch wahrhafte Beschäftigung mit der Astronomie den von Natur vernünftigen Seelenteil, statt ihn unbrauchbar werden zu lassen, brauchbar zu machen.

Der Abschnitt zeigt wie die vorher schon zitierten deutlich den schönen und erhabenen Grundgedanken der platonischen Philosophie, die überall auf das Ewige und Vollendete blickt. Der Ausbildung einer exakten Wissenschaft von den wirklichen Vorgängen am Sternenhimmel konnte er nicht förderlich sein.

ARISTOTELES In der Astronomie ist auch Aristoteles, der Empiriker, mehr ein Theoretiker, der alles aus allgemeinen Grundsätzen ableiten will, als Forscher und Beobachter. Dies letztere war er auf anderem Gebiet. Die Art seiner Erörterungen zeigt die folgende Stelle über die Frage, welche Gestalt die Himmelskörper haben:

Von der Form eines jeden Gestirnes aber dürfte man am meisten wohlbegründet annehmen, daß sie die Kugel sei: denn nachdem gezeigt worden, daß sie nicht von Natur dazu bestimmt sind, selbständige Bewegung zu haben, die Natur aber nichts grundlos oder vergeblich tut, so ist klar, daß sie dem nicht selbst Bewegten auch eine solche Form verlieh, welche am wenigsten bewegende Kraft hat. Am wenigsten bewegende Kraft aber hat die Kugel, weil sie kein Organ zur Bewegung hat. Folglich ist klar, daß die Gestirne bezüglich ihres Körpers kugelförmig sind. Ferner verhält es sich gleichmäßig bei allen und bei jedem; beim Monde aber lehrt der Anblick, daß er kugelförmig ist (er würde nämlich sonst nicht beim Zu- und Abnehmen meistenteils halbmondförmig oder rings gewölbt, einmal aber halbkreisförmig werden); ebenso lehrt die Sternkunde, daß die Sonnenfinsternisse sonst nicht halbmondförmig wären. Folglich ist klar: wenn ein Gestirn so ist, so müssen auch die andern kugelförmig sein.

EUDOXOS Der als Mathematiker schon genannte Eudoxos (408–355 v. Chr.), mit seinem Denken übrigens in der platonischen Tradition verwurzelt, war auch ein bedeutender Astronom. Seine *Phainomena* galten im Altertum als eines der wichtigsten astronomischen Bücher.
Eudoxos war ein guter Beobachter und stellte ziemlich genaue Berechnungen über die Umlaufzeiten der Planeten an. Berühmt und folgenschwer, wenn auch falsch, war seine Theorie der Planetenbewegung.

Daß das Himmelsgewölbe sich dem Augenschein nach dreht (um den Polarstern), war selbstverständlich von alters her beobachtet worden. Hätte es außer der Erde nur die Fixsterne gegeben, so hätte man wohl recht lange Zeit bei der Vorstellung bleiben können, diese seien an einer die Erde umgebenden kugelförmigen Schale befestigt. Es wäre dann im Prinzip sogar gleichgültig gewesen, ob man die Erde stillstehen und diese Glocke sich drehen ließ oder umgekehrt. Tatsächlich wurde bei den Griechen bald das eine, bald das andere angenommen, und die Lehre des Eudoxos war insofern sogar rückschrittlich, als er im Gegensatz zu vielen seiner Vorgänger die Erde stillstehen und sich alles um sie drehen ließ.

Was das einfache Schema störte und alsbald zu weitergehenden Überlegungen zwang, waren die, gegen den Fixsternhimmel betrachtet, durchaus unregelmäßigen und komplizierten Bewegungen von Sonne, Mond und Planeten in ihrem gegenseitigen Verhältnis. Je genauer man diese Bewegungen erforschte und je mehr man über sie nachsann, um so schwieriger wurde es, sich von dem Miteinander und Gegeneinander ihrer Bewegungen eine klare und mit den Beobachtungsergebnissen übereinstimmende Vorstellung zu bilden – solange man eben, wie Eudoxos, von der falschen Grundannahme einer im Mittelpunkt stehenden Erde ausging.

Es zeigte sich, daß man nicht damit zu Rande kam, verschiedene Sphären, etwa für die Sonne, für den Mond und für jeden Planeten eine, und dazu eine für Fixsterne, anzunehmen. Eudoxos dachte sich an jeder Sphäre, außer an der äußersten, wiederum Sphären befestigt, an diesen noch andere. Er benötigte, um für Sonne, Mond und die damals bekannten fünf Planeten ein nach seiner Ansicht zutreffendes Bewegungssystem zu konstruieren, im ganzen 27 Sphären. Ein Schüler erhöhte die Zahl auf 34.

Wir haben in diesen Versuchen des Eudoxos – er ist als Beispiel angeführt, ähnliche Gedanken finden sich bei anderen griechischen Astronomen – die Keime des komplizierten astronomischen Systems vor uns, das von dieser Zeit an die Vorstellungen der Menschen bestimmte und die Gehirne der Astronomen beschäftigte, bis Kopernikus den gordischen Knoten zerhieb.

HERAKLEIDES Herakleides von Pontos (388–310 v. Chr., nicht mit dem Philosophen Heraklit zu verwechseln) durchbrach bis zu einem gewissen Grade das geozentrische System. Er lehrte, daß die Sonne und die größeren Planeten um die Erde kreisen. Die kleineren Planeten – Venus und Merkur – ließ er dagegen um die Sonne kreisen. Eine Mischung von geozentrischem und heliozentrischem System wurde um die Wende zur Neuzeit noch einmal von *Tycho de Brahe*, dem Lehrer Keplers, vertreten.

III. Physik (Naturphilosophie)

Solange die Physik als selbständige und exakte Wissenschaft noch nicht geboren war, bezeichnet man die Theorien und Spekulationen über Materie, Bewegung und deren Gesetze besser als Naturphilosophie. Sie bildeten einen Bestandteil der Philosophie, einen der wichtigsten, gerade auch für die Griechen. Ihre großen Philosophen sind es, die man anführen müßte, wollte man ein vollständiges Bild der griechischen Vorstellungen von der Natur entwerfen. Man müßte dazu eine nahezu komplette Geschichte der griechischen Philosophie schreiben.

Worauf es hier ankommt, ist nicht eine auch nur halbwegs vollständige Übersicht der philosophischen Lehrmeinungen der Griechen über die Natur. Ich verzichte darauf, um zwei Gesichtspunkte hervorzuheben, die von allgemeiner Bedeutung und wichtiger sind als alle einzelnen Lehrmeinungen. Das eine Ziel ist, zu zeigen, wie wichtige Grundbegriffe und Grundvorstellungen unserer modernen Naturwissenschaft bei den Griechen in keimhafter Form, sozusagen in Status nascendi, auftreten. Wichtiger aber noch ist uns der Hinweis darauf, wie sich bei den Griechen die allgemeine Idee einer gesetzmäßigen Ordnung der Natur herausbildet. Das geschah nicht in der Weise, daß man etwa zu Anfang über das Vorhandensein solcher Ordnung hin und her gestritten und sich schließlich darüber geeinigt hätte. Sie scheint vielmehr von dem Augenblick an, da griechisches Denken in das Licht der Geschichte trat, als eine unbewußte und unausgesprochene Voraussetzung dem griechischen Denken zugrunde zu liegen. Es ist bekannt, daß die Menschen durch das, was ihrem Denken und Handeln als unbewußte oder uneingestandene Voraussetzung zugrunde liegt, tiefer und treffender zu kennzeichnen sind als durch die an der Oberfläche liegenden und bewußten Motive. Es ist freilich auch bekannt, daß diese tiefsten und letzten Voraussetzungen viel schwerer zu fassen sind als die zutage liegenden, und daß sie, weil es eben »letzte« Voraussetzungen sind, höchstens ins Bewußtsein gezogen, aber nicht weiter abgeleitet oder begründet werden können.

DIE IDEE EINES ALLGEMEINEN NATURGESETZES Seit Äonen folgen einander bestimmte regelmäßige Naturvorgänge im Wechsel der Mondphasen, Jahreszeiten und Jahre, der Vegetation und vieler anderer Prozesse in der belebten Natur. Die regelmäßige Wiederkehr bestimmter Vorgänge ist so offensichtlich, daß sie sich schon in der frühesten Dämmerung menschlichen Bewußtseins diesem aufgedrängt haben muß. Ja, der Rhythmus bestimmter Naturvorgänge hat sich schon dem Instinktmechanismus der vormenschlichen Lebewesen eingeprägt.

Ebenso offenkundig wie diese Tatsache ist aber, für den bewußt lebenden Menschen jedenfalls, die umgekehrte: Alles oder vieles kehrt wieder, aber nichts in genau gleicher Gestalt. Nicht zwei Tage oder Jahre oder Vorgänge sind ganz einander gleich. Was vergangen, ist unwiederbringlich dahin.

Die Einstellung der Menschen scheint die längste Zeit hindurch gewesen zu sein: Man nahm die großen Wiederholungen als selbstverständlich; die kleineren Abweichungen nahm man ebenso selbstverständlich als nicht weiter erklärbar oder keiner strengen Gesetzmäßigkeit unterliegend hin. »Die Menschen erwarteten, daß die Sonne aufgehe; aber der Wind bläst, von wannen er will.«

Bei den Griechen zuerst, und von da an in nicht mehr abreißender Kette bis heute, sehen wir Männer auftreten, die sich mit dem Hinnehmen der letzten Irrationalität des Einzelvorgangs nicht zufriedengeben. Sie zeigen einen, aus letzten Gründen kommenden und kaum weiter erklärbaren, sozusagen instinktiven Glauben, daß alle Dinge, die großen und die kleinen, einer einzigen umfassenden Gesetzmäßigkeit unterliegen müßten. Diese Männer blieben meistens einzeln. Die Leute im allgemeinen »zweifelten entweder an der Existenz solcher Prinzipien oder sie zweifelten an jeder Möglichkeit, sie aufzufinden, oder sie hatten kein Interesse daran, über sie nachzudenken, oder sie vernachlässigten ihre praktische Wichtigkeit, wenn sie aufgefunden waren«.

Die Idee einer letzten gesetzmäßigen Ordnung allen Seins kann man in den verschiedensten Bereichen des griechischen Geistes auffinden, in der Philosophie, in der Dichtung, in der Wissenschaft. Es scheint aber so zu sein, daß sie nicht in einem Bereich entstanden und von da in die anderen übergegangen ist, sondern daß sie in allen zugleich auftrat.

In der Philosophie beginnt das Fragen der Griechen mit der Suche nach dem letzten Urgrund oder Urstoff bei den Ioniern. Die Eleaten, insbesondere *Parmenides*, lehren das eine unvergängliche und unveränderliche Sein. *Heraklit* lehrt das ewige Werden, sieht aber gerade in diesem das letzte und eherne Gesetz. *Platon* lehrt das ewige Sein der Ideen. Die Frage aber ist überall, nicht *ob* ein letztes Beständiges existiere, sondern nur, wie und wo es zu finden sei.

Die große tragische Dichtung der Griechen ist durchdrungen von der Idee des gnadenlos unabänderlichen Schicksals. Die griechische Tragödie ist ein zentrales Element des griechischen Lebens. Das ganze Leben und Denken der Griechen war wesentlich dramatisch. Die Tragödie ist ebensosehr Ausdruck einer nicht weiter ableitbaren Grundhaltung gegenüber Welt und Leben, wie sie umgekehrt durch den machtvollen Eindruck und die Bedeutung, die sie im öffentlichen Leben hatte, griechisches Wesen und Denken mitgeformt haben muß. Besteht nicht eine tiefe Verwandtschaft zwischen der Vorstellung vom unerbittlichen Schicksal, das alle Wechselfälle des Lebens regiert und den letzten Ausgang vorherbestimmt, und der Idee einer allgemeinen gesetzmäßigen Ordnung der Natur, ja ist beides nicht im Grunde dasselbe – zumal »Kosmos« für den Griechen ursprünglich nicht die außermenschliche Natur meint, sondern den Bereich menschlichen Seins einschließt? So ist gesagt worden, die großen tragischen Dichter der Athener, ein Aischylos, Sophokles, Euripides seien die Vorväter der Naturwissenschaft von heute.

Alfred North *Whitehead*, der diesen Gedanken ausgesprochen hat, führt die Beziehung noch weiter. Hören wir den Bericht, den er in diesem Zusammenhang über ein wissenschaftliches Ereignis der Gegenwart gibt:

Ich hatte das Glück, bei der Versammlung der Royal Society in London anwesend zu sein, als der Astronomer Royal von England bekanntgab: Die fotografischen Aufnahmen von der berühmten Sonnenfinsternis, die von seinen Kollegen vom Observatorium Greenwich aufgenommen wurden, hätten die Voraussage Einsteins bestätigt, daß die Lichtstrahlen beim Durchgang durch die Nachbarschaft der Sonne abgelenkt werden. Die ganze Atmosphäre einer gespannten Anteilnahme war genau die des griechischen Dramas: wir waren der Chor, der das Dekret des Schicksals kommentierte, wie es sich in der Entwicklung eines überragenden Ereignisses enthüllt hatte. Es war etwas Dramatisches in der bloßen Szene: das überlieferte Zeremoniell, im Hintergrunde das Bild Newtons, um uns zu erinnern, daß die größte aller wissenschaftlichen Verallgemeinerungen nun, nach mehr als zwei Jahrhunderten, ihre erste Abänderung erfahren sollte. Es fehlte auch nicht das persönliche Interesse: ein großes Abenteuer im Reiche des Denkens war schließlich sicher an sein Ziel gelangt.

GRUNDVORSTELLUNGEN GRIECHISCHEN NATURDENKENS Den drei ionischen Naturphilosophen Thales, Anaximander und Anaximenes ist gemeinsam, daß sie nach einem *Urstoff* suchen, aus dem die Welt entstanden und aufgebaut ist. Wir hören, daß Thales als solchen Urstoff das Wasser angesehen habe, sein Zeitgenosse Anaximandros dagegen ein Unbestimmtes und Grenzenloses (apeiron) als letzten Grund der Welt. Heraklit leitete die Welt aus einem Urfeuer her, Anaximenes endlich sah die Luft als Urstoff an. Bei der Auslegung wird man sich hüten müssen, diese Begriffe allzu buchstäblich und stofflich aufzufassen. Wir bezeichnen sie besser als Urprinzipien denn als Urstoff und dürfen vermuten, daß Anaximenes zum Beispiel nicht Luft in unserem Sinne, sondern eher etwas Ungreifbares, Bewegtes und Durchgeistigtes (Seele, Atem) gemeint oder einbegriffen habe.

Gemeinsam ist diesen frühen Deutungen das Suchen nach *einem* Prinzip, und die Tatsache, daß sie ohne Heranziehung religiöser Vorstellungen erfolgen. Man kann sie als die frühesten nicht-religiösen Kosmogonien ansehen.

Es ist interessant zu sehen, daß die Physik heute nach den verschlungenen Wegen mehrerer Jahrtausende einen Stand erreicht hat, in dem die Annahme eines einzigen letzten Baustoffs der Welt zumindest naheliegt.

Der nächste Schritt, der zum Beispiel von dem Philosophen *Empedokles* getan wurde, bestand darin, die vier von verschiedenen Denkern als Grundstoffe angesehenen Wesenheiten nebeneinander in Gestalt der »Vier Elemente« Feuer, Wasser, Luft und Erde dem Bau der Welt zugrunde zu legen. Man brachte sie in Beziehung zu den beiden gegensätzlichen Eigenschaftspaaren trocken-feucht und kalt-warm. So erschien das Feuer als das Warme und Trockene, das Wasser als das Kalte und Feuchte, die Luft als das Warme und Feuchte, die Erde als das Kalte und Trockene.

Der Elementbegriff in der modernen Chemie hat zwar einen anderen Inhalt, ist aber geschichtlich von hier herzuleiten. Doch ist uns die alte Vorstellung der »Vier Elemente« bis heute vertraut geblieben, und sie findet sich noch in den »Realienbüchern«, die im 19. Jahrhundert dem Naturkunde-Unterricht unserer Großväter zugrunde gelegt wurden.

Während manche griechische Denker mit den Elementen von *qualitativ* verschiedenen Urbestandteilen ausgingen, bringt die Atomlehre des Philosophen *Leukippos* und seines großen Schülers *Demokritos* (etwa 470–360 v. Chr.) die Vorstellung von winzigen Bausteinen, *Atomen* (wörtlich »Unteilbaren«), die alle aus dem gleichen Stoff bestehen und nur nach Größe, Gestalt und Gewicht verschieden sind. Alles Seiende entsteht durch das Zusammentreten von Atomen, die in sich selbst unveränderlich sind, und alles Vergehen besteht in ihrem Auseinanderfallen.

Die Atome bewegen sich von Ewigkeit her nach einem allgemeinen Gesetz (dem der Schwere) im leeren Raume. Ihre Bewegungen fügen die sichtbaren Dinge zusammen und rufen alle Veränderungen hervor. Welten entstehen und vergehen in ewigem Wandel aus Atomen. Die Sätze von der Erhaltung der Materie und auch der Energie liegen hierin im Prinzip beschlossen.

Da alle Dinge aus Atomen bestehen, kommen ihnen die Eigenschaften, die wir an ihnen wahrnehmen, in Wirklichkeit nicht zu. Die Eigenart unserer menschlichen Sinne ist es, die uns Eigenschaften wie Farbe, Wärme, Geruch wahrnehmen läßt. In Wirklichkeit ist nichts als Atome und leerer Raum.

Verwandte Gedanken finden sich übrigens in der altindischen Philosophie. Doch ist ein indischer Einfluß auf Leukippos und Demokrit bisher unwahrscheinlich geblieben.

Es bedarf keiner Ausführung, daß hier einer der Grundbegriffe aller späteren Naturwissenschaft zum erstenmal in die Debatte geworfen wurde.

ANFÄNGE DES EXPERIMENTS Für die moderne Physik bildet das Experiment die Grundlage jeder Erörterung. Jedenfalls im Prinzip ist das so. Das Experiment ist gewissermaßen die letzte Instanz, sei es das in der Natur oder im Laboratorium ausgeführte, oder, wenn die Möglichkeit dazu fehlt, das Gedankenexperiment, wie es zum Beispiel Einstein bei der Grundlegung der Relativitätstheorie verwendet. Ich habe schon früher angedeutet, daß und warum das bei den Griechen nicht so war.

Selbstverständlich gingen auch die griechischen Wissenschaftler, wenn auch im einzelnen in verschiedenem Maße, von der Erfahrung als Grundlage aus. Erfahrungen sammelt jeder Mensch und jeder tierische Organismus in jedem Moment seines Daseins gleichsam ungewollt. Bewußtes Sammeln von Erfahrung, planmäßiges Beobachten, Belauschen der Natur, ist der nächste Schritt; mit ihm und mit dem Verbinden von Einzelerfahrungen durch Schlüsse beginnt das methodisch gewonnene und systematisch geordnete Wissen und damit die Wissenschaft. Ihn haben die Griechen getan.

Aber das war noch nicht der Schritt zum Experiment. Damit wir von Experiment sprechen können, ist noch ein Schritt mehr erforderlich. Von Experiment spricht man noch nicht, wenn jemand in die Natur hinausgeht und ihr Geschehen, sei es noch so planmäßig und genau, beobachtet. Ein Experiment muß man »veranstalten«. Man muß bestimmte Vorkehrungen treffen, die ein *aktives* Eingreifen in den Naturablauf enthalten, indem man bestimmte Bedingungen künstlich herstellt.

Den Schritt zum Experiment haben die Griechen auf breiter Front noch nicht getan. Gleichwohl sind einzelne Beispiele eines bewußten Experimentierens auf physikalischem Gebiet überliefert. Wir erwähnten schon die Überlegungen – und wahrscheinlich Versuche – des Pythagoras über das Verhältnis von Saitenlänge und Tonhöhe am Monochord. Die Akustik ist vielleicht die älteste Experimentalwissenschaft. Ein anderes Beispiel bietet der Philosoph *Empedokles,* der etwa ein Jahrhundert später – er lebte zwischen 490 und 430 v. Chr. – die Körperhaftigkeit der Luft experimentell bewies. Er zeigte, daß eine senkrecht ins Wasser getauchte Röhre, die oben verschlossen ist, kein Wasser eindringen läßt, weil die Luft in der Röhre den Raum ausfüllt; daß umgekehrt der Druck der umgebenden Luft das Wasser in der Röhre festhält, wenn man sie offen eintaucht, so daß Wasser eindringen kann, dann oben verschließt und herauszieht (Prinzip des Stechhebers). Übrigens hat Empedokles als erster auch den Satz vertreten, daß das Licht sich mit endlicher Geschwindigkeit durch den Raum bewege. Dafür einen experimentellen Beweis zu führen, fehlten freilich damals und noch für lange Zeit die technischen Mittel.

Andere Beispiele für Experimente lassen sich in der antiken Medizin auffinden. Im großen betrachtet aber sind es Ausnahmen, die die Regel bestätigen.

IV. Aristoteles, Vater der Zoologie

Manche unter den frühen griechischen Denkern wie der Philosoph *Empedokles* haben sich bereits spekulativ mit dem Problem der lebenden Substanz befaßt. Empedokles hat entwicklungsgeschichtliche Ideen ausgesprochen. In der Physiologie der Lebewesen besaß er schon wesentliche Einzelkenntnisse. Er beschrieb den Fluß des Blutes vom und zum Herzen; er erkannte, daß wir durch die ganze Haut atmen.

Von einer wissenschaftlichen Biologie kann man gleichwohl erst seit Aristoteles sprechen. Es gibt kaum ein Gebiet menschlichen Wissens, in dessen Geschichte man nicht den Namen des Aristoteles nennen muß. Nirgends aber, wenn wir von der Philosophie absehen, kann er mit mehr Recht genannt werden als in der Wissenschaft vom Lebendigen. Aristoteles legte den Grund zu dieser Wissenschaft. Er führte sie aber auch gleich zu einer Höhe, die zwei Jahrtausende lang nicht übertroffen, ja nicht einmal erreicht wurde. Aristoteles zeigt sich hier von seiner besten Seite – der des Empirikers, des geduldigen und liebevollen Beobachters der Erscheinungen. Da er aber zugleich ein Systematiker war – vielleicht der größte aller Zeiten – faßte er seine Beobachtungen sogleich zu einem imposanten Wissensgebäude zusammen.

Superlative sind in der Geistesgeschichte nur mit Vorsicht zu gebrauchen. Will man aber das Prädikat des größten und vielseitigsten Gelehrten verleihen, so kann es für das Altertum niemand als Aristoteles zukommen. Bei der Behandlung der Wissenschaft, in der einige seiner staunenswertesten Leistungen liegen, wollen wir deshalb einen Blick auf den Mann selbst und sein wissenschaftliches Werk im ganzen werfen.

LEBEN UND WERK Die Lebenszeit des Aristoteles von 384 bis 323 v. Chr. fällt zusammen mit dem goldenen Zeitalter der griechischen Wissenschaft. In seinen und seiner Schüler Werken besteht in der Hauptsache die Wissenschaftsgeschichte dieses Zeitalters.

Aristoteles stammte aus Stageira, einer kleinen Stadt in Makedonien. Sein Vater war Leibarzt des Königs. Als Jüngling kam Aristoteles nach Athen und trat in die Akademie, die Schule Platons, ein. Bis zum Tode des Meisters blieb er dessen Schüler. Danach verbrachte er einige Jahre in Kleinasien am Hofe seines Freundes Hermeias, der dort Diktator geworden war. Aristoteles heiratete dessen Tochter. Nach der Ermordung des Hermeias lebte er auf der Insel Lesbos. Im Jahre 343 übertrug ihm König Philipp von Makedonien die Erziehung seines damals dreizehnjährigen Sohnes, des späteren Alexander des Großen.

334 gründete Aristoteles, nach Athen zurückgekehrt, eine eigene Schule im Lykeion, einer dem Gotte Apollon Lykeios geweihten Gruppe von Gebäuden und Gärten. Der Name Lykeion übertrug sich bald auf die Schule selbst und lebt in unserem Wort »Lyzeum« fort. Nach den Wandelgängen (griech. peripatos), in denen unterrichtet wurde, heißt die Schule auch Peripatetische Schule. Es war eine Philosophenschule; das Schwergewicht der Arbeit lag jedoch nicht wie in der Platonischen Akademie auf der Philosophie und reinen Mathematik, sondern in der fachlichen wissenschaftlichen Forschung und Lehre.

Unter den Nachfolgern des Aristoteles in der Leitung der Schule sind so berühmte Namen wie Theophrastus, Eudemos und Aristoxenos. Man betrieb Studien in Mathematik, Physik, Musik, Wissenschaftsgeschichte, Rechtskunde und Literatur.

Zehn Jahre lang leitete Aristoteles die Schule selbst. Ein Jahr vor seinem Tode mußte er Athen verlassen, weil er der Gottlosigkeit angeklagt war. Er starb im Exil. Daß er in dieser Weise angefeindet wurde, hängt damit zusammen, daß Aristoteles in Athen als Anhänger der makedonischen Partei galt. Die gegen seinen Gönner Alexander aufgestaute Feindseligkeit entlud sich nach dessen Tod gegen seine Anhänger.

In der Tat war Alexander der Gönner des Aristoteles geblieben. Alexander unterstützte seine Arbeiten, auch durch finanzielle Zuwendungen. Aristoteles konnte sich so eine umfangreiche Privatbibliothek schaffen – die erste, von der wir in der Geschichte wissen. Er sammelte aber nicht nur Bücher, sondern Anschauungs- und Lehrmaterial für alle Gebiete. Zum Beispiel ließ er alle bekannten Staatsverfassungen zusammentragen. Für seine biologischen Forschungen erhielt und sammelte er Tiere und Pflanzen aus allen erreichbaren Ländern. Auch hierin unterstützte ihn Alexander, indem er die Gärtner, Jäger und Fischer in allen

Gegenden seines Reiches anwies, von allen vorkommenden Pflanzen- und Tierarten ein Exemplar an Aristoteles zu senden.
Aristoteles war der erste, der einen regelrechten wissenschaftlichen Forschungs- und Lehrbetrieb in großem Stil organisierte. Seinen Schülern teilte er Aufgaben zu. Seine eigene Zeit teilte er auf zwischen dem eigentlichen wissenschaftlichen Unterricht vor seinen Studenten und Vorträgen oder Vorlesungen, die er über allgemein interessierende Themen vor einer größeren Hörerschaft hielt. Eine entsprechende Einteilung gilt auch für seine Schriften. Für eine breitere Öffentlichkeit bestimmt waren seine Dialoge. Sie werden den platonischen ähnlich gewesen sein. 27 soll es von ihnen gegeben haben. Im Altertum galten sie als das literarische Hauptwerk des Aristoteles. Nichts ist von ihnen erhalten. Erhalten ist die andere Gruppe seiner Schriften, die sogenannten esoterischen, für den inneren oder Schulgebrauch bestimmten Arbeiten. Dieser Bestimmung entsprechend sind sie trocken, nüchtern, rein gelehrtenhaft und ohne stilistischen Glanz. Man tut Aristoteles möglicherweise Unrecht, wenn man, wie es oft geschieht, seine Qualitäten als Schriftsteller allein nach diesen Schriften beurteilt.
Die Werke des Aristoteles wurden erst nach seinem Tode gesammelt und herausgegeben. Sie umfassen das gesamte Wissen der damaligen Zeit, sind aber keine bloße Sammlung, sondern durchgreifende Klassifizierung und Systematisierung. Nach den Hauptgebieten werden sie eingeteilt in Schriften zur Logik, Naturwissenschaft, Metaphysik, Ethik, Politik, Literatur und Rhetorik. Hier interessieren uns hauptsächlich die naturwissenschaftlichen Schriften. Sie behandeln Astronomie, Physik und vor allem Zoologie.
Es scheint sicher, daß Aristoteles sich auch mit Pflanzenkunde intensiv befaßt hat. Jedoch sind keine entsprechenden Schriften erhalten. Vielleicht sind sie verlorengegangen; vielleicht auch hat Aristoteles in bewußter Arbeitsteilung dieses Gebiet seinem großen Nachfolger Theophrastos überlassen.

ARISTOTELES ALS ZOOLOGE Die Arbeiten des Aristoteles in der Zoologie (das Wort Zoologie ist, obwohl griechisch gebildet, bei Aristoteles und auch im ganzen Altertum nicht verwendet) zeigen überall den echten Gelehrten am Werke. Mit äußerster Sorgfalt hat er zum Beispiel während seines Aufenthaltes auf Lesbos die Pflanzen- und Tierwelt der Insel erforscht, vor allem auch die des umgebenden Meeres, die er hier günstig beobachten konnte. Manche seiner Beobachtungsergebnisse wurden Jahrhunderte lang angezweifelt, schließlich aber doch von der späteren Forschung bestätigt.
Der Geist des echten Forschers spricht auch aus den Worten, mit denen Aristoteles – vermutlich mit einer gewissen Spitze gegen den platonischen Gedanken von der alleinigen Würde des reinen Denkens – darauf verweist, daß in der Natur das Kleine genauso wichtig und so wunderbar sei wie das Große und die volle Aufmerksamkeit verdiene:

Von den Wesen, die von Natur bestehen, sind einige unerzeugt und unvergänglich durch alle Zeiten (gemeint sind die himmlischen Körper), andere haben teil am Entstehen und Vergehen . . . Da wir über jene bereits unsere Ansichten dargelegt haben, so bleibt uns noch übrig, von der tierischen Natur zu reden und dabei, soweit es in unserer Macht steht, nichts zu vergessen, sei es niederer oder höherer Art. Denn auch in dem, was den Sinnen nicht schmeichelt, bietet doch die schaffende Natur denen, die Ursachen zu erkennen vermögen und den der Philosophie Ergebenen unaussprechliches Vergnügen dar . . . Daher dürfen wir auch bei der Betrachtung der niederen Tiere nicht kindischen Widerwillen empfinden; denn in allen Dingen gibt es etwas Bewundernswertes; und wie Heraklitos zu seinen Gästen – die ihn besuchen wollten, aber als sie ihn erhitzt am Kamine stehen sahen, stehen blieben – gesagt haben soll: sie möchten nur eintreten, denn auch hier seien die Götter, so müssen auch wir bei der Untersuchung eines jeden Tieres vorwärts schreiten, ohne zu zaudern, denn in allen Dingen ist etwas Natürliches und Schönes . . .

In den letzten Worten dieses Zitats tritt deutlich der Grundgedanke hervor, der die Biologie und überhaupt die Naturerklärung des Aristoteles beherrscht: Zweckmäßigkeit. Die Planmäßigkeit und Zweckmäßigkeit in der Einrichtung der Organismen, die sich jedem Beobachter aufdrängt, wird von Aristoteles überall hervorgehoben. Er führt den Gedanken manchmal bis zur Überspitzung – so etwa, wenn er sagt: Die Natur hat offensichtlich den Menschen mit einem Gesäß ausgestattet, da die Tiere stehen können ohne zu ermüden, der Mensch aber einer Sitzfläche zum Ruhen bedarf.

Die Metaphysik des Aristoteles ist getragen von dem Gedanken der Wechselwirkung zwischen Stoff und Form. Der ungeformte rohe Stoff, die Materie, hat als solcher noch keine Wirklichkeit. Er stellt bloße Möglichkeit dar. Erst indem er durch die Form Prägung und Gestalt erhält, tritt er in die Wirklichkeit ein. Das Zusammenwirken von Stoff und Form sieht Aristoteles auch im lebenden Organismus. Hier ist der Leib der Stoff. Das Gestaltende und Bewegende – die Form – ist die Seele, für die Aristoteles in diesem Sinne auch das berühmte Wort *Entelechie* verwendet.

Mit sicherem Blick hat Aristoteles die Tiere in Klassen und Arten geschieden. Die beiden Hauptklassen waren für ihn die Bluttiere und die Blutlosen. Die Bluttiere werden weiter eingeteilt in Fische, Amphibien, Vögel und Säugetiere.

Aristoteles hat die wichtigsten Problemkreise in bezug auf das Tier herausgeschält und behandelt: Geschlecht und Fortpflanzung, Vererbung, Ernährung, Wachstum, Anpassung. Mit dem Problem der Fortpflanzung hat er sich besonders eingehend befaßt.

Ein Beispiel für seine sorgfältige Art zu beschreiben:

Das Chamäleon hat eine ganz und gar eidechsenähnliche Körpergestalt; die Rippen laufen unterwärts gegen den Unterleib zusammen, wie bei den Fischen; auch steht das Rückgrat wie das der Fische hervor . . . Es hat einen sehr langen, dünn zulaufenden und großenteils wie ein Riemen zusammengewickelten Schwanz . . . Jeder seiner Füße teilt sich in zwei Teile, welche gegeneinander dieselbe Richtung haben, wie unser Daumen gegen den übrigen Teil der Hand eine Gegenrichtung nimmt. Jeder dieser Teile spaltet sich auf eine kurze Strecke in einige Zehen, und zwar an den Vorderfüßen der einwärts gewandte Teil in drei, der auswärts gekehrte in zwei, an den Hinterfüßen dagegen der nach innen gerichtete in zwei, der nach außen gekehrte in drei. Es hat an diesen auch Krallen ähnlich denen der Raubvögel. Am ganzen Körper ist es indes rauh wie das Krokodil. Es hat in einer Grube liegende, sehr große, runde und von einer der des übrigen Körpers ähnlichen Haut umgebene Augen; in ihrer Mitte ist eine kleine Stelle für das Gesicht gelassen, durch welche es sieht; niemals aber bedeckt es diese mit der Haut. Es dreht aber die Augen im Kreise herum und wendet seinen Blick nach jeder Richtung und sieht so, was es will. Der Farbenwechsel tritt bei ihm ein, wenn es sich aufbläht; es zeigt nämlich bald eine ganz dunkle Farbe, nicht anders wie die Krokodile, bald eine bleiche, wie die Eidechsen, mit dunklen Flecken, wie die Panther, verziert. Dieser Farbenwechsel erzeugt sich aber am ganzen Körper; denn auch die Augen sowie der Schwanz verfärben sich in gleicher Weise wie der übrige Körper. Seine Bewegungen sind äußerst träge ...

Aristoteles beschreibt eingehend die Entwicklungsstadien des tierischen Embryos. Hier einige Sätze aus seiner Darstellung der Entwicklung des Küken-Embryos im Hühnerei:

Die Entwicklung im Ei findet bei allen Vögeln in gleicher Weise statt, allein die Zeiträume der Vollendung sind, wie gesagt, verschieden. Bei den Hühnern nun zeigt sich nach Verlauf von drei Tagen und Nächten der Anfang ... und es zeigt sich als ein blutiger Punkt im Weißen das Herz. Dieser Punkt aber hüpft und bewegt sich wie belebt und von ihm erstrecken sich, während er sich vergrößert, zwei bluthaltige Adergänge in Windungen zu den beiden umhüllenden Häuten. Auch eine bluthaltige Streifen führende Haut umfaßt bereits zu dieser Zeit von den Adergängen aus das Weiße. Ein wenig später scheidet sich auch schon der Körper ab ... Wenn es zehn Tage alt ist, so ist das Junge in allen seinen Teilen deutlich; der Kopf ist aber noch größer als der übrige Körper und die Augen größer als der Kopf, doch noch ohne Sehvermögen ...

Aristoteles erkannte richtig, daß der menschliche Embryo sich in vergleichbarer Weise entwickelt. Aristoteles ist der Begründer der Embryologie und auch der vergleichenden Embryologie. Die vergleichende Betrachtungsweise lag ihm überhaupt nahe wegen des großen Überblicks, den er über viele Gebiete hatte. Da er selbst Sektionen an 48 Tierarten durchführte, ist er auch der Begründer der vergleichenden Anatomie. Überall erkannte er die Entsprechungen bei den verschiedenen Arten von Lebewesen. Er verglich »den Knochen mit der Gräte, den Nagel mit dem Hufe, die Hand mit der Schere, die Feder mit der Schuppe ...«

WÜRDIGUNG In einem Riesenwerk wie der Tierkunde des Aristoteles müssen sich neben richtigen Einsichten auch Irrtümer finden. Vor allem konnte Aristoteles die Grenzen nicht überschreiten, die dadurch gesetzt waren, daß ihm keine Beobachtungsinstrumente, insbesondere kein Mikroskop, zur Verfügung standen, und daß praktisch jegliche Kenntnis der chemischen Prozesse im Organismus fehlte. Soweit Aristoteles grundlegende Irrtümer beging, waren sie sehr folgenreich: der Nimbus der Autorität, der späterhin alles umgab, was Aristoteles gelehrt und geschrieben hatte, behinderte jahrhundertelang ihre Berichtigung. Aristoteles verkannte zum Beispiel die zentrale Funktion des Gehirns. Er sah im Gehirn eine Vorrichtung, »um das Blut zu kühlen«. Den Sitz der inneren Wahrnehmung und der Intelligenz nahm er im Herzen an. Dieser Irrtum wurde allerdings schon nach wenigen Jahrhunderten in

Alexandria erkannt. Trotzdem wirkte er möglicherweise noch weiter und verhinderte, daß man den Blutkreislauf entdeckte. Aristoteles erkannte auch nicht die Geschlechtlichkeit der Pflanzen. Offensichtliche Irrtümer, die er in der Anatomie des Menschen vertritt, beruhen anscheinend darauf, daß Aristoteles nur Tiere sezierte, vor der Sektion des menschlichen Körpers aber zurückschreckte. Zum Teil mögen die Irrtümer nicht dem Aristoteles zuzurechnen sein, sondern Schülern, deren Arbeiten sich mit denen des Meisters vermischt haben.
Jenseits aller richtigen oder falschen Einzelerkenntnisse liegt die bleibende Bedeutung von Aristoteles' Werk in dem Geiste, aus dem es geboren ist und der es durchdringt. Es ist der Geist der von der Erfahrung ausgehenden, am Stoff orientierten Forschung, der Geist sachlichen und unvoreingenommenen Suchens nach der Wahrheit. Daß spätere Jahrhunderte die Lehren des Aristoteles absolut setzten und starr festhielten, so daß sie schließlich lange Zeit den Fortschritt der Erkenntnis behinderten, ist nicht seine Schuld und entspricht nicht dem Geiste seines Werkes. Aristoteles wäre wohl der erste gewesen, der sich dem Spruch der Erfahrung, wo diese von seinen Lehren abweicht, gebeugt hätte.

V. Theophrast, Vater der Botanik

Was Aristoteles für die Tierkunde getan hat, leistete *Theophrastos* (372 bis 288 v. Chr.), sein Nachfolger in der Leitung der peripatetischen Schule, für die Pflanzenkunde. Im einzelnen wissen wir nicht, inwieweit Theophrastos dabei auf den Schultern seines Vorgängers steht. Jedenfalls aber war er kein bloßer Epigone, der das einsammelte, was der Meister ausgestreut hatte. Theophrastos war selber ein höchst vielseitiger Kopf und ein so bedeutender Gelehrter, daß Sarton bemerkt, man würde das ganze Zeitalter sicherlich nach ihm benannt haben, »wenn es eben keinen Aristoteles gegeben hätte«.
Theophrastos war als echter Schüler seines Meisters ein überzeugter Empiriker. Er geht den Dingen auf den Grund und verwirft jede übernatürliche Erklärung. Auch an Vielseitigkeit ist er Aristoteles an die Seite zu stellen. Die 400 Bücher, die er im ganzen geschrieben haben soll, behandelten alle erdenklichen philosophischen, wissenschaftlichen, sozialen und politischen Fragen. Seine Arbeiten über die Lehrmeinungen der älteren Naturphilosophen sind auf dem Umwege über spätere Autoren, die sie benutzt haben – das Werk selbst ist nicht erhalten – zu einer Grundlage unseres Wissens über das alte griechische Denken geworden. Theophrastos war ein glänzender Redner. Er hatte ungeheuren Zulauf an Studenten. Auch er war Anfeindungen ausgesetzt und mußte ins Exil gehen. Doch konnte er im Unterschied zu seinem Lehrer im Triumph nach Athen zurückkehren.
Am bekanntesten ist Theophrastos in der Nachwelt nicht durch seine botanischen Arbeiten, sondern durch sein Buch über die *Charaktere.* Er schildert darin an ausgewählten Typen in geistreicher Satire die Fehler

und Laster der Menschen. Die kleine Schrift hat ihre Frische und Originalität bis heute bewahrt.
Die wichtigsten erhaltenen Schriften Theophrasts in der Botanik heißen *Pflanzenkunde* und *Die Ursachen der Pflanzen*. Theophrastos erweist sich in ihnen als fast noch gründlicher und systematischer als Aristoteles. Auch die äußere Form der Darstellung ist streng durchgearbeitet. Theophrastos schuf die Einteilung der Pflanzen in Klassen und die Unterscheidung der Bestandteile der Einzelpflanze, die bis zum Beginn der Neuzeit gültig blieben. Viele Hunderte von Pflanzen beschrieb er bis ins einzelne und erforschte auch ihre geographische Verbreitung. Er zeigt dabei Kenntnisse über Pflanzen, die in Innerasien vorkommen. Er befaßte sich auch mit der medizinischen Verwendung der Pflanzen. Als Beispiel für die Art seiner Beschreibung eine Stelle über den Papyrus:

... Der Papyros wächst gar nicht so tief, sondern etwa zwei Ellen, an manchen Orten noch weniger tief. Die Wurzel ist so dick wie die Handwurzel eines starken Mannes; die Länge ist über zehn Ellen. Sie tritt selbst über die Erde hervor und schickt seitlich dünne und gedrängte Wurzeln in den Schlamm; aufwärts aber treibt sie dreiseitige Halme, die man Papyroi nennt; diese wachsen vier Ellen hoch und haben einen unbrauchbaren, schlaffen Schopf; Früchte aber haben sie gar nicht. Die Wurzel treibt in allen Richtungen eine Menge solcher Halme. Der Wurzeln bedient man sich statt des Holzes, nicht bloß zum Brennen, sondern man macht auch allerlei Geräte daraus; denn sie haben viel und schönes Holz. Die Halme aber sind zu sehr vielen Dingen nützlich; denn selbst Fahrzeuge verfertigt man daraus; aus dem Baste (Biblos) flechten sie Segel und Matten, Gewänder, Teppiche und Seile und viele andere Dinge. Im Ausland ist besonders das Papier bekannt. Doch ist vorzüglich der bedeutendste Nutzen in der Nahrung zu suchen, die man aus der Staude zieht. Denn es kauen alle Einwohner den Papyros, sei es roh, gekocht oder geröstet. Den Saft verschlucken sie, und das Gekaute spucken sie aus. So ist der Papyros beschaffen, und solchen Nutzen hat er ...

Aristoteles und Theophrast haben die Biologie als Wissenschaft begründet.

VI. Hippokrates, Vater der Medizin

Wenn Hippokrates im Mittelpunkt jeder Darstellung der griechischen Medizin steht, wenn wir für unseren bescheidenen Zweck uns sogar auf ihn beschränken können, so darf man deshalb doch nicht annehmen, dieser große Arzt sei in seiner Zeit und seinem Lande ein einsamer Rufer in der Wüste gewesen. Im Gegenteil – seine Gestalt hebt sich in der Vergangenheit ab gegen einen Hintergrund reicher und in mannigfache Schulen verzweigter ärztlicher Tradition, und sein Werk wirkte in die Zukunft, indem es von vielen anderen bewahrt und teilweise fortentwickelt wurde.
Viele bedeutende griechische Philosophen waren Ärzte oder hatten doch medizinische Interessen und haben Bedeutsames in der Heilkunst geleistet. Zu diesen gehören zum Beispiel Anaxagoras, Empedokles, Demokritos, Philolaos. Aus der Zeit, zu der das Wirken des Hippokrates

einsetzt, wissen wir von mehreren einflußreichen medizinischen Schulen. Die sizilische Schule, zu Akagras begründet vom Philosophen Empedokles, dem Wundertäter, dem göttliche Kräfte zugeschrieben wurden, wurde von einem berühmten Arzt namens *Akron* fortgesetzt. Die Schule der Pythagoreer in Kroton in Unteritalien brachte den großen *Alkmaion* hervor. Von manchen wird er als der Vater der griechischen Medizin angesehen und macht damit diesen Ehrennamen dem Hippokrates streitig. Alkmaion führte Sektionen durch, erkannte die zentrale Funktion des Gehirns, entdeckte den Sehnerv, gab eine Theorie des Schlafs und eine allgemeine Lehre von der Gesundheit als Gleichgewichtszustand des Organismus. Im griechischen Kleinasien rivalisierten die Schulen von Knidos und von Kos, einem Heilbad mit heißen Quellen. Die letztere brachte den *Herodikos* hervor, der das Schwergewicht der Heilkunst auf Diät und körperliche Übungen (Gymnastik) an Stelle von Arzneien verlegte. Dessen berühmtester Schüler war *Hippokrates.*
Dieser Vater der Medizin wurde um 460 v. Chr. in Kos geboren; sein Tod ist, da er nach der Überlieferung 80 Jahre alt wurde, um 380 anzusetzen. Er wurde bereits zu seinen Lebzeiten so berühmt, daß ausländische Herrscher von weit her ihn konsultierten und die Athener ihn holten, um der großen Pest in ihrer Stadt Einhalt zu gebieten. Mehrere Dutzend grundlegender medizinischer Arbeiten wurden ihm zugeschrieben. Ihre bloße Aufzählung nach Sachgebieten vermittelt einen Eindruck von der Vielseitigkeit und Fruchtbarkeit seines Wirkens. Es sind acht Schriften über allgemeine Grundfragen der Medizin, 10 über Anatomie und Physiologie, 2 über Diät, 10 über allgemeine Pathologie. Weiter behandeln 2 Schriften die Therapie, 8 die Chirurgie, eine die Augenheilkunde, endlich 10 Gynäkologie und Geburtshilfe. Mühsame Einzelforschung hat ergeben, daß von diesen Werken manche wahrscheinlich schon vorhippokratischen Ursprungs sind, andere in seiner Schule erst nach des Meisters Tode entstanden. Daß sie alle ihm selber zugeschrieben wurden, zeigt doch, welche überragende Bedeutung man ihm zuerkannte. Als mit einiger Sicherheit von Hippokrates selbst verfaßt verbleiben nach Abzug dieser Gruppen: die Schriften über Epilepsie, über den Einfluß von Luft, Wasser und anderen klimatischen Faktoren auf den Organismus, über Diät, über Kopfwunden, über die Prognose akuter Erkrankungen, über Epidemien, sowie eine Streitschrift zur Verteidigung der empirischen Methode in der Medizin.
Die wichtigste geschichtliche Leistung des Hippokrates besteht darin, daß er die Heilkunde von der Religion und auch vom Aberglauben – mit denen sie bis dahin eng verbunden gewesen war – löste und auf eine rein rationale, vernunftgemäße Grundlage stellte. Ein Beispiel dafür ist seine Einschätzung der Epilepsie (Fallsucht). Diese Krankheit hatte bis dahin als »heilige Krankheit«, als aus übernatürlichen Ursachen entstehend, gegolten. Hippokrates schreibt darüber:

Mit der sogenannten heiligen Krankheit verhält es sich folgendermaßen. Sie scheint mir in keiner Beziehung einen mehr göttlichen Ursprung zu haben als die übrigen Krankheiten, auch nicht heiliger zu sein, sondern dieselbe Beschaffenheit, aus welcher heraus sie sich entwickelt, zu besitzen wie die übrigen Krankheiten. Die Menschen aber haben infolge ihrer Unerfahrenheit und Verwunderung geglaubt, ihre Beschaffenheit wie ihre Veranlassung sei etwas Göttliches, weil sie in keinem Punkte den anderen Krankheiten gleicht, und durch die für sie bestehende Schwierigkeit, daß sie sie nicht erkennen, erhält sich der Glaube an die göttliche Eigenschaft ... Wenn sie aber wegen des Wunderbaren für etwas Göttliches gehalten werden sollte, so wird es viele heilige Krankheiten geben und nicht eine einzige; denn ich werde zeigen, daß andere nicht weniger wunderbar und staunenswert sind, von denen kein Mensch glaubt, daß sie heilig sind ...

Hippokrates führte die nüchterne, exakte Beobachtung der Krankheitserscheinungen und des Krankheitsverlaufs und deren genaue Aufzeichnung ein. Er selbst veröffentlichte 42 Krankengeschichten, davon 25, wie er ohne Beschönigung zugibt, mit tödlichem Ausgang. Durch mehr als anderthalb Jahrtausende blieb das Beispiel, das Hippokrates mit seinen exakten Krankengeschichten aufgerichtet hatte, ohne Nachfolge. Ein Beispiel aus einer dieser Krankengeschichten:

In Abdera bekam Herophytos Schmerzen im Kopfe; er legte sich zuerst nicht, bald darauf aber mußte er das Bett aufsuchen ... Es ergriff ihn akutes Brennfieber. Anfangs erbrach er reichliche gallige Massen; der Urin war dünn und schwarz und hatte bald Wolken an der Oberfläche, bald wieder nicht. Die Nacht brachte Schmerzen, das Fieber wies bald zu dieser, bald zu jener Zeit Steigerungen auf und war im ganzen unregelmäßig. Gegen den vierzehnten Tag stellte sich Taubheit ein, die Fieber nahmen zu, der Urin war der nämliche. Am zwanzigsten Tage und an den folgenden Tagen hatte er alle möglichen Halluzinationen. Am vierzigsten Tage bekam er heftiges Nasenbluten, und dann kam er mehr zur Besinnung. Taubheit war zwar vorhanden, doch in geringerem Grade; die Fieber ließen nach. An den folgenden Tagen hatte er häufig ein wenig Nasenbluten ... (Diese Krankengeschichte umfaßt 120 Tage.)

Hippokrates verficht die Verwendung natürlicher und vernünftiger Heilmittel. Er achtet auf die Auswirkungen der natürlichen Umwelt, des Trinkwassers, des Klimas, der Jahreszeiten, der Winde. In der Therapie verwendet er vorwiegend Diät sowie Fasten, Bäder, frische Luft, Massage. Über Bäder sagt er unter anderem:

Der Gebrauch von Bädern aber wird vielen Kranken helfen, gleichviel, ob sie sie dauernd oder nicht dauernd benutzen. Unter Umständen muß der Gebrauch von Bädern eingeschränkt werden, weil es den Leuten an den Vorrichtungen dazu fehlt; denn nur in wenigen Häusern ist für die nötigen Geräte gesorgt und stehen die nötigen Bediensteten zur Verfügung. Wenn man nicht in jeder Beziehung richtig badet, wird man nicht geringen Schaden davon haben, bedarf es doch eines rauchfreien geschützten Raumes, reichlicher Wassermengen und vielfacher, nicht allzustarker Übergießungen mit Badewasser ... Der Weg zur Badewanne aber muß kurz sein, damit man bequem hinein- und wieder herauskommen kann; ferner verhalte sich der Badende ruhig, schweige still und lege nicht persönlich Hand an... Man erkälte sich weder die Extremitäten, noch den Kopf, noch sonst den Körper, auch gehe man weder sogleich nach dem Genusse von Getränken ins Bad, noch nehme man kurz nach dem Bade Getränke zu sich.

Sehr hoch bewertet Hippokrates die Prognose, das frühzeitige Erkennen von Krankheitserscheinungen und die Vorausberechnung ihres Verlaufs, und im Zusammenhang damit die Vorbeugung durch gesunde Lebensweise (Hygiene). Seine diesbezüglichen Schriften gelten vielen als seine größte Leistung.

Einflußreich durch die Jahrhunderte, aber irrig war die Lehre des Hippokrates von den »Säften«. Der Körper sollte danach aus vier Säften: Blut, Schleim, gelber und schwarzer Galle, bestehen, jede Krankheit eine Störung des Gleichgewichts dieser Säfte untereinander sein.
Überhaupt war das anatomische und physiologische Wissen zur Zeit des Hippokrates, nach unseren Maßstäben gerechnet, äußerst gering. Um so höher sind die erzielten praktischen Heilerfolge zu bewerten. Hippokrates war in erster Linie nicht Forscher oder Theoretiker oder auch Experimentator (den Wert des Experiments hat er kaum erkannt), sondern praktischer Arzt.
Aber auch die praktischen Erfolge – an denen sicher seine außergewöhnliche Persönlichkeit ihren besonderen Anteil gehabt hat – machen nicht in erster Linie den Ruhm und das bleibende geschichtliche Verdienst des Hippokrates aus, sondern ebenso und vielleicht noch mehr das hohe ärztliche Ethos, das er vertrat und der Heilkunst mit auf ihren weiteren Weg gab.

Die ärztliche Kunst ist von allen Künsten die vornehmste, aber einerseits wegen der Unerfahrenheit derer, welche sie ausüben, und andererseits wegen der Oberflächlichkeit derer, die solche Leute beurteilen, bleibt sie schon jetzt weit hinter allen anderen Künsten zurück. Dieser Fehler scheint mir vorzüglich folgenden Grund zu haben: allein für die ärztliche Kunst ist in den Staaten keinerlei Strafe (gemeint ist keine Strafe bei Verletzung der Kunstregeln, in der Tat gab es überhaupt keinerlei gesetzliche Regelung des Ärztewesens) festgesetzt außer der Verachtung, diese indessen verletzt die aus Verachtung Zusammengesetzten nicht. Ganz ähnlich sind nämlich solche Leute den in den Trauerspielen auftretenden Statisten, denn wie diese Gestalt, Aufzug und Maske eines Schauspielers haben, ohne selbst Schauspieler zu sein, so gibt es auch der Ärzte dem Namen nach zwar viele, der Tat nach aber recht wenige.

Der berühmte hippokratische Eid ist allerdings nicht mit Sicherheit vom Meister selbst formuliert worden, sondern vielleicht noch älterer Herkunft. Doch bleibt es das große geschichtliche Verdienst des Hippokrates und seiner Schule, die hohe Auffassung vom ärztlichen Beruf, die er atmet, geschaffen und der Nachwelt hinterlassen zu haben. Der Eid lautet:

Ich schwöre, Apollon den Arzt und Asklepios und Hygieia und Panakeia und alle Götter und Göttinnen zu Zeugen anrufend, daß ich nach bestem Vermögen und Urteil diesen Eid und diese Verpflichtung erfüllen werde: den, der mich diese Kunst lehrte, meinen Eltern gleich zu achten, mit ihm den Lebensunterhalt zu teilen und ihn, wenn er Not leidet, mitzuversorgen; seine Nachkommen meinen männlichen Geschwistern gleichzustellen und, wenn sie es wünschen, sie diese Kunst zu lehren ohne Entgelt und ohne Vertrag; Ratschlag und Vorlesung und alle übrige Belehrung meinen und meines Lehrers Söhnen mitzuteilen, wie auch den Schülern, die nach ärztlichem Brauch durch den Vertrag gebunden und durch den Eid verpflichtet sind, sonst aber niemandem.
Meine Verordnungen werde ich treffen zu Nutz und Frommen der Kranken nach bestem Vermögen und Urteil; ich werde sie bewahren vor Schaden und willkürlichem Unrecht.
Ich werde niemandem, auch nicht auf eine Bitte hin, ein tödliches Gift verabreichen oder auch nur dazu raten. Auch werde ich nie einer Frau ein Abtreibungsmittel geben.
Heilig und rein werde ich mein Leben und meine Kunst bewahren. Auch werde

ich den Blasenstein nicht operieren, sondern es denen überlassen, deren Gewerbe dies ist.
Welche Häuser ich betreten werde, ich will zu Nutz und Frommen der Kranken eintreten, mich enthalten jedes willkürlichen Unrechts und jeder andern Schädigung, auch aller Werke der Wollust an den Leibern von Frauen und Männern, Freien und Sklaven. Was ich bei der Behandlung sehe oder höre oder außerhalb der Behandlung im Leben der Menschen, werde ich, soweit man es nicht ausplaudern darf, verschweigen und solches als ein Geheimnis betrachten.
Wenn ich nun diesen Eid erfülle und nicht verletze, möge mir im Leben und in der Kunst Erfolg zuteil werden und Ruhm bei allen Menschen bis in ewige Zeiten; wenn ich ihn übertrete und meineidig werde, das Gegenteil.

VII. Die Väter der Geschichtsschreibung

I. Homer und Hesiod

Sage mir, Muse, die Taten des vielgewanderten Mannes,
Welcher so weit geirrt, nach der heiligen Troja Zerstörung,
Vieler Menschen Städte gesehen und Sitte gelernt hat
Und auf dem Meere so viel unnennbare Leiden erduldet,
Seine Seele zu retten und seiner Freunde Zurückkunft.

Dies sind die unvergänglichen Verse, mit denen Homer seinen Bericht von den Irrfahrten des Odysseus beginnt. Am Beginn der denkenden und deutenden Betrachtung menschlicher Geschichte in Griechenland steht wie ein gewaltiger erratischer Block das Werk des nach der Legende blinden Dichters und Sehers Homeros. Die Gestalt dieses größten epischen Dichters der Griechen, des »Erziehers Griechenlands«, wie wir ihn bei Platon benannt finden, bleibt für uns trotz aller darauf verwandten Forschungsarbeit im Dunkel. Seit dem 1795 erschienenen, *Prolegomena ad Homerum* (abgekürzt) benannten Buche des deutschen Philologen Friedrich August *Wolf* ist die sogenannte »Homerische Frage« eines der meistdiskutierten Themen der Altphilologen gewesen. Die von Wolf ausgesprochenen – vor ihm schon von einigen Autoren gehegten – Zweifel erstreckten sich sowohl auf die Realität Homers als geschichtlicher Persönlichkeit, wie auf die Frage: Geht das uns überlieferte Werk überhaupt zur Gänze oder wenigstens im wesentlichen auf einen einzigen Verfasser zurück? Stellt es nicht vielmehr – wie viele Sagen anderer Völker oder auch etwa die gewaltigen Dokumente des Alten Testaments aus der Geschichte des jüdischen Volkes – ein Gewebe von Berichten und Überlieferungen dar, an dem viele Männer und Generationen mitgewirkt haben? Und sind die Ilias und die Odyssee in dieser Hinsicht gleich zu beurteilen?
Neuerdings neigt die Wissenschaft wieder mehr zur Anerkennung der geschichtlichen Realität Homers, allerdings nicht seiner alleinigen Urheberschaft an den beiden berühmten Epen. Für uns ist diese Frage weniger wichtig als das Werk selbst, das über nun bald drei Jahrtausende in unvergänglicher Frische und Gewalt zu uns spricht. Seine Entstehung wird mit ziemlicher Sicherheit auf das 9. vorchristliche Jahrhundert angesetzt.

Was berechtigt uns, diese Dichtwerke an die Spitze und in den Zusammenhang der (wissenschaftlichen) Geschichtsschreibung zu stellen? Es ist nicht einfach die Tatsache, daß diese dichterischen Schilderungen zu den wichtigsten Quellen gehören, aus denen unsere heutige Kenntnis der griechischen Frühzeit geschöpft ist. Das wäre allerdings für sich allein schon wichtig genug. Denn tatsächlich beruht – oder beruhte doch bis vor nicht allzulanger Zeit, als die moderne Altertumsforschung ihren Aufschwung nahm – auf dem Werk Homers der allergrößte Teil des Bildes, das wir uns von der frühgriechischen Zivilisation machen: von den Formen des Ackerbaus, der Hauswirtschaft, der Arbeitsweise der Handwerker und den von ihnen verwandten Werkstoffen, Familienleben und gesellschaftlicher Stellung der Geschlechter, Kriegführung, Kriegstechnik, Seefahrt bis zur vielgestaltigen Welt der Götter. Deshalb wird ja die griechische Zivilisation in diesem Stadium auch schlechtweg die homerische genannt – ebenso wie wir von der »homerischen« Religion sprechen.

Wir müssen aber darüber hinaus die Werke Homers selbst als Geschichtswerke ansehen und ernst nehmen. Nicht nur, daß der Dichter selbst in der berühmten Stelle beim Mahl der Phäaken – die als Selbstporträt Homers angesehen wird – das »gottbegnadete Singen« in enge Verbindung bringt mit dem Begriff der Wahrheitsgemäßheit:

> Wahrlich, vor allen Menschen, Demodokos, achtet mein Herz dich!
> Dich hat die Muse gelehrt, Zeus' Tochter, oder Apollon!
> So zum Erstaunen genau besingst du das Schicksal der Griechen,
> Alles, was sie getan und erduldet im mühsamen Kriegszug.
> Gleich als hättest du selbst es gesehen oder gehöret.

Nicht nur auch, daß es den großen nachfolgenden antiken Historikern selbstverständlich war, von Homer als Historiker zu sprechen – die Funde der modernen Archäologie haben höchst eindrucksvolle Beweise erbracht für die geschichtliche Wahrheit der von Homer geschilderten Vorgänge, jedenfalls und vorwiegend für die Ilias. Jedem Gebildeten ist heute die Geschichte Heinrich *Schliemanns* bekannt, der als kleiner Knabe unter dem unverlöschlichen Eindruck der homerischen Gesänge nicht fassen konnte, daß diese ganze Welt nur schöner Schein sein sollte, und den Entschluß faßte, sein späteres Leben der Wiederentdeckung Trojas zu widmen. Bekanntlich führte dieser im reifen Mannesalter gegen alle Hindernisse in die Tat umgesetzte Entschluß zu Erfolgen und Ergebnissen, die die Welt in Staunen setzten.

Kaum geringeren Alters als die Dichtungen Homers sind die Werke des boiotischen Dichters *Hesiodos.* Im Gegensatz zu jenem ist dieser als geschichtliche Persönlichkeit greifbar. Im 8. Jahrhundert lebte er in der kleinen Stadt Askra in Boiotien. Die *Werke und Tage* sind ein an des Dichters Bruder Perseus gerichtetes Lehrgedicht mit Ratschlägen und Vorschriften vornehmlich für den Ackerbau, daneben für Schiffahrt und anderes. Das zweite Werk ist die *Theogonie,* wörtlich Entstehung der Götter. Nicht alle der erhalten gebliebenen rund 1000 Verse gehen mit Sicherheit auf Hesiod selbst zurück. Das Werk gibt eine Geschichte des

Kampfs der Götter als Vorgeschichte der Weltschöpfung, eine Weltentstehungslehre und, neben anderem, auch die bekannte Lehre von den Weltaltern (bei Hesiod sind es fünf), die in absteigender Reihe einander folgen.

2. Herodot

Als eigentlicher »Vater der Geschichtsschreibung«, in einem Sinne, der dem unseren nahekommt, galt den Alten und gilt bis heute *Herodotos* von Halikarnassos (etwa 484–425 v. Chr.). »Historia« im griechischen Wortsinne von »Erkundung« (historein = Kundschaft einholen) ist bei ihm bereits verbunden mit bewußter, kritischer Wahrheitserhellung. Herodot entstammte einer vornehmen Familie, beteiligte sich infolgedessen selbst an der Politik. Er wurde verbannt und machte darauf ausgedehnte Reisen, die ihn unter anderem nach Ägypten und ans Schwarze Meer führten. So gewann er aus erster Hand genaue geographische und ethnographische Kenntnis der Schauplätze und Völker, die er in seinem Bericht behandelt.

Von Herodotos aus Halikarnassos ist dies die Darstellung seiner Forschung, damit weder das von Menschen Geschehene durch die Zeit ausgelöscht werde, noch große und staunenswerte Taten, teils von Griechen, teils von Barbaren vollbracht, des Ruhmes verlustig gehen – neben anderem auch, aus welchem Grunde und welcher Schuld sie miteinander in Krieg geraten.

Mit diesen Worten beginnt sein aus neun Büchern bestehendes Geschichtswerk. Sein Hauptthema bilden die Kriege zwischen den Griechen und den Persern, deren Zeitgenosse Herodot war. Da er aber die ganze Vorgeschichte – Ägyptens, des Vorderen Orients und Griechenlands selbst – von den Anfängen bis zu seiner Zeit einbezieht, ist das Werk tatsächlich eine (die erste) »Weltgeschichte«.

Abgesehen von dieser Weite des räumlichen und zeitlichen Horizonts und vom Glanz der Darstellung – denn bei Herodot verbindet sich wie bei fast allen späteren großen Historikern der Erkenntnisdrang mit künstlerisch vollendeter Darbietung des Erforschten – seien drei Charakteristika seiner Geschichtsschreibung hervorgehoben.

Das erste: er weitet den Blick über Kriege und politische Vorgänge hinaus auf das, was wir »Kulturgeschichte« nennen. Herodot berichtet über Religionen, über Sitten und Gebräuche, Kleidung, über Menschen aller Stände und auch Frauen; er weiß von geschichtlichen Kulturzusammenhängen, dem Einfluß geographischer Gegebenheiten, wie zum Beispiel der alles bestimmenden Rolle des Nils für die Entfaltung der ägyptischen Zivilisation. Darüber heißt es:

Die Ägypter haben entsprechend dem bei ihnen herrschenden Klima und der ganz absonderlichen Art des Flusses auch ihre allermeisten Sitten und Gebräuche in umgekehrtem Verhältnis zu denen der anderen Menschen gestaltet.

Die zweite Eigenart ist *kritische Besonnenheit.* Sie ist nicht als Quellenkritik im modernen Sinne vorhanden. Vielmehr ist Herodot überall da,

wo er sich auf Zeugnis anderer oder Überlieferung verläßt, geradezu leichtgläubig; er übernimmt Orakelgeschichten, bringt übertriebene Zahlenangaben, fällt geographischen Irrtümern zum Opfer – so daß schon im Altertum gesagt werden konnte, »viel Unsinn« sei bei ihm zu finden. Wo er aber über seine eigene Zeit berichtet, befleißigt er sich einer bemerkenswerten Unvoreingenommenheit. Immer ist er bemüht, bei den politischen Kämpfen die Ansichten und Beweggründe beider streitenden Parteien wiederzugeben und zu würdigen. Auch den persischen Feinden bezeugt er ausdrücklich Heldenmut und Ehrenhaftigkeit.
Als dritter Wesenszug muß die tief *tragische* Grundauffassung Herodots vom Sinne des Lebens und der Geschichte genannt werden – kein Wunder bei einem Manne, der mit dem großen Sophokles befreundet war und auch Aischylos kannte. Überall sieht er in der Geschichte den Wandel von Sieg und Niederlage, Erfolg und Mißerfolg, den »Kreislauf, der sich dreht und nicht zuläßt, daß stets die gleichen Erfolg haben«. Wenn die Geschichte eines lehrt, so dies, daß die Menschen, die das uns gesetzte Maß überschreiten wollen und in Hybris verfallen, gestraft und vernichtet werden. Denn »gänzlich ist der Mensch dem Zufall ausgesetzt« und »das Schicksal gebietet über die Menschen, nicht aber die Menschen über das Schicksal«. So heißt es auch:

Du siehst, wie Gott die Lebewesen, die das Maß überschreiten, mit dem Donnerkeil trifft und sie sich nicht überheben läßt, aber die kleinen erzürnen ihn nicht. Du siehst, wie er in die größten Häuser und die höchsten Bäume seine Geschosse schleudert. Denn Gott pflegt alles Überragende zu vernichten.

3. Thukydides

Etwa von 456 bis 396 v. Chr. in Athen lebend, gehört *Thukydides*, der zweite große Historiker der griechischen Blütezeit, der auf Herodot unmittelbar folgenden Generation an; er ist noch sein jüngerer Zeitgenosse gewesen. Wie dieser entstammte er einer aristokratischen Familie und nahm an der Politik aktiven Anteil, beschreibt auch vorwiegend Ereignisse, deren unmittelbarer Zeuge er gewesen ist. Im Jahre 424 war Thukydides einer der beiden Feldherren, die ein Heer über See nach Thrakien zu führen hatte. Da er die gestellte Aufgabe nicht rechtzeitig zu lösen vermochte, verfiel er der Verbannung und verbrachte zwei Jahrzehnte auf Reisen, insbesondere auch im Peloponnes. Damit verfügte er – im Zeitalter des Peloponnesischen Krieges, den er beschreibt – über die dem Historiker leider selten vergönnte unmittelbare Kenntnis beider streitender Fronten. Die ihm nach seiner Rückkehr in die Heimat verbliebenen Jahre reichten nicht aus, um ihn sein Werk vollenden zu lassen.
Trotz der zeitlichen Nähe zu seinem Vorgänger Herodot, dessen Werk Thukydides rein äußerlich fortsetzt – indem er mit seinem Bericht da einsetzt, wo jener aufhört: wie anders ist seine Geschichtsschreibung in Grundhaltung und Methode! Das beruht nicht sowohl auf der verschiedenen persönlichen Eigenart beider Männer, als vor allem auf der

von Grund auf veränderten geistigen und geschichtlichen Lage. Zwischen beiden liegt im äußeren Geschehen der Peloponnesische Krieg mit seinem für Athen katastrophalen Ausgang. Zwischen ihnen liegt im geistigen Bereich das Auftreten der Sophisten und die von ihnen bewirkte Revolution des griechischen Denkens.

Betrachten wir das Werk des Thukydides im Hinblick auf die drei Eigentümlichkeiten, die wir bei Herodot feststellen: kulturgeschichtliches Interesse, kritische Einstellung, tragische Grundhaltung – so zeigt sich zum ersten, daß Thukydides, obwohl er im perikleischen Athen mit seiner einzigartigen kulturellen Blüte lebte, eine Beschränkung, wenn man will, eine Verengung des Blickes auf die politische Geschichte eigen ist.

Die kritische Einstellung kehrt bei Thukydides wieder, doch in so verstärkter und ausgereifter Form, daß man, wenn Herodot der »Vater der Geschichte« zu nennen ist, Thukydides als den Begründer der eigentlich kritischen oder wissenschaftlichen Geschichtsbetrachtung ansehen muß. Er meidet jedes Vorurteil, ist fast durchgehend kühl und objektiv. Die Darstellung seiner eigenen Rolle als Feldherr ist in einem Ton des sachlichen Abstandes gehalten, der, wüßte man es nicht, kaum ahnen ließe, daß dieser Mann der Berichtende selber ist. Thukydides folgt einer exakten, fast starren chronologischen Ordnung. Er ist skeptisch gegen alle Arten von Überlieferungen und Zeugnissen. Die »tatsächlichen Begebenheiten« will er beschreiben, »nicht so, wie ich sie von irgend jemand beliebigem erfuhr, und auch nicht, wie es mir erschien, sondern nur das, wo ich selbst dabei war und was ich, von anderen überliefert, mit größter Genauigkeit in jeder Einzelheit untersuchte.« Es gibt für Thukydides keine Wunder. Orakel verspottet er, und die Götter haben in seiner Darstellung keinen Platz. Ein durch und durch nüchterner Realist – außer vielleicht darin, daß er den handelnden Gestalten, um die Darstellung zu beleben, oftmals Reden in den Mund legt, von denen er selber weiß, daß sie so nicht gehalten wurden, von denen er aber glaubt, daß so »hinsichtlich der jeweils gegebenen Lage das Nötigste am ehesten würde gesagt worden sein«.

Diese von allen fabelhaften Ausschmückungen entblößten Nachrichten werden dem Leser zwar nicht so angenehm und unterhaltend vorkommen; allein wer auf die Zuverlässigkeit der erzählten Begebenheiten sehen, und, in Erwägung, daß nach dem gewöhnlichen Weltlauf künftig einmal ebendergleichen und ähnliche Rollen werden gespielt werden, auf den wahren Nutzen solcher Nachrichten sehen will, der wird völlig damit zufrieden sein. So ist es denn mit dieser Arbeit nicht sowohl darauf abgesehen, den Lesern ein Stück, welches sie auf eine kurze Zeit angenehm unterhalten könne, als vielmehr ein Werk von beständiger Brauchbarkeit in die Hände zu liefern.

Die tragische Grundhaltung des Herodotos kehrt ebenfalls bei Thukydides wieder. Er ist äußerst skeptisch in bezug auf die Menschen, die von Natur so sind, daß sie gegen das Gesetz handeln. Und er ist alles andere als ein Optimist. »Alles ist von Natur bestimmt zu vergehen.« Dieser Grundeinstellung entspricht der Stil. Er ist trocken und humorlos, aber oft von dramatischer Wucht.

Antike Quellen berichten von Dutzenden anderer Geschichtsschreiber neben den hier genannten. Zum allergrößten Teil sind ihre Werke verloren. Erwähnen wollen wir aber noch *Xenophon* (etwa 430 bis 355 v. Chr.), der das Werk des Thukydides fortsetzte und unter anderem auch über Sokrates berichtet hat; sowie, wegen des Interesses für unseren eigenen Gegenstand, die Tatsache, daß die Blüte der griechischen Wissenschaft bereits eine eigene und ausgedehnte wissenschafts-geschichtliche Literatur hervorbrachte. Xenokrates schrieb über die Geschichte der Geometrie, Theophrastos über die Geschichte der Naturphilosophie, Menon über Geschichte der Medizin, Eudemos über die Entwicklung von Arithmetik, Geometrie und Astronomie.

Überblicken wir die drei großen Etappen der griechischen Geschichtsbetrachtung, wie sie sich in den Werken Homers, Herodots und Thukydides' abzeichnen, so wird eine durchlaufende Entwicklung sichtbar. Das gilt für die kritische Einstellung, die schon bei Homer angelegt ist – der ja auch »der Ordnung gemäß« berichten wollte – aber erst bei Thukydides zur vollen Ausprägung kommt. Das gleiche gilt für die tragische Grundauffassung des Lebens. Die Frage liegt nahe, ob nicht die sogenannte kritische Methode – das Wort hier in einem ganz weiten Sinne genommen – in ihrem Fortschreiten immer einhergeht mit der wachsenden Erkenntnis von der unaufhebbaren Tragik alles menschlichen Seins?

Fünftes Kapitel

Die ersten Erben

Die Wissenschaft des Hellenismus und der Beitrag Roms

Nunc totus Graias, nostrasque habet orbis Athenas
(Nun hat der ganze Erdkreis
Athen, das griechisch und unser) Juvenal

DAS ZEITALTER Das Auftreten Alexander des Großen leitet einen neuen Abschnitt in der Geschichte der Griechen und der Mittelmeerwelt ein. Die Regierungszeit Alexanders (336 bis 323 v. Chr.) deckt sich fast mit den letzten Lebensjahren seines Lehrers Aristoteles. Alexander führte, nachdem er Griechenland unterworfen hatte, im Verein mit seinen genialen Feldherren seine Heere in unbezwinglichem Siegeslauf nach Asien. Er zerschlug und unterwarf das gewaltige Reich der Perser, eroberte Ägypten und drang vorübergehend in Indien ein. Politisch hielt das neu eroberte Reich nicht länger zusammen, als die machtvolle Hand des Eroberers selbst die Herrschaft hielt. Unmittelbar nach seinem Tode brachen die Kämpfe unter seinen Nachfolgern, den Diadochen (griech. diadochai = Nachfolger) aus. Sie führten im wesentlichen zur Bildung dreier Großstaaten: Ägypten unter den Ptolemäern, Syrien unter den Seleukiden, Pergamon unter den Attaliden. Daneben bestand das makedonische Reich, Alexanders Heimatland, unter den Antigoniden weiter; außerdem eine ganze Anzahl griechischer und orientalischer Klein- und Stadtstaaten mit verschiedenen Graden der Unabhängigkeit.

Alexander hatte die Schranke zwischen Griechen und Barbaren niedergerissen. In dem gewaltigen Reich sollte eine einheitliche, aus der Verschmelzung griechischer und orientalischer, hauptsächlich persischer, Zivilisation hervorgehende Mischkultur entstehen. Alexander selbst bestimmte noch zu seinen Lebzeiten das orientalische Babylon zur Hauptstadt des Gesamtreiches; er vermählte sich mit der Tochter des Perserkönigs und ermunterte ungezählte Tausende seiner Offiziere und Soldaten zu Heiraten mit eingeborenen Frauen der eroberten Länder, hauptsächlich Perserinnen. Orientalische Sitten hatte er angenommen, nach orientalischem Brauch ließ er sich als Gott verehren, trug persische Kleidung, zog persische Adlige in die Verwaltung. Diese Politik beschwor schwere Aufstände seines angestammten makedonischen Heeres herauf.

Das Ziel, die Kulturen gänzlich zu verschmelzen, wurde nicht erreicht. Aber Alexanders Taten, die durch ihn eingeleitete Berührung der Völker und Kulturen, die Öffnung der Handelswege, die Anlage von über siebzig neuen griechischen Städten im ganzen Osten – dies alles ließ Griechentum und Orient einander durchdringen und eine das ganze östliche Mittelmeerbecken umfassende einheitliche Kultur entstehen, die man mit dem von dem deutschen Geschichtsforscher *Droysen* 1836 geprägten Ausdruck die *hellenistische* nennt.

Während die griechische Freiheit verlorenging, breitete sich griechisches Wesen und Wissen aus. Griechisch sprach man an den Höfen, griechisch sprachen die Gebildeten in allen Nachfolgestaaten des Alexanderreichs. In dem Maße, in dem griechischer Geist den Orient eroberte, wirkte orientalisches Wesen auf ihn ein und gestaltete ihn um. Aus Griechischem und Nichtgriechischem entstand eine übernationale, kosmopolitische Kultur.

Die drei östlichen Reiche: Pergamon, das Seleukidenreich und das ptolemäische Ägypten, erlebten eine bedeutende kulturelle Blüte. Neben ihnen bewahrte Athen noch jahrhundertelang seinen Ruhm als Zentrum der Kunst und der Philosophie. Die Akademie Platons und das Lykeion des Aristoteles bestanden weiter, die Akademie bis 529 n. Chr. Große Gelehrte wie Eudemos und Theophrastos waren unter ihren Leitern.

ALEXANDRIA ALS ZENTRUM Für die Wissenschaft haben weder Athen noch Pergamon noch andere orientalische Städte eine annähernd gleiche Bedeutung wie Alexandria. Fast durch den ganzen in diesem Kapitel betrachteten Zeitabschnitt – der von etwa 330 v. Chr. bis zum Beginn der islamischen Eroberung reicht, also ein rundes Jahrtausend umfaßt – blieb Alexandrien bis zur Zeitwende schöpferisch und vorwärtsdrängend, danach wenigstens bewahrend, der wichtigste Mittelpunkt wissenschaftlichen Lebens.

In der Nilniederung, nahe dem Meere, hatte Alexander die Stadt gegründet. Er benannte sie, wie andere seiner Gründungen, nach seinem eigenen Namen. Als er starb, war der Bau erst begonnen. Es war eine glückliche geschichtliche Fügung, daß dieser Teil des Reiches dem klugen und fähigen *Ptolemaios* zufiel. Dieser verbrachte nicht wie die meisten der Diadochen seine Zeit mit politischen Ränken und Eroberungskriegen, sondern machte sich alsbald daran, dem neugewonnenen Lande durch Förderung von Handwerk, Handel, Landwirtschaft und Schiffahrt – er ließ zum Beispiel eine große Flotte bauen – Ordnung und Wohlstand zu geben. Unter seiner Wirtschaftsordnung, die wir als ausgesprochenen Staatssozialismus bezeichnen würden, blühte das Land mächtig auf.

Die Stadt Alexandrien nahm einen Aufschwung, für den in der Neuzeit vergleichbare Beispiele wohl nur in den Vereinigten Staaten oder in Brasilien (Sao Paulo) zu finden sind. Der größte Teil des neu entstehenden Wohlstandes sammelte sich hier. Schnell wuchs die Bevölkerung auf mehrere hunderttausend Menschen. Sie war vielfältig gemischt aus Ägyptern, Griechen, Juden (etwa 20 Prozent), Makedoniern, Persern, Syrern und anderen. Der Reichtum der führenden Familien erregte das Staunen der Welt.

Mittelpunkt des geistigen Lebens war das *Museion* (Haus der Musen, daraus unser lateinisches Wort Museum) mit der angeschlossenen Bibliothek, gegründet vielleicht noch vom ersten Ptolemaier, gefördert und ausgebaut von seinem Nachfolger Ptolemaios II. Äußerlich war es eine ziemlich ausgedehnte Gruppe von Gebäuden, umgeben von Gärten,

Höfen und Wandelgängen, in der Nachbarschaft des königlichen Palastes der Ptolemaier gelegen. Seiner Zweckbestimmung nach kann man das Museion mit einer modernen Universität vergleichen – oder mit einer Akademie, denn das Schwergewicht lag nicht im Unterricht und der Ausbildung des Nachwuchses, sondern in der wissenschaftlichen Forschung. Zahlreiche namhafte Schriftsteller, Kritiker, Philosophen und Wissenschaftler folgten alsbald der Einladung des Königs, hier zu leben und zu wirken. Neben der blühenden Stadt übten die hier gebotenen großzügigen Arbeitsmöglichkeiten sicher ihre Anziehungskraft aus, denn die Gelehrten konnten bei ansehnlicher Bezahlung sich ausschließlich ihren wissenschaftlichen Neigungen widmen.
Das Museion hatte vier Abteilungen, je eine für Literatur, Astronomie, Mathematik und Medizin. Angeschlossen war die große Bibliothek, die bald zur größten und berühmtesten des Altertums wurde. Sie umfaßte schon nach wenigen Jahrzehnten 400 000 bis 500 000 Buchrollen, was mengenmäßig mehr als 100 000 gedruckten Bänden entspricht.
Es war damals eine Zeit der Literatur und der Bücher, jedenfalls mit den Maßstäben gemessen, die den Zeiten vor Erfindung des Buchdrucks angemessen sind. Es war mit der Literatur ähnlich wie mit der Philosophie. Das Zeitalter des Hellenismus hat zwar keine philosophischen Systeme aufzuweisen, die denen aus dem großen klassischen Zeitalter der griechischen Philosophie an Originalität und Tiefe an die Seite zu stellen wären; doch gewann die Philosophie, was sie in dieser Beziehung verlor, an Breite der Wirkung. So auch das Schrifttum. Wir finden zwar keine Schöpfung, die die Gewalt der großen griechischen Epiker und Tragiker erreicht, dafür aber Hunderte von Schriftstellern auf fast allen Gebieten und eine staunenswerte Entwicklung des öffentlichen und auch des privaten Büchereiwesens. Günstig wirkten die weite Verbreitung der griechischen Sprache, die in der ganzen hellenistischen Welt gesprochen und verstanden wurde, der allgemeine Wohlstand, daneben auch die Einführung des Pergaments als neuen Schreibstoffes neben dem bis dahin fast ausschließlich verwendeten Papyrus, sowie eine Vereinfachung der Schrift. Man begann die literarischen Schätze zu sammeln und zu sichten. Die ersten kritischen Textausgaben vieler Werke erschienen, unter anderen der Werke Homers.
Alexandrien und Pergamon wetteiferten im Sammeln von Bücherschätzen. Die Ptolemaier ordneten an, daß jeder namhafte Fremde, der ihre Hauptstadt besuchte, eine Abschrift von jedem Buch, das er besaß, zurücklassen solle. Ein Heer von Schreibern war mit der Fertigung der Abschriften beschäftigt. Schwindelnd hohe Preise wurden für Originalhandschriften berühmter Werke gezahlt. Vielleicht geht auch die Verbreitung des Pergaments auf den Wettstreit zwischen Alexandrien und Pergamon zurück. Man begann es, so wird berichtet, in Pergamon (nach dem es benannt ist) zu verwenden, nachdem die Ptolemaier, um das Konkurrenzunternehmen zu treffen, die Ausfuhr des Papyrus verboten hatten.
Das Schicksal der großen Bibliotheken des Altertums ist ein ebenso fesselndes wie tragisches Kapitel in der Geschichte der Zivilisation. Die

Privatbibliothek des Aristoteles zum Beispiel kam nach Kleinasien, war dort hundert Jahre lang vergraben, kam dann zurück nach Athen. Nach der römischen Eroberung dieser Stadt wanderte sie – oder das, was von ihr übriggeblieben war – schließlich nach Rom.

Die Bibliothek des Museion stand bis etwa zur Zeitwende in Blüte. In den Kriegen Cäsars wurde ein erheblicher Teil durch Feuer vernichtet. Ein großer Teil des Gebliebenen wurde von unduldsamen Eiferern in den Anfangszeiten des Christentums zerstört. Den Rest besorgten die Mohammedaner, als sie 642 n. Chr. die Stadt eroberten. Berühmt geworden ist die Begründung, die der Kalif Omar der Vernichtungsaktion gegeben haben soll: Entweder widerstreitet der Inhalt dieser Bücher der Heiligen Schrift (dem Koran): dann verdienen sie vernichtet zu werden. Oder er stimmt mit ihr überein: dann sind sie unnütz und können ebenfalls vernichtet werden! – Die Bäder der ganzen Stadt sollen monatelang mit Büchern geheizt worden sein – eine Übertreibung, wie man ausgerechnet hat. Der größte Teil des Bestandes war wahrscheinlich schon vor dieser Zeit verlorengegangen.

EIGENART DER HELLENISTISCHEN WISSENSCHAFT Die hellenistische Wissenschaft ist der Erbe der griechischen und baut auf dieser auf. Gleichwohl unterscheidet sie sich in einigen Zügen grundlegend von ihr. Zunächst und vor allem ist die Tochter der Philosophie nunmehr mündig und selbständig geworden. Wir haben nicht mehr Zweige der Philosophie vor uns, sondern *selbständige* Wissenschaften, Fachwissenschaften, und entsprechend nicht mehr Philosophen, die das gesamte Reich des Wissens als ihre Domäne betrachten, sondern Fachgelehrte – zwar vielseitig und kaum je auf ein einziges Fachgebiet beschränkt, aber jedenfalls Wissenschaftler und keine Philosophen.

Der Philosoph neigt im allgemeinen zur Zusammenschau, der Fachwissenschaftler zur Zergliederung. Die hellenistischen Wissenschaftler sind dementsprechend mehr *analytisch* als synthetisch eingestellt. Sie gehen mehr auf eine exakte Untersuchung einzelner Erscheinungen und Seinsbereiche aus als auf die umfassende Synthese, wie sie die Griechen, für unser nachträgliches Urteil wohl zu frühzeitig, versucht haben. Der fachliche Charakter und die Orientierung am Stoff bewirken, daß die *Methoden und Techniken* des wissenschaftlichen Arbeitens mehr beachtet und allmählich verfeinert werden. Unter den Ursachen dieser Wandlung mag die Berührung mit den mehr praktisch als spekulativ veranlagten Ägyptern und anderen Orientalen eine Rolle spielen.

Das Interesse richtet sich vor allem auf die exakten Wissenschaften – aber, im ausgesprochenen Unterschied zum Interesse der Griechen, auf Fragen der praktischen Anwendung: auf Astronomie, Geographie, Anatomie, Physiologie. Diese Wissenschaften sind es – neben ihnen noch die Philologie –, die Alexandrien ihre größte Förderung verdanken.

Die Träger des wissenschaftlichen Fortschrittes sind zwar in der Mehrzahl noch Griechen von Geburt. Doch im ganzen ist die Wissenschaft nun, wie die hellenistische Kultur überhaupt, eine ausgesprochen inter-

nationale Angelegenheit. Wir brauchen uns nur zu vergegenwärtigen, daß zum Beispiel die Leiter der berühmten Bibliothek des Museion nacheinander waren: *Zenodotos* aus Ephesos, *Apollonios* aus Rhodos, *Eratosthenes* aus Kyrene, *Apollonios* aus Alexandrien, *Aristophanes* aus Byzantion, *Aristarchos* aus Samothrake.
Im ganzen gesehen ist Alexandrien mit seinem Museion nicht nur Bewahrerin des Griechenerbes durch Jahrhunderte gewesen. Die alexandrinische Wissenschaft ist mit ihren eben angedeuteten neuen Wesenszügen und den Werken ihrer großen Männer zum Ausgangspunkt eines neuen Schrittes in der geistigen Geschichte der Menschheit geworden.

DIE RÖMER UND DIE WISSENSCHAFT Der erste Teil unserer hier betrachteten Epoche ist zugleich die Zeit des allmählichen Aufstiegs Roms vom kleinen Stadtstaat zur allbeherrschenden Macht des Mittelmeerraumes. Im zweiten Teil ist Rom bereits der Mittelpunkt der damaligen Welt.
Für die Kulturentwicklung im ganzen kann man das Verhältnis zwischen Griechen und Römern mit den eben berührten Verhältnissen im östlichen Mittelmeerraum vergleichen. Die Griechen wurden politisch unterworfen; griechischer Geist und griechische Bildung aber gewannen und beherrschten auch die römischen Sieger. Griechische Gebildete strömten nach Rom. Religiöse Vorstellungen und Kulte der Griechen breiteten sich in Rom aus. Griechische Vorbilder wurden in Baukunst und Literatur befolgt. Griechisch wurde auch hier die Sprache der Gebildeten. Wenn Griechenland politisch eine römische Kolonie wurde, so wurde Rom kulturell zur griechischen Kolonie.
Dies gilt jedoch für Kunst und Literatur mehr als für die eigentliche Wissenschaft. Für diese hatten die Römer auf Grund ihrer Eigenart nur ein begrenztes Interesse. Die Römer waren keine Träumer und keine Theoretiker, sondern durch und durch nüchterne Tatmenschen. Ihre größten geschichtlichen Leistungen sind die staatsmännischen: sie liegen im Aufbau und in der Verwaltung ihres Reiches.
Die reine Wissenschaft haben die Römer kaum gefördert, nicht einmal auf dem von den Griechen und im hellenisierten Osten erreichten Stande bewahrt. Die Gebiete, auf denen sie Eigenes geleistet haben, stehen alle in irgendeiner nahen Beziehung zum politischen und wirtschaftlichen Handeln. Die Römer waren glänzende *Ingenieure*, zum Beispiel im Straßenbau, in der Kriegstechnik, in der Anlage ihrer Aquädukte. Hier wandten sie wissenschaftliche Erkenntnisse im großen Stil an, ohne aber diese selbst zu vermehren. Sie schufen eine bewundernswerte Rechtsordnung. Sie begannen auch mit einer systematischen wissenschaftlichen Bearbeitung des *Rechts*, und auf diesem Gebiet liegt ihr größtes Verdienst in der Geschichte der Wissenschaft. Sie brachten große *Historiker* hervor – denen sich allerdings auch ein einzigartiger Stoff bot. Ihre Eroberungen erweiterten die *geographischen* Kenntnisse beträchtlich. Endlich blühte die *Medizin* – wiederum eine praktische, angewandte Wissenschaft.

I. Mathematik

1. Euklid

Der Reigen der großen alexandrinischen Mathematiker wird eröffnet von einem der berühmtesten Namen der Wissenschaftsgeschichte. Die griechische Form des Namens Euklid lautet *Eukleides*. Die bei uns gebräuchliche Form Euklid beruht auf der französischen Schreibung Euclide. Im allgemeinen strebt man heute danach, griechische Namen in der griechischen Form zu schreiben. Man sieht jedoch davon ab bei Namen, die sich wie der des Euklid allgemein eingebürgert haben.
Über das Leben des berühmtesten Mathematikers aller Zeiten wissen wir wenig. Sicher ist nur, daß Euklid in den Anfangszeiten des Museion lebte, also wahrscheinlich noch unter dem ersten Ptolemaier. Man kann den Höhepunkt seines Wirkens ungefähr um das Jahr 300 v. Chr. annehmen. Euklid war Vorsteher der mathematischen Abteilung in der Bibliothek des Museion. Er scheint der Typ des Gelehrten gewesen zu sein, der ganz in seiner Arbeit aufgeht und sich nichts aus materiellen Gütern macht. Davon zeugt jedenfalls die Anekdote, die ein antiker Autor erzählt: Euklid habe auf die Frage eines Schülers, was man denn vom Studium der Geometrie profitieren könne, diesem durch einen Sklaven einen Obolos aushändigen lassen, mit der verächtlichen Bemerkung, dieser junge Mann müsse anscheinend aus allem, was er lerne, Profit ziehen.

DIE ELEMENTE DER GEOMETRIE Das Hauptwerk Euklids sind die *Elemente der Geometrie*. Das Werk besteht aus dreizehn Büchern. Die Elemente sind zunächst eine Zusammenfassung des bis zur Zeit Euklids angesammelten geometrischen Wissens der Griechen. Die ersten Bücher fassen die Erkenntnisse des Pythagoras, Hippokrates von Chios, des Eudoxos und späterer Mathematiker zusammen. Insofern stellen sie zugleich eine Art Geschichte der Geometrie dar, wie sie vorher schon Eudemos verfaßt hatte. Sie sind aber viel mehr als eine bloße Geschichte, sie bringen dieses Wissen in eine geschlossene systematische Form, und vor allem: Euklid fügt in den weiteren Büchern zahlreiche eigene Erkenntnisse hinzu.
Die Art des Vortrags ist für alle Zeiten klassisch geblieben. Euklid beginnt mit Definitionen, Postulaten und Axiomen. Axiome (»Ursätze«) sind die allgemeinsten Sätze, die ohne Beweis als gültig anerkannt und aus denen alle weiteren Sätze logisch abgeleitet werden. Ein Axiom ist zum Beispiel, daß das Ganze größer ist als sein Teil, oder, daß aus jedem beliebigen Mittelpunkt mit jedem beliebigen Radius ein Kreis konstruiert werden kann. Eine Definition ist zum Beispiel der Satz, daß eine Linie nur der Länge nach ausgedehnt ist, aber keine Breite besitzt. Den einleitenden allgemeinen Sätzen folgen in streng logischem Aufbau jeweils Lehrsatz, seine Erläuterung mittels Zeichnung, Beweis und die bis heute klassisch gebliebene Schlußformel »Was zu beweisen war«.

Das erste Buch handelt von Dreiecken und Parallelogrammen. Es schließt mit dem Beweise des pythagoreischen Lehrsatzes. Die weiteren Bücher bringen Anwendungen dieses Satzes, ferner die Kreislehre, die Lehre von den Proportionen und von der Ähnlichkeit von Figuren. Die Lehrsätze, auch soweit sie den Mathematikern vor Euklid schon bekannt waren, erhalten durchweg bei ihm eine viel allgemeinere Fassung. Der Lehrsatz des Pythagoras, der sich auf die Quadrate über den Seiten des rechtwinkligen Dreiecks bezieht, wird beispielsweise erweitert auf alle Arten von ähnlichen Figuren über den Dreieckseiten.
Die letzten Bücher behandeln die räumliche Geometrie, zum Beispiel auch die der Kugel. Dabei verwendet Euklid bereits die sogenannte Exhaustions- oder Ausschöpfungsmethode, auf die wir bei Archimedes erneut stoßen werden.

ANDERE MATHEMATISCHE ARBEITEN Eine andere Arbeit des Euklid betraf die Kegelschnitte. Sie ist verloren, wurde aber zur Grundlage des entsprechenden Werkes des Apollonios. Die Arbeiten zur mathematischen Optik werden wir bei der Physik behandeln. Wenn auch die Hauptbedeutung Euklids in der Geometrie der Flächen und Körper liegt, so hat er doch, wahrscheinlich im Anschluß an Pythagoras, Grundlegendes auch in der Zahlentheorie geleistet. Dieses Gebiet ist im 7. bis 10. Buch der Elemente behandelt.

BEDEUTUNG Der Einfluß des Euklidschen Werkes ist einzigartig. Bis in die Gegenwart hinein lernen die Schüler in der ganzen Welt die Grundlagen der Geometrie nach dem Buche des Euklid. Im Englischen ist sogar der Name Euclid zum Synonym für Geometrie geworden.
Wie sehr spätere Geschlechter unter dem bleibenden Eindruck standen, daß durch die mit Euklid zu einem vorläufigen Abschluß gekommene Ausbildung der Geometrie bei den Griechen ein unerschütterlicher Grund dieser Wissenschaft für alle Zeiten gelegt war, zeigt die folgende Stelle aus der Vorrede zur 2. Auflage der *Kritik der reinen Vernunft* von Immanuel *Kant*:

> Die Mathematik ist von den frühesten Zeiten her, wohin die Geschichte der menschlichen Vernunft reicht, in dem bewundernswürdigen Volke der Griechen den sichern Weg einer Wissenschaft gegangen. Allein man darf nicht denken, daß es ihr so leicht geworden . . . ; vielmehr glaube ich, daß es lange mit ihr (vornehmlich noch unter den Ägyptern) beim Herumtappen geblieben ist, und diese Umänderung einer Revolution zuzuschreiben sei, die der glückliche Einfall eines einzigen Mannes in einem Versuche zustande brachte, von welchem an die Bahn, die man nehmen mußte, nicht mehr zu verfehlen war und der sichere Gang einer Wissenschaft für alle Zeiten und in unendliche Weiten eingeschlagen und vorgezeichnet war . . .

Die Grundlagen der euklidischen Geometrie haben bis in das 19. Jahrhundert im wesentlichen unangefochten bestanden. Dann begann man zu erkennen, daß es möglich ist, auch aus anderen als den von Euklid angenommenen Axiomen widerspruchsfreie Systeme der Geometrie aufzubauen. Es entstanden die sogenannten nicht-euklidischen Geometrien.

Das Werk Euklids wurde damit nicht als falsch erwiesen, aber es wurde nunmehr einem umfassenderen Zusammenhang eingeordnet.

2. Archimedes

Wir kommen sogleich zu einem weiteren Höhepunkt in der Geschichte der menschlichen Erkenntnis. *Archimedes* ist an Größe und Bedeutung in der antiken Wissenschaftsgeschichte nur mit Aristoteles zu vergleichen. Suchen wir nach einem Mann, der ihm an Originalität, Selbständigkeit und Unmittelbarkeit des Zugriffs auf die Probleme und in der Rastlosigkeit eines immer bohrenden Erkenntnisdranges zu vergleichen ist, so verweisen wir am besten auf Leonardo da Vinci.

Als Geburtsjahr des Archimedes wird 287 v. Chr. angenommen. Das Todesjahr 212 steht fest. Archimedes stammte aus Sizilien. Da er wahrscheinlich in Alexandrien studierte, kann man ihn aber dem Ruhm dieser Stadt zurechnen. Nach Abschluß seiner Studien kehrte er in seine sizilianische Heimat zurück, nach Syrakus, das damals von Hieron regiert wurde. Archimedes stand diesem sehr nahe; möglicherweise war er mit ihm verwandt.

Archimedes war Mathematiker, Physiker und Ingenieur in einem. Auf allen drei Gebieten leistete er Unvergleichliches. Eine Anzahl seiner Arbeiten ist erhalten. Es sind durchweg exakte »Monographien«, Abhandlungen über einzelne Probleme oder Problemgruppen für den Fachmann. Wir betrachten zuerst einige mathematische Leistungen des Archimedes.

GEOMETRIE Das alte Problem der genauen Berechnung der Zahl π greift Archimedes mit seiner Exhaustions- oder Ausschöpfungsmethode auf folgende Weise an. Denken wir uns ein Quadrat einem Kreise umgeschrieben, so daß die vier Quadratseiten den Kreis je in ihrer Mitte in einem Punkt berühren. Die Fläche dieses Quadrates ist offensichtlich größer als der Kreisinhalt. Sie beträgt, wie leicht ersichtlich, $(2\,r)^2 = 4\,r^2$. Ein Quadrat, welches dem Kreise eingeschrieben ist, ihn also mit seinen vier Ecken berührt, ist mit Sicherheit kleiner als der Kreisinhalt und hat den Inhalt $2\,r^2$. Zwischen diesen beiden Werten muß der Inhalt der Kreisfläche liegen.

Wählen wir nun an Stelle der Quadrate Sechsecke. Das dem Kreise umgeschriebene Sechseck ist kleiner als das entsprechende Quadrat. Sein Inhalt kommt dem des Kreises näher. Umgekehrt ist das eingeschriebene Sechseck größer als das eingeschriebene Quadrat. Sein Inhalt kommt dem des Kreises von der anderen Seite näher.

Je mehr Seiten die ein- beziehungsweise umgeschriebenen Vielecke haben, um so enger schließen sich ihre Seiten an die Kreislinie an, in um so engere Grenzen wird der Kreisinhalt eingeschlossen. Archimedes setzt dieses Verfahren fort bis zum 96-Eck und bestimmt durch eine weitere Näherungsmethode schließlich als Grenzen des Kreisinhalts die Werte $3.1407\,r^2$ und $3.1429\,r^2$. Die gesuchte Zahl π muß demnach zwischen den beiden genannten Werten liegen (richtiger Wert abgerundet 3.14159).

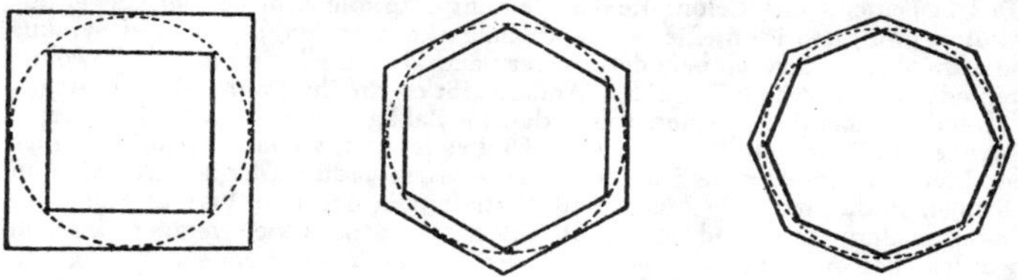

Kurven, die Untersuchung ihrer Eigenschaften, die Berechnung ihrer Längen und der von ihnen eingeschlossenen Flächen, waren ein zentrales Thema der spätantiken Mathematik. Archimedes untersuchte Parabel und Ellipse und verwandte dabei eine Methode, die der modernen Integralrechnung sehr nahe kommt. Hier wie anderswo dauerte es mehr als eineinhalb Jahrtausende, bis die mathematische Wissenschaft eine Höhe erreicht hatte, auf der sie Archimedes verstehen und den nächsten Schritt tun konnte. Als neue Kurve bezog Archimedes die Spirale in seine Untersuchungen ein. Eine Spirale ist die Figur, die entsteht, wenn ein Punkt gleichförmig auf einer geraden Linie fortschreitet, wärend diese Linie selbst um einen festen Punkt gleichförmig gedreht wird. Archimedes schrieb eine eigene Arbeit über diese Kurve.
In der Abhandlung über *Kreis und Zylinder* bestimmte Archimedes Formeln für den Inhalt und die Oberfläche von Pyramide, Kegel, Zylinder und Kugel. In der Arbeit über *Konoide und Sphäroide* untersuchte er die Eigenschaften von Körpern, die bei der Rotation von Kegelschnitten entstehen.

DER SANDRECHNER Der Fortschritt der Arithmetik in Griechenland war lange Zeit hindurch, außer durch das anders gerichtete Interesse des klassischen Zeitalters, auch durch die früher erwähnte primitive und umständliche Zahlenschreibweise behindert worden. Archimedes stand bereits eine etwas elegantere Schreibweise zur Verfügung. Man war – wohl schon vor seiner Zeit – dazu übergegangen, die ersten neun Zahlen (1 bis 9) durch die ersten neun Buchstaben des griechischen Alphabets zu schreiben. Die Zehner (10 bis 90) wurden durch die nächsten neun Buchstaben dargestellt, die Hunderter durch die folgenden. Dazu brauchte man 27 Buchstaben. Da das griechische Alphabet nur 24 aufwies, griff man auf zwei nicht mehr gebräuchliche Buchstaben und ein phönizisches Zeichen zurück. Durch zusätzliche Zeichen konnten Ordnungszahlen, Brüche und Tausender bezeichnet werden. Mit dieser Methode konnte man abgekürzt und wesentlich bequemer rechnen als mit der alten Schreibung, wenn sie auch gegenüber der modernen immer noch recht umständlich erscheint. Bei sehr großen Zahlen versagte sie allerdings.
Gerade auf diese richtete sich das Interesse des Archimedes. Er warf in

seiner *Sandrechnung* benannten Schrift die Frage auf, wieviel Sandkörner nötig seien, um das Weltall zu füllen! Die Vorrede beginnt:

Es gibt Leute, König Gelon, die der Meinung sind, die Zahl des Sandes sei unendlich groß; und ich meine mit dem Sande nicht nur den, der sich bei Syrakus und im übrigen Sizilien befindet, sondern auch den in allen möglichen bewohnten oder unbewohnten Gegenden. Andere gibt es, die ihn zwar nicht für unendlich halten, aber doch meinen, daß noch keine Zahl genannt worden sei, die seine Menge zu übertreffen imstande wäre. Und es ist klar, wenn die Anhänger dieser Meinung sich eine aus Sand bestehende Masse dächten, die der Erdmasse im übrigen gliche, und alle Meere und Vertiefungen der Erde bis zur Höhe der höchsten Berge mit Sand aufgefüllt, daß sie dann noch viel weniger einsehen würden, daß man eine die Menge dieses Sandes übertreffende Zahl angeben könne. Aber ich will durch geometrische Beweise, denen du folgen kannst, zu zeigen suchen, daß unter den von mir benannten und in dem an Zeuxippos gesandten Werke angegebenen Zahlen einige nicht nur größer sind, als die Zahl der Sandmasse, die der in der beschriebenen Weise vollgefüllten Erde an Größe gleich ist, sondern auch als die einer Masse, die an Größe dem Weltall gleich ist . . .

Es folgen zunächst astronomische Überlegungen über Gestalt und Größe des Weltalls. Wir vermerken aus ihnen hier nur das Ergebnis, daß Archimedes den Durchmesser der Welt auf 10 000 Millionen Stadien errechnet (1 Stadion = rund 180 Meter). Das erscheint nach unseren Begriffen zwar klein, entspricht aber immerhin etwa dem Durchmesser der Bahn des Jupiter und stellte für antike Maßstäbe eine ganze neue, bis dahin unvorstellbare Größenordnung dar.
Archimedes schlägt nun vor, die Zahlen bis zu 100 Millionen (nämlich eine Myriade [10 000] mal eine Myriade) als Zahlen der ersten Ordnung zu bezeichnen. Zur zweiten Ordnung gehören dann die Zahlen bis $100\,000\,000^2$. Die dritte Ordnung hört auf mit $100\,000\,000^3$. So geht es weiter bis $100\,000\,000^{100\,000\,000}$, also bis zur 100 000 000sten Ordnung. Diese letztgenannte Zahl wird P benannt und alle Zahlen bis zu ihr bilden die erste Periode. Nun geht es weiter: zweite von P bis 100 000 000 P. Dies wird fortgesetzt und führt schließlich zu einer Zahl in der 100 000 000sten Ordnung der 100 000 000sten Periode. Das wäre ausgeschrieben eine 1 mit 80 Millionen Nullen.
Archimedes nimmt nun bei der praktischen Anwendung auf seine Frage eine Kugel in der Größe eines Mohnkornes als Ausgangspunkt. Er nimmt an, daß ein solches Mohnkorn etwa $^1/_{40}$ Fingerbreite Durchmesser besitzt und 10 000 Sandkörner enthält. Schrittweise wird der Durchmesser der Kugel vergrößert und die Zahl der in ihr enthaltenen Sandkörner berechnet, bis eine Kugel von der Größe des Weltalls erreicht ist. Es ergibt sich eine Zahl (10^{63}), die in dem von Archimedes oben aufgestellten Zahlensystem noch zu den niedrigsten Ordnungen gehört.
Archimedes schließt:

Ich vermute, König Gelon, daß diese Dinge der großen Menge von Leuten, die sich nicht mit Mathematik beschäftigt haben, unglaublich erscheinen, denen aber, die etwas davon verstehen, und die Erörterung der Entfernungen und Größen der Erde, der Sonne, des Mondes und des ganzen Weltalls verfolgt haben, auf Grund des Beweises einleuchten werden. Und aus diesem Grunde finde ich den Gegenstand deiner Betrachtung nicht unwürdig.

Archimedes rechnet, wie man sieht, ganz in der Art der modernen astronomischen Berechnungen – deren Keim wir hier vor uns haben – mit Potenzen von zehn. Er hat auch schon erkannt, daß solche Potenzen multipliziert werden können, indem man die Exponenten addiert. Damit hat er das Exponentialgesetz und die zwei Jahrtausende später erfundene Logarithmenrechnung im Prinzip vorweggenommen.

GLEICHUNGEN Archimedes vermochte kubische Gleichungen zu lösen und gab Anleitungen, die Quadratwurzeln sehr großer Zahlen aufzufinden. Er beschäftigte sich auch mit der Summation von Reihen. Eines seiner Rechenbeispiele verwendet Gleichungen mit sehr großen Zahlen. Es handelt von einer Herde verschiedenfarbiger Rinder. Es sind weiße, graudunkle und gescheckte Rinder vorhanden und von jeder Art Stiere und Kühe. Archimedes gibt eine Reihe ganz einfacher Verhältnisse an zwischen den verschiedenen Gruppen und stellt die Aufgabe, die Anzahl der von jeder Gruppe vorhandenen Tiere zu bestimmen. Als Ergebnis gibt er zutreffend acht Zahlen, jede von der Größenordnung 10^9.

ZUR METHODE DES ARCHIMEDES Wir verfolgen das letzte Rechenbeispiel nicht im einzelnen. Die Zeitgenossen des Archimedes müssen sich staunend gefragt haben, wie Archimedes solche Aufgaben mit dem damals üblichen Zahlenschreib- und Rechenverfahren überhaupt lösen konnte. Ganz allgemein war die Frage, wie Archimedes zu seinen Ergebnissen gekommen sei, bis vor kurzem auch für die wissenschaftliche Forschung noch ein Rätsel. Archimedes gibt seine Ergebnisse in einer kühlen, nüchternen, unpersönlichen Form. Er gibt auch Beweise und Ableitungen. Aber wir erfahren im allgemeinen nicht, ob die gebotene Ableitung auch den Weg darstellt, auf dem er selbst zu seinen Ergebnissen gelangt ist. Das ist in der Geschichte der Mathematik nichts Außergewöhnliches. Viele große Forscher haben eingestanden, daß sie auf ganz unorthodoxen, manchmal skurrilen und den Zeitgenossen unzulässig scheinenden Wegen zu ihren Entdeckungen gekommen sind. Erst nachträglich haben sie diese dann mit Ableitungen und Beweisen versehen, welche dem Geschmack, dem Wissensstand ihrer Zeit, den hergebrachten Methoden entsprachen.

In bezug auf Archimedes kam erst Licht in das Dunkel derartiger Fragen, als im Jahre 1906 eine bis dahin unentdeckt gebliebene Schrift *Methode* (griech. ephodos, d. h. »Zugang«), *die mechanischen Theoreme betreffend,* die an Eratosthenes gerichtet ist, aufgefunden und 1907 veröffentlicht wurde. Die Entdeckung bedeutete eine Sensation. Es zeigte sich, daß Archimedes in der Tat auf höchst unorthodoxen Wegen zu vielen seiner Ergebnisse gelangt war, insbesondere auch, daß er oft von Sätzen der *Mechanik* ausgegangen war. Er ist damit denkbar weit entfernt von den Vorschriften zur Zeit Platons – denen sich auch Euklid noch unterworfen hatte – welche die Geometrie auf das beschränken wollten, was ausschließlich mit Lineal und Zirkel konstruiert werden kann. Archimedes steht damit vielmehr in unmittelbarer Nachbarschaft der modernen experimentellen Naturwissenschaft mit ihrer Verbindung von Mathematik und Mechanik.

Tatsächlich ist es noch zu wenig gesagt, daß Archimedes in ihrer Nachbarschaft stehe. Richtiger ist: er hat diese mathematische Naturwissenschaft – auf einigen Gebieten jedenfalls – eigentlich begründet und ihr auf anderen den Weg bereitet.

Insbesondere kann man ihn als Begründer der wissenschaftlichen Statik und Hydrostatik bezeichnen. Die Arbeit *Das Gleichgewicht von Ebenen* begründet die Lehre vom Schwerpunkt. In einer anderen (verlorengegangenen) Abhandlung war das Hebelgesetz formuliert. Bekannt ist der Ausspruch, den Archimedes im Zusammenhang mit dem Hebelgesetz getan haben soll: »Gebt mir einen festen Standort (außerhalb der Erde), und ich werde die Erde bewegen.«

Die Begründung der Hydrostatik geht auf folgenden berühmten Vorfall zurück. Hieron hatte durch einen Goldschmied eine Krone fertigen lassen aus einer bestimmten, dem Goldschmied übergebenen Menge Goldes. Es erhoben sich Zweifel, ob der Schmied nicht geringeres Metall beigemischt und das eingesparte Gold unterschlagen hätte. Archimedes sollte das Problem lösen. Wegen ihrer unregelmäßigen Form konnte die Krone nicht ausgemessen, auch durfte sie nicht beschädigt werden. Während Archimedes in einem öffentlichen Bade saß und das bei seinem Einsteigen überlaufende Wasser beobachtete, leuchtete ihm plötzlich die Erkenntnis auf, daß ein eingetauchter Körper eine seinem Volumen entsprechende Menge Wasser verdrängt und gleichzeitig eine Gewichtsverminderung erleidet, die dem Gewicht der verdrängten Flüssigkeitsmenge gleicht. Mit dem Ausruf »Heureka« (ich habe es gefunden) lief Archimedes, ohne sich erst anzukleiden, durch die Straßen nach Hause. Er war nun imstande, durch Vergleich mit einem gleich schweren Klumpen reinen Goldes festzustellen, daß die Krone mehr Wasser verdrängte als dieser. Es mußte ihr also ein Stoff von einem leichteren spezifischen Gewicht als Gold, nämlich Silber, beigemischt sein. Damit war das »archimedische Prinzip« gefunden und der Begriff des spezifischen Gewichts der Stoffe formuliert.

ARCHIMEDES ALS INGENIEUR Seine Erkenntnisse in der Statik und Mechanik verwandte Archimedes zu einer Reihe von Erfindungen, die das Staunen seiner Zeitgenossen erregten. Als er sich anheischig gemacht hatte, von einem festen Punkt aus die Erde zu bewegen, forderte ihn Hieron auf: So möge er zwar nicht die ganze Erde, aber wenigstens ein großes Schiff, das man nicht an Land zu ziehen vermochte, mit seiner Kunst bewegen. Archimedes konstruierte daraufhin ein System von Flaschenzügen. Mit dessen Hilfe zog er ganz allein das Schiff aus dem Wasser.

Archimedes betätigte sich auch selbst als Schiffbauer. Hieron ließ unter seiner Aufsicht ein riesiges Schiff bauen. Es trug 600 Mann Besatzung und 300 Passagiere, war außerdem gepanzert und bewaffnet.

Eine andere Erfindung des Archimedes ist die sogenannte endlose Schraube, die zur Beförderung von Wasser benützt wird.

Archimedes besaß ein selbst erbautes Planetarium. Durch Drehen einer Kurbel konnten Sonne, Mond und Planeten gleichzeitig in Bewegung gesetzt werden.
Einer Überlieferung zufolge soll Archimedes angreifende Schiffe von Land aus mit einem Brennspiegel in Brand gesetzt haben. Wenn dies auch unsicher ist, so steht doch fest, daß Archimedes im Auftrag Hierons eine ganze Reihe von neuartigen Geräten der Kriegstechnik erfunden und erbaut hat.

DIE BELAGERUNG VON SYRAKUS UND DER TOD DES ARCHIMEDES Nach dem Tode Hierons griffen die Römer Syrakus an. Im hohen Alter mußte sich Archimedes erneut militärischen und kriegstechnischen Aufgaben zuwenden. Er überwachte die Verteidigung. Zur Abwehr der von See her angreifenden römischen Flotte erbaute er Katapulte, die einen Regen schwerer Steingeschosse entsandten. Schiffe, die trotzdem den Hafenmauern nahekamen, wurden überraschend von großen Hebeln und Kränen gepackt und entweder gegen die Felsen geschleudert oder zum Sinken gebracht, indem man sie mit Bug oder Heck voran ins Wasser zurücktauchte. Der Angriff der römischen Flotte wurde abgeschlagen. Auch der darauf unternommene Angriff zu Lande brach unter der Wirkung der von Archimedes geschaffenen Wunderwaffen zusammen. So gewaltig war der Eindruck dieser Vorgänge auf die angreifenden Römer, daß sie von weiteren unmittelbaren Angriffen Abstand nahmen und sich auf Belagerung und Aushungerung verlegten. Dieser erlag die Stadt schließlich.
Archimedes wurde – nach dem Berichte des Plutarch – bei der auf die Einnahme folgenden Plünderung der Stadt von einem römischen Soldaten angetroffen, als er gerade Figuren vor sich in den Sand gezeichnet hatte und mit der Lösung einer Aufgabe beschäftigt war. Der römische Feldherr hatte befohlen, ihn unter allen Umständen zu schonen. Archimedes weigerte sich jedoch, dem Soldaten sofort zu folgen – er soll dabei den berühmten Ausspruch getan haben: »Störe meine Kreise nicht!« Da tötete ihn der Soldat.
Der Sieger ehrte ihn durch ein Grabmal. Auf dem Grabstein war eine Kugel innerhalb eines Zylinders eingemeißelt. Dies entsprach dem Wunsch des Toten. Denn stets war ihm seine Leistung in der reinen Wissenschaft als das Höchste und einzig Wichtige erschienen. Die praktische Anwendung achtete er gering, als Nebensache und fast als Spielerei.

Er besaß einen so hohen Geist, eine so tiefe Seele und einen solchen Schatz wissenschaftlicher Kenntnisse, daß er über die Erfindungen, die ihm den Ruf übermenschlichen Scharfsinns eingetragen hatten, doch nicht das Geringste schriftlich hinterlassen wollte, sondern da er das Geschäft der Handwerker und jede Art Kunst, die auf Nutzen und Vorteil gerichtet ist, als unedel und schmutzig ansah, seinen ganzen Ehrgeiz in solche Unternehmungen setzte, deren Schönheit und Feinheit von jeder Vermischung mit den gemeinen Nöten des Lebens frei sind.

WÜRDIGUNG Fast so einzigartig wie Persönlichkeit und Werk des Archimedes ist das weitere Schicksal seines Werkes und seiner Erkenntnisse. Weiterschreiten auf dem von ihm gewiesenen Wege der Ausnützung und Beherrschung der Naturkräfte durch planmäßige Anwendung mathematischer Erkenntnismethoden hätte nicht nur zu einem gewaltigen Aufschwung der Naturwissenschaften geführt, sondern auch zu einer technischen und in deren Folge einer sozialen Revolution. Nichts von dem geschah.

Sein Werk wurde nicht weitergeführt. Es wurde nicht einmal bewahrt. Es geriet fast in Vergessenheit. Die Gründe für diesen schwer faßlichen Vorgang sind sicher mannigfaltig. Sie liegen in der allgemeinen Geistesverfassung des Zeitalters. Sie liegen für die auf Archimedes folgenden Jahrhunderte und auch die ersten Jahrhunderte des christlichen Zeitalters auch in der antiken Gesellschaftsordnung, die nach wie vor auf Sklaverei beruhte und deshalb nur ein geringes Bedürfnis nach technischen Verbesserungen der Arbeitsvorgänge hatte. Sie liegen auch, im engeren Bereich der mathematischen Wissenschaft, im Fehlen einer allgemein verbreiteten und verständlichen Symbolsprache. Archimedes war als Einsamer zu seinen Erkenntnissen gekommen. Es fehlte die Möglichkeit, seine Methoden für den allgemeinen Gebrauch der Wissenschaft nutzbar zu machen. Man unterschätzt leicht, weil sie einem selbstverständlich geworden ist, die unabsehbare Bedeutung unserer modernen Symbolsprache und Zahlenschreibweise.

Die Schriften des Archimedes wurden hauptsächlich in Byzanz bewahrt. Nach 1500 Jahren, im 13. Jahrhundert, gelangten sie an den Hof des Kaisers Friedrich II. nach Sizilien. Aber auch dann wurden sie kaum beachtet. Niemand war fähig, sie zu verstehen. Erst im 16. Jahrhundert hatte sich das Niveau des mathematischen Wissens so weit gehoben, daß man den Gedanken des Archimedes folgen konnte. Nun erst war das Abendland reif geworden, seine Arbeit aufzunehmen und fortzusetzen.

3. Andere Mathematiker in Alexandrien

Nur kurz kann ich die Verdienste der anderen Mathematiker des Zeitalters streifen.

Heron von Alexandrien werden wir bei der Physik zu würdigen haben. Er hat auch mathematische Forschungen betrieben, hauptsächlich in der mathematischen Optik.

Apollonios, der etwa von 260 bis 200 v. Chr., also kurz nach Archimedes lebte, gab der Lehre von den *Kegelschnitten*, welche vornehmlich Menaichmos begonnen hatte, eine ähnlich bleibende Gestalt wie Euklid den Hauptsätzen der Geometrie. Apollonios führte die bis heute gebräuchlichen Namen Ellipse, Parabel und Hyperbel ein. Noch lange freilich blieb die Lehre von den Kegelschnitten »reine Wissenschaft«. Man wußte nicht, welcher praktische Gebrauch von ihr zu machen sei. Noch immer glaubte man, die natürliche und darum in der Natur allein vor-

kommende Form der Bewegung sei der Kreis. Eigentlich erst mit den Planetengesetzen *Keplers* erhielt die Lehre von den Kegelschnitten praktische Bedeutung für die Astronomie. Eine mindestens gleich große Bedeutung hat sie in der modernen Atomphysik.
Mehrere Jahrhunderte später, im 3. nachchristlichen Jahrhundert, begegnen wir *Diophantos*. Von den dreizehn Büchern seines Hauptwerkes *Arithmetica* sind sechs erhalten geblieben. Diophantos gilt als Vater der *Algebra*. Er erfand – oder verwandte doch als erster durchgehend und systematisch – algebraische Symbole wie das Minuszeichen, das Gleichheitszeichen und ein Zeichen für die Unbekannte.
Die Einführung algebraischer Methoden in die Mathematik war ein weiterer wichtiger Schritt hinweg von der alten, an die Anschauung gebundenen rein geometrischen Betrachtungsweise der Griechen. Noch bei Euklid waren die Lehrsätze geometrisch gefaßt und wurden geometrisch in Figuren demonstriert. Noch Heron glaubte sich entschuldigen zu müssen, als er eine Formel aufstellte, in der vier Faktoren zu multiplizieren waren – die also geometrisch (jedenfalls im dreidimensionalen Raum) nicht darzustellen war. Diophantos befreite das Wissen von dieser Fessel. Von nun an war es möglich und wurde langsam üblich, mathematische Sätze in allgemeiner und abstrakter algebraischer Form zu formulieren. Mit seiner Methode löste Diophantos schwierige, bis dahin unlösbare Gleichungen und fand neue Sätze der Zahlentheorie.
Ein Zeitgenosse des Diophantos war *Pappos*, ebenfalls in Alexandrien. Seine Schriften, die viele Gebiete behandelten, unter anderem die Theorie der Maschinen, die Harmonielehre und auch die Geographie, sind verloren bis auf eine, die *Synagoge* (= Sammlung). Sie ist ein Handbuch des mathematischen Wissens, auch wertvoll als Quelle über andere, verlorengegangene Arbeiten.
Beide, Diophantos und Pappos, gleichen einsamen Leuchten im Dunkel des zunehmenden Niedergangs der wissenschaftlichen Fruchtbarkeit. Das gilt auch für *Hypatia*, die einzige uns bekannte bedeutende Wissenschaftlerin des Altertums. Sie lebte im 4. nachchristlichen Jahrhundert. Sie hat bedeutende Kommentare zu Werken des Apollonios und Diophantos verfaßt. Hypatia war Heidin. Sie wurde von einer christlichen Pöbelmenge ermordet.

II. Astronomie

ARISTARCH, DER KOPERNIKUS DES ALTERTUMS Die alexandrinische Astronomie weist kaum weniger berühmte Namen auf als die Mathematik. Der erste, den wir nennen müssen, ist *Aristarchos* von Samos. Genaue Lebensdaten sind nicht bekannt. Der Höhepunkt seines Wirkens ist um 280 v. Chr. anzunehmen.
Über Größe und Entfernungen von Sonne und Mond heißt die einzige Abhandlung, die von Aristarch erhalten ist. Es handelt sich in ihr nicht um absolute Maßangaben, sondern um die Verhältnisse der entsprechen-

den Größen und Entfernungen. Aristarch geht in seiner Schrift streng wissenschaftlich in unserem Sinne vor. Er geht allein von tatsächlichen Beobachtungen aus, und zwar im wesentlichen von eigenen. Er war einer der ersten großen Beobachter in seiner Wissenschaft.

Wie die Mondphasen zustandekommen, wußte man seit Anaxagoras. Infolge der wechselnden Stellung von Sonne und Mond zueinander und zur Erde ist der von der Sonne angestrahlte Teil des Mondes manchmal mehr, manchmal weniger der Erde zugekehrt. In dem Augenblick, in dem, von der Erde aus gesehen genau die Hälfte der uns zugekehrten Mondfläche beleuchtet ist, muß der Winkel Erde-Mond-Sonne ein rechter Winkel sein. Mißt man in diesem Augenblick den Winkel Mond-Erde-Sonne, so hat man die Gestalt des von den drei Körpern gebildeten Dreiecks und damit das Verhältnis der Seiten (Katheten). Natürlich ist es nicht leicht, genau den Augenblick abzupassen, in dem dieses Verhältnis zutrifft. Dem Aristarchos unterlief bei seiner nach diesem richtigen Prinzip durchgeführten Messung ein Fehler. Er wirkte sich so aus, daß Aristarch die Entfernung von der Erde zur Sonne als zwanzigmal so groß errechnete wie die Entfernung zwischen Erde und Mond. Der Fehler ist beträchtlich, denn der richtige Wert beträgt fast das Zwanzigfache des von Aristarch errechneten. Immerhin war als sicher erkannt, daß die Sonne ungleich weiter von der Erde entfernt sein mußte als der Mond; und da die Sonne dem Auge in ungefähr gleicher Größe wie der Mond erscheint, mußte sie auch ungleich größer sein.

Das *Größenverhältnis* zwischen Erde und Mond errechnete Aristarchos, indem er bei einer Verfinsterung, als ein Teil des kreisförmigen Schattens der Erde auf den Mond fiel, die geschätzte Größe des ganzen Schattenkreises mit der Größe der Mondscheibe verglich. Er setzte dabei richtig voraus, daß wegen der großen Entfernung der Sonne die Größe des Erdschattens mit der Größe des Erdkörpers praktisch übereinstimmen müsse. Hier kam Aristarch zu einem zwar ungenauen, aber in der Größenordnung richtigen Ergebnis.

In dieser einzig erhaltenen Abhandlung nimmt Aristarch wie seine Zeitgenossen die Erde als ruhend, Sonne und Mond um sie kreisend an. Es findet sich also in ihr nicht die These, die Aristarch eigentlich berühmt gemacht hat. Nach dem Zeugnis anderer Gelehrter, unter anderem auch des Archimedes (im *Sandrechner*) wird aber als sicher angenommen, Aristarch habe die These aufgestellt: Die Sonne ruht, die Erde bewegt sich auf einer kreisförmigen Bahn um sie herum. Möglicherweise war Aristarch durch seine eben geschilderten Messungen zu dieser Auffassung angeregt worden; denn es mußte freilich unwahrscheinlich erscheinen, daß die so viel größere Sonne um die kleine Erde kreisen sollte.

Sobald Aristarch nun die Sonne als im Mittelpunkt ruhend annahm (heliozentrisches System), mußte er eine Erklärung dafür geben, warum trotz der Bewegung der Erde um die Sonne die Fixsterne, von der Erde aus gesehen, praktisch unverändert bleiben. Auch hier gab er – wenn wir wiederum späteren Zeugnissen folgen dürfen – die einzig richtige Erklärung: Die Sphäre der Fixsterne (von Aristarch als Kugelschale gedacht) sei so groß, daß die Bahn der Erde zu ihr »im gleichen Verhältnis steht wie der Mittelpunkt einer Kugel zu der Oberfläche«.

Das war eine Lehre, die unabsehbare Folgen hätte haben können. Mit einem Schlage hatte Aristarch, allein auf seine Beobachtungen vertrauend und aus ihnen schließend, eine im Prinzip zutreffende Vorstellung von den wahren Bewegungsverhältnissen im Sonnensystem und von der relativen Winzigkeit dieses ganzen Systems gegenüber der Welt der Fixsterne gewonnen. Es ist die gleiche Erkenntnis, mit der Kopernikus 1700 Jahre später die Astronomie wirklich revolutionierte. Zur Zeit des Aristarch trat diese Revolution keineswegs ein. Die Lehre fand bei den Zeitgenossen wenig Anklang, vermutlich weil sie allem Bisherigen allzu schroff widersprach, wohl auch, weil die Menschen sich gefühlsmäßig ungern von dem Gedanken trennten, Bewohner des Mittelpunktes der Welt zu sein. Auch, daß etwas so Großes wie die Erde nicht feststehen, sondern sich durch den freien Raum bewegen sollte, mußte dem einfachen Verstand unglaubhaft erscheinen – auch dem gelehrten: denn nach den physikalischen Vorstellungen der Zeit nahm man an, daß eine beständige Zufuhr von Kraft notwendig sei, um einen Körper in Bewegung zu halten. Woher sollte aber diese unerhörte Energiemenge kommen?

Jedenfalls hören wir, daß unter den Zeitgenossen des Aristarchos nur ein einziger, *Seleukos* mit Namen, die Lehre des Aristarch mit Eifer verfochten habe. Die Mehrheit wandte sich gegen ihn. Übrigens ist es möglich, daß Aristarch selbst seine kühne These wieder aufgegeben hat – wir wissen nicht, ob aus Furcht vor Anfeindungen, oder weil er vielleicht bei ihrem weiteren Durchdenken in Widersprüche geriet. Das letztere ist leicht möglich, denn Aristarch ging wie seine Kollegen von der Voraussetzung aus, die Himmelskörper könnten sich nur auf kreisförmigen Bahnen bewegen. Gegen dieses Vorurteil war er also nicht so unvoreingenommen wie gegen andere. Seine Lehre geriet fast völlig in Vergessenheit, bis Kopernikus sie aufnahm.

HIPPARCH Übergehen wir Eratosthenes, der auch Astronom war, den wir aber hauptsächlich als Geographen würdigen wollen, an dieser Stelle, so ist der nächste große Astronom Alexandriens *Hipparchos* von Nikaia (etwa 190–120 v. Chr.), der auf Rhodos und in Alexandrien wirkte.

Ich muß bei Hipparchos zur Mathematik etwas nachtragen. Hipparch gilt als Begründer der *Trigonometrie*. Seine mathematischen Arbeiten sind allerdings nicht auf uns gekommen. Wir sind, wie bei den astronomischen Thesen des Aristarch, auf spätere Berichte angewiesen. Nach ihnen hat Hipparch den Grundstein zu diesem Zweig der Mathematik gelegt und sowohl die Grundsätze der ebenen wie der sphärischen Trigonometrie entwickelt. Er hat danach auch eine Tafel des sogenannten natürlichen Sinus aufgestellt, das heißt der Sehnenlängen, die zu den verschiedenen Winkeln im Mittelpunkt eines Kreises gehören.

In der Astronomie war Hipparchos ein unendlich geduldiger und peinlich genauer Beobachter. Seine Zeit ehrte ihn mit dem Beinamen des Wahrheitsliebenden. Er erfand und verbesserte mehrere astronomische Beobachtungsinstrumente. Er beobachtete über tausend Sterne, maß deren Stellung und verzeichnete sie in einem Sternkatalog und einer Himmelskarte. Zu dieser Arbeit hatte ihn die Feststellung veranlaßt, daß ein bestimmter Stern (Spica) eine andere Stellung hatte, als in einem Sternverzeichnis angegeben war, das etwa 160 Jahre vor der Arbeit des Hipparchos angelegt worden war und ihm zur Verfügung stand. Zunächst mag er angenommen haben, daß entweder ein Beobachtungsfehler vorlag, oder daß in der Tat einzelne Sterne ihre Stellung veränderten. Als er aber seine Ergebnisse im ganzen mit dem älteren Verzeichnis verglich und mit noch älteren babylonischen – die er ebenfalls kannte – fand er eine gesetzmäßige Veränderung in der Stellung *aller* Sterne. Er hatte damit seine vielleicht bedeutendste Entdeckung gemacht: daß die Erdachse ihre Stellung allmählich verändert und sich nach Art eines leicht schwankenden Kreisels dreht – worauf auch das Vorrücken der Tag- und Nachtgleichen beruht. Hipparch berechnete auch, in der Größenordnung richtig, den Winkel und das Zeitmaß dieser Schwankungen. Wir wissen heute, daß die Erdachse nach etwa 26000 Jahren wieder auf die ursprüngliche Stelle zeigt. Ohne dieses Wissen könnte man alte astronomische Beobachtungen nicht auswerten.

Mit nicht geringerer Sorgfalt beobachtete Hipparchos auch die Bewegungen von Sonne, Mond und Planeten. Er berechnete die Längen des Sonnenjahres, des Sternenjahres und des Mondmonats mit bewundernswerter Genauigkeit. Sein Wert für das Sonnenjahr weicht nur um wenige Minuten, für den Mondmonat nur um eine einzige Sekunde von den heute bekannten genauesten Werten ab. Ebenso genau berechnete Hipparch weitere astronomische Größen wie die Umlaufzeiten der Planeten, die Neigung der Ekliptik und die Entfernung Erde – Mond. Hipparch stellte damit die gesamte Astronomie auf eine zuverlässige *quantitative* Grundlage.

Die theoretischen Überlegungen, die Hipparch auf seinen Beobachtungen aufbaute, führten ihn dazu, die heliozentrische Theorie des Aristarch abzulehnen. Wahrscheinlich stieß er auf ähnliche Widersprüche wie dieser selbst, weil er kreisförmige Bahnen annahm. Er verfiel auf den Ausweg, diese Kreise exzentrisch anzunehmen, also mit ihrem Mittelpunkt ein wenig abseits der Erde. Er kam damit der Wahrheit sehr nahe. Auf den Gedanken elliptischer Bahnen kam er aber nicht.

Hipparch hat mit seinen exakten Beobachtungen und Berechnungen bleibende Grundlagen für lange Zeit geschaffen. Seine Stellungnahme gegen die heliozentrische Theorie war falsch, aber ebenso einflußreich.

PTOLEMAIOS Das astronomische System des Altertums, mit dem wir nunmehr im wesentlichen schon vertraut sind, ist als das »ptolemäische« in die Geschichte eingegangen. Es wäre wahrscheinlich ebenso berechtigt, es nach Hipparch zu benennen. Der Anteil des Hipparch ist zwar im einzelnen wegen des Verlustes seiner Arbeiten schwer abzugrenzen.

Es steht aber doch fest, daß er das Wesentliche des ptolemäischen bereits erkannt und ausgesprochen hat.
Ptolemaios (lat. Form Ptolemäus) gehört einer viel späteren Zeit an als Hipparch. Er lebte im zweiten *nach*christlichen Jahrhundert, ist um 120 geboren und nach 160 gestorben. Zwischen den beiden Forschern liegt eine Zeit des Stillstandes der astronomischen Wissenschaft.
Das Hauptwerk des Ptolemaios ist der sogenannte *Almagest*. Das Wort ist eine Zusammenziehung der Anfangsworte des Titels der arabischen Übersetzung; dieser wiederum beruht wahrscheinlich auf einem Mißverständnis des griechischen Originaltitels. Der Almagest blieb bis zum 17. Jahrhundert das Grundwerk der Astronomie. An Dauerhaftigkeit der Wirkung ist das Buch also fast den Elementen des Euklid an die Seite zu stellen. Durch das ganze Mittelalter hindurch nahm man seine Lehren mit demselben blinden Autoritätsglauben an, mit dem etwa die scholastische Philosophie die Lehren des Aristoteles, oder was man dafür hielt, hinnahm.
Den »Elementen« ähnelt das Werk auch äußerlich. Es besteht wie diese aus 13 Büchern und gleicht dem Werke des Euklid in der Klarheit und geschlossenen Folgerichtigkeit der Darstellung. Darauf beruht in beiden Fällen mit das Geheimnis der Wirkung.
Wie bei Hipparch ist hier nachzutragen, daß Ptolemaios auch ein bedeutender Mathematiker war. Buch I des Almagest enthält eine Tabelle des natürlichen Sinus und eine bemerkenswert genaue Bestimmung von π, über die von Archimedes mit seiner Ausschöpfungsmethode erzielte Genauigkeit hinaus. Grenzwerte von Archimedes: 3.1407 und 3.1429. Wert des Ptolemaios: 3.14167. Weitere mathematische Leistungen des Ptolemaios liegen in der Optik und in der später zu behandelnden Geographie.
Das astronomische Lehrsystem enthält, wie schon bemerkt, nichts grundsätzlich Neues gegenüber Hipparch und anderen. Ptolemaios selbst formuliert seine Hauptthesen im einleitenden zweiten Kapitel seines Werkes wie folgt:

1. Das Himmelsgewölbe hat Kugelgestalt und dreht sich wie eine Kugel.
2. Ihrer Gestalt nach ist die Erde für die sinnliche Wahrnehmung, als Ganzes betrachtet, gleichfalls kugelförmig.
3. Ihrer Lage nach nimmt die Erde, einem Zentrum vergleichbar, die Mitte des ganzen Himmelsgewölbes ein.
4. Ihrer Größe und Entfernung nach steht die Erde zur Fixsternsphäre in dem Verhältnis eines Punktes.
5. Die Erde hat ihrerseits keinerlei Ortsveränderung verursachende Bewegung.

Als Beispiel für die Art der Gedankenführung ein Auszug aus der ausführlichen Begründung der 4. These:

Daß die Erde sich für die sinnliche Wahrnehmung zu der Sphäre der sogenannten Fixsterne wirklich nur wie ein Punkt verhält, dafür ist ein zwingender Beweis, daß von allen ihren Teilen aus die scheinbaren Größen und gegenseitigen Abstände der Sterne zu denselben Zeiten allenthalben gleich und ähnlich sind, wie denn auch die in verschiedenen geographischen Breiten an denselben Sternen angestellten Beobachtungen nicht im geringsten voneinander abweichend gefunden werden. Als ganz besonders bezeichnend ist auch der Umstand hervorzuheben,

daß die an beliebiger Stelle der Erde aufgestellten Schattenstäbe ... dieselbe Geltung haben, wie der wirkliche Mittelpunkt der Erde, d. h., die genannten Punkte entsprechen für die Richtung der Visierlinien (nach den Himmelskörpern) und für den Entwurf der Schattenlinien so sehr den zur Erklärung der Himmelserscheinungen aufgestellten Hypothesen, wie wenn diese Linien direkt durch den Mittelpunkt der Erde gingen.
Ein deutliches Anzeichen dafür, daß dieses Größenverhältnis besteht, liegt auch in dem Umstand, daß die durch das Auge gelegten Ebenen, die wir Horizonte nennen, überall stets die ganze Himmelskugel hälften, was nicht der Fall sein würde, wenn die Größe der Erde im Verhältnis zur Entfernung der Himmelskörper merkbar wäre. Alsdann könnte nur die durch den Punkt in der Erdmitte gelegte Ebene die Himmelskugel hälften, während die durch beliebige Punkte der Erdoberfläche gelegten Ebenen die unter der Erde liegenden Abschnitte größer machen würden als die über der Erde befindlichen.

Es handelt sich also um das alte geozentrische System. Im einzelnen ist es jedoch bei Ptolemaios verfeinert, weiter durchdacht und damit auch erheblich komplizierter geworden. Einfachen kreisförmigen Umlauf um die Erde nimmt Ptolemaios nur für Sonne und Mond an. Für die Planetenbahnen dagegen konstruiert er unter Verwendung von sogenannten Epizyklen (die in der Theorie schon der Mathematiker Apollonios erarbeitet hatte) weit verwickeltere Bahnen.
Für den Mars zum Beispiel ist zunächst eine Kreisbahn zu denken. Auf dieser Bahn bewegt sich aber nicht der Mars, sondern nur der (gedachte) Mittelpunkt der eigentlichen Bahn des Planeten, auch »falscher Mars« genannt. Das ist natürlich nur ein abstrakter Begriff, richtiger gesagt eine Fiktion. Der große Kreis heißt »Deferent« des Mars; der kleine Kreis um den falschen Mars herum heißt »Epizyklus« des Mars. Auf dem letzteren bewegt sich der Mars selbst. Die tatsächliche Bewegung des Planeten im Raum ist damit nicht ein Kreis, sondern, weil der Mittelpunkt der Bahn sich auf dem großen Kreise entlangbewegt, eine Art Schlangenlinie, welche abwechselnd außerhalb und innerhalb des großen Kreises verläuft.
An diesem Beispiel ist folgendes gut zu erkennen: Als Wiedergabe dessen, was sich tatsächlich abspielt, ist die Hypothese durchaus falsch. Denn der Mars bewegt sich, wie wir wissen, wie die anderen Planeten auf einer elliptischen Bahn, in deren einem Brennpunkt die Sonne steht. Was die Hypothese aber sehr gut leistet, ist eine plausible Erklärung für die *scheinbaren* Bewegungen, die der Mars für den irdischen Beobachter ausführt. Diese erscheinen nämlich so, daß der Planet manchmal schnell in der Hauptrichtung seines Umlaufs läuft, manchmal langsamer, zeitweise aber auch stillsteht oder sogar zurückläuft. Das erklärt sich nach Ptolemaios einwandfrei: Der Mars läuft schnell, wenn seine Bewegung auf seinem kleinen Kreise in der gleichen Richtung geht, wie der Umlauf des »falschen Mars« auf dem großen Kreise. Der Mars steht still oder läuft zurück, wenn das Umgekehrte der Fall ist. –
Ähnliche Systeme von »Deferenten« und zugehörigen »Epizyklen« nimmt Ptolemaios für die beiden anderen äußeren Planeten Jupiter und Saturn an. Für die kleineren Planeten Merkur und Venus ist das System etwas anders, im Ergebnis aber ebenfalls so, daß die für das irdische Auge sich abspielenden Bewegungen am Himmel damit zu erklären sind.

Dies ist der Hauptgrund, warum das System sich so lange behaupten konnte.

III. Andere Naturwissenschaften

OPTIK Unsere Betrachtung der Physik ist, nachdem wir die Arbeiten des Archimedes bereits vorweggenommen haben, nur eine Nachlese.

In der Optik begegnen wir den schon bekannten Namen der großen Mathematiker und Astronomen, zunächst wieder dem *Euklid.* Außer den Elementen ist die *Optik* das einzige Werk, das von ihm erhalten geblieben ist. Er gibt darin die Grundgesetze der Fortpflanzung und Reflexion des Lichts.

Über die *Natur des Lichtes* befand sich Euklid allerdings in einem Irrtum. Er sah in den Lichtstrahlen nicht etwas, das von den Gegenständen ausgeht und unser Auge trifft, sondern er dachte umgekehrt, das Licht bestehe aus geraden Linien, die vom Auge ausgehen und auf die Gegenstände treffen. Diese irrtümliche Vorstellung hat er mit *Platon* und anderen griechischen Denkern gemeinsam. Sie bedeutet einen erheblichen Rückschritt, gemessen an den Vorstellungen des Philosophen *Empedokles.* Dieser hatte bereits gelehrt, das Licht gehe von leuchtenden Gegenständen aus und pflanze sich mit endlicher Geschwindigkeit durch den Raum fort. Empedokles sah die Natur des Lichtes als eine Art Erregungszustand an. Er kam damit der modernen Wellentheorie des Lichts nahe. Die *Pythagoreer* andererseits hatten das Licht, das sie ebenfalls als von den Gegenständen ausgehend erkannten, sich in Form winziger leuchtender Teilchen gedacht, die sich durch den Raum bewegen. Sie waren damit der modernen Korpuskulartheorie des Lichts nahegekommen.

Auch der Astronom *Aristarchos* hat über Licht und Farben geschrieben. *Ptolemaios* schrieb eine fünfbändige Optik, von der eine arabische Übersetzung erhalten ist. Er untersucht darin auch die *Brechung* des Lichts und ihre Bedeutung für die Astronomie. Er hat selbst Experimente über die Brechung der Lichtstrahlen beim Durchgang durch Glas oder Wasser angestellt. Das von ihm aufgestellte Brechungsgesetz ist für einen gewissen Bereich, nämlich für sehr kleine Brechungswinkel, richtig. Ptolemaios erkannte auch die Ablenkung, die das von der Sonne und den Sternen zu uns kommende Licht durch die irdische Atmosphäre erfährt. In bezug auf die Natur des Lichtes unterlag er dem gleichen Irrtum wie Euklid.

HERON VON ALEXANDRIEN *Heron* führte die Untersuchungen Euklids über die Zurückwerfung des Lichts durch glatte Oberflächen fort. Das Grundgesetz, daß nämlich der Einfallwinkel immer gleich dem Rückstrahlungswinkel ist, hatte schon Euklid formuliert. Heron erkannte, daß man diesen Sachverhalt auch so ausdrücken kann: Geht ein Lichtstrahl von einem Punkte aus, trifft auf einen Spiegel und läuft von dort zurück bis zu einem anderen Punkte, so stellte der Weg des Strahls immer die kürzeste mögliche Verbindung zwischen Ausgangspunkt, Spiegeloberfläche und Endpunkt dar. Heron hatte damit ein allgemeines Prinzip von großer Wichtigkeit entdeckt.

Am bekanntesten ist Heron durch seine Leistungen in der angewandten Mathematik und Mechanik, als *Erfinder*. Wenn ich von den antiken Erfindern nur Archimedes und Heron nenne, so soll daraus nicht der Eindruck entstehen, daß diese beiden die einzigen Erfinder von irgendwelcher Bedeutung gewesen wären. Die Technik spielte zwar im ganzen Zeitalter keine der modernen vergleichbare Rolle. Sie stand aber doch nicht still, sondern schritt deutlich erkennbar durch die Jahrhunderte aufwärts. Wir wissen aus sehr früher Zeit, aus dem 6. Jahrhundert v. Chr., von einem *Anacharsis,* einem skythischen Fürsten, der auf der Suche nach Wissen nach Athen kam. Er soll ein Freund Solons gewesen sein. Ihm wird die Erfindung oder doch die Einführung so wichtiger Geräte wie Anker, Blasebalg und Töpferscheibe zugeschrieben. Wir wissen von einem *Glaukos,* der die Kunst des Verlötens von Metallen entdeckt haben soll. Dem Architekten und Ingenieur *Theodoros* von Samos (um 550) wird unter anderem die Einführung der Wasserwaage, der Drehbank, des Schlüssels und des Bronzegusses nachgerühmt. Wir hören von einem kunstvollen Wasserleitungssystem, erbaut von *Eupalinos* von Megara, zu dessen Bau die Herstellung eines tausend Meter langen Tunnels durch einen Berg gehörte; vom Bau einer Schiffsbrücke, die den ganzen Bosporus überspannte. Auch die spätere hellenistische Zeit weist, besonders in Ägypten, eine Reihe von Erfindungen auf, namentlich in der Verbesserung gewerblicher Arbeitsprozesse.

Über das Leben Herons wissen wir fast nichts. Sicher ist nur, daß er wesentlich später als Archimedes gelebt hat. Aber auch ohne Näheres über seine Persönlichkeit und seine Schicksale zu wissen, müssen wir in Heron allein auf Grund seiner Arbeiten eine der originellsten und interessantesten Persönlichkeiten der antiken Wissenschaftsgeschichte sehen. Wichtig ist die bei Heron deutliche Verlagerung des Schwerpunktes der Interessen von der reinen Wissenschaft auf Fragen der praktischen Anwendung. Diese Verlagerung ist für die letzten Jahrhunderte im Leben der antiken Wissenschaft kennzeichnend. *Platon* hatte in der praktischen Anwendung mathematischen Wissens eine Entwürdigung, ja Verunreinigung des Ideals der reinen Anschauung gesehen, dem die Wissenschaft dienen sollte. *Archimedes* hatte zwar seine Erkenntnisse praktisch angewendet; doch war ihm eine allgemeine Erkenntnis viel wichtiger als alles, was bei ihrer praktischen Anwendung an Maschinen, Apparaten, Kunststücken nebenbei herauskam. Für Heron dagegen scheint die praktische Anwendung das Wichtigste gewesen zu sein.

Von den Arbeiten des Heron will ich drei hervorheben:

In seinem Werk über den *Automaten*bau beschreibt Heron den Bau selbsttätig zwitschernder Vögel, die Herstellung eines Automaten, der Weihwasser verkauft, die Anlage eines automatischen Theaters. Ein solches Theater wurde im 16. Jahrhundert nach den Angaben Herons im

Park eines bei Salzburg gelegenen Schlosses nachgebaut. Heron beschreibt auch einen automatischen Wegemesser für durchfahrene Strekken, der unserem Taxameter entspricht.

Die *Orgel* hatte schon ein anderer großer Erfinder des Altertums, *Ktesibios* mit Namen, ebenfalls in Alexandria wirkend, erfunden. Große Pfeifen, die mit menschlicher Lungenkraft nicht zu betätigen waren, wurden durch einen Luftstrom angetrieben. Der Luftstrom wurde dadurch erzeugt, daß Luft aus einem Kasten durch eindringendes Wasser herausgedrückt wurde. Auch Heron hat eine Wasserorgel konstruiert. Die Orgel in fast allen christlichen Kirchen der Welt ist eines der vielen, uns meist nicht bewußten Beispiele dafür, wieviel antikes Erbe wir allenthalben um uns haben.

Heron war der erste, der *Dampf* zur Erzeugung von Bewegung benutzte. Er schuf eine Dampfmaschine. Der Dampf stieg in ein waagerechtes, um eine Achse drehbares Rohr. Dieses hatte Düsen nach außen. Der ausströmende Dampf setzte es in Bewegung – nach dem gleichen Prinzip, nach dem heute Düsenflugzeuge über uns hinwegfliegen.

Die Arbeiten Herons bilden wie die des Archimedes eine Grundlage der modernen Technik. Im einzelnen, für die Dampfmaschine zum Beispiel (die für Heron mehr ein interessantes Spielzeug war) kann man nicht mit Sicherheit sagen, ob ihr Aufkommen in der Neuzeit auf einer völligen Neuerfindung beruht oder ob sich Verbindungslinien von der Spätantike über die Renaissance zum 18. Jahrhundert auffinden lassen. Im ganzen steht fest: Die Technik der hellenistischen und römischen Zeit bildet den Höhepunkt in der Entwicklung der Technik bis zum Beginn der europäischen Neuzeit. Ungezählte heute in der Technik verwendete Bezeichnungen – wie zum Beispiel die Wörter Technik selbst, Maschine, Automat und andere – sind griechischen Ursprungs. Sehr oft stammt aber auch die bezeichnete Sache von den Griechen. So, um ein weniger bekanntes Beispiel zu nennen, die Telegraphie. Dies Wort ist griechisch gebildet (aus tele = fern und graphein = schreiben), aber wahrscheinlich erst in der Neuzeit entstanden; die Sache selber aber besaßen bereits die Griechen und Römer. Die letzteren hatten sie zu einer Vollkommenheit entwickelt, die erst von elektrischer Nachrichtentechnik erreicht und überboten wurde. Die Römer hatten an den ausgedehnten Küstenstrecken ihres Reiches aus Signaltürmen bestehende »Telegraphenlinien« erbaut. Wurde eine Nachricht in Ost-West-Richtung telegraphiert, so konnte sie, nach der Tagesstunde gerechnet, beim Empfänger früher ankommen, als sie abgesandt war, das heißt sie reiste schneller, als die Ortszeiten durch die Erdumdrehung einander folgen. Diese Erfahrung war sogar einer der Anlässe, an denen man erst klar erkannte, daß Orte mit verschiedenen geographischen Längen zu verschiedenen Zeiten Mittag haben.

ALCHIMIE Bei dem Worte Alchimie pflegen wir sogleich an das etwas anrüchige und obskure Treiben von Scharlatanen zu denken, welche Fürsten und reichen Männern für ihre schwindelhaften Versuche der Goldmacherei das Geld aus der Tasche locken. Goldmacherei war in der Tat ein Ziel der Alchimie, vom Altertum bis zur Zeit eines Paracelsus und noch darüber hinaus. Doch ist dies nur der eine, engere Sinn des Wortes. In einem weiteren Sinne müssen wir unter Alchimie die ganze Geschichte, oder wenn man will, Vorgeschichte der Chemie bis an die Schwelle der Neuzeit verstehen. Übrigens hat der sicher zum Urteil berufene *Justus von Liebig* ausdrücklich erklärt, die Alchimie sei zu keiner Zeit etwas von der Chemie Verschiedenes gewesen.

Das Wort Alchimie ist in seinem ersten Teile mit Sicherheit arabisch, denn »al« ist der arabische Artikel. Die Ableitung des zweiten Teiles ist umstritten. Der Sache selbst begegnen wir zuerst in Alexandrien in den ersten nachchristlichen Jahrhunderten. Ihre Ursprünge sind jedoch wesentlich älter. Alchimie scheint zuerst ein geheim gehaltenes Priesterwissen gewesen zu sein. Eine ägyptische Überlieferung leitet die alchimistische Kunst von dem Gotte Thoth her, dem mythischen Begründer aller Künste und Wissenschaften. Nach einer anderen Überlieferung haben abgefallene Engel diese Kunst den Menschen gebracht; darauf spielt zum Beispiel der Kirchenvater Tertullian an. Dem ägyptischen Gotte Thoth entspricht bei den Griechen der Gott Hermes. So wurde die Alchimie auch »hermetische Kunst« genannt.

Ein frühes alchimistisches Dokument – zwei in Leyden verwahrte Papyri – enthält in griechischer Sprache eine Reihe von Anweisungen für chemische Verfahren, unter anderem auch für die Imitation von Gold und echten Edelsteinen. Das Dokument stammt aus dem 3. Jahrhundert nach Christus. Der Inhalt ist wahrscheinlich älter. Der Autor ist unbekannt. Namentlich kennen wir einen etwa gleichzeitig lebenden *Zosimos*, Verfasser magischer, mystischer, alchimistischer Schriften. Von ihm stammt auch eine Enzyklopädie der chemischen Künste in 28 Büchern. Zosimos beschreibt darin eine Anzahl chemischer Apparate.

Während die praktische Seite der alchimistischen Kunst ägyptischen Ursprungs zu sein scheint – wir wissen zum Beispiel von einem bemerkenswerten Hochstand der Färberei im ptolemäischen Ägypten – scheint die theoretische oder philosophische Basis mehr griechischer Herkunft zu sein. Sie steht im Zusammenhang mit den griechischen Vorstellungen vom Wesen und Aufbau der Materie. Bald aber, vom 4. Jahrhundert ab, kommt erneut orientalischer Einfluß hinzu. Magie und Astrologie fließen mit der Alchimie zusammen. Es entsteht eine schwierige, nur mit größter Mühe noch aufzuhellende symbolische Sprache, wie sie die Handschriften alchimistischen Inhalts zeigen, welche die meisten großen europäischen Bibliotheken aus den verschiedensten Jahrhunderten besitzen. Bei der Goldmacherei scheint man sich zuerst durchaus bewußt gewesen zu sein, daß man Imitation und kein echtes Metall vor sich hatte. Allmählich aber scheinen die Alchimisten ihr Publikum mit derartigem Eifer von der Echtheit ihrer Produkte überzeugt zu haben, daß auch sie selbst oder ihre Nachfahren daran zu glauben anfingen.

Auf dem Umwege über die Syrer gelangten die alchimistischen Schriften in Übersetzungen zu den Arabern und von diesen nach Europa.

PLINIUS Die Römer haben die Naturwissenschaften kaum gefördert. Trotzdem muß das Werk eines Römers unbedingt genannt werden, nicht als schöpferische Leistung, aber als Zusammenfassung des vordem Erreichten und wegen seines außerordentlichen Einflusses in den folgenden Jahrhunderten.
Gaius *Plinius* Secundus (23–79 n. Chr.), zum Unterschied von seinem durch seine Briefe berühmten gleichnamigen Neffen Plinius der Ältere genannt, war ein römischer Offizier und Verwaltungsbeamter. Seine vielseitige literarische Tätigkeit umfaßte Geschichte, Kriegswesen, Grammatik und Rhetorik – von alledem ist jedoch nichts erhalten; dazu trieb er naturkundliche Studien, legte entsprechende Sammlungen an. Bei der Hilfeleistung für die vom Vesuvausbruch bedrohte Bevölkerung kam Plinius im Jahre 79 ums Leben.
Seine *Naturalis historia* – wörtlich Naturgeschichte, jedoch besser, gemäß dem ursprünglichen Sinne des Wortes mit Naturkunde zu übersetzen – ist ein großes Sammelwerk aus 37 Büchern. Es ist kein selbständiges Werk, sondern gibt im wesentlichen die Forschungsergebnisse anderer Autoren, dies jedoch für einen so weiten Bereich, daß es eine Art Enzyklopädie darstellt. Erdkunde, Medizin, Kunstgeschichte sind mit behandelt, dazu die philosophischen Theorien über die Entstehung der Welt, über Götter und Menschen.
Plinius' Werk blieb für das ganze Mittelalter und noch länger eine – zu Zeiten völlig unbestrittene – Autorität. Den Worten »wie Plinius sagt« begegnen wir bei allen einschlägigen Autoren der folgenden 1500 Jahre. Bis ins 19. Jahrhundert sogar wurde es in den höheren Schulen als Grundlage des Unterrichts in der Naturkunde verwendet. Auch nachdem sein Inhalt als wissenschaftliche Erkenntnis abgetan ist, bleibt es eine der wichtigsten Quellen für die Kenntnis der spätantiken Wissenschaftsgeschichte.

IV. Geographie

PHÖNIZIER UND KARTHAGER Noch vor kurzem hat man Völker entdeckt, deren erdkundliches Wissen nicht weiter reichte als der Umkreis einer Tagereise um ihre Siedlungen. An anderen Orten haben Nomaden, Wüsten- und vor allem Küstenbewohner schon früh Kenntnis weiter Gebiete erworben. Die frühen Hochkulturen wie die ägyptische und die chinesische besaßen bereits eine entwickelte Länderkunde, die auch schriftlich niedergelegt war. Bei den Chinesen zum Beispiel umfaßte sie den größten Teil Ostasiens. Der Handel, besonders der Seehandel, dazu Kriegs- und Eroberungszüge und gelegentlich auch schicksalhafte Verschlagungen in ferne Länder weiteten den geographischen Horizont. Unter den alten Völkern erwarben die Phönizier als die größten Seefahrer der alten Welt ein weites geographisches Blickfeld. Aus dem in ihrer Heimat wachsenden wunderbaren Holz der libanesischen Zeder erbauten sie kleine seetüchtige Fahrzeuge. Sie befuhren mit ihnen das ganze Mittelmeer. Ringsum an seinen Küsten legten sie blühende Niederlassungen an wie das spätere Karthago. Sie durchfuhren auch die Straße von Gibraltar. Nach Britannien gelangten sie, wo sie Zinn schürften; weiter durch die stürmische Nordsee an die Küste Schleswigs, wo sie den begehrten Bernstein handelten. Die Inseln des Westatlantik waren ihnen bekannt. Nach einem Bericht Herodots haben sie sogar ganz Afrika umsegelt. Die Expedition startete vom arabischen Meerbusen. Jedes Jahr im Herbst ging man an Land, um zu säen und zu ernten. Nach dreijähriger Frist soll die Flotte durch die Säulen des Herakles wieder in das Mittelmeer eingefahren sein.

Die Erben des phönizischen Unternehmungsgeistes waren die Karthager. Mit 60 Schiffen unternahm der karthagische Admiral *Hanno* um das Jahr 500 v. Chr. eine verwegene Fahrt bis zu einem weit südlich gelegenen Punkt an der afrikanischen Westküste.

DIE VÄTER DER GEOGRAPHIE Von den geographischen Vorstellungen der griechischen Frühzeit gewinnen wir ein anschauliches Bild aus der Dichtung *Homers*. Allmählich flossen bei den Griechen die geographischen Kenntnisse aller ihrer Vorgänger zusammen und vereinten sich mit denen, welche die Griechen selbst bei ihren eigenen kühnen Seefahrten und bei ihrer kolonisatorischen Ausbreitung über den größten Teil des Mittelmeergebietes sammelten.

Doch liegt das Verdienst der Griechen wie in anderen Gebieten des Wissens auch in der Geographie nicht so sehr im Sammeln neuer Einzelerkenntnisse, also zum Beispiel in der Erforschung neuer Länder – darin waren ihnen die Phönizier überlegen – und auch nicht im Sammeln und Zusammenfügen der Erkenntnisse anderer, sondern darin, daß sie auch hier die Anfänge dessen geschaffen haben, was man als systematische wissenschaftliche Betrachtungsweise bezeichnen kann.

Der Ehrentitel eines Vaters der Geographie ist mehreren griechischen Denkern und Forschern beigelegt worden. Der ionische Naturphilosoph *Anaximander*, der auf Thales folgte, kann auf ihn Anspruch erheben, denn von ihm wird berichtet, daß er die erste Landkarte hergestellt habe. Ein anderer Milesier, *Hekataios*, geboren um 550 v. Chr., schrieb ein in geringen Bruchstücken erhaltenes Werk über den Erdkreis. Auch er ist der Vater der Geographie genannt worden. Schließlich hat das Werk des Historikers *Herodot* ihm ebenfalls diesen Titel eingetragen. Herodot war ein Weltreisender, ein Globetrotter großen Stils. Er kannte weite Gebiete und zahlreiche Völker in Asien und Nordafrika aus eigener Anschauung. Er beobachtete scharf und vermochte geographische Zusammenhänge richtig zu deuten. Auf seinen Reisen erkannte Herodot auch, daß die alte Vorstellung von der Erde als einer Scheibe, wie sie sich bei Homer findet, unhaltbar war. Er gehört, mit den Milesiern und Pythagoreern, zu denen, die diese Auffassung stürzten und die Erkenntnis von der Kugelgestalt der Erde durchsetzten.

PYTHEAS *Pytheas* aus Massilia, dem heutigen Marseille (um 330 v. Chr.), ist der erste Westeuropäer, der in der Geschichte der Wissenschaft einen Namen hat. Ausgestattet mit guten astronomischen Kenntnissen, unternahm Pytheas eine Forschungsreise entlang der europäischen Westküste nach Norden. Er kam über die Nordspitze der britischen Inseln hinaus bis in die Nähe der Polargebiete. Pytheas erwähnt Thule als ein weit nördlich liegendes Land. Er berichtet von Tageslängen von 19 Stunden und von Gegenden noch weiter nördlich, in denen monatelang Tag oder Nacht bleibt. Vom gefrorenen Meer berichtet er, vom Nordlicht, von dem gewaltigen Gezeitenunterschied an der Küste Westeuropas, den er richtig als durch den Mond bestimmt deutet.
Lange wurden die Verdienste des Pytheas verkannt. So unglaublich schien, was er berichtete, den Zeitgenossen und Nachfahren, daß andere Gelehrte, wie Polybios und Strabon, ihn der Lüge ziehen. Spätere Zeiten haben seine Berichte bestätigt.
Der Bernstein, von den Griechen Elektron genannt (daher unser Wort Elektrizität), war in jenen Zeiten neben dem aus Britannien kommenden Zinn eines der begehrtesten Handelsgüter. In dem Bestreben, das Herkunftsland dieses kostbaren Stoffes kennenzulernen, segelte Pytheas von Thule nach Osten und sichtete das Land der Teutonen (nahe der Eidermündung). So wurde Pytheas der erste Entdecker des späteren Deutschland für die alte Welt.
Das Antlitz der Kultur war aber zu jener Zeit noch nicht nach Westen und Norden gewendet, sondern nach Osten und Süden. Zur gleichen Zeit, da Pytheas das sagenhafte Nordmeer durchsegelte, erweiterten die Eroberungen Alexanders den Blick weit nach Asien hinein. Eine ganz neue Welt erschloß sich. Ceylon wurde bekannt. Ein Feldherr Alexanders fuhr den Indus hinab und entdeckte die Mündung des Euphrat und Tigris. Der Stab von Gelehrten, Historikern und Künstlern, der Alexander begleitete, nahm das neue Wissen in sich auf und überlieferte es der Nachwelt. Vor dem neuen Weltbild mußten die alten Vorstellungen klein und unzulänglich erscheinen.

ERATOSTHENES Die wissenschaftliche Ernte wurde auch in der Geographie in Alexandrien eingebracht. An der Spitze steht der Name des *Eratosthenes* (273–192 v. Chr.). Eratosthenes hatte sich bei berühmten Lehrern in den verschiedensten Fächern gebildet. Seine Leistungen liegen nicht in der Geographie allein. Als Mathematiker zum Beispiel erfand er das »Sieb des Eratosthenes« zum Auffinden der Primzahlen. In der Geschichtsschreibung begründete er die wissenschaftliche Chronologie. Als Philologe schrieb er Studien über die attische Komödie.
Eratosthenes wurde auf Grund seines vielseitigen Wissens schnell ein berühmter Mann. Ptolemaios III. holte ihn, nachdem er zunächst in Athen gewirkt hatte, nach Alexandrien und machte ihn zum Leiter der Bibliothek des Museion.
Hätte man den Namen »Vater der Geographie« nicht schon älteren Gelehrten zuerkannt, so könnte auch Eratosthenes mit Fug so heißen.

Sein geographisches Hauptwerk, *Geographica* benannt, besteht aus drei Büchern. Das erste Buch enthält die Geschichte der Geographie bis zur Zeit des Eratosthenes. Das zweite Buch enthält hauptsächlich die mathematische Geographie, als deren Begründer Eratosthenes anzusehen ist. Das Buch legt zugleich die Grundlage zur physikalischen Geographie. Es behandelt die Wirkung von Wasser, Feuer und vulkanischer Tätigkeit auf die Gestaltung der verschiedenen Erdteile und Länder. Das dritte Buch befaßt sich mit der Herstellung von Karten. Eratosthenes hat die erste Weltkarte hergestellt. Das Buch behandelt ferner die Länderkunde einschließlich der Wirtschaftsgeographie und Völkerkunde (Ethnographie). Hier zieht Eratosthenes das Fazit aus der mit den Alexanderzügen ins Rollen gebrachten Entwicklung, indem er die hergebrachte Einteilung der Menschen in Hellenen und Barbaren als provinziell und überholt aufgibt und die Leistungen nichtgriechischer Völker, zum Beispiel der Römer, neben und teilweise über die der Griechen stellt. Auch die Chinesen finden wir bei ihm erwähnt.

Die berühmteste Einzelleistung des Eratosthenes ist seine *Messung des Erdumfangs*. Natürlich kann man sie ebensowohl der Astronomie zurechnen wie der Erdkunde. Die Grenzen beider Gebiete sind in dieser Zeit noch fließend. Um der besseren Verständlichkeit willen will ich, anstatt einen erhaltenen antiken Bericht wiederzugeben, das Prinzip, nach dem Eratosthenes verfuhr, kurz schildern:

Am Tage der Sommersonnenwende schien die Sonne mittags um 12 Uhr in Syene (Südägypten) genau auf den Grund eines tiefen Brunnens, stand also senkrecht darüber. Zur gleichen Stunde zeigte in Alexandria (nördlich von Syene) der Schatten eines senkrecht aufgestellten Stabes, daß die Sonne hier zu $7^1/_2$ Grad unter dem Zenith stand. Das ist $^1/_{50}$ des Vollkreises. Die Entfernung zwischen beiden Städten war Eratosthenes bekannt. Er brauchte sie nun nur mit der Zahl 50 zu multiplizieren. So errechnete er den Umfang der Erde auf 250000 Stadien. Das entspricht etwa 38000 km – wie man sieht, ein bemerkenswert genaues Ergebnis. Tatsächlich enthielt die Rechnung des Eratosthenes mehrere Fehlerquellen. Unter anderem liegt Syene nicht genau südlich von Alexandria, sondern fast 300 km weiter nach Osten. Auch der Breitenunterschied ist nicht genau der von Eratosthenes angenommene von $7^1/_2$ Grad. Die von Eratosthenes erzielte Genauigkeit des Ergebnisses ist demnach zwar dem glücklichen Zufall zu danken, daß die Fehler einander aufhoben, aber das Prinzip seiner Messung ist eine großartige gedankliche Leistung.

Ergänzend sei bemerkt, daß es für das Stadion (ursprünglich die Strecke des Kurzstreckenlaufs bei Wettkämpfen und die Bahnlänge bezeichnend, dann zur Bezeichnung der ganzen Sportanlage geworden) kein »genormtes« Maß gibt. Nach Ausgrabungen schwankt die Länge zwischen etwa 160 und 210 m. Das Ergebnis der oben gegebenen Umrechnung hängt also davon ab, welches Stadionmaß man zugrundelegt.

PTOLEMAIOS Der uns schon als Astronom bekannte Ptolemaios war zugleich ein Geograph großen Stils. Sein Einfluß auf das geographische Weltbild der auf ihn folgenden eineinhalb Jahrtausende ist nicht geringer als der seines astronomischen Lehrsystems.

Ptolemaios ist der einflußreichste Kartograph der Weltgeschichte. Die von ihm hergestellten Karten blieben maßgebend durch das ganze Mittelalter hindurch. Wir wissen allerdings nicht, ob es sich dabei noch um von Ptolemaios hergestellte Originalkarten gehandelt hat; auf jeden Fall beruhten die verwendeten Karten aber auf solchen.

Betrachten wir für einen Augenblick eine solche von Ptolemaios hergestellte Weltkarte. Sie enthält den nördlichen Teil Afrikas, Mittelmeer, Schwarzes und Kaspisches Meer, Vorder- und Hinterindien mit ihren großen Strömen, das Himalayagebirge, den sibirischen Festlandsblock, den größten Teil Europas einschließlich Britannien und Irland und den Rand des Atlantik. Dagegen sind nicht darin verzeichnet die südliche Hälfte Afrikas, Japan, die Polargebiete und natürlich Nord- und Südamerika. Diese Weltkarte war selbstverständlich nicht aus eigener Kenntnis der Länder gezeichnet, sondern nach den Berichten anderer, die Ptolemaios mehr oder weniger kritisch verwertete. Er war der erste geographische Stubengelehrte.

Die Umrißlinien im großen sind im allgemeinen richtig wiedergegeben, allerdings mit einer wichtigen Ausnahme: Die Ostküste Afrikas biegt bei Ptolemaios weit nach Osten um, bis sie auf einen fernen Südzipfel des asiatischen Festlandes trifft. Dadurch wird der Indische Ozean zum Binnenmeer.

Während die ungefähren Umrisse sonst richtig sind, sind die Größenverhältnisse verzerrt. Ptolemaios war zwar in dieser Hinsicht auch um Genauigkeit bemüht. Er versah seine Karten mit einem Netz von Meridianen und Breitenkreisen. Er fertigte auch Verzeichnisse der Längen und Breiten wichtiger Plätze. Bei der Bemessung der Längen passierte ihm ein folgenreicher Irrtum. Ptolemaios kannte den Zusammenhang zwischen Längenabstand und dem Unterschied der Ortszeit. Er nahm aber den Zeitunterschied zwischen Karthago und Arbela – von diesen Städten ging er für das Mittelmeer aus – viel zu groß an. Das bewirkte eine Längenverzerrung in der Ost-Westrichtung. Das Mittelmeer wurde viel zu langgestreckt dargestellt. Sein westliches Ende rückte um zwanzig Grade zu weit nach Westen. Es schien damit der Gegenküste Asiens, um die Erde herum, viel näher als in Wirklichkeit. Die Karten des Ptolemaios benutzte Christoph Columbus. Dieser veranschlagte infolgedessen den Seeweg nach Asien in westlicher Richtung viel zu kurz – andernfalls wäre er vielleicht gar nicht losgesegelt – und hielt die vor ihm auftauchende Küste Amerikas für Indien.

GEOGRAPHIE DER RÖMERZEIT Grundlegend neue Erkenntnisse der wissenschaftlichen Geographie haben die Römer kaum gewonnen. Ihre Eroberungen haben aber das geographische Wissen, das bis dahin an verschiedenen Stellen zerstreut vorhanden war, dem allgemeinen Bewußtsein oder jedenfalls dem einer breiten Schicht von Gebildeten erschlossen. Mit Stolz konnte der gebildete Römer, wie es in einem Gedicht des *Propertius* heißt, von sich sagen:

Ich lerne dann auch, wo das Ziel des Sieges, der Araxes, sich wendet,
Wieviel Meilen das Roß dürstend des Parthers durchrennt;
Präge das Bild von den Ländern mir ein, das bunt mir die Karte
Zeigt und wie weise der Gott alle die Welten gereiht,
Wo vor Kälte die Erde erstarrt, wo sie stäubet vor Hitze,
Welcherlei Wind das Schiff gut nach Italien treibt.

Soweit die Römer in bis dahin unbekannte Gebiete vorstießen, wie insbesondere in das Innere Galliens und Germaniens, erweiterten sie auch den geographischen Gesichtskreis. Vor allem aber brachte die Römerzeit eine Blüte der beschreibenden Geographie.

Hier wären viele Namen zu nennen. Einer der größten Geographen war Strabon (63 v. Chr. bis 20 n. Chr.). Er stammte aus Kleinasien, war aber der Abstammung nach ein Grieche. Vom Schwarzen Meer und Armenien bis nach Äthiopien führten ihn seine Reisen. Im Alter schuf er die erste umfassende Enzyklopädie des geographischen Wissens, ein siebzehn Bücher umfassendes Riesenwerk. Es behandelt mathematische, physikalische, politische und historische Geographie, daneben geologische Probleme wie Bodenerosion, Senkungen, Erdbeben und Vulkane. Strabon bezeichnete es als möglich, Afrika im Süden zu umschiffen und so nach Indien zu gelangen. Er ahnte auch ein großes Festland, das zwischen dem westlichen Europa und Asien liegen sollte. Kein Zeitgenosse verstand seine kühnen Gedanken. Sein Werk blieb mehrere Jahrhunderte fast unbeachtet und unbenutzt.

Strabon war zugleich Historiker. Die Namen praktisch aller großen Historiker der Römerzeit wären auch in der Geographie neben Strabon zu nennen. Ich erwähne hier nur die Schriften *Cäsars* und die *Germania* des *Tacitus*. Sie enthält bekanntlich die erste völkerkundliche Beschreibung der germanischen Stämme.

V. Medizin

Während des ganzen hier betrachteten Zeitabschnittes stand die Heilkunst auf beachtlicher Höhe, sowohl im hellenisierten Osten wie in Rom, wo die griechische Medizin bald festen Fuß gefaßt hatte. Es gab in Rom Militärärzte, Sportärzte, Fachärzte aller Art. Die ethische Höhe des griechischen Ärztestandes wurde im allgemeinen bewahrt. Die gesellschaftliche Achtung, die dem Stande im ganzen entgegengebracht wurde, war trotzdem nicht immer gleich. Dagegen sind die Honorare, welche einzelne seiner Vertreter damals forderten und erhielten, geeignet, in dem modernen Kassenarzt ein Gefühl ungläubigen Staunens – wenn nicht andere Gefühle – zu erwecken. Ein Leibarzt der Kaiser Caligula und Claudius beschwerte sich, daß sein jährliches Honorar von weit über 120 000 Mark – nach heutiger Kaufkraft gerechnet – niedriger sei als die Einkünfte aus der Privatpraxis, die er vor Antritt seiner

Stellung am Hofe betrieben hatte. Es gab Kurorte, berühmte Bäder mit prächtigen Bauten. Es gab ehrwürdige Ärzteschulen mit alter Tradition. Unter den Ärzten gab es verschiedene Lehrmeinungen; insbesondere standen sich eine dogmatische, philosophisch orientierte Schule und eine rein empirisch orientierte gegenüber. Die empirische Schule geht zurück auf *Serapion* von Alexandria im zweiten vorchristlichen Jahrhundert. Fragen wir nach schöpferischen Wissenschaftlern, welche die Medizin durch neue Erkenntnisse wesentlich bereichert haben, so brauchen wir gleichwohl nur die Namen dreier großer Ärzte zu nennen. Zwei von ihnen stammen aus Alexandria, der dritte aus Pergamon.

HEROPHILOS Noch zur Zeit der ersten ptolemäischen Herrscher Ägyptens, in der Anfangszeit Alexandriens, als auch der große Eukleides lebte, wirkte *Herophilos*, der größte Anatom des Altertums und Begründer der anatomischen Wissenschaft. Herophilos war außerdem einer der bedeutendsten praktischen Ärzte. Wissenschaft und Praxis waren damals noch allgemein in Personalunion verbunden – die Medizin weist bekanntlich zu ihrem Vorteil noch heute vielfach diese enge Verbindung auf.

Herophilos ist der erste, von dem wir wissen, daß er öffentliche Sektionen von Menschen machte. Zahllose Entdeckungen sind ihm zu danken, dazu neue Methoden und eine neue Terminologie (Fachsprache). Herophilos unterschied vier Grundvorgänge im Organismus: die Ernährung mit der Leber als Hauptorgan, die Erwärmung mit dem Herzen als Organ, die Wahrnehmung mit den Nerven und das Denken mit dem Gehirn. Wir sehen, daß Herophilos endlich der bis auf Aristoteles zurückgehenden Irrlehre vom Herzen als Sitz der Geisteskräfte den Garaus machte, daß er Herz und Gehirn ihre wahren Funktionen zuerkannte.

Herophilos unterschied die Venen von den Arterien. Der Entdeckung des Blutkreislaufs kam er äußerst nahe. Er untersuchte und beschrieb die einzelnen Teile des Gehirns, sezierte und beschrieb auch das Auge und den Sehnerv und erkannte allgemein die Funktion der Nerven. Auch mit den Fortpflanzungsorganen befaßte er sich eingehend. Von den Organen der Ernährung untersuchte er besonders Leber und Milz. Dem Zwölffingerdarm gab er seinen bis heute gebliebenen Namen.

Bei der Diagnose verwandte Herophilos als einer der ersten die Wasseruhr (Klepsydra) zum Messen des Pulses. Von Herophilos stammen drei Bücher über Anatomie und ein Handbuch für Hebammen.

ERASISTRATOS Etwa eine Generation oder zwei nach Herophilos wirkte in Alexandrien *Erasistratos*. Er ist als praktischer Arzt und auch als Anatom seinem großen Vorgänger fast ebenbürtig. Auf anderen Gebieten übertrifft er ihn, insbesondere als Physiologe. Er gilt als Begründer dieser Disziplin als selbständiger Wissenschaft. Außerdem wird er als Begründer der vergleichenden und der pathologischen Anatomie angesehen.

Erasistratos machte Experimente an lebenden Tieren, vielleicht auch an menschlichen Versuchspersonen. Seine wichtigsten Entdeckungen betreffen Hirn und Nerven – er schied erstmals motorische und sensorische Nerven –, ferner Herz und Gefäßsystem. Auch er kam der Entdeckung des Blutkreislaufs nahe. Doch nahm er an, die Arterien seien nicht mit Blut, sondern mit Luft gefüllt.
Erasistratos verwarf und bekämpfte als erster die Lehre von den Säften (Humoralpathologie), von der wir bei Hippokrates gehört haben. Als praktischer Arzt legte er großes Gewicht auf Vorbeugung und Hygiene. Er empfahl Diät, körperliche Übungen und Bäder.
Spätere Autoren, besonders die christlichen Kirchenväter, haben Herophilos und Erasistratos der Vivisektion (Sektion lebender Tiere) bezichtigt – ob mit Recht, ist nicht sicher.

GALENOS Nur dem Hippokrates ist *Galenos* unter den Ärzten des Altertums zu vergleichen. Galenos gehört schon der nachchristlichen Zeit an. Er lebte etwa von 129 bis 199 in Pergamon. Auch er führte Experimente aus und entdeckte Neues in fast allen Zweigen der Medizin: in Anatomie (Lehre vom Aufbau des Organismus), Physiologie (Lehre von der Funktion des Organismus), Pathologie (Lehre von den Krankheiten), Embryologie (Lehre von der Entwicklung des Keims zum fertigen Lebewesen), Therapie (Behandlungskunde) und Pharmakologie (Arzneimittelkunde).
Galenos bewies gegenüber Erasistratos, daß die Arterien Blut führen. Wie schon manche unter den alten Griechen, beschäftigte er sich auch mit den Träumen, die er für medizinisch bedeutsam hielt. In dieser Hinsicht kann man ihn als Vorläufer der Psychoanalyse ansehen.
An Nachhaltigkeit des Einflusses kommt kein Arzt der Weltgeschichte dem Galenos gleich. Das beruht nicht so sehr auf den neuen Einzelerkenntnissen, die er gewonnen hat. Galenos war nicht nur praktischer Arzt und Forscher. Er war vor allem auch ein Systematiker, ein wahrer enzyklopädischer Kopf, der das ganze anatomische und medizinische Wissen des Altertums vereinheitlichte und systematisierte. Er war dazu ein glänzender Schriftsteller, der sein Wissen in eleganter und eindringlicher Form vorzutragen verstand. Seine Gelehrtheit und die Leichtigkeit seines Ausdrucks haben – wie George Sarton bemerkt – zusammengewirkt, um seine Autorität unangegriffen bis zum 16. Jahrhundert zu erhalten.
Die Werke Galenos' waren für die ganze westliche Welt in der Medizin das, was das hipparchisch-ptolemäische System in der Astronomie oder die Landkarten und Werke des Ptolemäus in der Geographie waren. Das blieb so bis ins 16. und 17., in mancher Hinsicht bis in 19. Jahrhundert. Noch 1821 bis 1833 erschien in Leipzig eine Ausgabe der Werke Galenos' in 22 Bänden, und sie war keineswegs für das historische Studium, sondern für die Ausbildung des ärztlichen Nachwuchses bestimmt.

BEDEUTUNG DER ANTIKEN MEDIZIN Schon an der Unzahl griechischer Ausdrücke in der heutigen Medizin, auch so allgemein geläufiger wie etwa Diät, Katarrh, Rheumatismus oder den Namen der medizinischen Teildisziplinen – vielleicht ist auch das Wort Arzt selbst griechischer Herkunft – kann man ablesen, in welchem Maße die antike Medizin, das heißt hier die griechische und die der Spätantike zusammengenommen, die Grundlage aller späteren Medizin geworden und geblieben ist. Trotz aller Umwälzungen und Neuentdeckungen bildet sie diese Grundlage bis heute. Erneuerungsbestrebungen in der Medizin knüpfen bis zur Gegenwart immer wieder an Hippokrates und andere große Ärzte des Altertums an. Selbst so moderne Heilverfahren wie die Naturheilkunde haben antike Vorbilder.

VI. Geschichtsschreibung

POLYBIOS Unter den zahlreichen Historikern der hellenistischen Zeit, die die griechische Tradition fortsetzen, ragt Polybios hervor. Polybios war Grieche. Er ist etwa 208 v. Chr. in Megalopolis in Arkadien geboren. Als Sohn eines Mannes, der zeitweilig Gesandter seiner Heimat in Rom war, wuchs er von vornherein in der Atmosphäre der großen Politik auf.

Sein Leben spiegelt die geschichtliche Entwicklung seiner Zeit wider. Als er eine führende politische Stellung erreicht hatte, führten ihn die Römer als Geisel nach Rom. Hier lebte er sechzehn Jahre. Scipio der Jüngere zog ihn als Ratgeber an sich. Polybios führte in Scipios Auftrag Forschungsreisen aus, begleitete ihn auf seinen Feldzügen, wurde dadurch Zeuge der Zerstörung Karthagos im Jahre 146. Später wurde er – ein Zeichen sowohl des Wandels der Verhältnisse wie seiner eigenen inneren Wandlung – diplomatischer Vertreter Roms in Griechenland. Im Alter zog er sich zurück und schrieb mehrere Werke, darunter seine große Geschichte Griechenlands und Roms. Sie bestand aus vierzig Büchern, doch nur fünf sind im Wortlaut erhalten.

In doppelter Hinsicht ist das Geschichtswerk des Polybios bedeutsam. Zunächst wegen seines geschichtlichen Standortes: Polybios ist einer der ersten, in dem das Griechentum mit dem Geiste Roms in enge innere Berührung kommt. Die staatsmännische Weisheit und Tatkraft der Römer zog ihn in ihren Bann. Die beginnende Herrschaft Roms über die ganze damalige Welt, die Unterwerfung der Mittelmeervölker und ihre Einschmelzung in das römische Imperium spiegeln sich darin, daß Polybios alle mittelmeerischen Völker in seine Geschichtsbetrachtung einbezieht und die geschichtliche Verflechtung ihres Schicksals mit Rom als Mittelpunkt darstellt. Er behandelt die Zeit von 221 bis 146 v. Chr. Der Einfluß römischen Denkens zeigt sich auch darin, daß alles der Politik untergeordnet ist, und daß Polybios der Geschichtsbetrachtung ein ausgesprochen praktisches, »pragmatisches« Ziel stellt. Das Geschichtsstudium soll Lehrmeister sein für das politische Handeln, Vorbereitung für das tätige Gestalten des großen Staatsmannes. Polybios schreibt Geschichte für Staatsmänner.

Zum zweiten ist das Werk des Polybios durch seine Methode bedeutsam. Polybios ist der erste große Historiker, der nicht nur durchdachte methodische Prinzipien befolgt, sondern diese selbst auch zum Gegenstande eingehenden Nachdenkens und gründlicher Erörterung macht. Das Hauptgewicht liegt dabei auf dem Aufsuchen und Erfassen unpersönlicher und überpersönlicher Wirkungszusammenhänge, auf dem Überblick über den geschichtlichen Hergang als Ganzes an Stelle des getrennten Studiums von Spezialgebieten, auf der Kenntnis der Tatsachen und der geographischen Schauplätze aus erster Hand – über die er selbst in reichem Maße verfügte – und schließlich auf der praktischen staatsmännischen Erfahrung, die vom Geschichtsschreiber zu fordern ist. Wenn es nach Platon erst dann um die Verhältnisse der Menschen gut stehen wird, wenn die Philosophen Könige werden oder die Könige sich entschließen, zu Philosophen zu werden – so wird es für Polybios erst dann um die Historie wohl bestellt sein, wenn entweder für die Historiker eigene staatsmännische Erfahrung als unerläßliche Voraussetzung gilt oder wenn die Staatsmänner eine ihrer wesentlichen Aufgaben darin sehen, die Geschichte ihrer Zeit selbst zu schreiben.

So fordert Polybios von der »pragmatischen« Geschichtsschreibung dreierlei:

> Ein Teil derselben besteht in gründlicher Quellenforschung und Verarbeitung des daraus gewonnenen Stoffes;
> der zweite in der Besichtigung der Städte und Gegenden, der Flüsse und Häfen und überhaupt der Eigentümlichkeiten und Entfernungen zu Wasser und zu Land;
> der dritte beschäftigt sich mit den politischen Taten.

Die kritische Gründlichkeit, deren sich Polybios überall befleißigt, macht allerdings seinen Stil etwas schwerfällig. Dies zusammen mit der von ihm gewählten ziemlich äußerlichen und willkürlichen Einteilung des Stoffes nach Olympiaden – die ihn von Schauplatz zu Schauplatz springen läßt und Zusammenhänge zerreißt – hat den Einfluß seiner Arbeiten beeinträchtigt und schon im Altertum einen Kritiker zu der Bemerkung veranlaßt: »Keiner hat ihn ganz gelesen.«

POSEIDONIOS, DIODOR, PLUTARCH Mit Polybios stehen wir bereits an der Schwelle des Vorgangs, in dessen weiterem Verlauf die griechische Geschichtsschreibung immer enger mit der römischen verschmolz, schließlich ganz in ihr aufging und nur noch in ihr fortlebte.

Poseidonios (etwa 135 bis 51 v. Chr.), in der Philosophie Vertreter des Stoizismus, zeichnete sich in zahlreichen Wissenschaften aus. Als Historiker setzte er das Werk des Polybios in einem 52 Bücher umfassenden Geschichtswerk fort.

Eine umfassende Weltgeschichte in 40 Büchern, von den Anfängen bis zu seiner Zeit, unter Einschluß der alten Völker des Ostens, schrieb *Diodoros* aus Sizilien im ersten vorchristlichen Jahrhundert.

Als letzten Griechen nennen wir *Plutarchos*, etwa 46 bis 120 n. Chr. Sein bekanntestes Werk sind die *Bioi paralleloi* = vergleichende (»parallele«) Lebensbeschreibungen. Es ist eine Serie von Biographien großer Männer – Vorbild aller späteren Schöpfungen dieser Literaturgattung. Bezeichnend ist, daß Plutarch immer einen Griechen und einen Römer zusammenstellt. Ihrem Zweck nach sind diese Biographien nicht wissenschaftliche Geschichtsschreibung, sondern unterhaltende und belehrende Literatur. Plutarch bemerkt über seine Methode:

... ich schreibe Biographie, aber keine Geschichte; und in den glänzendsten Taten liegt nicht allemal ein Anzeichen von Tugend oder Laster, im Gegenteil verrät oft eine unbedeutende Handlung, eine Rede oder ein Scherz den Charakter des Menschen viel deutlicher als die größten Schlachten und Belagerungen. So wie nun Maler die Ähnlichkeiten von dem Gesicht und den Zügen um die Augen, in welchen sich der Charakter ausprägt, hernehmen und sich um die übrigen Teile sehr wenig kümmern, ebenso muß es auch mir gestattet sein, mehr die inneren Charakterzüge aufzusuchen und nach diesen eines jeden Leben zu schildern, die Beschreibung der großen Taten und Schlachten aber anderen zu überlassen.

DIE RÖMER Wir übergehen eine Reihe weiterer Namen und wenden uns sogleich zu den eigentlichen römischen Historikern. Die Römer besaßen ihre eigene geschichtliche Tradition. Ihre Geschichtsschreibung oder jedenfalls deren große Zeit beginnt aber doch erst mit der Befruchtung durch die griechische. Die ersten römischen Historiker schrieben in griechischer Sprache. *Cato* verwandte als erster im zweiten vorchristlichen Jahrhundert die lateinische Sprache in seinen Geschichtswerken. Im ersten vorchristlichen Jahrhundert, besonders seiner zweiten Hälfte, die man als das Goldene Zeitalter Roms bezeichnet hat – unmittelbar vor der Zeitwende also – begegnen wir den meisten bekannten Namen. Marcus Tullius *Cicero*, geboren 106, ermordet 43 v. Chr., Staatsmann, Jurist, begnadeter Redner und Schriftsteller, schrieb glänzende geschichtliche Werke.

Gaius Julius *Caesar*, geboren um 100, ermordet 43 v. Chr., schrieb seine meisterhaften Denkwürdigkeiten wie die Geschichte des Gallischen Krieges. Caesar ist auch in anderer Hinsicht für die Wissenschaftsgeschichte bedeutsam. Er war ein gelehrter Grammatiker und soll die Bezeichnung »ablativus« in die lateinische Grammatik eingeführt haben. Mit Unterstützung des Astronomen *Sosigenes* aus Alexandrien führte Caesar die große *Kalenderreform* des Jahres 45 durch. Das Wesentliche daran war das alle vier Jahre wiederkehrende Schaltjahr. Um die Kalenderrechnung mit den astronomischen Verhältnissen, von denen sie sich entfernt hatte, wieder in Einklang zu bringen, mußte vor dem Inkrafttreten des neuen Kalenders das diesem vorausgehende Jahr 46 um neunzig Tage verlängert werden und erhielt so 455 Tage. Das Jahr 45 v. Chr., nach der römischen Zeitrechnung das Jahr 709 (gerechnet von der Gründung der Stadt, »ab urbe condita«), war das erste Jahr im neuen Kalender. Der nach Caesar benannte Julianische Kalender blieb unverändert bestehen, bis ihn Papst Gregor XIII. im Jahre 1582 erstmals abänderte – ein kleiner Fehler des Sosigenes hatte sich im Laufe der Jahrhunderte zu einer Abweichung von 10 Tagen (von den astronomischen Verhältnissen) summiert. Protestantische Länder übernahmen diese Korrektur erst um 1700, Rußland erst nach der Revolution. Caesar war auch lebhaft an der Astronomie interessiert und soll selbst ein Buch über die Sterne geschrieben haben.

Stilistische Meisterwerke sind die geschichtlichen Monographien des Gaius *Sallustius* Crispus (83 bis 35 v. Chr.). Sie haben noch die Stilkunst Friedrich Nietzsches inspiriert. Sallust schrieb zwei Abhandlungen über die Verschwörung des Catilina und den Jugurthinischen Krieg – mit bestimmter Tendenz: er wollte die Verderbtheit der römischen Adelsherrschaft anprangern und demokratische Reformen befürworten. Sein eigentliches Meisterwerk sind die *Historiae,* Zeitgeschichte etwa eines Jahrzehnts um Sulla und Pompeius.

Titus *Livius,* 57 v. Chr. bis 17 n. Chr., befreundet mit dem Kaiser Augustus, behandelte in einem Riesenwerk von 142 Büchern die gesamte römische Geschichte von der Gründung der Stadt bis zu seiner Zeit. Nur ein Viertel des Werkes ist erhalten. Livius verherrlicht die alten Römertugenden. Machiavelli ist von ihm beeinflußt.

In nachchristlicher Zeit erreicht die römische Geschichtsschreibung im Werke des Cornelius *Tacitus,* 55 bis 120 n. Chr., einen weiteren, vielleicht ihren bedeutendsten, Höhepunkt. Von den kleineren Schriften des Tacitus ist außer der Lebensbeschreibung des Agricola für uns die schon erwähnte *Germania* besonders interessant. Die beiden Hauptwerke sind die *Historiae* und die *Annales.* Beide sind nur lückenhaft erhalten. Psychologischer Scharfblick, Sinn für die Dramatik der Ereignisse, warme persönliche Anteilnahme an den Geschehnissen und vor allem ein glänzender, dabei kraftvoller und verdichteter Stil haben den Werken des Tacitus für alle Zeiten das Prädikat des Klassischen eingetragen.

Sueton, 75 bis 150 n. Chr., ist als Biograph hervorgetreten. Seine bekanntesten Werke heißen *De vita Caesarum* (Leben der Caesaren) und *De viris illustribus* (Über berühmte Männer).

Nicht nur aus Raumgründen habe ich mich bei der römischen Geschichtsschreibung im wesentlichen auf eine Aufzählung beschränkt: alle diese Historiker haben zwar unvergängliche darstellerische Meisterwerke geliefert; die Prinzipien und Methoden der Geschichtsforschung und Geschichtsschreibung haben sie gleichwohl nicht wesentlich über das hinausgeführt, was mit Polybios erreicht war. Im Gegenteil trat in der auf Tacitus folgenden Zeit eine gewisse Entartung ein. Die Geschichtsschreibung wurde mit der Rhetorik vermischt und verlor so an Strenge und Verläßlichkeit. Gegen diesen Verfall trat mit einer kleinen bedeutsamen Schrift *Wie man Geschichte schreiben soll* der Syrer *Lukian* (120 bis 180 n. Chr.) auf. Die große Zeit der römischen Historiographie war trotzdem zu Ende.

VII. Philologie

Aus dem Reiche der Geisteswissenschaften habe ich bisher nur die Geschichtsschreibung zu Worte kommen lassen. Es ist fast überflüssig, zu betonen, daß sich für zahlreiche andere Geisteswissenschaften, ja für fast alle, im griechischen Denken zumindest Ansätze finden. Im Werke Platons zum Beispiel finden wir viele Gedanken, die in das Gebiet der Seelenkunde oder der Staats- und Gesellschaftslehre gehören. Etwas ausführlicher wollen wir in diesem Kapitel nur noch die antike Entwicklung der Philologie betrachten.

Wort und Sache stammen auch hier von den Griechen. Das Wort Philologie bedeutet: Liebe zum Wort, Liebe zur Rede. Der Begriff nahm schon im Altertum in etwa die Bedeutung an: Liebe zur Gelehrsamkeit, Liebe zur gelehrten Beschäftigung mit der Sprache und der Geisteskultur. Schließlich bezeichnete er diese gelehrte Beschäftigung selbst.

Der Sache nach muß unterschieden werden zwischen einer mehr philosophischen Beschäftigung mit der Erscheinung der Sprache überhaupt – zum Beispiel Gedanken über den Ursprung der Sprache, wie sie in großartiger Form bei Platon zu finden sind – und der eigentlichen wissenschaftlichen Beschäftigung mit der Sprache, das heißt mit ihrer Geschichte und ihren Gesetzen. Die Durchforschung geschichtlicher Sprachzusammenhänge ist eine Errungenschaft der Neuzeit. Sie gehört in den Bereich der neuzeitlichen geschichtlich denkenden Geisteswissenschaften. Den Griechen lag sie noch verhältnismäßig fern. So muten die griechischen (und römischen) Versuche zum Beispiel in der Etymologie, der Lehre von der Herleitung der Wörter, uns zumeist künstlich und unhistorisch an.

Beschäftigung mit den Gesetzen des Sprachbaues und mit den Regeln des richtigen Gebrauchs der Sprache dagegen finden wir in Griechenland schon verhältnismäßig früh, vor allem bei den *Sophisten.* Sie machten die Rhetorik – Redekunst – zu einer Kunstlehre. Dabei wurden sie zum Nachdenken über sprachliche Probleme und Gesetze angeregt. So ist der Sophist *Protagoras* (5. Jahrhundert v. Chr.) der Begründer der Grammatik und der Philologie genannt worden. Protagoras handelte vom »rechten Gebrauch der Wörter«; er unterschied als erster bei den Hauptwörtern die Geschlechter, beim Zeitwort die Zeiten. Durch ungemessene Zeiträume vorher hatten die Völker ihre Sprachen gesprochen und unvergängliche sprachliche Werke geschaffen, ohne daß die Grammatik ins Bewußtsein erhoben war – die Glücklichen! wie mancher gequälte Oberschüler vielleicht ausrufen möchte –; von nun an erlosch das Interesse an der Grammatik nicht mehr, sondern verstärkte sich immer weiter.

Ihren eigentlichen Aufschwung nahm die Philologie als Wissenschaft jedoch erst im Zeitalter des Hellenismus. Das ist ganz natürlich. Es war die Zeit, da sich griechischer und orientalischer Geist durchdrangen. Die Griechen lernten fremde Sprachen und Kulturen kennen. An den »barbarischen« Sprachen hatten sie vorher kein großes Interesse genommen. Umgekehrt sprachen nun Syrer, Juden, Römer und viele andere, jedenfalls die gebildeten Schichten, griechisch. Diese Menschen sprachen und dachten also in mindestens zwei Sprachen, ihrer Muttersprache und dem Griechischen. Die »sprachliche Unschuld« dessen, der nur eine Sprache spricht, war damit verloren. Wer mehrere Sprachen kennt, wird angeregt, sie zu vergleichen und über die Sprache überhaupt nachzudenken.

Den zweiten Anstoß gab der Aufschwung der Literatur, den wir schon erwähnten, und des Büchereiwesens. Im Museion und in Pergamon mußten laufend Übersetzungen gefertigt werden. Sobald die Gelehrten sich mit den hinterlassenen Schriftwerken vergangener Jahrhunderte befaßten, waren sie oft genötigt, erhaltene Bruchstücke nach sprachlichen und stilistischen Merkmalen zusammenzufügen oder sogar erst zu identifizieren. Es entwickelte sich die wissenschaftliche Textkritik; man gab kritische Ausgaben alter Werke heraus.

Durch solche Arbeiten erweiterte sich der Gesichtskreis der Philologen über das rein Sprachliche hinaus auf Kulturkunde und Kulturgeschichte. So nahm der Begriff Philologie schon damals den erweiterten Sinn an, den er heute hat.

Ein dritter Grund, der dazu beitrug, die Aufmerksamkeit auf die Sprache zu lenken: Die griechische Sprache hatte vom klassischen Zeitalter bis zur hellenistischen Zeit selbst Veränderungen erfahren. Bei der Beschäftigung mit älterem Schrifttum wurde man dessen inne. Die Veränderungen waren zu einem Teil solche, wie sie sich innerhalb von Jahrhunderten in jeder lebenden Sprache vollziehen. Zum anderen Teil waren auch gewisse orientalische Einflüsse in das Griechische eingedrungen. Eine Bewegung entstand, welche den sogenannten Asianismus — so nannte man die Redemode, die sich unter orientalischem Einfluß gebildet hatte — bekämpfte, und Rückkehr zur Sprache der attischen Literatur des 5. und 4. Jahrhunderts forderte, die man schon damals als »klassisch« empfand. Diese Gegenbewegung nannte sich Attizismus. Eine parallele Bewegung gab es auch in Rom mit ähnlichen Zielen für die lateinische Sprache, den sogenannten Latinismus.

Es ist nach dem Gesagten kein Wunder, wenn wir in dieser Zeit, dem 3. und 2. Jahrhundert v. Chr., die großen Namen der antiken Philologie antreffen. Der Mittelpunkt war wiederum Alexandria, die Philologen waren fast alle Bibliothekare der Museion.

Unter ihnen ist *Zenodotos* (etwa 325 bis 234 v. Chr.). Er schuf eine Ausgabe der Werke Homers, wahrscheinlich die erste kritisch gesichtete Ausgabe eines Schriftwerkes in der Welt. Unter ihnen ist weiter der uns schon bekannte *Eratosthenes*. Der größte von allen aber ist *Aristophanes* von Byzantion (257 bis 180 v. Chr.; nicht zu verwechseln mit dem gleichnamigen Komödiendichter, der zwei Jahrhunderte früher lebte). Aristophanes gab eine ganze Reihe von Dichtwerken kritisch heraus. Er schuf ein griechisches Wörterbuch. Wichtig ist er vor allem auch deswegen, weil er zum erstenmal System in die Interpunktion (Zeichensetzung) brachte. Was Aristophanes hier leistete, war eine Wohltat für

alle Zeiten. Doch wirkte seine Tat sehr langsam. Sie brauchte 1500 Jahre, um sich ganz durchzusetzen. Erst nach der Erfindung des Buchdrucks wurde sie überall im Westen angenommen. Bis dahin gab es immer noch Handschriften ohne Interpunktion. Dies ist eines der vielen Beispiele dafür, wie unendlich langsam sich auch Errungenschaften, die ausschließlich Vorteile bieten, gegen die allgemeine Neigung zur Beharrung durchsetzen. Ein Parallelbeispiel ist die Annahme der arabischen Zahlenschreibung, die genauso lange brauchte, bis sie sich durchsetzte.
Aus römischer Zeit nenne ich nur den wichtigen Namen: Marcus Terentius *Varro* (116 bis 27 v. Chr.) mit seinem Werke *De lingua latina*.
Die Bedeutung der Arbeiten der antiken Philologen erschöpft sich nicht im Rahmen der Philologie als Fachwissenschaft. Die Sprache ist das Medium des Denkens, das Werkzeug aller Denkarbeit und jeder Wissenschaft. Dieses Instrument mußte für die Bedürfnisse exakter Wissenschaft erst tauglich gemacht werden. Man mußte die Voraussetzungen und Gesetze der Sprache erkennen. Es mußte langsam eine präzise, eindeutige und allgemein verständliche wissenschaftliche Fachsprache entwickelt werden. Der Anfang dazu wurde von diesen Männern gemacht. Denkt man an die Breite und Tiefe der Einsichten, welche die moderne Sprachwissenschaft eröffnet, so mag bescheiden anmuten, was jene geleistet. Doch sind die Anfangsschritte überall die schwersten.

VIII. Rechtswissenschaft

Vom Recht, obwohl wir in jedem Augenblick unseres Lebens unter seiner Herrschaft stehen und buchstäblich keinen Schritt tun können, ohne mit ihm in Berührung zu kommen, haben die meisten Menschen wenig klare Vorstellungen; ja es besteht sogar eine gewisse Scheu vor den Regionen des juristischen Begriffs, ähnlich wie wir sie vor der höheren Mathematik empfinden, und dies gerade vor der Rechts*wissenschaft* als der allgemeinen Kunde von den Formen und Sätzen des Rechts. Bei der Rechtswissenschaft vergangener Zeiten stehen wir außerdem vor der Schwierigkeit, daß der Gegenstand dieser Wissenschaft selbst ein geschichtlicher und damit in verschiedenen Zeitaltern verschieden ist. Es bedürfte, bevor von Rechtswissenschaft im einzelnen gesprochen werden kann, zunächst eines verstehenden Einfühlens in die vergangene Rechts- und Lebensordnung selbst. Deshalb müssen die der Rechtswissenschaft gewidmeten Teile unseres Berichts in noch höherem Maße als andere Stückwerk und Torso bleiben. Doch wollen wir die hervorragenden Schulen und Namen dieser Wissenschaft nicht übergehen.
Sprache ist viel älter als Sprachwissenschaft; Recht ist viel älter als jede Rechtswissenschaft. Die alten Kulturvölker des Ostens hatten allesamt eine entwickelte Rechtsordnung; aber sie hatten, soweit wir wissen, keine Rechtswissenschaft. Das gilt auch noch für die Griechen. Trotzdem muß eine Betrachtung der antiken Entwicklung auch auf diesem scheinbar ureigenen Gebiet der Römer mit den Griechen beginnen.

GRIECHISCHE GRUNDLAGEN Vom Recht der griechischen Frühzeit war noch bis vor kurzem außer dem, was die Dichtung Homers über die patriarchalische und verhältnismäßig primitive Rechtsordnung der ältesten Zeit erkennen läßt, recht wenig bekannt. Erst die Fortschritte der neueren Archäologie haben darüber nähere Aufschlüsse gegeben. 1884 wurde in *Gortyn* auf Kreta ein steinernes Gesetzbuch gefunden. Es besteht aus Inschriften auf zwölf Quadersteinen eines Gebäudes – eine Form der Aufzeichnung, die Dauer verbürgte und außerdem das Recht für jedermann zugänglich machte; was übrigens voraussetzt, daß ein großer Teil der Bürger des Lesens kundig gewesen sein muß. Nach der Schrift muß das Gesetz etwa 475 v. Chr. niedergelegt worden sein. Das Dokument zeigt bereits eine verhältnismäßig fein durchgearbeitete Rechtsordnung.

Seit alters bekannt sind dagegen die großen Gesetzgebungswerke des *Lykurg* in Sparta (zwischen 900 und 600 v. Chr., Datierung unsicher) und des *Drakon* und *Solon* in Athen (um 600 v. Chr.).

Wenn auch, wie die neuere Forschung mehr und mehr erkennt, diese Werke auf das römische Recht eingewirkt haben – so ist doch für die Rechtswissenschaft, mit der wir es zu tun haben, wichtiger als das positive Recht der Griechen die allgemeine Grundlegung der Idee des Rechts in der griechischen *Philosophie.*

Gedanken über das göttliche und das natürliche Recht durchdringen die Lehren der griechischen Denker von Anbeginn an. Man kann in der Ausbildung der Rechtsidee drei Schritte unterscheiden. Der erste wurde von den Vorsokratikern getan, der zweite durch Platon und Aristoteles, der dritte durch die Denker des Stoizismus.

Die griechische Lehre vom Recht und die griechische Philosophie als Ganzes sind unlöslich verbunden. Der Gedanke des natürlichen Rechts findet sich schon bei Parmenides und Heraklit. Platon war ein ausgesprochener Rechts- und Staatsphilosoph. Man kann sogar sagen, das Auffinden des »besten« Staates sei sein Hauptanliegen gewesen. Seine Hauptwerke Politeia (Staat) und Nomoi (Gesetze) dienen diesem Ziel. Aristoteles sammelte über hundert Staatsverfassungen aller möglichen Länder. Er wird »Vater des Naturrechts« genannt; außerdem ist er der Vater der Rechtsvergleichung. Aristoteles stellte natürliches und gesetzliches Recht einander gegenüber. Dem natürlichen gab er den Vorrang. Dies ist einer der Gründe, warum die Griechen dem positiven Gesetzesrecht wenig Aufmerksamkeit schenkten und eine eigentliche Rechtswissenschaft nicht entwickelten.

Immer kreist das griechische Denken um die Idee des Kosmos, der umfassenden Ordnung, bei Göttern und Menschen, in Staat und Stadt, in Natur und Recht. In aller griechischen Philosophie handelt es sich »um den Gedanken der Ordnung, der wahren und gerechten Ordnung, um Wahrheit und Gerechtigkeit mit einem Wort«.

Ihre eindrucksvollste und gerade für die römische Entwicklung auch einflußreichste Fassung erhielt diese Idee in der stoischen Philosophie. Es ist bekannt, daß diese philosophische Lehre mit ihrer Betonung einer strengen, das Weltganze regierenden Gesetzlichkeit, mit ihrer Ethik, welche vernunftgemäßes Leben, Besiegung der Leidenschaften (apatheia) und »stoischen« Gleichmut (»nil admirari«) fordert, mit ihrem Kosmopolitismus und ihrer umfassenden, erstmalig auch die Sklaven und Barbaren einschließenden Humanität mit dem römischen Geist eine enge Verbindung eingegangen ist. Obwohl von Griechen ursprünglich geschaffen, hat sie den Geist des Römertums geformt, wie sie selber wiederum in ihrer späteren Gestalt bei Seneca, Epiktet, Marc Aurel von ihm mitgeformt worden ist.

EIGENART DES RÖMISCHEN RECHTS Der tiefste Ausdrucksgehalt der großen Menschheitskulturen hat sich, außer in den Schöpfungen der Kunst, am sinnfälligsten in bestimmten »Urworten« niedergeschlagen. Solche Worte für das Griechentum sind etwa Kosmos oder Logos. Für den römischen Lebenskreis und gerade für sein Recht ist es *auctoritas*. Solche Wörter sind in ihrem vollen Sinngehalt unübersetzbar. Auctoritas kann man etwa wiedergeben mit »persönliche Amtskraft«; doch nur ein verstehendes Einsenken in die vergangene Welt Roms, in Religion, Staat, Sitte, Gesellschaft vermag eine gewisse Vorstellung von seiner Bedeutung zu vermitteln. In unserem Wort »Autorität« hallt noch etwas von der antiken Urbedeutung nach.

Das römische Recht ist, wie alles Recht, ursprünglich sakraler Herkunft. Die Priester waren es, die anfänglich allein im Besitz der Rechtskunde waren. Sie allein kannten die Tage, an denen von den Göttern die Klage zugelassen oder verboten war. Sie allein kannten die richtigen Formen und Formeln für alle Rechtshandlungen. Doch allmählich wurde die Rechtskunde ein Bestandteil des weltlichen Lebens.

Noch stark mit religiösen Bestandteilen durchsetzt ist das ehrwürdige *Zwölftafelgesetz*. Im Jahre 451 v. Chr. wurde ein Kollegium von zehn Männern (»decemviri«) beauftragt, das geltende Recht urkundlich festzustellen und aufzuzeichnen. Sie schrieben es auf zunächst zehn bronzene Tafeln, die man öffentlich aufstellte. Im folgenden Jahre 450 wurden auf zwei weiteren Tafeln Ergänzungen hinzugefügt. Die Sätze der zwölf Tafeln über Familienrecht, Schuldrecht, Erbrecht wurden bleibende Grundlagen des römischen Rechts. Noch Livius bezeichnet die zwölf Tafeln als »Quelle allen öffentlichen und privaten Rechts«. In diesem Gesetz offenbart sich zum erstenmal der römische Rechtsgeist. Es zeigt schon einen verhältnismäßig hohen Stand der Rechtsentwicklung. Die folgenden Jahrhunderte arbeiteten an seiner Auslegung und Fortentwicklung. Dabei wurden in der Theorie mit dem konservativen Sinn der Römer – wie ihn ähnlich heute auf demselben Gebiet die Engländer aufweisen – die zwölf Tafeln als Grundlage immer festgehalten. Das Zwölftafelgesetz bezeichnet den Übergang von dem Gewohnheitsrecht der Frühzeit, das durch die Patrizier gehandhabt und beherrscht wurde, zur Gesetzgebung durch das Volk und seine erwählten Beamten. Von diesen waren die *Praetoren* für die Rechtsentwicklung am wichtigsten. So hießen die vom Volke auf jeweils ein Jahr gewählten höchsten Gerichtsbeamten. Ursprünglich gab es deren zwei, einen praetor urbanos für die Prozesse zwischen Städten, das heißt zwischen Römern, und einen praetor peregrinus für Prozesse mit Fremden oder zwischen Fremden. Später erhöhte man die Zahl der Praetoren bis auf achtzehn. Die Praetoren waren nicht nur Richter. Sie waren auch Rechtsschöpfer, dies besonders durch die Edikte, die sie bei ihrem Amtsantritt erließen. In ihnen machten sie die Rechtsgrundsätze, die sie bei ihrer Amtsführung befolgen wollten, öffentlich bekannt. Die Edikte galten nur ein Jahr; doch entwickelte sich aus ihnen allmählich ein »ius praetorium«. Dieses praetorianische Recht wurde neben Gesetz- und Gewohnheitsrecht zur wichtigsten Macht im Rechtsleben. Die Kaiserzeit (seit Hadrian um 120) machte diesem Recht der Praetoren ein Ende und setzte an seine Stelle das Recht der kaiserlichen Erlasse.

Gewohnheitsrecht, Gesetzesrecht, Praetorenrecht und kaiserliches Recht wirkten zusammen in der Ausbildung des gewaltigen Gesamtbaues. Doch seine eigentliche Krönung erhielt dieser nicht durch die Beamten oder Herrscher. Sie war in erster Linie ein Werk der freien Rechtswissenschaft.

DIE GROSSEN JURISTEN »Was den Griechen zu erreichen nicht vergönnt war, obwohl sie unvergleichlich wacheren Geistes waren als die Römer, nämlich eine Wissenschaft des eigenen Rechts, das haben die Römer mit der nachtwandlerischen Sicherheit des Begnadeten erlangt ...«

Die Blütezeit der römischen Rechtswissenschaft umspannt das erste bis dritte nachchristliche Jahrhundert. Man nennt diese Jahrhunderte das klassische Zeitalter der römischen Jurisprudenz. Entsprechend bezeichnet man die davorliegende Zeit bis zum Untergang der Republik als vorklassische und die nachfolgende vom 3. Jahrhundert ab als nachklassische Periode. Innerhalb der klassischen Zeit kann man noch eine frühklassische im ersten Jahrhundert, die hochklassische im zweiten, die spätklassische im dritten Jahrhundert unterscheiden.

Übergehen wir den ersten dieser drei Abschnitte – der allerdings so erlauchte Namen wie *Antistius Labeo, Ateius Capito* und *Julianus* aufweist – und wenden uns gleich zum Höhepunkt im zweiten und beginnenden dritten Jahrhundert, so begegnen wir einer ganzen Dynastie von bedeutenden Juristen. Obwohl diese Männer der Öffentlichkeit gänzlich unbekannt und auch dem heutigen praktischen Juristen höchstens noch aus seinen Studentenjahren bekannt sind, gehören sie doch zu den einflußreichsten Denkern der Weltgeschichte. Was sie schufen, wurde zur Grundlage des Corpus juris, damit zum Fundament auch der abendländischen Rechtsentwicklung. Fünf Namen sind es, die vor allem genannt werden müssen. Die Reihe wird eröffnet durch *Gaius* im zweiten Jahrhundert. Der Höhepunkt seiner Wirksamkeit liegt zwischen 140 und 180. Gaius hinterließ in seinen *Institutiones* ein grundlegendes Lehrbuch des gesamten römischen Rechts, das bis zur Zeit Justinians maßgebend blieb. Es folgen der Syrer Aemilius *Papini-*

anus, ermordet 212 durch Caracalla; *Ulpianus*, wahrscheinlich aus Phoenizien stammend, ebenfalls durch Mörderhand im Jahre 228 gefallen; und Julius *Paulus*, der im gleichen Jahre gestorben ist. Den Beschluß bildet Ulpians Schüler *Modestinus*. Dieser starb um 250. Auch er war wahrscheinlich griechischer Herkunft. Die größten Juristen Roms waren überwiegend nichtrömischer Geburt.

Die Art dieser römischen Juristen unterscheidet sich von dem, was wir heute auf dem europäischen Kontinent unter Rechtswissenschaft verstehen, grundsätzlich dadurch, daß sie in erster Linie auf den Einzelfall blickten. Das römische Recht war auch in den Händen der wissenschaftlichen Juristen ein Recht des Einzelfalls, ähnlich wie noch heute das des angelsächsischen Rechtskreises (case law) – nicht ein Begreifen und Auslegen von irgendwo niedergelegten allgemeinen Rechtssätzen, vielmehr eine hohe Kunst der Rechtsschöpfung: die Kunst, dem Einzelfall sein Recht zu geben. Aber wenn auch die Grundbegriffe niemals in abstrakter Form ausgesprochen oder behandelt wurden, so waren sie doch gleichsam unterirdisch vorhanden, so daß aus den Einzelentscheidungen heraus allmählich festgeformte Rechtsinstitute wuchsen und ein Gebäude von großartiger innerer Folgerichtigkeit und Schönheit entstand. Von Ulpian stammt die berühmte Definition der Gerechtigkeit: sie ist der beständige Wille, jedem sein ihm zukommendes Recht zu geben. Ihre Vorschriften sind: ehrenhaft leben, niemandem schaden, jedem das Seine geben (honeste vivere, alterum non laedere, suum cuique tribuere). Im Anschluß daran definiert Ulpian die Jurisprudenz als die »Kenntnis der göttlichen und der menschlichen Dinge, die Wissenschaft vom Gerechten und Ungerechten«. Ganz kommt die Schönheit und Eleganz dieser Definitionen eigentlich nur in der lateinischen Sprache mit ihrer vollendeten Präzision zur Geltung. Vom hohen Rechtsethos dieser Glanzzeit der römischen Jurisprudenz und zugleich von ihrem praktischen Sinn zeugt auch jene andere berühmte Stelle aus Ulpian, wo es heißt:

> Wie Celsus feinsinnig definiert, ist das Recht die Kunst des Guten und Billigen. Dieserhalb möchte uns jemand Priester nennen: denn wir pflegen die Gerechtigkeit und bekennen die Kenntnis des Guten und Billigen, und indem wir das Billige vom Unbilligen scheiden und das Erlaubte vom Unerlaubten trennen, auch uns bemühen, die Menschen nicht durch Furcht vor Strafen, sondern auch durch Inaussichtstellung von Belohnungen gut zu machen, erstreben wir, wenn ich mich nicht täusche, eine wahre und nicht nur eine scheinbare Philosophie.

Die maßgebende Bedeutung der fünf eben genannten Juristen wurde im Jahre 426 durch ein unter Valentinian erlassenes Gesetz ausdrücklich festgestellt.

DIE GESETZGEBUNG JUSTINIANS Die Schriften dieser Juristen, von den Gerichten wie Rechtsquellen angewendet, bildeten die eine Säule der Rechtsentwicklung in den folgenden Jahrhunderten. Die zweite Säule bildeten, insbesondere seit Diokletian (284–305 n. Chr.) die absolute Monarchie eingeführt hatte, die kaiserlichen Erlasse.

Justinian I. (527–565 n. Chr.) – der Kaiser, der den Befehl zur Schließung der Platonischen Akademie in Athen gab (529) – faßte beides zu einem einheitlichen Gesetzgebungswerk zusammen. Der Kaiser ernannte im Jahre 528 eine Kommission von zehn Juristen mit der Aufgabe, das bestehende Recht zu vereinheitlichen und zu reformieren. Solche Vereinheitlichung war notwendig. Keineswegs bildeten die kaiserlichen Erlasse seiner Vorgänger ein folgerichtiges Ganzes. Die Widersprüche schufen Rechtsunsicherheit. Widersprüche bestanden auch zwischen dem allgemeinen römischen Recht und den Einzelrechten der Nationen, die nun das Reich bildeten. Endlich hatte das längst siegreiche Christentum viele Auffassungen grundlegend gewandelt.

Das ganze Gesetzgebungswerk besteht aus vier Teilen.

Der erste Teil, der bereits ein Jahr nach dem kaiserlichen Befehl fertiggestellt und verkündet wurde, vereinigt unter dem Titel *Codex constitutionum* die seit Kaiser Hadrian ergangenen Erlasse der kaiserlichen Gewalt. Dieser Teil erhielt 534 eine neue und diesmal endgültige Fassung unter Einbeziehung der inzwischen von Justinian neu herausgegebenen Erlasse.

Der zweite Teil brauchte fünf Jahre länger zu seiner Fertigstellung. In ihm sammelte man die Meinungsäußerungen (responsa) der bedeutendsten römischen Juristen unter dem Namen *Digesta* (griech. Pandektai, Auszüge). Es sind insgesamt rund 9000 solcher Auszüge von zusammen 39 Juristen, weit überwiegend den obengenannten der klassischen Zeit. Auf Ulpian allein entfällt ein Drittel aller Digesten. Was aufgenommen wurde, erlangte nun von neuem bindende Kraft für die Gerichte. Was nicht übernommen wurde – darunter naturgemäß vor allem solche responsa, deren Tendenz mit dem absoluten Regime der Kaiser schlecht zu vereinbaren war – verlor jegliche Autorität und ist zum großen Teil auch vollständig untergegangen.

Tribonianus, der Minister, dem die ganze Arbeit unterstand, verfaßte gleichzeitig mit einigen Kollegen eine kürzere und zusammenfassende lehrbuchartige Darstellung des Privatrechts, die den Titel *Institutiones* erhielt. Diese Institutionen bilden den dritten Teil des Gesamtwerks. Der Inhalt stützt sich in der Hauptsache auf die Schriften des obengenannten Gaius aus dem zweiten Jahrhundert.

Später wurden die Erlasse der Nachfolger Justinians als *Novellae* dem Codex hinzugefügt. Sie bilden seinen vierten und abschließenden Teil. Den eigentlichen Kern des Ganzen bilden die Digesta. Sie verliehen dem Werk Unsterblichkeit. An ihnen entzündete sich viele Jahrhunderte lang immer wieder neues Leben in der Rechtswissenschaft.

Aus dem Niedergang des weströmischen Reiches wären das römische Recht und Rechtsdenken wohl kaum mit solcher Macht bewahrt worden, hätte nicht die vereinheitlichende Kraft Justinians und seiner Juristen das Wesentliche zusammengefaßt und im Ostreich durch die Jahrhunderte erhalten. Seit dem 16. Jahrhundert pflegt man das Gesamtwerk mit dem Namen »Corpus Iuris« zu bezeichnen.

Sechstes Kapitel

Der andere Erbe

Die Wissenschaft des Islam

> *Wir sind die Erben und Nachkommen des einst ruhmreich über die ganze Welt verbreiteten Heidentums.*
> Thabit ibn Qurra

OST UND WEST Ex oriente lux! Aus dem Osten war das Licht gekommen. Die Griechen hatten es zu heller Flamme entfacht. Auf drei verschiedenen Wegen, über Zeiten hinweg, in denen es fast zu verlöschen drohte, ist es zu uns Abendländern gekommen. Der eine Weg führt über Rom und die römische Kirche. Der zweite führt über Byzanz. Beider werden wir uns zu erinnern haben, wenn wir im nächsten Kapitel die Wissenschaft des europäischen Mittelalters betrachten. Der dritte Weg, von mindestens gleicher Bedeutsamkeit, aber im allgemeinen Bewußtsein bis heute viel weniger und viel zu wenig verankert, führt über die Araber – oder, wie wir uns gleich hier verbessern wollen – über die Völker des islamischen Kulturkreises; denn Schöpfer und Träger dieser Kultur waren keineswegs die Araber allein.
Versuchen wir, uns für einen Augenblick den Anteil des Ostens und des Westens an der Ausbildung der Wissenschaft zu vergegenwärtigen. Die Griechen standen auf den Schultern der älteren Völker des Orients. In der auf die griechische Blütezeit folgenden Zeit des Hellenismus waren es bereits wieder zu einem wesentlichen Teile Männer orientalischer Abkunft, die das Werk weiterführten. Das von den Griechen und ihren ersten Erben erarbeitete Wissen hätte in der langen Zeit zwischen der hellenistischen Spätblüte und dem Erwachen der abendländischen Völker leicht gänzlich verlorengehen können, hätte nicht ein anderes orientalisches Volk es aufgenommen, neu belebt und schließlich an die Europäer weitergereicht.
Nichts wäre deshalb oberflächlicher, als die Entfaltung der Wissenschaft seit den Griechen als ausschließliche Leistung des Westens anzusehen. Das Wort Kiplings: »Ost ist Ost und West ist West, und niemals sollen beide sich treffen« ist für die Wissenschaftsgeschichte ebenso unzutreffend wie für die Religionsgeschichte. In der Geschichte des Wissens reichen Ost und West einander immer aufs neue die Hand und bezeugen die Einheit des Menschengeschlechts.

DER AUFSTIEG DES ISLAM Ich erwähnte die Eroberung Alexandriens durch die Mohammedaner und die Zerstörung der dortigen Bibliothek. Es wäre irrig, anzunehmen, mit diesem Ereignis sei unvermittelt einer blühenden hellenistischen Kultur und Wissenschaft mit Feuer und Schwert ein gewaltsames Ende bereitet worden. Schon lange vorher, mindestens vom 3. und 4. Jahrhundert ab, war ihre Schöpferkraft ver-

siegt – aus den gleichen inneren Ursachen, die dem Verfall der ganzen antiken Kultur zugrunde liegen. Als die Mohammedaner mit ihren Eroberungen auch den äußeren Schlußstrich zogen, war das eigentliche Leben schon längst entflohen. Es wurde nur noch gestoßen, was ohnehin im Fallen war.
Die Stämme Arabiens, genauer Nordarabiens – im Süden, dem heutigen Jemen, bestand seit Jahrtausenden eine anders geartete, seßhafte Kultur –, räuberische und kriegerische Nomaden, hin- und herflutend und einander in inneren Fehden und Bruderkämpfen aufreibend, waren im Laufe des 6. Jahrhunderts nach Christus in Bewegung geraten. Aber erst *Mohammed* der Prophet (571–632 n. Chr.) entfachte in ihnen das Feuer religiöser Begeisterung und setzte den Bruderkämpfen, in denen sie bis dahin ihre Kraft aufgezehrt hatten, ein Ende. So ergoß sich ihre unverbrauchte Stoßkraft nach außen.
Mohammed, aus dem Stamme Kureisch, geboren in Mekka, der Stadt mit dem uralten heidnischen Heiligtum der Kaaba (welche durch Mohammed zum Heiligtum des Islam wurde), war zunächst ein wohlhabender Handelsmann. Auf seinen Reisen hatte er die damals im Vordringen befindlichen Religionen des Christentums und Judentums kennengelernt. Die Religion, die er selbst nach seiner Berufung zum Propheten zu verkünden begann, gleicht diesen in ihrem streng monotheistischen Charakter. Sie ist die dritte große monotheistische Weltreligion. Es ist nur ein Gott, Allah. Mohammed ist sein Prophet. Die Hauptgebote sind das Gebet fünfmal täglich, das jährliche Fasten im Ramadan, Almosengeben und die Wallfahrt nach Mekka. Die heilige Schrift ist der Koran. Er besteht aus 114 der Länge nach geordneten »Suren«.
Unmittelbar nach dem Tode des Propheten begannen seine Nachfolger, die Kalifen, die neue Lehre zu verbreiten. Mit der Geschwindigkeit und Unwiderstehlichkeit eines Steppenbrandes ergriff die mohammedanische Eroberung in kurzer Zeit einen Großteil der damals bekannten Welt. Der Kalif Omar eroberte das Persische Reich, Syrien, Palästina, Ägypten. Unter seinen Nachfolgern wurde Nordafrika gewonnen. Tarik setzte nach Spanien über und vernichtete das Westgotenreich. Im 8. Jahrhundert erstreckte sich das Reich des Islam von Zentralasien bis nach Spanien.
Politisch zerfiel es sehr schnell in selbständige Teilstaaten. Kulturell aber wurde es zusammengehalten durch zwei der stärksten Kräfte, die eine menschliche Gemeinschaft binden können: die Religion und die Sprache.

DIE AUFNAHME DES ERBES In dem Riesenreich war die Religion des Propheten die beherrschende, aber nicht die einzige. Auch die arabische Sprache war die herrschende, aber nicht die einzige. Der in Religion und Sprache des Eroberervolkes gegründeten Einheit steht deshalb eine ebenso große kulturelle Mannigfaltigkeit gegenüber.
Keineswegs war mit dem Schwert überall die religiöse Bekehrung einhergegangen. Vielfach begnügten sich die Eroberer mit der politischen

und militärischen Unterwerfung. So blieb überall eine – zahlenmäßig meist überlegene – einheimische Bevölkerung bestehen, die zwar Kopfsteuer zahlte und keine Waffen tragen durfte, aber an ihrer angestammten Religion festhielt. Es war also eine Dreiteilung entstanden: die mohammedanischen Eroberer, diejenigen Unterworfenen, die den Islam angenommen hatten, und die übrigen, unter denen sich auch zahlreiche Juden und Christen befanden.

Auch die arabische Sprache wurde nur von einem Teil der Unterworfenen angenommen. Aber auch wo das nicht geschah, wurde sie, ähnlich dem Griechischen im Zeitalter des Hellenismus, dem Lateinischen im römischen Weltreich, dem Englischen im britischen Weltreich, das Mittel der allgemeinen Verständigung, die lingua franca, im ganzen Reiche. Vor allem wurde sie die Sprache der höheren Bildung und der Wissenschaft.

Bis zu Mohammed war das Arabische nur ein semitischer Stammesdialekt gewesen. Nun war es die Sprache des Koran. Jeder Moslem muß den Koran in der Ursprache lesen und zitieren können. Das ist bis heute so. Die Sprache des Koran wurde damals in weniger als zwei Jahrhunderten vom Stammesdialekt zu einer Weltsprache. Im Verlaufe dieses Prozesses wurde ihr Gesamtbau weit über den schönen, aber begrenzten Sprachschatz des Koran hinaus ausgeweitet. Die Schätze griechischen Wissens wurden alsbald in die Formen dieser Sprache gegossen.

Das gesprochene Arabisch trat bald in eine Vielzahl von Idiomen auseinander, ähnlich wie die lateinische Sprache in die späteren romanischen Sprachen. Die arabische Schriftsprache dagegen bewahrte – und bewahrt bis heute – ihre im klassischen Vorbild gegründete Einheit. In der Rolle der arabischen Sprache als eines Verständigungsmittels für die Gebildeten im ganzen Reiche haben wir einen Schlüssel zum Verständnis der Schnelligkeit, mit der das griechische Wissen, einmal zugänglich geworden, sich im ganzen islamischen Kulturgebiet verbreitete. Aus diesem Grunde muß ihrer in der Wissenschaftsgeschichte gedacht werden. Ein anderer Grund für die schnelle Verbreitung des Wissens liegt in der Vorschrift, daß jeder Gläubige mindestens einmal im Leben die Wallfahrt nach Mekka unternehmen muß. Viele Gläubige unternahmen sie öfter als einmal. Sie trafen in Mekka Männer aus allen Teilen des Reiches. Gedanken und Lehren, die an irgendeiner Stelle aufkamen, wurden dadurch schnell überall bekannt. Islamische Gelehrte benutzten solche Pilgerreisen als Gelegenheit, wenn nicht gar als Vorwand, um überall Station zu machen, wo es etwas zu lernen gab.

In ihrer Strenge und düsteren Einfachheit ist die ursprüngliche mohammedanische Religion alles andere als wissenschaftsfreundlich. Je enger aber im Laufe der Zeit die Berührung mit den unterworfenen Völkern wurde, desto lebhafter setzte auch ein geistiger Austausch zwischen Eroberern und Unterworfenen ein. Wie immer in solchen Fällen, war der Austausch durchaus gegenseitig, zumal einige der unterworfenen Völker eine ältere und höhere Geisteskultur besaßen als die Eroberer selbst. Je mehr die Araber auf diese Weise von der – von ihrem Standpunkt aus – »heidnischen« Wissenschaft der anderen erfuhren, um so mehr erkannten sie deren Bedeutung und Überlegenheit. Sie wurden begierig, sich dieses Wissen selber anzueignen. Es waren zahllose Völker, mit denen die Araber in engere oder losere Berührung traten: Perser, Inder, sogar Chinesen und Mongolen, im Osten; Syrer im Norden; Ägypter und Berber in Nordafrika; Sizilianer, Spanier und Franken im Westen; dazu die Griechen in vielen Teilen des Reiches und die Juden fast überall. Und ebenso vielfältig waren die Kanäle, durch die Wissen und Bildung zu ihnen kamen. Am wichtigsten war das griechische, indische und persische Geistesgut.

In Persien trafen die Araber auf eine alte, verfeinerte städtische Zivilisation. Persisch wurde die Verwaltungssprache der mohammedanischen Kalifen. Persische Beamte durchsetzten die Verwaltung. Persische Gelehrte wurden zu Lehrmeistern. Sie vermittelten nicht nur das einheimische, sondern auch die älteren Schätze griechischen und indischen Wissens. Von den Indern kamen vor allem mathematische Kenntnisse. Indische Mathematiker, unter ihnen *Aryabhata* (um 500) hatten Bahnbrechendes geleistet. Sie hatten, wahrscheinlich unabhängig von den Griechen, die Grundlagen der Algebra gelegt. Aus Indien kam auch medizinisches Wissen.

Mit der griechischen Gelehrsamkeit waren die Araber zunächst in unmittelbare Berührung gekommen durch das, was sie in Alexandrien vorfanden. Griechische Ärzte, die nach wie vor berühmt waren, wurden auch an die Höfe arabischer Fürsten gerufen. Der wichtigste Weg, auf dem das griechische Wissen überliefert wurde, war aber ein eigenartiger Umweg: Er führte über die orientalischen Christen, vor allem syrische vermittelten in der Hauptsache das Wissen der heidnischen Griechen, in den mohammedanischen Kulturbereich.

Die Syrer, eine Familie aramäisch sprechender Völker, die von der Mittelmeerküste bis weit nach Asien hinein saßen, waren schon zu Beginn des 3. Jahrhunderts Christen geworden. Vor der islamischen Eroberung ihrer Siedlungsgebiete waren sie teils von Rom, teils vom Persischen Reich unterjocht gewesen. Der christlichen Reichskirche waren sie bald entfremdet, denn sie gehörten verschiedenen Sekten an, insbesondere den Monophysiten und den Nestorianern. Da sie unter den islamischen Herrschern ihrem Glauben unbehinderter treu bleiben konnten als vorher, fügten sie sich verhältnismäßig schnell in das neue Reich ein, sogar so vollständig, daß sie schließlich die arabische Sprache annahmen. Ihre Religion behielten sie bei.

Syrische Gelehrte hatten schon vor dem Einbruch des Islam viele griechische Werke in ihre eigene Sprache übersetzt, *Sergius* von Reschaina zum Beispiel die des Aristoteles und des Galenos.

Nun begann eine ganzer Strom von neuen Übersetzungen. Man übersetzte zuerst die alten griechischen Texte aus dem Syrischen ins Arabische. Bald aber begann man auch die griechischen Texte direkt vom Original ins Arabische zu übertragen. Der Höhepunkt dieser Übersetzungstätigkeit liegt im 8. und 9. Jahrhundert unserer Zeitrechnung.

Viele der nachfolgend zu nennenden islamischen Gelehrten, soweit sie dieser Zeit angehören, haben an diesem Werke mitgearbeitet.
Um das Jahr 850 war bereits im wesentlichen alles, was an griechischen Werken zugänglich war, ins Arabische übersetzt. Die Übersetzungstätigkeit beschränkte sich allerdings auf Philosophie und Naturwissenschaft. Die große Dichtung der Griechen wurde nicht wieder belebt. In der Literatur gingen die Araber eigene Wege. In der Wissenschaft aber eigneten sie sich das griechische Erbe nahezu vollständig an. Von hier aus breitete sich das Wissen im ganzen Reiche aus und kam schließlich nach Europa.

DIE BEIDEN ZENTREN: BAGDAD UND SPANIEN Die spätantike Zivilisation hatte in Alexandrien und Rom zwei Mittelpunkte gehabt, einen westlichen und einen östlichen. Auch die islamische Kultur hatte ein östliches und westliches Zentrum. Das östliche lag in *Bagdad*, das damals von den abassidischen Kalifen regiert wurde. Unter ihnen ist der in der Dichtung gepriesene *Harun al Raschid* (786–809 n. Chr., Zeitgenosse Karls des Großen). Haruns Sohn und Nachfolger *Al Mamun* (Regierungszeit von 813–833 n. Chr.) förderte nach dem Vorbilde seines Vaters Künste und Wissenschaften.
Die Kalifen von Bagdad hatten christlich-nestorianische Leibärzte. In der Nähe der Stadt bestand eine berühmte nestorianische Schule für theologische, naturwissenschaftliche und medizinische Studien. Nach diesem Vorbild errichtete der Kalif Al Mamun in Bagdad eine Schule und eine Sternwarte. Zum Leiter ernannte er wiederum einen Nestorianer. Die Schule wurde »Haus der Weisheit« genannt. Sie erlangte eine ähnliche Bedeutung wie zur Zeit des Hellenismus das Museion in Alexandrien. Auch eine wertvolle Bibliothek war mit ihr verbunden.
Die Kalifen von Bagdad förderten das Übersetzungswerk der Nestorianer und die allgemeine Durchdringung islamischer Kulturelemente mit anderen, die sich in diesem uralten Schnittpunkt der Zivilisationen kreuzten. Die Gelehrten ruhten nicht, bis sie alle Schätze der Naturwissenschaft, die in den eroberten Ländern oder auch anderswo aufzutreiben waren, übersetzt und sich angeeignet hatten. Man entsandte eigens Gesandtschaften oder gelehrte Kommissionen nach Byzanz und auch nach Indien mit dem Auftrage, alles Übersetzenswerte ausfindig zu machen.
Neben Bagdad gab es im Osten andere Mittelpunkte des geistigen Lebens, so in Damaskus, Aleppo, Buchara und in Ägypten. Sie werden aber überstrahlt vom äußersten Westen des Reiches, dem maurischen Spanien. Die islamische Kultur blühte hier besonders im 10. Jahrhundert unter dem Kalifat von *Cordoba*. Nächst Byzanz war diese Stadt damals die größte Europas. Sie dürfte auch die reichste gewesen sein. Man hatte gepflasterte Straßen, Straßenbeleuchtung. Tausende von prächtigen Palästen und Gärten sowie herrliche Moscheen zierten die Stadt. Die Bibliothek der Kalifen in Cordoba enthielt 400 000 Bücher. Sie hatte damit den gleichen Umfang wie die des Museion.

Andere Mittelpunkte in Spanien waren Sevilla, Granada, Toledo, Cadiz. Das Land wurde weise und gerecht regiert – es ist gesagt worden, daß Spanien niemals vorher und nachher so gut regiert und verwaltet worden sei. Die Juden, die sich, solange die Mauren herrschten, freier Entfaltungsmöglichkeit erfreuten, hatten in Spanien einen wichtigen Anteil am geistigen Leben. Sie erreichten auch hohe politische Stellungen.
Wie in Bagdad unter den Kalifen, so verdankten Künste und Wissenschaften auch im Spanien der maurischen Herrscher ihre Blüte der Förderung der Fürsten. Scharen von Poeten und Gelehrten aller Art bevölkerten die Höfe der Regierenden. Fürstliche Entlohnung und große Ehren wurden ihnen zuteil. Viele Herrscher waren selbst hoch gebildet und auch literarisch tätig. Der Philosoph *Averroes* berichtete von seinem ersten Besuch beim Emir. Dieser befragte ihn über bestimmte philosophische Lehrmeinungen. Averroes wagte zunächst nicht zu antworten, weil er fürchtete, durch zu freigeistige Ansichten das Mißfallen des Fürsten zu erregen – denn während in den Kreisen der Gebildeten sehr freimütig über alles Mögliche diskutiert wurde, legten die Herrscher zumindest nach außen hin gegenüber dem Volke Wert darauf, den Glauben nicht zu erschüttern, den sie für die Festigkeit ihrer Herrschaft unentbehrlich erachteten. Der Emir begann darauf von sich aus über Platon, Aristoteles und andere alte Philosophen zu sprechen und über die Einwände, welche diesen von den Theologen des Islam entgegengesetzt wurden. Er zeigte dabei ein Wissen, das einem gelehrten Philosophen zur Ehre gereicht hätte. Darauf begann auch Averroes freimütiger zu sprechen. Der Fürst belohnte ihn nach dieser Unterhaltung mit einem Geldbetrag, einem Reitpferd und einem kostbaren Ehrenkleid.

ISLAMISCHE RELIGION UND HEIDNISCHE PHILOSOPHIE Äußerlich lebten die verschiedenen Völker und Bekenntnisse in den islamischen Reichen, dank der von den Arabern geübten Toleranz, in bemerkenswerter Eintracht zusammen. In der Wissenschaft wirkten islamische, christliche und jüdische Gelehrte einträchtig nebeneinander. Die großen Bibliotheken verwahrten die Schriften aller drei Bekenntnisse.
Im Geistigen aber war es unvermeidlich, daß sich ein Gegensatz zwischen dem heidnischen Erbe und der mohammedanischen Religion herausbildete und zuspitzte. Die Aneignung mathematischen oder medizinischen Einzel- und Fachwissens allein brauchte zwar nicht die Fundamente des Glaubens zu berühren. Die Araber blieben aber nicht dabei stehen, sich Bruchstücke oder Teilgebiete des griechischen Wissens anzueignen. Ihre großen Denker eigneten sich auch die heidnische Philosophie an, und sie versuchten von sich aus, das ererbte Wissen in einem philosophischen Gesamtgebäude zu vereinen.
Unter den Philosophen des Altertums genoß Aristoteles bei den Arabern bei weitem die größte Hochschätzung. Der größte islamische Philosoph des Westens, *Ibn Roschd* (lat. Averroes, 1126–1198 in Cordoba) folgt Aristoteles so vollständig, daß dieser für ihn »der Philosoph« ist. Die arabischen Denker standen im Grunde vor der gleichen Auf-

gabe wie bald darauf die Philosophen des christlichen Abendlandes. Wie diese die heidnische Philosophie mit den Lehren des Christentums in Einklang bringen mußten – oder sich bemühten zu beweisen, daß zwischen beiden kein Widerspruch vorhanden sei –, so mußten die islamischen Philosophen Aristoteles mit den Lehren der islamischen Theologie vereinen. Und in beiden Fällen wurde der Versuch immer schwieriger, je vollständiger man sich das heidnische Erbe zu eigen machte. Die Spannungen zwischen diesen im Grunde so wesensverschiedenen geistigen Welten mußten immer deutlicher ins Bewußtsein treten und die angestrebte Einheit schließlich sprengen.

Diesen Gegensatz mußte jeder der islamischen Philosophen in sich austragen. Darüber hinaus zieht sich durch die ganze islamische Geistesgeschichte der Kampf zwischen der Orthodoxie und denen, die sich wie Averroes oder der eingangs zitierte Thabit ibn Qurra (»Glücklich, wer um des Heidentums willen seine Bürde trägt!« rief er aus) zu Aristoteles und zur heidnischen Philosophie bekannten.

Der Kampf spielte sich in ganz ähnlichen Formen ab wie im Abendland die Auseinandersetzungen zwischen der christlichen Theologie und dem antiken Geisteserbe. Übrigens ist dies nicht die einzige Entsprechung zwischen der philosophischen Entwicklung im Islam und in Europa. Im sogenannten Universalienstreit – um die Frage, ob das Allgemeine oder das Besondere das eigentlich Wirkliche sei –, der die islamischen wie die christlichen Philosophen jahrhundertelang beschäftigte, oder in der christlichen und islamischen Mystik lassen sich bis ins einzelne Entsprechungen auffinden.

I. Mathematik

AL KHWARIZMI Eine Wissenschaft pflegt ihren geschichtlichen Ursprung schon durch ihren Sprachschatz zu verraten. Die Haupt- und Ausgangsbegriffe in den meisten Wissenschaften tragen griechische Bezeichnungen. Die Sprache der Jurizprudenz ist mit lateinischen Ausdrücken gespickt. In der Mathematik – ebenso in der Astronomie – deutet das Auftreten von Namen arabischen Ursprungs auf den Anteil der Araber an der Ausbildung dieser Wissenschaft.

Ein solches arabisches Wort ist »Algorithmus«. Es bedeutet heute etwa »schriftliches, mit einer bestimmten Art der Schreibung verbundenes und durch sie ermöglichtes Rechenverfahren«. Das Wort geht zurück auf den Beinamen eines arabischen Mathematikers. Zwischen 780 und 850 lebte im Bagdad der Kalifen der gelehrte Abu Abdullah Muhammed ibn Musa. Er stammte aus Khwarizm (Khorassan). Deshalb führte er den Beinamen *Al Khwarizmi*. In ähnlicher Weise benennen wir auch in Europa die mittelalterlichen Denker nach ihrem Herkunftsort, wie zum Beispiel Thomas von Aquino oder Nicolaus Cusanus.

Dieser Al Khwarizmi war ein schöpferischer Mathematiker. Aber nicht auf seinen eigenen Beiträgen zur mathematischen Wissenschaft beruht hauptsächlich sein Ruhm; sondern darauf, daß er die indische Zahlenschreibweise mit dem Stellenwertsystem aufnahm und der islamischen sowie der späteren europäischen Welt vermittelte. Das Buch des Al Khwarizmi, in welchem er das indische System und seine Vorteile darlegt, hieß in der lateinischen Übersetzung »Algoritmi de numeris Indorum« – »Al Khwarizmi über die Zahlen der Inder«. Der lateinische Text begann »Algoritmi dicit . . .« – »Al Khwarizmi sagt . . .«. Hieraus entstand das Wort Algorithmus. Die Europäer erkannten nicht oder vergaßen alsbald, daß es sich dabei um den Namen eines Mannes handelte. Erst in neuerer Zeit hat die Forschung den Zusammenhang wieder aufgedeckt.

Ein weiteres, noch geläufigeres mathematisches Wort verdankt seine Einführung dem Werke Al Khwarizmis. Das zweite Buch dieses Gelehrten führte nämlich den arabischen Titel »Al dschebr Walmukala«. Der Titel bedeutet ungefähr »Über das Einrenken von Gegenüberstehendem«, sinngemäß: »Über das Einrichten von Gleichungen«. Hieraus entstand das Wort Algebra.

Algorithmus und Algebra sind auch für den Laien, weil sie mit dem arabischen Artikel Al beginnen, als Wörter arabischen Ursprungs kenntlich (vgl. Alkazar, Alhambra, Alkohol). Aber auch unser deutsches Wort »Ziffer« verdankt seine Entstehung wenn nicht Al Khwarizmi persönlich, so doch dem Vorgang der Übernahme der indischen Zahlenschreibung, den dieser Gelehrte – natürlich in Gemeinschaft mit anderen arabischen Mathematikern – einleitete. Denn dieses indische System enthielt auch die bedeutsame »Erfindung« der Null. In einem Werke eines arabischen Mathematikers aus dem 10. Jahrhundert finden wir die Bemerkung, es sei zweckmäßig, beim Anschreiben von Rechnungen einen kleinen Kreis einzusetzen, wenn eine Kolonne der Rechnung nicht besetzt ist. Dieser Kreis – unsere Null – wurde im Arabischen sifr, »das Leere« genannt. Daraus entstanden das Wort »Ziffer« und auch das Wort »Zero«.

Wir brauchen nur einen Augenblick zu verweilen, um uns die Bedeutung dieses Ereignisses, der Einführung der indischen Zahlenschreibung, klarzumachen. Stellen wir uns vor, ein alter Römer stand vor der Aufgabe, zwei ganz einfache und nicht große Zahlen wie MDCLXIII und XLI zu addieren oder gar zu multiplizieren. (Wir wählen die römische Schreibweise als Vergleichsbeispiel, weil die griechische dem heutigen Leser ganz ungeläufig ist.) Es wird ihm ganz unmöglich sein, die Rechnung im Kopfe auszuführen. Aber auch die schriftliche Ausführung der Rechnung wird ihm Schwierigkeiten bereiten. Er wird zum »Rechenbrett« greifen müssen. In unserem System des Stellenwertes kann jeder Volksschüler die Rechnung (1663 × 41) ausführen. Es ist wie ein Zauberschlüssel. Wenn man nur den »Algorithmus« kennt, wenn man weiß, in welcher Form man die Zahlen anschreiben muß, so braucht man nichts als das kleine Einmaleins dazu.

In der Tat ist das zuerst genannte Werk des Al Khwarizmi ein einfaches Rechenbuch. Es enthält im wesentlichen die vier Grundrechnungsarten

des Addierens, Subtrahierens, Multiplizierens und Dividierens, die heute den Anfang des Rechenunterrichts in allen Schulen der Welt bilden.
Die Überlegenheit des neuen Verfahrens – in Indien war es nicht neu, sondern hatte wahrscheinlich schon seit Jahrhunderten bestanden – gegenüber allem, was es vorher gegeben, ist so schlagend, daß man annehmen sollte, die Kunde von der Neuerung hätte sich wie ein Lauffeuer verbreitet und das Neue sich in kürzester Frist durchgesetzt. Es sprach eigentlich alles für die Neuerung und nichts gegen sie – kein religiöses Dogma, kein wirtschaftliches Interesse irgendeiner Gruppe wurde durch sie berührt – außer der menschlichen Trägheit! Diese war stark genug, die Durchsetzung des Neuen um Jahrhunderte zu verzögern. Aus dem 12. Jahrhundert ist die erste Münze mit Wertprägung in »arabischen« Ziffern bekannt. Noch war die neue Schreibung aber erst im Besitz einer kleinen Minderheit von Gelehrten. In Europa gab Leonardo von Pisa im Jahre 1202 den ersten Anstoß zur Einführung der arabischen Ziffern. Freilich war es erst der Anstoß. Etwa vom 14. Jahrhundert ab kann man in Italien die allgemeine Verwendung der neuen Ziffern beobachten, im übrigen Europa erst vom 16. Jahrhundert ab. Seit der Erfindung durch die Inder war ein rundes Jahrtausend verstrichen. »Gebirge und Meere und selbst Wüsten sind geringere Hindernisse für die Ausbreitung von Ideen als die unvernünftige Halsstarrigkeit des Menschen.«

OMAR KHAYYAM Eine halbwegs vollständige Würdigung der arabischen Mathematik könnte Seiten über Seiten allein mit den Namen der Mathematiker füllen. Eine solche Aufzählung würde in der Hauptsache solche Gelehrten enthalten, die sich nicht in der Mathematik allein ausgezeichnet haben. Auch bei den Arabern bearbeiteten die großen Denker mehrere, wenn nicht alle wissenschaftlichen Fächer. Es ist schwer, teilweise willkürlich, in jedem Falle nur auf Grund eingehenden Einzelstudiums möglich, zu entscheiden, ob der einzelne als Mathematiker, Astronom, Mediziner, Geograph oder vielleicht Historiker am bedeutendsten ist. Die Größten der islamischen Welt verdienen eigentlich in der Geschichte jedes Faches, das damals überhaupt gepflegt wurde, genannt zu werden. *Al Kindi* (gest. 873), der die Reihe der großen Philosophen des Islam eröffnet – er ist übrigens unter ihnen der einzige, der arabischer Abkunft ist –, soll 270 Bücher über nahezu alle Gebiete geschrieben haben. Nur wenige sind erhalten. *Ibn Sina* (lat. *Avicenna*, 980–1037) ragt als Naturforscher und Arzt ebenso hervor wie als Philosoph. Dasselbe gilt für *Ibn Roschd* und auch für den größten Philosophen des mittelalterlichen Judentums *Moses Maimonides*, geb. 1135 in Cordoba, gest. 1204 in Kairo. Auch die meisten Gelehrten, die ich im folgenden unter einzelnen Wissensgebieten aufführte, waren gleichzeitig in der Mathematik bewandert.
Eines einzigen Mathematikers will ich noch etwas ausführlicher gedenken. In der westlichen Welt ist er gar nicht als Gelehrter, sondern eher

als Dichter bekannt. Abu'l-Fath-*Omar Khayyami* ibn Ibrahim lebte von 1038 bis etwa 1120. Er war Perser, in Nischapur geboren. Er schrieb ein Werk über die Algebra, das auf Al Khwarizmi beruht, aber über dessen Errungenschaften hinausgeht. Omar nahm eine allgemeine Klassifizierung aller Gleichungen vor. Seine Lösung kubischer Gleichungen auf algebraischem und geometrischem Wege gilt als »der höchste Gipfel der mittelalterlichen Mathematik«.

In einem anderen algebraischen Werke, dessen Manuskript in der Leidener Bibliothek erhalten ist, befaßt er sich kritisch mit den Postulaten und Definitionen Euklids.

Omar Khayyam's Ruhm als Sternkundiger brachte ihm den Auftrag des Sultans, den islamischen Kalender zu reformieren. Er arbeitete einen Vorschlag aus, nach dem alle 3770 Jahre eine Korrektur um einen Tag vorgenommen werden sollte. Das wäre ein Kalender von äußerster Genauigkeit (sogar genauer als der jetzt bei uns geltende) gewesen. Doch setzte er sich gegen den herkömmlichen mohammedanischen Kalender nicht durch. Wunderdinge werden über die Wettervorhersagen Omars berichtet.

Omar Khayyam hinterließ über tausend Gedichte. Fast alle haben die Form des Rubaiyah (Vierzeilers). Seit sie im Laufe des 19. Jahrhunderts in europäische Sprachen übersetzt wurden, haben die Verse Omars im Abendland einen großen Leser- und Freundeskreis. Aus ihrem Geiste ist bis zu einem gewissen Grade zu erraten, was Omar in seinen verlorengegangenen philosophischen Werken niedergelegt haben wird. Er war Agnostiker und Pessimist. Doch er wurde deshalb – vielleicht gerade deshalb – nicht müde, den Wein und andere irdische Freuden zu besingen.

Die Nachwelt hat bis jetzt noch nicht entschieden, ob sie Omar als einen Dichter ansehen will, der sich nebenbei und spielerisch mit wissenschaftlichen Problemen befaßte, oder als einen Forscher, der in Mußestunden Gedichte schrieb. Er scheint beides, Dichter und Forscher, ganz gewesen zu sein.

II. Astronomie

AL BATTANI Die islamischen Mathematiker haben das griechische Wissen mit den Errungenschaften der Inder vereinigt. Das gleiche haben auf ihrem Arbeitsgebiet die islamischen Astronomen getan. Bereits im 8. Jahrhundert wurden alte astronomische Aufzeichnungen der Inder, die sogenannten Siddhantas, die teilweise mehr als ein Jahrtausend zurückreichten, den Gelehrten von Bagdad zugänglich. Möglicherweise waren es diese astronomischen Texte, welche die Araber zuerst mit der indischen Zahlenschreibweise bekanntmachten.

Einer der ersten großen Astronomen der islamischen Welt war *Al Farghani.* Er war ein Zeitgenosse des Al Khwarizmi, lebte demnach im 9. Jahrhundert. In Europa wurde er unter dem latini-

sierten Namen *Alfragamus* bekannt. Auch der zu Beginn dieses Kapitels zitierte *Thabit ibn Qurra* war Astronom, daneben Mathematiker der Übersetzer.
Den größten Ruhm erlangte *Al Battani* (850–929). Die latinisierte Form des Namens ist *Albategnius*. Als Mathematiker förderte er vor allem die Trigonometrie. Er formulierte die Dreiecksfunktionen in der Form, wie wir es bis heute tun. 41 Jahre lang führte Al Battani ohne Unterbrechung seine astronomischen Beobachtungen durch. Er bestimmte eine Reihe astronomischer Größen mit höchster Genauigkeit. Doch wir wollen uns Einzelangaben schenken und statt ihrer die Erwähnung dieses großen Beobachters zum Anlaß nehmen, einen Blick über die von den damaligen Astronomen verwendeten Hilfsmittel zu werfen.

ASTRONOMISCHE INSTRUMENTE Das älteste und einfachste astronomische Instrument ist der *Gnomon*, weiter nichts als ein senkrechter Stab, dessen Schatten auf eine waagerechte Ebene fällt. Aus der Länge des Stabes und des Schattens kann man die Höhe der Sonne über dem Horizont ermitteln. Die Mittagslinie, also die Richtung, in die der Schatten zur Zeit des wahren Mittags weist, findet man durch die Feststellung gleicher Längen am Vor- und Nachmittag. Nimmt man das Mittel aus den beiden Sonnenhöhen zur Zeit der Sonnenwenden, so erhält man die Höhe des Beobachtungsortes über dem Äquator.
Sehr alt ist auch das *Astrolabium* (wörtlich »Sternfasser«). Ptolemäus beschreibt es im Almagest. Es gibt ganz verschiedene Formen, doch ist in jedem Fall das Hauptstück ring- oder scheibenförmig; an den Polen der Ekliptik werden ein drehbarer und ein im Winkel von 90 Grad feststehender weiterer Ring angebracht. Das Instrument dient dazu, die Stellung eines Sternes, seine Länge und Breite, zu bestimmen.
Ganz ähnlich sehen die sogenannten *Armillarsphären* aus, zusammengesetzte Gebilde aus Ringen, welche durch ihre Stellung die Lage der wichtigsten Kreise des Himmels zueinander darstellen, also Äquator, Ekliptik, Wendekreise, Polarkreise, Horizont.
Die heutige Astronomie arbeitet natürlich nicht mehr mit solchen einfachen Hilfsmitteln; doch werden sie auch heute noch im Unterricht zur ersten anschaulichen Belehrung des Anfängers gebraucht.

III. Physik und Chemie

Die natur*philosophischen* Gedanken der Araber bewegen sich in den von den Griechen vorgezeichneten Bahnen. In einigen Gebieten der eigentlichen Naturwissenschaft gewannen die Araber über das ererbte Wissen hinaus wichtige neue Erkenntnisse. Ein solches Gebiet ist die Musiktheorie. Wir dürfen sie hier unter der Physik erwähnen, weil sie damals Fragen der physikalischen Akustik zusammen mit musikalisch-künstlerischen Formproblemen umfaßte. Führender Musiktheoretiker des Mittelalters ist der islamische Philosoph *Al Farabi* (lat. *Alpharabicus*).

Er stammte aus Turkestan, ist um 870 geboren und 950 in Damaskus gestorben.

Einen Überblick über die Leistungen der islamischen Gelehrten in den physikalischen Wissenschaften vermittelt ein im 12. Jahrhundert von einem griechischen Sklaven Abu'l Fath *al-Khuzini* geschriebenes Handbuch der Physik. Es enthält eine Geschichte dieser Wissenschaft, Tafeln über das spezifische Gewicht vieler Stoffe, eine allgemeine Formulierung des Gesetzes der Schwere und anderes mehr.

OPTIK Die größten Leistungen wurden in der Optik vollbracht. Der hervorragende Forscher ist Ibn *al Haitham*, im Mittelalter *Alhazen* genannt. (Er ist nicht zu verwechseln mit *Algazel*, dem größten Theologen des Islam; dieser heißt arabisch Abu Hamig *al Ghazali;* er lebte im 11. Jahrhundert.) Ibn al Haitham lebte von 963–1039 in Kairo.

Ich erwähnte früher, Ptolemaios habe ein Brechungsgesetz aufgestellt, das aber nur für sehr kleine Einfallswinkel richtig war. Alhazen war derjenige, der dies nachwies. Es gelang ihm allerdings nicht, selber das richtige Gesetz zu finden. Auch in anderen Punkten zeigt Alhazen Kritik und Selbständigkeit gegenüber seinem antiken Vorgänger, zum Beispiel in bezug auf den Sehvorgang und die Natur des Lichtes. Er lehrt – im Gegensatz zu Euklid und Ptolemaios – richtig: Wir sehen, indem etwas von den Gegenständen Ausgehendes in unser Auge dringt. Al Haitham beschäftigte sich mit so komplizierten Fragen wie der Wirkung gekrümmter (sphärischer und paraboloider) Spiegel, auch mit der Vergrößerungswirkung von Linsen. Bei allen diesen Fragen ging er von selbstangestellten Experimenten aus.

Mit Alhazen begann die Wissenschaft der Optik ihre Gestalt als moderne Experimentalwissenschaft anzunehmen (also Jahrhunderte vor Bacon und Galilei, mit denen man gemeinhin das Zeitalter der modernen Experimentalwissenschaft beginnen läßt; man sieht, wie vorsichtig und bedingt allgemeine Urteile in der Wissenschaftsgeschichte abgegeben werden müssen). Die spätere Entwicklung der Optik in Europa ging von seinem Werke aus.

ALCHIMIE Neben der Optik steht als zweite alte Experimentalwissenschaft die Chemie – sobald man, und das ist unumgänglich, die Zeit einbezieht, in der sie noch den Namen Alchimie trug. Ja, die verachtete und obskure Alchimie war eigentlich unter den Naturwissenschaften die erste, in der gewisse Grundsätze der modernen Wissenschaft durchgehend beachtet wurden: »Probieren und Herausfinden«, »die Natur selbst befragen« – das war gerade die Methode der Alchimie. Man machte »Versuche«. Man beobachtete ihren Verlauf genau. Man zeichnete die Ergebnisse sorgfältig auf. Mochten die zugrunde gelegten Theorien und Hypothesen zum großen Teil falsch sein, das hinderte nicht, daß man mit diesem Verfahren zahllose wichtige Einzelentdeckungen machte, immer mehr Stoffe kennenlernte, herzustellen verstand und ihre Eigenschaften studierte.

Nur ein kleiner Teil der arabischen Literatur auf alchimistischem Gebiet ist in europäischen Sprachen zugänglich. Wir finden darin Texte, die in ihrer teils tiefsinnigen, teils wirren Symbolsprache nur schwer zu verstehen sind. Sie stammen aber meist aus späteren Jahrhunderten. Gerade in der Anfangszeit der arabischen Wissenschaft finden wir andere Texte, die uns durchaus nüchtern und fast wissenschaftlich im modernen Sinne anmuten:

Wisse, und Allah sei dir gnädig, daß die Stoffe, die in der Kunst der Chemie verwendet werden, wesentlich von einer Art sind. Sie werden die metallischen Minerale (Metalle) genannt und unterteilt in sechs Sorten, welche in Form und Eigenschaften variieren, aber nicht unveränderlich sind, wie individuelle Tiere und Pflanzen.
Es sind Gold, Silber, Kupfer, Eisen, Blei und Zinn. Jedes von ihnen hebt sich von den anderen ab durch akzidentielle unterscheidende Merkmale, und es sollte möglich sein, die erforderliche Ablösung dieser Merkmale herbeizuführen, während die spezifische Natur konstant bleibt. Wir sagen und behaupten, daß zwei Arten (Spezies), die sich in der Wurzel und im Wesen unterscheiden, nicht verändert und nicht mittels der Kunst ineinanderverwandelt werden können, wie z. B. der Mensch und das Pferd. Aber diese Körper können wechselseitig verwandelt werden: So kann Blei verwandelt werden in Silber; denn, tust du ein Pfund Blei in das Feuer, so reinigt und reift es dieses, und das meiste davon wird hinweggebrannt; es bleibt ein kleiner Teil als Silber zurück – etwa ein viertel Drachme puren Silbers von jedem Pfund Blei.
Nun, da es möglich ist, einen Teil des Bleies in Silber zu verwandeln, so gibt es nichts, was die Umwandlung des Ganzen verhindern könnte. Auf dem gleichen Wege durch die verfeinernde Wirkung des Schmelzfeuers allein, kann Silber in Gold verwandelt werden . . .

Die erwähnte Beobachtung, daß beim Schmelzen von Blei eine kleine Menge Silber zurückbleibt, ist korrekt. Kupfer, Eisen, Blei, Zinn wurden als »niedere« Metalle angesehen. Um ihre Umwandlung in die »höheren« Edelmetalle zu bewirken, glaubte man den berühmten »Stein der Weisen« zu benötigen. Dieser sollte durch die ihm innewohnenden Kräfte die Umwandlung bewirken können. Ein anderes Ziel des Suchens war das Elixier (vom arabischen al iksir), das ewiges Leben verleihen sollte.
Der berühmteste Alchimist des Zeitalters war *Jabir* ibn Hayyan. Er lebte schon im 8. Jahrhundert. Hunderte von Werken wurden ihm später zugeschrieben. Obwohl sie wahrscheinlich nur zum kleinen Teil von ihm stammten, regten sie doch, nachdem sie unter dem latinisierten Namen *Geber* ins Lateinische übersetzt waren, die Entwicklung der Chemie in Europa in starkem Maße an.
Unter den Philosophen des Islam haben sich einige äußerst abfällig über die Bemühungen der Alchimisten geäußert. Einer veröffentlichte eine »Narrenliste« von dreihundert Alchimisten und bezeichnete sie allesamt als Betrüger.

IV. Biologie und Medizin

BOTANIK Soweit man nach den erhaltenen beziehungsweise der europäischen Forschung bisher zugänglichen Schriftwerken urteilen kann, haben Naturgeschichte, Tier- und Pflanzenkunde das Interesse der Araber in den ersten Jahrhunderten nicht in so starkem Maße gefunden, wie andere Gebiete des Wissens; und wo man sich mit Pflanzen beschäftigte, geschah es im Zusammenhang mit anderen Forschungszweigen. So interessierten sich die Mediziner für die Heilwirkungen der Pflanzen. Einzelne Geographen beschrieben die Tier- und Pflanzenwelt ferner Länder. In der botanischen Praxis allerdings – wenn man einmal so sagen darf –, im Anlegen und Pflegen ihrer Gärten und im Züchten wunderbarer Blumen waren die Araber von Anfang an unerreichte Meister. Sie liebten Blumen, vielleicht weil sie ursprünglich Wüstenbewohner waren, über alles.

In späteren Jahrhunderten, als sich das Schwergewicht des wissenschaftlichen Lebens in den westlichen Teil des islamischen Kulturbereichs verlagert hatte, nahm auch die botanische Wissenschaft einen Aufschwung. An der Spitze einer Reihe von Botanikern, die in dieser Zeit wirkten, steht Abu Muhammad *ibn Baitar* aus Malaga (1190–1248). In einem gewaltigen Sammelwerk behandelte er fast 1500 Pflanzen und Drogen, insbesondere auch im Hinblick auf ihren Gebrauch als Heilmittel. Ibn Baitar blieb das ganze Mittelalter hindurch auch in Europa die oberste Autorität in der Pflanzenkunde. Einer seiner Zeitgenossen verfaßte ein ähnlich umfassendes Werk über die Landwirtschaft.

DIE MEDIZIN IM OSTEN: RHASES. AVICENNA Jeder fremde Besucher im Bagdad Harun al Raschids, in Gondschapur oder in Damaskus hätte schon an äußeren Anzeichen die bedeutende Stellung der Heilkunst im Leben der islamischen Gesellschaft erkennen können. Er hätte große Krankenhäuser gesehen, ausgedehnte Gebäudekomplexe mit Kranken- und Operationssälen, Ambulatorien, Laboratorien, Bädern und Diätküchen. In ihnen gingen Scharen von Patienten ein und aus; dazu, wie in einer heutigen Universitätsklinik, ganze Stäbe von Ärzten und Hunderte von lernbegierigen Studenten, die alle dem staatlich vorgeschriebenen Examen zustrebten, ohne das man, wie heute, nicht als Arzt praktizieren durfte. Unser Besucher hätte Apotheken und Arzneimittellager gesehen – die ersten, die es in der Welt gegeben hat. Vielleicht wäre er am Amtsgebäude des Direktors der Zentralverwaltung der städtischen Krankenhäuser vorübergekommen. Zahlreiche Häuser hätte er gesehen, in denen Ärzte wohnten und ihre Praxis ausübten; denn es gab allein in Bagdad deren an die tausend. Wäre er als Fremder mit den Behörden zusammengestoßen und – was wohl einem Fremden leicht hätte geschehen können – ins Gefängnis gewandert, so hätte er dort wenigstens nicht der ärztlichen Betreuung ermangelt, denn es gab besondere Gefängnisärzte. Es gab auch überall Anstalten für die Unterbringung und Pflege der Geisteskranken, die man verhältnismäßig human behandelte.

Unter den Arzthäusern hätte unser Gast einige sehr prächtige zu bewundern gehabt. Immer in den Zeiten absoluter und despotischer Herrschaft – vorher im Rom der Kaiserzeit, später an den europäischen Höfen, heute in den modernen Diktaturen – waren die Honorare derjenigen Ärzte von schwindelnder Höhe, welche den Einen betreuten, von dessen Wohl oder Wehe das Glück des ganzen Volkes abhing.

Der Ausgedehntheit des äußeren medizinischen Betriebes entsprach der Leistungsstand der wissenschaftlichen Medizin. Ganze Geschlechterfolgen hervorragender Ärzte hat die islamische Welt damals hervorgebracht. Waren es in der ersten Zeit noch Griechen, die man von fern her gerufen hatte, oder nestorianische Christen, so trat, sobald das griechische Wissen durch die Übersetzungen allgemein zugänglich geworden war, bald der einheimische Nachwuchs in die erste Reihe.

Der Berühmteste von allen war ein solcher echter Moslem, der Abstammung nach ein Perser: Abu Bekr Muhammad *al Razi,* in Europa unter dem lateinischen Namen *Rhases* bekannt. Er wurde 844 in der Nähe von Teheran geboren. Ein umfassendes Studium verschaffte ihm den Überblick über das gesamte medizinische Wissen der Zeit (das war damals noch möglich). Unter den Zeitgenossen gewann er seinen Ruhm in erster Linie durch seine Heilerfolge. Sein Ruhm in der Nachwelt beruht auf den Werken, die er hinterließ. Es sollen 131 Bände gewesen sein. Der größte Teil ist nicht erhalten. Nur die Hälfte war übrigens medizinischen Inhaltes. Rhases hatte die Zeit und die Fähigkeit, daneben über zahlreiche andere Gegenstände zu schreiben.

Unter seinen Schriften ist eine Reihe kleinerer Monographien. Die über Pocken und Masern ist besonders bekanntgeworden. Sie enthält, gestützt auf reiche praktische Erfahrungen und auf eigene Beobachtung, Behandlungsanweisungen für diese Krankheiten, die fast bis in die Gegenwart Gültigkeit besessen haben. Andere Schriften trugen Titel wie *Über die Tatsache, daß auch geschickte Ärzte nicht alle Krankheiten heilen können.*

Zwei gewaltige Enzyklopädien des medizinischen Wissens, eine in zwanzig, die zweite in zehn Bänden, sind die Hauptwerke des al Razi. Beide wurden Jahrhunderte lang in Europa in Dutzenden von Auflagen nachgedruckt unter ihren lateinischen Titeln *Liber continens* (Das umfassende Buch) und *Liber Almansoris* (Das Buch für Al Mansur).

Al Razi aber starb 926, 82 Jahre alt, in Armut.

Ein gutes Jahrhundert später lebte der Mann, der sogar den Ruhm des Rhases noch verdunkeln sollte. Es ist der Philosoph *Avicenna,* 980 bis 1037, mit seinem arabischen Namen Abu Ali al Husein *ibn Sina.* Jeder, der sich mit der Geschichte der Philosophie befaßt hat, kennt den Namen als einen der größten der mittelalterlichen Philosophie. Gerade für den Studenten der Philosophie aber ist es nützlich zu wissen, daß Avicenna in der Geschichte der Medizin mindestens den gleichen Rang einnimmt; so wie man wissen sollte, daß Aristoteles nicht nur ein Philosoph ist, sondern auch der größte Zoologe des Altertums.

Aristoteles war Philosoph, Zoologe und daneben noch einiges andere. Auch Avicenna behandelte in den rund hundert teils persisch, teils arabisch geschriebenen Büchern, die er hinterließ, nahezu alle Gebiete des damaligen Wissens. Er war Mathematiker und übersetzte den Euklid. Er war Astronom, erfand selbst Instrumente und beobachtete mit ihnen. Er war Geologe, sogar einer der bedeutendsten des Mittelalters. Er war Physiker, Theologe, und schließlich schrieb er Gedichte.

Avicenna hat eine Selbstbiographie hinterlassen. Seine Leistungen werden noch unfaßlicher, wenn man ermißt, welch bewegtes und vom Schicksal verfolgtes Leben er führen mußte. Er stammte aus Buchara. Schon mit 10 Jahren soll er den Koran und andere Schriftwerke auswendig gekonnt und die Anfangsgründe mehrerer Wissenschaften beherrscht haben. In der Medizin war er Autodidakt. In jungen Jahren begann er zu praktizieren. Ein Heilerfolg beim regierenden Fürsten von Buchara brachte ihn zu Ehren am Hofe. Kurz darauf wurde der Fürst gestürzt. Avicenna kam an einen anderen Hof. Aber jedesmal, wenn er irgendwo Fuß gefaßt hatte, mußte er wieder wandern. Einmal verbrachte er eine Zeitlang in der Wüste. Er hatte sich geweigert, dem Rufe eines Fürsten zu folgen. Sein Begleiter kam im Sandsturm um. Avicenna fand eine neue Heimat, doch sein neuer Schutzherr wurde kurz darauf ermordet. Am nächsten Hofe, wo er Obdach fand, lehnte sich die Armee gegen ihn auf. Sein Haus wurde geplündert, er selbst zum Tode verurteilt. Er konnte sich verstecken; in diesem Versteck begann er seine Werke zu schreiben. Im Gefängnis, in das er kurz darauf doch geworfen wurde, schrieb er weiter. In einer Verkleidung entkam er aufs neue. Seine Geschicke können ein ganzes Abenteuerbuch füllen.

Wie Rhases hinterließ Ibn Sina zwei umfassende enzyklopädische Werke. Das erste, in achtzehn Bänden, behandelt alle Wissensgebiete außer der Medizin. Es führt den Titel *Buch der Genesung* – was sich hier nicht auf den Körper, sondern auf die Seele bezieht. Das andere Werk ist der *Kanon der Medizin*. Es besteht aus fünf Büchern, deren Inhalt bis ins einzelne systematisch gegliedert ist. Avicenna beginnt mit einer allgemeinen Bestimmung der Aufgabe der Medizin. Es folgt die Behandlung der wichtigeren Krankheiten nach Diagnose und Therapie, dazu Anweisungen für Vorbeugung und Hygiene. Die weiteren Bücher handeln von den Heilpflanzen, von weiteren Krankheiten, von Chirurgie und Kosmetik und der Bereitung von Drogen.

So unfaßlich schienen den Zeitgenossen Wissen und Können dieses Mannes, daß er bald als Zauberer galt. Nach seinem Tode war seine Autorität so groß, daß sie schließlich, ähnlich wie die des Aristoteles, zu einem Hemmschuh des weiteren Fortschritts wurde.

Avicenna ist der bedeutendste medizinische Autor des Mittelalters. Bedenken wir einen Moment, daß er Zeitgenosse war von Männern wie *Alhazen*, dem noch zu nennenden *Al Biruni* und dem jüdischen Philosophen *Ibn Gabirol* (lat. *Avicebrol*, 1020–1070), dem »Platon des Judentums«, so gewinnen wir einen Eindruck von der Blüte der Wissenschaften in diesem goldenen Zeitalter des Islam.

DIE MEDIZIN IM WESTEN: ABULCASIS, AVENZOAR, AVERROES Denken wir unseren Besucher aus Bagdad ins maurische Spanien, nach Sevilla, Toledo, Granada oder Cordoba versetzt, so wird er hier die gleichen Beobachtungen wie im Osten machen. Auch hier wird er denselben hohen Stand medizinischen Wissens und Könnens finden. Die medizinische Wissenschaft des islamischen Westens weist ebenso viele berühmte Namen auf, wie die der östlichen Reichshälfte.

Obwohl die Mohammedaner, weil sie aus religiösen Gründen keine Sektionen menschlicher Leichen vornahmen, das von den Alten übernommene anatomische Wissen nicht wesentlich vermehren konnten, leisteten sie Großes in der Chirurgie. *Abul Qasim al Zahrawi*, 936 bis 1013, Leibarzt eines maurischen Fürsten in Spanien, steht an der Spitze der arabischen Chirurgen. Aus der von ihm hinterlassenen medizinischen Enzyklopädie wurden die drei Bücher, welche die Chirurgie behandeln, für mehrere Jahrhunderte zum Standardwerk für dieses Gebiet. Dem mittelalterlichen Europa war er unter dem Namen *Abulcasis* bekannt.

Einer berühmten islamischen Ärztefamilie in Sevilla entstammte Abu Marwan *ibn Zuhr*, 1091–1162, im Abendland *Avenzoar* genannt. Er war befreundet mit Averroes. Dieser bezeichnete ihn als den größten Arzt seit Galen.

Der schon mehrfach erwähnte Averroes, zugleich der letzte große Philosoph der islamischen Welt, ist der letzte, den ich unter den großen Ärzten des Islam nennen will. Sein Werk ist der Kulminations-, aber auch ein Wendepunkt in der Entwicklung des islamischen Denkens. Averroes steht schon mitten in der Gegenbewegung, die von religiöser Seite gegen die freie Entfaltung der Philosophie einsetzte. Kurz vor ihm hatte der berühmte Theologe *Al Ghazali* in seiner Schrift *Die Zerstörung der Philosophie* den Generalangriff eröffnet. Averroes antwortete unter dem Titel *Die Zerstörung der Zerstörung*.

Averroes hatte zunächst hohe juristische Ämter inne; er war Oberrichter von Sevilla, später von Cordoba. Die letzten anderthalb Jahrzehnte seines Lebens war er Leibarzt eines maurischen Fürsten. Neben seinen philosophischen Werken, vor allem Kommentaren zu Aristoteles – er galt im Mittelalter als »der Kommentator« – hinterließ er eine medizinische Enzyklopädie. Seite an Seite mit den Werken des Rhases und Avicenna bildete diese in den folgenden Jahrhunderten die Grundlage des medizinischen Studiums auch an den Universitäten des christlichen Europa.

Eine der medizinischen Einzelleistungen des Averroes besteht darin, daß er die Funktion der Retina (Netzhaut im Auge) erkannte. Die Augenheilkunde ist möglicherweise das Gebiet der Medizin, in dem die islamischen Ärzte das Größte geleistet haben. Vielleicht wurden sie dazu veranlaßt durch die Häufigkeit, mit der Augenerkrankungen im Nahen Osten (wie bekanntlich heute noch) auftraten. Schon im 8. Jahrhundert gab es ein systematisches Handbuch der Ophtalmologie (Augenheilkunde). Das Handbuch eines anderen islamischen Mediziners

Ali ibn Isa wurde in Europa bis ins 18. Jahrhundert benutzt. Operationen des grauen Stars waren nichts Seltenes. Von einem Augenarzt in Aleppo wird berichtet, der seiner Kunst so sicher war, daß er den Star bei einem Einäugigen operierte.

V. Geographie

DER GEOGRAPHISCHE GESICHTSKREIS In der Geographie waren die Araber dank der weiten Ausdehnung ihres Reiches in der gleichen glücklichen Lage wie die Römer. Doch sie nützten sie – was die wissenschaftliche Ausbeute angelangt – weit besser.

Das Reich des Islam war noch ausgedehnter als das römische Imperium. Dabei war es verwaltungsmäßig ausgezeichnet organisiert. Es gab zum Beispiel schon vom 9. Jahrhundert ab ein Postwesen, welches das des christlichen Mittelalters weit übertrifft. Um das Land gut zu verwalten, mußte man es kennen. Die neugewonnenen Gebiete wurden nach natürlicher Beschaffenheit und Bevölkerung untersucht und genau aufgenommen.

Die Umstände, die wir früher schon als günstig für den allgemeinen Aufschwung der Wissenschaften erkannten: die durchgängige Verbreitung der arabischen Sprache und die Pilgerfahrten nach Mekka, welche alljährlich Tausende, und darunter viele Gelehrte, aus allen Ländern des Islam zusammenführten – waren gerade der Ansammlung und Verbreitung geographischen Wissens vorteilhaft. Noch weiter als ihre Macht reichten die Handelsbeziehungen der Araber über Länder und Meere.

Es ist daher nicht verwunderlich, daß das Zeitalter des Islam den geographischen Horizont beträchtlich ausweitete. Das geschah nach fast allen Richtungen hin: nach Asien, zum Indischen Ozean, nach Afrika hinein, nach Norden.

Arabische Geographen erforschten das Gebiet des Aralsees und seiner Zuflüsse Oxus und Jaxartes (Amu und Syr). Die Landwege des Handels durch Innerasien führten bis nach Indien und China. Turan, der Tianschan, Tibet und Assam treten aus dem Dunkel.

Die arabischen Schiffe durchschwärmten den Indischen Ozean. Nach beiden Indien gelangten sie und wahrscheinlich auch über See nach China. Möglicherweise haben arabische Seeleute von Australien gewußt.

Tief in das Innere Afrikas zogen die Karawanen, die Gold, Elfenbein und Sklaven suchten, wahrscheinlich bis nach Timbuktu am Niger. Nachrichten über den Sudan und das Quellgebiet des Nils wurden gesammelt. Von den afrikanischen Küsten war die Westküste weniger befahren. Die Ostküste war bekannt bis Madagaskar. Von dieser Insel wird als »Mondinsel« berichtet. Der Riesenvogel Rock sollte dort wohnen, der in den Märchen von 1001 Nacht vorkommt. Vielleicht hatte man die Eier des Riesenstraußes Aepyornis gefunden.

Im Norden waren England und die Faröer bekannt, weiter hinauf

Grönland und das Eismeer. Die slawischen und finnischen Völker treten ins Licht. Sibirien wird geschildert.

DIE GROSSEN REISENDEN: SULEIMAN, AL MASSUDI, AL EDRISI, IBN BATUTA

Um das Jahr 840 reiste *Suleiman*, der Handelsmann, mit seinen Waren nach China. Ein erhaltener Bericht über die Fahrt – nicht von Suleiman selbst – ist die älteste arabische Kunde über dieses Land – 425 Jahre vor Marco Polo. Im gleichen 9. Jahrhundert erscheinen bereits weitere Berichte von Reisenden über China, Indien, Ceylon, Afrika, Armenien.

Das 10. Jahrhundert war eine große Zeit der islamischen Geographie. Die Namen von mindestens zehn bedeutenden Geographen sind bekannt. Einer von ihnen bereiste selbst sämtliche Länder, in denen die Religion des Propheten herrschte, außer Spanien, und gab eine Beschreibung des ganzen Reiches heraus.

Der größte unter diesen Forschern ist *Abu'l-Hassan al Massudi* aus Bagdad. Er bereiste Syrien, Palästina, Arabien, Sansibar, Persien, Zentralasien, Indien, Ceylon, Ägypten, Nordafrika und Spanien. Das waren die ausgedehntesten Reisen, die bis dahin einem Sterblichen gelungen waren. Seine Zeitgenossen sagten: »Er wandelte wie die Sonne.« Al Massudi war ein genauer Beobachter und ein glänzender Schilderer. Dreißig Bände umfaßte die Enzyklopädie der Erd- und Völkerkunde, in der er sein Wissen schließlich niederlegte. Sie enthielt mehr Stoff, als irgendein Leser verarbeiten konnte. Al Massudi verfaßte eine zweite, gekürzte Ausgabe. Als sich auch diese noch als zu umfangreich erwies, schrieb er einen nochmals gekürzten Extrakt. Diesem gab er den schönen Titel *Die goldenen Wiesen und die Minen kostbarer Steine.* Al Massudi ist der »Herodot des Morgenlandes« genannt worden.

Der große Gelehrte hatte wie so viele seiner Kollegen ein tragisches Schicksal. Er wurde aus seiner Heimat Bagdad ausgewiesen und verbrachte die letzten zehn Jahre seines Lebens trauernd im Exil in Kairo, wo er 956 oder 957 verstarb. Vielleicht hatte er sich die Feindschaft seiner strenggläubigen Landsleute durch seine philosophischen Ansichten zugezogen. Das erscheint möglich, wenn man den Inhalt des Buches studiert, das er noch kurz vor seinem Tode im Exil geschrieben hat. Es ist zunächst eine Art Indexwerk zu seinen Schriften. Außerdem aber enthält es philosophische Gedanken. Unter anderem spricht Al Massudi den Gedanken aus, daß eine Evolution »vom Mineral zur Pflanze, von der Pflanze zum Tier, vom Tier zum Menschen« stattgefunden habe. Solche revolutionären Gedanken waren mit dem islamischen Glauben kaum zu vereinbaren.

Am Hofe des Normannenkönigs Roger von Sizilien lebte um 1200 ein in Marokko geborener Spanier islamischen Glaubens namens *Al Edrisi*, der von diesem christlichen König protegiert wurde. Diesem hat *Al Edrisi* auch sein Buch gewidmet. Auch er hatte auf Reisen umfassende Kenntnisse der ganzen islamischen Welt von Asien bis nach Spanien und Marokko erworben. Auch die Küsten Frankreichs und Englands hatte er bereist.

Der größte Festlandreisende unter den islamischen Geographen ist der Marokkaner *Ibn Batuta.* Seine Reisen liegen in der Zeit von 1324 bis 1350. In diesen Jahren durchwanderte er Nord- und Ostafrika, Westasien und Indien, China, Südrußland, Spanien und die Nigerländer – zusammen ein viel größeres Gebiet, als Marco Polo bereiste. Der Bericht des Ibn Batuta ist von unschätzbarem Wert für unsere Kenntnis der damals lebenden Völker.

Ein mohammedanischer Herrscher von Syrien, *Abulfeda,* konnte sich, als er eine Beschreibung von Ägypten, Syrien und Arabien verfaßte, auf die Schriften von 60 Geographen als Quellenmaterial stützen. Das vermittelt einen Eindruck von der Ausbreitung des geographischen Forschens und Wissens in der damaligen Zeit.

GEOLOGIE, MATHEMATISCHE GEOGRAPHIE, KARTOGRAPHIE Noch ein Streiflicht auf andere Teile der Wissenschaft von der Erde: *Geologische* Erörterungen finden sich bei mehreren islamischen Autoren. *Avicenna* schrieb eine Abhandlung über Mineralien. Über die Entstehung von Gebirgen heißt es bei ihm:

> Gebirge können auf zwei verschiedene Ursachen zurückgeführt werden. Entweder entstehen sie durch Auffaltungen der Erdkruste, wie sie geschehen können bei heftigem Erdbeben; oder sie sind die Wirkung des Wassers, welches, indem es für sich einen neuen Weg schnitt, die Täler entblößt hat. Die Schichten sind von verschiedenen Arten, einige weich, andere hart; die Winde und Wässer lassen die erstere Art verwittern, lassen aber die andere intakt. Eine lange Zeit würde erforderlich sein, um solche Veränderungen zu bewirken . . . aber, daß Wasser die Hauptursache dieser Wirkungen ist, wird bewiesen durch die Existenz fossiler Überreste von Wassertieren auf vielen Gebirgen.

Auch *Al Biruni,* den ich unten noch als Historiker würdige, hat sich mit geologischen Fragen befaßt.

Die Leistungen der Mohammedaner in der physikalischen und mathematischen Geographie entsprechen den Taten ihrer großen Forschungsreisenden. Über Ebbe und Flut sowie über den Kreislauf des Wassers finden wir zutreffende Ansichten. Der für die Vegetation und die Schiffahrt so wichtige Monsun (das Wort ist arabischen Ursprungs) wurde genau beobachtet.

Die von Eratosthenes angestellte Messung des Erdumfangs war bekannt. Der Kalif Al Mamun ließ sie an zwei Stellen seines Reiches durch arabische Gelehrte nachprüfen. Das Vermessungswesen war hoch entwickelt. Das war ein Erfordernis der geordneten Verwaltung. Schon im alten Ägypten hatte bekanntlich die Notwendigkeit, nach den jährlichen Nilüberschwemmungen die Felder neu zuzuteilen und die Steuern festzusetzen, zur Ausbildung des Vermessungswesens und den ersten Anfängen der Geometrie Anlaß gegeben. Im Islam bestand jedoch noch ein religiöser Grund: Überall, wo Bekenner der Religion Mohammeds leben, haben die Moscheen eine Nische, die genau die für das Gebet wichtige Richtung nach dem heiligen Mekka anzeigt. Auch auf den Plätzen der großen Städte war die Linie nach Mekka in den Boden eingelassen.

Auf der Grundlage genauer Vermessung fertigte ein Zeitgenosse des Al Edrisi, Abu Abdallah *Yaqut*, Verzeichnisse der Koordinaten aller bekannten Städte. Al Edrisi selbst zeichnete für König Roger von Sizilien eine Weltkarte. Diese wurde für einige Jahrhunderte zur Grundlage aller ähnlichen Kartenwerke. Al Edrisi trug auch die von ihm geschaffene Einteilung der Erde in sieben Klimazonen, deren jede wiederum weiter unterteilt war, in seine Karte ein.

VI. Geschichtsschreibung

TABARI, MASSUDI, BIRUNI Während die Errungenschaften der islamischen Naturwissenschaft zum größeren Teile in der Aufnahme und Fortbildung des griechischen und hellenistischen Wissens bestehen, knüpfte die Geschichtsschreibung – wie auch die Literatur – nicht an die Griechen an, obwohl hier ein nicht weniger reiches Erbe anzutreten gewesen wäre. Gleichwohl erreichte die islamische Wissenschaft auch hier eine bemerkenswerte Höhe und brachte aus eigenem bedeutende Werke hervor.

Einer der ersten unter den Historikern der islamischen Welt, die sich über Berichte vom Leben Mohammeds, der Heiligen und Propheten erhoben und ihren Blick auf die Geschichte der Menschheit im ganzen richteten, ist Abu Jafar Mohammed *al Tabari*. Er war persischer Abkunft, 838 geboren, und lebte, nachdem er viele Länder als wandernder Gelehrter durchstreift hatte, in Bagdad. Seine Universalgeschichte mit dem Titel *Annalen der Apostel und Könige* schildert die Entwicklung des Menschengeschlechts von der Erschaffung der Welt bis zum Jahre 913 christlicher Zeitrechnung. Das Werk soll aus nahezu 150 Büchern bestanden haben. Ein Bruchteil davon ist erhalten. Die Schilderung steht unter religiösen Leitgedanken; die Hand Gottes ist in allen Ereignissen sichtbar. Die Darstellung der alten Zeit folgt den geschichtlichen Büchern des Alten Testaments.

Tabaris großen Nachfolger Abu'l-Hasan Ali *al-Massudi* (gest. 956) haben wir schon unter den Geographen genannt. Seine *Goldenen Wiesen* sind für die Geschichte eine ebenso ergiebige Fundgrube wie für die Erdkunde. Im Gegensatz zu Tabari steht Massudi der Religion eher skeptisch gegenüber.

Die Werke dieser beiden Geschichtsschreiber ragen hervor durch ihren äußeren Umfang, ihre weitläufige Anlage, ihren Stoffreichtum und die Schönheit der Sprache, die natürlich nur im Original zu würdigen ist. Versucht man den kritischen Maßstab der modernen Geschichtswissenschaft anzulegen, so erscheint das meiste von dem, was sie berichten, höchst anfechtbar. Quellen für die einzelnen Behauptungen werden zwar meistens angeführt; sie bestehen jedoch in Ketten von Erzählungen und Überlieferungen, die zuletzt auf einen angeblichen Augenzeugen zurückführen. Die einzelnen Glieder dieser Ketten werden nicht auf ihre Zuverlässigkeit hin überprüft. Auch begnügen sich diese Autoren im allgemeinen damit, Daten, Persönlichkeiten, Ereignisse, Episoden zu sammeln, ohne den Versuch zu einer Synthese zu unternehmen. Zum Beispiel berichtet Al Tabari sehr einfach und schematisch die Ereignisse von Jahr zu Jahr.

Bedeutend näher kommt dem modernen Ideal der dritte unter den großen Historikern des Islam. Abu al-Rayhan Mohammed ibn Achmed *al Biruni* (973–1048) ist weniger Chronist und Erzähler mit Lust am Fabulieren; er ist in erster Linie ein Gelehrter, der den Dingen auf den Grund gehen will: zurückhaltend im Urteil, kritisch in der Verwertung von Quellen und Überlieferungen, gewissenhaft in bezug auf Tatsachen und besonders auf Daten. Eines seiner wichtigsten Werke ist ausschließlich der Gewinnung einer exakten Chronologie gewidmet. Unter dem Titel *Die Spuren der Vergangenheit* behandelt es Kalenderwesen, Zeitrechnung und religiöse Feste bei den Persern, Syrern, Griechen, Juden, Christen, Sabäern und Arabern.

Für diese Forschungen konnte al Biruni aus einem reichen Fundus astronomischen Wissens schöpfen. Er schuf selbst für den Sultan astronomische Tabellen und Bücher.

Al Biruni war nicht nur Historiker und Astronom. Er war einer der ganz großen Geister, deren Werk nicht in die Geschichte eines wissenschaftlichen Faches einzuordnen ist; einer von denen, die, wie Aristoteles oder Leibniz, in der Geschichte nahezu aller Gebiete des Wissens genannt werden müssen. Er war ein großer Reisender und Geograph. Er stellte geologische Theorien auf, zum Beispiel eine durchaus zutreffende über das Indus-Becken. Er sammelte Mineralien, beschrieb und klassifizierte sie. In der Mathematik fand er eine Reihe neuer Sätze und Kunstgriffe. In einer astronomischen Abhandlung erörterte er in hypothetischer Form den späteren Gedanken des Kopernikus, eine kugelförmige Erde drehe sich täglich um ihre Achse und umkreise jährlich die Sonne. Es ist kein Wunder, daß al Biruni schon zu seinen Lebzeiten gewaltigen Ruhm genoß. Er lebte hochgeehrt am Hofe des Mahmud von Gazna (998–1030), des Eroberers von Indien, der ihn mit sanftem Zwang zu sich berufen hatte.

Birunis Meisterwerk ist die etwa 1030 erschienene *Geschichte Indiens*. Kenntnis von Land und Leuten, Sprachkenntnis, kritische Sichtung der Quellen, Erweiterung des Blicks über die politische Geschichte hinaus auf die geistige und kulturelle: alle diese Voraussetzungen großer Geschichtsschreibung sind in ihm vereint. Der Verfasser kennt den Schauplatz aus erster Hand. Er hatte sich wahrscheinlich im Gefolge seines Gönners Mahmud jahrelang in Indien aufgehalten und seine Geschichtsdenkmäler studiert. Der Verfasser beherrscht die Sprache des Landes, und zwar so vollkommen, daß er indische wissenschaftliche Werke aus dem Sanskrit ins Arabische übersetzen konnte und sogar umgekehrt, gleichsam zum Ausgleich oder als Dank, Euklid und Ptolemaios aus dem Arabischen ins Sanskrit übertrug. Al-Biruni verwirft bloße Hörensagen-Berichte als Quellen. Er spottet über die »Lügner«, die vor ihm Geschichte geschrieben haben. Er gibt sogar, ähnlich wie lange nach ihm Francis Bacon, eine Einteilung der verschiedenen Arten von Irrtümern, Täuschungen und Vorurteilen, denen die Menschen unterliegen und die erwachsen aus Gewohnheit, Trägheit, Parteilichkeit und Leidenschaft. Im Verhältnis der politischen Geschichte zur Kulturgeschichte tut er die erstere ziemlich kurz ab, um desto mehr Raum der indischen Religion und den wissenschaftlichen Errungenschaften der Inder zu widmen. Beim Vergleich dieser mit denen der Griechen, den er verschiedentlich anstellt, erkennt er im allgemeinen den Griechen den Preis zu, weil sie »die Phantasie aus der Wissenschaft vertrieben« und durch strenge Logik ersetzt haben.

IBN KHALDUN (1332–1406) Das 14. Jahrhundert, das im allgemeinen schon den Niedergang der islamischen Gelehrsamkeit sah, brachte noch einen bedeutenden Historiker hervor. *Ibn Khaldun* stammte aus Tunis. Er verbrachte den größten Teil seines bewegten Lebens an verschiedenen Plätzen Nordafrikas, darunter Alexandria und Kairo, wo er verstarb Sein geschichtliches Werk – andere Bücher von ihm sind nicht erhalten – behandelt die Geschichte der Araber, Perser und Berber. Der volle Titel ist zu lang zum Zitieren; auch der ganze Name Ibn Khalduns würde zwei volle Zeilen füllen. Besonders interessant ist die Einleitung (Muqadamma) mit Erörterungen über die Methode der Geschichtsschreibung und allgemeinen Betrachtungen über die Formen der menschlichen Gesellschaft. Von dem Inhaltsreichtum und dem umfassenden Charakter dieser Abhandlung können schon die Haupttitel einen gewissen Eindruck vermitteln:

I. Über die Zivilisation. Geographie und Anthropologie. Verbindungen mit der unsichtbaren Welt durch Seher und Propheten, u. ä.
II. Nomadische Kultur und ihr Gegensatz zu seßhaften Kulturen. Ursachen und Folgen der Konflikte, die aus diesem Gegensatz entspringen.
III. Dynastien, Königtum, Kalifat, Rangordnung in einem Sultanat. Prinzipien der Regierung und Verwaltung. Christliche und jüdische Einrichtungen.
IV. Das Leben in Dörfern und Städten. Die beste Organisation einer Stadt. Unterschiede in den Lebenshaltungskosten. Die Konzentration des Reichtums.
V. Berufe, Künste, Handel und Gewerbe, Landwirtschaft, Außenhandel, Bauwesen, Medizin, Buchhandel u. a.
VI. Arten und Einteilung der Wissenschaften. Lernen und Lehren.

Man sieht, Ibn Khaldun ist alles andere als ein bloßer Erzähler von Taten und Begebenheiten. Sein Interesse an der Geschichte ist philosophisch, und es ist außerdem in starkem Maße soziologisch:

> Das wahre Ziel der Geschichte ist, uns zum Verständnis des sozialen Zustandes des Menschen zu verhelfen, das heißt der Zivilisation, und uns alle hierauf bezüglichen Erscheinungen zu lehren, wie die Milderung der Sitten, den Geist von Familie und Stamm, die verschiedenen Arten von Herrschaft, welche die Menschen übereinander erlangen und welche zur Schaffung von Reichen und Dynastien führen, die sozialen Unterschiede, die Beschäftigungen, denen die Menschen ihre Arbeit und ihre Anstrengungen widmen . . .; endlich alle die Veränderungen, welche die Natur der Dinge im Charakter der Gesellschaft hervorbringen mag . . .

Ibn Khaldun ist einer der bedeutendsten Historiker in der ganzen Zeit zwischen der klassischen Geschichtsschreibung der alten und dem Aufblühen der neuen vom 16. Jahrhundert an. Zugleich muß man ihn als einen der Begründer der Geschichtsphilosophie und der Soziologie ansehen.

2. Philologen und Enzyklopädisten

In einem Volke, dessen Wissenschaftsgeschichte mit einer Rezeption von Geistesgut aus einer fremden Sprache, mit einer Woge von Übersetzungen beginnt, mußte die Neigung zur wissenschaftlichen Beschäftigung mit der Sprache von vornherein naheliegen. In der gleichen Richtung wirkten der schnelle Aufstieg des Arabischen zur Weltsprache und die Notwendigkeit, das neue Geistesgut in ihre Formen zu gießen, auch die zahllosen Berührungen verschiedener Sprachen und Sprachkreise in dem Riesenreich, in dem die Religion des Propheten herrschte, und in dem fast alle Gebildeten und gerade die Gelehrten mindestens zwei Sprachen beherrschten.
Diese Ursachen zusammen erklären den hohen Stand der philologischen Wissenschaften bei den Arabern, dessen wir, auch wenn wir auf die Anführung von Namen und Einzelheiten verzichten, wenigstens mit einigen Worten gedenken müssen. Bereits im 8. Jahrhundert erschienen das erste arabische Wörterbuch und eine Grammatik von einem *Khalil ibn Achmed.* Eine lange Reihe ähnlicher Werke, auch Lexika und Anthologien, folgte. Vieles davon ist erhalten.
Gleichzeitig blühten Dichtung und erzählende Literatur. Zeitweise scheint fast jeder Gebildete Verse geschrieben zu haben, und jeder Fürst, der etwas auf sich hielt, hatte einen Kreis von Poeten an seinem Hofe. Die Gelehrten hielten Namen und Werke in Dichterverzeichnissen und Sammelbiographien fest.
Für Sammelwerke hatten die arabischen Gelehrten überhaupt eine Schwäche. Mohammed *ibn Khallikan* (1211–1282) vereinigte in seinen *Nekrologen berühmter Männer* nicht weniger als 865 Kurzbiographien hervorragender Männer des Islam. Ein Zeitgenosse Khallikans, *al-Scharastani,* schrieb ein Buch über Religionen und Sekten. Darin läßt er die Glaubensbekenntnisse und die philosophischen Systeme der ganzen Welt mit bemerkenswerter Unparteilichkeit Revue passieren.
Von dem enzyklopädischen Wesenszug der islamischen Gelehrsamkeit zeugen die Werke fast aller ihrer Vertreter. Ich erwähnte schon einige Autoren von riesigen Sammelwerken, wie al-Kindi, Avicenna, Averroes und al-Biruni. Das bedeutendste Sammelwerk bibliographischer Art ist der *Fihrist al'-ulum* (Index der Wissenschaften) des Mohammed *al-Nadim.* Dieses 987 erschienene Werk ist ein vollständiges Verzeichnis aller in arabischer Sprache bekannten Bücher aus sämtlichen Zweigen der Wissenschaft, verbunden jeweils mit einer kurzen Notiz über den Verfasser. Kaum eines unter je hundert Büchern, die dort aufgezählt sind, ist erhalten geblieben.

Siebentes Kapitel

Bewahrung und Inkubation

Die Wissenschaft im abendländischen Mittelalter

Das Geringste an Erkenntnis, das einer über die erhabensten Dinge zu gewinnen vermag, ist ersehnenswerter als das gewisseste Wissen von den niederen Dingen. Thomas von Aquin

Das Mittelalter als wissenschaftlich unfruchtbar zu bezeichnen, wäre ebenso töricht, wie wenn man eine schwangere Frau als unfruchtbar ansehen wollte, solange die Frucht ihres Leibes nicht geboren ist. George Sarton

ZUR STELLUNG DES MITTELALTERS IN DER WISSENSCHAFTSGESCHICHTE

Man kann zwei Hauptabschnitte im Gesamtverlauf der Wissenschaftsentwicklung unterscheiden. Der eine geht aus von dem, was die alten Völker an Grundlegung geleistet haben, setzt dann machtvoll ein mit den Griechen und umspannt die Bewahrung und Fortführung des griechischen Erbes durch Hellenismus und Islam. Der andere Hauptabschnitt setzt ein mit dem glanzvollen Erwachen der modernen europäischen Wissenschaft im 15. und 16. Jahrhundert und reicht bis in unsere von Glanz und Gefahr der Wissenschaft überschattete Gegenwart. In der Mitte zwischen diesen beiden Hauptperioden liegt das »Mittelalter«, insbesondere das 11. bis 14. Jahrhundert – nicht etwa nur zeitlich, sondern in der Tat als Knoten- und Angelpunkt der Gesamtentwicklung.

Über den Namen Mittelalter ist mit gewissem Recht gesagt worden, daß er eigentlich auf jedes Zeitalter zutreffe: jede Epoche liegt zwischen den Zeiten, liegt in der Mitte zwischen einem Vorher und Nachher und kann demgemäß geschichtlich unter drei Gesichtspunkten betrachtet werden: als Erbe und Fortsetzer dessen, was vorausgegangen ist; als »Mitte der Zeiten«, als im Mittelpunkt stehend (so wird es der Zeitgenosse sehen), als »Mitte« auch im Hinblick auf seinen Eigenwert, auf seine Unmittelbarkeit zu Gott (nach dem Ranke-Wort); endlich als Vorstufe, Vorbereitung, Inkubation des Neuen, das in ihm sich anbahnt und seine Schatten vorauswirft. Welche Stellung nimmt in der Wissenschaftsgeschichte der Zeitabschnitt vom Beginn der Völkerwanderung bis etwa zum Ausgang des 15. Jahrhunderts ein?

Am wenigsten würde ihm der Name Mittelalter zukommen, wollten wir ihn als »Mitte der Zeiten« im Sinne eines Höhepunktes der Entwicklung auffassen. Blicken wir auf das, was das europäische Mittelalter aus eigenem an wissenschaftlicher Erkenntnis, an wissenschaftlichem Fortschritt hervorgebracht hat, auf die wissenschaftliche Ernte, seinen Beitrag zu dem großen Strom des Wissens – so tritt es, wenn seine Leistungen auch nicht zu übersehen sind, doch gegenüber dem Vorher und

Nachher eindeutig zurück. Mit um so mehr Recht aber kommt ihm dieser Name zu, wenn wir ihn verstehen im Sinne eines Durchgangs- und Durchkreuzungszeitalters, eines Gelenkes oder gleichsam eines Scharniers in der gesamten Entwicklung der Wissenschaft.

Nichts wäre irriger, als wenn man, wie es in manchen Darstellungen geschieht, diese Epoche als »dunkel« und verhältnismäßig unbedeutend abfertigen und höchstens, was sich an wissenschaftlichem Ertrag auf manchen Gebieten zeigt, als vereinzelte »Lichtblicke« erwähnen würde. Wir müssen vielmehr die zentrale Stellung und die wichtige Funktion dieser Zeit zu verstehen trachten. In ihrem ersten Teil wurden in einer viele Jahrhunderte umspannenden Entwicklung die Grundlagen einer neuen Kultur gelegt; im zweiten strömte die wissenschaftliche Tradition der Mittelmeerwelt – im wesentlichen durch arabische Vermittlung, aber auch auf anderen Wegen – in diesen neuen Kulturraum ein. Beides zusammen schuf die Voraussetzung für die spätere moderne europäische Wissenschaft.

Es ist klar, daß wir angesichts des gewaltigen Zeitraums von 1200 Jahren und angesichts der Verschlungenheit und Größe der Probleme hier ebensowenig wie anderswo den Versuch machen können, den allgemeinen und geistesgeschichtlichen Hintergrund im einzelnen auszumalen. Wir können und müssen aber versuchen, aus der kaum entwirrbaren Vielfalt der die Entwicklung bestimmenden Kräfte einige herauszuschälen, die für den Weg der Wissenschaft vor allem bedeutsam sind. Wir begegnen dabei all den Grundkräften, welche die abendländische Entwicklung bestimmt haben und ihre Einheit wie auch ihre Mannigfaltigkeit ausmachen: den jungen Völkern des europäischen Westens und Nordens, der Ordnungsmacht Roms, der antiken Geistesüberlieferung und dem Christentum. Die geschichtliche Dialektik macht es unvermeidlich, daß fast alle mitspielenden Kräfte nicht einfach als fördernd oder hemmend für die Wissenschaftsentwicklung bewertet werden können. Sie stehen eher in einem polaren Doppel- und Wechselverhältnis zu ihr.

HEMMENDE KRÄFTE Zwei Hauptabschnitte lassen sich für unseren Zweck innerhalb des Mittelalters deutlich scheiden. Der erste reicht von seinem Beginn bis zum 11. Jahrhundert. Aus mannigfachen Gründen hatte Europa in dieser Zeit, besonders wenn man den gleichzeitigen Entwicklungsstand in der islamischen Welt als Vergleichsgrundlage nimmt, kaum ein nennenswertes wissenschaftliches Leben aufzuweisen – mit der wichtigen Ausnahme selbstverständlich des theologischen und philosophischen Wissens.

Aus vielerlei Gründen, von denen die äußeren Angriffe durch die »barbarischen« Stämme der Kelten und Germanen nur einen darstellen, war das Römische Reich im Westen zerfallen. Er dauerte Jahrhunderte, bis sich nach den Geburtswehen der Völkerwanderung in dem politischen Leerraum eine neue, einigermaßen feste Ordnung herausgebildet hatte. Auch als das erreicht war – etwa mit den Karolingern – waren Mittel-

und Westeuropa und erst recht der Norden, auf ihren gesellschaftlichen und wirtschaftlichen Entwicklungsstand betrachtet, beinahe noch jungfräuliches Neuland. Die Bevölkerung bestand, auch in den ehemals römischen Gebieten, zum großen Teil aus Barbaren, die von römischer Ordnung und Gesittung kaum berührt worden waren. Diese Völker lebten in verhältnismäßig dünn besiedelten und unentwickelten – vom Standpunkt der alten Zivilisation des Mittelmeers hätte man auch sagen können »zurückgebliebenen« – Gebieten. Den Boden zu bebauen und ein haltbares gesellschaftliches Gefüge zu errichten, beanspruchte noch weitere Jahrhunderte. In ihnen wurden die Kräfte der großen Mehrheit der Bevölkerung im wesentlichen von diesen praktischen Aufgaben aufgezehrt. Von den alten Zentren der Zivilisation zu diesen erst in der Erschließung begriffenen Ländern bestand ein »Kulturgefälle«, ähnlich wie etwa im Amerika der Pionierzeit ein Gefälle bestand zwischen den ältesten Staaten der Ostküste, die schon ein eigenes kulturelles Leben aufzuweisen hatten, und den sich immer weiter nach Westen ausdehnenden neuen Staaten, in denen erst in harter Arbeit die einfachsten materiellen Voraussetzungen einer kultivierten Gesellschaft geschaffen werden mußten. Es fehlte an Reichtum und damit auch an Muße; es fehlte auch noch die Stadt als Herz jeder höheren Zivilisation. Für die Wissenschaft, späte Blüte am Baum der Kultur, war die Zeit noch nicht gekommen.

Was aber an geistigen Kräften in der dünnen Bildungsschicht vorhanden war, richtete sich auf ganz andere Ziele. Die Religion, die diesen Völkern von Rom aus gebracht wurde, stammte aus dem Orient und lehrte sie auf ein Reich blicken, das nicht von dieser Welt ist. Paulus und die ersten Kirchenväter hatten heidnische Philosophie und Wissenschaft verachtet. »Wo bleibt der Weise, wo der Schriftgelehrte, wo der Redekünstler dieser Welt?« schrieb der Apostel. »Hat Gott nicht die Weisheit der Welt für Torheit erklärt?« Und der Kirchenvater Tertullian rief aus: »Bleibe stehen, o Seele, und gib dein Zeugnis! Aber ich rufe dich nicht auf als einer, der in Schulen erzogen ist, in Bücherhallen gebildet und aufgezogen in attischen Akademien und Säulenhallen ...«

Die anfängliche Zurückweisung der heidnischen Philosophie durch die Kirchenväter hatte freilich nicht lange Bestand. Schon in den ersten Jahrhunderten der christlichen Entwicklung begann die enge Durchdringung und Verschmelzung der christlichen Gedankenwelt mit Lehren der griechischen und hellenistischen Philosophie, insbesondere Platons und des Neuplatonismus. Die Geschichte der ganzen mittelalterlichen Theologie und Philosophie von der Grundlegung der christlichen Dogmatik durch die älteren Kirchenväter über Augustinus und die Frühscholastik bis zum großartigen Höhepunkt der weltumspannenden mittelalterlichen Lehrgebäude wie dem des Thomas von Aquin ist nichts anderes als die Geschichte dieses Vorgangs. Doch alles blieb der Religion untergeordnet. Die dienende Rolle aller weltlichen Weisheit gegenüber der Erkenntnis Gottes blieb bestehen. Die Philosophie war »Magd der Theologie«. Das zu Beginn dieses Kapitels angeführte Wort des Thomas zeugt davon. Das Wissen diente dem Glauben. Erkenntnis und die durch sie vermittelte Macht war nicht das Höchste. Nicht der Gelehrte, nicht der Weise, sondern der Heilige galt als höchste Ausprägung menschlichen Seins.

Die Geisteshaltung der scholastischen Philosophie war der Ausbildung empirischer Wissenschaft nicht günstig, weder in ihrer Zielsetzung noch in ihrer Methode. Das Ziel, schon angedeutet, bestand nicht darin, die Wahrheit erst zu suchen. Diese war in den auf Offenbarung beruhenden Wahrheiten des Glaubens von vornherein gegeben. Ziel des philosophischen Denkens konnte nur sein: diese Wahrheit mittels der Vernunft – soweit diese reicht – zu durchdringen, zu verstehen und auszulegen; sie in ein geschlossenes vernunftgemäßes System zu bringen; und schließlich, etwa auftretende Widersprüche zwischen Offenbarung und Vernunft zu beseitigen.

Ihrer Methode nach beruhte die scholastische Philosophie nicht auf Erfahrung (in unserem Sinne), sondern blickte zunächst und zuerst auf unumstößliche Autoritäten, nämlich das Wort der Schrift sowie die Kirchenväter und Kirchenlehrer. Das schlagende Argument, eine bestimmte These zu begründen und durchzusetzen, war nicht der Appell an Augenschein und Erfahrung, sondern der Nachweis, daß sie in der Heiligen Schrift und der Kirchenlehre eine Stütze fand. Soweit zwischen diesen Autoritäten selbst Widersprüche erschienen, wurde die Frage in der Weise ausgetragen, daß man für jede der widerstreitenden Thesen die Autoritäten, auf die sie sich stützen ließ, zusammentrug und gegenüberstellte. Diese von dem Scholastiker *Abälard* ausgebildete Methode des Für und Wider (sic et non) wurde mit Fleiß und Virtuosität gehandhabt.

Man muß diese Einstellung in ihrer inneren Notwendigkeit begreifen. Sie kommt nicht allein aus der Bindung an die Glaubenssätze. Man mußte die Masse des Überlieferten zunächst aufnehmen, sie sich aneignen und allmählich ihrer Herr werden. Zu viel Gewichtiges stürzte auf die Menschen des damaligen Abendlandes ein an großartigem Wissen, an tiefen Einsichten der Alten, als daß man einfach darüber hätte zur Tagesordnung übergehen und gleich »Forschung« im modernen Sinne betreiben können. Daraus verstehen wir die für uns vielleicht eigenartige Methode der Wahrheitsfindung, die im »Lesen« im wörtlichen Sinne bestand, und auch die Tatsache, daß die Wissenschaft des Mittelalters einen ausgeprägt »schulmäßigen« Charakter hat, im wörtlichen und im übertragenen Sinne. Muß nicht heute jeder – auch und gerade der, der selber »forschen« will – sich zunächst mühsam aneignen, was andere vor ihm erkannt und gedacht?

Was an antikem Wissen angeeignet und verarbeitet wurde, beschränkte sich auf die Philosophie und in dieser zunächst auf die Gedankenwelt Platons, die nach ihrem Grundgehalt oder mindestens in dem neuplatonischen Sinne, in dem man sie verstand, der Ausbildung der empirischen Wissenschaft ebenfalls nicht sehr günstig war. Zu den eigentlichen Quellen des wissenschaftlichen Denkens bei Aristoteles und den großen Lehrern des Museion hatte Europa fast keinen Zugang.

Der überall verbreitete Aberglaube hemmte die wissenschaftliche Entwicklung. Von seiner Intensität, der Vielfalt seiner Formen und dem Grade seiner Verbreitung vermögen wir uns nur schwer eine Vorstellung zu machen. Die Leichtgläubigkeit der Menschen gegenüber Mythen, Fabeln, Legenden, Wundergeschichten, Wahrzeichen, Dämonen, astrologischen Lehren war himmelschreiend und reichte bis in die höchsten Kreise, teilweise auch der Geistlichkeit. Ein Bischof von Rennes schrieb zum Beispiel in einer Abhandlung über Mineralien: Ein Saphir in der Hand eines Betenden erhöhe die Aussicht auf Erhörung. Ein dichtes Heer von Teufeln und Dämonen umgab die Menschen in ihrer Vorstellung. Uralte heidnische Überlieferungen mischten sich dabei mit biblischen. Elfen, Feen, Gnome, Riesen, blutsaugende Vampyre und Nachtmahre waren allerorten und suchten die Menschen heim, abgeschiedene Seelen und Geister wanderten umher. Der Glaube an Hexen war allgemein; die Kirche, später auch die protestantische, verfiel ihm. Die Natur glaubte man mit Zauberei und Magie beeinflussen und beherrschen zu können.

Dies alles: wirtschaftliche Unentwickeltheit, Richtung des Interesses auf Religion und Jenseits, das an Autorität gebundene Verfahren des scholastischen Denkens, fehlende Berührung mit der griechischen Wissenschaft und Aberglauben – muß man in Betracht ziehen, um den »dunklen« Charakter dieses ersten Abschnitts der mittelalterlichen Geschichte in der Wissenschaft zu verstehen. Was oft als Hauptursache angeführt wird: die Unterdrückung der freien Geistestätigkeit durch die Kirche – tritt demgegenüber weit an Bedeutung zurück, wird außerdem überwogen durch die bewahrende und fördernde Rolle von Christentum und Kirche für die wissenschaftliche Entwicklung.

BEWAHRENDE UND BEWEGENDE KRÄFTE Die erstaunliche Wende, die vom 12. Jahrhundert ab in der mittelalterlichen Geistesentwicklung zu bemerken ist, hat wie fast alles in der Geschichte vielfältige Ursachen. Unter den allgemeingeschichtlichen wird man die Veränderungen der wirtschaftlichen und gesellschaftlichen Verhältnisse an erster Stelle nennen müssen. Für die Wissenschaft kam ein entscheidender Anstoß aus der Berührung mit dem Islam und der dadurch vermittelten Bekanntschaft mit den griechischen Quellen. Bevor wir uns diesem folgenreichen Vorgang zuwenden, müssen wir eine Reihe weiterer Kräfte bedenken, die in der gleichen Richtung zu einer Belebung des wissenschaftlichen Interesses wirkten. Es sind Kräfte, die nicht erst im 12. Jahrhundert einsetzten, sondern schon lange vorher, teilweise schon vom Beginn der christlichen Entwicklung an, am Werke waren. Sie haben den Boden bereitet, auf dem der vom Islam eingepflanzte Keim wunderbar aufgehen sollte.

Zuerst ist der Wirkung von *Recht und Ordnung Roms* zu gedenken. Römischer Eroberergeist und römische Ordnungskraft hatten große Teile des westlichen und mittleren Europas in den Bannkreis der alten mittelmeerischen Zivilisation gezogen. Rom brachte seine Sprache. Sie wurde mitbestimmend für die Ausbildung aller späteren europäischen Nationalsprachen. Teilweise übernahmen sie die Barbaren unter Aufgabe ihrer eigenen ganz. Rom brachte den Begriff und die Grundlagen einer gesellschaftlichen Ordnung. Es brachte die Stadt als Pflanzstätte der höheren Zivilisation. Wir zitieren die Sätze, mit denen Theodor Mommsen das Werk Cäsars – das hier stellvertretend für die geschichtliche Gesamtleistung Roms steht – würdigt:

> Daß von Hellas' und Italiens vergangener Herrlichkeit zu dem stolzeren Baue der neueren Weltgeschichte eine Brücke hinüber führt, daß Westeuropa romanisch, das germanische Europa klassisch ist, daß die Namen Themistokles und Scipio für uns einen anderen Klang haben als Aschoka und Salmanassar, daß Homer und Sophokles nicht wie die Veden und Kalidasa nur den literarischen Botaniker anziehen, sondern in dem eigenen Garten uns blühen, das ist Cäsars Werk; und wenn die Schöpfung seines großen Vorgängers im Osten von den Sturmfluten des Mittelalters fast ganz zertrümmert worden ist, so hat Cäsars Bau die Jahrtausende überdauert, die dem Menschengeschlecht Religion und Staat verwandelt, den Schwerpunkt der Zivilisation selbst ihm verschoben haben, und für das, was wir Ewigkeit nennen, steht er aufrecht.

Rom brachte den Völkern des späteren Abendlandes seine Ordnung und sein Recht. Das römische Recht, besonders in der späten Form des allgemeinen Reichsrechts, die es in der römischen Kaiserzeit unter dem Einfluß der humanen und kosmopolitischen Ideale der stoischen Philosophie angenommen hatte, gab den jungen Völkern die erste bleibende Vorstellung einer auf Recht begründeten dauerhaften Ordnung. Auch in den Wirren der Übergangszeit verschwand dieses Ideal nicht ganz aus dem Bewußtsein oder jedenfalls dem Unterbewußtsein der neuen Völker, zumal dieses Recht nicht eine bloße Sammlung von Lebens- oder Verfahrensregeln darstellte, sondern die Gestalt eines endgültigen, durchgearbeiteten und abgeschlossenen Ganzen hatte, in welchem alles einzelne seinen Platz fand. Es wirkte weiter besonders in der Form, die es durch die Justinianische Kodifikation des 6. Jahrhunderts erhalten hatte. Es lebte weiter im weltlichen Recht wie im kanonischen Recht der Kirche.

Das Gesetzgebungswerk Justinians vollzog sich allerdings im fernen Byzanz. Aber das bloße Dasein dieses fernen Reiches, das zwar in seiner Kultur fast statisch und unfruchtbar blieb, aber doch das Beispiel einer staatlichen Autorität bot, welche auf Recht beruhte und das Recht schützte, richtete einen Maßstab auf. Daß die Berührung mit Byzanz nur lose war, hatte den Vorteil, daß die Vorstellung von diesem Reich und Recht als fernes Ideal wirkte, ohne daß ein unmittelbarer Einfluß den Völkern des Westens die erstarrte Überlieferung des Ostreiches aufzwingen konnte.

Italien nimmt in dieser Beziehung eine Sonderstellung ein. Hier wirkte nicht nur, trotz der Barbareneinfälle, die römische Tradition am ungebrochensten weiter; Italien kam auch, nachdem Narses und Belisar die Goten besiegt, wieder stärker unter den Einfluß des Ostreiches. Dies ist einer der Gründe dafür, daß dieses Land bis an die Schwelle der Neuzeit hin auf den meisten Gebieten des kulturellen Lebens eine führende Stellung behauptete. (Ein anderer liegt in seiner besonders engen Berührung mit der arabischen Welt in der Zeit der Kreuzzüge und dem durch diese eingeleiteten wirtschaftlichen Aufschwung.)

Die Bedeutung dieses römischen Ordnungsideals für die Entfaltung der Wissenschaft ist offensichtlich: Wie wir schon bei der Betrachtung der griechischen Wissenschaft sahen, ist ein solches Ideal einer allgemeinen Ordnung der Dinge eine der Voraussetzungen wissenschaftlichen Denkens.

Kehren wir zurück zu der Rolle von *Religion und Kirche*. Die Kirche war die große bewahrende Macht im Reiche des Geistes. Was überhaupt durch das frühe Mittelalter hindurch an höherer Bildung und an klassischer Tradition erhalten blieb, lebte im Schoß der Kirche. Die Geistlichkeit war der einzige gebildete Stand. Das von der Kirche aufgebaute Schulwesen schuf den ersten Zugang zu Wissen und Bildung für breitere Bevölkerungskreise. Die lateinische Sprache, von der Kirche erhalten und gepflegt, war das Verständigungsmittel der Gebildeten aller europäischen Völker und konnte später zur alleinigen Sprache der mittelalterlichen Gelehrsamkeit werden. So gut wie alle bedeutenden Forscher und Denker des Mittelalters waren Geistliche, vor allem Mönche. Die alten Manuskripte wurden in den Klöstern bewahrt und kopiert. Der große Benedikt von Nursia, der im Jahre 529 das ehrwürdige, bis heute bestehende Kloster auf dem Monte Cassino begründete, hatte praktische Arbeit und unermüdliches Schaffen zur Ordensregel erhoben. In dem Augenblick, da das gesellschaftliche und geistige Leben in Europa auf einem Tiefpunkt angelangt war, wurde hier der Grundstein zu einem neuen Aufbau gelegt. Die Klöster, die sich in den folgenden Jahrhunderten rasch über ganz Europa verbreiteten, waren Pflanzstätten nicht nur des religiösen Lebens, sondern auch jeder Art von praktischer und nützlicher Tätigkeit. Sie waren Mittelpunkte der Landwirtschaft, des Handwerks und manchmal auch des Handels. Eine Abtei wie St. Gallen besaß im 9. Jahrhundert neben ihren Kirchen mehrere Schulen, dazu Werkstätten aller Art, Mühlen und Bauernhäuser, Speicher, Krankenhäuser und Bäder. Daß, von Benedikt ausgehend, das Mönchtum des Westens im Gegensatz zu den mönchischen Idealen des östlichen Christentums sich zu praktischer Arbeit im Rahmen einer Gemeinschaft wandte, war für die Wissenschaftsentwicklung bedeutsam: die geistige Schicht kam in unmittelbaren Umgang mit der handgreiflichen Wirklichkeit und der handwerklichen Technik – ein Kontakt, der den Griechen zu ihrem Schaden versagt geblieben war.

Im späteren Mittelalter führten die beiden Bettelorden der Dominikaner und Franziskaner, beide Anfang des 13. Jahrhunderts begründet, in allen Zweigen der Philosophie und Wissenschaft. Aus ihren Reihen gingen fast alle namhaften Gelehrten hervor. Thomas von Aquino und Albertus Magnus waren Dominikaner. Franziskaner waren Alexander von Hales, Bonaventura und auch Roger Bacon – um nur ganz wenige zu nennen. Wir müssen auch noch einmal zu der von diesen Mönchen geschaffenen *scholastischen Philosophie* zurückkehren. War sie mit ihrer theoretischen und immer auf Autoritäten blickenden Grundhaltung der empirischen Wissenschaft abträglich, so ist doch, anders betrachtet, die moderne abendländische Wissenschaft ohne sie fast undenkbar. Denn diese Philosophie war ein Jahrhunderte anhaltendes Training des westlichen Geistes im geordneten und exakten Denken. Sie nahm den Geist der abendländischen Völker in eine lange und strenge logische Zucht. Die vollendete Ausbildung des scholastischen Rationalismus geschah allerdings erst in einer Zeit, als der Geist des Aristoteles, an Stelle des platonischen, sich durchgesetzt hatte. Das wurde eingeleitet durch die volle Bekanntschaft mit dem Werke des Aristoteles, die erst der Islam vermittelte. Der neue Strom griechischen, insbesondere aristotelischen Denkens im Abendland ist in gewisser Hinsicht das zentrale Ereignis der mittelalterlichen Geistesgeschichte. Der Berührung mit dem Islam, welche ihn einleitete, müssen wir uns jetzt zuwenden.

BERÜHRUNG MIT DEM ISLAM. DAS ZEITALTER DER ÜBERSETZUNGEN

Der Name Mittelalter im Sinne eines Durchgangszeitalters und eines Kreuzweges der Entwicklung kommt für die Wissenschaftsgeschichte in einem ausgezeichneten Sinne dem 12. Jahrhundert zu. In diesem Jahrhundert fand die folgenschwere Berührung des europäischen Geistes mit der islamischen Wissenschaft hauptsächlich statt.

Blicken wir einen Augenblick auf die Höhe der allgemeinen Zivilisation und insbesondere den Stand der Wissenschaft in der islamischen Welt etwa des 10. und 11. Jahrhunderts und stellen einen Vergleich mit dem Abendland an, so muß dieser sehr zuungunsten Europas ausfallen. »Hätte es damals einige grimmige Rassenfanatiker unter den Muslimen gegeben« – sagt *Sarton* – »sie hätten vorgeschlagen, alle Christen wegen hoffnungsloser Minderwertigkeit auszumerzen.« Die Christen hatten sich anscheinend als unfähig erwiesen, sich die höhere Geisteskultur ihrer Nachbarn anzueignen.

Im 12. Jahrhundert vollzog sich mit ursprünglicher Gewalt der Ausgleich dieses Höhenunterschiedes. Das äußere Anzeichen ist eine wahre Flut von Übersetzungen.

Man könnte die ganze Geistesgeschichte nach den von Zeit zu Zeit auftretenden Übersetzungswellen betrachten und gliedern. Drei Voraussetzungen sind stets zu ihrem Eintreten erforderlich. Es muß erstens ein Niveauunterschied, ein Kulturgefälle bestehen zwischen zwei verschiedenen Sprachbereichen. Auf der Seite des geringeren Niveaus muß zweitens die gesellschaftliche und geistige Entwicklung einen Punkt erreicht haben, an dem ein natürliches Bedürfnis, eine Art Sog entsteht für die Aufnahme des anderswo gespeicherten Wissens. Diese zweite Voraussetzung bestand einige hundert Jahre früher für Europa noch nicht. Als dritte Voraussetzung, als zündender Funke gleichsam, muß dann der Kontakt zwischen den beiden Bereichen hergestellt werden.

Dies geschah zwischen dem Islam und dem christlichen Europa an verschiedenen Orten nahezu gleichzeitig. Diese Stellen waren der durch die

Kreuzzüge in den Blickpunkt gerückte arabische Osten, Sizilien und, weitaus am wichtigsten, das maurische Spanien und hier vor allem Toledo. Die ungeheuren Bücherschätze dieser Stadt wurden nach dem Sturz der maurischen Herrschaft gegen Ende des 11. Jahrhunderts den christlichen Gelehrten zugänglich. Ein christlicher Erzbischof berief einen Stab von Übersetzern, unter ihnen *Johann von Sevilla.* Die ersten Werke der berühmten Gelehrten des Islam wie Avicenna, Alfarabi, al-Ghazali und al-Khwarizmi wurden ins Lateinische übersetzt. *Adelard von Bath* übertrug eine arabische Ausgabe des Euklid. *Petrus Venerabilis* übersetzte den Koran.

Der größte Übersetzer dieses Zeitalters und einer der größten aller Zeiten ist *Gerhard von Cremona* († 1187). Die Sehnsucht, den Almagest des Ptolemaios, von dem er gehört hatte, kennenzulernen, trieb ihn nach Toledo. 1160 traf er dort ein. Überwältigt von der Fülle des hier gespeicherten Wissens beschloß er, den Rest seines Lebens darauf zu verwenden, diese Schätze dem lateinischen Europa zugänglich zu machen. Er studierte die arabische Sprache und Literatur und nahm sich vor, aus jedem Wissensgebiet das Beste und Wichtigste auszusuchen und zu übertragen. Als er starb, hatte er 70 bis 80 wissenschaftliche Werke übersetzt (die Urheberschaft ist bei manchen unsicher). Da diese Leistung die Kräfte eines einzelnen übersteigt, ist anzunehmen, daß er von – wahrscheinlich einheimischen – Helfern und Schülern unterstützt wurde. Unter den übersetzten Werken sind solche des Aristoteles, der Mathematiker Euklid, Archimedes und Apollonios, sowie die wichtigsten astronomischen, physikalischen und medizinischen Werke.

Ein anderer Berührungspunkt des Westens mit der arabischen Welt war Sizilien. Hier leiteten die normannischen Herrscher die ersten Übersetzungen ein. Kaiser Friedrich II. setzte das Werk in großem Maßstab fort. An seinem Hofe wirkte *Michael Scotus,* der die zoologischen Schriften des Aristoteles übersetzte. Auch im benachbarten Unteritalien waren gleichzeitig Übersetzer tätig.

Spanier, Italiener, Franzosen, Flamen, Engländer waren am Übersetzungswerk beteiligt. Eine führende Rolle kam natürlicherweise den Juden zu. Sie waren über die islamische Welt verstreut, saßen zahlreich in Spanien und siedelten sich nun auch im christlichen Europa an. Zunächst hatten sie teil an den Übertragungen aus dem Arabischen ins Lateinische. Dabei übersetzten sie vor allem auch arabisch geschriebene Werke jüdischer Gelehrter. Als sich unter den in Europa siedelnden Juden die Kenntnis des Arabischen verlor, übersetzten sie solche Werke auch ins Hebräische, später wiederum ins Lateinische.

Man sieht, es fand nicht nur der einsinnige Vorgang der Übertragung aus der arabischen in die lateinische Sprache der Christenheit statt. Die Richtungen kreuzten und verschlangen sich. Es wurde übersetzt vom Arabischen ins Lateinische, vom Arabischen ins Hebräische, vom Hebräischen ins Lateinische. Sobald die europäischen Nationalsprachen voll ausgebildet waren und das Lateinische zu verdrängen begannen, hob ein neuer vielfacher Strom von Übertragungen in diese an. Vorher aber begann, was am wichtigsten wurde: die Übertragung aus den griechischen Originalen. Nachdem man auf das griechische Erbe durch die Araber aufmerksam geworden war, wandte man sich natürlicherweise unmittelbar den Quellen zu. Bis dies geschah, hatten die griechischen Werke den europäischen Leser nur auf oft erstaunlichen Umwegen erreicht. Schriften, die griechisch verfaßt waren, waren zunächst ins Syrische und von da ins Arabische übersetzt worden, aus dem sie teils direkt, teils auf dem weiteren Umwege über die hebräische Sprache ins Lateinische gelangten.

Diese unmittelbaren Übersetzungen aus dem Griechischen fallen zum großen Teil auch schon ins 12. Jahrhundert. Den Höhepunkt und Abschluß dieser Arbeiten bildet im 13. Jahrhundert das Werk *Wilhelm von Moerbekes*, eines flämischen Dominikaners, der etwa von 1215 bis 1286 lebte, Beichtvater mehrerer Päpste und später Erzbischof von Korinth war. Er übersetzte Hippokrates und Galen, Archimedes und Heron und vor allem Aristoteles aus dem griechischen Urtext ins Lateinische. Nunmehr wurden auch solche Werke der lateinischen Welt zugänglich, die von den Arabern nicht übersetzt worden waren. Darunter war die Politik des Aristoteles, die einen ganz neuen Abschnitt politischen und sozialphilosophischen Denkens in Europa einleitete. Die Aristoteles-Übersetzungen unternahm Wilhelm zum Teil auf Bitten seines großen Freundes Thomas von Aquin, für den sie die Grundlage seiner eigenen philosophischen Arbeiten bildeten.

Gegen Ende des 13. Jahrhunderts war das Übersetzungswerk im wesentlichen abgeschlossen. Aristoteles war nun dem Westen annähernd vollständig bekannt.

Den weltgeschichtlichen Augenblick, in dem das Szepter des Wissens auf die abendländischen Völker überging, hat George *Sarton* mit folgendem Gleichnis gekennzeichnet:

> Der stattliche Wagen, der die höchsten Hoffnungen und edelsten Gedanken der Menschheit trägt, hat angehalten bei einer Herberge, um die Pferde zu wechseln. Die alten Muslim-Postillone sind entlassen, neue übernehmen die Fuhre. Der Wagen steht, aber die neuen Rösser scharren ungeduldig den Boden. Ein letztes Glas, ein Lebewohl ... Es ist der alte Wagen, aber die Pferde und die Postillone wechseln von Zeit zu Zeit; und die Passagiere wechseln auch, einer nach dem anderen. Aber der Wagen kommt niemals zurück. Er fährt weiter und weiter. Er wurde gefahren durch Griechen, durch Römer, durch Völker aller Art, zuletzt durch Muslims, nun durch Juden und Christen.

In ihrem innersten Wesen können Kulturen wohl nicht miteinander verschmelzen. Aber sie vermögen einander auf einzelnen Gebieten zu befruchten und ihren Ertrag als Erbe an andere Lebenskreise weiterzureichen. Das geschah hier auf dem Gebiet des Wissens. Mit dem 12. Jahrhundert war der Grund für die Entwicklung der abendländischen Wissenschaft gelegt. Er besteht aus griechisch-hellenistischen, islamischen und lateinisch-christlichen Grundsteinen. Die islamische Wissenschaft begann, sobald sie ihr Erbe weitergegeben hatte, zu stagnieren und schließlich zu verfallen. Die vier großen Kreise, in denen außer dem islamischen menschliche Kultur blühte: der abendländisch-christliche,

der indische, der ostasiatische und der amerikanische – bestanden nun lange Zeit hindurch ohne tieferen Austausch nebeneinander.
Im Abendland erwachte neues Leben auf allen Wissensgebieten. Zwei der wichtigsten Wirkungen der islamischen Befruchtung waren die Entstehung der europäischen Universitäten und die Entwicklung der an Aristoteles orientierten scholastischen Philosophie zu ihrem mittelalterlichen Höhepunkt.

DAS AUFBLÜHEN DER UNIVERSITÄTEN Das Altertum besaß die beiden ehrwürdigen von Platon und Aristoteles begründeten Schulen in Athen. In der hellenistischen Zeit wurde Alexandria mit seinem Museion zum neuen Mittelpunkt des geistigen und wissenschaftlichen Lebens. Die islamische Welt hatte ähnliche Mittelpunkte in den »Häusern der Weisheit« in Bagdad und Kairo. Alle diese Einrichtungen waren an Umfang und Bedeutung in etwa unseren Universitäten vergleichbar, auch darin, daß sie meist gleichzeitig der Forschung und der Lehre dienten.
Das Abendland hatte bis zum Ende des 12. Jahrhunderts nichts dergleichen aufzuweisen. Der einzige Träger höherer Bildung war die Geistlichkeit, die einzigen Stätten höherer Erziehung dementsprechend die, an denen der geistliche Nachwuchs seine Ausbildung erhielt. Solche theologischen Hochschulen bestanden meist in Anlehnung an Klöster oder andere geistliche Mittelpunkte wie Kathedralen und Bischofssitze. Der Lehrplan beschränkte sich auf die Theologie. Einige besonders hervorragende Schulen wie die von Chartres, York und Canterbury pflegten in gewissem Umfang die klassische Tradition. In Deutschland war Köln ein Zentrum theologischer Studien.
Auch das Elementar-Schulwesen war zum größten Teil in der Hand der Geistlichkeit. Viele Klöster unterhielten außer einer internen Schule für ihre Novizen eine schola exterior für die Jugend ihres Umkreises. Der wirtschaftliche Aufschwung in den Städten ließ allmählich, oftmals gegen den anfänglichen Widerstand der Kirche, auch weltliche Schulen mit Laien als Lehrern entstehen, am frühesten in Italien, bald auch in Flandern und in den Städten der Hanse. Wo der Lehrplan über den Elementar-Unterricht hinausging, umfaßte er das sogenannte Trivium (wörtlich »Dreiweg«) mit Grammatik, Rhetorik und Logik und das »Quadrivium«, bestehend aus Arithmetik, Geometrie, Musik und Astronomie. Trivium und Quadrivium zusammen bildeten im Mittelalter die sieben »freien Künste« (artes liberales), so genannt, weil sie im Gegensatz etwa zu Medizin und Jurisprudenz nicht zu unmittelbarem Nutzen getrieben wurden.
Nichts beleuchtet besser den allgemeinen Aufschwung des geistigen Lebens, der mit dem Einströmen des griechischen Wissens durch die arabische Vermittlung einsetzte, als das fast schlagartige Entstehen der Universitäten. Sie treten zuerst gegen Ende des 12. Jahrhunderts auf. Für die ältesten unter ihnen kann kein genaues Gründungsdatum festgesetzt werden. Sie wurden nicht »gegründet«, sondern wuchsen aus älteren, bestehenden Schulen hervor. Die Universität *Bologna* feierte

1888 ihr 800jähriges Bestehen. Im Jahre 1088 hatte der berühmte Jurist *Irnerius* in Bologna seinen juristischen Unterricht begonnen. Im 12. Jahrhundert entstanden neben der Bologneser Rechtsschule eine medizinische Schule und eine der freien Künste. Um 1215 schlossen sich die Studenten aller drei Schulen in zwei Gemeinschaften zusammen, eine für die Studenten von diesseits der Alpen, die andere für die von jenseits des Gebirges. Diese Gemeinschaften hießen *universitas*. Dieser Name bezeichnete schon seit Jahrhunderten alle möglichen Zusammenschlüsse. Die Bedeutung des Wortes schränkte sich erst allmählich zum heute gebräuchlichen Sinne ein. Die Universität *Pavia* feierte 1925 sogar den Tag ihres 1100jährigen Bestehens. Auch hier hatte allerdings während der ersten Jahrhunderte ähnlich wie in Bologna noch keine eigentliche Universität, sondern eine Rechtsschule bestanden. Erst im Laufe der Jahrhunderte wuchs sie zum »studium generale«, mit welchem heute wieder zu Ehren kommenden Ausdruck man damals die Universitäten benannte.
Neben diesen beiden zählen in Frankreich *Paris* – dessen Glanz im Mittelalter jahrhundertelang alle anderen hohen Schulen überstrahlte – und *Montpellier*, in England *Oxford* zu den ältesten Universitäten Europas. Das 13. Jahrhundert sah neue Universitäten emporschießen. Zu den Gründungen dieses Jahrhunderts gehören in der ersten Hälfte *Padua* – eine Tochter Bolognas, wie später noch weitere oberitalienische Univertäten – *Neapel, Cambridge* – von Oxford aus gegründet – und *Salamanca;* in der zweiten Hälfte die Universitäten von *Lissabon* – später nach *Coimbra* verlegt, wo sie heute noch besteht – und *Sevilla*. In dieser Zeit lebte auch *Robert von Sorbon* und begründete in Paris das nach ihm benannte, einem College vergleichbare Studienhaus.
Bedeutende Universitätsgründungen des folgenden 14. Jahrhunderts waren unter anderem *Rom, Avignon, Perugia;* 1348 folgte als erste deutsche Universität die von *Prag*. Bis dahin war die Jugend Deutschlands auf Paris und die oberitalienischen Universitäten angewiesen, wohin sie in Scharen strömte. Die zweite Hälfte dieses Jahrhunderts brachte die Gründung der ersten polnischen Universität in *Krakau* (1364) und weitere Universitäten im deutschen Sprachgebiet mit *Wien* (1365), *Erfurt* (1379), *Heidelberg* (1385) und *Köln* (1388). Das 15. Jahrhundert erlebte Universitätsgründungen in unverminderter Dichte.

DAS MITTELALTERLICHE ERKENNTNISIDEAL Das Erkenntnisideal, aus dem diese Universitäten geschaffen wurden und dem sie dienten, war vom modernen grundverschieden. Es spiegelt sich am reinsten und vollkommensten in den großen »Summen« der mittelalterlichen Theologen und Philosophen. Diese Werke, die philosophischen Systeme, welche sie darstellen und verfechten, umspannen alles damalige Wissen und damit auch die Einzelwissenschaften. Ihrer Absicht und ihrem Wesen nach gehören sie aber nicht diesen Einzelwissenschaften zu, sondern der Theologie und der Philosophie. Sie im einzelnen zu würdigen, geht deshalb über unseren Rahmen hinaus.

Auf der anderen Seite kann man jedoch die Leistungen des Mittelalters in den einzelnen Wissensgebieten nicht richtig verstehen und gerecht würdigen, wenn man das Ziel aus den Augen läßt, dem alles Erkennen damals diente.

Wenn nun die höchste Glückseligkeit des Menschen weder in den äußeren Dingen besteht, die man Glücksgüter nennt; noch in Vorzügen des Körpers; noch in Vorzügen der Seele in ihrem empfindlichen Teil; auch nicht im erkennenden, der Wirktat sittlicher Tugenden; noch auch in geistigen Vorzügen, die auf das Handeln gehen, nämlich Geschicklichkeit und Klugheit: so bleibt, daß die letzte Glückseligkeit des Menschen in der Betrachtung der Wahrheit liegt.
Nur diese Beschäftigung nämlich ist dem Menschen allein eigen, kein anderes Lebewesen hat an ihr teil.
Sie ist auch auf nichts anderes als Endziel gerichtet, denn die Betrachtung der Wahrheit wird um ihrer selbst willen gesucht.
In dieser Tätigkeit ist der Mensch auch höheren Wesen ähnlich, weil von den menschlichen Tätigkeiten nur sie in Gott und den Engeln ist.
In dieser Beschäftigung nähert er sich jenen höheren Wesen, indem er sie auf irgendeine Weise erkennt.
Zu dieser Beschäftigung ist sich der Mensch auch selbst ausreichend, weil er zu ihr am wenigsten der Hilfe äußerer Dinge bedarf.
Auch sind offenbar alle anderen menschlichen Tätigkeiten auf sie als Ziel hin geordnet. Zur Vollkommenheit der Betrachtung ist Unversehrtheit des Körpers nötig, welcher wiederum alle Erzeugnisse, die zum Leben notwendig sind, dienen. Nötig ist weiter Ruhe vor den Verwirrungen der Leidenschaften. Zu ihr gelangt man durch die sittlichen Tugenden und durch Klugheit. Ebenso bedarf es der Ruhe vor äußeren Störungen. Ihr dient die gesamte Regelung des bürgerlichen Lebens. So dienen, wenn man es recht betrachtet, offensichtlich alle menschlichen Tätigkeiten und Berufe denen, die die Wahrheit betrachten.

Ist die Leidenschaft der Erkenntnis, die aus diesen Worten des Thomas von Aquino spricht und die das ganze spätere Mittelalter bewegt, weniger drängend als die, die den modernen Forscher Nacht für Nacht über dem Mikroskop oder seinen Büchern festbannt? Sie ist eher großartiger und von einer ursprünglicheren Gewalt und Tiefe. Aber sie ist auf ein anderes Ziel gerichtet. Erkenntnis ist die Anschauung der Wahrheit, und die Wahrheit ist in Gott. Gott selbst ist die Wahrheit. Das mittelalterliche Erkennen blickt nach oben und nach innen – »Gott und die Seele begehre ich zu erkennen« hatte Augustinus gesagt –, und nicht wie das moderne nach unten und nach außen. Der leidenschaftliche Drang nach oben spiegelt sich im Bau der großen philosophischen Systeme wie in den in dieser Zeit emporwachsenden gotischen Domen.
Nach mittelalterlicher Auffassung ist die Wahrheit schon unabänderlich vorgegeben. Sie besteht von Ewigkeit her in Gott. Bei aller Leidenschaft des Erkennenwollens ist ein Zug tiefer Ruhe in dieser Art Erkenntnis, nichts von der Unruhe des modernen wissenschaftlichen Denkens, dem stetes Sichoffenhalten gegenüber dem Neuen und vielleicht Unerwarteten, ständige Revidierbarkeit geradezu zum Wesensmerkmal geworden ist.
Einheit und Universalität sind Kennzeichen mittelalterlichen Erkennens. Daher rührt die mittelalterliche Hochschätzung des Allgemeinen gegenüber dem Einzelnen und Besonderen. Sie durchdringt den ganzen Aufbau der mittelalterlichen Gesellschaft in Reich, Kirche, Stand, Genossen-

schaft, Universität. Der Universalienstreit der scholastischen Philosophen über die Frage, ob das Allgemeine (die Universalien) oder das Einzelne eigentlich »wirklich« sei, und die leidenschaftliche Gewalt, mit der er ausgetragen wurde, sind daraus zu verstehen.

Mit dem Einströmen der griechischen Wissenschaft und der Weltweisheit des Aristoteles beginnt die Reihe der großartigen Versuche, die Einheit des Baues der Erkenntnis zu wahren. Weltliches und geistliches Wissen, Philosophie und Theologie, Wissen und Glauben sollen in eine umfassende Einheit gefügt werden. Das Werk des Thomas von Aquin ist der großartigste dieser Versuche. Thomas bekämpft in gleicher Weise die Mystiker, die das Wissen zugunsten des Glaubens verwarfen, wie die Lehre von der »doppelten Wahrheit«, nach welcher die Wahrheiten der Vernunft und des Glaubens wie zwei verschiedene Dinge auseinanderfallen können. Es ist unmöglich, sagt er, daß die natürlichen Lehren der Vernunft nicht wahr sein können. Ebensowenig können aber die Wahrheiten des Glaubens falsch sein. Der Glaube ist höher als alle Vernunft. Er ist übervernünftig, aber er kann nicht widervernünftig sein. Das ist die unitas intellectus, die Einheit des erkennenden Geistes.

Die Aufnahme der aristotelischen Philosophie in ihren verschiedenen Stufen ist kennzeichnend für die außerordentlichen Spannungen, die hier in einer übergeordneten Einheit zusammengebannt wurden. 1210 verbot ein Pariser Provinzialkonzil die naturphilosophischen Werke des Aristoteles. 1215 wurde in Paris das Studium der aristotelischen Logik ausdrücklich angeordnet, die Metaphysik und die naturwissenschaftlichen Werke aber wurden verboten. Eine päpstliche Verordnung von 1231 bestätigte das Verbot, jedoch mit der Maßgabe, daß diese Schriften erst überprüft werden müßten. Um die Mitte des Jahrhunderts schon lehrte Albertus in Paris aristotelische Philosophie. Sein Schüler Thomas hat zwei Jahrzehnte später in dem System, das er gleichfalls in Paris vortrug, die Wendung zu Aristoteles ganz vollzogen.

Zwei Gründe machten diese Wendung unvermeidlich. Man mußte der an Aristoteles orientierten islamischen Philosophie, die zeitweise besonders in der Form des Averroismus die christlichen Universitäten überschwemmte, ein christliches Gegengewicht entgegensetzen. Und der nüchterne Realismus des Aristoteles bot dem zunehmenden Wirklichkeitshunger der erwachenden europäischen Völker eine natürliche Nahrung. Dieser Hunger war unwiderstehlich.

Die Gewöhnung des mittelalterlichen Denkens an das Blicken auf Autoritäten erfaßte zunächst auch das Werk des Aristoteles. Eine Zeit der »Weltherrschaft des Aristoteles« setzte ein. Was er gesagt, hatte nahezu kanonische Geltung. Naturwissenschaftliche und philosophische Streitfragen konnten durch Berufung auf ihn ein für allemal entschieden werden, so wie theologische durch Berufung auf geistliche Autoritäten. Es dauerte lange Zeit, bis die Europäer begannen, nicht auf seine Bücher zu sehen, sondern mit der Art des Sehens, die Aristoteles lehrte, auf die Wirklichkeit selbst. Da aber war die Herrschaft des mittelalterlichen Erkenntnisideals abgelaufen.

Aus dem Bestreben, auf die göttliche Schöpfung im ganzen zu blicken und jedem Einzelding in ihr seinen Platz anzuweisen, ergibt sich eine andere Eigentümlichkeit. So natürlich sie ist, dem am heutigen wissenschaftlichen Denken geschulten Leser kommt sie eigentümlich und fast fremdartig, auf jeden Fall »unwissenschaftlich« vor. Alles Einzelne wird betrachtet und befragt auf den *Zweck* hin, den es im Weltganzen hat. Die Funktion und Bedeutsamkeit aller Dinge im Bau der Schöpfung sucht man zu ergründen.

Der moderne Wissenschaftler würde eine Uhr verstehen, indem er sie auseinandernimmt und beobachtet, wie sich die Räder drehen; Thomas würde versuchen, die Zeit zu verstehen, und wie die Uhr sie anzeigt. Es ist offensichtlich, daß beide Arten von Wissen wesentlich sind; ohne Kenntnis ihrer Arbeitsweise könnten wir niemals eine Uhr machen, aber ohne Kenntnis ihres Zweckes würden wir niemals daran denken, eine zu machen, oder fähig sein, sie zu gebrauchen, nachdem sie gemacht wäre.

Es ist das Kennzeichen der modernen Wissenschaft, jedenfalls der Naturwissenschaft im Gegensatz zur scholastischen, daß sie die Frage nach dem Zweck fallengelassen und sich auf die Frage nach dem Wie, der Funktionsweise, konzentriert hat, mit dem – dem Mittelalter fernliegenden – Ziel, die Dinge zu beherrschen und die zukünftigen Ereignisse vorauszuberechnen. Der Augenblick dieses Verzichts ist die Geburtsstunde der modernen Wissenschaft. In diesem Verzicht liegt das Geheimnis ihres weltbewegenden Erfolges, aber auch ihre Einseitigkeit und Gefahr. Die mittelalterlichen Denker

studierten das Universum, um herauszufinden, wie Gott die Welt durch die Liebe seiner Vollkommenheit bewegt; der moderne Physiker versucht, dem Menschen Gottes Wissen zu geben, wie man es macht, hat aber das Wissen übersehen von dem, was am besten zu tun ist. Was bedeutet, die moderne Wissenschaft ist Physik, während die mittelalterliche Wissenschaft etwas war, was zugleich weniger mächtig und wichtiger ist: Ethik. Mit Ethik allein kann der Mensch das Gute lieben, aber niemals finden; mit Physik allein kann er die ganze Welt gewinnen, aber seine Seele verlieren.

Die Auswahl der folgenden Einzelbeispiele ist bestimmt – abgesehen davon, daß die bekanntesten Namen und die wichtigsten Disziplinen genannt sein wollen – durch das Bestreben, zu zeigen, wie sich im Widerstreit der geschilderten Entwicklungskräfte die ersten Keime dessen regten, was seit Beginn der Neuzeit moderne Wissenschaft heißt; daß die Wissenschaft des Mittelalters also keine Episode ist, die alsbald überwunden wurde, sondern in vielem schon den Anfang der modernen Entwicklung darstellt.

I. Mathematik und Astronomie

DIE GEBURT DER ABENDLÄNDISCHEN MATHEMATIK: LEONARDO VON PISA UND JORDANUS Außerordentlich niedrig war der allgemeine Stand mathematischen Wissens und Könnens in Europa bis ins 12. Jahrhundert. Aus dem 10. Jahrhundert ist ein Briefwechsel über mathematische Fragen zwischen Ragimbold von Köln und Radolf von Lüttich erhalten. Beide zeigen einiges Geschick im Rechnen, in der Geometrie dagegen einen Tiefstand noch unter dem Niveau der Pythagoreer des Altertums. Der wirtschaftliche Verkehr, zum größten Teil noch Naturalwirtschaft, stellte kaum Anforderungen an die Fähigkeit im Rechnen. Das Zahlengedächtnis, das wir heute bei jedem Schulkind voraussetzen, war ganz unentwickelt. Die Rechenmethoden waren primitiv, Dividieren eine Kunst, die kaum jemand beherrschte. Wer rechnen mußte, vor allem die Kaufleute, bediente sich eines Rechenbretts, des sogenannten Abakus, wie er heute noch in Asien verbreitet ist. Der Abakus gleicht in der einfachsten Form der Rechenmaschine, wie sie heute manchmal noch für ABC-Schützen verwendet wird: Kügelchen werden auf Drähten oder Schienen hin und her geschoben. Eine andere Form bestand in einer Tafel mit vorgezeichneten Kolonnen, in die man zunächst Marken legte, später Ziffern einschrieb.

Die »indische« Zahlenschreibung, den Arabern seit dem 8. Jahrhundert geläufig, war noch unbekannt. Die erste klare und erschöpfende Darstellung des neuen Systems gab der Italiener *Leonardo Fibonacci* aus Pisa, daher meist Leonardo von Pisa genannt, in einem 1202 erschienenen Buche. Leonardo hatte das glückliche Geschick, daß sein Vater als Kaufmann in Algier lebte. Dort lernte der Sohn von einem muslimischen Lehrer das neue Verfahren. Er reiste durch den Orient, studierte arabische Werke, lernte die griechischen Mathematiker kennen, wurde mit den Schriften des Euklid, Archimedes, Heron und Diophantos vertraut.

Das genannte Werk trägt den Titel *Liber abaci* – paradoxerweise, denn es verficht gerade die neue Weise des Schreibens und Rechnens, die dem Abakus den Garaus machen sollte. In der Folgezeit sprach man vom Kampf der Abazisten, der Anhänger der alten Methode, gegen die Algorithmiker, wie die Verfechter des Neuen nun genannt wurden. Lange währte der Kampf. Selbst die Kaufleute widersetzten sich dem neuen Algorithmus. Noch ein Jahrhundert nach dem Erscheinen von Leonardos Buch wurde die Verwendung der neuen Zahlen in Florenz gesetzlich verboten. Allmählich aber stellten die fortschreitende Ausbildung der Geldwirtschaft, des bargeldlosen Verkehrs mittels Wechsel und Scheck, des Bankwesens und der Zinsrechnung, außerdem auch die Seefahrt, Anforderungen, denen man nur mit der neuen Methode gerecht werden konnte. Das erzwang die Annahme der arabischen Zahlen, zuerst in Italien, das in der Entwicklung neuer wirtschaftlicher Methoden an der Spitze marschierte.

Das Werk Leonardos bezeichnet die Geburtsstunde der europäischen Mathematik. Sein Inhalt erschöpft sich nicht in der Einführung der arabischen Zahlen. Leonardo war zugleich ein schöpferischer Mathematiker, der die Wissenschaft um selbst gewonnene Erkenntnisse bereicherte, vor allem in der Behandlung von Gleichungen. Berühmt ist der von Kaiser Friedrich II. 1225 in Palermo veranstaltete Rechenwettstreit. Leonardo löste bei dieser Gelegenheit schwierige kubische Gleichungen mit staunenswerter Genauigkeit. Leonardo beschäftigte sich auch mit der

Reihenlehre. Eine Reihe trägt seinen Namen. Außer kleineren Schriften schrieb Leonardo ein zweites Hauptwerk mit dem Titel *Practica geometrica*.

Leonardos bedeutendster zeitgenössischer Gegner war der Deutsche *Jordanus* Nemorarius, den ich als Physiker nochmals nennen muß. In seinen mathematischen Schriften findet sich kein islamischer Einfluß; statt dessen finden sich Gedanken, die wie eine erste Vorahnung von dem sind, was sich alsbald, beginnend mit Nikolaus von Oresme, als Hauptthema der abendländischen Mathematik herausbilden sollte.

NIKOLAUS VON ORESME Aus der im Laufe des 13. und 14. Jahrhunderts stetig wachsenden Zahl der Gelehrten, die sich mit mathematischen Fragen befaßten, ragt der Franzose *Nicole d'Oresme* hervor. Er wurde bald nach 1320 in der Nähe von Caen geboren und studierte in Paris. Als Geistlicher und Lehrer, unter anderem des Dauphins und späteren Königs Karl V., der der Weise genannt wurde, wirkte er abwechselnd in Paris und in seiner normannischen Heimat. Zuletzt war er Bischof von Lisieux. Er starb 1382.

Nikolaus war ein vielseitiger Gelehrter und gehört der Geschichte vieler Fächer. Er schrieb über Mathematik, Astronomie und Astrologie, Physik, verfaßte Aristoteles-Kommentare und ein Werk über die Theorie des Geldes. Dieses Werk *Über Ursprung, Natur, Recht und Änderungen des Geldes* ist das früheste uns bekannte nationalökonomische Werk in Europa, genauer die erste Spezialabhandlung über Nationalökonomie; denn ökonomische Probleme waren auch schon in den großen Summen des 13. Jahrhunderts mit behandelt. Die Handschrift wurde im Jahre 1863 durch den Deutschen Wilhelm Roscher wieder aufgefunden. Nicole kennt und verwertet die Ansichten früherer Forscher über das Geld, faßt sie systematisch zusammen, bringt dazu eine Reihe origineller Gedanken, zum Beispiel über die Stabilität der Währungen und die Eigenschaften »guten« Geldes. Hervorzuheben ist der praktische Einschlag des Werkes. Es ist aus der Praxis, nämlich aus den Erfahrungen der zeitgenössischen Währungsschwankungen und Wirtschaftsschwierigkeiten geschrieben mit dem Ziel praktischer Abhilfe.

Dieses Buch schrieb Nicole zuerst lateinisch, übersetzte es dann selbst ins Französische. Das ist bedeutsam. Nicole war einer der ersten, die nicht mehr nur lateinisch schrieben. Auch andere seiner Bücher schrieb er französisch. Er überwand die Schwierigkeit, daß diese Sprache für die präzise Wiedergabe wissenschaftlicher Gedanken noch nicht geeignet war, indem er eine große Anzahl neuer Ausdrücke prägte. Er legte damit den Grundstein zum wissenschaftlichen Wortschatz des Französischen und leitete die Ausbildung dieser Sprache zu der Klarheit und Prägnanz ein, die sie in den folgenden Jahrhunderten erlangte.

Auf mathematischem Gebiet sind vier Schriften des Nikolaus von Oresme bekannt. Die eine, *Algorismus proportionum* geheißen, ist bedeutsam, weil sie gebrochene Exponenten einführt. Am interessantesten ist aber die erste von ihm verfaßte mathematische Schrift *Abhandlung*

über die Breite der Formen. Sie beschäftigt sich mit der *Funktion,* dem Zentralbegriff der abendländischen Mathematik – Oswald Spengler nannte sie die »faustische Zahl« – und ihrer graphischen Darstellung.
Unter »Formen« werden dabei die verschiedensten Arten von Erscheinungen begriffen. Alle Erscheinungen sind dem Wandel unterworfen; Nicole schlägt vor, diesen dadurch zu erkennen, daß man ihn »auf die Betrachtung geometrischer Figuren« zurückführt. Darin sind zwei Gedanken von großer Tragweite zumindest im Keime enthalten: Man kann die mathematische Betrachtungsweise auf die Naturerscheinungen anwenden. Und man kann den Verlauf von Veränderungen an bestimmten Erscheinungen graphisch darstellen. Die Ausdrücke »Länge« und »Breite« werden dabei, wohl von der Geographie ausgehend, benutzt im Sinne unserer Koordinaten (Abszisse und Ordinate). Veränderungen der Temperatur zum Beispiel können erfaßt und dargestellt werden mit Hilfe einer Zeichnung, in der als »Länge« die Zeit und als »Breite« die jeweilige Temperatur genommen werden. Es entsteht dann eine Kurve, wie sie heute jedermann als Fieberkurve kennt. Oresme betrachtet verschiedene Formen solcher Kurven und gibt eine Terminologie zu ihrer Beschreibung. Er erkennt, daß die Breite an manchen Stellen gleich Null sein kann, an anderen einen Höhepunkt erreichen wird. Das erinnert an die neuere Lehre von den Maxima und Minima bei Funktionen.

Das Ganze ist zwar noch keine Vorwegnahme, aber eine zukunftweisende Vorahnung der von René Descartes geschaffenen analytischen Geometrie.

Das Interesse an der *Astronomie* und die Beschäftigung mit ihr belebten sich in Europa unter dem Einfluß der islamischen Wissenschaft in ähnlicher Weise wie bei der Mathematik und anderen Wissensgebieten. Trotzdem können wir die mittelalterliche Astronomie verhältnismäßig kurz übergehen; denn das griechisch-arabische astronomische Wissen wurde zwar so gut wie vollständig aufgenommen, aber man gelangte an keiner Stelle wesentlich darüber hinaus.

Allerdings, das ptolemäische System, das die Araber anerkannten, wurde nicht ganz kritiklos hingenommen. Führende Geister erkannten seine Unzulänglichkeit. Sie übten Kritik und erwogen in tastender, hypothetischer Form Gedanken, die in die Richtung der kopernikanischen Revolution weisen. Einer dieser Kritiker war Nikolaus. Ein anderer war *Roger Bacon.* Dieser verfaßte auch zwei wichtige Schriften über den Kalender, deren eine eine meisterhafte Darstellung des Kalenderwesens der vergangenen Zeiten und Völker enthält und eine Reform des Julianischen Kalenders fordert.

In einer Beziehung übertrifft Nikolaus alle seine Zeitgenossen einschließlich Rogers weit an Einsicht. Er bekämpft die Astrologie. Diese erfreute sich das ganze Mittelalter hindurch größter Beliebtheit. Auch Oresmes Schüler Karl war als König, zum Leidwesen seines Lehrers, einer ihrer Anhänger. Nicole schrieb einen eigenen *Traktat gegen die Astrologen.* Alles astrologische Wissen bezeichnet er als unsinnig und schädlich. Zu den ihm geläufigen Argumenten früherer Autoren gegen die Astrologie fügt er seine eigenen, aus klarer Vernunft und aus der Beherrschung des astronomischen Wissens der Zeit geborenen Beweisgründe. Er räumt übrigens ein, gewisse Himmelsvorgänge könnten einen *allgemeinen* Einfluß auf irdische haben; jeglichen speziellen Einfluß auf einzelne Vorgänge oder einzelne Personen, etwa deren Krankheiten – die mittelalterliche Medizin war mit vielen astrologischen Gedanken durchsetzt –, lehnt er ab. Ein Jahrhundert später hatte Giovanni *Pico della Mirandola* (1463–1494), als er den Kampf des Nikolaus von Oresme aufnahm und weiterführte, noch immer gegen die gleiche Übermacht von Vorurteilen anzukämpfen.

II. Physik und Chemie

JORDANUS Wie Leonardo von Pisa den Beginn der abendländischen Selbständigkeit in der Mathematik bezeichnet, so sein Gegenspieler *Jordanus* in der Physik. Jordanus Nemorarius war Deutscher, aus Westfalen gebürtig, im 12. Jahrhundert geboren und 1223–1237 General des Dominikanerordens. Unter seinem Wirken wurden Männer wie Vincent von Beauvais und Albertus Magnus in den Orden gezogen. Jordanus lehrte in Paris und Bologna. Sein Name ist verbunden mit dem von ihm erstmals aufgestellten Satz (»Axiom des Jordanus«): Die Kraft, die ein bestimmtes Gewicht zu einer bestimmten Höhe hebt, wird ein Gewicht, das Xmal größer ist, zu einer Xmal kleineren Höhe heben. Die beiden Schriften, die Jordanus mit einiger Sicherheit zugeschrieben werden und in deren einer dieser Satz enthalten ist, beschäftigen sich mit Problemen der Statik und Mechanik und damit mit einem Gebiet, auf dem die Araber nicht wesentlich über das von den Griechen Übernommene hinausgelangt waren.

PETRUS PEREGRINUS Die anziehende Kraft des Magneten war schon dem Altertum bekannt. Daß die drehbar befestigte Magnetnadel stets in die Nordrichtung weist, wußten die Chinesen seit Beginn unserer Zeitrechnung. Aber erst im Mittelalter und nach der Jahrtausendwende finden wir die erste Erwähnung des Kompasses als Hilfsmittel der Seefahrt. Diese älteste Quelle ist chinesisch, schreibt aber die Verwendung des Kompasses »Fremden«, mutmaßlich mohammedanischen Seefahrern, zu. Im 12. Jahrhundert begann sich der Kompaß, zunächst von vielen als Zauberei und Teufelswerk angesehen, langsam in Europa einzubürgern. Außer im Mittelmeerraum ist er, wie erst jüngst nachgewiesen, auch den nordischen Seefahrern sehr früh bekannt gewesen.
Petrus Peregrinus, ein Franzose aus der Picardie, Kreuzfahrer (daher sein Beiname), gab 1269 in seiner *Epistola de magnete* (Brief über den Magneten) in Europa die erste bekannte Beschreibung der magnetischen Erscheinungen. Dieser Brief ist nicht sein einziges, aber sein wichtigstes Werk. Er besteht aus einem theoretischen und einem praktischen Teil. Der erste beantwortet Fragen wie: Woran erkennt man einen Magneten?

Wie findet man die Pole auf? Wie wirken Magneten aufeinander (Anziehung und Abstoßung)? Wie magnetisiert man ein Stück Eisen? Auch die erste Idee vom Erdmagnetismus findet sich hier. Der zweite Teil beschreibt drei kleine Instrumente, zwei Arten von Kompassen und dazu eine Maschine, eine Art perpetuum mobile, aus Magneten.
Die kleine Schrift des Petrus ist ein Markstein in der Geschichte der Naturwissenschaft – nicht so sehr, weil sie das damals bekannte Wissen über den Magneten ordnet und zusammenfaßt, auch nicht allein wegen der selbstgewonnenen Erkenntnisse, die Peter hinzufügt, sondern vor allem wegen der Art, wie er zu diesen kommt: Experimentieren. Die Methode ist im ersten Teil der Epistola dargelegt. Petrus fordert vom Naturforscher nicht allein allgemeine Kenntnisse, sondern daneben Handfertigkeit und manuellen Fleiß, »damit er beim Umgehen mit diesem Stein (dem Magneten) in kurzer Zeit einen Irrtum korrigieren kann, welches er möglicherweise nicht könnte mittels seines Wissens über Natur und Mathematik, wenn ihm Sorgfalt im Gebrauch seiner Hände fehlte.« Gebrauch der Hände! Ein neuer Ton in der Geschichte der Wissenschaft!
Petrus war der Lehrer Roger Bacons.

III. Roger Bacon

LEBEN UND WERKE »Philosophie, Juristerei, Medizin, Theologie«: wie Faust hatte *Roger Bacon* sich das ganze Wissen seiner Zeit angeeignet – in Oxford, Paris und wahrscheinlich auch in Italien – und war doch unbefriedigt geblieben. Unnütz und unfruchtbar, auf unsicherer Grundlage ruhend und bloßes Wortgefecht schien ihm vieles, um das die Gelehrten der Zeit sich in Schriften und Disputationen stritten. 1251 begann der Siebenunddreißigjährige – er wurde um 1214 in Somerset in England geboren – in Oxford zu lehren. Er ging eigene Wege. Außer Griechisch, das er wahrscheinlich schon in Italien sich angeeignet hatte, lernte er Hebräisch mit Hilfe von Juden, um das Alte Testament in der Ursprache lesen zu können. Sein erhebliches ererbtes Vermögen verbrauchte er für Bücher, Instrumente und für eigene Experimente. Eine Reihe kleinerer Schriften, darunter eine über Brenngläser als Ergebnis seiner Versuche, verfaßte er in diesen Jahren.
Das Hauptwerk *Scriptum principale* sollte in vier Bänden alle Wissenschaften bearbeiten: Grammatik, Logik, Optik, Geographie, Astrologie, Alchimie, Medizin, Metaphysik und Moral. Mitten in der Arbeit daran erreichte Bacon ein Sendschreiben des Papstes Clemens IV. Bacon hatte den Mann, der nun den päpstlichen Stuhl bestiegen hatte, vorher als Erzbischof von Narbonne in Frankreich kennengelernt. Clemens forderte ihn auf, Bacon möge heimlich, ohne Verzug und ohne Rücksicht auf etwaige Verbote seines Ordens – Bacon gehörte dem Franziskaner-Orden an – ihm eine Abschrift seiner Werke schicken. Das war 1265. Die Aussicht, den höchsten Herrn der Christenheit für seine Gedanken zu gewinnen, vielleicht von ihm Unterstützung zu erlangen für seine

weitreichenden Pläne, stachelte Bacon zu fieberhaftem Eifer an. Doch er erkannte bald, daß zuviel Zeit vergehen würde, bis er das geplante Hauptwerk beendet hätte. Statt dessen verfaßte er nun 1267 in kurzer Frist die *Opus maius* (Größeres Werk) genannte Niederschrift. Er fügte eine besondere Abhandlung über Optik hinzu; außerdem, vielleicht aus Furcht, das Opus maius könnte den hohen Leser immer noch durch seinen Umfang schrecken, noch eine kurze *Opus minus* (Kleineres Werk) genannte Zusammenfassung. 1268 schickte er diese an den Papst ab; kurz darauf schickte er eine *Opus tertium* (Drittes Werk) überschriebene Zusammenfassung seiner Ideen hinterher.

Clemens IV. starb im November des gleichen Jahres. Wir wissen nicht, ob ihn die Schriften noch erreichten. Auf jeden Fall erhielt Bacon weder von ihm noch von seinem Nachfolger jemals eine Antwort. Statt die ersehnte päpstliche Unterstützung zu erhalten, geriet Bacon mehr und mehr in Schwierigkeiten mit seinen Ordensoberen. Zerwürfnisse mit dem Orden hatten wahrscheinlich schon vorher bestanden. Sie wurden verschärft durch Bacons Verkehr mit dem Papst über den Kopf seiner Vorgesetzten hinweg. Sie wurden auf die Spitze getrieben durch ein von Bacon bald darauf veröffentliches *Compendium studii philosophiae.* In diesem übte Bacon eine heftige Kritik an vielen philosophischen Gedanken der Zeit. Außerdem griff er mit der Bitterkeit dessen, der als Einsamer gegen ein Meer von Unverständnis ankämpft, den allgemeinen Sittenverfall in und außerhalb der Kirche mit schärfsten Worten an, auch die religiösen Orden – »und ich nehme niemand von dem aus, was ich sage«, wie er wörtlich hinzufügte. Wir wissen nicht, ob es in erster Linie diese Angriffe waren, oder der Verdacht der Magie und Zauberei, den sich Bacon durch seine den Zeitgenossen unheimlichen Experimente zugezogen hatte, oder vielleicht der Vorwurf ketzerischer Ansichten, oder auch ordenspolitische Erwägungen, oder endlich alle diese Dinge zusammen, die im Jahre 1277 zu seiner Verurteilung und Einkerkerung führten. Soweit sich diese Vorgänge nach einer alten Ordenschronik noch rekonstruieren lassen, scheint Bacon anderthalb Jahrzehnte im Kerker zugebracht zu haben und bald nach seiner Entlassung im Jahre 1292 gestorben zu sein.

DAS OPUS MAIUS Dies ist unter den erhaltenen Werken Bacons für die Kenntnis seiner wissenschaftlichen Ansichten das wichtigste. Es hat sieben Teile. Jeder gibt nicht mehr als einen Grundriß der Bacon'schen Ideen zu einem Gegenstand oder Fachgebiet.

Der erste einleitende Abschnitt untersucht die *Ursachen des Irrtums.* Trägheit und Beharren in den gewohnten Bahnen, Eitelkeit und Rücksicht auf die unwissende Menge sind solche Ursachen. Die wichtigste aber – und das ist der Hieb gegen die Scholastik – besteht im unkritischen Berufen auf Autoritäten, wie zum Beispiel den Aristoteles, dessen Schriften als Quelle des Irrtums und Hemmschuh jeden Fortschritts besser allesamt verbrannt werden sollten.

Ausdrücklich nimmt Bacon die Heilige Schrift und die Autorität der

Kirche hiervon aus. Der zweite Abschnitt *Philosophie und Theologie* bekräftigt dies. Bacon zeigt sich in ihm als bibelgläubiger Christ und treuer Sohn der Kirche.

Das Studium der Sprachen behandelt der dritte Teil. Wie soll die Heilige Schrift richtig verstanden und ausgelegt werden, wenn die Theologen von ihr nur Übersetzungen kennen, die, wie Bacon im einzelnen ausführt, allesamt ungenau und ungenügend sind? Er beschwört den Papst, unverzüglich eine Kommission von Sprachgelehrten einzusetzen und mit einer neuen wissenschaftlich korrekten Übersetzung zu beauftragen. Wie soll man die Werke der Griechen, der Araber und Juden verstehen können, wenn man auch hier keinen Zugang zu den Originalen hat? Auch hier muß auf den ursprünglichen Text zurückgegangen werden! Auf diesem Gebiet stellte Bacon nicht nur ein Programm auf, er begann auch selbst, es auszuführen. Er schuf die erste hebräische und die erste griechische Grammatik für die lateinische Christenheit.

Nächst dem Sprachstudium ist *Mathematik* notwendig. Ihr Studium, unter Einschluß von Astronomie, Musik und Geographie, behandelt der vierte Teil. Seine Gedanken sind in höchstem Maße wegweisend für die Zukunft. Die Wissenschaft muß das Experiment zur Methode der Forschung machen; aber vollkommen wird sie erst sein, wenn sie ihre Sätze über die Natur in mathematischer Form ausdrücken kann. Bacon erkannte hier den einzigen Weg zum Erfolg, den die Naturwissenschaft einschlagen konnte und nach ihm auch eingeschlagen hat. Allerdings blieb es für ihn bei der bloßen Vorahnung und Forderung. Bacons eigenes mathematisches Wissen war nicht sehr groß, die mathematische Wissenschaft selbst hat er nicht gefördert.

Um so mehr eigene Erkenntnis enthält der folgende fünfte Teil des Werkes »Über die Wissenschaft von der Perspektive« = *Optik*. Hier ist Bacon ganz in seinem Element. Er kennt die Werke der islamischen Gelehrten, eines al-Haitham und al-Kindi. Er selbst hat sein Leben lang mit Spiegeln und Linsen experimentiert. Er gibt eine Reihe von optischen Gesetzen.

Bacons Lehrer Robert *Grosseteste* (engl. Greathead, 1175–1253) hatte eine Abhandlung über den Regenbogen geschrieben. In ihr ist bereits der Gedanke ausgesprochen, man könne die Sehstrahlen durch mehrere Linsen von bestimmter Gestalt hindurchleiten und damit weit entfernte Gegenstände nahe, wie auch Großes winzig erscheinen lassen. Das Studium der Optik hatte danach einen schnellen Aufschwung genommen. Unter anderem hatte es zur Erfindung der ersten Brillen geführt, von denen aus dieser Zeit berichtet wird. Bei Bacon heißt es zum gleichen Thema:

Wir können durchsichtigen Körpern eine solche Gestalt geben und sie in solcher Weise in bezug auf unser Gesicht und die gesehenen Objekte anordnen, daß die Strahlen in jeder Richtung, die wir wünschen, gebrochen und gebeugt werden; und unter jedem Winkel, den wir wünschen, werden wir das Objekt nahe oder entfernt sehen. So könnten wir aus unglaublicher Entfernung die kleinsten Lettern lesen und die Körner des Staubes oder Sandes zählen ... Also könnten wir auch die Sonne, den Mond und Sterne in der Erscheinung zu uns herabsteigen lassen ... und viele ähnliche Dinge, so daß der Geist dessen, der die Wahrheit nicht kennt, sie nicht ertragen könnte.

Von der Natur des Lichtes hatte Bacon eine Vorstellung, die der Wahrheit sehr nahekommt. Er meinte, die Ausstrahlung von Licht sei »die Übertragung einer Bewegung« und sie geschehe in der Zeit. Vor einigen Jahren wurde in einem alten Schloß in Süd-Europa ein chiffriertes Manuskript aufgefunden, nach welchem Bacon nicht nur die Grundgedanken von Teleskop und Mikroskop ausgesprochen, sondern diese Instrumente selbst konstruiert und benutzt und dabei unter anderem die Spermatozoen entdeckt haben soll. Die Echtheit ist zweifelhaft.
Der sechste Abschnitt über die *experimentelle Wissenschaft* gibt wiederum weniger Einzelwissen als Grundgedanken, Programm und prophetische Ahnung, diese allerdings in staunenerregender Weise. Wer die Wahrheit über die den Erscheinungen zugrunde liegenden Gesetze will – sagt Bacon –, muß sich des Experiments bedienen! Experimente zum Auffinden der Gesetze, Mathematik zu ihrer Formulierung! Der Begriff »experimentum« hat zuzeiten bei Bacon noch den weiteren Sinn, den er im Mittelalter ausdrückte: Erfahrung; an anderen Stellen kommt er jedoch dem modernen Inhalt des Begriffs sehr nahe. Zukunftweisend, geradezu modern ist auch der Gedanke an die praktische Anwendung der erkannten Gesetze zum allgemeinen Nutzen. Bacon ist fasziniert von den Möglichkeiten, die sich hier vor seinem seherischen Blick auftun. Ein weiterer Teil der experimentellen Wissenschaft – schreibt er –

> betrifft die Herstellung von Instrumenten von wunderbar ausgezeichneter Nützlichkeit, wie Maschinen zum Fliegen, oder zum Herumfahren in Fahrzeugen ohne Zugtiere und doch mit unvergleichlicher Geschwindigkeit, oder zur Seefahrt ohne Rudersmänner, schneller als durch Menschenhand für möglich gehalten wird.

An anderer Stelle spricht Bacon von »Tauchapparaten, in den Meeren und Flüssen zu gehen, ohne Gefahr bis zum Grunde«. – Als Hinweis auf das Schießpulver wird folgende Stelle angesehen:

> Wichtige Künste sind entdeckt worden gegen Feinde des Staates, welche ohne Schwert oder sonst irgendeine Waffe, die körperliche Berührung erfordert, alle vernichten können, die Widerstand leisten ...

Im Opus tertium findet sich eine Anleitung zum Herstellen eines Explosivstoffes aus Salpeter, pulverisierter Kohle und Schwefel, die in bestimmtem Verhältnis zu mischen sind. Aus diesen Stellen ist nicht zu folgern, daß Bacon das Schießpulver selbst erfunden habe. Er behauptet das auch nicht. Es scheint im 13. Jahrhundert mindestens einigen schon bekannt gewesen zu sein. Bacon hatte davon gehört und erkannte seine weitreichende Bedeutung. Die tatsächliche Verwendung des Schießpulvers für kriegerische Zwecke setzte erst in dem auf Bacon folgenden Jahrhunderte ein.
Alle bisher behandelten Wissenschaften – so heißt es im abschließenden Abschnitt des Opus maius – haben eine praktische Seite, sind aber auf der anderen Seite spekulativ. Eine Wissenschaft nur, die *Moralphilosophie,* ist in ihrem Wesen durch und durch praktisch: denn sie handelt vom menschlichen Verhalten, von Tugend und Laster, von Glück

und Unglück. Diese Wissenschaft von der Moral ist deshalb die Herrin jedes anderen Zweiges der Philosophie (das heißt der Wissenschaft). Wichtiger als alles Wissen von den Dingen ist das Wissen vom guten und richtigen Leben. Dafür kann der Grund nur in der Religion gefunden werden. Bacon schließt mit einem Treuebekenntnis zum christlichen Glauben und zur Kirche.

WÜRDIGUNG Mit seinen Ideen und Visionen war Roger Bacon seinen Zeitgenossen um Jahrhunderte, teilweise um ein halbes Jahrtausend voraus. Trotzdem wäre es ungerecht und allzu grobe Schwarzweißmalerei, wenn man die wissenschaftliche Tradition ganz außer acht ließe, die sich im Franziskanerorden, dem Bacon angehörte, schon herausgebildet hatte, und gerade in Oxford, wo er lebte. Bacon steht auf ihren Schultern. Er selbst hat stets dankbar anerkannt, wieviel er seinen Lehrern und Vorgängern wie Robert Grosseteste verdankte. Diese Feststellung braucht der Hochschätzung seiner Leistung nicht Abbruch zu tun.

Das, was ein Mensch nicht weiß oder worin er irrt, ist immer – wie Bacon selbst in dem am Anfang unseres Einleitungskapitels angeführten Wort aus dem ersten Abschnitt des Opus maius ausspricht – unendlich viel größer als sein Wissen. Es ist leicht, den Finger auf das zu legen, was Bacon nicht erkannte oder worin er den Anschauungen seiner Zeit verhaftet blieb. Es ist auch leicht zu sehen, daß Bacon das, was er forderte, selbst keineswegs durchgehend befolgte. Er wendet sich gegen die Autorität des Aristoteles, zitiert ihn aber selbst dauernd. Gutgläubig übernimmt er aus Plinius oder Boethius Wundergeschichten über alle möglichen Fabelwesen. In der Astrologie glaubt er einen richtigen Kern von falschem Beiwerk scheiden zu können; aber was er als »echte« Astrologie vorbringt, gehört für uns genauso zu den Irrtümern der Vergangenheit wie das übrige.

Für die Wertung Bacons darf nicht der Tribut entscheidend sein, den er wie jeder Mensch den Anschauungen und Irrtümern seines Jahrhunderts zollen mußte, sondern das, worin er sich weit über sie erhebt. Das ist in erster Linie seine Erkenntnis der richtigen und erfolgversprechenden Methode der Naturwissenschaft, der Bedeutung von Experiment und Mathematik also. Es war nur ein Schritt, den er tat, aber in der richtigen Richtung.

Die Unabhängigkeit seines Urteils erweist Bacon auch, wenn er zum Beispiel gegen die Kreuzzüge auftritt mit der Begründung, nicht Gewalt, sondern Überzeugung sei das Mittel zur Verbreitung des rechten Glaubens, oder wenn er es wagt, Duldsamkeit zu predigen und gegen tiefsitzende Vorurteile ein Wort für die Juden einzulegen.

IV. Chemie

Obwohl man für das Mittelalter von einer wissenschaftlichen Chemie sowenig sprechen kann wie für die vorangegangene Zeit, brachte es doch einige wichtige Schritte in Richtung auf eine solche. Zwei Dinge wirkten zusammen: die Ausbreitung alchimistischen Glaubens und Treibens und Verbesserungen der Technik in verschiedenen Zweigen des Gewerbes.

Alchimistische Bücher islamischer Verfasser verbreiteten sich in Übersetzungen schnell durch ganz Europa. Bald folgten ähnliche Werke von westlichen Verfassern – oft, um ihren Kredit zu erhöhen, als Bücher arabischen Ursprungs aufgemacht. Zahlreiche Herrscher hielten Alchimisten an ihren Höfen. Die Kirche nahm gegen das »Teufelswerk« der Alchimie Stellung, konnte aber nicht verhindern, daß sich der Glaube an die alchimistische Kunst auch in ihren eigenen Reihen breit machte. Die Beschäftigung mit solchen Gedanken und das daraufhin vielerort einsetzende Experimentieren verbreitete die Kenntnis vieler Stoffe und Verfahren; hier und da führte es auch zu neuen Entdeckungen.

Teils aus solchen Entdeckungen, teils aus der Verbesserung gewerblicher Herstellungsprozesse, teils auch aus asiatischen Ländern eingeführt, wurden im 12. und 13. Jahrhundert neue Stoffe in Europa bekannt. Zu ihnen gehören außer dem schon bei Bacon erwähnten Schießpulver – dessen oft behauptete Herkunft aus China übrigens nicht erwiesen ist, noch weniger aber die angebliche Erfindung durch Berthold Schwarz – die Ölfarben, deren Zubereitung in einem um 1270 geschriebenen Buche geschildert wird. Schon ein Jahrhundert früher wird die Destillation des Alkohols zum erstenmal erwähnt. Porzellan kam wahrscheinlich aus China. Die Herstellung von Glas, schon im Altertum bekannt, erreichte im 13. Jahrhundert besonders in Venedig eine hohe Vollendung. Aus jener Zeit stammen die kostbaren venezianischen Gläser, die heute von unschätzbarem Werte sind.

V. Biologie

ALLGEMEINES. PHYSIOLOGUS UND DIE BESTIARIEN. HILDEGARD VON BINGEN Enge Vertrautheit mit der einheimischen Pflanzen- und Tierwelt der europäischen Länder dürfen wir, soweit die praktischen Bedürfnisse von Ackerbau, Viehzucht und Jagd sie erforderten oder mit sich brachten, bei der Bevölkerung des Mittelalters als selbstverständlich voraussetzen – bei einer ganz überwiegend agrarischen Bevölkerung wahrscheinlich sogar in höherem Maße als beim heutigen Großstadtmenschen. Für die Landwirtschaft, um deren Ausbildung sich die Benediktinermönche besondere Verdienste erwarben, gab es Lehrbücher, teils auf römischer, teils auf islamischer Grundlage, sehr früh auch schon in den europäischen Nationalsprachen.

Das Interesse an wissenschaftlicher Naturkunde und Naturgeschichte erwachte unter dem Einfluß antiker Autoren, wie Plinius, und islamischer, deren Werke übersetzt wurden. Obwohl das hier gesammelte Wissen allmählich von der Welt der Gelehrten aufgenommen wurde, blieben im allgemeinen Bewußtsein das ganze Mittelalter hindurch die fabelhaftesten und befremdlichsten Vorstellungen über Pflanzen und Tiere ferner Länder im Schwange – zum einen, weil die Möglichkeit, sich selbst zu unterrichten, kaum gegeben war, zum anderen, weil die literarischen Vorbilder selbst solche Vorstellungen enthielten. Großen Einfluß hatte ein im 2. oder 3. Jahrhundert in Alexandrien entstandenes Werk, *Physiologus* genannt. Es war in zahlreiche Sprachen übersetzt und weit verbreitet. Der Inhalt besteht aus Lehrfabeln über Tiere, mit christlicher Moral. Aus ihnen schöpften großenteils die mittelalterlichen Tierbücher oder *Bestiarien*. Sie dienten weniger der Erkenntnis als vielmehr der Erbauung; ihre Geschichten wurden aber von den Lesern für bare Münze genommen. Viele Seiten ließen sich mit für den heutigen Leser höchst belustigenden Auszügen aus solchen Bestiarien füllen. Wenige Beispiele aus des Bartholomäus von England viel gelesenem Werk *Über die Eigenschaften der Dinge* als Kostprobe:

Satyrn gleichen in etwas den Menschen, haben gebogene Nasen und Hörner in ihrer Stirn und sind in den Füßen gleich Ziegen. Der heilige Antonius sah einen solchen in der Wildnis ... Diese wunderbaren Tiere sind von verschiedener Art: ... Einige werden Zyklopen genannt und haben diesen Namen, weil jeder von ihnen nur ein Auge hat, und das in der Mitte der Stirn; und einige sind ganz ohne Kopf und Nasen und haben ihre Augen in den Schultern ... Auch sind in Skythien einige mit so großen Ohren, daß sie ihre Ohren ausbreiten und ihren ganzen Körper mit diesen bedecken ... Und andere sind in Äthiopien, und jeder von ihnen hat nur einen Fuß, so groß und breit, daß sie sich mit dem Fuße beschatten, wenn sie keuchend am Boden liegen in starker Sonnenhitze ...

Auch ist anderes gesagt, das ganz wunderbar ist: Unter den Äthiopiern werden in einigen Ländern Elefanten in dieser Weise gejagt: Es gehen zwei Jungfrauen in die Wüste, gänzlich nackt und bloß, mit offenem Haupthaar, die eine trägt ein Gefäß, die andere ein Schwert. Und diese Jungfrauen beginnen zu singen; und das Tier liebt es, ihren Gesang zu hören und kommt zu ihnen und leckt ihre Brüste und fällt sogleich in Schlaf aus Lust an ihrem Gesang; dann sticht ihn die eine Jungfrau in die Kehle oder in die Seite mit dem Schwerte, und die andere fängt sein Blut in dem Gefäß, und mit dem Blute färben die Leute desselbigen Landes ihre Kleider ...

Über den Ameisenlöwen sagt der Physiologus:

daß von der Ameise und dem Löwen ein Tier geboren wird, welches der Ameisenlöwe genannt wird; und dieses Tier, sobald es geboren wird, verendet sogleich wieder, weil es sich nicht mit Nahrung versorgen kann, vielmehr unfähig dazu ist und des Hungers stirbt. Und daß dies wahr ist, bezeugt die Heilige Schrift, welche sagt: »Der Ameisenlöwe verendete aus Mangel an Nahrung.« Denn da er aus zwei Naturen besteht – wann immer er Fleisch essen will, verweigert die Natur der Ameise, welche auf Samen Appetit hat, das Fleisch; will er sich aber von Samen ernähren, widersteht die Natur des Löwen. Da er so weder Fleisch noch Samen zu verzehren imstande ist, so geht er ein. So sind jene, welche zwei Herren dienen wollen, Gott und dem Satan, indem Gott sie lehrt, rein zu sein und der Teufel sie überredet, ausschweifend zu sein ...

Bemerkenswert ist, wie unmittelbar und gewaltsam die Moral der Geschichte an das Erzählte angeschlossen wird. In der Geistesgeschichte haben Zeiten, die sich an mächtige Autoritäten und kanonische Texte aller Art gebunden fühlten, ihre Zuflucht immer zu sehr weiter und allegorischer Auslegung von Texten genommen. Ein Beispiel bietet die hellenistisch-jüdische Philosophie des Altertums. Andere bietet die orientalische Philosophie. Auch das mittelalterliche Denken vollbrachte Erstaunliches in dieser Art Interpretation von Texten. Dante Alighieri, dessen göttliche Komödie die großartigste und reinste Verkörperung mittelalterlichen Denkens und Fühlens in der Literatur darstellt, unterscheidet vier Arten, Textstellen auszulegen. Die erste ist buchstäblich. Die zweite ist allegorisch, sie sucht die unter schöner Dichtung verborgene Wahrheit. Die dritte Art ist die moralische; die vierte heißt anagogisch, das heißt »über den Sinn hinaus«. Dazu gibt Dante selbst folgendes Beispiel als Erläuterung:

»Da Israel aus Ägypten zog, das Haus Jakobs aus dem fremden Volke; da ward Juda sein Heiligtum, Israel seine Herrschaft.« – Würden wir den Buchstaben allein betrachten, so ist es der Auszug der Kinder Israels aus Ägypten zur Zeit Moses, der uns berichtet wird; im allegorischen Sinne ist es unsere Erlösung durch Christus; im moralischen Sinne die Wandlung der Seele aus Leid und Unglück der Sünde zum Zustand der Gnade; im anagogischen Sinne der Auszug der heiligen Seele aus der Knechtschaft dieser Verderbnis zur Freiheit der ewigen Seligkeit.

Die wissenschaftlichen Autoren des Mittelalters lösten sich allmählich aus dem Bann volkstümlicher Vorstellungen und stießen zu eigener Beobachtung und nüchterner Beschreibung des Beobachteten vor. Eine bemerkenswerte Erscheinung unter ihnen ist die Deutsche *Hildegard von Bingen.* Das Interesse an den Pflanzen ist bei ihr, ähnlich wie im Altertum und auch bei den Arabern, mit der Frage ihrer Verwendung als Heilmittel verknüpft. Hildegard verfügte über Kenntnisse der römischen Medizin und der deutschen Volksmedizin. Sie gab den von ihr beschriebenen Pflanzen deutsche Namen.

Die beiden namhaftesten Autoren auf unserem Gebiet sind zwei Männer, die zu den bedeutendsten Persönlichkeiten der mittelalterlichen Geistesgeschichte gehören: Kaiser Friedrich II. und Albert der Große.

FRIEDRICH II. Am Hofe des großen Hohenstaufenkaisers *Friedrich II.* (1194–1250) in Sizilien begegneten und durchkreuzten sich die Rassen und Völker, Sprachen und Überlieferungen aus Ost und West. Der Kaiser selbst sprach, wie berichtet wird, neun Sprachen, darunter Griechisch und Arabisch. Er liebte Dichtung und geistreiches Gespräch, kannte die Literatur des Islam und veranlaßte selbst die Übersetzung zahlreicher wissenschaftlicher Werke der Griechen und Araber ins Lateinische. Von unersättlichem Wissensdurst besessen, von großer geistiger Überlegenheit und innerer Unabhängigkeit, studierte und förderte Friedrich die Philosophie und alle Arten der Wissenschaft. Ich erwähne den von ihm veranstalteten Wettstreit der Rechenkünstler, aus dem Leonardo Fibonacci aus Pisa als Sieger hervorging. Der Kaiser sandte muslimischen Gelehrten philosophische Fragen zur Beantwortung und setzte sie in Erstaunen durch das Maß von Wissen, das seine Fragen verrieten. Er förderte medizinische Studien, besaß auch selbst medizinische Kenntnisse. Um der Wissenschaft eine bleibende Heimstätte auch nach seinem Tode zu sichern, gründete er 1224 die Universität Neapel. Es war die erste staatliche, also nicht-kirchliche Universitätsgründung.

Stupor mundi, das Wunder der Welt, wurde Friedrich genannt, ungläubig bewundert wegen seiner Staats- und Verwaltungskunst: er schuf den ersten modernen zentralisierten Staat; wegen seines diplomatischen Geschicks: obwohl vom Papste exkommuniziert, trat er einen Kreuzzug an, gewann den sarazenischen Feldherrn durch seine Kenntnis der arabischen Sprache, Dichtung und Wissenschaft für sich und zog ohne einen Schwertstreich in Jerusalem ein. Wurde Friedrich wegen seines Wissens und seiner geistigen Überlegenheit von vielen geliebt, so wurde er von anderen gehaßt wegen der Strenge seines Regiments, wegen seiner Entzweiung mit der Kirche und wegen der Freigeisterei, die man ihm nachsagte – nicht ganz zu Unrecht, denn Friedrich liebte den Umgang mit den »ungläubigen« Sarazenen und stand manchen Lehren der christlichen Religion mindestens skeptisch gegenüber. Daß das Wort von den »tribus impostoribus«, den drei Betrügern der Weltgeschichte (gemeint sind Moses, Jesus und Mohammed) von ihm stammt, ist nicht erweisbar, auch nicht sehr wahrscheinlich; doch bezeichnend, daß man es ihm zuschrieb.

Eine besondere Vorliebe hatte Friedrich für die Tierwelt. Er hielt sich einen Zoo, nicht nur zur Erbauung, auch aus Wißbegier. Er liebte es, auf Reisen eine Menagerie exotischer Tiere wie Löwen, Bären, Leoparden, Affen mitzuführen. Er veranlaßte Züchtungsversuche mit verschiedenen Tierarten und sammelte seltene Vögel.

Friedrich war ein großer Jäger. Er erließ Jagdgesetze zur Regelung der Abschußzeiten auf der Grundlage genauer Beobachtung der Paarungs- und Aufzuchtperioden. Über alles liebte er die Falkenjagd. Die von ihm verfaßte Schrift *De arte venandi cum avibus* – »Von der Kunst des Jagens mit Vögeln« – ist es, die ihm über das hinaus, was er allgemein als Förderer der Wissenschaften getan hat, einen Ehrenplatz in der Wissenschaftsgeschichte sichert. Alles Wissen über den Gegenstand, das Friedrich aus islamischen Quellen und durch Befragung seiner muslimischen Ratgeber (auch die Araber liebten die Falknerei) zusammentragen konnte, ist hier vereinigt mit den Ergebnissen seiner eigenen Beobachtung und Erfahrung. Außer Jagdanweisungen enthält die Schrift eine eingehende Darstellung der Anatomie der Vögel und Beobachtungen über den Vogelflug und die Wanderungen der Vögel. Sie ist ausgestattet mit Hunderten liebevoll und genau ausgeführter Zeichnungen, möglicherweise von des Kaisers eigener Hand. Auf ihrem Gebiet hat die Ars venandi im Mittelalter nicht ihresgleichen.

ALBERTUS MAGNUS *Albert von Bollstädt* (1193–1280), aus adligem Geschlecht von der Donau stammend, ist mit dem Beinamen des Großen und eines »Doctor universalis« in die Geschichte eingegangen. Er studierte zehn Jahre lang in Padua Philosophie und freie Künste, Naturwissenschaften und Medizin; danach, als er unter Jordanus in den Dominikanerorden eingetreten war, in Bologna Theologie. Im Anschluß daran lehrte er in Köln, wo der Orden ein universitätsähnliches Studienzentrum unterhielt, Theologie und Philosophie. In Köln studierte unter ihm sein großer Schüler Thomas von Aquino. Die beiden Männer blieben bis zum Tode des Thomas eng verbunden. Später lehrte Albert auch in Paris. Er starb, nachdem er zwei Jahre lang Bischof von Regensburg gewesen war, zu Paris.

In der Philosophie verarbeitete Albert als erster das volle Werk des Aristoteles und seiner arabischen Kommentatoren. Er hinterließ kein abgeschlossenes System, legte aber den Grund, auf dem Thomas das seine erbauen konnte. Alberts naturwissenschaftliches Werk, das allein wir hier zu betrachten haben, hat zum überwiegenden Teil auch die Form von Kommentaren zu den naturwissenschaftlichen Schriften des Aristoteles. Von Aristoteles, dessen Werk ihm als erstem überhaupt in seinem vollen Umfang sichtbar wurde, war er derartig eingenommen, daß er ihm in vielen Dingen blindlings folgte und den Spottnamen »Affe des Aristoteles« erhielt. Im allgemeinen war Albert in wissenschaftlichen Dingen keineswegs autoritätsgläubig. Im Gegenteil, es findet sich bei ihm das berühmte Wort *experimentum solum certificat* – wozu wiederum, wie schon bei Roger Bacon, zu sagen ist, daß Albert mit experimentum nicht das Experiment in unserem Sinne meint, sondern ungefähr das, was wir Erfahrung nennen; denn er erläutert dieses Wort, indem er sagt: Alles, was hier niedergeschrieben ist, ist das Ergebnis meiner eigenen Erfahrung, oder übernommen von solchen Autoren, von denen wir wissen, daß sie niedergeschrieben haben, was sie durch eigene Erfahrung bestätigt gefunden hatten. Doch hat Albert auch richtige Experimente in modernem Sinne gemacht.

Erfahrung stand ihm gerade in der Biologie genugsam zu Gebote. Im Dienste des Ordens hatte er an vielen Plätzen das Unterrichtswesen einzurichten. Der Ordensregel gemäß reiste er stets zu Fuß. Ganz Deutschland von den Alpen bis zum Meer durchwanderte er so, beobachtete Pflanzen und Tiere, besuchte Werkstätten und Bergwerke, studierte Fossilien, geologische Verschiebungen und das Leben im Meer.

Das botanische Hauptwerk heißt *De vegetabilibus* – Über die Pflanzen. Seit Theophrast hatten alle Gelehrten die Pflanzen unter dem Gesichtspunkt ihrer medizinischen Verwendbarkeit oder nach den praktischen Bedürfnissen der Landwirtschaft betrachtet. Albert betrachtet sie wissenschaftlich, das heißt um ihrer selbst willen. Er beschreibt eine gewaltige Zahl von Pflanzen im einzelnen, studiert ihre Anatomie und Physiologie und versucht eine Klassifizierung.

De animalibus – Über die Tiere – ist das zoologische Hauptwerk. Von den 26 Büchern sind 19 Aristoteleskommentare. Die restlichen jedoch geben im wesentlichen eigene Beobachtungen und Erkenntnisse Alberts. Vier davon enthalten Beschreibungen einzelner Tierarten, von denen Albert viele überhaupt zum ersten Male beschreibt. Fast alle in Deutschland vorkommenden Säugetiere und Vögel sind erfaßt. Als erster seit Aristoteles studierte Albert auch die Insekten.

In diesen Büchern, wo er aus seiner eigenen reichen Erfahrung schöpft, ist Albert turmhoch erhaben über Werke wie den Physiologus, den er übrigens verspottet. Mit zahlreichen abergläubischen Ansichten, die sich hartnäckig erhalten hatten, räumt er auf, so mit der Erzählung vom Vogel Phoenix, der sich selbst verbrennen, vom Biber, der sich selbst kastrieren, und vom Pelikan, der seine Jungen mit seinem Blute füttern sollte. Der Gegensatz tritt schlagend hervor, wenn man Alberts Erwähnung des Ameisenlöwen mit der früher von mir zitierten Fabelgeschichte vergleicht:

> Um damit zu beginnen: Dieses Tier ist nicht, wie manche sagen, eine Ameise. Denn ich habe eine Menge Erfahrung mit ihnen gehabt und habe meinen Kollegen gezeigt, daß dieses Tier sehr viel von der Gestalt einer Zecke hat; und er versteckt sich im Sande, indem er eine halbkugelförmige Vertiefung gräbt, auf deren Grunde sich das Maul des Ameisenlöwen befindet: und wenn Ameisen, auf Nahrung aus, das Loch durchqueren wollen, ergreift und verschlingt er sie. Dies haben wir sehr oft beobachtet . . .

Eine solche einfache Beschreibung mag uns heute nicht als hervorragende wissenschaftliche Leistung erscheinen. Aber die Fähigkeit, nüchtern zu beobachten und einen Vorgang präzis zu beschreiben, ist ein junger Erwerb der Menschheit, und noch heute ist die überwiegende Zahl der Menschen ihrer nicht fähig – man denke nur an Zeugenaussagen über einen Verkehrsunfall. Albert war einer ihrer Bahnbrecher. Damit und mit dem Reichtum seines Werkes gehört er – auch wenn er an Astrologie und mit gewissen Vorbehalten an alchimistische Lehren glaubte – zu den größten Naturwissenschaftlern des Mittelalters, ganz abgesehen von seiner Bedeutung für Philosophie und Theologie.

CONRAD VON MEGENBERG Ein Buch *De natura rerum* – Über die Natur der Dinge – dessen Verfasser Thomas von *Cantimpré* ist, wurde lange Zeit dem Albertus zugeschrieben. Dieses Werk benutzte Conrad *von Megenberg* (1309–1374) als Vorbild für sein *Buch der Natur*. Es ist das erste naturwissenschaftliche Werk in deutscher Sprache. Conrad stammte aus der Gegend von Schweinfurt, studierte in Erfurt und Paris, lehrte in Paris und Wien. Die zweite Hälfte seines Lebens verbrachte er als Geistlicher in Regensburg. In diese Zeit fällt die Abfassung der meisten seiner Schriften.

Das Buch der Natur war im Mittelalter eines der beliebtesten Werke. Es kursierte in zahlreichen Abschriften. Nach der Erfindung des Buchdrucks wurden viele Ausgaben, manchmal mit schönen Holzschnitten bebildert, gedruckt. Es hat acht Teile:

I. Von dem Menschen in seiner gemainen Natur.
II. Von dem Himeln und den siben Planeten.
III. Von den Tiern in ainer Germain (d. h. im allgemeinen).
IV. Von den Paumen (= Bäumen).
V. Von den Kräutern.
VI. Von den edlen Stainen.
VII. Von dem Gesmaid (= den Metallen).
VIII. Von den wunderlichen Prunnen.

Ein anderes Werk Conrads, gleichfalls deutsch geschrieben, hieß *Deutsche Sphaere.* Es ist das erste deutsche Werk astronomischen und physikalischen Inhalts. Conrad war auch Historiker. Mit Streitschriften griff er in die Auseinandersetzungen zwischen päpstlicher und kaiserlicher Gewalt zugunsten der Kirche ein.

VI. Geographie

PILGERFAHRTEN UND KREUZZÜGE Scharen von Pilgern, befeuert von religiösem Eifer oder auch getrieben von Wanderlust, Abenteuerdrang und anderen weltlichen Beweggründen, bevölkerten die Straßen und Meere der mittelalterlichen Welt. Es gab ungezählte Wallfahrtsorte von örtlicher Bedeutung. Andere wie Chartres oder Assisi zogen Gläubige von weit her an. Ein ständiger Strom von Pilgern ergoß sich aus allen Ländern der Christenheit nach Rom. Herbergen und Hospitäler für Pilger bestanden das ganze Mittelalter hindurch an den wichtigeren Pässen der Alpen und auch der Pyrenäen. Das lockendste Ziel war aber das Heilige Land mit dem Grab des Herrn. Als die Wallfahrten dorthin durch die Herrschaft der Ungläubigen über Palästina gestört wurden, erhob sich die Christenheit unter Führung des Papsttums zu den Kreuzzügen. Sie wurden durch zwei Jahrhunderte, von 1096–1270, fortgesetzt. Die allumfassende Organisation der Kirche und die über weite Gebiete ausgedehnten Orden gaben weitere Veranlassung zu Reisen. Kirchenfürsten und Ordensgeistliche reisten ständig im Lande umher. Albert der Große wurde wegen seiner weiten Wanderungen »der gestiefelte Bischof« genannt. Die deutschen Orden missionierten und kolonisierten den europäischen Nordosten.

Alle diese Reisen brachten viele Tausende in Berührung mit fremden Gegenden und Völkern. Sie ließen allmählich im Abendlande zutreffende Vorstellungen und genauere Kenntnis erwachsen von Lage, Ausdehnung und Eigenart der Länder. Aber sie erweiterten den geographischen Gesichtskreis noch nicht wesentlich über das hinaus, was zum Beispiel auch den Geographen des Islam bekannt gewesen war. Wesentliche Erweiterungen des Blickfeldes brachten dagegen der Orienthandel und die Fahrten der Normannen.

DIE NORMANNEN. ERSTE ENTDECKUNG AMERIKAS Die Unwirtlichkeit ihrer Heimat verwies die Normannen auf das Meer. Mit ihren winzigen Drachenschiffen durchfuhren sie ohne alle navigatorischen Hilfsmittel die Meere des Nordens. Einer, *Othar* mit Namen, umschiffte das Nordkap und gelangte bis zur Halbinsel Kola. Aus seinem Bericht schöpfte der englische König *Alfred der Große* (871–899), der selbst weitere Entdeckungsfahrten veranlaßte. Island, im 8. Jahrhundert zum erstenmal von irischen Mönchen betreten, wurde um 900 durch Normannen besiedelt. Es wurde Mittelpunkt einer blühenden Kultur und Ausgangspunkt weiterer Entdeckungsreisen. *Erik der Rote,* aus Island verbannt, setzte

nach Grönland über und leitete dessen Besiedlung ein, die bis ins 15. Jahrhundert Bestand hatte. Eriks Sohn *Leif* wurde auf der Rückfahrt von Norwegen in seine grönländische Heimat nach Süden an die Küste eines bis dahin unbekannten Landes verschlagen. Er nannte es Vinland, weil er dort wilden Wein wachsen fand. Damit war um das Jahr 1000 die Küste Nordamerikas zum erstenmal von Europäern betreten. Eine spätere Expedition unter *Thorfinn Karlsefni* erreichte Labrador und Neufundland und versuchte weiter südlich, wahrscheinlich im heutigen Neuschottland, dauernd Fuß zu fassen. Sie konnte sich aber nicht halten. So scheiterte der erste Vorstoß des Abendlandes in die Neue Welt.
Schwedische Waräger unter *Rurik* gründeten 863 das russische Reich mit Nowgorod, später Kiew als Hauptstadt.

ENTDECKUNGEN DER GENUESEN UND VENEZIANER. MARCO POLO Während die Kaufleute der deutschen Hanse den Handel des Nordens von Nowgorod, Wisby, Malmö und Reval bis nach London und den flämischen Städten beherrschten, erhoben sich im Süden die italienischen Küstenstädte, allen voran Genua und Venedig, zu Macht und Reichtum. Italienische Seefahrer erreichten die – allerdings schon dem Altertum bekannten – Kanarischen Inseln. Andere versuchten ohne Erfolg die Umseglung Afrikas. Die Hauptrichtung des Handels ging aber in der Nachwirkung der Kreuzzüge nach Osten, zum Vorderen Orient und darüber hinaus in das ferne Asien. Eine ganze Anzahl kühner Männer drang weit nach Asien hinein. Ihre Reisen dienten religiöser Mission oder diplomatischen und kaufmännischen Zielen. Eine besondere Rolle spielte die Suche nach dem sagenhaften Priesterkönig Johannes. Der Apostel Johannes sollte sich, so lautete die Überlieferung, in das Innere Asiens zurückgezogen haben und dort inmitten einer heidnischen Umwelt ein glückliches christliches Reich noch immer regieren. Ähnlich wie die Alchimisten bei ihrer Suche nach dem Stein der Weisen zwar diesen nicht fanden, dabei aber zahlreiche andere nützliche Stoffe entdeckten: so haben die Forschungsreisenden des Mittelalters bei ihrer vergeblichen Suche nach dem Priesterkönig viele neue Gegenden entdeckt und erschlossen.
Ein Franziskanermönch, *Giovanni de Piano Carpini*, wurde 1245 vom damaligen Papste Innozenz IV. an den Hof des Mongolenkhans in Karakorum entsandt. Sein Bericht über die fünfzehn Monate lange und von Widerwärtigkeiten aller Art begleitete Reise gehört zu den Klassikern des geographischen Schrifttums. Wenige Jahre darauf unternahm ein anderer Franziskaner, *Wilhelm van Ruysbroek*, die gleiche beschwerliche Reise. Durch diese Reisen erkannte man den Kaspisee als Binnenmeer und lernte Quellen und Lauf von Don und Wolga kennen. – Ein dritter Franziskaner, Johann von *Montecorvino* (1250–1325), reiste über Persien und Indien bis nach China und versuchte, die dort lebenden nestorianischen Christen der Kirche zurückzugewinnen. Einige seiner brieflichen Reiseberichte sind erhalten.
Die berühmtesten Asienreisenden des Mittelalters stellte die veneziani-

sche Kaufmannsfamilie der *Polo*. Zwei Brüder, Niccolò und Maffeo Polo, reisten um 1260 von Konstantinopel nach Buchara und von dort mit einer tatarischen Gesandtschaft bis an den Hof des Kublai Khan, Enkel des Eroberers Dschingis Khan und erster Mongolenkaiser von China. Dieser schickte sie mit einer Botschaft an den Papst in die Heimat zurück. 1271 traten sie ihre zweite Reise an und nahmen ihren damals siebzehnjährigen (1254 geborenen) Neffen *Marco Polo* mit. Nach dreieinhalb Jahren Reise durch Persien und über das 4000 Meter hohe Pamirplateau gelangten sie glücklich wieder an den Hof des Khans. Während die beiden älteren sich dem Handel widmeten, errang der junge Marco die besondere Gunst des Herrschers. Er wurde mit mancherlei Verwaltungsaufgaben und diplomatischen Aufträgen betraut. Dadurch lernte er große Teile des Riesenreiches kennen.

Über siebzehn Jahre blieben die drei Polo in China. Für die Rückreise wählten sie den Seeweg. Nach dreijähriger Reise und insgesamt 25 Jahren Abwesenheit erreichten sie wieder ihre Heimatstadt Venedig. Die Reise führte über die Straße von Malakka, Java, Sumatra, Ceylon in den Persischen Golf und dann über Konstantinopel zurück. Was die drei Reisenden von dem chinesischen Riesenreich, seinen Städten, den ungezählten Millionen seiner Einwohner und ihren Gebräuchen berichteten, fand wenig Glauben. Jahrhundertelang war »Marco Milioni« – wie man den vermeintlichen Aufschneider im Spott nannte – eine bekannte venezianische Karnevalsfigur.

Bald nach seiner Rückkehr geriet Marco bei einem Seegefecht in genuesische Gefangenschaft. Während der einjährigen Kerkerschaft diktierte er einem Leidensgefährten seinen berühmten Bericht, eines der wichtigsten Dokumente in der Geschichte der Entdeckungen, heute kaum weniger spannend zu lesen als für die Zeitgenossen. Marco war als erstem eine Reise durch ganz Asien bis an die Küste des Stillen Ozeans gelungen. Er berichtete als erster den Europäern über Japan und beschrieb Siam, Burma, Java, Sumatra und viele andere Länder, erwähnte auch Abessinien und Madagaskar. Die Schilderung der chinesischen Welt ist höchst anschaulich und dabei genau. Merkwürdig ist, daß weder der Tee noch die Große Mauer erwähnt werden. Goethe hat dem Bericht Marco Polos im West-Östlichen Diwan Worte höchster Bewunderung gewidmet.

So waren vor Beginn des eigentlichen Zeitalters der Entdeckungen ganz Europa bis zum Norden, große Teile Asiens und der nördliche Teil Afrikas in das Blickfeld des abendländischen Menschen gerückt. Trotz dieser Ausweitung herrschte über das sogenannte Antipodenproblem, die Frage, ob auf der uns abgekehrten Seite der Erde Menschen leben, Zweifel und Unsicherheit. Die Ansicht des Kirchenvaters Augustinus, der derartiges als »unglaubhaft« bezeichnet hatte, herrschte noch vor. Nur einzelne kühne Denker wie Albert und Roger Bacon wandten sich gegen die allgemeine Ansicht.

KARTEN Die kartenmäßige Aufnahme der neuentdeckten Länder konnte naturgemäß nicht mit den kühnen Taten der Entdecker Schritt halten. Doch erforderte die Ausweitung von Schiffahrt und Handel bessere Land- und Seekarten, als man bisher gehabt hatte. Die sogenannten *portolani*, die etwa im 13. Jahrhundert im Mittelmeergebiet aufkamen, stellen die ersten richtigen, das heißt praktisch brauchbaren Karten dar. Da sie in der Praxis als Hilfsmittel der Navigation verwendet wurden, mußte jede irrtümliche Eintragung sich entweder alsbald an Gut und Blut rächen oder berichtigt werden. So erreichten diese portolani einen Grad der Genauigkeit, an dem gemessen die gleichzeitig von mönchischen Stubengelehrten hergestellten »Weltkarten« schematisch, theoretisch und zum Teil unsinnig erscheinen.
Leider ist eine Karte verloren, die *Roger Bacon* herstellte und an den Papst sandte mit der Aufforderung, eine genaue geographische Bestandsaufnahme der ganzen Welt zu veranlassen. Roger sprach dabei auch von der Möglichkeit, in westlicher Richtung einen Seeweg nach Indien zu finden, sogar »bei günstigem Winde in wenigen Tagen«.

VII. Medizin

In einem engeren Sinne bezieht sich die Geschichte der Medizin auf die Entwicklung des medizinischen *Wissens*. Nur insoweit gehört sie eigentlich in die Wissenschaftsgeschichte. In einem weiteren Sinne umfaßt sie jedoch auch Dinge wie die Entwicklung der ärztlichen *Kunst* – die auch heute, da sie auf wissenschaftlicher Grundlage ausgeübt wird, keineswegs mit jenem zusammenfällt; die Geschichte des Ärztewesens als *Stand;* die Geschichte der *Krankheiten* als interessanten Teil der Kulturgeschichte; die Geschichte des *öffentlichen Gesundheitswesens* als Teil der Sozialgeschichte und anderes mehr. Für den nicht rein fachlich interessierten Leser ist diese breiter aufgefaßte Art von Medizingeschichte reizvoller als die des medizinischen Fachwissens.
Die mittelalterliche Medizin war zunächst nicht wissenschaftlich. Sie war Volksmedizin. Das Kräuterweib, die »weise Frau«, die die rechten Sprüche und Mittel kennt, Quacksalber aller Art sind ihre Praktiker, daneben die Kleriker. Arzneimittel wurden in unübersehbarer Vielfalt verwendet. Sie stammten teilweise aus uralter Erfahrung des Volkes, zum anderen aus reinem Aberglauben. Kaum ein tierischer oder pflanzlicher Stoff, der nicht als Heilmittel Verwendung fand. Geistliche und Mönche, zunächst die einzigen Gebildeten, auch Nonnen, hatten einen wichtigen Anteil an der Bewahrung und Sammlung dieses medizinischen Wissens. In den Klostergärten wurden die Heilkräuter gezogen. Später verbot die Kirche zu wiederholten Malen die Ausübung der Heilkunst durch den Klerus, und diese ging langsam in weltliche Hände über. In der Einrichtung und Unterhaltung von Hospitälern behielten Orden und Klöster noch lange die führende Rolle.

DIE SCHULE VON SALERNO Von den spärlichen Resten der antiken Tradition abgesehen, die sich vornehmlich in Italien erhielten, beginnt der wissenschaftliche Einschlag der Medizin mit dem islamischen Einfluß. In Westeuropa waren es lange Zeit hindurch die Juden, die vermöge ihrer besseren Bekanntschaft mit dem medizinischen Wissen der Araber die führenden Ärzte stellten. Im 12. Jahrhundert errang die medizinische Schule von Salerno in Unteritalien eine führende Stellung. Alle Zweige der Medizin wurden hier gepflegt, am meisten die Chirurgie. *Roger von Salerno*, einer der Hauptvertreter der Schule, gilt als »Vater der europäischen Chirurgie«.

Aus dieser Schule stammt eines der ältesten erhaltenen Schriftdenkmäler der europäischen Medizin, *Regimen sanitatis* (Gesundheitsregel) genannt. Die darin empfohlenen Drogen sind meist unbrauchbar, die Regeln für die Lebensweise dagegen einfach und treffend. Eine solche Regel, an einen König von England gerichtet, empfiehlt diesem, »den Kopf von Sorge und das Herz von Zorn frei zu halten, nicht viel Wein zu trinken, leicht zu essen und früh aufzustehen«. Weiter heißt es: »Wenn ein natürliches Bedürfnis dich bedrängt, unterdrücke es nicht, denn das bringt Gefahr; und brauche noch drei Ärzte: den Doktor Ruhe zuerst, dann Doktor Frohsinn und Doktor Diät.« Gilt das nicht auch noch im Zeitalter der Managerkrankheit?

Die Schule wurde gefördert durch Friedrich II. Dieser verordnete, daß die ärztliche Praxis nur von denen betrieben werden dürfe, die ein Zeugnis dieser Schule vorweisen konnten. Ein solches Diplom setzte drei Jahre eines vorbereitenden allgemeinen Studiums voraus, darauf ein fünfjähriges Studium der Medizin, das zwei Prüfungen einschloß, und eine einjährige praktische Ausbildungszeit. Die medizinische Ausbildung, deren lange Dauer heute beklagt wird, war also schon in damaliger Zeit ebenso lang wie heute! Die Verordnung Friedrichs ist eines der frühesten Beispiele staatlicher Regelung des Ärztewesens in Europa.

Von Salerno und der von Friedrich begründeten Universität Neapel, die das Erbe der Schule antrat, breitete sich das ärztliche Wissen über Italien und von dort in andere Länder aus. Das 14. Jahrhundert weist eine Reihe bedeutender französischer Ärzte auf, darunter *Henri de Mondeville* († um 1320), der eine medizinische Enzyklopädie für Juristen hinterließ. Im ganzen behielt jedoch Italien seine führende Stellung noch mehrere Jahrhunderte lang.

ARNOLD VON VILLANOVA. ROGER BACON Eine der herausragenden Persönlichkeiten der Medizin des 13. Jahrhunderts ist der Spanier *Arnold von Villanova* (1240–1311), Leibarzt des Königs von Aragon und des Papstes Bonifaz VIII. Über hundert Bücher werden ihm zugeschrieben. Nur zum Teil betreffen sie medizinische Gegenstände. Arnold war außerdem Alchimist und Astrologe, Diplomat und Sozialreformer; er übersetzte auch medizinische Werke aus dem Arabischen. Arnold erkannte gleich Roger Bacon den Wert des Experiments und die Bedeutung der Naturwissenschaft; er kämpfte dafür, daß der letzteren in der

Erziehung eine wichtige Stellung eingeräumt würde. Er wurde von der Inquisition verfolgt.

Roger Bacon war zwar nicht praktischer Arzt, aber medizinisch gebildet und schrieb über medizinische Themen. In einem *Traktat über die Irrtümer der Ärzte* griff er die Schulmedizin an, zählte 36 Grundirrtümer der zeitgenössischen Heilkunde auf und verwies wiederum auf den Wert von Erfahrung und Experiment.

ANATOMIE: MONDINO DE'LUZZI Nächst der Chirurgie und in engem Zusammenhang mit ihr machte die Anatomie Fortschritte, wiederum am meisten in Italien. *Mondino de'Luzzi* (1275–1326), der in Bologna Medizin lehrte, wird der »Erneuerer der Anatomie« genannt. Sein Hauptwerk, mit lateinischem Titel *Anatomia Mundini*, blieb das anatomische Standardwerk bis zum Beginn der Neuzeit. Die Sektion zweier weiblicher Leichen, die Mondino 1315 in Bologna vornahm, ist die erste öffentlich durchgeführte und mit dem Lehrzweck verbundene Sektion menschlicher Körper in Europa. Für gerichtsmedizinische Zwecke, das heißt zur Feststellung der Todesursache bei vermuteten Verbrechen, waren Sektionen auch schon vorher unternommen worden. Nach Mondino breitete sich die Übung des öffentlichen Sezierens stetig, aber sehr langsam weiter aus. Zahlreiche anatomische Irrtümer der antiken Autoren wurden gleichwohl weitergeschleppt. Erst ganz allmählich löste man sich aus dem Banne ihrer Autorität.

EPIDEMIEN UND ÖFFENTLICHES GESUNDHEITSWESEN Die Geschichte des Mittelalters ist erfüllt von in dichter Folge wiederkehrenden Hungersnöten und von verheerenden Epidemien. Kein Jahrhundert, aus dem nicht von ihnen berichtet wird. Die Seuchen waren von verschiedener Natur, Cholera und Typhus traten auf; eine besonders auffällige Form war die sogenannte Tanzwut, auch Veitstanz genannt – die berühmte Springprozession von Echternach geht wohl auf einen Ausbruch dieser Krankheit zurück. Am stärksten hat sich der Erinnerung der europäischen Völker die Schwarze Pest des Jahres 1348 eingeprägt. Ihr Ursprungsland steht nicht fest. Wahrscheinlich kam sie aus dem Orient. In Europa machte sie sich zuerst in Italien bemerkbar. Von dort zog sie schleichend, aber unaufhaltsam über die übrigen Länder hin. Manche Landstriche blieben verschont; andere wurden furchtbar heimgesucht. Die Zahl der Todesopfer in ganz Europa ist auf 25 Millionen berechnet worden.

Boccaccio hat in der Einleitung zu seinem Decamerone eine denkwürdige Beschreibung der Seuche gegeben. Der islamische Historiker Ibn Khaldun berichtet in der Einleitung zu seinem Geschichtswerk:

> In der Mitte des Jahrhunderts suchte eine Epidemie die Länder des Ostens und des Westens heim, dezimierte die Völker, fegte einen guten Teil dieser Generation hinweg und löschte viele der Vorzüge zivilisierten Lebens aus . . . Die Landwirtschaft wurde durch den Menschenmangel lahmgelegt, Städte wurden verwüstet, Paläste sanken in Trümmer . . . Das gleiche geschah im Osten wie im Westen . . . Es ist, als ob die Stimme der Natur die Welt zu Reue und Demut gerufen hätte, und die Welt sich beeilte, dem zu folgen . . .

Die Schwarze Pest dieser Jahre und die nachfolgenden Wellen – denn sie flackerte noch Jahrzehnte danach immer wieder auf – waren eine der schwersten Katastrophen in der Geschichte der Menschheit.
Die abergläubische und verängstigte Bevölkerung schrieb die Plage den verschiedensten Ursachen zu, dem Einfluß der Gestirne oder auch der Vergiftung der Brunnen durch die Juden. Furchtbare Judenverfolgungen waren die Folge. Die ärztliche Wissenschaft erkannte wohl den anstekkenden Charakter der Krankheit, aber nicht den Mechanismus der Übertragung. Aber auch wenn dieser erkannt worden wäre, hätte der Zustand des öffentlichen Gesundheitswesens kaum durchgreifende Vorbeugung oder Abwehr zugelassen. Die Städte mit ihrer durch die Befestigungsanlagen zusammengedrängten Bauweise waren malerisch, aber ungesund; die Straßen eng und finster, schmutzig; Abfälle warf man einfach auf die Straße, Vieh wurde hindurchgetrieben. Abschließung, die den besten Schutz gegen Ansteckung hätte bieten können, war nicht durchführbar. Wenn man Landstreicher ausschloß und Volksfeste verbot, fanden doch und gerade religiöse Prozessionen statt. Die Geißler, ein Produkt der Pestzeit, durchzogen in Scharen das Land.
Im Gefolge der Pest begann man an manchen Orten mit planvollen Maßnahmen zur Besserung der öffentlichen Hygiene, zuerst in den Seestädten, die sich noch schwerer als die mauerumschlossenen Städte des Binnenlandes gegen den Zustrom von außerhalb abschließen konnten. Andrea Dandolo, Doge von Venedig, schuf die erste gemeindliche Gesundheitsverwaltung. Venedig, Ragusa, Marseille suchten sich gegen Seuchen zu schützen, indem sie Neuankömmlinge und verdächtige Personen einer Quarantäne von dreißig oder vierzig Tagen unterwarfen. Die wahre Natur ansteckender Erkrankungen und die Weise ihrer Übertragung blieben noch jahrhundertelang unerkannt.

VIII. Geschichte und Philologie

CHRISTLICHE GESCHICHTSDEUTUNG Das Geschichtsverständnis des Mittelalters, aus dem das moderne Geschichtsbewußtsein erwachsen ist, ist christlich. Die Geschichte ist in erster Linie Heilsgeschichte. Sie ist ein ungeheures Drama zwischen dem Anfang der Weltschöpfung, wie er in der Schöpfungsgeschichte geschildert ist, und dem Jüngsten Gericht.
Die großartigste und tiefste Deutung der Geschichte im christlichen Sinne, die für alle kommenden Geschichtsauffassungen den Grund legte, gab der Kirchenvater *Augustinus* im 4. Jahrhundert. In seiner *Civitas Dei* (Gottesstaat) schildert Augustinus den Kampf zwischen den beiden Reichen des Guten und Bösen, der Gotteskinder und der Abtrünnigen, der die Weltgeschichte ausmacht. Er wendet sich gegen antike Gedanken vom ewigen Bestand der Welt und vom ewigen Kreislauf aller Dinge, »denn *einmal nur* ist Christus gestorben ...« Es ist unschwer zu erkennen, daß die Geschichte als Ganzes für die christliche Auffassung wegen dieser Einmaligkeit und Unwiderruflichkeit der entscheidenden

Vorgänge eine einzigartige Bedeutsamkeit und Eindringlichkeit erhalten mußte.

War für den mittelalterlichen Christen die Welt nur von geringem Gewicht gegenüber dem Reiche des Ewigen, eine Durchgangsstation und ein Jammertal, so war das irdische Geschehen in der Auffassung der Geschichte als Heilsgeschichte doch die Stätte der Versuchung und der Bewährung, die Zeitspanne, die über das Schicksal des einzelnen für die Ewigkeit entschied. Die Geschichte als entscheidungsschwerer und nach Gottes unabänderlichem Ratschluß ablaufender Vorgang – solche Vorstellung gab dem Drama der Geschichte eine einzigartige Akzentuierung und Dringlichkeit. So entstand ein neues Zeitbewußtsein, das sich scharf abhob von allen vorangegangenen und von allen nichtchristlichen Kulturen.

FORMEN MITTELALTERLICHER GESCHICHTSDARSTELLUNG Die eigene volkssprachliche Überlieferung der zunächst schriftlosen germanischen Völker schlug sich in Sagen und Heldenliedern nieder, die lange nur mündlich überliefert und im wesentlichen erst in karolingischer Zeit schriftlich aufgezeichnet wurden – so das Hildebrandlied um 800 im Kloster Fulda. Sieht man von dieser Überlieferung ab, die mehr Dichtung als Geschichtsschreibung ist, so lassen sich vier Hauptformen der Geschichtsdarstellung im Mittelalter unterscheiden.

Der germanischen Überlieferung am nächsten stehen die *Volksgeschichten* wie des Römers *Cassiodorus* – der Kanzler des Ostgotenkönigs Theoderich war – nur teilweise erhaltene Geschichte der Goten, die Geschichte der Franken von *Gregor von Tours* aus dem 6. Jahrhundert, die Geschichte der Angelsachsen von dem Mönch *Beda*, dessen Todesdatum für 735 bezeugt ist.

Die ehrwürdigste Überlieferung können die *Weltchroniken* aufweisen. An ihrem Beginn steht das Werk des *Eusebios*, Bischof von Caesarea (263–339), dessen 325 verfaßte Zeittafel (»Chronicorum canones«) die antike Überlieferung nach Olympiaden und Dynastien mit der biblischen Geschichte (seit Abrahams Geburt) zu vereinigen sucht. Der Bibelübersetzer *Hieronymos* (etwa 347–420) hat das Werk ins Lateinische übersetzt und bis zu seiner Zeit weitergeführt; es ist zur Grundlage aller späteren Chronologie und zum Vorbild der späteren Weltchroniken geworden, wie sie alle mittelalterlichen Jahrhunderte kennen, von *Isidor von Sevilla* im 6. Jahrhundert bis zu der 1493 veröffentlichten Weltchronik des Nürnbergers *Hartmann Schedel*, die zu den berühmtesten Werken aus der Frühzeit der (um 1460 erfunden) Buchdruckerkunst zählt und die noch immer die auf die frühen Kirchenväter zurückgehende Einteilung der Weltgeschichte in sechs Zeitalter aufweist.

Die *Annalen*, eine der wichtigsten Quellen für unsere Kenntnis der mittelalterlichen Welt, haben mit den Chroniken – neben Weltchroniken kennt das spätere Mittelalter auch Landes- und Stadtchroniken – zwar den chronologischen Aufbau gemeinsam, ihrer Eigenart nach bilden sie aber einen Gegenpol zu diesen: Während die Chronik eine von einem be-

stimmten Verfasser stammende Gesamtdarstellung gibt, oft mit literarischem Anspruch, stellen die Annalen von Jahr zu Jahr fortgeführte Aufzeichnungen dar, deren Verfasser oft ungenannt und unbekannt bleiben, oft auch über Jahre und Jahrzehnte hin gewechselt haben. Die Annalen sind zuerst in den Klöstern entstanden, und zwar aus den sogenannten Ostertafeln, die den von Jahr zu Jahr wechselnden Termin des Osterfestes festhielten. Neben diesen Terminen wurden bald Ereignisse aus dem engeren Lebenskreis des Klosters, vor allem der Wechsel des Abts und des Bischofs, später auch aus dem weiteren Umkreis – wie etwa Hungersnöte, Kriege, Herrscherwechsel – festgehalten. Von der Zeit Karls des Großen an wurden Annalen auch an den Fürstenhöfen geführt, nicht selten, um die eigene Politik zu erläutern und zu rechtfertigen.
Während die Annalen in der eben angedeuteten Form eine Schöpfung des europäischen Mittelalters darstellen, geht die letzte hier zu erwähnende Gattung, die *Biographie,* wieder stärker auf antike Vorbilder zurück. Stärker noch als die biographische Kunst etwa eines Plutarch haben allerdings die Apostelgeschichten und Heiligenleben der frühchristlichen Zeit hier als Vorbild gewirkt. Das frühe Mittelalter kannte nur die Lebensgeschichten von Heiligen wie etwa die Biographie des Friesenapostels Willibrod von *Alkuin;* erst mit *Einhards* Biographie Kaiser Karls des Großen wurde der Lebenslauf eines weltlichen Herrschers zum ersten Mal durch die Feder eines Laien geschildert.

ÜBERSETZER UND GRAMMATIKER. ENZYKLOPÄDISTEN Aus England, wo schon zu Beginn des 8. Jahrhunderts *Beda Venerabilis* (das heißt der Verehrungswürdige, 674–735), Vorläufer und Vorbote der scholastischen Philosophie, das Banner der Gelehrsamkeit aufgepflanzt hatte, kam einige Jahrzehnte später *Alkuin* (etwa 735–804) an den Hof Karls des Großen, gründete und leitete Bibliothek und Schule und brachte den Franken die erste höhere Bildung. Alkuins Schüler *Hrabanus Maurus,* Abt in Fulda und Erzbischof von Mainz, hat den Ehrennamen des »Ersten Lehrers der Deutschen« (Primus Germaniae praeceptor) erhalten. *De universo libri XXII* – 22 Bücher über das Universum – heißt sein Werk, das schon eine gewisse Kenntnis des Griechischen und auch des Hebräischen verrät. Hrabanus schrieb das erste lateinisch-griechische Wörterbuch.
Enzyklopädische Werke brachte das Mittelalter in großer Vielfalt hervor. Sie sind die Krone der mittelalterlichen Gelehrsamkeit. Eine vollständige Aufzählung ihrer Verfasser würde alle großen Namen der mittelalterlichen Theologie und Philosophie einschließen. Die Summen, allen voran die des Thomas von Aquin, waren nicht nur theologische Werke, sie behandelten alle Gebiete des Lebens und des Wissens. Das *Speculum maius* des französischen Dominikaners *Vincent von Beauvais* (vor 1200 bis etwa 1264) verdient in diesem Zusammenhang besondere Erwähnung. Es hat achtzig Bücher, mehrere tausend Kapitel, eingeteilt in drei Hauptteile, einen naturwissenschaftlichen, einen doktrinalen und einen geschichtlichen (Weltgeschichte bis 1250). Später wurde noch ein

vierter moralischer Hauptteil angefügt. Auch unter dem Namen *Roger Bacons,* der recht eigentlich ein enzyklopädischer Geist war, ist eine Enzyklopädie erhalten. Vielleicht stammt sie von einem seiner Schüler. Das Werk heißt *Summa philosophiae,* umfaßt siebzehn Abteilungen und beginnt mit einer Darstellung des Aufkommens der Philosophie bei Ägyptern, Chaldäern, Griechen, Arabern und Christen.
Mit dem Übersetzungsstrom aus dem Arabischen, Griechischen und Hebräischen ins Lateinische und bald darauf weiter aus diesem in die langsam reifenden europäischen Nationalsprachen mußte sich das Interesse an der Philologie gewaltig beleben. Die Namen führender Übersetzer, an der Spitze Gerhard von Cremona und Wilhelm von Moerbeke, habe ich bereits genannt. Wiederum hat Roger Bacon mit seiner Forderung nach gründlichem Studium der alten Sprachen einen hervorragenden Anteil an dieser Entwicklung. Er schrieb selbst eine der ersten griechischen Grammatiken. Er beschäftigte sich mit der Verwandtschaft der Sprachen und dachte schon an eine vergleichende Sprachwissenschaft.

IX. Anfänge des Humanismus

DANTE Kaum ein anderes Zeitalter hat einen Dichter gefunden, der seinem Denken und Fühlen einen so vollendeten und unvergänglichen Ausdruck verliehen hat, wie das Mittelalter in Dante Alighieri (1265 bis 1321). Die *Göttliche Komödie* – Dante hatte sein Werk nur »Commedia« genannt, das »Göttliche« wurde später hinzugefügt – und die übrigen Schriften Dantes müssen in der Wissenschaftsgeschichte genannt werden, nicht allein, weil sie ein getreues Spiegelbild der mittelalterlichen Kenntnisse und Anschauungen auf allen Lebensgebieten sind, sondern auch wegen ihres Einflusses auf die sprachliche Entwicklung und auf das geschichtliche Bewußtsein.
Italien besaß ebenso wie Frankreich und Spanien schon vor Dante eine Literatur in der Volkssprache. Aber erst die Sprachgewalt Dantes gab dem Italienischen seinen vollen Reichtum und seine ganze klingende Schönheit. Dantes Werk leitete auch die sprachliche Einheit seines Volkes ein auf der Grundlage des toskanischen Dialektes, den er als Florentiner sprach und schrieb.
Dante war in die Parteikämpfe zwischen Guelfen und Ghibellinen verwickelt und verbrachte die letzten beiden Jahrzehnte seines Lebens im Exil. Vor der Divina Commedia hatte er seine Gedichte italienisch, seine wissenschaftlichen und politischen Schriften jedoch lateinisch geschrieben. Eine lateinische Abhandlung *De vulgari eloquentia* – Über die Beredsamkeit in der Volkssprache – beschäftigt sich mit der italienischen Sprache und ihren Dialekten und erhebt die Forderung nach einer einheitlichen Schriftsprache.
Eigentliche geschichtliche Werke hat Dante nicht geschrieben. Doch beschwor seine Dichtung die Bilder und Gestalten der Vergangenheit mit großer Eindringlichkeit. Die hiervon ausgehende Belebung des geschicht-

lichen Interesses traf zusammen mit dem neu erwachenden Interesse am Altertum unter der Wirkung der islamischen Literatur. Dante selbst war mit dem philosophischen und wissenschaftlichen Denken seiner Zeit gut vertraut, auch mit dem arabischen; übrigens gibt es für die Komödie Vorbilder in der arabischen Literatur. Dante steht an der Schwelle der tiefreichenden und fruchtbaren Begegnung des europäischen Geistes mit der Antike, die im 14. Jahrhundert einsetzte und die man Humanismus nennt.

PETRARCA Dantes toskanischer Landsmann Francesco *Petrarca* (1304 bis 1374) steht am eigentlichen Beginn dieser humanistischen Bewegung. Petrarcas Schicksal gleicht in manchem dem Dantes. Er empfing aus der Begegnung mit seiner Laura die gleiche entscheidende und lebenslange Inspiration wie Dante aus seiner Liebe zu Beatrice. Auch Petrarca starb im Exil.

Petrarca ist nächst Dante einer der Schöpfer der italienischen Sprache und ihrer Einheit. Aber seine italienischen Schriften bilden nur den kleineren Teil seines Werkes. Die Masse ist lateinisch geschrieben. Petrarca liebte das lateinische Altertum, seine Literatur und seine Kunst, mehr als seine Gegenwart. Am höchsten schätzte er Cicero, von dem er zwei bis dahin unbekannte Manuskripte entdeckte, und Vergil. Außer Handschriften, von denen er eine größere Anzahl zusammentrug, sammelte er antike Inschriften und Münzen.

Petrarca kann als Persönlichkeit und als Dichter mit seiner Liebe zur Natur, seiner Lust am Reisen, seiner Neigung zur Introspektion (Selbstbetrachtung), seiner heftigen Abneigung gegen die scholastische Philosophie und gegen das Mittelalter überhaupt als der erste »moderne Mensch« gelten. Mit ihm beginnt die wissenschaftliche Erforschung des lateinischen Altertums. Neben Petrarca gehört *Benzo* von Alessandria († 1335) zu den Vätern des wissenschaftlichen Humanismus. Er begann mit der archäologischen Durchforschung Italiens.

BOCCACCIO. SALUTATI Petrarca konnte, obschon er griechische Manuskripte besaß, nicht Griechisch lesen. Homer war, wie er sich ausdrückte, »für ihn stumm«. Sein Zeitgenosse Giovanni *Boccaccio* (1313–1375), obwohl in Paris geboren, durch seine Erziehung ebenfalls Florentiner und mit Petrarca befreundet, wurde durch diesen mit der gleichen Liebe zum Altertum erfüllt. Die Nachwelt kennt Boccaccio in erster Linie als Dichter der Novellensammlung des Decamerone. Die Geschichte der Wissenschaft verzeichnet ihn als ersten Abendländer, der Griechisch studierte, um die griechischen Dichter im Original lesen zu können. Obwohl philologisch ungenügend ausgerüstet, eröffnete er damit doch für das Abendland den Weg zu Homer und wurde zum Mitbegründer der humanistischen Bewegung.

Als Dritter im Bunde mit Petrarca und Boccaccio ist Coluccio *Salutati* (1331–1406) zu nennen. Ihm ist die Entwicklung der Textkritik und ihrer Anwendung auf die alten Manuskripte zu danken. Mit einer Abhandlung *De Tyranno* und seinen denkwürdigen Erörterungen über den Vorrang der Jurisprudenz oder der Medizin hat Salutati auch einen wichtigen Platz in der Geschichte der Rechtswissenschaft, die wir als letzten Zweig der Wissenschaften für das Mittelalter nun noch betrachten wollen.

X. Jurisprudenz

Die mittelalterliche Rechtsentwicklung ist von fast unübersehbarer Mannigfaltigkeit, ihre Kenntnis ein unentbehrlicher Schlüssel zum Verständnis der damaligen und der späteren europäischen Geschichte. Die germanischen Völker brachten eine reiche eigene rechtliche Überlieferung mit. Aus der schriftlosen Zeit dieser Völker ist sie uns nur zu Teilen bekannt. Goten, Franken, Langobarden – diese in besonderem Maße – und die anderen germanischen Stämme nahmen bald nach der Berührung mit dem römischen Reich römisches Recht als Bestandteil ihres eigenen auf.
Eine von der des europäischen Festlandes verschiedene Entwicklung vollzog sich in England. In den Jahrhunderten des späteren Mittelalters wurde hier der Grund gelegt zu der Rechtsentwicklung, die fast stetig, im Gegensatz zu der tiefgreifenden Erschütterung, welche die spätere Rezeption des römischen Rechts besonders in Deutschland mit sich brachte, bis in die Gegenwart reicht. Der bekannteste Markstein ist die *Magna Charta* des Jahres 1215. Obwohl keineswegs demokratisch im modernen Sinne, sondern in erster Linie die Rechte der Kirche und des Adels verbriefend, stellt sie doch einen der wichtigsten Schritte dar auf dem Wege zu den Freiheitsrechten, die heute den wertvollsten Besitz der westlichen Kulturwelt darstellen.
Die wichtigsten Zeugnisse der deutschen Rechtsentwicklung sind der *Sachsenspiegel* des Eike von Repgow, um 1235 entstanden (zuerst lateinisch geschrieben) und die von diesem beeinflußten *Schwabenspiegel* und *Deutschenspiegel,* ebenfalls aus dem 13. Jahrhundert.
Die Kirche entwickelte, auf biblischer Grundlage, aus den Lehren der Kirchenväter, den Beschlüssen der Konzilien unter Aufnahme und entsprechender Umgestaltung römischer Rechtssätze – besonders aus dem Codex des Justinian – auch aus der Rechtsüberlieferung der ehemals barbarischen Völker ihr eigenes Recht zu einem eindrucksvollen Gebäude. Der größere Teil dieses »kanonischen« Rechts erhielt um die Mitte des 12. Jahrhunderts seine feste Gestalt durch das Werk des Mönchs *Gratian,* das später den Namen »Decretum« erhielt. Verschiedene Päpste im 13. und 14. Jahrhundert fügten Ergänzungen hinzu. Das *Corpus iuris canonici* gab dem Kirchenrecht im 16. Jahrhundert seine bleibende Fassung bis ins 20. Jahrhundert hinein (1918 erst ist es durch den *Codex iuris canonici* abgelöst worden). Mit dem kanonischen Recht trat neben das kaiserliche (römische) Weltrecht ein zweites päpstlich-kirchliches Weltrecht von gleicher universaler Geltung und Bedeu-

tung. Die Zweiheit der Rechte spiegelt sich bis heute im Titel des Doctor iuris utriusque, des »Doktors beider Rechte«.
Für die Rechts*wissenschaft* besteht das wichtigste und für die folgende Entwicklung fruchtbarste Ereignis in dem Aufblühen der unmittelbar an die alte römische Tradition anknüpfenden italienischen Jurisprudenz.

BOLOGNESER RECHTSSCHULE. DIE GLOSSATOREN Ich erwähnte die Bologneser Rechtsschule als Ursprung der dortigen Universität. Die Schule hatte ihren ersten Höhepunkt bereits unter *Irnerius* im 11. Jahrhundert. Durch ihn wurde Bologna zur Hauptstadt des Rechtsstudiums für ganz Europa. Es behauptete diese Stellung bis ins 14. Jahrhundert. Das Hauptwerk des Irnerius ist sein Kommentar zum Corpus iuris des Justinian. Der große Kirchenjurist Gratian war einer seiner Schüler. Solche Kommentare wurden auch »Glossen« genannt, und von daher hat die Bologneser Schule des 12. und 13. Jahrhunderts ihren Namen: die Glossatoren. Eine ganze Schar großer Juristen folgte im 12. und 13. Jahrhundert. Ich nenne nur den letzten und größten Vertreter der Schule: *Accorso* (lat. Accursius, etwa 1185–1260). Das Hauptwerk Accorsos, die sogenannte Glossa ordinaria, blieb für lange Zeit das juristische Standardwerk. Selbstverständlich erschöpfte sich die Arbeit der Glossatoren nicht im bloßen Wiedererwecken und Erläutern des alten justinianischen Rechts. Dies ist allerdings ihre wichtigste Leistung; indem sie die über den ganzen Codex zerstreuten Parallelstellen aufsuchten, gewannen sie ein Verständnis des ganzen Werkes und belebten seinen Geist neu. Sie begannen darüber hinaus aber auch schon damit, dieses Recht den veränderten Bedürfnissen des Lebens anzupassen, die sich aus dem Fortschreiten der politischen, gesellschaftlichen und wirtschaftlichen Entwicklung ergaben. Allmählich wurde das römische Recht zu einer der wichtigsten Waffen im Kampf der weltlichen Gewalten und der wirtschaftlich erstarkenden Städte gegen Papsttum und Kirche.

BARTOLUS UND BALDUS Die Juristen der neuen Schule, die auf die der Glossatoren folgte, werden Postglossatoren genannt. Die Bezeichnung wird der Bedeutung der Schule nicht ganz gerecht. Deshalb hat sich neuerdings der Name »Kommentatoren« eingebürgert. Sie befestigten im 14. Jahrhundert die Führung Italiens in der Rechtskunde aufs neue.
Begründer dieser Schule ist *Bartolo* (lat. Bartolus) von Sassoferrato (1314 bis 1357). Er wurde der »wiedererstandene Accorso« genannt. Durch ihn wurde die Universität Perugia – dort lehrte er – zur Rivalin von Bologna. Seine Arbeiten umfaßten alle Zweige der damaligen Rechtswissenschaft. Äußerlich haben auch sie die Form von Kommentaren zum Corpus iuris. Tatsächlich war aber die eigentliche Kommentierung mit dem Werke Accorsos abgeschlossen. Was Bartolus leistete, war die Verarbeitung dieses römischen Rechts mit dem praktisch geltenden Recht der Städte und der Kirche. Die Kommentare des Bartolo wurden für Mitteleuropa auch zur Grundlage des öffentlichen Rechts. Sie wurden höher geschätzt als das justinianische Gesetz selbst. Nicht in seiner ursprüng-

lichen Gestalt, sondern in der Form, die ihm Bartolus gab, kam das römische Recht später nach Deutschland, und nur in dieser modernisierten Form konnte es auch aufgenommen werden. Die Lehre Bartolos beherrschte die europäische Rechtswissenschaft bis ins 17. Jahrhundert. Bartolos Schüler *Baldo* (lat. Baldus) degli Ubaldi († 1400) setzte sein Werk fort. Baldus lehrte außer in Perugia auch in Bologna, Pisa, Florenz und Pavia. Vielseitig gebildet, erfahren als Richter, Diplomat und Verwaltungsfachmann, Rechtsberater des Papstes und erfolgreicher Kaufleute, beherrschte er alle Zweige der Rechtswissenschaft. Als einer der ersten Juristen bearbeitete er die neuen Rechtsgebiete, welche die wirtschaftliche Entwicklung entstehen ließ, wie das Recht der Wertpapiere, Körperschaftsrecht und internationales Privatrecht.

GIOVANNI DE LEGNANO Das internationale Recht – privates und öffentliches – wurde wesentlich gefördert durch den Bologneser *Giovanni de Legnano* († 1383). Sein Hauptwerk behandelt zum erstenmal in der Christenheit den Krieg unter rechtlichen Gesichtspunkten (islamische Theologen und Juristen hatten es schon längst vorher getan). Was ist ein Krieg im Rechtssinne? Welche Arten von Kriegen sind zu unterscheiden? (Giovanni bezieht sowohl geistige und im Innern des Menschen ablaufende Konflikte wie private Auseinandersetzungen und Fehden ein.) Gibt es einen gerechten Krieg? Wer kann einen Krieg erklären? Wie sind Kriegsbeute und Kriegsgefangene zu behandeln? Wie die am Kampfe nicht beteiligte Bevölkerung? Wie der Feind, der sich freiwillig unterwirft? Solche Fragen werden unter Heranziehung aller verfügbaren Quellen, angefangen von Aristoteles und der Bibel über Corpus juris, Stammesrechte und kanonisches Recht bis zu den neueren Juristen, von Giovanni erörtert. Sein Buch ist ein Grundstein der Völkerrechtswissenschaft.

Achtes Kapitel

Instauratio Magna

Das Zeitalter der modernen Wissenschaft beginnt

Das Heil und Wohl liegt jetzt allein darin, daß man das Werk des Geistes ganz von neuem beginne.
Francis Bacon

Wir treten ein in die Zeit der großen Umwälzung, durch welche Europa ein neues, ein uns vertrautes »modernes« Gesicht anzunehmen begann. Diese Revolution wirkt fort bis heute, da eine andere und wahrscheinlich noch tiefer greifende sie übergreift und ablöst. Ihre Ursachen und Gesichter sind so vielfältig, daß nur doktrinäre Engstirnigkeit sie auf eine einzige Formel bringen oder alles auf eine einzige »Ursache« zurückführen könnte.

Es ist aus diesem Grunde ziemlich müßig, darüber zu streiten, mit welcher Jahreszahl genau man dieses neue Zeitalter beginnen lassen soll. Je nachdem was man gerade ins Auge faßt, beginnt es mit der Entdeckung Amerikas oder mit der Erfindung des Buchdrucks oder mit der Eroberung Konstantinopels durch die Türken oder mit dem Geburtsjahr des Leonardo da Vinci oder mit der lutherischen Reformation oder mit den ersten Anzeichen des Humanismus und der Renaissance in Italien oder mit dem Sieg des Nominalismus in der Philosophie oder mit Kopernikus oder mit den ersten frühkapitalistischen Wirtschaftsformen oder mit noch anderem. Es soll uns genügen, daß das Neue jedenfalls um die Mitte des 15. Jahrhunderts deutlich sichtbar ist und das 16. Jahrhundert erfüllt.

Für die Wissenschaftsgeschichte ist dieser Zeitabschnitt die Ouvertüre zu einem ganz neuen Zeitalter. Neues Leben regte sich in fast allen Zweigen des Wissens und Forschens. Fast alle die Themen wurden angeschlagen, die von den folgenden Jahrhunderten breiter aus- und durchgeführt wurden. Die wissenschaftlichen Taten und Entdeckungen dieser Zeit geben der ganzen folgenden Wissenschaftsentwicklung den Schwung und die Richtung.

Wohin wir in diesem Zeitalter des Umsturzes auch blicken, überall erkennen wir ein Dreifaches: wie auf allen Gebieten des Lebens vorher bestehende Einheiten und Zusammenhänge gesprengt werden; wie diese Sprengung, indem sie alte Grenzen einreißt, Ordnungen zerstört und Ideale beiseite schiebt, überall zugleich die neuen Kräfte freisetzt, denen die Zukunft gehört, so daß, was auf der einen Seite Verlust ist, in anderem Lichte als Gewinn erscheint; drittens, daß die Kräfte, die diesen Umwandlungsvorgang treiben und das Steuer an sich reißen, nicht wie ein Deus ex machina von außen kommen, vielmehr bereits im Schoße der vorangegangenen Epoche angelegt sind und aus ihr hervorwachsen.

Diese Dreiheit erkennen wir schon bei einem flüchtigen Blick auf die politischen Vorgänge, auf die wirtschaftlichen Grundlagen und gesellschaftlichen Formen des Lebens. Die Idee des einen und universalen Reiches verliert ihre beherrschende Macht. War sie auch nur vorübergehend und unvollkommen verwirklicht, als Idee war sie doch mächtig gewesen. Nun treten die jungen Nationalstaaten auf die Szene, oder bei manchen Völkern die einzelstaatlichen Gewalten – alle im Schoße des mittelalterlichen Reiches emporgekommen und nun seinen Formen entwachsen. Es verfällt auch die Reichsidee in jenem tieferen Sinne, welcher nicht in der Oberhoheit des Kaisers liegt, sondern in der ideellen Verbindung der geistlichen und der weltlichen Macht, der »zwei Schwerter«, die beide von Gott gegeben waren. Der Staat wird nun verweltlicht, und die Kirche wird entweltlicht.

Gleichlaufend mit dem Aufstieg der jungen Völker und ihrer Staaten geht der Aufstieg der Nationalsprachen. Die Vorherrschaft des Lateinischen hört auf.

Das trotz aller Seuchen und Kriege anhaltende Wachstum der Bevölkerung, das Erstarken der Städte, das Ansammeln von Reichtümern, besonders im Binnen- und Orienthandel, das Aufkommen der ersten Manufakturen und Fabriken, die Ausbildung der Geld- und Verkehrswirtschaft und ähnliches sind die Kräfte, die die mittelalterliche Gesellschafts- und Wirtschaftsordnung sprengten. Auch hier kamen die sprengenden Kräfte von innen. Die Kreuzzüge und die Entdeckungen brachten neue Impulse von außen, sie waren aber selbst – die Entdeckungsfahrten ganz, die Kreuzzüge jedenfalls teilweise – Ausdruck und Auswirkung der neuen wirtschaftlichen Kräfte.

1. Religiöser und philosophischer Hintergrund

Mit dem Auftreten der Reformatoren zerfällt die katholische Einheit des Abendlandes. Freigesetzt wird die Welle protestantischer Religiosität mit der Wucht ihres persönlichen Glaubens und der Persönlichkeitsethik; in der Rückwirkung aber auch die Selbstbesinnung und innere Erstarkung des Katholizismus. Wie sich in den Antrieben der verschiedenen reformatorischen Bewegungen der echte religiöse Protest vermischt mit dem nationalen Protest und mit wirtschaftlichen und sozialen Bestrebungen, so gingen sie auch in ihren Auswirkungen alsbald neue Verbindungen mit solchen Kräften ein, zum Beispiel in den calvinistischen Ländern, wo aus solcher Vermischung das neue Arbeitsethos der bürgerlichen Gesellschaft am eindrucksvollsten hervorwuchs. Es bedarf keiner Ausführung, daß sich auch für die Reformation in den mannigfachen antipapistischen und antiklerikalen Bewegungen des Mittelalters und in der Mystik viele Vorläufer auffinden lassen.

Der endgültigen Trennung von geistlicher und weltlicher Macht entspricht im geistigen Bereich die *Trennung von Glauben und Wissen*. Sie war schon ein Werk der spätscholastischen Philosophie des ausgehenden 13. und des angehenden 14. Jahrhunderts, insbesondere des *Johannes Duns Scotus*, der etwa 1268 bis 1308 lebte. Die vollständige Einheit von

Weltweisheit und Theologie, die Thomas von Aquin erstrebte und erreichte, ist bei Duns Scotus bereits aufgegeben. Was Thomas zurückgewiesen hatte: daß theologische und philosophische Wahrheit auseinanderfallen könnten – nach Duns Scotus ist es möglich. Keineswegs lag es in der Absicht des Duns Scotus, die Philosophie aus der Botmäßigkeit der Kirche ganz zu entlassen oder sie gar der Religion entgegenzustellen. Und doch zeigt sich in seiner Lehre bereits der Riß zwischen beiden, und er hat ihrer endgültigen Scheidung vorgearbeitet.

Dem Sieg der partikularen Kräfte in Politik, Wirtschaft, Gesellschaft über die universalen Gewalten des Mittelalters entspricht in der Philosophie der Sieg des *Nominalismus* über den mittelalterlichen Universalienrealismus. Daß er viel früher stattfand als die Umwälzung im gesellschaftlichen Bereich, beweist, daß man ihn nicht als Folge oder bloßes »ideologisches Spiegelbild« der sozialen Revolution ansehen kann. Der Streit zwischen beiden Auffassungen war immer schon eines der Hauptthemen der scholastischen Philosophie gewesen. Er war bereits in der Frühscholastik ausgebrochen, durch *Abälard* (1079–1142) vorläufig geschlichtet worden. Die Hochscholastik war eindeutig universalistisch.

Wilhelm von Occam (etwa 1290–1349) führte in der Spätscholastik den Nominalismus wieder zum Siege. Bekanntlich ging es um die Frage, ob dem Allgemeinen oder dem Einzelnen der Vorrang und der höhere Grad von Wirklichkeit zukomme. Schon Duns Scotus hatte dem »Hier und Jetzt« eines Dinges, seinem Einmaligen und Besonderen, eine gewisse metaphysische Bedeutsamkeit gegeben. Nach Wilhelm von Occam nun sind die Einzeldinge das *einzig* Wirkliche. Die Universalien sind nicht mehr als bloße Namen (nomina, daher Nominalismus) oder Zeichen für die Dinge.

Die Trennung von Wissen und Glauben ist bei Wilhelm, weit über Duns Scotus hinaus, bereits vollkommen. Für ihn sind im Gegensatz zu Thomas die Wahrheiten des Glaubens nicht nur übervernünftig, sondern widervernünftig – credo quia absurdum. Für Wilhelm, treuen Sohn der Kirche, kam es auf eine Befreiung des Glaubens von der unangenehmen Bindung an die aristotelische Weisheit an. Die Wirkung war zugleich eine Befreiung von Philosophie und weltlicher Wissenschaft aus der Botmäßigkeit des Glaubens. Sie konnten sich nun aus eigenem weiter entfalten. Der Sieg des Nominalismus ist eine der wichtigsten Voraussetzungen für die Entstehung der modernen Wissenschaft.

Aristoteles hatte, je besser man ihn kennenlernte und damit die Unvereinbarkeit seiner heidnischen Weltweisheit mit der christlichen Lehre erkannte, seine Rolle als Hauptstütze der Theologie ausgespielt. In der Philosophie gab es weiterhin bedeutende aristotelische Schulen, besonders in Italien. Das herausragende Ereignis in der Renaissancephilosophie ist aber die Wiederentdeckung Platons und die Neubelebung platonischen Geistes. Ihre Urheber waren Georgios Gemisthos *Plethon* und Marsilio *Ficino*. Dieser schuf die erste Geist und Sprache Platons gemäße Übersetzung seiner Werke. Pflanzstätte des neuen Platonismus war die durch Cosimo Medici auf Anregung Plethons geschaffene platonische

Akademie in Florenz. Der jugendliche Schwung und der Schönheitsdurst der Renaissance fanden in der platonischen Philosophie eine bessere Entsprechung als bei dem trockenen Aristoteles.
Das große Thema dieser neuen Philosophie heißt nicht mehr »Gott und die Seele«, sondern *Mensch und Kosmos.* »Der Mensch wird geistiges Individuum und erkennt sich als solches.« Die Geburt des individuellen Menschen im modernen Sinne tritt uns deutlich in der großen Kunst der Renaissancezeit entgegen, vor allem in den Selbstbildnissen der großen Maler. Jacob Burckhardt hat sie in seinem unvergänglichen Werke über die Kultur der Renaissance in Italien geschildert und mit den eben angeführten Worten gekennzeichnet. Sie vollzieht sich auch in dieser Philosophie. Der Mensch erkennt sich als ein Einziges und Ganzes; er erscheint als Mitte der Welt, die den ganzen Kosmos in sich enthält; als Mikrokosmos. Ein unvergleichliches Zeugnis ist die Rede des Giovanni *Pico della Mirandola* (1463–1494) über die *Würde des Menschen:*

Es bestimmte endlich der höchste Schöpfer, daß dem (Menschen), dem nichts Bestimmtes mehr verliehen werden konnte, die Summe dessen zukäme, was den Einzelwesen besonders gegeben wurde. So machte er den Menschen zu seinem auf gleiche Weise alles in sich vereinigenden Ebenbild und stellte ihn in die Mitte der Welt und sprach ihn also an: Wir haben dir, o Adam, keinen bestimmten Sitz, keine bestimmte Gestalt, keine bestimmte Aufgabe gegeben, damit du zum Sitze, zur Gestalt, zur Aufgabe habest und besitzest, was deinem Wunsche entspricht. Die Natur aller übrigen Wesen haben wir bestimmten Gesetzen unterworfen. Dich jedoch haben wir in keine solche Enge gesetzt. Du sollst über dich selber beschließen, deinem Willen gemäß, dessen Händen ich dich anvertraut habe. Ich habe dich in die Mitte der Welt gestellt, daß du von da aus leichter Umschau zu halten vermagst über das, was in der Welt ist. Nicht himmlisch, nicht erdlich, nicht sterblich, noch unsterblich haben wir dich erschaffen, daß du selbst gleichsam als freier und dessen gewürdigter Bildner und Former deine eigene Gestalt ausbildest, wie es dir wohlgefällt. Du kannst zu den Tieren, die unter dir stehen, entarten. Du kannst zu den Göttlichen, die über dir sind, dich aus deines eigenen Herzens Einsicht erheben. O vollkommene Freigebigkeit Gottes, o vollkommenes bewundernswürdiges Geschick des Menschen!

2. Renaissance und Reformation

Blicken wir von der Philosophie auf die breiteren und tieferen allgemeinen Geistesbewegungen, die dem Zeitalter das Gesicht und den Namen gaben. Welche Beziehungen bestehen zwischen ihnen und der Ausbildung der modernen Wissenschaft? Die weitverbreitete Ansicht darüber lautet etwa so: Die Reformation habe, indem sie persönliche Glaubensgewißheit und Gewissensentscheidung in den Mittelpunkt rückte, der Geistesfreiheit und damit der Wissenschaft die Bahn gebrochen; Renaissance und Humanismus hätten mit ihrer Weltoffenheit und Weltfreude den Blick des Menschen für die vor seinen Augen liegende Welt geöffnet und damit das Zeitalter der modernen Wissenschaft eingeleitet. Doch so wenig dieser Auffassung der Wahrheitsgehalt abzustreiten ist: so einfach liegen die Dinge nicht. Ohne ins entgegengesetzte Äußerste zu verfallen, müssen wir doch unsere Aufmerksamkeit auch darauf lenken, daß die Beziehungen verwickelter sind und daß beide

Bewegungen für die Wissenschaftsentwicklung auch die Rolle hemmender Kräfte gespielt haben.
Was zunächst Toleranz und Geistesfreiheit betrifft, so waren sie keineswegs eine Forderung der Reformatoren, sondern nur eine mittelbare Folge ihres Wirkens. Weder Luther noch Calvin noch die lutherische und calvinistische Orthodoxie nach dem Tode der Reformatoren predigten Duldsamkeit gegen Andersgläubige. Doch da die blutigen Auseinandersetzungen, die die Reformation im Gefolge hatte, im Endergebnis keiner Partei den völligen Sieg brachten, blieben von nun an im Gegensatz zum Mittelalter in vielen Ländern religiöse Minderheiten bestehen. Diese Minderheiten, ohne den Besitz der staatlichen Macht und damit auf Duldung angewiesen, wurden zu den Anwälten und Aposteln der Toleranz und setzten sie allmählich durch.
Auch Freiheit der weltlichen Forschung und Wissenschaft war kein ursprüngliches Anliegen der Reformation. Luther forderte Freiheit in der Auslegung der Schrift. An weltlicher Forschung lag ihm nicht viel. Er wetterte in gewaltigen Worten gegen den heidnischen und aristotelischen Geist der Universitäten. Glaube war ihm wichtig, nicht Wissen, und die Vernunft eine »Teufelshure«. Doch hat Luther auch mit beschwörenden Worten eine Besserung und Reform des Schul- und Erziehungswesens gefordert in seiner 1524 erschienenen Schrift *An die Ratsherren aller Städte deutschen Landes, daß sie christliche Schulen aufrichten und erhalten sollen.* Darin heißt es:

> Die hohen Schulen werden schwach . . . Es ist eine ernste und große Sache, da Christo und aller Welt viel anliegt, daß wir dem jungen Volke helfen und rathen . . . Wenn ich Kinder hätte, und vermöchts, sie müßten mir nicht allein die Sprachen und Historien hören, sondern auch singen, und die Musica mit der ganzen Mathematica lernen. Denn was ist dis alles, denn eitel Kinderspiel, darin die Griechen ihre Kinder vor Zeiten zogen? dadurch doch wundergeschikte Leute aus worden, zu allerlei hernach tüchtig . . . Wir sind leider lang genug in Finsternis verfault und verdorben; wir sind alzulang genug deutsche Bestien gewesen . . . die nichts mehr können, denn kriegen und fressen und saufen . . . Last uns aber einmal der Vernunft brauchen, daß Gott merke die Dankbarkeit seiner Güter . . .

Die Bildungsreform, die vom Protestantismus ausging, bewahrte wenig von der ursprünglichen Glaubensgewalt Luthers. Melanchthon, der Schulmann und Praeceptor Germaniae, erwählte ausgerechnet den von Luther verdammten und mit der Scholastik abgetanen Aristoteles zur Grundlage. Dafür jedoch erfüllte er sie mit dem Geiste des Humanismus. Vor allem aber trug diese Bildungsreform beträchtlich zur äußeren Verbreitung der Bildung bei. Da die Reformation – im Gegensatz zum Humanismus – eine Massenbewegung war, machten fast alle protestantischen Länder große Anstrengungen, den Massen wenigstens eine einfache Bildung zu vermitteln, damit sie die Bibel selber lesen konnten. Das geschah in den lutherischen wie in den calvinistischen Ländern. Doch auch hohe und höhere Schulen entstanden neu, unter ihnen Genf und die Universitäten des deutschen Nordens und Ostens.
Betrachten wir beide, den Humanismus als die geistig-wissenschaftliche

Seite der Renaissance und die Reformation zusammen auf ihre Rolle in der geistigen Entwicklung, so zeigt sich eine ganze Reihe von Gemeinsamkeiten. Beide lehnten sich gegen die Autorität der Scholastik und gegen die ganze Welt des Mittelalters auf. Aber beide setzten auch sogleich neue Autoritäten an die Stelle der alten: die Reformation die Bibel, der Humanismus die Schriften der Alten. Beide schlugen keine wesentliche Bresche in den mittelalterlichen Aberglauben. Die Alchimie lebte weiter. Ketzer- und Hexenverbrennungen fanden statt im Herrschaftsbereich des Protestantismus so gut wie im Italien der Renaissance. Von Natur und Naturwissenschaft lenkten beide die Aufmerksamkeit der Menschen für längere Zeit ab, die eine auf die Religion, die andere auf die Literatur.

Bedenken wir das, so wird uns die moderne Wissenschaft nicht einfach als ein Erzeugnis der Reformation oder der Renaissance oder beider zusammen erscheinen. Eher erkennen wir sie als eine selbständige »dritte Kraft«, eine Kraft, die von beiden teils geradezu, mehr aber noch mittelbar gefördert, zum anderen aber auch bekämpft, mißverstanden oder aufgehalten, ihren Weg in einer kleinen Minderheit von Köpfen selbständig genommen hat. Und wenn wir fragen, welche dieser drei Kräfte das Gesicht Europas und der Welt in der Folge am stärksten verwandelt hat, so können wir leicht zu dem Ergebnis kommen: das moderne wissenschaftliche, vor allem naturwissenschaftliche Denken, das so unscheinbar und abseits der Massen begann, habe stärker noch und umwälzender gewirkt als Renaissance und Reformation.

»Vor allem das naturwissenschaftliche Denken« – diese soeben gemachte Einschränkung bringt uns zum Bewußtsein, daß wir unser Augenmerk eben allzu einseitig auf die Naturwissenschaft gerichtet haben. Für sie hat der Humanismus in der Tat nur eine sehr begrenzte Bedeutung. Das naturwissenschaftliche Interesse war in Europa erwacht im 12. und 13. Jahrhundert vor allem unter dem Eindruck der Bekanntschaft mit der Wissenschaft der Griechen und Araber. Was jetzt not tat, war nicht ein erneutes und vertieftes Studium der Alten, wie es der Humanismus brachte. Im Gegenteil, die Naturwissenschaft konnte dadurch jetzt eher aufgehalten werden. Was not tat und was auch bald geschah, war, daß man sich vom Buchstaben der alten Schriften löste, die Stütze, an der man sich zunächst aufgerichtet hatte, fortwarf und anfing, auf eigenen Füßen zu stehen und mit eigenen Augen auf die Natur zu blicken.

Für das, was wir heute Geisteswissenschaften nennen, und für den bis heute wirksamen abendländischen Bildungsbegriff kommt hingegen den italienischen und deutschen Humanisten der Renaissancezeit eine maßgebende Bedeutung zu. Die Wiedererweckung oder »Wiedergeburt« des Altertums ließ ganz neue Wissenschaften wie die Altertumskunde, die klassische Philologie, die Kunstgeschichte entstehen.

Daß die Entfaltung der Wissenschaften von den großen Wendepunkten und Krisen der geistigen und gesellschaftlichen Gesamtentwicklung ihre entscheidenden Anstöße erhält, gilt für die Geisteswissenschaften in höherem Maße als für die Naturwissenschaften. Diese scheinen im ganzen betrachtet doch wenigstens von ihren Gegenstandsbereichen her einigermaßen bestimmt. Es wechselt die Neigung zu ihnen, es wechseln die Fragestellungen und Methoden; trotzdem kann man ein gewisses stetiges Fortschreiten feststellen. Die Geisteswissenschaften dagegen sind in ihrem innersten Kern das Erzeugnis bestimmter einmaliger geschichtlicher Situationen und Krisen. Man denke nur an die Entstehung der modernen Nationalökonomie und Soziologie im Zeitalter der beginnenden Industrialisierung und des Hochkapitalismus. So tragen die geschichtlichen und philologischen Wissenschaften – neben anderen, später ausgeprägten Merkzeichen – für dauernd das Signum des humanistischen Geistes.

Da die Überwindung des Mittelalters in Politik, Wirtschaft und Gesellschaft am frühesten in Italien einsetzte, da überdies die Wiedererwekkung klassischer Überlieferung im Lande der Römer am nächsten lag und auch dem erwachenden Nationalstolz hier besondere Nahrung bot, waren es die italienischen Humanisten, die zuerst das Banner dieser Wissenschaften aufpflanzten. Als das Interesse in Italien erlahmte, traten andere, insbesondere deutsche Humanisten in die Bresche.

Das europäische Bildungsideal wurde, wie sich im Lehrplan der höheren Schulen zeigt, bis in die Gegenwart hinein durch den Humanismus geprägt. Wir erleben heute den Angriff eines neuen vorwiegend naturwissenschaftlich orientierten Bildungsideals auf das alte.

3. Buchdruck und Bücher

Den Kompaß und das Aufkommen der Feuerwaffen habe ich früher schon erwähnt. Das eine machte die Entdeckungen möglich. Das andere bewirkte den Übergang des militärischen Vorrangs vom Rittertum an Landsknechte und bürgerliche Artillerie und trug neben wirtschaftlichen Ursachen bei zur sozialen Schwerpunktverlagerung und zur Stärkung der staatlichen Gewalt. Für das geistige Leben war die Erfindung des Buchdrucks noch bedeutsamer. Sie geschah in einem Augenblick, da der erwachende Wissensdurst und Bücherhunger sie forderten. Die Kunst, mit beweglichen Lettern Bücher zu drucken, erfand Johann Gensfleisch von Sorgenloch, genannt *Gutenberg* (1394–1468) gegen 1450 in Mainz.

Die neue Kunst verbreitete sich, da sie einem dringenden Bedürfnis entsprach, mit unerhörter Schnelligkeit. In den sechziger Jahren wurden die ersten Druckerpressen in Italien errichtet, um 1470 in Paris, kurz darauf in London, in den achtziger Jahren in Stockholm und Konstantinopel, nicht lange danach in Spanien und Portugal. Zählten die mühsam von Hand kopierten Manuskripte im mittelalterlichen Europa nach Tausenden, so waren um 1500 schon Millionen gedruckter Schriften in Europa vorhanden.

Die Zahl der Bücher und ihre Billigkeit verschafften breitesten Kreisen den Zugang zum geschriebenen Wort. Die Zahl der Gebildeten vervielfältigte sich. Ein Gedanke, einmal entstanden und ausgesprochen, konnte nun sogleich einen tausendfältigen Widerhall finden. Ohne die Erfin-

dung des Buchdrucks wäre die Schnelligkeit ganz undenkbar, mit der sich die neuen politischen Gedanken, die religiösen und philosophischen Ideen und die Kunde von geographischen und wissenschaftlichen Entdeckungen verbreiteten. Vor allem ist die schnelle und tiefe Wirkung Luthers auf die Massen ermöglicht worden durch den Buchdruck und durch den Gebrauch, den Luther, einer der ersten bewußten Publizisten größten Stils, von dem neuen Medium zu machen verstand.
Besser als durch weitere einführende Worte werden wir den Geist des neuen Zeitalters beschwören, die Gestalt erkennen, die das wissenschaftliche Denken nun annahm, und die Richtung, die es einschlug – wenn wir vor dem Eintritt in die einzelnen Wissensgebiete das Werk zweier Männer selbst sprechen lassen, die zu seinen Größten gehören. Der eine steht am Beginn der hier betrachteten Übergangszeit, die wir von etwa 1450 bis 1600 oder kurz danach rechnen – ja sein Leben und Wirken wird von manchen sogar als das Ereignis angesehen, von dem an man die neue Zeit rechnen sollte. Der andere steht am Ende dieser Zeitspanne. Der eine ist zu universal, um einem Zweig der Wissenschaft, ja überhaupt der Wissenschaft allein zugeordnet zu werden. Der andere hat weniger das Wissen im einzelnen bereichert, als ihm einen Rahmen gesteckt und ein Ziel gewiesen.

4. Leonardo da Vinci als Verkörperung des neuen Geistes

Je weiter die Zeit fortschreitet, desto mehr neue Seiten entdeckt die Nachwelt an Leonardos Persönlichkeit und seinem Werk. Beide scheinen immer weiterzuwachsen zu einem Gigantenmaß, dessen Umrisse man nur ahnen kann. Leonardo als einer der größten Künstler aller Zeiten ist jedermann bekannt. Viel weniger bekannt ist er als Denker, Forscher und Erfinder, obgleich er als solcher nicht weniger bedeutend ist. Um seine Leistung in diesen Bereichen zu verstehen, ist es notwendig, sich wenigstens einige Hauptdaten seiner Lebensgeschichte und einige Züge seiner Persönlichkeit zu vergegenwärtigen.
Leonardo wurde 1452 geboren in Vinci, einem kleinen Dorfe in den Hügeln zwischen Florenz und Pisa, als unehelicher Sohn eines Bauernmädchens und eines angesehenen Florentiner Notars. Er wurde in seines Vaters Haus aufgezogen. Der Vater heiratete viermal. Die beiden ersten Ehen blieben kinderlos. Erst als Leonardo 24 Jahre alt war, wurde ihm in der dritten Ehe des Vaters das erste seiner Halbgeschwister geboren, danach noch zehn andere. Leonardo wuchs innerlich einsam auf. Die Mutter kannte er nicht, die vier Stiefmütter scheinen ihm wenig bedeutet zu haben. Von den Geschwistern war er durch den Altersunterschied getrennt.
Mit achtzehn Jahren trat Leonardo bei dem Bildhauer Andrea Verocchio in die Lehre. Hier reifte sein künstlerisches Genie, hier entstanden auch die ersten großen Pläne in Bau- und Ingenieurkunst. Die Gelegenheit, seine Pläne auszuführen, gab ihm nicht seine Heimatstadt Florenz, sondern der Hof des Lodovico Sforza in Mailand. In dessen Dienste trat

Leonardo als Zivil- und Kriegsingenieur, als Baumeister, Maler, Bildhauer und als Gestalter der prunkvollen Hoffeste. Die Mailänder Zeit brachte die glücklichste Entfaltung seiner Gaben; hier schuf er einige seiner größten Werke.

Nach dem Sturz des Sforza hatte Leonardo keine Heimat mehr. In Florenz, obwohl er zeitweilig dort lebte und arbeitete, fühlte er sich nicht mehr heimisch. Dazu trug auch das Auftreten Michelangelos bei. Leonardo diente eine Zeitlang dem Cesare Borgia als Kriegsingenieur. Später verbrachte er zwei Jahre am päpstlichen Hof. Erst im Alter fand er Ruhe. Franz I. von Frankreich, dem er in Bologna begegnete, bot ihm ein kleines Schloß in der Touraine. Hier verbrachte Leonardo die drei letzten Lebensjahre. Er starb 1519, innerlich einsam, wie er gelebt hatte. Das kleine Kloster, in dem man ihn begrub, wurde 1808 durch Feuer zerstört. Seine Gebeine sind seitdem nicht mehr auffindbar.

An Allseitigkeit der Begabung gleicht Leonardo anderen Männern der italienischen Renaissance wie jenem Leon Battista *Alberti*, der als Reiter und Athlet, als Musiker und Komponist bewundert wurde, beide Rechte studierte, danach Physik und Mathematik, alle Künste und Gewerbe erlernte, staunenswerte Erfindungen machte, als Schriftsteller in italienischer und lateinischer Sprache eine lange Reihe von Werken verfaßte. Aber Leonardo überragt die Zeitgenossen turmhoch in der Vollkommenheit, mit der er alle seine Talente ausbildete. Ein unersättlicher Wissensdurst erfüllte ihn von Jugend an. In keinem Augenblick seines Lebens verließ ihn die bohrende Neugierde, hinter allem was er sah – Menschen, Tieren und Pflanzen, Wasser und Wolken, Land und Meer, Geräten und Maschinen – die Ursachen und Gesetze zu erforschen. In allen Abschnitten seines Lebens arbeitete er an unzähligen Dingen und Problemen zugleich; fast nie sah er etwas, das er geschrieben oder geschaffen, als endgültig und vollkommen an. Einen vollkommenen Überblick zu geben über alles, was Leonardo gedacht und getan, hieße eine vollständige Enzyklopädie der damaligen Kunst, Wissenschaft und Technik schreiben. Aber selbst wenn man dies täte, so wäre höchstens eine mengenmäßige Vorstellung gegeben von der Ausdehnung und dem Reichtum seiner Gedanken; wichtiger ist, zu zeigen, daß Leonardo nicht nur unerhört vieles schuf und dachte, sondern daß er es in ganz neuartiger Weise tat. Worin besteht dies Neue?

Hier ist zunächst eine negative Kennzeichnung erforderlich: Er tat es nicht in den hergebrachten Bahnen, das heißt den Bahnen der mittelalterlichen scholastischen Wissenschaft und Philosophie. Hier vereinigt sich mit der Tatsache, daß er dies seiner Art nach nicht wollte, glücklich der Umstand, daß er es seiner Erziehung und Vorbildung nach auch gar nicht konnte. Er scheint in seinen Jugendjahren nur eine sehr oberflächliche Schulbildung genossen zu haben, insbesondere keine literarische. Dem Kreis von Schöngeistern und Humanisten, der im mediceischen Florenz die alten Sprachen und die platonische Philosophie wiederbelebte, stand Leonardo fern. An Rednergabe, an Glanz und Leichtigkeit des Ausdrucks konnte er sich nicht mit ihnen messen. Was ihn von jenen trennte, hat Leonardo oft selbst ausgesprochen: Er verwahrte sich gegen die anmaßenden Vorwürfe, daß er ein Mann ohne eigentliche Bildung sei. Nicht darauf komme es an, die alten Schriften zu kennen und zu zitieren – die Natur selbst müsse man kennen, die die Lehrmeisterin der alten Autoren gewesen ist. So sagt er geringschätzig: »Wer disputiert und sich auf Autorität beruft, verwendet nicht seinen Geist, sondern eher sein Gedächtnis.« Und in deutlicher Abhebung:

Wenngleich ich nicht, wie sie, die Autoren anzuführen wüßte: viel größere und würdigere Sache zu lesen ist das Anführen der Erfahrung, Meisterin ihrer Meister. Jene Leute gehen aufgebläht und pomphaft herum, gekleidet und geschmückt nicht mit den eigenen, sondern mit anderer Mühen, und mir selbst gestehen sie nicht die meinigen zu; und wenn sie mich Erfinder verachten, um wieviel mehr kann man sie tadeln, die nicht Erfinder, sondern Trompeten und Rezitatoren der Werke anderer sind.

Wie sehr sich Leonardo als Abgesonderter, als Außenseiter gegenüber aller Schulweisheit fühlte, zeigt auch die bewegende Stelle:

Nachdem ich sehe, daß ich keine Materie von großer Nützlichkeit oder Wohlgefälligkeit ergreifen kann, weil die Menschen, so vor mir geboren sind, alle nützlichen und notwendigen Gegenstände für sich genommen haben, werde ich es machen wie jener, der aus Armut als letzter auf den Jahrmarkt kommt und nicht imstande, sich mit anderen zu versehen, alle die Sachen zusammenrafft, die schon von den übrigen gesehen und nicht angenommen worden, sondern zurückgewiesen wegen ihres geringeren Wertes. Ich – diese geringe und verschmähte Ware, Überbleibsel von den vielen Käufern, werde ich auf mein schwaches Saumtier legen und mit diesem – nicht durch die großen Städte, sondern durch die armen Dörfer werde ich austeilend gehen und solchen Lohn empfangen, wie die Sache verdient, so von mir gegeben ward.

Leonardo stand unverbildet, unvoreingenommen, mit offenen Augen – freilich was für Augen! – vor dem Buch der Natur. Das zeigt sich sogleich in einzigartiger Weise auf dem ersten Gebiet, das hier als Beispiel diene: der Anatomie, die der Arbeit des bildenden Künstlers von jeher auf eine enge und natürliche Weise benachbart ist. Anatomie, wie sie die Künstler bis dahin betrieben, als bloßes Studium der äußeren Linie und der Muskulatur an der Körperoberfläche, konnte ihm nicht genügen. Was liegt darunter, wie ist der Körper im Inneren aufgebaut und beschaffen? Die Hunderte von anatomischen Zeichnungen, die Leonardo hinterlassen hat, gehören zu den schönsten und größten Werken in der langen Geschichte des Wissens. Leonardos eigene Worte geben vielleicht den besten Eindruck von der Art, wie und unter welchen Schwierigkeiten sie zustande kamen.

... wenn du sagst, es sei besser, (selbst) Anatomie zu machen als solche Zeichnungen anzusehen, würdest du richtig reden, wenn es möglich wäre, alle diese Sachen, welche in solchen Zeichnungen gewiesen werden, in einer einzigen Figur wahrzunehmen, an welcher du mit all deinem Verstand nichts sehen wirst und von nichts eine Idee haben wirst, als von etlichen wenigen Adern, für welche ich, um einen wahren und vollen Begriff davon zu bekommen, mehr als zehn menschliche Körper zerlegt habe, alle übrigen Glieder zerstörend, mit den winzigsten Teilchen alles Fleisch vernichtend, so sich rings um diese Adern befand, ohne sie blutig zu machen, außer etwa mit der unmerkbaren Blutung der Kapillargefäße; und ein Körper genügte nicht für so lange Zeit, so daß man

nach der Reihe an so vielen Körpern fortschreiten mußte, damit man die völlige Erkenntnis beendige; was ich zweimal wiederholte, um die Unterschiede zu sehen.
Und wenn du die Liebe zu solcher Sache hättest, du wärest vielleicht durch den Magen gehindert, und wenn dieser dich nicht hinderte, so wärest du vielleicht durch die Furcht gehindert, zu nächtlichen Zeiten in Gesellschaft von solchen gevierteilten, geschundenen, schrecklich anzusehenden Toten zu hausen; und wenn das dich nicht hindert, vielleicht fehlt dir dann das gute Zeichnen, welches zu solcher Darstellung gehört. Und hättest du das Zeichnen, und es wäre nicht von der Perspektive begleitet, und wenn es auch begleitet wäre und dir mangelte die Ordnung geometrischer Demonstrationen und die Methode der Berechnung der Kräfte und Ausdauer der Muskeln? Und vielleicht wird dir die Geduld fehlen, daß du nicht fleißig sein wirst. Wovon, ob in mir alle diese Sachen vorhanden gewesen sind oder nicht, die hundertzwanzig von mir verfaßten Bücher Urteil des Ja oder Nein abgeben werden . . .

Leonardo hatte vor, diese seine Studien in einem umfassenden Werk niederzulegen. Zur gedachten Anordnung dieses Buches:

Dies Werk muß beginnen mit der Empfängnis des Menschen, und du mußt die Art des Uterus beschreiben und wie das Kind ihn bewohnt, und in welcher Stufe es sich in jenem aufhält, und die Art, lebendig zu werden und sich zu nähren. Und sein Wachstum, und welches Intervall sei zwischen einem Grad des Wachstums bis zum anderen, und was es hinausstößt aus dem Leib der Mutter und aus welchem Grund es manches Mal aus dem Bauche seiner Mutter vor der gehörigen Zeit herauskommt.
Dann wirst du beschreiben, welches die Glieder seien, so nachher, wenn das Kind geboren ist, schneller wachsen als die anderen, und das Maß eines Kindes von einem Jahre.
Dann beschreibe den erwachsenen Mann und die Frau und deren Maße und verschiedene Natur der Beschaffenheit, Farbe und Physiognomie.
Nachher beschreibe, wie er zusammengesetzt ist aus Adern, Nerven, Muskeln und Knochen. Dies wirst du im letzten des Buches tun.
Stelle hierauf in vier Geschichten vier allgemeine menschliche Fälle dar, nämlich Heiterkeit mit verschiedenen Gesten des Lachens, und erkläre seine Ursache; Weinen in verschiedenen Arten mit seiner Ursache; Streit mit verschiedenen Bewegungen des Tötens, Flüchtens, der Angst, der Wildheit, Kühnheit, von Mannesmord und allen Sachen, die zu solchen Fällen gehören. Dann stelle ein Mühen dar, mit Ziehen, Stoßen, Tragen, Aufhalten, Unterstützen und ähnlichen Dingen.
Ferner beschreibe Stellungen und Bewegungen; nachher Perspektive für den Dienst und die Wirkungen des Auges und des Ohres, – du wirst von der Musik sprechen, – und beschreibe die anderen Sinne.
Diese instrumentale Gestalt des Menschen werden wir in Figuren demonstrieren, von denen die drei ersten die Verzweigungen der Knochen sein werden, nämlich, eine von vorn, welche die Höhe der Lage und die Figur der Knochen zeigt; die zweite wird im Profil gesehen werden und die Tiefe des Ganzen zeigen und die der Teile und ihre Lage. Die dritte Figur sei der Demonstrator der Knochen des rückwärtigen Teiles. Hierauf werden wir drei andere Figuren machen von gleicher Ansicht, mit durchsägten Knochen, in denen ihre Dicke und Höhlung sichtbar sein wird; drei andere Figuren werden wir machen mit den ganzen Knochen und den Nerven, die im Nacken entspringen und in welchen Gliedern sie sich verzweigen. Und drei andere mit Knochen und Adern und wo sie sich verzweigen, hierauf drei mit Muskeln und drei mit der Haut, und proportionierte Figuren; und drei von der Frau, um den Uterus zu demonstrieren und Menstrualadern, die zu den Brüsten gehen.

Leonardos Plan umschloß weit mehr als die heutige Anatomie als Lehrfach. Er studierte auch die krankhaften Veränderungen in den Organen, zum Beispiel die Symptome der Vergreisung. Auch vergleichende Anatomie betrieb er:

Zeichne hier den Fuß des Bären und Affen und anderer Tiere in dem, worin sie vom Fuße des Menschen abweichen, und überdies setze die Füße irgendeines Vogels daneben.

Die künstlerische Beschäftigung mit dem Ausdruck und den Bewegungen des menschlichen Körpers brachte ihn zum Studium physiologischer Fragen, zum Beispiel der Physiologie des Sehens. Eine Skizze zu einem Buch über Physiologie verzeichnet folgende Stichworte:

Grund des Atmens,
Grund der Bewegung des Herzens,
Grund des Erbrechens,
Grund des Hinabgehens der Speise in den Magen,
Grund des Leerens der Eingeweide,
Grund der Bewegung aller Überflüssigkeit durch die Eingeweide,
Grund des Schluckens,
Grund des Hustens,
Grund des Gähnens,
Grund des Niesens,
Grund des Einschlafens der verschiedenen Glieder,
Grund des Verlierens des Gefühls in einzelnen Gliedern,
Grund des Juckens,
Grund der Wollust und anderer Notwendigkeiten des Leibes,
Grund des Harnes,
und so aller natürlichen Verrichtungen des Körpers.

Die praktische Tätigkeit als Baumeister und Ingenieur leitete Leonardo zur Beschäftigung mit anderen Bereichen des Wissens. Er brauchte nur beim Bau eines Kanals die verschiedenen Schichten des Erdreichs, die man freilegte, zu erblicken, um sogleich von der Frage ergriffen und fast verzehrt zu werden: Wie kommen diese Schichten zustande? Woher kommen überhaupt Berg und Tal? Sah die Erdoberfläche immer gleich aus? Was verändert ihr Gesicht? Wo findet man Zeugnisse solcher Veränderungen? Warum ist das Meer salzig? Wie kommen Versteinerungen von Muscheln, Schnecken, Austern auf die hohen Berge? Stimmt es, daß die biblische Sintflut sie hinauftrug? Gab es eine oder mehrere solche Fluten? War die biblische Sintflut allgemein auf der ganzen Erde? – Leonardo ist einer der ersten, die geologische Fragen stellten und sie nüchtern und wissenschaftlich zu beantworten suchten. Man übertreibt kaum, wenn man ihn als Begründer dieser Wissenschaft bezeichnet.
Um Leonardos Rang als Ingenieur und Erfinder zu beleuchten, genügen wenige Beispiele. Hydraulik: Leonardo war der größte Wasserbaumeister seiner Zeit. Er leitete den Bau großer Kanäle, erfand Werkzeuge und Maschinen für diese Arbeiten; erbaute Schleusen, Wasserleitungen, Wasserräder; seine Skizzen wimmeln von Entwürfen zu hydraulischen Maschinen aller Art. Bautechnik: Leonardo befaßte sich eingehend neben seiner künstlerisch gestaltenden Tätigkeit in der Baukunst auch mit ihrer technischen Seite. Er untersuchte die Konstruktion von Gewölben, Brücken, Treppen; er entwarf Vorrichtungen, ganze Häuser von Ort zu Ort zu transportieren; er entwarf Städte mit mehrstöckig übereinander-

liegenden Straßen und mit modern anmutenden Kanalisationssystemen. Kriegstechnik: Mit bloßem Aufzählen aller von Leonardo entworfenen und zum Teil gebauten Befestigungen und Kriegsgeräte kann man viele Seiten füllen. Das Unterminieren von Stellungen, tragbare Brücken, Flammenwerfer, Tanks, Giftgase – all dies findet sich in seinen Aufzeichnungen. Auch Unterseeboote! Hierzu schreibt er:

... Wie und warum ich nicht meine Kunst beschreibe, unter dem Wasser zu bleiben, solang ich bleiben kann, ohne zu essen; und dies veröffentliche ich nicht oder erkläre es, wegen der bösen Natur der Menschen, denn sie würden sie zu Ermordungen auf dem Grunde des Meeres anwenden, indem sie den Boden der Schiffe brächen und selbige mitsamt den Menschen versenkten, die drinnen sind ...

Allgemeine Werkzeug- und Maschinentechnik: Hier zeigt sich Leonardos Begabung in vollem Licht. Es ist fast nicht auszuschöpfen, was er alles ersonnen hat: Hebel, Kraftübertragungsanlagen, Schneidemaschinen, mechanische Sägen, Glasschleifmaschinen, Heiz- und Lichtanlagen, Schiffsantriebe.

Am berühmtesten ist jedoch Leonardos Beschäftigung mit dem Problem des Fliegens. Auch hier seine eigenen Worte:

Teile den Traktat von den Vögeln in vier Bücher, von welchen das erste von ihrem Fliegen mittels Schlagens der Flügel sei, das zweite vom Flug ohne Flügelschlag und durch Windesgunst, das dritte vom Fliegen im allgemeinen wie dem der Vögel, Fledermäuse, Fische, Tiere, Insekten und als allerletztes vom instrumentalen (mechanischen) Fliegen.

Diese Fragen haben Leonardo sein Leben hindurch beschäftigt. Er hat die wissenschaftlichen Grundlagen des Fliegens so weit erforscht, wie man sie überhaupt erforschen konnte, solange es noch keine Motoren gab. Das Fliegen war einer seiner kühnsten Träume. Er prophezeit:

Es wird seinen Flug nehmen der große Vogel, vom Rücken seines riesigen Schwanes aus, das Universum mit Verblüffung, alle Schriften mit seinem Ruhme füllen und ewige Glorie sein dem Neste, wo er geboren ward. (Der »Schwan« ist ein Hügel in der Umgebung von Florenz.)

Leonardo war der geborene Mechaniker, von einzigartigem manuellen Geschick und übrigens auch von ganz ungewöhnlicher Körperkraft. Doch wäre es falsch, Leonardo den Naturforscher nur unter diesem Gesichtspunkt des »Bastlers« zu sehen. Was ihn auszeichnet, was mit ihm, zum erstenmal in Vollendung, in die Geschichte der Wissenschaft eintritt, ist die Verbindung der philosophischen und wissenschaftlichen Wahrheitssuche mit dem Handwerklichen und Technischen. Ausgangspunkt und Prüfstein der Wahrheit war freilich für ihn immer das Experiment:

Das Experiment irrt nie, sondern es irren nur eure Urteile ...

... Aber erst werde ich einige Versuche machen, ehe ich weiter vorgehe, weil es meine Absicht ist, zuerst das Experiment vorzubringen, und dann mit der Ursache zu zeigen, weshalb selbiges Experiment gezwungen ist, in solcher Weise zu wirken. Und dieses ist die wahre Regel, wie die Erforscher der Wirkungen der Natur vorgehen müssen, und wenngleich die Natur mit der Ursache beginnt und mit dem Experiment endet, wir müssen den entgegengesetzten Weg verfolgen, d. h. beginnen, wie ich oben sagte, mit dem Experiment und mit diesem die Ursache untersuchen.

Das Experiment als Grundlage – aber von ihm aus muß man weiterschreiten und die allgemeineren Ursachen und Gesetze erforschen. Die Gesetze der Natur sind unverbrüchlich. »Die Natur bricht ihr Gesetz nicht.« Die Gesetze sind nur mathematisch zu fassen. Deshalb: »Mich lese, wer nicht Mathematiker ist, in meinen Grundzügen nicht.« Verbindung von Experiment und mathematische Betrachtungsweise: diesen Schlüssel zum Erfolg der modernen Naturwissenschaft hat Leonardo gefunden. Darin überragt er Francis Bacon.

Wer die höchste Gewißheit der Mathematik schmäht, nährt sich von Verwirrung und wird niemals Schweigen gebieten den Widersprüchen der sophistischen Wissenschaften, durch welche man nur ein ewiges Geschrei erlernt.

Das Buch der Natur ist in mathematischen Zeichen geschrieben: Dieser Satz Keplers und Galileis könnte auch von Leonardo gesprochen sein.

Proportion ist nicht bloß in den Zahlen und Maßen aufzufinden, sondern etiam in den Tönen, Gewichten, Zeiten und Orten und in welcher Kraft es immer sei.

Diese grundsätzliche Erkenntnis ist fast noch wichtiger als die unzähligen Einzelerkenntnisse, die Leonardo gewonnen. Sie sind meist intuitiv gewonnen – wie alle großen Erkenntnisse, ist man versucht hinzuzufügen. Einen Satz richtig erraten kann mit etwas Glück fast jeder; wo sie aber Schlag auf Schlag folgen und immer treffen, da ist mehr als Glück im Spiel, nämlich eine richtige Methode im Verein mit einer fast hellseherischen Begabung. Solche treffenden Sätze findet man bei Leonardo, wohin man auch greift. Einige Beispiele, wahllos herausgegriffen:
Universelle Gravitation:

Jeder schwere Körper strebt, daß sein Zentrum sich zum Zentrum leichterer Elemente mache.

Die gleichmäßige Beschleunigung bei der Fallbewegung:

Die Last, welche nach unten fällt, erwirbt in jedem Moment einen Grad von Vorwärtsbewegung mehr als im Moment vorher, und gleicherweise einen Grad von Schnelligkeit mehr als den Grad der gewesenen Bewegung.

Das berühmte Prinzip der kleinsten Wirkung:

Jede natürliche Handlung wird von der Natur in der kürzesten Art und Zeit ausgeführt, die möglich ist.

Ein Hinweis auf das Fernrohr:

Mache Gläser für die Augen, um den Mond groß zu sehen.

Ein Satz zur Astronomie, hingeworfen in großen Lettern zwischen anderen Notizen:

Die Sonne bewegt sich nicht.

Die Unmöglichkeit einer unendlichen Bewegung und eines Perpetuum mobile:

O Erforscher der beständigen Bewegung, wie viele eitle Pläne habt ihr in dergleichen Stufe geschaffen! Gesellet euch jenen, so Gold zu machen suchen!

Viel mehr müßte man anführen, um das Bild zu runden – Fragestellungen, Hinweise, Versuche, Thesen, aber auch ganz andere Dinge wie etwa Leonardos apokalyptische Visionen und dunkle Prophezeiungen oder seine Tierfabeln. Doch das führt von unserem Thema ab. Es kam darauf an, zu zeigen, wie Leonardo für die Wissenschaft das Neue nicht nur verkündet, sondern verkörpert und praktiziert, das Neue, das nun hereinbricht und den Siegeszug der modernen Wissenschaft einleitet. Einer wichtigen Einschränkung freilich bedarf der Satz, Leonardo sei der Bahnbrecher des neuen Geistes: Eine nennenswerte Wirkung auf die Wissenschaftsentwicklung hat Leonardos Forschen und Denken zu seiner Zeit und noch lange danach kaum ausgeübt. Wie ist das zu erklären? Verschiedene Gründe wirkten zusammen. Vieles, was er plante und dachte, war seiner Zeit so weit voraus, daß es auch dann kaum verstanden und aufgenommen worden wäre, wenn es bekannt geworden wäre. Aber es wurde gar nicht bekannt. Es ruhte verborgen in seinen Skizzen und Tagebüchern, ungeordnet, in schwer entzifferbarer Spiegelschrift geschrieben – Leonardo war Linkshänder – und in alle Winde verstreut. Leonardo war wahrscheinlich viel zu beschäftigt, von tausend Fragen und Interessen hin und her gezogen, als daß er hätte seine Teilfunde zu Ende bearbeiten und für die Allgemeinheit darstellen können. Vielleicht fehlte ihm auch, der doch in vielem mannhaft kühn und unerschrocken war, die besondere Art von Mut und Beharrlichkeit, die dazu gehört, mit einem durchgearbeiteten Werk vor die Öffentlichkeit zu treten. Wirkte hier nur der Mangel in seiner literarischen Bildung nach – oder liegt die Ursache tiefer: in der übergroßen Ferne und Einsamkeit seines Geistes, in seiner Scheu und Abgeschlossenheit, die ihn niemals sich ganz aussprechen ließen – jener Einsamkeit, die man nur ahnen kann, wenn man das Selbstbildnis des greisen Leonardo betrachtet oder einen Satz liest, wie diesen: »Wo am meisten Empfindung ist, ist größtes Märtyrertum«?

5. Francis Bacon als Künder des neuen Weges

Persönlichkeit und Werk »Mein Ehrgeiz im Gebiet der Wissenschaft ist so schrankenlos, wie bescheiden in dem Gebiet der Politik«, schrieb der 31jährige Bacon in einem Gesuch um Verwendung im Staatsdienst. Richtig war das nur für die Wissenschaft, denn sein Ehrgeiz, in der Politik zu Ansehen, Macht und Reichtum zu gelangen, war mindestens ebenso schrankenlos und unersättlich wie sein Bestreben, in der Wissenschaft etwas nie Dagewesenes zu leisten. Bacon, 1561 aus angesehener Familie geboren, gelangte nach schwierigen Anfangsjahren im Staatsdienst des elisabethanischen England zu den höchsten Stellungen. Doch so fesselnd die Geschichte seines Aufstiegs und seines jähen und nicht ehrenvollen Sturzes ist – für die Wissenschaftsgeschichte ist nur von Bedeutung, was Bacon auf dem zweiten Felde seines Ehrgeizes leistete und der Nachwelt hinterließ.

Hier war sein Ziel kein geringeres als die *Instauratio magna* – die

»Große Erneuerung« – so der Titel des Hauptwerkes, den wir zur Überschrift dieses Kapitels gewählt haben; die Erneuerung des menschlichen Wissens, der Wissenschaft im ganzen und aller Wissenschaften im einzelnen. Die »Instauratio« sollte, wie Bacon selbst ausführt, sechs Teile haben; davon handelt

der erste von der Einteilung der Wissenschaften;
der zweite von dem neuen Werkzeuge oder von den Mitteln zur Erklärung der Natur;
der dritte von den Erscheinungen des Weltalls oder von der beobachtenden Naturbeschreibung, als Unterlage der Philosophie;
der vierte von den Stufen der Erkenntnis;
der fünfte von den Vorläufern oder von den im voraus aus der zweiten Philosophie entlehnten Sätzen;
der sechste von der zweiten Philosophie oder von der tätigen Wissenschaft.

Als Bacon 1620 diesen Plan der Öffentlichkeit mitteilte, konnte er nur den zweiten der vorgesehenen sechs Teile ausgeführt vorlegen: Das *Novum Organon* – Neues Werkzeug – wie er es in bewußter Gegenüberstellung zum Organon des Aristoteles nannte. Der erste der vorgesehenen Teile erschien drei Jahre später unter dem Titel *Über den Wert und die Vermehrung der Wissenschaften*. Die übrigen Teile wurden niemals vollendet. Das Programm, das Bacon aufgestellt hatte, zu erfüllen, ging über seine Kraft, ja es ging überhaupt über die Kräfte eines einzelnen Menschen; es ist bewundernswert, wieviel Bacon, meist durch Staatsgeschäfte in Atem gehalten, vollenden konnte. Bescheiden und doch nicht ohne Stolz bemerkt er darüber:

Auch mein eigenes Beispiel kann einige Hoffnung gewähren: und ich sage das des Nutzens wegen, nicht um mich zu rühmen. Wer noch kein Vertrauen hat, schaue auf mich, einen Mann, der unter den Männern gleichen Alters am meisten mit Staatsgeschäften beladen ist, dabei von schwacher Gesundheit ist, der viel Zeit verschwenden muß und hier keinem Beispiel und keiner Spur eines Vorgängers folgen kann, und der mit keinem der Sterblichen deshalb Rücksprache genommen hat. Dennoch habe ich den rechten Weg beharrlich aufgesucht; und indem ich meinen Geist der Sache unterordnete, glaube ich, sie etwas weiter vorwärts gebracht zu haben.

Wir lassen die früheren Schriften Bacons, die zum überwiegenden Teil nicht wissenschaftliche, sondern politische und moralische Themen behandeln – unter ihnen die glänzenden Essays, die seinen Ruhm als Schriftsteller für alle Zeiten begründeten – ebenso beiseite wie die späteren, nur in Bruchstücken vollendeten Schriften, um einen Blick in Bacons Hauptwerk, das Novum Organon, zu tun.

DAS NOVUM ORGANON Das Werk enthält nach Bacon die »Kunst der Naturerklärung und eines richtigeren Gebrauchs des Verstandes; doch nicht in der Form einer richtigen Abhandlung, sondern nur in der Hauptsache auf einzelne Sätze gebracht«. Es ist zum einen Teil polemischen Charakters, es will Irrtümer aufzeigen und Hindernisse einreißen. Zum anderen ist es aufbauend und will die neue und richtige Methode der Erkenntnis lehren.

Bacons Polemik richtet sich gegen alle bisherige Wissenschaft von den Griechen an. In bezug auf die Griechen betont er, daß man ihnen Achtung schulde, macht auch Unterschiede, wobei er die alten griechischen Denker höher schätzt als die griechische Philosophie seit den Sophisten. Im Kern aber sieht er den von den Griechen eingeschlagenen Weg als ganz verfehlt an:

Unsere Wissenschaften haben wir von den Griechen, was die Römer und Araber und die Neuern hinzugefügt haben, ist nicht viel und erheblich . . . Die Weisheit der Griechen war aber eine Professorenweisheit, die sich in Disputationen erging, eine Gattung, welche der Erforschung der Wahrheit am meisten abgewendet ist . . . Ich erwähne deshalb hier den Ausspruch oder die Weissagung eines ägyptischen Priesters über die Griechen, welcher sagt, »daß sie immer Kinder blieben und weder eine alte Wissenschaft noch eine Wissenschaft der Alten besäßen. Allerdings gleichen sie dem Knaben in ihrer Neigung zum Geschwätz« . . . Ihre Weisheit ist fruchtbar in Worten und unfruchtbar in Werken.

Die Wissenschaft der Neueren ist auf dem von den Griechen begonnenen falschen Wege weitergeschritten. Der greifbare Ertrag von zweieinhalb Jahrtausenden Wissenschaftsentwicklung ist deshalb dürftig:

Aus jenen Philosophien der Griechen und deren weiterer Entwicklung zu besonderen Wissenschaften kann aus einem Zeitraum von so vielen Jahren kaum ein Versuch beigebracht werden, der sich auf die Erleichterung und Verbesserung des Zustandes der Menschen bezieht.

Das hat verschiedene Ursachen. Zunächst haben die Wissenschaften in diesem Zeitraum sich nicht fortlaufend entfalten können, vielmehr nur in drei recht kurzen Zeitspannen von nicht mehr als je zweihundert Jahren, nämlich bei den Griechen, bei den Römern und in der neuesten Zeit, geblüht. Was dazwischen liegt, einschließlich der Scholastik, ist vom Übel. Ferner ist auch innerhalb dieser Blütezeiten die Naturwissenschaft, die große Mutter aller Wissenschaften, viel zu wenig gepflegt worden. Vor allem aber:

Es zeigt sich noch eine andere bedeutende und große Ursache, weshalb die Wissenschaften so wenig vorwärts gekommen sind. Sie liegt darin, daß unmöglich der Wagen richtig vorwärtsgehen kann, wenn das Ziel selbst fehlt und nicht feststeht. Das wahre und rechte Ziel der Wissenschaften ist aber, das menschliche Leben mit neuen Erfindungen und Mitteln zu bereichern.

Dieses Ziel hat man nicht gesehen. Und selbst wenn man es erkannt hätte, so war doch der Weg, den man einschlug, ganz ungeeignet, es zu erreichen. Zweierlei ist nötig, damit man den richtigen Weg betreten kann. Das eine ist, den Geist zu reinigen von den Trugbildern und falschen Begriffen, die den menschlichen Geist besetzt halten, so daß die Wahrheit nur schwer Zutritt erlangen kann. Diese Trugbilder behandelt Bacon in seiner berühmten Lehre von den »Idolen«. Er unterscheidet deren vier: Idole des Stammes, die aus der menschlichen Natur im allgemeinen entspringen; Götzenbilder der Höhle, die in der eigentümlichen und besonderen Natur des einzelnen Menschen ihre Ursache haben; Idole des Marktes, entspringend aus der gegenseitigen Berührung und

Gemeinschaft des Menschengeschlechts im sprachlichen Verkehr; endlich die Idole des Theaters, die nicht angeboren sind, sondern aus den falschen Theorien und Systemen stammen, in denen sich das Denken der Menschen gewohnheitsmäßig seit alters bewegt.
Das zweite, was nötig ist – und hier kommen wir zum Kerngedanken des Organon – ist die richtige Methode des wissenschaftlichen Forschens. Grundsätzlich sind zwei Wege zur Erforschung der Wahrheit denkbar: »Auf dem einen fliegt man von den Sinnen und dem Einzelnen gleich zu den allgemeinsten Sätzen hinauf ... Dieser Weg ist jetzt im Gebrauch.« Das vorschnelle Verallgemeinern, die anticipatio oder voreilige Vorwegnahme im Geiste, ist das Übel, besonders auch der scholastischen Philosophie.

Der zweite Weg zieht aus dem Sinnlichen die einzelnen Sätze, steigt stetig und allmählich in die Höhe und gelangt erst zuletzt bis zum Allgemeinsten. Dies ist der wahre, aber unbetretene Weg.

»Vom Sinnlichen« muß also zuerst ausgegangen werden; denn

das bei weitem beste Beweismittel ist die Erfahrung, wenn sie bei dem Versuche selbst stehenbleibt. Denn wird sie auf anderes ausgedehnt, was für ähnlich gehalten wird, so wird sie ein trügerisches Ding ...

Führt nun vorschnelles Verlassen der Erfahrung zu Konstruktionen im leeren Raum, so gleicht auf der anderen Seite die bloße Erfahrung ohne die Leitung des Verstandes einem bloßen planlosen Herumtappen im Dunkeln. Die richtige Methode besteht darin, daß Vernunft und Erfahrung zusammenwirken. »Weder die bloße Hand noch der sich selbst überlassene Geist vermag Erhebliches.« Das Zusammenwirken von Geist und Hand erläutert Bacon durch folgenden treffenden Vergleich:

Die, welche die Wissenschaften bearbeiteten, waren entweder Empiriker oder Dogmatiker. Jene sammeln und verbrauchen nur, wie die Ameisen; letztere aber, welche mit der Vernunft beginnen, ziehen wie die Spinnen das Netz aus sich selbst heraus. Das Verfahren der Bienen steht zwischen beiden; diese ziehen den Saft aus den Blumen in Gärten und Feldern, aber behandeln und verdauen ihn durch eigene Kraft. Ähnlich ist das Geschäft der Philosophie; es stützt sich nicht ausschließlich oder hauptsächlich auf die Kräfte der Seele, und es nimmt den von der Naturkunde und den mechanischen Versuchen gebotenen Stoff nicht unverändert in das Gedächtnis auf, sondern verändert und verarbeitet ihn im Geiste. Deshalb können auf das engere und feste Bündnis beider Vermögen, des versuchenden und des denkenden nämlich, was bis jetzt noch nicht bestanden hat, die besten Hoffnungen gebaut werden.

Das richtige Zusammenspiel des denkenden Vermögens mit dem versuchenden hat sich in folgender Weise zu vollziehen:

Die richtig geordnete Erfahrung zündet erst das Licht an, zeigt dann bei Licht den Weg, beginnt mit der regelrechten und umfassenden Erfahrung, nicht mit der voreiligen und herumtappenden; daraus zieht sie die Lehrsätze, und mit den festgestellten Lehrsätzen verbindet sie neue Versuche ...

Ist Induktion, von Erfahrung ausgehendes und ständig an der Erfahrung überprüftes Voranschreiten des Erkennens, das Leitwort für die Methode, so ist praktischer Nutzen und Fortschritt des Menschengeschlechts das große Ziel, dem alles Wissen zu dienen hat. Es geht nicht nur darum, Bestehendes zu erkennen, sondern um die Bereicherung des menschlichen Lebens durch ganz neue Hilfsmittel und Erfindungen mit dem Ziel, die menschliche Herrschaft über die Natur aufzurichten.

Die jetzt vorhandenen Wissenschaften sind nur eine Zusammenstellung der schon früher entdeckten Dinge, aber keine Weisen, Neues zu finden, und keine Anweisungen zu neuen Werken.

Als Leitziele für die künftige Forschung stellte Bacon deshalb in späteren Werken ganze Kataloge von Erfindungen auf, die zu machen seien. Dabei beweist er eine geradezu prophetische Voraussicht für Dinge, die noch in ferner Zukunft lagen.
Immer aber muß man, um die Natur zu beherrschen, ihre Gesetze zunächst kennen. »Wissen und Können fällt bei dem Menschen in eins, weil die Unkenntnis der Ursache die Wirkung verfehlen läßt. *Die Natur wird nur durch Gehorsam besiegt . . .*«

ZUR KRITIK UND WÜRDIGUNG Würde man Bacons Schriften lesen, ohne die gleichzeitige Wissenschaftsentwicklung zu kennen, so müßte man den Eindruck gewinnen, Bacon allein sei der Urheber der neuen erfolgreichen Methoden in der Naturwissenschaft. Bacon betont zwar in der an König Jakob gerichteten Widmung, sein Werk sei »mehr eine Geburt der Zeit als des Geistes«. Doch es ist höchst auffallend, wie wenig Notiz Bacon von den Männern nimmt, die wie sein Landsmann Gilbert oder Kepler und Galilei das, was Bacon forderte, zwar nicht als Programm aufstellten, aber bereits praktisch durchführten. Man muß sogar sagen, daß Bacon die Werke dieser Männer weder richtig verstanden noch recht beachtet und gewürdigt hat – sonst könnte er kaum im Organon behaupten, es seien »die Natur des Magneten, die Ebbe und Flut des Meeres, die Verhältnisse am Himmel und anderes . . . bis jetzt mit sehr wenig Glück behandelt worden«!
Mehrere Dinge sind es, die den Wert des Baconschen Werkes etwas vermindern: zunächst, daß er den wirklichen wissenschaftlichen Leistungen seiner Zeitgenossen fast verständnislos gegenüberstand; weiter, daß Bacon, sobald er sich selbst der eigentlichen Forschung zuwandte, die von ihm selbst verkündeten Grundsätze leicht beiseite schob und in eben die Fehler verfiel, die er bekämpfte. Tatsächlich hat Bacon auf naturwissenschaftlichem Gebiet keine einzige nennenswerte Entdeckung gemacht. Erhält damit Bacon mehr die Rolle eines reinen Programmatikers als die eines Pioniers, der auf einem neuen Wege selbst voranschreitet, so ist zu der von ihm propagierten Methode weiter zu sagen, daß sie nicht in allen Punkten derjenigen entspricht, die Galilei und seine Nachfolger zum Erfolge führte. Die wesentliche Abweichung besteht darin, daß Bacon die Rolle der Mathematik verkannte. Er war kein Mathematiker. Aber die Mathematik auf die Wirklichkeit der Natur anzuwenden, war gerade der Schlüssel zu den Erfolgen Keplers und Galileis.
Endlich verkannte Bacon auch etwas das Wesen und die Macht der schöp-

ferischen Eingebung in der Wissenschaft. So wie Bacon die Methode der Induktion verstand und handhabte, war sie nicht viel mehr als das Sammeln und Katalogisieren von Tatsachen. Er unterschätzte die Bedeutung, die der blitzartige und oft der Erfahrung weit vorauseilende schöpferische Einfall auch in den exakten Wissenschaften besitzt. Das meinte Goethe, als er in einem Briefe schrieb, Bacon komme ihm vor »wie ein Herkules, der einen Stall von dialektischem Mist reinigt, um ihn mit Erfahrungsmist füllen zu lassen«.

Trotz dieser notwendigen Abstriche ist Bacon einer der geistigen Väter der neuen Zeit. In gewisser Beziehung ist, was eben als seine Schwäche gekennzeichnet wurde, auch wieder seine Stärke. Daß Bacon selbst ein schwacher Experimentator und kein eigentlicher Entdecker war, machte ihn mehr zu einem Philosophen der Wissenschaft als zu einem eigentlichen Wissenschaftler. Als reiner Programmatiker aber konnte er das, was in Leonardos Handschriften im verborgenen schlummerte, was Galilei und andere zwar praktizierten, aber gerade weil sie Praktiker waren, nicht als Programm aussprachen oder nicht einmal klar ins Bewußtsein erhoben, in zusammenhängender und schlüssiger Weise darstellen. Und dies tat er mit so viel schriftstellerischem Können und stilistischem Glanz, daß seinem Werke der größte Einfluß beschieden war. Ähnlich wie später Voltaire eigentlich nichts Neues aussprach, aber das, was er sagte, mit ganz unvergleichlicher Eleganz und Treffsicherheit seinen Zeitgenossen einhämmerte – so brachte auch Bacon nur den Geist der Zeit zum Sprechen, aber so eindringlich, daß man bis heute, wenn man den Geist der modernen Naturwissenschaft kennzeichnen will, von »baconischem Geist« spricht.

Bacon sah die neue Methode nur unvollkommen. Aber das Ziel sah er deutlich: Anwendung des aus Erfahrung erworbenen Wissens zum Zwecke der praktischen Naturbeherrschung und zur Umgestaltung der menschlichen Gesellschaft.

Francis Bacon steht teils wissentlich, teils uneingestanden auf den Schultern vieler anderer Männer, insbesondere auch seines großen Namensvetters Roger Bacon. Trotzdem und obwohl er nur einer unter anderen Denkern ist, ragt sein Werk hervor als ein Wegweiser am Beginn des neuen Weges der Naturwissenschaft. Dieser Rolle war er sich selbst bewußt: »Ich übernehme nicht das Amt eines Richters, sondern eines Wegweisers.«

I. Mathematik

Die Namen der Männer, die im 16. Jahrhundert die europäische Mathematik einen wesentlichen Schritt vorwärts und damit zum erstenmal auch über den im Altertum erreichten Stand hinaus brachten, sind weit weniger bekannt als die der großen Entdecker oder Astronomen. Gleichwohl ist, was sie leisteten, von grundlegender Bedeutung und bedarf der Erwähnung. Allerdings erreicht nun mit ihnen die Entwicklung endgül-

tig einen Stand des mathematischen Könnens, der es unmöglich macht, dem mathematischen Laien ins einzelne gehende Erläuterungen zu geben.
Deutsche wie Michael *Stifel* und der bis heute sprichwörtliche Rechenkünstler und -lehrer Adam *Riese,* Franzosen wie *Chuquet* sind an der Ausbildung der neuen Mathematik beteiligt. Die führende Rolle aber hatten zunächst die Italiener.

TARTAGLIA UND CARDANO Diese beiden Männer waren Zeitgenossen und Rivalen. Der erstere hieß mit bürgerlichem Namen Nicolo Fontana und wurde wegen eines Sprachfehlers *Tartaglia* (Stotterer) genannt. Er lebte von 1500 bis 1559 und war Professor der Mathematik in Venedig. Tartaglia schrieb ein wichtiges Werk über die Bewegung von Geschossen (Ballistik). Geronimo *Cardano* (1501–1576) war Arzt und Professor der Medizin an verschiedenen italienischen Universitäten. Er war daneben auch Astrologe und Mathematiker; ein unsteter Geist, in vielem seinem deutschen Zeitgenossen *Paracelsus* vergleichbar.
Beide Mathematiker zusammen fanden die allgemeine Lösung für die *kubische Gleichung.* Wem von beiden das Hauptverdienst daran zukomme, darüber entbrannte ein Prioritätsstreit, der bis zu einem Duell (allerdings mit mathematischen Waffen ausgetragen) führte und die spätere Forschung noch lange beschäftigt hat. Sicher ist, daß jeder einen Teil des Verdienstes für sich beanspruchen kann. Eine kubische Gleichung ist bekanntlich eine solche, in der die Unbekannte (x) in der dritten Potenz (x^3) vorkommt. Die Lösung der *biquadratischen* Gleichung, welche die Unbekannte in der vierten Potenz erhält, gelang kurz darauf einem Schüler Cardanos namens *Ferrari.*
Ebenso wichtig wie diese Entdeckung selbst war für die Folgezeit die bei der Lösung angewandte Methode, die Substitution. Darunter versteht man die Ersetzung algebraischer Ausdrücke durch andere. So kann man zum Beispiel in einer Gleichung, in der nur x^6 und x^3 vorkommen, für x^3 die neue Unbekannte u einsetzen. Dadurch wird diese Gleichung sechsten Grades auf eine gewöhnliche quadratische Gleichung zurückgeführt, da für x^6 nun u^2 und für x^3 nun u steht. Dadurch wird die Gleichung lösbar. Ähnlich verfährt man bei der Lösung der kubischen Gleichung. Diese kann in der allgemeinen Form $x^3 + ax^2 + bx + c = O$ geschrieben werden. Indem man für x den Wert $y - {}^1/_3\,a$ einsetzt, gewinnt man eine Form der Gleichung, in der die Unbekannte nicht mehr in der zweiten, sondern nur noch in der dritten und ersten Potenz vorkommt. Die weitere Lösung erfordert noch zwei neue, etwas kompliziertere Substitutionen. Solche Ersetzungen sind Kunstgriffe, Brücken gleichsam über Abgründe hinweg, in deren Tiefe das Verstehen nicht ohne weiteres reicht. Warum eine solche Substitution vorgenommen werden kann, und warum gerade diese besondere vorgenommen werden muß, damit man zum Ergebnis kommt – diese allgemeineren Fragen mußten noch lange auf ihre Beantwortung warten.
Cardanos Werk ist auch dadurch bedeutsam, daß es zuerst die soge-

nannten imaginären Größen erörtert. Das sind Größen, die den Ausdruck $\sqrt{-1}$ enthalten. Cardano stieß auf sie, weil sie sich beim Lösen von Gleichungen häufig ergeben. Diese Wurzel aus -1 kann nicht gezogen und nicht bildlich dargestellt werden. Trotzdem wurden die imaginären Zahlen, die dem Laien auf den ersten Blick ganz sinnlos erscheinen müssen, später ein wichtiges eigenes mathematisches Arbeitsgebiet, und heute werden diese Zahlen auch in der angewandten Mathematik, zum Beispiel in der Wellentheorie, benötigt.

VIETA François *Viète* (1540–1603) – ist die latinisierte Form des Namens – war Jurist und Staatsbeamter, in der Mathematik also wie andere große Mathematiker nur Amateur. Vieta erwarb sich dadurch beträchtliches Ansehen, daß er einen spanischen Geheimcode aus 500 Zeichen entzifferte.

Seine wesentliche Leistung liegt in der Algebra. Sein wichtigstes Werk *In artem analyticam isagoge* – Einführung in die analytische Kunst – erschien 1591. Vieta ließ die Worteinhüllung algebraischer Rechnungen fallen und ging erstmalig zu einer rein symbolischen Schreibweise über. Seine Schreibweise entspricht im Prinzip durchaus der heutigen; seine Zeichen weichen allerdings von den heute üblichen ab. So verwandte er nicht wie wir kleine, sondern große lateinische Buchstaben, und zwar Selbstlaute für die unbekannten, Mitlaute für die bekannten Größen. So schrieb er

für unser x	A		
für x^2	A quadratus,	abgekürzt zu	A q
für x^3	A cubus,		A c
für x^4	A biquadratus,		A qq.

Vieta schuf auch für Dezimalbrüche, die der Sache nach bereits bekannt waren, die vereinfachte Schreibweise, die man heute verwendet. Für $\pi = 3{,}1416$ hatte man vorher geschrieben

3 ⓪ 1 ① 4 ② 1 ③ 6 ④

später schon etwas einfacher

$$3{,}1^{\mathrm{I}}4^{\mathrm{II}}1^{\mathrm{III}}6^{\mathrm{IV}}$$

Vieta schrieb einfach 3,1416 – das heißt, er führte einfach das Prinzip des Stellenwertes folgerichtig auch für die Dezimalstellen hinter dem Komma durch.

Dadurch, daß Vieta weiterhin den Bruchstrich, das Wurzelzeichen, Klammern in verschiedenen Formen und das – allerdings nicht von ihm stammende – Plus- und Minuszeichen verwandte, gelang es ihm zuerst, längere mathematische Ausdrücke als reine »Formeln« in unserem Sinne zu schreiben. Seinen Nachfolgern hinterließ er mit dieser Symbolschrift ein Hilfsmittel von unschätzbarem Wert.

Bald nach Vieta ersetzte der Engländer Thomas *Harriot* (1560–1621) die großen Buchstaben Vietas durch kleine und begründete damit die heutige algebraische Schreibweise.

NAPIER UND BÜRGI Das wichtigste Ereignis in der Mathematikgeschichte des ausgehenden 16. und beginnenden 17. Jahrhunderts ist die Erfindung der *Logarithmen*. Ähnlich wie bald danach Newton und Leibniz bei der Erfindung der Differentialrechnung sind es auch hier zwei Männer, die ungefähr gleichzeitig und im wesentlichen unabhängig voneinander zu der Entdeckung kamen: Der Schweizer Jost *Bürgi* (1552 bis 1632) und der Schotte John *Napier* (1550–1617), der letztere wiederum ein bloßer »Amateur«, ein Liebhaber der Mathematik. Von ihm stammt der Name Logarithmus (aus dem griechischen logos und rithmos = Zahl).

Der Kerngedanke der Logarithmenrechnung war, wie wir bemerkt haben, schon bei Archimedes vorhanden. Er besteht einfach in der Erkenntnis, daß die Aufgabe $a^m \cdot a^n$ am schnellsten zu lösen ist, indem man einfach die Exponenten addiert, also $a^m \cdot a^n = a^{m+n}$. Von dieser Erkenntnis war es nur ein Schritt bis zu dem Gedanken, unter Zugrundelegung einer bestimmten – im Prinzip beliebigen – Basis die Exponenten gleichsam schon auf Vorrat auszurechnen und auf dieser Grundlage Multiplikation in bloße Addition und Divison in bloße Subtraktion zu verwandeln. Unsere beiden Entdecker gingen einen etwas anderen und mehr empirischen Weg. Sie gingen aus von der Vergleichung arithmetischer und geometrischer Folgen. Schreibt man zum Beispiel untereinander

	0	1	2	3	4	5	6	7	8...
und	1	2	4	8	16	32	64	128	256...,

so sieht man: Die Aufgabe $4 \cdot 64$ kann außer durch direkte Multiplikation auch gelöst werden, indem man beide Zahlen als Potenzen von 2 erkennt: $2^2 \cdot 2^6$. Man addiert die beiden Exponenten 2 und 6, was 8 ergibt, und sucht in der unteren Reihe die unterhalb der 8 stehende Zahl auf. Hier liest man mit 256 das richtige Ergebnis ab. Freilich ist dieses Verfahren nur für Zahlen durchführbar, die in der Reihe auftreten. Wenn es aber gelang, die Abstände zwischen den Gliedern der Folge sehr klein zu halten, so daß jede beliebige Zahl auffindbar war, so konnte man sie auch für jede beliebige Rechnung verwenden. Dies gelang Bürgi in seinen »Progreß-Tabulen«, in denen die obere Reihe jeweils rot, die untere schwarz gedruckt war.

Die Vorteile, die aus der Verwendung der 10, der Grundzahl unseres Dezimalsystems, als Basis der Logarithmen erwachsen, erkannte Napier; sein Freund, der englische Mathematiker Henry *Briggs*, griff die Anregung auf und schuf mit den von ihm errechneten Tafeln eines der wichtigsten Handwerkszeuge des modernen Mathematikers, ohne das zum Beispiel ausgedehnte astronomische Berechnungen wegen des sonst erforderlichen Zeitaufwands fast undurchführbar wären. Auf der Erfindung der Logarithmen beruht der 1622 von *Ougletred* eingeführte Rechenschieber.

II. Astronomie: Das neue Universum

1. Cusanus. Peurbach. Regiomontanus

Unzufriedenheit mit dem aus der Antike übernommenen Weltsystem und erste tastende Schritte in Richtung auf ein neues finden wir bei zahlreichen Denkern des späteren Mittelalters. Wir erwähnten Nikolaus von Oresme und Roger Bacon. Aus der Übergangszeit ist ihnen der deutsche Kardinal Nikolaus *Chrypffs* (= Krebs) aus Kues an der Mosel – daher Nicolaus *Cusanus* genannt (1401–1464) – an die Seite zu stellen. Persönlichkeit und Werk dieses Mannes stehen auf der Schwelle vom Mittelalter zur Neuzeit. Seine Hauptbedeutung liegt in der Philosophie und muß deshalb hier übergangen werden. Seine Beschäftigung mit der Astronomie hatte eher den Charakter des Beiläufigen, doch findet sich in einer seiner Niederschriften eine Erörterung des Gedankens, »daß die Erde nicht in Ruhe sein kann, sondern wie andere Sterne bewegt wird«.

Das alte Weltgebäude hätte sich kaum umstürzen lassen, wenn man sich nicht zunächst und endlich wieder der unmittelbaren und sorgfältigen Beobachtung der Himmelserscheinungen zugewandt hätte. Die astronomische Beobachtungstätigkeit wiederbelebt zu haben, ist das Verdienst der Deutschen *Peurbach* (1423–1461), Professor in Wien und seines Schreibers Johannes Müller aus Königsberg in Franken, daher *Regiomontanus* genannt (1436–1476). Peurbach studierte den Almagest des Ptolemäus und begann darauf die Bewegungen der Planeten neu aufzunehmen und auf Himmelskarten festzulegen. Beide Männer zusammen gingen nach Italien, um Griechisch zu lernen und Ptolemäus im Original zu lesen. Diese beiden Gelehrten und Bernhard *Walther*, der nach dem Tode Müllers in Nürnberg – in einem auf dem Dach seines Hauses errichteten Observatorium, welches möglicherweise die Szene von Dürers bekannter Melancholia bildet – die Beobachtungen bis 1504 fortsetzte, schufen eine Grundlage, deren sich Kopernikus bedienen konnte.

2. Kopernikus

Nikolaus *Koppernigk* (1473–1543) wurde von deutschen Eltern in Thorn geboren. Er studierte in Krakau und darauf an den italienischen Universitäten Bologna, Ferrara und Padua Theologie und daneben Mathematik, Astronomie, Jurisprudenz und Medizin. Er studierte bis über sein dreißigstes Jahr hinaus und nahm alles auf, was ihm dort geboten wurde.

In der Astronomie fand er das Ptolemäische System vor. Er lernte auch die Abänderungen kennen, welche die Nürnberger Astronomen nach ihren Befunden für notwendig erachtet hatten – sie hatten nämlich das System von Zyklen und Epizyklen durch Hinzufügen neuer Kreise noch weiter kompliziert. Er fand aber auch in den Schriften der Alten vereinzelte Hinweise, daß manche Denker in ferner Vergangenheit eine andere als die ptolemäische Weltansicht gehabt hatten. Kopernikus hat selbst bekannt, daß er die erste Anregung zu seinem System diesen Hinweisen verdankt:

Da ich also diese Unsicherheit der überlieferten mathematischen Lehren, wie man die Sphärenbewegungen auffassen solle, lange bei mir erwog, begann ich es überdrüssig zu werden, daß man sich nicht bei den Philosophen, die doch sonst die geringfügigsten Dinge ihres Gebietes mit solch auserlesener Sorgfalt zu erforschen pflegen, über eine gültigere Theorie der Bewegungen des Weltalls einigen konnte, das doch unseretwegen von dem besten und zuverlässigsten Werkmeister erbaut worden ist. Ich nahm mir deshalb vor, die Schriften aller Philosophen, deren ich habhaft werden konnte, zu erforschen, um festzustellen, ob niemand auf eine Vermutung gekommen sei, daß die Bewegungen der Weltkörper andere sein müßten, als es die schulmäßigen Mathematiker annehmen. Und da fand ich denn freilich bei Cicero eine Stelle, daß Nicetas eine Bewegung der Erde angenommen habe. Später las ich auch bei Plutarch, daß noch einige andere dieser Ansicht gewesen wären ...

Dies gab mir die Anregung, und ich begann nun selbst über die Möglichkeit einer Bewegung der Erde nachzudenken. Und wenn mir auch die Ansicht widersinnig erschien, so wußte ich doch, daß anderen vor mir diese Freiheit zugebilligt worden war, beliebige Kreisbewegungen zur Erklärung der Himmelserscheinungen anzunehmen, und ich glaubte, daß es auch mir gestattet sein würde, zu versuchen, ob nicht durch die Annahme einer Bewegung der Erde eine besser begründete Darstellung für die Bewegungen der Himmelskörper gefunden werden könnte.

Und als ich nun die Bewegungen angenommen hatte, die ich in meinem vorliegenden Werke der Erde zuschreibe, kam ich nach eingehender und langer Beobachtung endlich zu folgendem Ergebnis: Wenn die Bewegungen der übrigen Planeten in Beziehung zum Kreislauf der Erde gebracht und dem Umlauf jedes Gestirns entsprechend errechnet werden, so lassen sich nicht nur die scheinbaren Bewegungen daraus folgern, sondern es treten auch die Ordnungen und Größen der Gestirne und alle ihre Bahnen und der Himmel selbst in solchen Zustand zueinander, daß an keiner Stelle etwas ohne Verwirrung der übrigen Teile und des gesamten Weltalls verändert werden könnte ...

Diese Sätze stammen aus der an Papst Paul III. gerichteten Vorrede zu Kopernikus' Hauptwerk *De revolutionibus orbium coelestium* – Über die Umdrehungen der himmlischen Kreise. Das Werk erschien 1543, im Todesjahr des Kopernikus. Der Grundgedanke des Ganzen ist denkbar einfach:

1. Die Sonne steht im Mittelpunkt der Welt. Sie verändert ihre Stellung nicht.
2. Die Fixsterne stehen in der – im Verhältnis zur Erdgröße unermeßlich großen – kugelförmigen Fixsternsphäre. Sie bewegen sich ebenfalls nicht.
3. Die Planeten und so auch die Erde, die ein Planet unter anderen ist, laufen auf kreisförmigen Bahnen um die Sonne.
4. Die Erde dreht sich in 24 Stunden um ihre Achse.
5. Der Mond läuft auf einer kreisförmigen Bahn um die Erde.

So einfach diese Gedanken sind, so verwickelt und verwirrend ist das Gewand, in dem Kopernikus sie darbietet. Das hat mehrere Gründe. Der wichtigste besteht darin, daß Kopernikus sich nicht von der Vorstellung lösen konnte, die Bahnen himmlischer Körper müßten kreisförmig sein. Die falsche Annahme kreisförmiger Bahnen machte eine restlose Übereinstimmung der Theorie mit dem vorliegenden Beobachtungsdaten unmöglich. Auch Kopernikus mußte daher seine Zuflucht zu Hilfskreisen nehmen. Er konnte sich zwar rühmen, deren Zahl von vorher 80 auf 34 vermindert zu haben. Doch erweckte sein Buch den Anschein, als ob es sich mehr um eine quantitative Vereinfachung des alten Systems als um eine grundstürzende Änderung handelte.

Ferner trat der umstürzende Charakter des Werkes auch deswegen nicht voll in Erscheinung, weil es nicht in der von Kopernikus vorgesehenen Form gedruckt wurde. Die abschließenden Vorarbeiten zur Drucklegung machte er nicht selbst, sondern der lutherische Geistliche *Osiander*. Dieser ersetzte unter dem Eindruck der heftigen Ablehnung, die die bereits vorher bekannt gewordenen Grundgedanken des Kopernikus bei der lutherischen Geistlichkeit erfahren hatten (insbesondere auch durch Luther und Melanchthon), die ursprüngliche Vorrede des Kopernikus durch eine andere. Darin erschien die Lehre des Kopernikus nur als eine mathematische Hypothese und nicht eigentlich als ein neues Weltsystem. Übrigens fielen dabei auch die von Kopernikus an mehreren Stellen gegebenen Hinweise auf seine antiken Vorläufer weg, so daß man ihn der Unredlichkeit bezichtigte.

Endlich entstand eine gewisse Unklarheit auch durch inhaltliche Abweichungen dieses Hauptwerkes von den beiden Schriften, welche die Gedanken des Kopernikus schon vorher bekannt gemacht hatten. Kopernikus hatte mehr als drei Jahrzehnte, nämlich vom Beginn seiner Tätigkeit als Domherr von Frauenburg an, an seinem Hauptwerk gearbeitet. Die Hauptgedanken, die für ihn bereits in den ersten Jahren feststanden, hatte er in einer kleinen *Commentariolus* genannten, Schrift niedergelegt. Diese Schrift hatte er einer Reihe von Freunden, vor allem hohen kirchlichen Würdenträgern übersandt. Außerdem hatte der junge Wittenberger Mathematiker *Rheticus*, nachdem er Kopernikus 1539 in Frauenburg besucht und die ersten Bücher seines Entwurfs kennengelernt hatte, einen »Ersten Bericht« *(Narratio prima)* von dem neuen System erscheinen lassen. Da Kopernikus seine eigenen Beobachtungen bis 1541 fortsetzte, war im Hauptwerk, ohne daß dies klar ersichtlich war, zum Teil auf andere Beobachtungen Bezug genommen als in den ebengenannten Schriften.

Neben den ohne weiteres verständlichen Gründen, die aus Festhalten am Gewohnten, das heißt aus geistiger Trägheit entsprangen, erschwerten diese Unklarheiten die richtige Aufnahme und das Verständnis des Werkes. Es wurde zwar schnell bekannt, doch man lehrte das kopernikanische System einfach Seite an Seite mit dem älteren. Ein offizielles Verbot erfolgte zunächst weder in protestantischen noch in katholischen Ländern.

Das astronomische Werk des Kopernikus überschattet seine anderen Leistungen. Doch sind diese so vielseitig, wie sein Studium umfassend gewesen war. Kopernikus war Güterverwalter und Diplomat. Er dichtete und malte. Er heilte Kranke. Er baute Instrumente. Er beriet die polnische Regierung in Währungsfragen und schrieb eine bedeutsame Abhandlung über das Geldwesen.

Das kopernikanische System – wenn wir hier davon absehen, daß es den Fixsternhimmel als feste und unbewegliche Schale bestehen ließ – hatte drei Hauptmängel: Erstens war seine Beobachtungsgrundlage sehr unvollkommen. Kopernikus selbst war nicht mehr als ein mittelmäßiger Beobachter, und gegenüber den Beobachtungsergebnissen anderer war er unkritisch, verwertete gute und schlechte Beobachtungen gleichermaßen. Zweitens war Kopernikus durch sein Festhalten an der Kreisbewegung in die Irre geführt, hatte sich den Weg zu restloser Übereinstimmung von Theorie und Erfahrung damit verbaut und seine Zuflucht zu Hilfskonstruktionen nehmen müssen. Drittens hatte Kopernikus sein System eigentlich doch mehr als eine mathematische Hypothese dargestellt als durch den Augenschein bewiesen. Im Gegenteil, es widersprach dem Augenschein und mußte sich ihm gegenüber auf die mathematische Folgerichtigkeit berufen.

Die nächsten Schritte der Astronomie in dem auf Kopernikus folgenden Jahrhundert bestanden in der Überwindung dieser Schwächen. Das war im wesentlichen das Werk dreier Männer. Tycho Brahe schuf die genaue Beobachtungsgrundlage. Kepler gab die Vorstellung der kreisförmigen Bahn auf und fand darauf die Gesetze der Planetenbewegung. Galilei erbrachte mit Hilfe des Fernrohrs stichhaltige Beweise für die neue Theorie und sicherte ihren endgültigen Sieg.

3. Tycho Brahe

Tycho *Brahe* (1546–1601) war Däne, studierte in Kopenhagen, darauf an den deutschen Universitäten Leipzig, Wittenberg, Rostock sowie Basel. Auf Empfehlung des Landgrafen von Hessen stellte der dänische König ihm die Insel Hven zur Verfügung. Hier errichtete Tycho die Sternwarte Uraniborg. Sie war zwei Jahrzehnte lang, von 1576 bis 1597, die Stätte seiner Tätigkeit. Als Tycho nach dem Tode des dänischen Königs in seiner Heimat keine genügende Unterstützung mehr fand, rief ihn der deutsche Kaiser nach Prag; doch starb Tycho bald darauf.

Tycho Brahe ist in vieler Beziehung ein Gegenstück zu Kopernikus. Er war kein Revolutionär und überhaupt kein Theoretiker, sondern ein Mann der genauen und geduldigen Beobachtung. In dieser allerdings wird er, wenn man seine Hilfsmittel berücksichtigt, von niemand übertroffen. Wir übergehen das von ihm ersonnene Weltsystem, denn es bedeutete einen Rückschritt gegenüber Kopernikus und gelangte nicht zu bleibendem Einfluß. Wir halten statt dessen als seinen wichtigsten Beitrag für die Entwicklung der astronomischen Wissenschaft seine sorgfältigen Beobachtungen fest. Tycho verbesserte die astronomischen Instrumente, aber auch die Methoden, indem er zum Beispiel einführte, bei abweichenden Ergebnissen von im übrigen gleichwertigen Beobachtungen einen Mittelwert zu nehmen und damit zufällige Irrtümer möglichst auszuschalten. Tycho bestimmte viele Konstanten der Astronomie mit vor ihm niemals erreichter Genauigkeit. Seine Beobachtungen und Aufzeichnungen über die Stellungen der Planeten wurden die Grundlage der Arbeiten Keplers.

Bemerkenswert ist, daß Tycho als erster Astronom das Auftauchen, genauer das Sichtbarwerden eines neuen Sterns beobachtet hat. Nach heutiger Meinung hat es sich dabei mit großer Wahrscheinlichkeit um eine sogenannte Nova gehandelt. Tycho berichtet darüber:

Im vorigen Jahr (d. i. 1572) am 11. November abends nach Sonnenuntergang, als ich nach meiner Gewohnheit die Sterne am klaren Himmel betrachtete, sah ich einen neuen und ungewöhnlichen Stern, der vor den anderen auffiel, neben meinem Kopf leuchten; und da ich, beinah seit meiner Kindheit, alle Sternbilder völlig kenne – das ist nicht schwer – und überzeugt war, daß kein Stern vorher jemals an diesem Ort gewesen sei, auch kein sehr kleiner, sicherlich kein so heller Stern, war ich über diese Sache so verwundert, daß ich mich nicht scheute, an meinen Beobachtungen zu zweifeln. Aber als ich feststellte, daß andere am gleichen Ort den Stern sahen, konnte ich nicht mehr zweifeln. Ohne Zweifel ein Wunder, entweder das größte von allen, die seit Erschaffung der Welt im Reiche der Natur geschahen, oder dem Wunder vergleichbar, das auf Bitten Josuas im Zurückwandern der Sonne geschah, oder der Verfinsterung der Sonne zur Zeit der Kreuzigung, wie die Bibel berichtet. Denn alle Philosophen stimmen darin überein, und die Tatsachen beweisen es, daß im Ätherbereich der Himmelswelt keine Änderung, sei es Entstehung oder Zerstörung eintreten kann; daß der Himmel und seine Körper nicht vergrößert noch verkleinert werden, noch eine Veränderung in ihrer Anzahl oder Größe oder Helligkeit oder auf andere Weise erfahren, sondern immer dieselben und sich in allem ähnlich bleiben, allen Jahren zum Trotz.

Wir sehen, die alte Vorstellung von der Ewigkeit und Unveränderlichkeit der Fixsternsphäre war tief eingewurzelt. Tycho konnte sich die beobachtete Erscheinung nur als Wunder erklären. Aber er traute doch dem Zeugnis seiner Sinne.

Tycho befaßte sich auch mit den Kometen. Er wies nach, daß diese sich nicht – wie man geglaubt hatte – innerhalb der Lufthülle der Erde, sondern im Bereich der Planeten bewegen. Er schreibt über einen 1577 aufgetretenen Kometen:

Das aber eigentlich zu erfahren, habe ich großen Fleiß angewendet, weil hierin die ganzen Wissenschaft von Ort und Eigenschaft des Kometen gelegen ist, und ich habe aus vielerlei Beobachtungen mit zugehörigen Instrumenten ermittelt und durch die Dreieckslehre gefunden, daß dieser Komet so weit von uns gewesen, daß seine größte Parallaxe nicht größer als 15′ sein könnte ... Hieraus folgt ... daß dieser Komet wenigstens 230 Erdhalbmesser von der Erde entfernt gestanden sei ... So folgt hieraus, daß dieser Komet entstanden sei zwischen der Mondbahn und der Venusbahn, welche sie um die Sonne gezeichnet haben ... Deshalb kann die aristotelische Philosophie hierin nicht richtig sein, die lehrt, daß am Himmel nichts Neues entstehen könnte und daß alle Kometen sich im oberen Teil der Luft befänden.

4. Kepler

Johannes *Kepler* (1571–1630), aus protestantischer Familie in Weil der Stadt in Württemberg geboren, war an der Tübinger Universität durch den dort lehrenden Michael *Mästlin* zur kopernikanischen Lehre bekehrt worden. Bereits mit 24 Jahren hatte er sein erstes Werk, *Mysterium Cosmographicum,* veröffentlicht, das neben der Darlegung eigener Ansichten eine ausführliche Darstellung und Begründung dieser Lehre enthält. Dadurch war Tycho Brahe auf ihn aufmerksam geworden. Er holte ihn als Assistenten zu sich nach Prag. Kaum hatte Kepler die Stellung angetreten, da starb Tycho. Kepler war nun im Besitz des besten Beobachtungsmaterials, das es bisher in der Geschichte der astronomischen Wissenschaft gegeben hatte. Er machte sich sofort daran, dieses Material zu sichten und auf seine Übereinstimmung mit dem kopernikanischen System zu prüfen.

Es schien, daß diese Übereinstimmung vollkommen war bis auf einen Fehler beim Planeten Mars. Die Abweichung betrug 8 Bogensekunden. Eine solche Abweichung war nach den von Tycho Brahe aufgerichteten Maßstäben der Beobachtungsgenauigkeit (Kopernikus hatte noch Abweichungen bis zu mehreren Bogenminuten zugelassen) zu groß, als daß Kepler sie einfach hätte Beobachtungsfehlern zuschreiben können. Die Ursache dieser Abweichung zu finden, war sein nächstes Ziel.

1609 veröffentlichte er seine *Neue Astronomie*. Darin tut er den kühnen Schritt, die Vorstellung kreisförmiger Bahnen fallenzulassen (der Vorschlag war von islamischen Astronomen schon im 11. Jahrhundert gemacht worden). Unter der Annahme einer elliptischen Bahn gelang es ihm, die Übereinstimmung zwischen Theorie und Beobachtung herzustellen. Das erste Keplersche Gesetz über die Planetenbewegung ist hier zunächst für den Mars, auf den sich die Untersuchung beschränkt, formuliert. Es lautet: Der Planet bewegt sich auf einer elliptischen Bahn um die Sonne; die Sonne steht in einem der beiden Brennpunkte der Ellipse. Im gleichen Werk findet sich auch, wiederum zunächst auf den Mars eingeschränkt, das zweite Gesetz: Der Strahl, der die Sonne mit dem Planeten verbindet, überstreicht in gleichen Zeiten gleiche Flächen. Das bedeutet, daß sich der Planet in Sonnennähe, wenn der gedachte Strahl kürzer ist, schneller bewegen muß als in Sonnenferne.

Die beiden Gesetze dehnte Kepler in einem neun Jahre später erschienenen anderen Werk auf die übrigen Planeten und den Mond aus. Ein Jahr später, in seiner *Weltharmonik* (1619), stellte Kepler ein drittes Gesetz auf: Das Quadrat der Umlaufzeit eines Planeten ist proportional dem Kubus (der dritten Potenz) der großen Halbachse seiner Bahnellipse.

Die Präzision dieser drei Gesetze war so groß, daß sie für die nächsten Jahrhunderte Bestand hatten. Ihre Einfachheit und Harmonie war das Ziel, dem Kepler von Anfang an nachstrebte. Daß die Gesetze des Kosmos von vollkommener Harmonie sein müßten, stand für ihn fest. Schon in seinem ersten Werk, dem »Weltgeheimnis« begann er sie zu suchen. Wie die Pythagoreer war er überzeugt, daß Zahlen und Zahlenverhältnisse eine tiefe Bedeutsamkeit in der göttlichen Schöpfung haben müßten. Er hatte auch zunächst versucht, zwischen den Planetenbahnen ganz einfache Zahlenverhältnisse aufzufinden. Als das nicht gelang, versuchte er, die Planetenbahnen zu den fünf regelmäßigen Körpern in Beziehung zu setzen. Kepler glaubte sogar, hier einen »Grund« für die Anzahl der Planeten gefunden zu haben. Als ihm die Auffindung der Planetengesetze in ihrer erhabenen Einfachheit schließlich geglückt war, geriet er in einen wahren Rausch der Begeisterung:

Was ich vor 25 Jahren vorausgeahnt habe, ehe ich noch die fünf regulären Körper zwischen den Himmelsbahnen entdeckt hatte ... was ich durch die Wahl des Titels zu diesem Buch meinen Freunden versprochen habe ... was ich vor 16 Jahren in einer Veröffentlichung als Ziel der Forschung aufgestellt habe, was mich veranlaßt hat, den besten Teil meines Lebens astronomischen Studien zu widmen, Tycho Brahe aufzusuchen und Prag als Wohnsitz zu wählen, das habe ich mit Gottes Hilfe, der meine Begeisterung entzündet und ein unbändiges Verlangen in mir geweckt hatte, der mein Leben und meine Geisteskraft frisch erhielt und mir auch die übrigen Mittel durch die Freigebigkeit zweier Kaiser und der Stände meines Landes Österreich ob der Enns verschaffte – das habe ich also nach Erledigung meiner astronomischen Aufgabe, bis er genug war, endlich ans Licht gebracht.

Und am Schluß des Vorworts zum gleichen Werk stehen die berühmten Worte:

Jetzt, nachdem vor 18 Monaten das erste Morgenlicht, vor drei Monaten der helle Tag, vor ganz wenigen Tagen aber die volle Sonne einer höchst wunderbaren Schau aufgegangen ist, hält mich nichts zurück. Jawohl, ich überlasse mich heiliger Raserei. Ich trotze höhnend den Sterblichen mit dem offenen Bekenntnis: Ich habe die goldenen Gefäße der Ägypter geraubt, um meinem Gott daraus eine heilige Hütte einzurichten weitab von den Grenzen Ägyptens. Verzeiht ihr mir, so freue ich mich. Zürnt ihr mir, so ertrage ich es. Wohlan, ich werfe den Würfel und schreibe ein Buch über die Gegenwart oder die Nachwelt. Mir ist es gleich. Es mag 100 Jahre seines Lesers harren, hat doch auch Gott 6000 Jahre auf den Beschauer gewartet.

Solange man an die kreisförmige Bewegung der Himmelskörper geglaubt hatte, war kein Anlaß zu der Frage gewesen, warum die Bahnen gerade diese Form haben sollten: der Kreis galt eben als die »natürliche« Form solcher Bewegung. Sobald erkannt war, daß die Bahnen elliptisch sind, mußte die Frage gestellt werden: Warum haben sie gerade diese Form und nicht die einer beliebigen anderen denkbaren Kurve? Kepler hat mit dieser Frage lange gerungen. Sie richtig zu beantworten, wurde er unter anderem dadurch gehindert, daß er an der Grundansicht aus der Mechanik des Aristoteles festhielt: um einen Körper in Bewegung zu halten, sei stete Zufuhr von bewegender Kraft erforderlich. Solche bewegende Kraft, die er anima motrix nannte, schrieb Kepler der Sonne zu. Wie kommt aber die Umlaufbewegung zustande? Kepler nahm den ihm selbstverständlich bekannten Magnetismus zu Hilfe und kam zu Vorstellungen, die in der Nähe der universellen Gravitation liegen. Er stellte sogar den Satz auf, die Wirkung der anima motrix sei umgekehrt proportional zum Quadrat der Entfernung. Doch es gelang erst Newton, den Zusammenhang zu erkennen und zu formulieren.

5. Galilei

Galileo *Galilei*, 1564 geboren und damit Zeitgenosse Keplers, war schon ein reifer Mann und hatte seine grundlegenden Arbeiten in der Mechanik bereits hinter sich, als er in die Entwicklung der Astronomie eingriff. Jene Arbeiten betrachten wir erst im folgenden Abschnitt. Des Zusammenhangs wegen nehmen wir die astronomischen hier voraus. Den Anlaß zu Galileis Eingreifen gab das von ihm erbaute Fernrohr.

1609 hatte Galilei erfahren, daß ein Niederländer, Hans *Lippershey* aus Middelburg, ein Fernrohr gebaut hatte. Ob ihm der Ruhm zukommt, das Fernrohr erfunden zu haben, ist etwas zweifelhaft. Das Prinzip hatte bekanntlich schon Roger Bacon ausgesprochen. Es ist möglich, daß die Erfindung von mehreren zu gleicher Zeit gemacht wurde, höchstwahrscheinlich bei den holländischen Brillenschleifern. Galilei schreibt:

Vor ungefähr zehn Monaten drang auch an unser Ohr das Gerücht, ein Niederländer habe ein Fernrohr hergestellt, mit dem man sichtbare, selbst entfernte Gegenstände scharf wie in unmittelbarer Nähe zu erkennen vermöge. Man sprach auch bereits von gewissen Erfolgen dieser gewiß wunderbaren Erfindung; einige glaubten daran, andere hingegen leugneten sie. Das Gerücht wurde mir einige Tage später brieflich von einem französischen Edelmann Jacques Badouère aus Paris bestätigt, weshalb ich mich mit aller Anstrengung daranmachte, den rechten Weg zu erkennen, ein solches Werkzeug zu erfinden. Ausgehend von der Lehre über die Strahlenbrechung kam ich bald der Sache auf die Spur. Zunächst verschaffte ich mir eine Bleiröhre, an deren einem Ende ich eine plankonvexe und an dem anderen Ende eine plankonkave Linse anbrachte. Indem ich dann das Auge der letzteren genähert, sah ich die Gegenstände hinreichend vergrößert und genähert, und zwar war die Annäherung eine dreifache, die Vergrößerung sogar eine neunfache. Später verfertigte ich mir ein anderes, besseres Fernrohr, das eine mehr als sechzigfache Vergrößerung zeigte. Schließlich erzielte ich, keine Mühen und Kosten scheuend, ein so ausgezeichnetes Fernrohr, daß ich Gegenstände in nahezu tausendfacher Vergrößerung sehen konnte, wobei ihre gewöhnliche, mit bloßem Auge beurteilte Entfernung dreißigmal kürzer erschien. Die Vorteile eines solchen Fernrohrs bei Beobachtungen zu Lande wie zur See aufzuzählen, wäre überflüssig. Auf irdische Beobachtungen verzichtend, wandte ich mich den himmlischen zu. Da sah ich zunächst den Mond so nahe, als ob er kaum um einen Erddurchmesser entfernt gewesen wäre. Dann beobachtete ich häufig und mit unglaublichem Vergnügen Fixsterne und Planeten. Da erstere sich in großer Menge zeigten, sann ich mir ein Verfahren aus, ihren gegenseitigen Abstand zu bestimmen, und ich habe ihn bereits ermittelt. Wer sich mit solchen Beobachtungen beschäftigen will, möge folgendes beachten. Zuerst ist es nötig, sich ein äußerst genaues Fernrohr anzuschaffen, das die Gegenstände hell, deutlich und ohne Trübung zeigt; es muß mindestens vierhundertmal vergrößern, dann wird es die Gegenstände zwanzigmal näher zeigen. Sonst wird man vergeblich alles das, was von mir am Himmel erblickt wurde und später aufgezählt werden wird, zu sehen versuchen.
Jetzt will ich über die in den letzten zwei Monaten angestellten Beobachtungen berichten, Beobachtungen von großer Bedeutung, zu deren Untersuchung ich alle wahrheitsliebenden Männer einlade.

Dies sind die Einleitungsworte zu Galileis 1610 erschienenem Büchlein *Sidereus Nuncius* – »Der Sternenbote«. Auch andere Astronomen beschäftigten sich sofort mit der neuen Erfindung. Kepler erfand eine wesentliche Verbesserung des Instruments. Aber am bedeutsamsten sind die Beobachtungen, die Galilei machte.
Zunächst richtete er sein Fernrohr auf den Mond und erblickte zum erstenmal die Einzelheiten seiner Oberfläche.

... aus häufig wiederholten Beobachtungen zog ich den Schluß, daß die Oberfläche des Mondes nicht ganz glatt und gleichmäßig ist und die genaueste Rundung besitzt, wie die große Menge der Philosophen hier und bei den anderen Himmelkörpern annimmt, sondern im Gegenteil ungleichmäßig; rauh und besät mit Niederungen und Erhöhungen ist, nichts anderes als die Erde selbst, welche hier Berge und dort Täler aufweist. Die Erscheinungen aber, aus denen dies geschlossen wird, sind folgende. Am vierten oder fünften Tage nach dem Neumonde ... zeigt sich bereits die Grenzlinie, welche den unbeleuchteten Teil vom beleuchteten trennt, nicht gleichmäßig als einförmige Linie ... sondern sie wird durch eine unregelmäßige, unebene und recht gezackte Linie gekennzeichnet ... Mehrere leuchtende Ausbuchtungen erstrecken sich jenseits der Grenze von Licht und Schatten in den dunklen Teil, und umgekehrt ...

Das war etwas ganz Neues, denn bisher glaubte man fest, alle Himmelskörper hätten die ideale und vollkommene Kugelgestalt.

Als Galilei sein Teleskop auf die Sterne richtete, erblickte er »eine so große Menge anderer Sterne, wie es kaum glaublich ist.« – »Ich bin außer mir vor Staunen«, rief er aus, »und Gott unendlich dankbar, daß es ihm gefallen hat, mir die Entdeckung so großer Wunder zu erlauben.« Im Gürtel und Schwert des Orion, wo man bisher 9 Sterne gezählt hatte, waren es jetzt 80; in den Pleiaden 36 statt vorher 6. Die Milchstraße aber entschleierte sich als eine unvorstellbare Menge von Sternen und Sternenhaufen!

Unter den Planeten fand Galilei am Jupiter 4 Monde, die um diesen kreisten, wie die Planeten um die Sonne. Bei der Venus entdeckte er die Phasen – den Mondphasen ähnlich – die bezeugen, daß dieser Planet nicht selbst leuchtet, sondern sein Licht von der Sonne erhält. Galilei erblickte auch den Saturnring, deutete das Gesehene allerdings nicht richtig.

Auf die Sonne blickend, fand Galilei die Sonnenflecken. Hier war er allerdings nicht der erste Entdecker. Mehrere Astronomen, wie insbesondere Johann *Fabricius* und der Jusuit *Scheiner*, hatten sie schon kurz zuvor beobachtet, sie eingehend beschrieben und erkannt, daß sie über die Sonnenscheibe hinwegwandern und dann von der anderen Seite her wieder auftauchen können – womit ein Beweis für die Eigenrotation der Sonne erbracht schien.

Diese neuen Entdeckungen räumten endgültig auf mit der von Aristoteles übernommenen Unterscheidung zwischen der veränderlichen und unvollkommenen Erde und der angeblich vollkommenen und ewigen Himmelswelt. Auch war schon mit der Erkenntnis, daß die Anzahl der Sterne die von den Alten angenommene um ein Vielfaches übertraf, deren ganze Lehre ein für allemal diskreditiert. Schließlich und vor allem häuften sie eine Fülle handgreiflicher Beweise für die kopernikanische Weltansicht auf. Der Jupiter mit seinen Monden bot eine Art Modell des Sonnensystems im kleinen. Die Venusphasen waren nur mit Kopernikus zu erklären. Galilei hatte schon vorher der Lehre des Kopernikus angehangen. Nun fühlte er sich veranlaßt, die dieser Lehre günstigen Folgerungen aus den neuen Beobachtungen öffentlich auszusprechen.

Damit stieß er auf einen wahren Sturm von Gegnerschaft. Seine hartnäckigsten Gegner weigerten sich sogar, einen Blick durch das Teleskop zu tun, aus Angst, etwas zu erblicken, was mit ihren vorgefaßten Meinungen im Widerspruch stand.

Als ich die Satelliten des Jupiter den Professoren von Florenz zeigen wollte, wollten sie weder diese noch das Teleskop sehen. Diese Leute glauben, es sei keine Wahrheit in der Natur zu finden, sondern nur in der Vergleichung von Texten.

Die Gegnerschaft kam zunächst nicht von der Kirche. Geistliche wie der genannte Jesuit *Scheiner* beteiligten sich an der neuen astronomischen Forschung. Papst Urban VIII. verfolgte Galileis Arbeiten mit Anteilnahme. Allmählich aber gelang es Galileis Gegnern, die Kirche auf ihre Seite zu ziehen. 1616 wurde Galilei von der Inquisition vorgeladen. Eine von dieser einberufene Kommission hatte entschieden: Die Behauptung, die Sonne sei der Mittelpunkt der Welt und stehe still, sei falsch, absurd, ketzerisch und im Widerspruch zur Heiligen Schrift; die Behauptung, die Erde sei nicht der Mittelpunkt der Welt, sondern bewege sich und drehe sich täglich um sich selbst, sei philosophisch falsch und absurd und theologisch zum mindesten irrig.
Galilei wurde ermahnt, sich jeglicher Vertretung dieser Meinungen zu enthalten und nicht darüber zu schreiben. Gleichzeitig wurden die Werke des Kopernikus verboten, bis sie revidiert wären. Eine revidierte Ausgabe erschien auch vier Jahre später. Die wesentliche Änderung bestand darin, daß Kopernikus' Lehre als bloße mathematische Hypothese hingestellt wurde.
Sieben Jahre nach dem ersten Zusammenstoß mit der Inquisition ließ Galilei seine neue Schrift *Der Probierer* erscheinen. Er widmete sie dem Papst. Darauf rührte sich nichts. Es schien, daß der Papst gewillt war, Galilei gewähren zu lassen. Aber weitere neun Jahre später veröffentlichte Galilei seinen *Dialog über die beiden wichtigsten Weltsysteme*. Das ließ den Konflikt von neuem ausbrechen und trieb ihn erst zum Höhepunkt. In dem Werk unterhalten sich drei Personen, ein Anhänger des Kopernikus, ein Gegner und ein unparteiischer Zuhörer. Nun waren ja schon objektiv betrachtet alle guten Beweisgründe auf der Seite des Kopernikus: erst recht in den Augen des streitbaren Galilei. Der Gegner, Simplicio geheißen, der diese Argumente nicht begreifen will, erscheint so als dumm und fast komische Figur. Das Buch hatte die kirchliche Druckerlaubnis. Sie war aber an die Bedingung geknüpft worden, die Ansicht des Kopernikus solle nur als Hypothese hingestellt werden, und auf der Seite des Gegners sollten auch einige für den entgegengesetzten Standpunkt sprechende Beweisgründe mit aufgenommen werden. Galilei trotzte diesen Bedingungen. Überdies gelang es seinen Gegnern, den Papst zu überzeugen, er selber sei in der Figur des Simplicio gemeint und verhöhnt.
Daraufhin wurde Galilei erneut vorgeladen. Diesmal nahm man ihn sogar vorübergehend in Haft – allerdings bei milder Behandlung –; zwang ihn, im Bußgewand seine ketzerischen Meinungen zu widerrufen und für alle Zukunft zu geloben, er werde die Lehren der Kirche anerkennen. Bei Gelegenheit dieser Widerrufs soll Galilei die berühmten Worte gesprochen haben: »Eppur si muove« (»Und sie bewegt sich doch«). Geschichtliche Beweise gibt es dafür nicht. Wahrscheinlich hat

die geschichtliche Überlieferung hier wie in ähnlichen anderen Fällen die Situation kurz und treffend in einem Wort verdichtet, das nie gesprochen wurde, aber dem Sinne nach gesprochen worden sein könnte.
Galileis Dialog und Keplers Schriften kamen auf den Index der verbotenen Bücher. Erst 1835 wurden sie wieder freigegeben.
Galilei verbrachte die restlichen Jahre seines Lebens auf einem Landgut, im wesentlichen unbehelligt und mit verschiedenen wissenschaftlichen Arbeiten beschäftigt. 1637 erblindete er. 1642 starb er, in dem Jahre, da Isaac Newton geboren wurde.
Durch den von Galilei herausgeforderten neuen Prozeß wurde der unglückliche Gegensatz der Kirche zu den neuen Kräften der Naturwissenschaft, der ihrem Ansehen sehr geschadet hat, für lange Zeit befestigt.

6. Bruno

Noch bevor der Blick durch das Fernrohr die unendlichen Weiten der Sternenwelt dem menschlichen Auge erschloß, hatte Giordano *Bruno*, Dominikanermönch, geboren 1548 in Italien, gestorben 1600 in Rom auf dem Scheiterhaufen der Inquisition, in seherischer Ahnung und rauschhaftem Überschwang das neue Universum erschaut. Er erklärte das All für unendlich, weil nur dieses der unendlichen göttlichen Schöpferkraft entspreche. Auch unsere Sonne war für ihn nicht mehr der Mittelpunkt der Welt. Er lehrte, daß es eine unendliche Anzahl von Welten gäbe, deren jede ihre eigene Sonne habe.

7. Die gregorianische Kalenderreform

Der Julianische Kalender *Caesars* hatte den alle vier Jahre einzuschiebenden Schalttag eingeführt. Die Durchschnittslänge eines Jahres betrug damit $365^1/_4$ Tage. Das war etwas zu viel, denn das Jahr ist genau 365 Tage, 5 Stunden, 48 Minuten, 46 Sekunden lang. Dieser Fehler hatte sich im Laufe der Jahrhunderte summiert. Im Jahre 1582 machte er schon volle zehn Tage aus, so daß die Frühlings-Tag- und Nachtgleiche auf den 11. statt auf den 21. März fiel. Der neue Kalender mußte zunächst diesen Fehler beseitigen. Das geschah, indem man statt des 5. November 1582 gleich den 15. November schrieb. Damit eine neue Abweichung nicht entstehen konnte, bestimmte Papst *Gregor XIII.*, die Hunderterjahre – nach dem Julianischen Kalender Schaltjahre, weil durch vier teilbar – sollten nur dann Schaltjahre sein, wenn ihre Zahl durch 400 teilbar ist. Also sind nur 1600, 2000 und so weiter Schaltjahre; in den übrigen Hunderterjahren fällt der Schalttag aus. Damit ist auf lange Sicht der Einklang mit dem Sonnenjahr hergestellt; allerdings nicht ganz: 3200 Jahre nach Einführung des Kalenders, also im Jahre 4782, wird es notwendig sein, einen Tag zu überspringen.
Der neue Kalender trat zunächst nur in der katholischen Welt in Kraft. Die protestantischen Länder folgten erst um 1700. Dies muß man beim Vergleich geschichtlicher Daten aus der Zwischenzeit stets berücksichtigen. Rußland folgte erst 1918.

III. Physik und Chemie

1. GILBERT

Später als Mathematik und Astronomie erwachte die Physik zu neuem Leben. Während Kopernikus sein neues Weltsystem erdachte und die großen Entdecker über die Weltmeere fuhren, regte sich in ihr noch nichts. Erst gegen Ende des 16. Jahrhunderts und in das 17. hinein liegt die Wirksamkeit der drei Männer, die an der Schwelle der neuzeitlichen Physik stehen: ein Engländer, ein Holländer, ein Italiener.
Im Jahre 1600 erschien *De magnete magneticisque corporibus et de magno magnete tellure* – Über den Magneten, die magnetischen Körper und den großen Magneten Erde – des Engländers William *Gilbert* (1540 bis 1603). Gilbert machte zwei wesentliche Schritte über Peter Peregrinus hinaus.
Wie der Titel anzeigt, hat er die Erde selbst als Magneten erkannt. Er stellt fest, daß die Erde zwei magnetische Pole hat, die in der Nähe der geographischen Pole liegen, aber nicht mit diesen zusammenfallen, und daß die Kompaßnadel zu diesen Polen weist und nicht, wie man geglaubt hatte, zu dem sagenhaften Magnetberg im hohen Norden. Gilbert gibt die Anweisung, wie man mit einem kleinen kugelförmigen Magneten diese Verhältnisse selbst auf experimentellem Wege nachprüfen kann:

Man nehme einen Magnetstein [Fe_3O_4 – ein kristallines Eisenoxyd; Gilbert kannte natürlich auch den durch Magnetisierung künstlich hergestellten Magneten] und gebe ihm durch Abschleifen die Form eines Balles. Dann, um die Pole zu finden, die den Polen der Erde entsprechen, nimm den runden Stein in deine Hand und lege auf ihn eine Nadel oder ein Stück Eisendraht: Die Enden des Drahtes bewegen sich um ihren Mittelpunkt und kommen plötzlich zum Stehen. Nun markiere mit Ocker oder Kreide, wo der Draht stilliegt und haftet. Dann bewege den Mittelpunkt oder das Zentrum des Drahtes zu einer anderen Stelle, und so ein drittes und viertes Mal, immer den Magnetstein längs des Drahtes markierend, wo dieser stillsteht: Die so markierten Linien werden Meridiankreise darstellen, oder Kreise gleich Meridianen auf dem Stein oder der Terella [Erdlein, kleine Erde nennt Gilbert seinen Stein] und offensichtlich werden sie alle an den Polen des Steins zusammenlaufen.

Gilberts Methode ist rein experimentell. Er verfährt so, wie es Roger Bacon gefordert hatte und wie es sein Zeitgenosse und Landsmann Francis Bacon fordert; aber bei ihm ist kein Überrest des Haftens an antiken Autoren und mittelalterlichen Vorurteilen. Er zitiert die Alten, aber nur, um sie zu widerlegen.
Zum zweiten erwähnt Gilbert die *Elektrizität* und beschreibt eine Reihe entsprechender Experimente. Während den Untersuchungen über den Magnetismus im Zeitalter der Entdeckungen eine große praktische Bedeutung zukam, hatte Gilbert für die von ihm entdeckten elektrischen Erscheinungen zunächst keine praktische Anwendung. Die schon den Griechen bekannte Tatsache, daß geriebener Bernstein (griech. Elektron) anziehend wirkt, schien Gilbert etwas dem Magnetismus Verwandtes.

Gilbert stellte eine Art Elektroskop her, eine Metallnadel, die sich auf einem Zapfen drehte und das Vorhandensein von Elektrizität anzeigte. Er prüfte eine Reihe von Stoffen auf ihre Fähigkeit, gleich dem Bernstein durch Reibung anziehende Kraft zu erlangen. Er fand, daß manche Stoffe wie Glas und Harz diese Fähigkeit besitzen, andere, die Metalle, dagegen nicht. Gilbert erkannte nicht, daß die letzteren Stoffe für die Elektrizität als Leiter wirken, das heißt, die Elektrizität fast ungehindert durchfließen lassen und nicht speichern.

2. Stevin

Simon *Stevin* (1548–1620), ein holländischer Militäringenieur, lebte ungefähr gleichzeitig mit Gilbert, begann aber schon vor dessen Werk über den Magneten mit seinen Veröffentlichungen.
Stevin war es, nicht Galilei, der als erster im Jahre 1586 die seit Aristoteles festgehaltene Ansicht, die Körper fielen entsprechend ihrem Gewicht mit verschiedenen Geschwindigkeiten, durch das Experiment widerlegte:

Das Experiment gegen Aristoteles ist dies: Laßt uns . . . zwei bleierne Kugeln nehmen, eine zehnmal größer an Gewicht als die andere, welche wir zusammen fallen lassen aus einer Höhe von fünfzig Fuß auf ein Brett oder sonst etwas, das einen deutlichen Schall gibt, und es wird sich zeigen, daß die leichtere nicht zehnmal länger braucht, um zu fallen, als die schwerere, sondern daß sie zugleich auf das Brett fallen, daß beide Geräusche als eine einzige Schallwahrnehmung erscheinen.

Stevin begründete die moderne *Statik* – wie Galilei die Dynamik – und auch die *Hydrostatik*. Eines der wichtigsten der von ihm erstmals gefundenen Gesetze ist das Parallelogramm der Kräfte. In der Regel wirken in der Natur immer mehrere Kräfte gleichzeitig auf einen Körper ein. Wirken zwei Kräfte in verschiedener Richtung auf einen Körper, so ist die entstehende Wirkung so, als ob eine einzige Kraft auf den Körper einwirkte. Diese Resultante findet man zeichnerisch, indem man die beiden Kräfte in ihren Richtungen aufzeichnet und die Länge der beiden Strahlen der Stärke der Kräfte entsprechen läßt. Vervollständigt man die beiden Linien zu einem Parallelogramm, so bezeichnet dessen Diagonale die Richtung und die Stärke der resultierenden Kraft.
Andere statische Gesetze Stevins beziehen sich auf die schiefe Ebene und auf das Verhältnis von Kraft und Weg bei Hebel, Rolle und ähnlichen einfachen Maschinen.
Für die Hydrostatik waren grundlegend Stevins Untersuchungen über die Druckverhältnisse im Inneren einer Flüssigkeitsmenge. Stevin formulierte und bewies den Satz, daß eine Flüssigkeit in kommunizierenden Röhren ohne Rücksicht auf deren Form und Durchmesser stets zur gleichen Höhe steigt. Er formulierte das sogenannte hydrostatische Paradoxon. Es besagt, daß der Druck in einem beliebigen Punkt innerhalb einer Flüssigkeit allein von der Höhe der über diesem Punkt stehenden Flüssigkeitssäule abhängt. Dieser Satz liegt der Konstruktion hydraulischer Bremsen und ähnlicher hydraulischer Apparate zugrunde.

In der Hydrostatik knüpfte Stevin an Archimedes an. Stevin ist es, neben Leonardo und Galilei, der den »archimedischen Geist« für die moderne Wissenschaft wieder belebt und fruchtbar gemacht hat.

3. Galilei

Wir haben Galileis astronomische Arbeiten und seinen Kampf für das kopernikanische System bereits im vorhergehenden Abschnitt des Zusammenhangs und unserer durchgehenden Einteilung wegen vorweggenommen. Nun müssen wir uns seiner Gestalt, einer der mächtigsten in der gesamten Geschichte des menschlichen Wissens, neuerdings zuwenden, um seine Leistung für die Physik und sein Gesamtwerk etwas eingehender zu betrachten.

Galileo Galilei stammte aus Pisa. Hier wurde er 1564 geboren als Sohn eines verarmten Edelmannes, der sich mit Mathematik und Musiklehre beschäftigte. Vom Vater bekam er möglicherweise schon den Geist eingeimpft, der sein eigenes Werk durchdringt; denn der Vater Galilei schrieb in einem 1581 erschienenen musiktheoretischen Buche:

Nach meiner Ansicht müssen diejenigen, welche, um eine Behauptung zu beweisen, ausschließlich auf das Gewicht der Autoritäten zählen, ohne sich anderer Argumente zu bedienen, des Unverstandes geziehen werden. Ich für mein Teil wünsche, daß die Streitfragen frei gestellt und ohne irgendwelche Speichelleckerei frei erörtert werden, wie sich dies für jeden geziemt, der aufrichtig nach der Wahrheit forscht.

In Pisa begann Galilei auch zu studieren, zunächst Medizin, wechselte aber bald zur Mathematik und den Naturwissenschaften. Mit 25 Jahren war er durch Vorlesungen, die er auf eigene Faust begann, bereits so berühmt, daß er als Professor der Mathematik an die Universität berufen wurde. Daß er sich vor keiner Autorität beugte und gegen Widersacher scharf und mit viel Spott zu Felde zog, machte ihn hier bald unbeliebt. Nach zwei Jahren verließ er Pisa und wurde Professor der Mathematik an der venezianischen Universität Padua.

Sein Ruhm verbreitete sich rasch und drang über die Grenzen. Der junge Kepler sandte ihm sein Erstlingswerk. Galilei antwortete mit anerkennenden Worten und betonte, er sei glücklich, »einen so großen Bundesgenossen und gleichen Freund der Wahrheit zu besitzen«. Bei dieser Gelegenheit schrieb er auch, er sei schon lange Anhänger des Kopernikus, habe aber bisher wegen des Widerstandes, den dessen Werk erregte, sich zurückgehalten.

Galileis weiteres Lebensschicksal haben wir schon verfolgt. Seine wichtigsten Schriften: *Über den Kompaß*, Padua 1606. *Sidereus Nuncius*, Venedig 1610. *Über Sonnenflecken*, 1613. *Il Saggiatore* (Der Probierer), Rom 1623. *Dialog über die beiden wichtigsten Weltsysteme*, Florenz 1623. *Mathematische Demonstration zweier neuer Wissenschaften* (hierin die Fallgesetze), Leyden 1638. *Von der Mechanik*, Ravenna 1649. Dies ist eine Auswahl. Zahlreiche kleinere Arbeiten Galileis wurden erst bekannt, als man daranging, sein Werk gesammelt herauszugeben. Die vollständige Ausgabe ist die italienische Edizione Nazionale mit 21 Bänden.

DIE FALLGESETZE Galilei gilt als Begründer der wissenschaftlichen Mechanik, welche den Grund aller weiteren physikalischen Entwicklung legte. So groß seine Leistung, er ist doch auf diesem Felde nicht ohne Vorläufer. Eine Reihe von Gelehrten, die im 14. Jahrhundert in Paris wirkten und der Philosophie Occams anhingen, hatte wichtige Vorarbeit im Studium der Bewegung und des Falls von Körpern geleistet. Jean *Buridan* hatte den Begriff der Trägheit formuliert und den Fall als gleichförmig beschleunigte Bewegung erklärt. *Albert von Sachsen* hatte ebenfalls die Fallgesetze zu formulieren gesucht. Nicolaus von Oresme hatte sich um die mathematische Erfassung der gleichförmig beschleunigten Bewegung bemüht. Daß zwischen diesen Männern und dem Werk Galileis, das sie fortsetzte und krönte, zwei Jahrhunderte liegen, zeigt, wie die humanistische Geistesströmung die Aufmerksamkeit für längere Zeit von der Naturwissenschaft weg auf die antike Literatur gezogen hatte. Freilich hatten auch im 14. Jahrhundert Wirtschaft und Technik noch nicht den Stand erreicht, der im 16. Jahrhundert die Neubegründung der Naturwissenschaft ermöglichte und erzwang.
Technische Entwicklungen, die neues mathematisches und physikalisches Rüstzeug zu ihrer Bewältigung erforderten, lagen in dem Aufschwung der Seefahrt und den Fortschritten der Astronomie. Sie lagen aber auch in den mit Aufkommen der Feuerwaffen einsetzenden Problemen der Waffentechnik und des Befestigungswesens. Tartaglia war nicht der einzige, der die Ballistik als Feld der angewandten Mathematik behandelte. Galilei selbst verlegt den Anfang einer seiner Schriften bezeichnenderweise in das Arsenal von Venedig.

Meine Absicht ist, eine sehr neue Wissenschaft von einem sehr alten Gegenstand zu bringen. In der Natur ist vielleicht nichts älter als die Bewegung, und die Bücher, welche von Philosophen darüber geschrieben sind, sind weder wenig noch klein an Umfang; nichtsdestoweniger habe ich durch Experiment einige ihrer Eigenschaften entdeckt, welche wissenswert sind und welche bisher weder beobachtet noch demonstriert worden sind. Einige oberflächliche Beobachtungen sind gemacht worden, wie zum Beispiel, daß die freie Bewegung eines schweren fallenden Körpers beständig beschleunigt wird; aber eben in welchem Maße diese Beschleunigung stattfindet, ist noch nicht mitgeteilt worden; denn soviel ich weiß, hat noch niemand auseinandergesetzt, daß die Entfernungen, die in gleichen Zeitintervallen durch einen aus dem Ruhestand fallenden Körper zurückgelegt werden, zu einander im gleichen Verhältnis stehen wie die ungeraden Zahlen, beginnend mit der Einheit.
Es ist beobachtet worden, daß Wurfgeschosse und Projektile einen gekrümmten Weg irgendeiner Art beschreiben; jedoch niemand hat die Tatsache aufgezeigt, daß dieser Weg eine Parabel ist. Aber dieses und andere Tatsachen, nicht gering an Zahl oder weniger wissenswert, ist es mir gelungen zu beweisen; und was ich als wichtiger ansehe, es sind für die ausgedehnte und ausgezeichnete Wissenschaft, von der mein Werk nur den Anfang bildet, neue Wege und Mittel eröffnet worden, durch welche andere Geister, schärfer als der meine, ihre entfernteren Bereiche erforschen werden.

Zwei aristotelische Vorurteile mußte Galilei zunächst aus dem Wege räumen, um seine neue Wissenschaft von der Bewegung, die Dynamik,

zu begründen. Das eine war die Ansicht, um einen Körper in Bewegung zu halten, sei beständige Zufuhr von Kraft nötig. Galilei setzte an seine Stelle den Satz: jeder Körper verharrt bei Abwesenheit von Reibung und sonstigen Hemmnissen ohne Aufhören in der ihm einmal erteilten Bewegung. Dieser Satz konnte natürlich strenggenommen nicht experimentell bewiesen werden, denn niemand vermag die dazu notwendigen Versuchsbedingungen herzustellen; doch konnte Galilei experimentell zeigen, daß die Bewegung um so länger fortgesetzt wird, je vollständiger man die Hemmnisse aus dem Wege räumt. Das andere Vorurteil war die Ansicht, die Körper fielen entsprechend ihrem Gewicht mit verschiedener Geschwindigkeit. Wir haben gesehen, daß Stevin dies bereits durch sein Experiment widerlegt hatte. Galilei tat das gleiche.
Galilei wußte, daß die Körper gleich schnell fallen und daß sie mit gleichmäßiger Beschleunigung fallen. Aber *wie* schnell fallen sie? Da es noch kein Instrument gab, die bei Fallexperimenten auftretenden ganz kurzen Zeiträume zu messen, verlangsamte Galilei die Bewegungen, indem er statt des freien Falls die Bewegungen von Kugeln untersuchte, die eine schiefe Ebene herabrollten.

In ein Stück Holz, etwa zehn Meter lang, einen halben Meter breit und drei Zoll dick, machten wir auf der Schmalseite eine Rille, etwas mehr als einen Zoll weit . . . Wir machten sie sehr glatt . . . und in ihr ließen wir eine Metallkugel, sehr hart, rund und glatt, herablaufen. Nachdem wir das genannte Brett schräg gelegt hatten, indem wir eines seiner Enden etwa ein oder zwei Meter oberhalb der Waagrechten legten, ließen wir den Ball die Rille hinablaufen und beobachteten in der sogleich zu beschreibenden Weise die Zeit, welche er brauchte, um herunterzulaufen, indem wir dieselbe Beobachtung immer von neuem wiederholten, um uns der Zeit zu vergewissern, in welcher wir niemals die geringste Differenz fanden, auch nicht um den zehnten Teil eines Pulsschlages . . . (Dann) ließen wir die gleiche Kugel nur den vierten Teil der Länge jener Rille hinablaufen, und als wir die Zeit maßen, fanden wir sie stets genau die Hälfte der ersteren. Und dann machten wir Versuche mit anderen Längen . . . Und was das Messen der Zeit anbetrifft: Wir hatten einen ansehnlichen Eimer Wasser hoch aufgehängt, aus welchem durch ein kleines Loch im Boden ein dünner Wasserfaden drang, welchen wir in einem kleinen Gefäß auffingen, solange der Ball die Rille hinablief bzw. ihre Teile: Von Zeit zu Zeit wogen wir die kleinen Wassermengen, die wir auf diese Weise sammelten, auf sehr genauen Waagschalen; die Unterschiede und Verhältnisse ihrer Gewichte gaben genau die Unterschiede und Verhältnisse der Zeiten; und dies mit solcher Genauigkeit, daß . . . so oft wir die Versuche wiederholten, sie niemals voneinander abwichen.

Die Kenntnis der Fallgesetze setzte Galilei in den Stand, die Bahn eines abgefeuerten Geschosses zu berechnen. Er setzte den Fall, ein Geschoß werde von einer Klippe in waagerechter Richtung auf das Meer hinaus gefeuert. Während das Geschoß seine geradlinige waagerechte Bewegung fortzusetzen strebt, wirkt die Schwerkraft ein. In jedem Zeitintervall legt es die gleiche horizontale Distanz zurück, erfährt aber zugleich eine gleichmäßige Beschleunigung nach unten. Die resultierende Kurve ist eine Parabel – oder sie wäre es, wenn man den Luftwiderstand nicht zu berücksichtigen brauchte. Über dessen Rolle war sich Galilei klar, vermochte ihn aber nicht zu berechnen. Die von den Mathematikern schon so lange vorher ausgebildete Lehre von den Kegelschnitten fand nun neben den Planetengesetzen Keplers hier eine zweite Anwendung in der Praxis.

ANDERE PHYSIKALISCHE ARBEITEN In der *Hydrostatik* stürzte Galilei eine andere irrtümliche Annahme der aristotelischen Schule um. Diese behauptete, ob ein Körper im Wasser schwimme, hänge von seiner Gestalt ab. Galilei ließ eine wächserne Kugel in ein mit Wasser gefülltes Gefäß sinken. Durch Zusetzen von Salz erhöhte er die Dichte der Flüssigkeit bis zu dem Punkte, da die Wachskugel sich vom Boden erhob und schließlich schwamm. Damit war bewiesen, daß die Schwimmfähigkeit von Körpern von ihrer relativen Dichte in bezug auf die umgebende Flüssigkeit und nicht von ihrer Gestalt abhängt.
Im Alter befaßte sich Galilei mit dem Problem, den Standort von Schiffen auf hoher See zu bestimmen. Im Zeitalter der beginnenden Ozeanschiffahrt war die Aufgabe höchst aktuell. Die einfachsten Verfahren der Längenbestimmung, wie sie heute angewandt werden, erfordern eine genaugehende und Normalzeit zeigende Uhr. Da es solche Uhren nicht gab, schlug Galilei vor, die Bewegungen und Verfinsterungen der Jupitermonde als Uhr zu benutzen. Die Schiffe sollten dazu mit entsprechenden Tabellen ausgestattet werden.
Das *Fernrohr* wurde, wie wir gesehen haben, nicht von Galilei erfunden. Aber er war einer der ersten, die eines bauten. Andere Erfindungen von ihm sind die *hydrostatische Waage* und das *Thermometer*. Galileis Thermometer benutzte die Ausdehnung der erwärmten Luft.
Da Galilei stets auf exakte Messungen ausging, mußte er auch auf das Problem der genauen Zeitmessung stoßen. Im oben angeführten Zitat beschreibt er die bei den Fallversuchen verwandte Wasseruhr. Außer ihr hatte er nur seinen Puls; denn die hergebrachten Sanduhren und die ersten mechanischen Uhren, die es außerdem gab, waren viel zu ungenau. Seines Pulses bediente sich Galilei auch bei seinen Studien der Pendelbewegung. Zu diesen soll er veranlaßt worden sein durch die Beobachtung des großen Kronleuchters, der an der Decke der Kathedrale von Pisa befestigt war und im Luftzug hin und her schwang. Als Galilei durch weitere Pendelexperimente im Versuchsraum erkannt hatte, daß die Schwingungszeit eines Pendels unabhängig ist von der Schwingungsweite und auch unabhängig von der schwingenden Masse und so allein abhängig von seiner Länge, kam ihm der Gedanke, eine Pendeluhr zu konstruieren. Er fertigte zahlreiche Entwürfe; es gelang ihm aber trotz seines richtigen Grundgedankens nicht, eine wirklich gehende Uhr zu bauen.

GALILEIS METHODE. WÜRDIGUNG Für den Zusammenhang unseres Berichts ist ein Blick auf Galileis Methode und das, was sie gegenüber früheren auszeichnet, wichtiger als weitere Einzelleistungen.
Was ist das Auszeichnende an dieser Methode? Dreierlei ist hervorzuheben. Das erste ist die Rolle, die der Mathematik zugewiesen ist.

Auf die Titelseite meiner gesammelten Werke zu setzen: Hier wird es aus unzähligen Beispielen zu begreifen sein, was der Nutzen der Mathematik für das Urteil in den Naturwissenschaften ist, und wie unmöglich es ist, korrekt zu philosophieren ohne die Führung der Geometrie, wie es der weise Grundsatz Platons besagt.

Es ist natürlich, daß Mathematik, auf die Natur angewandt, zum Erfolge führt: denn Mathematik liegt dem Bau der Natur selbst zugrunde.

Die Philosophie ist geschrieben in jenem großen Buche, das immer vor unseren Augen liegt; aber wir können es nicht verstehen, wenn wir nicht zuerst die Sprache und die Zeichen lernen, in denen es geschrieben ist. Diese Sprache ist Mathematik, und die Zeichen sind Dreiecke, Kreise und andere geometrische Figuren.

Das ist die gleiche Anschauung, die auch aus Keplers Wort spricht: daß überall, wo Materie ist, auch Geometrie sei.
Der zweite hier hervorzuhebende Zug ist die Rolle des Experiments. Es erübrigt sich, das nochmals mit Beispielen zu belegen. Das Experiment ist der Prüfstein der Wahrheit.
Doch kann man nicht sagen, Galilei sei ein »reiner Empiriker« oder bloßer Experimentator. Vielmehr – und dies ist das dritte Kennzeichen – zeichnet sich seine Forschungsweise gerade durch die eigenartige und fruchtbare Verbindung aus, welche Induktion aus dem Experiment und mathematische Deduktion bei ihm eingehen.
Welches ist die besondere Weise des Fragens, mit der Galilei der Natur gegenübertritt? Diese Frage ist geeignet, uns noch einen Schritt tiefer zu führen, denn sie leitet uns auf das Anliegen, dem Galileis Forschen dient, auf das Erkenntnisideal. Von dem mittelalterlichen Suchen nach dem höheren Zweck in oder hinter allen Dingen der göttlichen Schöpfung finden wir bei Galilei nichts mehr. Es ist auch nicht die Rede von Vollkommenheit oder Rangordnung im Hinblick auf solche Zwecke. Der Rangunterschied zwischen der himmlischen Sphäre der ewigen Vollkommenheit und der irdischen der Veränderlichkeit ist mit dem ersten Blick durch das Fernrohr aufgehoben. Der Vorrang der Kreisbewegung als vollkommener Bewegung ist beseitigt. Es gibt keine »perfekte« Zahl für die Planeten. An die Stelle des Suchens nach dem Zweck, das heißt nach dem *Warum,* tritt bei Galilei die Frage nach dem *Wie* und insbesondere nach dem *Wieviel.* Das Fragen geht auf Quantitäten, nicht auf Qualitäten. Auch Kepler sagte, der menschliche Geist sei am besten zum Auffassen quantitativer Verhältnisse geschaffen. Mathematik, welche Galilei in der Natur findet, ist die Lehre vom Meßbaren und vom Quantitativen.
Wir sollen und können uns nicht vermessen, die göttlichen Absichten zu erforschen. Wir sollen und können aber die Natur beobachten und die Wege erkennen, in denen Gott seine Werke tut. Wir sollen und können das, was wir beobachten, messen und aufzeichnen, mathematische Schlüsse daraus ziehen und allgemeine Gesetze in mathematischer Form gewinnen.
Diese Veränderung der Fragestellung, die nicht durch Galilei allein, aber

durch ihn am markantesten vollzogen wurde, bezeichnet den Unterschied zwischen mittelalterlichem und modernem Naturwissen. Diese Umkehr bedeutet einen unermeßlichen Gewinn. Sie hat die exakte Naturwissenschaft auf die sichere Grundlage gestellt, von der aus sie von Erfolg zu Erfolg eilen konnte. Doch in der Beschränkung auf die Frage nach dem Wie liegt auch ein folgenschwerer Verzicht.

Diese Antriebe stehen hinter dem Forschen Galileis, teils als von ihm ausdrücklich ausgesprochene methodische Einsicht, teils als ihm selbst nicht voll bewußte Hintergründe. Dem Handelnden sind fast niemals die letzten Gründe seines Verhaltens bewußt. Und Galilei war in der Wissenschaft ein Handelnder. Er war in erster Linie nicht Theoretiker und Systematiker, sondern ein Mann der angewandten Mathematik, der »praktischen Geometrie«, wie man damals sagte.

Auch manche Einzelprinzipien seines Naturdenkens setzte Galilei mehr als unausgesprochene und selbstverständliche Annahmen voraus, als daß er über sie theoretisch nachdachte. Es ist bemerkenswert, daß Galilei das Trägheitsgesetz niemals völlig klar in allgemeiner Form niedergelegt hat. Das Gesetz besagt: Der in Ruhe befindliche Körper verharrt in Ruhe, solange keine Kraft auf ihn einwirkt, und der in Bewegung befindliche verharrt in diesem Bewegungszustand, solange keine neue Kraft auf ihn einwirkt. Galilei hat das Gesetz gekannt, benutzt und kann sogar als sein Entdecker gelten. Aber erst Descartes, Newton und andere haben es formuliert. In der Bewegungslehre arbeitet Galilei mit Begriffen wie Momentangeschwindigkeit und Momentanbeschleunigung, die eigentlich ein begriffliches Arbeiten mit unendlich kleinen Größen voraussetzen. Denn die Festlegung der Geschwindigkeit oder Beschleunigung eines Körpers in einem bestimmten Moment ist schon eine Grenzoperation. In dieser Hinsicht gehört Galilei, wiederum ohne daß er sich dessen bewußt war, zu den Vorläufern der Infinitesimalrechnung.

Die Welt, durch die Physik Galileis gesehen, sieht anders aus als für den mittelalterlichen Menschen. Sie beginnt den Zug anzunehmen, der in neuerer Zeit das Weltbild der Naturwissenschaft immer stärker bestimmt hat: sie wird *mechanistisch*. Nicht nur die Wissenschaft der Mechanik handelt von Hebeln, Rollen und schiefen Ebenen – die Natur selbst besteht aus solchen Dingen, ihre Wirkungen entspringen den gleichen Gesetzen. So paradox es klingt: In dem mittelalterlichen, alles in eine Einheit bindenden Bild der Welt war Platz für eine unendliche Mannigfaltigkeit von Zwecken, Handlungen, Kreaturen – sobald diese Einheit zerstört ist, beginnt die Welt einen Zug der Uniformität anzunehmen. Das naturwissenschaftliche Weltbild beginnt seine Bewegung auf das Ziel zu, dem es heute nahe gekommen ist: ein einziges mathematisch formuliertes Gesetz als fundamentale Tatsache allen Naturseins.

So ist Galilei, der letzte ganz Große, den Italien für längere Zeit im Reiche der Wissenschaft hervorbrachte, mehr noch als durch seine Entdeckungen durch die Wendung, die er der naturwissenschaftlichen Fragestellung gegeben hat, zum Vater der neuzeitlichen Naturwissenschaft geworden.

4. Chemie

Später als Astronomie und Physik konstituierte sich die Chemie als Wissenschaft. Das 16. Jahrhundert gehört noch nicht zur Geschichte, sondern noch zur Vorgeschichte der wissenschaftlichen Chemie, die erst mit dem 17. Jahrhundert einsetzt. Ich will mich deshalb hier kurz fassen, aber einige Männer und Entwicklungen nennen, die den Boden weiter vorbereiteten.
Zu den Gebieten, in denen sich langsam ein Schatz von Wissen über die Stoffe ansammelte, gehört außer der früher gewürdigten Alchimie vor allem die Metallurgie, die mit der Entwicklung des Bergbaus aufblühte. Das wichtigste Werk ist das des Deutschen Georg Bauer (1495 bis 1555), der unter dem Namen *Agricola* bekannt ist. Ferner gehört hierher die Arzneimittelkunde. In dieser ragt das Werk des *Paracelsus* hervor, den wir bei der Medizin noch zu würdigen haben. Eine langsam wachsende Literatur entstand ferner über die technischen Verfahren zur Gewinnung oder Zubereitung einzelner Stoffe, so über Schießpulver und Explosivstoffe, über das Destillieren von Alkohol, über Glas, Porzellan und anderes. Der Niederländer *van Helmont* (1577–1644) erkannte als erster, daß es außer Luft verschiedene Arten von gasförmigen Substanzen geben müsse. Er führte zu ihrer Bezeichnung das Wort »Gas« ein. In alledem war eine Menge von Einzelerkenntnissen und Erfahrungen niedergelegt, aber diese waren noch nicht zu einer einheitlichen und selbständigen Wissenschaft von den Stoffen und ihren Eigenschaften zusammengefaßt.

IV. Geographie: Das Zeitalter der Entdeckungen

Handelswege von Europa über den Vorderen Orient durch ganz Asien hindurch bis nach dem Fernen Osten bestanden seit dem 13. Jahrhundert. Die Kreuzzüge waren ebensosehr kommerzielle wie religiöse Unternehmungen. Reeder und Kaufleute der italienischen Häfen verdienten an der Beförderung der Kreuzfahrer wie am Handel mit den Ungläubigen.
Die wachsende wirtschaftliche Kraft und der Tatendurst der erwachenden europäischen Völker drängten gebieterisch auf weitere Ausdehnung. Voller Mißgunst beobachteten Spanier und Portugiesen den Reichtum der italienischen Städte. Der Gedanke lag nahe, daß man versuchte, den Vorteil der Lage, den die Italiener besaßen, auszuschalten und einen Weg nach den reichen Ländern des Ostens zu finden, bei dem man nicht auf den italienischen Zwischenhandel angewiesen war. Ausgedehnt und gewinnbringend war der Handel mit tropischen Gewürzen, die die damalige europäische Küche in beträchtlichen Mengen benötigte.
Die aufsteigende Macht der Türken begann den Weg über die Levante zu bedrohen. Nach der Eroberung von Konstantinopel durch die Türken 1453 wurde er ganz verlegt. Die Venezianer führten jahrzehntelang

Krieg, um ihn wieder zu öffnen. Als jedoch die Türken auch Ägypten besetzten, war es um die Vormachtstellung Venedigs geschehen. Aber schon vor diesen Ereignissen hatte die Welle der neuen Entdeckungen begonnen. An der Spitze marschierten zunächst die Portugiesen.

1. Heinrich der Seefahrer

Am Anfang des Entdeckungszeitalters steht die Gestalt des Infanten *Heinrich von Portugal* († 1460). Nicht nur wirtschaftliche Beweggründe, sondern auch der weitreichende politische Plan, den Machtbereich des Islam von Süden her zu umfassen und aus den Angeln zu heben, veranlaßten ihn, sich auf das Problem der Erforschung Afrikas zu konzentrieren. Denn sowohl für diesen Plan, wie um einen Seeweg nach Indien zu gewinnen, mußte man die Gestalt Afrikas kennen. Aber wie weit erstreckte sich der Erdteil nach Süden?

Heinrich gründete eine wissenschaftliche Navigationsschule und eine Sternwarte. Eine ausgesprochene Planmäßigkeit kam durch ihn in das Entdeckungsstreben. Die Richtung war vorgezeichnet. Sie führte entlang der Westküste Afrikas nach Süden.

Madeira und die Azoren waren schon bekannt. 1415 wurde das den Kanarischen Inseln gegenüberliegende, gefürchtete »Kap Nun« (das heißt »Kap Nein« – man hatte es für unüberwindlich gehalten) umfahren. Drei Jahrzehnte später war mit dem Kap Verde der westlichste Punkt Afrikas erreicht. Mit Erstaunen stellte man fest, daß in diesen Breiten eine üppige Vegetation herrschte, und daß hier Menschen lebten. Man hatte von alters her geglaubt, in dem tropischen Klimagürtel zwischen den Wendekreisen gäbe es wegen der übermäßigen Sonnenstrahlung nur »verbrannte Erde«. »Zahllos wohnen am Äquator schwarze Völkerschaften, und zu unglaublicher Höhe erheben sich die Bäume«, heißt es in einem Bericht aus dieser Zeit. »Dies alles« – fügt der Verfasser hinzu –, »schreibe ich mit Verlaub seiner Gnaden des Ptolemäus, der recht gute Sachen über die Einteilung der Welt hat verlauten lassen, aber in diesem Punkte sehr fehlerhaft dachte ...«

In den fünfziger Jahren wagte sich ein portugiesisches Schiff zum erstenmal, den Senegal aufwärts fahrend, ein Stück in das Innere des dunklen Erdteils.

Nach dem Tode Heinrichs erlahmte der Eifer der Portugiesen für einige Zeit. Es trat jedoch kein völliger Stillstand ein. Ein Großkaufmann namens *Gomez* erhielt das Handelsmonopol für die Guinea-Küste gegen die Verpflichtung, die Erkundung entlang der Küste um jährlich rund 500 Kilometer weiter voranzutreiben. Dabei wurde der Äquator überschritten. Aber die Tatsache, daß Heinrich zunächst keinen gleich weitblickenden Nachfolger hatte, hatte doch zur Folge, daß Columbus seine Entdeckung der Neuen Welt anstatt in portugiesischen Diensten, um die er sich zunächst bemüht hatte, im Dienst Spaniens machte.

2. Columbus

Cristoforo *Colombo* aus Genua (etwa 1446–1506) war von Jugend an Seefahrer. Wir wissen nicht, von welchem Augenblick an ihn der Gedanke ergriffen hatte, den Seeweg nach Indien in westlicher Richtung um die Erde herum zu suchen. Der Gedanke selbst lag in der Luft. Marco Polo und Roger Bacon hatten ihn erwogen. Ein Florentiner, *Toscanelli,* hatte ihn in einer Denkschrift an den portugiesischen König ausführlich dargelegt und begründet.

Columbus kam nach Portugal, heiratete hier eine reiche adlige Dame und hatte Gelegenheit, die Reiseberichte aus der Zeit Heinrichs des Seefahrers sowie vielerlei Karten und geographische Werke zu studieren. Bäume und anscheinend von Menschenhand gefertigte Gegenstände, welche Meeresströmungen von Westen her zu den Azoren getragen hatten, bestärkten ihn in seinem nun reifenden Plan; daneben auch allerlei zum Teil auf Bibelstellen zurückgehende Ansichten und Gerüchte von Ländern jenseits des großen Meeres.

Johann II. von Portugal, dem Columbus 1483 seinen Plan unterbreitete, wies ihn ab. Columbus ging nach Spanien. Es gelang ihm, das Interesse der Königin Isabella von Kastilien zu erwecken. Doch dauerte es noch mehrere Jahre, bis Columbus, in einem Augenblick, als er schon voller Verbitterung im Begriff war, sich nach Frankreich zu wenden, endlich die Zustimmung des Hofes und die für seine Reise benötigten Mittel erhielt. Auch die Erfüllung der ziemlich maßlosen Bedingungen, die er in bezug auf Ehren und Einkünfte für seine Person stellte, wurde ihm zugesagt.

Die kleine Flotte, mit der Columbus am 3. August 1492 von Palos aus seine Fahrt antrat, bestand aus drei Segelschiffen. Das größte, die Santa Maria, war nach heutiger Messung etwa 240 t groß, die beiden anderen 140 und 100 t. Gegen den Widerstand der verzagenden Mannschaft erzwang Columbus die Fortsetzung der Fahrt nach Westen, bis Anfang Oktober Vögel und andere Anzeichen Land ankündigten. Der Vogelflug nach Südwesten veranlaßte Columbus, in diese Richtung abzudrehen. Im andern Fall wäre er an der Küste Floridas gelandet und hätte Nordamerika betreten; die Weltgeschichte hätte einen anderen Verlauf genommen. Am 12. Oktober betrat Columbus die Insel Guadahani westlich der heutigen Bahama-Inseln. Von dort gelangte er nach Kuba und Haiti, wo die erste Kolonie (San Domingo) gegründet wurde.

Columbus unternahm insgesamt vier Reisen. Ein halbes Jahr nach dem glänzenden Empfang in Spanien, bei dem man ihn mit Ehren überschüttete, begann die zweite Reise (1493–1496) mit einer stattlichen Flotte von 17 Schiffen. Auf dieser Reise wurden die Kleinen Antillen und die Insel Jamaika entdeckt. Die dritte Reise von 1498 bis 1500 brachte die Entdeckung von Trinidad. Auf ihr gelangte Columbus auch an die Küste des südamerikanischen Festlandes vor der Mündung des Orinoco, erkannte aber, obwohl die riesigen Wassermassen dieses Stromes auf ein großes Festland schließen ließen, nicht, was er vor sich hatte. Von

dieser Reise kehrte Columbus in Ketten zurück. Die grausame Unterdrückung der Eingeborenen in den neuen Kolonien hatte Unruhen hervorgerufen. Ein vom Königshofe entsandter Oberrichter entsetzte Columbus seiner Ämter und schickte ihn als Gefangenen in die Heimat zurück. Dort wurde er befreit und rehabilitiert. Die vierte und letzte Reise brachte die Entdeckung von Honduras und nach einem Schiffbruch einen einjährigen Aufenthalt auf Jamaika in verzweifelter Lage.
Columbus glaubte fest, er habe Teile Asiens entdeckt. Die Namen »Westindien« und die Bezeichnung »Indianer« für die amerikanischen Eingeborenen zeugen bis heute von diesem Irrtum. Columbus nahm ihn mit ins Grab. Die Unterschätzung der Größe des Erdballs und damit der Entfernung nach Asien in westlicher Richtung lagen ihm zugrunde. In seiner Persönlichkeit paarten sich eiserne Energie und Zielbewußtsein mit Ehrgeiz und Goldgier und mit mystisch-religiösen Antrieben.

3. Die weitere Entdeckung Amerikas

Noch zu Columbus' Lebzeiten dämmerte in klaren Köpfen die Überzeugung, daß die neuentdeckten Gebiete einer neuen Welt zugehörten. Columbus' hartnäckiges Festhalten an seiner Ansicht trug zu den Schwierigkeiten bei, die seine letzten Lebensjahre verdunkelten. Die von Columbus entdeckte Welt erhielt nicht seinen Namen. Der florentinische Geograph Amerigo *Vespucci* unternahm mit den Portugiesen mehrere Fahrten nach Südamerika. Seine Reiseberichte und Taten machten ihn und die Neue Welt bekannt. Ein deutscher Humanist, Martin *Waldseemüller*, schlug um 1620, als Anerkennung für Vespucci, den Namen Amerika vor.
Aus der weiteren Eroberung Amerikas vergegenwärtigen wir uns nur einige der wichtigsten Schritte. Die Erschließung *Südamerikas* begann mit der Entdeckung Brasiliens durch den Portugiesen Alvarez *Cabral* im Jahre 1500. Dieser war ausgefahren, um die gerade erfolgreich durchgeführte Umschiffung Afrikas durch Vasco da Gama – die im folgenden Abschnitt erwähnt wird – zu wiederholen. Beim Versuch, die Westspitze Afrikas in möglichst weitem Bogen zu umfahren, wurde er durch Meeresströmungen noch weiter nach Westen getrieben, traf auf die Küste Brasiliens und entdeckte damit wie Columbus etwas ganz anderes, als er hatte finden wollen. Der Borgia-Papst Alexander VI. hatte 1497 mit einem Federstrich die Welt in eine spanische und eine portugiesische Herrschaftsphäre aufgeteilt. Die Grenze verlief entlang des 40. westlichen Längengrades. Dadurch kam Brasilien in den portugiesischen Einflußbereich. Die weiteren Länder des riesigen Kontinents wurden hauptsächlich durch Spanier erschlossen. Einen Markstein bildet das Erreichen der La-Plata-Mündung im Jahre 1515. Vom La-Plata-Gebiet aus begannen die Spanier Argentinien, Uruguay und Paraguay zu erforschen und zu kolonisieren. Auf der Westseite eroberte Franzisco Pizzaro im Jahre 1532 das blühende Inka-Reich im heutigen Peru. Ein Zwischenspiel mit deutscher Beteiligung war der Versuch der Augsburger Kauf-

mannsfamilie Welser, in Venezuela Fuß zu fassen. Er wurde 1555 wieder aufgegeben.

In *Mittelamerika* wurde die Entschleierung der östlichen Küsten durch mehrere Entdecker fortgesetzt, die vorher Columbus auf seinen Reisen begleitet hatten. Der Spanier Vasco Nuñiz *Balbao* marschierte 1513 vom Gestade des Karibischen Meeres nach Westen. In der Nähe des heutigen Panamakanals erreichte er die Küste des Stillen Ozeans. 1519 begann der Spanier Hernando *Cortez* mit der Eroberung der Halbinsel Yucatan, von der man kurz vorher erst Kunde erhalten hatte, und des noch unbekannten mexikanischen Hinterlandes. Die binnen zwei Jahren durchgeführte Eroberung des großen und blühenden Aztekenreiches durch eine kleine Schar von wenigen hundert Abenteurern ist eines der fesselndsten, freilich auch durch die Art seiner Durchführung für das christliche Europa beschämendsten Kapitel der Geschichte. 1535 entdeckte Cortez die Halbinsel Kalifornien.

Nordamerika war das Ziel der Engländer und Franzosen. Im Jahre 1497 erblickte der Italiener Giovanni Gabatti aus Ligurien, der in englische Dienste getreten war und sich dann John *Cabot* nannte (auch Columbus hatte seinen Namen in die Sprache seiner spanischen Wahlheimat umgeformt und nannte sich später Cristobal Colon) als erster nach den wagemutigen Normannen in der Gegend von Labrador die Küste Nordamerikas. Ein anderer Italiener, *Verazzano* mit Namen, war es, der 1524 in französischen Diensten die Küste des heutigen North Carolina erreichte. Ein Jahrzehnt später drang Jean *Cartier* über den St.-Lorenz-Strom ins Landinnere ein. Der erste französische Kolonisationsversuch in Kanada begann, führte aber erst im folgenden Jahrhundert zum Erfolg.

Viele Entdeckungsreisen zum Nordteil des Kontinents dienten der Suche nach der Nord-West-Passage, dem nördlichen Seeweg vom Atlantischen zum Stillen Ozean. Schon Cabot war diesem Ziel nachgejagt. Das Problem wurde erst im 19. Jahrhundert gelöst. Aber im Zuge dieser Versuche drang man immer weiter nach Norden vor. Henry *Hudson* erforschte die nach ihm benannte Bucht. William *Baffin* gelangte bis zu einer nördlichen Breite von 78 Grad. *Mackenzie* befuhr den nach ihm benannten Riesenstrom und erforschte große Teile des nördlichen Kanada.

Im südlichen Teil Nordamerikas unternahmen die Spanier von ihrer neuen Kolonie in Mexiko aus weitere Expeditionen. *Coronado* erblickte als erster den Cañon des Colorado, drang weiter in das Präriegebiet bis zum Cañon des Rio Grande. Hernando *de Soto* landete in Florida. Seine Expedition kam bis zum »Vater der Gewässer«, dem Mississippi.

Der größere Teil des heutigen Westens der Vereinigten Staaten blieb noch für lange Zeit ein unbekanntes Land. Erst im 19. Jahrhundert gelang die erste Durchquerung des ganzen nordamerikanischen Kontinents.

4. Der Seeweg nach Ost-Indien

Die Versuche der Portugiesen, den Seeweg nach Ost-Indien um Afrika herum zu finden, wurden unter König Johann II. in den beiden letzten Jahrzehnten des 15. Jahrhunderts mit verstärktem Eifer fortgesetzt. Die erste neue Expedition, die auslief, fuhr vom Golf von Guinea nach Süden, entdeckte 1482 den Kongo und gelangte weiter bis zu einer südlichen Breite von 15 Grad in die Gegend des heutigen portugiesischen Angola. An der Fahrt nahm der Deutsche Martin *Behaim* aus Nürnberg als wissenschaftlicher Ratgeber teil. Behaim kam im portugiesischen Dienst zu hohen Ehren. Bei einem Besuch in seiner Vaterstadt fertigte er dort den berühmten Globus, der bis heute erhalten ist. Das war vor der Entdeckung Amerikas. Deshalb ist Asien darauf noch als eine Landmasse verzeichnet, die hufeisenförmig um die Erde herumgreift und nur durch ein Weltmeer vom Abendlande getrennt ist. Die Fahrt hatte die Gewißheit erbracht, daß Afrika sich nach Süden zu verjüngt.

Bartolomeo *Diaz* erschloß 1486 den noch unbekannt gebliebenen Rest der afrikanischen Westküste. Stürme trieben ihn um das Kap der Guten Hoffnung herum. Diaz war damit schon nahe am ersehnten Erfolg; doch die Schiffsmannschaft zwang ihn zur Umkehr. Das Kap hatte bis dahin »Kap der Stürme« geheißen. Erst nach der glücklichen Heimkehr des Diaz änderte der König den Namen in »Kap der Guten Hoffnung«, weil man nun hoffen durfte, auf diesem Wege tatsächlich nach Indien zu gelangen.

Erst ein Jahrzehnt später erfüllte sich die gute Hoffnung. Innerhalb dieses Jahrzehnts gelangte zunächst ein anderer Portugiese, *Covilhão,* durch das Rote Meer in den Indischen Ozean und nach Vorderindien. Von dort erreichte er die Küste Ost-Afrikas und folgte ihr südwärts bis über die Mündung des Sambesi hinaus. Damit war der folgenden Tat des *Vasco da Gama* vorgearbeitet. Dieser umfuhr 1497 in weitem westlichen Bogen den Golf von Guinea. Er erreichte nicht weit nördlich des Kaps der Guten Hoffnung die Küste, bewältigte in viertägiger Sturmfahrt die Umseglung des Kaps und fuhr unter mehreren Zwischenlandungen die Ostküste hinauf bis nach Melinda (im heutigen Kenia). Von dort erreichte er unter Führung eines arabischen Lotsen Kalikut in Vorderindien. Zwei Jahre nach seiner Ausreise kehrte Vasco auf dem gleichen Wege in die Heimat zurück. Das große Ziel war erreicht.

5. Die erste Erdumsegelung durch Magalhaes

Gegen das Zeugnis der Erfahrung, die eine durchgehende Landmasse vom Norden Nordamerikas bis nach Argentinien offenbart hatte, hielt sich hartnäckig die Überzeugung, daß es möglich sein müsse, einen Seeweg vom Atlantik in den Pazifik zu finden. Columbus und Vespucci hatten den Gedanken ausgesprochen. Cortez, der Eroberer Mexikos, war von ihm besessen. Da er nicht nur ein gewalttätiger Conquistador war, sondern auch militärischen und staatsmännischen Weitblick besaß, hatte

Cortez auch schon den Plan zu einer künstlichen Wasserstraße zwischen beiden Weltmeeren gefaßt, der erst mit dem Bau des Panamakanals Wirklichkeit wurde.
Gegen die Erfahrung und obwohl auch die Suche nach der Nord-West-Passage bisher erfolglos geblieben war, fuhr Fernão *Magalhães* im Jahre 1519 mit einer kleinen Flotte von 5 Schiffen und 265 Mann Besatzung zur Weltumseglung von Osten nach Westen aus. Magalhães war Portugiese, war aber in spanische Dienste getreten, weil er in seiner Heimat keine Unterstützung für seine Pläne fand. Über Teneriffa und die Kapverdischen Inseln durchquerte er den Atlantik in fast südlicher Richtung und segelte entlang der Ostküste Südamerikas weiter nach Süden. Er überwinterte an Land, setzte sich mit eiserner Strenge gegen die meuternden Untergebenen durch, setzte die Reise nach Süden fort und fuhr im Herbst 1520 in die nach ihm benannte Straße zwischen Patagonien und Feuerland ein. Die Durchquerung dieses noch heute gefürchteten Wasserweges in 38 Tagen ist eine der größten nautischen Leistungen aller Zeiten. Vier Monate dauerte die anschließende Fahrt durch die Wasserwüste des Stillen Ozeans. Magalhães gab ihm diesen Namen, weil er zufällig von Stürmen verschont blieb. Auch Magalhães hatte wie alle anderen den Umfang des Erdballs weit unterschätzt. Hätte er geahnt, welche Reisestrecke vor ihm lag, so hätte selbst er wahrscheinlich den Mut verloren. Gegen Ende dieser Etappe gab es Nahrungs- und Wassermangel. Man ernährte sich von Mäusen, Sägespänen und Leder. Viele starben an Skorbut. Im März 1521 erreichte man die Ladronen – die heutigen Marianen – kurz darauf die Philippinen, wo man ausruhte. Auf einer dieser Inseln fand Magalhães im Kampf mit Eingeborenen den Tod.
Unter dem Kommando Sebastian d'Elcanos segelte das Geschwader weiter und erreichte die Molukken. Von dort fuhr d'Elcano mit dem einzigen ihm noch verbliebenen Schiff quer durch den Indischen Ozean, umfuhr glücklich das Kap der Guten Hoffnung. Nach insgesamt fast dreijähriger Reise erreichte man im September 1522 die Heimat.
Die Reise Magalhães' muß als die größte aller Entdeckertaten angesehen werden. Sie erbrachte auch den abschließenden Beweis für die Kugelgestalt der Erde.

6. Die Aufschliessung Asiens

Zu Beginn des 16. Jahrhunderts begannen die Portugiesen mit der planmäßigen Eroberung Indiens. *D'Albuquerque* errichtete in Goa, das er nach blutigem Kampf eroberte, das älteste Zentrum der portugiesischen Macht. Er eroberte und befestigte Malakka und die Flußfestung Ormuz. Ceylon wurde besetzt. Portugal war unbestrittene Herrin des Asienhandels, Lissabon der größte Umschlagplatz der Zeit. Portugiesische Besitzungen erstreckten sich vom Kap der Guten Hoffnung bis zur Südküste Chinas. Portugiesische Schiffe liefen in den Sikiang ein, erreichten Kanton, andere Formosa. 1543 landeten Portugiesen in Japan. Der bald darauf einsetzende Zerfall des Portugiesischen Reiches und die Ablösung der portugiesischen Macht durch die Holländer haben für die Geschichte der Entdeckungen nur noch geringe Bedeutung.

Die Spanier setzten sich von Mexiko aus auf vielen Inseln des Stillen Ozeans fest bis zu den Philippinen, die ihren Namen nach Philipp II. erhielten. Damit brauchte man eine ständige Hin- und Rückverbindung durch den Pazifik. Der spanische Mönch *de Urdaneda* fand sie, indem er von den Philippinen zunächst nach Norden bis zur Breite von Japan segelte und die dort wehenden steten Westwinde zur Überfahrt ausnützte. Damit überquerte er als erster den Stillen Ozean in west-östlicher Richtung.

Der nördliche Teil Asiens lag für das Mittelalter im dunkeln. Die Handelsverbindungen und damit die Kenntnisse reichten über Nowgorod ins Innere Rußlands, aber nicht weiter nach Osten. Erst etwa gleichzeitig mit den überseeischen Entdeckungen öffnete sich der Blick auf den Ural und Sibirien. Der deutsche Theologe *Eck,* der als Gegner Luthers bekannt geworden ist, beschrieb in seinen geographischen Schriften als einer der ersten Gelehrten die Länder des Ostens. Er stützte sich auf die Reiseberichte eines anderen Deutschen, Sigismund von *Herberstein,* der als Diplomat in Rußland gewesen war. Der Engländer *Jenkinson* durchforschte die Gebiete um den Kaspisee.

Neben der Nordwestpassage um Amerika herum suchte man auch einen nord-östlichen Seeweg vom Atlantik um das Nordkap und Sibirien herum in den Pazifik. Eine englische Handelsgesellschaft rüstete 1553 eine Expedition aus, von der ein Schiff bis ins Weiße Meer und nach Archangelsk gelangte. Ein anderer Engländer entdeckte kurze Zeit später Nowaja Semlja. Holländer und Dänen setzten die von den Engländern unternommenen Versuche fort. Ein Holländer entdeckte dabei Spitzbergen, ein anderer die Bäreninsel. Eine holländische Expedition des Jahres 1594 unter *Barents,* nach dem die Barents-See benannt ist, mußte wie ihre Vorgänger vor der Eisschranke an der Waigatschinsel umkehren. Diese Expedition brachte die Kunde von Ob und Jenissei mit. Die ganze nord-östliche Durchfahrt gelang erst *Nordenskjöld* in den Jahren 1878/79.

Sibirien wurde auf dem Landwege durch die Russen erschlossen. Die russische Expansion nach Osten begann 1580, als der Kosakenhetman Yermak den Ural überschritt und das ostwärts davon liegende Khanat Sibir eroberte. Innerhalb weniger Jahrzehnte drangen die Russen bis nach Kolyma am Eismeer vor. 1639 erblickten die russischen Soldaten den Pazifik. Die sibirischen Städte Tobolsk, Omsk, Irkutsk wurden in schneller Folge gegründet und blühten rasch auf. Bald darauf wurden das Amurgebiet und Kamtschatka besetzt, noch im gleichen Jahre auch das kirgisische Steppengebiet im Süden. Im Jahre 1700 war ganz Nordasien der russischen Herrschaft unterworfen — eines der gewaltigsten und folgenschwersten Ereignisse in der Geschichte der Kolonisation.

Im Laufe des 16. und 17. Jahrhunderts war damit der überwiegende Teil der Erdoberfläche in großen Umrissen den Europäern bekannt geworden. Im großen verblieben an ausgedehnteren »weißen Flecken« auf der Landkarte und als verlockende Ziele weiterer Forschung das Innere Afrikas, der westliche Teil Nordamerikas, die Urwälder Südamerikas, Innerasien und die Polargebiete.

7. Folgen der Entdeckungen

Die Entdeckungen minderten die Stellung des Mittelmeeres und seiner Anliegerstaaten in Weltpolitik und Welthandel, verlagerten den wirtschaftlichen und bald auch den kulturellen und geistigen Schwerpunkt in die europäischen Randstaaten des Atlantik, ermöglichten den Aufstieg der großen Seemächte und den Beginn des Welthandels, führten zur grausamen Zerstörung der bodenständigen amerikanischen Kulturen, wandelten das europäische Wirtschaftssystem durch den Zustrom großer Edelmetallmengen aus der Neuen Welt und durch den Kolonialhandel, leiteten den europäischen Imperialismus ein sowie die Ausbreitung der europäischen Rasse und des Christentums über einen großen Teil der Erdoberfläche.

Die inneren Folgen für die geistige Entwicklung Europas sind nicht ganz so leicht mit Händen zu greifen, aber sie sind nicht weniger umwälzend. Am nächstliegenden, aber nicht am wichtigsten ist es, an den Ertrag für die wissenschaftliche Geographie und Naturkunde zu denken. Diese wurden natürlich unvergleichlich bereichert. Die wissenschaftliche Ernte wurde in den folgenden Generationen eingebracht durch zahllose Gelehrte, die auch nur aufzuzählen der Raum verbietet. Ein wichtiger Anteil an der Erweiterung des Wissens ist den christlichen Missionaren zu verdanken. Vom Beginn der Conquista an durch das ganze Entdeckungs- und Kolonialzeitalter hindurch stand der Missionar neben dem Krieger und dem Kaufmann oder ging diesen sogar voran.

Wichtiger, wenn auch für die Wissenschaftsentwicklung mehr von mittelbarem Einfluß, sind die Wandlungen, welche die Entdeckungen im allgemeinen Denken und Fühlen der europäischen Völker nach sich zogen. Sie wirkten entscheidend dabei mit, den neuen Geist zu formen, aus dem die europäische Wissenschaft der Neuzeit entstanden ist. Eine wichtige Wirkung war negativer Art: Die geschlossene geistige Welt des Mittelalters mit all ihren Problemen wurde im allgemeinen Bewußtsein einfach auf die Seite geschoben. Eine neue Welt lag offen, ganze Königreiche waren zu gewinnen, und groß schien der Mensch, der solches vollbrachte. Nicht die Renaissance und nicht die Reformation bewirkten in erster Linie diesen Umschwung. Beide waren in mancher Hinsicht tief im Mittelalter verwurzelt. Die Neue Welt interessierte weder Erasmus noch Luther. Lange Zeit hatte die Kirche die Meinung verdammt, daß es auf der gegenüberliegenden Seite der Erdkugel Antipoden geben könne; wie sollte das möglich sein, da diese Menschen nicht von Adam abstammen und nicht von Christus erlöst sein konnten? Nun entschleierte sich Weltteil um Weltteil mit zahllosen Völkerschaften, die nie etwas von Christus und der Kirche gehört hatten.

Berührung mit fremden Völkern und Kulturen hat in der Geschichte fast immer umwälzend gewirkt. Die Berührung des Abendlandes mit anderen Kulturen im Entdeckungszeitalter brachte jedoch für Europa selbst tieferreichende befruchtende Wirkungen zunächst kaum hervor. In Mittel- und Südamerika waren die einheimischen Hochkulturen grausam und sinnlos zerstört worden. In Nordamerika, wo die Eingeborenen den Europäern im kulturellen Entwicklungsstand weit unterlegen waren, waren die Aussichten für eine solche Befruchtung von vornherein gering. Aber auch gegenüber den alten und in mancher Hinsicht überlegenen Kulturen des Ostens erhoben sich die Europäer zunächst kaum über den Plünderinstinkt und das primitive Erstaunen, mit denen die Barbaren der antiken Welt und ihren Kulturschätzen gegenübergetreten waren. Die Europäer waren nicht nur blind für die geistigen Werte oder Kunstschöpfungen der fremden Kulturen, sie mißachteten sogar das einfachste Menschenrecht. Die gleichen Europäer, die so eifrig von den Muslim lernten und sich bemühten, den Römern und Griechen nachzueifern, glaubten hier nichts lernen zu können. Es dauerte bis zum Zeitalter der Aufklärung, bis wenigstens einzelne erleuchtete Geister wie insbesondere Leibniz und Voltaire den europäischen Provinzialismus abstreiften. Im Bewußtsein der breiten Massen scheint ihn erst die gegenwärtige Verlagerung des weltpolitischen Machtschwerpunktes auf außereuropäische Mächte ausrotten zu können.
Trotzdem war die Verwandlung des allgemeinen Bewußtseins durch die Kunde von den Entdeckungen einer der entscheidenden Antriebe für die Entstehung auch des modernen wissenschaftlichen Geistes. Man gewöhnte sich daran, immer neue und überraschende Tatsachen zur Kenntnis zu nehmen. Man lernte, in die Ferne und in größeren Zusammenhängen zu denken. Die Einbildungskraft wurde unerhört angeregt. Selbstvertrauen und Tatkraft, Wissensdurst und Entdeckermut fanden reiche Betätigung. Wenn die Europäer die Gelegenheit, von anderen zu lernen, versäumten, so wurde doch ihr eigener Geist zu neuen Taten frei.

8. Mercator

Da die Entdeckungen die Unzulänglichkeit des hergebrachten geographischen Weltbildes enthüllten, mußten sie notwendig eine Revolution des Kartenwesens im Gefolge haben. Der hervorragendste Kartograph des 16. Jahrhunderts, der die neue Epoche auf diesem Gebiet einleitete, war der Deutsche Gerhard *Kremer* (1512–1594). Nach der Sitte der Zeit nannte er sich latinisiert Mercator. Nachdem er in Herzogenbusch und Löwen Philosophie und Mathematik studiert hatte, fertigte Kremer ab 1541 im Auftrage Kaiser Karls V. eine Erd- und eine Himmelskugel. Mit seiner großen Karte von Europa im Maßstab 1:4 360 000, die 1554 erschien, begründete er seinen Ruf als erster darstellender Geograph seiner Zeit. In Duisburg, wo Mercator von den fünfziger Jahren an lebte, erschien 1569 seine Weltkarte für Seefahrer.
In dieser Karte machte Mercator zum erstenmal von der nach ihm be-

nannten Methode der Kartenprojektion Gebrauch. Bekanntlich ist, weil die allseits gekrümmte Kugeloberfläche sich nicht in eine Ebene abwickeln läßt, eine verzerrungsfreie Wiedergabe der Erdoberfläche, die zugleich die Bedingungen der Längentreue, Flächentreue und Winkeltreue erfüllt, in der Ebene nicht möglich. Die verschiedenen Methoden der Projektion suchen diesem Ideal nahezukommen, müssen aber immer eine der genannten Forderungen vernachlässigen. Die drei wichtigsten Methoden sind: Azimutalprojektion durch Abbildung auf eine Ebene, welche die Kugel in einem Punkte berührt; Kegelprojektion durch Abbildung auf einen Kegelmantel; Zylinderprojektion durch Abbildung auf einen Zylindermantel. Jede Methode hat zahlreiche Unterarten. Unter den zylindrischen Projektionen ist die von Mercator angewandte die wichtigste. Je nach dem Zweck der Karte bevorzugt man heute die eine oder andere Projektion. Diejenige Mercators ist am günstigsten für äquatornahe Gebiete.
Die weiteren Hauptwerke Mercators sind die *Tabulae geographicae* von 1578/84 und sein unmittelbar nach seinem Tode 1595 in Duisburg erschienener *Atlas*, durch den dieser heute allgemein gebräuchliche Name zur Bezeichnung von Kartenwerken eingeführt wurde.

V. Biologische und medizinische Wissenschaften

1. Botanik und Zoologie

Die wichtigsten Fortschritte in den Wissenschaften vom Lebendigen wurden in unserem Zeitabschnitt nicht in der Pflanzen- und Tierkunde, sondern in der Biologie des Menschen gemacht. Botanik und Zoologie im 16. Jahrhundert sind dadurch gekennzeichnet, daß man sich allmählich davon frei machte, die lebendige Welt durch die Brille des Aristoteles und anderer antiker Autoren, insbesondere des Plinius, zu sehen, und anfing, Pflanzen und Tiere unbefangen mit eigenen Augen zu betrachten. Damit verschwand allmählich auch die Vermischung der Tierkunde mit moralischer Erbauung, wie sie die Bestiarien zeigen.
Auf der anderen Seite kam man noch nicht wesentlich über das bloße Sammeln und Beschreiben hinaus. Man hatte noch wenig Verständnis für die funktionellen Zusammenhänge im Organismus. Im Sammeln und Beschreiben allerdings wurde Großes geleistet. Die umfangreichen Herbarien dieser Zeit zeigen Bilder von großer Schönheit und auch von vorher nicht gekannter Genauigkeit. Als Schöpfer eines solchen Herbarismus ist der Deutsche Leonhard *Fuchs* (1501–1566) bekannt; doch entstanden sie in allen Ländern Westeuropas. Einige unter den Herbalisten taten etwas mehr als nur sammeln. Sie begannen die Pflanzen zu klassifizieren. Zu diesen gehören der Deutsche Valeris *Cordus* (1515 bis 1544) und die Brüder Jean und Caspar *Bauhin* (1560–1624), deren umfangreiche Pflanzenkataloge sie als Vorläufer des großen *Linné* ausweisen. Die Pflanzen werden nach Wurzel, Stamm, Blattbildung, Blüte,

Frucht und Samen beschrieben und mit einer doppelten Bezeichnung nach Gattung und Spezies versehen.

Die Botaniker hatten gegenüber den Zoologen den Vorteil, daß sie ihr Material leichter durch Sammeln beschaffen konnten. Man legte auch in Pisa, Padua und Leyden schon botanische Gärten an. Tiere zu beobachten, war schwieriger. Insbesondere für die Tiere fremder Länder war man immer noch auf die unzuverlässigen Berichte von Reisenden angewiesen. Die großen Sammelwerke über die Tiere erreichen daher nicht ganz die Zuverlässigkeit und Genauigkeit der Herbarien. An der Spitze steht die *Historia animalium* von Konrad *Gesner* (1516–1565), einem Schweizer, der sich auch in anderen Wissensgebieten auszeichnete. Genauer als solche Sammelwerke waren auf ihrem Gebiet die ersten zoologischen Monographien, die in dieser Zeit auftauchten, hauptsächlich über Fische und Vögel. Gesner und fast alle Herbalisten waren Ärzte.

Tieferen Einblick in die Struktur der lebenden Substanz gab erst das Mikroskop im folgenden Jahrhundert.

2. Paracelsus

In der Medizin hatte man sich wie in anderen Wissenschaften, nachdem man sich das antike Wissen angeeignet hatte, in einer Weise an die großen Autoritäten des Altertums und des Islam geklammert, die den Fortschritt hemmte. Das 14. und 15. Jahrhundert sind erfüllt von den Versuchen, sich von »Galenismus« und »Arabismus« zu befreien. Überaus zahlreich sind die Namen der Männer, die in dieser Richtung wirkten; auch Petrarca gehört zu ihnen. Fragen wir, wer unter ihnen nicht nur das Alte verdammt, sondern einen neuen Weg gewiesen, so ist vor allen anderen im 16. Jahrhundert Paracelsus zu nennen.

Im Jahre 1493 wurde in Einsiedeln in der Schweiz dem Wilhelm Bombast von Hohenheim, einem schwäbischen Adligen, der an diesem Wallfahrtsort als Arzt wirkte, ein Sohn geboren, dem er nach dem großen griechischen Botaniker den Vornamen Theophrast gab. Der Sohn nahm später den Namen *Paracelsus,* eine griechisch-lateinische Umformung seines Familiennamens von Hohenheim an, unter dem er in die Geschichte eingegangen ist. Nachdem er seinem Vater bereits in der Praxis zur Hand gegangen war und durch ihn Gesteine, Pflanzen und Tiere der Bergwelt kennengelernt hatte, studierte der junge Paracelsus Medizin in Ferrara. Sein weiteres Leben war überaus bewegt. Seine Wanderungen führten ihn außer durch Deutschland durch Italien bis nach Rom, durch Frankreich und Spanien bis nach Lissabon, nach England, Schweden, Rußland, Polen, Siebenbürgen, Ungarn und der Slowakei. Vorübergehend seßhaft war er von 1527 ab in Basel. Dort hielt er unter großem Zulauf Vorlesungen. Anfeindungen trieben ihn weiter nach Kolmar, später nach Wien und Klagenfurt, wo er 1541 mit 48 Jahren verstarb.

Das Werk des Paracelsus ist ebenso verzweigt wie die Interessen dieses außerordentlichen Mannes. Es enthält zum Beispiel eine *Astrologia magna* und auch religiöse Schriften. In der Medizin ist seine bleibende Tat, daß er das Hergebrachte gänzlich verwirft und zur Natur als Lehrmeisterin zurückgeht. Lassen wir ihn selbst sprechen mit den Worten, mit denen er seine Basler Vorlesungen ankündigte:

Nur sehr wenige Ärzte üben in unseren Tagen die Heilkunde mit Glück aus ... Es war deshalb nötig, sie wieder zu ihrer ursprünglichen Würde zurückzuführen. Wie einige es unternommen haben, sie von der Hefe der Barbaren zu befreien, so werde ich sie von den schwersten Irrtümern reinigen. Ich habe nicht den Lehren der Alten zugeschworen, sondern nur denen, die ich aus der Natur der Dinge und eigenen Erwägungen gewonnen und durch lange Praxis und Erfahrung bestätigt gefunden habe. Wer wüßte nicht, daß heutzutage die meisten Ärzte die übelsten Fehltritte zum größten Schaden der Kranken begangen haben, weil sie sich allzu ängstlich an die Worte des Hippokrates, Galen, Avicenna und anderer klammern, als ob diese wie Orakel vom Dreifuß der Pythia kämen ... Aus den Händen solcher Lehrmeister gehen zwar höchst elegante Doktoren, niemals aber Ärzte hervor. Beim Arzt kommt es nicht auf Titel, Beredsamkeit, Sprachkunde und die Kenntnis vieler Bücher an, wenn diese für ihn auch keine kleine Zierde sein mögen, sondern auf die tiefste Kenntnis der Naturdinge und Naturgeheimnisse, die alles andere aufwiegt ...
Was mich betrifft, so werde ich – um meine Lehrmethode kurz zu beschreiben – Bücher der praktischen und theoretischen Medizin, deren Verfasser ich selbst bin, erklären. Diese Bücher habe ich nicht, wie andere es machen, aus Hippokrates, Galen oder anderen zusammengeschrieben, sondern ich bin durch Erfahrung, die höchste Lehrmeisterin der Dinge, und durch Fleiß zu ihnen gelangt. Und wenn ich es unternehmen werde, etwas zu beweisen, dann wird Experiment und Überlegung die Stelle der Autoritäten vertreten ... Prüft wohlwollend meinen Versuch, die Heilkunde zu erneuern.

Ebenso neu wie diese Grundsätze war die Tatsache, daß Paracelsus in deutscher Sprache las. Er gehört mit Luther, mit dessen glaubensstarker und kämpferischer Natur er vieles Verwandte hat – Paracelsus wurde sogar »Lutherus medicorum« (Luther der Ärzte) genannt –, zu den großen deutschen Sprachschöpfern. Kehren wir aber zur Medizin zurück.
Drei große Lehrmeister hatte Paracelsus. Der erste war die Natur selbst. Viele Jahre hat er auf seinen Wanderungen »in allen Enden und Orten fleißig und emsig nachgefragt und Erforschung gehabt«. Er verschmähte nicht die Belehrung von einfachen Menschen und den in der Volksmedizin erfahrenen Frauen. Er besuchte und studierte die Bäder Süddeutschlands. Er kannte Pflanzen, Tiere und Mineralien in der freien Natur.
Zum zweiten war Paracelsus aufgeschlossen für die philosophischen und religiösen Strömungen der neuen Zeit und von ihnen durchdrungen. Der Mensch ist auch für ihn Mikrokosmos, ein Spiegelbild der ganzen göttlichen Schöpfung:

Höchst wunderbar ist der Mensch geschaffen und aufgebaut, wenn man ihn in seinem wahren Wesen erkennt und nach jeder Richtung darüber zu Ende gedacht hat. Vor allem muß man sich darüber klar sein, daß es im Himmel und auf Erden nichts gibt, was nicht auch im Menschen enthalten ist. Denn es sind die himmlischen Kräfte, die sich auch im Menschen auswirken. Der im Himmel ist, ist auch im Menschen. Denn was ist der Himmel anderes als der Mensch? Wenn er uns nützen kann, so muß er in uns sein. Darum beten wir zu Gott im Himmel ... Ist er nun in uns, so senden wir unsere Gebete zu ihm dorthin, wo er ist, nämlich in dem Himmel, also im Menschen.
Darum muß der Arzt wohl bedenken, wie er handelt. Denn er steht dem edel-

sten und größten Gegenstande gegenüber. Dem edelsten und dem, an welchem am meisten gelegen ist. Wenn er nun die Welt, die Elemente, das Firmament usw. nicht kennt, wie sollte er dann den Menschen erkennen, der dies alles ist, alles, was im Himmel wie auf Erden, ja Himmel und Erde, Luft und Wasser selbst. Wer das alles geschaffen hat, der hat auch die beiden Naturbereiche und ihre Arznei und schließlich auch den Arzt geschaffen. Zu dem Zwecke hat er ihn geschaffen, daß er aus der Schöpfung lerne, nicht sich mit spekulativen Gedanken und Einbildungen abgebe, sondern damit er an Gottes Schöpfungen lerne, die seine wahren Lehrer sind . . .

Der dritte Lehrmeister ist Hippokrates. Ihn nimmt Paracelsus ausdrücklich von seiner Verdammung der Alten aus und bekennt sich zu ihm. Dem Hippokrates gleicht er auch in seiner hohen Auffassung vom ärztlichen Ethos. Der Arzt »darf kein Larvenmann sein, kein altes Weib, kein Henker, kein Lügner, kein Leichtfertiger, sondern er soll ein wahrhaftiger Mann sein«. – »Wisset, daß ein Kranker Tag und Nacht seinem Arzt soll eingebildet sein und ihn täglich vor Augen tragen, soll sein Sinn und Gedanken in des Kranken Gesundheit stellen mit wohlbedachter Handlung.«

Unter den einzelnen medizinischen Arbeiten des Paracelsus ist seine allgemeine Chirurgie zu nennen, die zahlreiche Neuerungen in der Behandlung von Geschwüren und Wundinfektionen einführte und in mehreren Fassungen, in der letzten 1536, erschien; weiter seine Studien über die Syphilis. Paracelsus bekämpfte in mehreren Streitschriften die in seinen Augen fehlerhafte Behandlung dieser Krankheit, die sich – möglicherweise als eines der »Rachegeschenke Amerikas« – vom Entdeckungszeitalter an rasch in Europa verbreitete. Er erkannte ihre Vielgestaltigkeit mit einer Vollkommenheit, die nach fachmännischem Urteil erst im 19. Jahrhundert wieder erreicht wurde. Andere Arbeiten beschäftigen sich mit der Behandlung seelischer Erkrankungen. Auch darin war Paracelsus seiner Zeit voraus. Sie befassen sich ferner mit den allgemeinen Grundlagen der Heilkunst in Physik, Chemie, Astronomie und Ethik; vor allem auch mit der Heilmittelkunde. Die Heilpflanzen der Alpen kannte Paracelsus schon von seinem Vater her. Gründliche Kenntnis der Metalle erwarb er außer vom Vater, der auch Kenntnisse in der »Scheidekunst« besessen haben soll, in alchimistischen Werkstätten und in Schmelzhütten, in denen er selbst mitarbeitete. So verstand er sich auf die Bereitung von Eisen-, Kupfer-, Quecksilber- und Antimonpräparaten. Er durchschaute beinahe schon manche chemischen Vorgänge im gesunden und kranken Organismus, wie Ausscheidungen und Verkalkung. Er erkannte den Unterschied zwischen Lebensvorgängen und anorganischen Prozessen.

Auf der Schwelle zwischen Mittelalter und neuer Zeit, in manchem, wie der ihm verwandte Luther, tief im Mittelalter wurzelnd, doch den Blick in die Zukunft gerichtet, steht Paracelsus unter den Begründern der neuzeitlichen Heilkunde und Naturwissenschaft – eine faustische Gestalt und tatsächlich eines der Urbilder der späteren Faustdichtung.

Trotz der großen Zahl der Schüler, die er an sich zog, war die unmittelbare Wirkung von Paracelsus' Werk zunächst gering. Das lag an der Unterdrückung seiner Schriften und auch daran, daß seine Lehre in vie-

lem umwälzend war, so daß sie erst allmählich verstanden und aufgenommen werden konnte. Paracelsus selbst wußte das. Er blickte nach den vielen Kämpfen und Anfeindungen, die er durchgemacht hatte, skeptisch auf seine Zeit und hoffte auf die kommenden Generationen. »Vielleicht grünet« – schrieb er – »was jetzt herfürkeimet, mit der Zeit.«
Auf längere Sicht gesehen wuchs sein Einfluß unaufhaltsam. Im 17. Jahrhundert erschienen zahlreiche Neuausgaben seiner Werke, dazu auch Schriften, die sich, um ihren Kredit zu erhöhen, als von ihm stammend ausgaben. Bis heute sind über 500 Ausgaben von Paracelsusschen Schriften gezählt worden.
Was wirkte aus dem Werke des Paracelsus in die Zukunft? Sein Hinwenden zur Natur als Lehrmeisterin in Erfahrung und Experiment, auch in der Art seines Lehrens, denn er ging mit seinen Studenten in die Natur hinaus und vor allem auch ans Bett des Kranken. Ferner die Wiederbelebung des Hippokratischen Geistes: mit Paracelsus beginnt dieser wieder zum Lehrmeister zu werden, und die ärztliche Wissenschaft fängt wie andere Wissenschaften an, sich an den Geist der Alten, statt an den Buchstaben ihrer Werke zu halten.

3. Vesalius

Wären Leonardos anatomische Studien und Zeichnungen der wissenschaftlichen Öffentlichkeit bekannt geworden, die Geschichte der neueren Anatomie würde wohl von ihm ab gerechnet werden. Da das nicht der Fall war, gehört dieser Ruhm Andreas *Vesalius* (1515–1564). Er wurde in Brüssel geboren und studierte in Löwen und Paris Medizin. Bereits als Student soll er auf Wunsch seiner Kommilitonen anatomische Sektionen abgehalten haben. Er setzte sein Studium in Padua fort und wurde mit 23 Jahren Professor der Chirurgie. Hier verblieb er bis zum Erscheinen seines aufsehenerregenden Hauptwerkes *De humani corporis fabrica libri septem* – Sieben Bücher über den kunstvollen Bau des menschlichen Körpers. Das Buch erschien 1543, und zwar in Basel, weil Vesal befürchtete, es werde in Italien zuviel Widerstand hervorrufen. Das trat auch ein. Vesal konnte nicht nach Padua zurückkehren. Er fand ein neues Betätigungsfeld als Leibarzt des Kaisers Karl V. in Spanien. Allerdings konnte er dort, wohl unter dem Druck der Inquisition, seine anatomischen Arbeiten nicht in der gewünschten Freiheit fortsetzen. Doch konnte er 1555 eine zweite, verbesserte Auflage seines Hauptwerkes herausgeben. In der Form, die es damit erhielt, ist es klassisch geworden.
Vesalius hatte zuerst in Padua die Anatomie des Galen gelehrt. Etwa ab 1539 begann er die Scheuklappen, die die Anatomen der ganzen Welt trugen, abzuwerfen und machte sich daran, die Anatomie des ganzen menschlichen Körpers selbständig zu erforschen und darzustellen. Er erkannte alsbald, daß die Angaben Galens zum großen Teil wohl auf den Affen, aber nicht auf den Menschen zutrafen. Was Vesalius im Laufe

von vier Jahren schuf und in seinem mit hervorragenden Abbildungen ausgestatteten Werke niederlegte, ist die erste vollständige und in den Grundzügen richtige Anatomie des menschlichen Körpers. Selbstverständlich blieben in einzelnen Punkten, wie zum Beispiel beim Auge, Fehler oder Unklarheiten. In anderen wie der schwierigen Anatomie des Gehirns schuf Vesal schlechthin Vorbildliches. Im Grunde tat Vesal für die Anatomie das gleiche wie seine großen Zeitgenossen in den anderen Wissenschaften: Er beobachtete und beschrieb die Wirklichkeit.
Vesals Werk wurde schnell bekannt und auch frühzeitig in die Volkssprachen übersetzt. Eine deutsche Ausgabe erschien in gekürzter Form 1575. Sie trug folgenden Titel:

Anatomia
das ist / Ein kurtze und klare beschreybung von der uftheilung und zerschneydung aller glider dess Menschlichen Lybs / uss den Bücheren dess Hochgeleerten D. Andree Vesaly Rö. Key. May. Leybartzt / gezogen: Und zu nutz und gutem allen Wundartzten Tütscher Nation / ouch liebhaberen diser loblichen kunst der Anatomy / in das Tütsch gebracht: und yetz widerumb von nüwem durch den wolerfarnen M. Jacob Baumann zu Zürych in Truck verfertiget.
Alles mit kunstlichen unnd schönen Figuren / dermassen fürgestellt und angebildet / das alle / so diss unussprechlich wunderwerck Gottes in der Natur zuerfaren / lust habend / lychtlich darzu kommen mögend.

Vesals Werk fand in der Anatomie selbst bedeutende Fortsetzer, hauptsächlich in Italien. Dagegen blieb seine Wirkung auf die übrigen Gebiete der Medizin und auch die Chirurgie, die doch mit der Anatomie eng verbunden ist, erstaunlicherweise gering.

4. Paré, Sanctorius

Mit der Verbreitung der Feuerwaffen wurden Schußwunden zu einem Hauptproblem der Chirurgie. Man pflegte sie mit siedendem Öl oder mit einem Glüheisen auszubrennen, weil man der Meinung war, sie seien vergiftet – eine Übung, die sich trotz des Widerstandes einzelner Ärzte, darunter Paracelsus, hartnäckig hielt.
Im Jahre 1538 nahm ein junger französischer Barbier-Chirurg an einem Feldzug Franz I. teil. Nach einer verlustreichen Schlacht konnte er nicht alle Schußverletzungen in der gewohnten Weise behandeln, weil ihm das zum Ausbrennen benötigte Öl ausgegangen war. Er mußte also einen Teil der Verwundeten ohne diese Behandlung lassen, stellte aber am nächsten Tage fest, daß es diesen besser ging als den übrigen. Er erkannte sofort die Bedeutung dieser Beobachtung und nahm sie zum Anlaß für eine Reform der Wundbehandlung, die dem Ausbrennen ein Ende machte.
Dies war der Beginn der glänzenden Laufbahn des Ambroise *Paré* (um 1510–1590), der es vom kleinen Barbier zum königlichen Chirurgen, Mitglied des berühmten Chirurgenkollegiums von St. Côme und Oberwundarzt am Hôtel-Dieu brachte. Paré führte bald weitere Neuerungen in der Behandlung von Wunden und Knochenbrüchen ein. Vor allem verbesserte er die Methoden der Amputation, indem er Blutungen an-

statt mit Arzneimitteln oder durch Ausbrennen durch Abbinden der Gefäße unterband.
Nachdem die Chirurgie im 14. und 15. Jahrhundert zwar einzelne Fortschritte erlebt hatte, im ganzen aber nicht über den schon im 13. Jahrhundert in Italien erreichten Stand hinausgekommen war, leitete Paré, der als Vater der modernen Chirurgie bezeichnet wird, einen neuen Aufschwung ein. Paré verbesserte auch die Methoden der Geburtshilfe. Er war einer von denen, die sie aus der Hand der Hebammen in die des Chirurgen legten.
Santorio *Santoro* (1561–1636), lateinisch Sanctorius genannt, Professor in Padua und Venedig, gehört mit der Hälfte seiner Lebenszeit schon dem 17. Jahrhundert an. Auch sein hauptsächliches Arbeitsgebiet, die Physiologie, verdankt dem 17. Jahrhundert seine größte Förderung. Mit Recht kann er aber in diesem Kapitel genannt werden als einer derjenigen, die der neuen Methode des Experiments auch in die medizinischen Wissenschaften Eingang verschafften. Besonders beschäftigte er sich mit den Problemen des Stoffwechsels. Unter den Instrumenten, die er neu einführte, sind ein Pulsmesser und ein Thermometer – noch vor Galilei. Unter den zahlreichen Versuchen, die er im Laufe von dreißig Jahren anstellte, ist einer vor allem berühmt geworden. Sanctorius setzte sich in einen eigens konstruierten Stuhl, der an einem Waagebalken aufgehängt war, und bewies, daß der Gewichtsverlust des Körpers durch Ausdünstung größer ist als durch andere Ausscheidungen. Mit Sanctorius beginnt das Einfließen physikalischer Methoden und Theorien in die Medizin, das sich im 17. Jahrhundert weiter verstärkte. Trotz seiner ganz modernen Methoden veröffentlichte Sanctorius seine Ergebnisse zum großen Teil noch in der Form von Kommentaren zu Galen und Avicenna.

VI. Geisteswissenschaften

1. Humanismus in Italien

Ich studierte damals das ius civile, aber ... ich brannte vor Liebe zu den akademischen Studien und hatte keine geringe Mühe auf Dialektik und Rhetorik verwandt. Als Chrysoloras kam, war mein Geist zerrissen, indem ich es als schändlich erachtete, dem Recht den Rücken zu kehren, und doch wieder ein Verbrechen, eine solche Chance zum Studium der griechischen Literatur auszulassen; und oft pflegte ich mit jugendlichem Impuls zu mir selbst zu sagen: Du, wenn es dir gestattet ist, auf Homer, Platon und Demosthenes zu blicken und die anderen Dichter, Philosophen und Redner, von denen so rühmliche Dinge verbreitet sind, mit ihnen zu sprechen und durch ihre wunderbare Lehre unterwiesen zu werden, willst du dich dessen berauben? Willst du diese göttliche Gelegenheit versäumen? Siebenhundert Jahre lang hat niemand in Italien griechische Gelehrsamkeit besessen; und doch bekennen wir, daß alles Wissen aus ihr hergeleitet ist ... Doktoren des ius civile gibt es überall ... Aber wenn dieser eine und einzige Doktor des Griechischen verschwindet, wirst du niemand anders finden, dich zu lehren! – Von diesen Gründen endlich überwältigt, ergab ich mich Chrysoloras, und mit solchem Lerneifer, daß ich, was ich am lichten Tage sammelte, des Nachts selbst im Schlaf noch verfolgte.

Aus diesen Sätzen sprechen der Schwung und die Begeisterung für die humanistischen Studien, die die Italiener der auf Boccaccio folgenden Generation ergriffen hatte. Leonardo *Bruni* aus Arezzo (1369–1444), von dem dieses Bekenntnis stammt, benutzte sein so eifrig erworbenes Wissen, um zahlreiche griechische Werke, unter anderem von Platon und Aristoteles, aus dem Griechischen zu übersetzen. Der Lehrer, von dem er hier spricht, war der Byzantiner Manuel *Chrysoloras* (etwa 1350 bis 1415). Er kam 1396 nach Italien und wirkte hier, vornehmlich in Florenz, als Lehrer des Griechischen. Landsleute von ihm wirkten zur gleichen Zeit in Italien im gleichen Sinne. Man sieht, daß nicht erst die Eroberung Konstantinopels durch die Türken im Jahre 1453 und der darauf einsetzende Strom griechischer Gelehrter nach Italien den Anstoß zur Belebung der griechischen Studien gegeben hat. Auch Georgios Gemistos *Plethon* (um 1360–1450), der große Verehrer Platons, nach dem er sogar seinen Namen gebildet hatte, war schon 1438 nach Italien gekommen. Er war der Urheber des Planes zur neuen Platonischen Akademie im mediceischen Florenz.

Die Zahl der italienischen Humanisten des 15. Jahrhunderts ist viel zu groß, um auch nur die bedeutenderen alle aufzählen zu können. Eine kleine Auswahl will ich noch nennen.

Poggio Bracciolini aus Florenz (1380–1459) nahm teil an nahezu allen Studien und Arbeiten, durch die man damals das Altertum sich wieder zum geistigen Besitz zu machen suchte. Mit größtem Eifer schrieb er die Handschriften antiker Autoren ab; später beschäftigte er selbst Schreiber für diesen Zweck. Er sammelte eine ansehnliche Bibliothek lateinischer Autoren. Ganz Deutschland und Frankreich durchreiste er auf der Suche nach unentdeckten Handschriften und fand auch eine ganze Reihe, unter anderem in der Bibliothek des Klosters St. Gallen. Auf seinen Wanderungen durch Italien sammelte er auch Inschriften, antike Büsten und Münzen.

Flavio *Biondo* (1392–1463) hatte sich an Hand der alten Autoren so gründlich in das Altertum eingelebt, daß er imstande war, auf seinen Wanderungen durch Italien und vor allem in den Ruinen Roms überall die Reste der untergegangenen Welt wiederzufinden und allmählich eine Topographie dieser Welt zu entwerfen. Seine Entdeckungen schildert er in seinen beiden Werken *Italia illustrata* und *Roma instaurata* (Das erneuerte Rom).

Viele Päpste nahmen lebhaften Anteil an den Arbeiten der Humanisten; sie förderten zum Beispiel die nun namentlich in Rom einsetzenden Ausgrabungen. Einer der Päpste war selbst ein hervorragend gebildeter Humanist: *Enea Silvio Piccolomini* (1405–1464), als Papst Pius II. genannt. Noch im Alter ließ er sich im Tragsessel durch die Landschaft tragen, verfolgte die römischen Straßen und Wasserleitungen und ähnliches. In seinen Briefen bewundert er Dichtung und Philosophie der Griechen und Römer.

Lorenzo (Laurentius) *Valla* (1407–1457), Professor der Beredsamkeit in Neapel und Florenz, zeichnet sich unter den italienischen Humanisten durch Besonnenheit und kritischen Geist aus. Das gilt für seine Übersetzungen aus dem Griechischen. Sie schließen unter anderem die Historiker Herodot und Thukydides ein. Es gilt auch für seine geschichtlichen Forschungen. Eine ganze Reihe von Geschichtsirrtümern und auch Fälschungen deckte er auf. Valla setzte sich für die Reinheit des lateinischen Stils ein, verwarf die Abweichungen vom klassischen Stil der Römer, die sich im mittelalterlichen Latein herausgebildet hatten, und forderte in seiner Schrift über die *Eleganz der lateinischen Rede* Wiederherstellung der alten Stilreinheit.

Marsilio *Ficino* (1433–1499) kann zusammen mit Valla genannt werden, weil auch sein Werk erkennen läßt, wie die humanistische Bildung im Laufe des 15. Jahrhunderts an Tiefe und zugleich an wissenschaftlicher Exaktheit gewann. Ficino war das Haupt der Platonischen Akademie von Florenz, der eigentliche Wiedererwecker der Philosophie Platons und des Neuplatonismus. Die von ihm geschaffene Übersetzung der Werke Platons erreichte eine bis dahin nicht dagewesene Werktreue.

2. Humanismus nördlich der Alpen

Die humanistische Bewegung dauerte in Italien das 16. Jahrhundert hindurch an. Doch inzwischen hatte sie auch die Länder nördlich der Alpen ergriffen, und anstatt noch mehr Namen aus Italien aufzuzählen, wenden wir uns diesen zu. England, Frankreich, Spanien, die Niederlande und Deutschland weisen große Namen unter ihren Humanisten auf. In Frankreich brachte die Familie *Estienne* gleich mehrere berühmte Humanisten hervor. Robert Estienne (1503–1559) schuf mit dem *Thesaurus linguae Latinae* für Jahrhunderte das umfassendste lateinische Wörterbuch. Sein Sohn Henri Estienne (1531–1598) stellte dem einen *Thesaurus Graecae linguae* an die Seite, der sogar noch länger, nämlich bis in die Gegenwart, unersetzlich geblieben ist. Ein englischer Humanist war Thomas More (*Morus*, 1478–1535), bekannt vor allem durch seine *Utopia*, die das Idealbild eines sozialistischen Staatswesens entwirft.

An den deutschen und niederländischen Humanisten erkennt man deutlich die andersartige Färbung, die der Humanismus unter dem Einfluß der verschiedenen Traditionen, der nationalen Temperamente und nicht zuletzt der andersartigen gesellschaftlichen Bedingungen im Norden annahm. Die Begeisterung für das Altertum war hier nicht geringer. Wenn die deutschen Humanisten auch schwerlich wie ihre italienischen Kollegen den Anspruch erheben konnten, ihre Abstammung geradewegs bis auf die alten Römer zurückzuführen, so brachten sie doch schon äußerlich ihre Verehrung für das Altertum zum Ausdruck, indem sie ihre Namen lateinisch oder griechisch umformten: Schwarzerd in Melanchthon, Kremer in Mercator, Bauer in Agricola und so weiter. Die Masse der heute in Deutschland vorhandenen Namen lateinischer Form stammt aus dieser Zeit. Die Begeisterung hatte aber im Norden einen anderen Charakter. Sie war vielleicht etwas weniger schwungvoll und bestimmt weniger künstlerisch, aber sie war methodischer und wandte sich mehr als auf Kunst und Schönheit auf Wissen und Erziehung.

Die Namen vieler Humanisten dieser Zeit wie Konrad *Celtis*, Rudolf *Agricola*, Ulrich von *Hutten* sind bis heute bekannt. Ich lasse drei andere etwas ausführlicher zu Worte kommen, weil sie für die Wissenschaftsgeschichte wichtiger erscheinen. Auch hier verzichte ich bewußt auf eine Aufteilung in einzelne wissenschaftliche Disziplinen, aus zwei Gründen. Zum einen sind die Fachgebiete, denen wir die Arbeiten der Humanisten heute zuweisen würden: klassische Philologie, orientalische Philologie, Chronologie, Alte und Mittlere Geschichte, Archäologie, Kunstgeschichte in jener Zeit keineswegs geschieden. Zum anderen kommt es in erster Linie darauf an, den Geist dieser großen Bewegung zu fassen, deren Vertreter alle darin übereinstimmen, daß sie aus der Beschäftigung mit antiker Kunst, Literatur und Wissenschaft ein neues Bildungsideal für den Menschen gewannen – ein Ideal, das in einem edlen Sinne »menschlich« (im Gegensatz zur erstarrten scholastischen Bildung) sein sollte und darum »humanistisch« genannt wird.

Der Aufschwung des deutschen Geisteslebens unter dem Humanismus spiegelt sich in der dichten Folge neuer Universitätsgründungen: Ingolstadt 1472, Trier 1473, Mainz 1477, Wittenberg 1502, Frankfurt/Oder 1506, Marburg 1527, Königsberg 1544.

REUCHLIN An einer dieser neuen Universitäten, in Ingolstadt, lehrte Johann *Reuchlin* (1455–1522), das Haupt des deutschen Humanismus. Er hatte in Italien bei bedeutenden Humanisten studiert. Für Deutschland wurde er zum »Begründer der klassischen Studien«. Reuchlin beherrschte das Lateinische und Griechische in gleicher Vollendung. Aus dem Griechischen übersetzte er sowohl ins Lateinische wie ins Deutsche. Reuchlin lehrte außerdem Hebräisch und kann als Begründer dieses Studiums in Deutschland gelten. »Vir trilinguis« – Dreisprachenmann wurde er deshalb bewundernd genannt.

Reuchlin war Gegner der Reformation (die meisten Humanisten wollten eine innere Reform der Kirche ohne Bruch mit der Tradition); gleichwohl wurde er der Ketzerei beschuldigt. Zu seiner Verteidigung veröffentlichen Crotus Rubianus, Nikolaus Gerbel und Ulrich von Hutten die berühmten *Dunkelmännerbriefe* (Epistolae obscurorum virorum). In ihnen werden Reuchlins Widersacher unter leicht zu durchschauenden Pseudonymen vorgeführt; sie schreiben in holprigem Mönchslatein Briefe und enthüllen damit ihre Unwissenheit und ihren sittlichen Tiefstand.

ERASMUS Nirgends kann man die Wesensart des Humanismus, seine Größe sowohl wie seine Schwächen und auch seine Tragik, besser studiesen als an Persönlichkeit und Werk seines größten Vertreters Desiderius *Erasmus von Rotterdam.*

Erasmus war Kosmopolit – im Gegensatz zur nationalen Begeisterung eines Hutten. Schon sein Lebenslauf läßt das erkennen. Er wurde 1465 oder 1466 – seine eigenen Angaben darüber sind widersprechend – in Rotterdam geboren. Er wurde Augustinermönch im Kloster St. Gregor bei Gouda, wurde auch 1492 zum Priester ordiniert. Später erhielt er Dispens vom Tragen des geistlichen Gewandes. Das Kloster verließ er, um Sekretär des Bischofs von Cambrai zu werden. Von 1495–1499 studierte er in Paris. Wohlhabende Freunde luden ihn nach England ein. Dort freundete er sich mit führenden Geistern, vor allem mit Thomas More an. Von seinem zweiten Englandaufenthalt aus hatte er als Reisebegleiter Gelegenheit zu einer Reise durch Italien. 1521 ließ er sich in Basel nieder, wo schon vorher seine Werke größtenteils gedruckt worden waren. Im Begriff, Basel wieder zu verlassen, starb er dort 1536. Erasmus fühlte sich als Bürger des geistigen Europa und nicht eines einzelnen Landes.

Soweit Erasmus in seinem *Lob der Narrheit* und zahlreichen Flugschriften die Enge des mittelalterlichen Geistes, die Auswüchse des Mönchswesens, die Unfruchtbarkeit der scholastischen Gelehrsamkeit, die Veräußerlichung der Religion und den Dogmenzwang anprangerte und bekämpfte, bewegte er sich im Zug der Zeit und erntete allgemeinen Beifall. Die Ideale dagegen, die er selbst verkörperte und verfocht, waren nicht geeignet, die Masse zu ergreifen. Erasmus war ein urbaner und sensibler Weltmann, der solchen elementaren Ausbrüchen wie der Reformation teils skeptisch, teils ohne rechtes Verständnis gegenüberstand. Keine der damals streitenden Fronten kann ihn für sich in Anspruch nehmen. Die katholische Kirche versuchte ihn später immer wieder ganz an sich zu ziehen. Erasmus hätte vielleicht sogar Kardinal werden können. Aber er widerstand der Lockung. Auf der anderen Seite geriet er zu Luther, nachdem er anfänglich mit der Reformation sympathisiert, in immer schärferen Gegensatz, der dann in dem berühmten Streit zwischen beiden über die Freiheit des Willens zum Ausdruck kam (Erasmus: De libero arbitrio – Luther: De servo arbitrio). Was Erasmus vorschwebte, war eine religiöse Form, in der »die Renaissance christianisiert und das Christentum humanisiert« werden sollten, eine einfache und undogmatische Religiosität mit dem Schwergewicht auf der ethischen Seite. Die Geisteshaltung des Erasmus kann am besten mit der späteren europäischen Aufklärung des 18. Jahrhunderts verglichen werden. Erasmus bereitete ihr den Weg. Aber um zum Siege zu kommen, bedurfte diese Geisteshaltung des Bündnisses mit der erstarkenden Naturwissenschaft. Deren Bedeutung hat Erasmus nicht erkannt.

Das Schwergewicht der wissenschaftlichen Leistung des Erasmus liegt in seiner Herausgebertätigkeit. Er besorgte selbst oder überwachte Ausgaben von mehr als fünfzig antiken Autoren, zum größten Teil mit Übersetzungen und Kommentaren. 1516 erschien sein berühmtes Neues Testament mit Erläuterungen.

Erasmus ist der Urheber der heute allgemein üblichen Aussprache des Griechischen. In seiner 1528 erschienenen Schrift über die richtige Aussprache des Lateinischen und Griechischen setzte er sich für den sogenannten Etazismus ein, das heißt für die Aussprache des griechischen Eta

als »e« – anstatt als »i« im Sinne der neugriechischen oder Reuchlinschen Aussprache, die Itazismus genannt wird. Der Kampf beider Auffassungen dauerte noch lange an, die erasmische hat gesiegt.
Für die Nachwelt stellen die rund 3000 Briefe des Erasmus wahrscheinlich den größten Wert in seiner Hinterlassenschaft dar.
Die Gestalt des Erasmus bezeichnet schon das Ende des eigentlichen Humanismus. Sein Erbe traten die nun fest gegründeten Wissenschaften der klassischen Philologie und Altertumskunde an. Die überragende Gestalt dieser Wissenschaften im 16. Jahrhundert ist Joseph *Scaliger* (1540 bis 1609). Scaliger war in Frankreich geboren, leitete aber seine Abstammung von dem alten veronesischen Fürstengeschlecht der Scaliger ab. Er trat zum Calvinismus über und wirkte als Professor in Genf und Leyden. Eine seiner wichtigsten Leistungen ist die Rekonstruktion der Chronik des Eusebius in seinem 1606 erschienenen *Thesaurus temporum.*

MELANCHTHON Am Schluß unserer Auswahl mag Luthers Freund Philipp Schwarzerd stehen, der sich *Melanchthon* nannte (1497–1560). »Praeceptor Germaniae« – Lehrer Deutschlands ist er genannt worden. In der Tat war Melanchthon ein Schullehrer und ein sehr großer. Sein Einfluß strahlte über ganz Deutschland aus. Er vereinte das Werk Luthers – so wie er es verstand und auf Grund seiner andersgearteten Persönlichkeit verstehen konnte – mit dem Ertrag der humanistischen Bewegung und gab der deutschen Bildung und Erziehung für lange Zeit die Richtung. Durch seine Grammatiken, die über zwei Jahrhunderte im Gebrauch blieben, schuf er für den Unterricht im Griechischen und Lateinischen eine feste Grundlage. Besonders lag ihm die Geschichte am Herzen. Melanchthon gab einen Leitfaden für das Studium der Geschichte heraus, hielt als erster regelmäßige Vorlesungen über Geschichte und machte damit die Geschichtswissenschaft erst an den deutschen Universitäten heimisch.
Es ging Melanchthon wie den anderen Humanisten niemals um bloßen Unterricht als Vermittlung trockenen Wissens, sondern um Bildung als Formung des ganzen Menschen. 1518, ein Jahr nach dem Thesenanschlag Luthers, trat der noch nicht Zweiundzwanzigjährige an der Universität Wittenberg seine Professur für klassische Philologie an. Seiner vom Feuer humanistischer Begeisterung durchglühten Antrittsrede sind die folgenden Absätze entnommen.

... So möchte ich denn in Kürze darüber berichten, um was es sich bei der Neubelebung der Studien handelt, die unseren noch ungebildeten Vorfahren einst über Frankreich von den Schotten zugetragen wurde, und Ihr mögt selber urteilen, ob die Beschäftigung damit Nutzen oder Schaden bringt. Darin soll meine Rede gipfeln, daß ich Euch Lust mache zum Griechischen und Lateinischen als den schönsten Wissenschaften ...
Zur Kenntnis des Lateins tritt die des Griechischen, die nötig ist, wenn man nicht dem Schatten der Dinge nachjagen will ... Und seid Ihr nun so mit dem Zehrgeld versehen, so wagt Euch an die Philosophie. Denn das ist allerdings meine Meinung, daß niemand sich in der Gottes- oder Rechtsgelehrtheit, in der Kirche oder vor Gericht, wird auszeichnen können, der sich nicht zuvor eine gründliche allgemeine Bildung – und nichts anderes bedeutet die Philosophie – angeeignet hat ...

Sucht Euch vom Besten das Beste heraus und nutzt es für die Kenntnis der Natur und die Bildung Eurer Sitten! Und wiederum sind es die Griechen, die hier das Höchste geleistet haben. Lest des Aristoteles Ethik, lest Platos Staat und lest die Dichter! Homer ist für die Griechen die Quelle aller Heilung, wie Vergil und Horaz für die Lateiner.
Vor allen Dingen aber lernt die Geschichte kennen . . . Ohne Kenntnis der Geschichte kann weder öffentliches noch privates Leben bestehen, ohne sie ist eine gesunde Verwaltung der staatlichen wie der häuslichen Angelegenheiten undenkbar. Ja, ich weiß nicht, ob nicht unsere Erde leichter die Sonne, also ihr Lebensprinzip, entbehren könnte als unser bürgerliches Dasein die Geschichte . . .
Und endlich die Wissenschaft von den heiligen Dingen. Sehr viel kommt darauf an, wie Ihr sie anfaßt. Wenn irgendein Studium, so bedarf das der Theologie innerlicher Durchdringung und sorgfältiger Bearbeitung . . . Da nun die Theologie teils hebräisch, teils griechisch ist – denn die Lateiner haben nur aus den Bächen der Hebräer und der Griechen getrunken –, so gilt es, die fremde Sprache zu erlernen, auf daß wir nicht wie »stumme Masken« mit den Theologen verhandeln. Dann wird sich uns der Worte Pracht und eigene Art erschließen, offen vor uns liegt der wahre, der wirkliche Sinn des Buchstabens . . .
Begreift Ihr nun, Ihr Jünglinge, wenigstens von ungefähr, wie wichtig die Neubelebung der Studien ist, und welchen Beitrag zur Kultur des menschlichen Geistes sie liefert? . . . Ich will meine ganze Kraft daransetzen, daß Eure Arbeit nicht vergeblich sei. Von Anbeginn will ich die Schwierigkeit der Grammatik durch die Lektüre der besten Schriftsteller dämpfen: dort die Regel, hier die Beispiele. Ihr sollt darauf achten lernen, was diese Schriftsteller uns für unseren inneren Menschen zu sagen haben. Tut Ihr das, so werdet Ihr den Kreislauf Eurer Studien herrlich beschließen. In Händen halten wir Homer, aber auch des Paulus Brief an Titus . . .

3. Geschichtsschreibung

Der Humanismus als geistige Bewegung brachte einen beträchtlichen Zuwachs an geschichtlichem Sinn. Die Arbeit der Humanisten war ihrem Wesen nach liebevolles Versenken in eine vergangene Zeit. Allerdings richtete sich das Interesse auf ein einziges Zeitalter. Es war alles andere als universalhistorisch. Und selbst innerhalb der Antike blickte man vor allem auf das Jahrhundert Platons und das Ciceros. Das Interesse der oben aufgezählten Humanisten an der Geschichte war vorwiegend philologisch und literarisch gefärbt. Die Geschichtsbetrachtung erscheint bei ihnen fast als ein Anhängsel der Literatur. Die Darstellung hat einen starken rhetorischen und damit nichtwissenschaftlichen Einschlag. Freilich, das humanistische Interesse an den alten Texten, die Entdeckungs- und Herausgeberarbeit dieser Männer schufen erst die Voraussetzung für eine sachliche, an den Quellen orientierte Behandlung der Geschichte.
Im folgenden wollen wir uns für die drei in dieser Beziehung wichtigsten Länder Italien, Deutschland und Frankreich die Männer vor Augen führen, bei denen das eigentlich geschichtliche Interesse stärker ausgeprägt ist.

ITALIEN: MACHIAVELLI UND GUICCIARDINI Der Florentiner Niccolò *Machiavelli* (1469–1527) ist einer der einflußreichsten Geschichtsdenker des Abendlandes. Sein Werk, wie es zuweilen geschieht, als den Höhepunkt des humanistischen Geschichtsdenkens zu bezeichnen, ist etwas irreführend. Man braucht nur einen Blick in seine Schriften zu werfen und wird sogleich fühlen: Sie atmen eine ganz andere, nämlich schärfere, nüchternere und in jedem Sinne »moderner« anmutende Luft als die der gelehrten Humanisten, welche seine Zeitgenossen waren. Auch seiner Bildung nach gehört Machiavelli eigentlich nicht in deren Kreis. Er war nicht sehr gelehrt; er sprach auch nicht Griechisch. Gerade diese Lücke seiner Bildung aber ist mindestens zum Teil eine Ursache für die unmittelbare Kraft seines Stils und für seine denkerische Unbefangenheit und Originalität. Machiavelli blickte nicht in Bücher, sondern mit dem Blick des Diplomaten und Weltmannes auf die Welt und die Menschen. Um ihn zu verstehen, muß man außer seiner Persönlichkeit in erster Linie die damaligen politischen Verhältnisse seines italienischen Vaterlandes beachten.

Machiavelli wurde in jungen Jahren Sekretär des Rates der Zehn in seiner Vaterstadt Florenz. Von Anfang an war er so in die diplomatischen und militärischen Auseinandersetzungen der italienischen Staaten verwickelt. In florentinischem Auftrag besuchte er Cesare Borgia. Aus nächster Nähe konnte er so die ebenso ruchlose wie erfolgreiche Politik dieses Mannes studieren. Machiavelli trug einen so starken Eindruck davon, daß der Borgia für ihn stets das Ideal eines Staatsmannes und Herrschers blieb. Nach Florenz zurückgekehrt, entwickelte Machiavelli, nach dem Vorbilde sowohl der Römer wie der Praxis Cesares, den Plan, eine aus der einheimischen Bevölkerung zu rekrutierende Armee aufzustellen. Der Plan wurde durchgeführt, Machiavelli wurde Sekretär der damit beauftragten Behörde. Später kam er in diplomatischem Auftrag auch nach Deutschland.

Nach dem Scheitern seiner politischen Ziele wurde Machiavelli ins Gefängnis geworfen und dann ins Exil geschickt. Hier erst in der erzwungenen Muße begann er Bücher zu schreiben, immer jedoch mit dem Blick auf die ihn umgebende politische Wirklichkeit. Für den glühenden italienischen Patrioten Machiavelli sah diese Wirklichkeit düster aus. Sein Vaterland, dessen Macht und Einheit er ersehnte, war zerrissen in kleine und kleinste Staaten, die einander mit Krieg, Mord und allen Mitteln der Intrige befehdeten. Ein entscheidendes Hindernis der Einigung Italiens war für Machiavelli auch der Kirchenstaat, den er darum bekämpfte. Obwohl Machiavelli im Grunde die republikanische Staatsform für die beste hielt, schien es ihm doch, daß in dieser Lage nur ein rücksichtsloser Despot, der sich über alle moralischen Bedenken und auch über die bürgerlichen Freiheiten hinwegsetzte, Italien zum gewünschten Ziel führen könnte.

Machiavellis Hauptschriften sind: *Drei Bücher über die erste Dekade des Titus Livius* (meist Discorsi genannt), der Form nach ein Kommentar zum römischen Historiker Livius, der Sache nach aber eine selbständige Arbeit; ein Werk über die Kriegskunst (*Arte della Guerra*); die Geschichte von Florenz (*Istorie fiorentine*) in acht Büchern; endlich, fast nur ein Nebenprodukt des letztgenannten Werkes, seine berühmteste Schrift: *Vom Fürsten* (*Il Principe*, 1513 geschrieben, 1532 gedruckt).

Was ist das Neue und Auszeichnende an Machiavellis Geschichtsbetrachtung? In einem gewissen Sinne kann man sagen, daß Machiavelli für die Betrachtung der Geschichte eine ähnliche Wendung vollzogen hat wie Galilei für die Betrachtung der Natur, nämlich den Verzicht auf die Frage nach einem jenseits der Dinge liegenden, transzendenten Sinn und Zweck des Geschehens. Völlig nüchtern, mit dem Blick des Naturwissenschaftlers, man möchte fast sagen des Zoologen, sieht er auf das geschichtliche Geschehen. Die Dinge in Raum und Zeit erkennen und ihre ursächliche Verknüpfung: das ist auch in der Geschichte allein möglich und allein sinnvoll. Sich dabei von Gesichtspunkten des Glaubens oder von einer Idee leiten zu lassen, kann nur zu einer Verfälschung führen.

Da es meine Absicht ist, zum Nutzen derer zu schreiben, die mich verstehen, schien es mir richtiger, mich an die tatsächliche Gestalt der Dinge zu halten als an ein Phantasiebild. Viele haben sich Republiken und Fürstentümer ausgemalt, von deren Existenz man nie etwas gesehen noch vernommen hat. Denn zwischen dem Leben, wie es ist und wie es sein sollte, ist ein so gewaltiger Unterschied, daß, wer das, was man tut, aufgibt für das, was man tun sollte, eher seinen Untergang als seine Erhaltung bewirkt . . . Ich lasse also die Phantasien über den Fürsten beiseite und rede von dem Tatsächlichen.

Was findet Machiavelli, wenn er so auf die Geschichte blickt?

Wenn ich den Lauf der Welt bedenke, so finde ich, daß die Welt stets die gleiche war. Es gab immer so viel Böses wie Gutes, aber beide wechselten von Land zu Land. So wissen wir aus der Geschichte, daß die alten Reiche durch den Verfall der Sitten bald stiegen, bald sanken; die Welt aber blieb die gleiche . . .

Die Geschichte ist ein ewiger Kreislauf, in dessen Auf und Ab die bewegenden Kräfte immer gleichbleiben. Und ewig gleich bleiben sich auch die Menschen! Die Menschen, ohne metaphysische Spekulation und allein nach der gleichsam statistischen Erfahrung der Geschichte betrachtet, werden bewegt durch ihre Affekte, so wie im Raume die Körper durch mechanische Kräfte bewegt werden. Im Grunde lassen sich alle Affekte auf zwei zurückführen: Begehrlichkeit und Furcht. Aus ihnen handeln die Menschen, und darum ist ewiger Kampf unter ihnen.

Die Menschen sind immer im Kampf. Sind sie dessen enthoben, aus Not kämpfen zu müssen, so kämpfen sie aus Ehrbegier, die in des Menschen Brust so mächtig wirkt, daß sie uns nie verläßt, so hoch man auch steigen möge. Die Ursache dessen ist, daß die Natur die Menschen so geschaffen hat, daß sie alles begehren können, aber nicht alles zu erlangen imstande sind. Da nun immer das Verlangen, zu erwerben, größer ist als die Macht dazu, so entsteht daraus Unzufriedenheit mit dem, was man besitzt, und geringe Befriedigung mit dem, was der Besitz gewährt. Hieraus entsteht der ewige Wechsel des menschlichen Schicksals. So kommt es zu Feindschaften und Krieg, aus denen Zusammenbruch und Erhebung hervorgeht.

Ein Affekt kann – diese Lehre Spinozas findet sich schon bei Machiavelli – nur durch eine gleichstarke Gegenkraft gehemmt und nur durch eine stärkere bezwungen werden. Wo ist solche Stärke? Niemals bei der Masse, die nur das passive Material des Geschehens ist; nur beim gro-

ßen und ausgezeichneten einzelnen. Wenn das Schicksal etwas Großes vollbringen will, so wählt es einen Mann von solchem Geist, daß er die Gelegenheit erkennt, und von soviel Kraft und Mut, daß er sie ergreift.
Kraft und Mut, dies ist es, was Machiavelli »virtù« nennt und was mißverständlich mit »Tugend« übersetzt wird. Tugend ist es höchstens im Sinne Friedrich Nietzsches. Freilich, auch der Starke vermag nichts gegen das Schicksal. Das Schicksal – Machiavelli sagt »fortuna«, Glück – können die Menschen wohl nützen, sich von ihm tragen lassen, nicht aber es aufhalten oder bezwingen. Diese Fortuna ist eine blinde Macht. Sie ist wie ein Weib, launisch und unberechenbar; darum darf man auch in keiner Lage sich selbst aufgeben, denn niemand weiß, wie sie sich plötzlich wendet. Im ganzen ist es besser, kühn und beherzt zuzugreifen, als zu vorsichtig zu sein. Wie das Weib wendet sich das Glück zu dem, der jung und ungestüm zugreift – vor allem im rechten Moment zuzugreifen versteht, denn die Zeit, die Gunst der Stunde, regiert alles.
Machiavellis Geschichtsbetrachtung ist durch und durch pragmatisch, sie will nichts als dem praktischen staatsmännischen Handeln dienen. Das ist möglich; man kann aus der Geschichte lernen, weil eben die Menschen und die bewegenden Kräfte überall und zu allen Zeiten gleich sind:

Wer also sorgfältig die Vergangenheit untersucht, kann leicht die zukünftigen Ereignisse in jedem Staat vorhersehen und dieselben Mittel anwenden, die von den Alten angewandt wurden, oder wenn er keine angewandt findet, kann er bei der Ähnlichkeit der Ereignisse neue ersinnen.

Was bedeutet dies alles für das praktische Handeln des Menschen? Wo ist noch Platz für Gut und Böse, für moralische Maßstäbe? Machiavellis Antwort ist sehr einfach. In der Politik ist überhaupt kein Platz dafür. In Politik und Geschichte regiert allein der Erfolg. Der Zweck heiligt die Mittel. Eine politische Handlung ist richtig und lobenswert, wenn sie zum Erfolg führt; wenn nicht, so ist sie falsch. Ein anderer Maßstab ist nicht angemessen.
Gibt es überhaupt keinen anderen Maßstab? Machiavelli sieht sehr wohl, das es ein moralisches Reich gibt, in dem eine Handlung nicht nach ihrem Erfolg bewertet wird, sondern danach, ob sie den Idealen der Liebe und der Wahrheit dient. Es steht, so etwa ist Machiavellis Ansicht, jedem frei, in diesem Reich zu bleiben. Wenn er sich aber in die Politik begibt, so untersteht er anderen Gesetzen. In ihr kommt es nicht darauf an, sich selbst, sondern andere zu besiegen.
Ein Wort zur Würdigung und Kritik, soweit in der Kürze möglich. Es wäre nicht sehr sinnvoll, Machiavelli mit dem Vorwurf entgegenzutreten, er predige Unmoral. Er predigt nicht. Er will nur die Wirklichkeit zeigen. Ich habe diese Wirklichkeit nicht gemacht – so würde er etwa auf diesen Vorwurf antworten –, ich habe sie so, wie sie ist, vorgefunden; ich habe nur den Mut, sie so zu zeigen, wie sie ist, und die Dinge beim richtigen Namen zu nennen. Machiavelli zu »widerlegen«, würde den Beweis voraussetzen, daß die Menschen sich nach dem Zeugnis der Geschichte anders verhalten, als er behauptet.

Machiavellis Größe liegt in dem, was zugleich seine Einseitigkeit ausmacht. Er ist Politiker, er ist ausschließlich Politiker, und er sieht auch in der Geschichte nur die politische Geschichte. Er sieht nicht die Bereiche, die mit der Politik zwar verwoben sind, aber doch keineswegs von ihr verschluckt werden, die Bereiche, die die Kulturgeschichte im weitesten Sinne erfüllen und aus denen sich sehr wohl andere Folgerungen auch für das menschliche Verhalten ablesen ließen. Auch die Religion ist ihm nur Gegenstand und Mittel der Politik; in diesem Sinne bevorzugt er die alte römische, die die Energien auf das Diesseits lenkt, gegenüber dem Christentum. Machiavelli ist der erste reine und ganz konsequente politische Historiker, zugleich einer der Begründer einer wissenschaftlichen Betrachtung der Politik.

Die Geschichte zeigt, daß immer, wo etwas Neues gesehen oder etwas Altes zum erstenmal in voller Schärfe gesehen wird, dieses zunächst einmal isoliert, ja verabsolutiert und zum alles Entscheidenden erhoben wird. So war es später bei der Begründung der Nationalökonomie, die auch zunächst den homo oeconomicus ganz isolierte. Ebenso isolierte Machiavelli den homo politicus; dazu wurde er um so mehr getrieben, als er, was man nie aus dem Auge verlieren darf, ein Fanatiker war, der ein einziges praktisches Ziel ausschließlich verfolgte und darüber alles andere, Gut und Böse, moralische, menschliche und geistige Werte und Freiheiten, Gesetze und Gewohnheiten beiseiteschob.

Dieses Ziel war für ihn der machtvolle italienische Nationalstaat. Das führt uns zu dem Gesichtspunkt, der abschließend noch herauszuheben ist. Im Denken Machiavellis tritt zum erstenmal das rein hervor, was sich in der europäischen Wirklichkeit und vor allem auch in der italienischen schon herausgebildet hatte: der von allen religiösen und sonstigen Bindungen gelöste, selbstherrlich und zum Selbstzweck gewordene moderne Staat. Salus populi suprema lex! Wenn die Sicherheit des Staates auf dem Spiele steht, so ruft Machiavelli aus, dann darf keine Erwägung von Recht oder Unrecht, edel oder gemein, menschlich oder unmenschlich die zu treffende Entscheidung beeinflussen. Es muß das getan werden unter Außerachtlassung jeder anderen Erwägung, was die Existenz des Staates sichert. Damit ist auch jeder Krieg gerechtfertigt. Es kommt hinzu, daß die Staaten wie alle menschlichen Dinge dem ständigen Wandel unterworfen sind, in dem Stillstand schon Niedergang bedeutet. Es gibt daher nur die Wahl zwischen Expansion oder Untergang. Staat und Staatsräson werden damit zu einem absoluten und höchsten Wert. Die aufsteigenden Nationalstaaten haben sich Machiavellis Lehre zu eigen gemacht und bis heute befolgt.

Neben Machiavelli ist in Italien sein etwas jüngerer Zeitgenosse Francesco *Guicciardini* (1483–1540) zu nennen, florentinischer Jurist und Diplomat, später päpstlicher Statthalter und Heerführer. Als darstellender Historiker wird er Machiavelli an die Seite gestellt – er schrieb eine florentinische und eine italienische Geschichte; als Geschichtsdenker kommt er ihm nicht gleich.

DEUTSCHLAND Die deutsche Geschichtsschreibung des 16. Jahrhunderts weist keine so berühmten Namen auf wie die Italiens und Frankreichs. Zu nennen ist außer den schon erwähnten Humanisten Ulrich von *Hutten,* Konrad *Celtis* (*Germania illustrata*) und Konrad *Peutinger* (1465–1547, Werke und Quellensammlungen zur deutschen Altertumskunde) der Jurist und Diplomat Johann Philippson (1507–1556) aus Schleiden in der Eifel, der sich deshalb *Sleidanus* nannte. Die Geschichtsschreibung dieses Mannes ist politisch, wie die Machiavellis, wenn auch nicht so pointiert. Sleidanus war amtlich bestellter Historiker des Schmalkaldischen Bundes und schrieb als solcher eine Geschichte der Reformation von 1517 bis 1556. Sein Werk hat nicht den Schwung und die Weite Machiavellis. Es ist eine nüchterne, oft am einzelnen hängende aktenmäßige Darstellung des geschichtlichen Verlaufs. Gerade wegen seiner Quellentreue aber blieb es lange unentbehrlich.

Der deutsche Protestantismus brachte in dieser Zeit noch ein zweites bedeutendes Geschichtswerk hervor. Die sogenannten *Magdeburger Centurien,* erschienen 1559–1574, sind eine umfassende Sammlung von Quellen nebst Auslegung und daran geknüpfter konfessioneller Kritik. Das Werk ist als das »erste Dokument wirklich historischer Forschung« bezeichnet worden. Von katholischer Seite antwortete Kardinal *Baronius* mit den *Annales ecclesiastici* (1588–1607).

FRANKREICH: COMINES. BODIN Die namhaftesten französischen Historiker des Zeitalters sind Philippe de *Comines* (1445–1509), Diplomat und Vertrauter Karls des Kühnen, dessen *Mémoires* die französische Geschichte der zweiten Hälfte des 15. Jahrhunderts schildern, und der Staatsrechtslehrer Jean *Bodin* (1530–1596). Bodin schrieb unter anderem ein Buch über die richtige Methode der Geschichtserkenntnis (1566). Er macht sich nicht in gleichem Maße wie Machiavelli von theologischen Bindungen frei. Die Bibel bleibt für ihn die erste Erkenntnisquelle. Von der Gewißheit geschichtlicher Erkenntnis hat er eigentlich eine geringe Meinung, wie seine folgende Aufzählung der »vier Arten der Geschichte« zeigt:

> Die unsichere und verwirrte menschliche Geschichte, die sichere Naturgeschichte . . . , die mathematische Geschichte, die, von der Gegenständlichkeit der Materie frei, noch gewisser ist, . . . schließlich die göttliche Geschichte als die gewisseste und ihrer Natur nach gänzlich unveränderliche.

Kritische Verwertung der Quellen ist ein besonderes Anliegen Bodins. Freilich hat er selber diese von ihm aufgestellte Forderung nur unvollkommen beherzigt. Vollen Ernst hat mit ihr erst das folgende Jahrhundert gemacht.

Viel bedeutsamer als diese etwas papiernen Erörterungen ist die Bodinsche Staatstheorie. In den konfessionellen Auseinandersetzungen seiner Zeit stellte sich Bodin auf die Seite der Staatsmacht, gegen Katholizismus *und* Protestantismus. Er gehörte der sogenannten »Politiker«-Partei an, die einen starken Staat wollte und die mit der Gründung der bourbonischen Dynastie (1589) auch triumphierte. Das theoretische Rüst-

zeug für diesen Kampf lieferte Bodin in seiner 1576 erschienenen Schrift über den Staat – neben Machiavellis Principe eine der ersten wissenschaftlichen Bearbeitungen politischer Fragen. Bodin verficht die absolute Souveränität des Staates. Der Staat hat die höchste Macht, ohne durch Gesetze eingeschränkt zu sein. Monarchie ist für Bodin die Staatsform, die diesem starken Staat am besten entspricht. Der Souverän kann Krieg und Frieden erklären, Beamte ernennen, Steuern auferlegen; vor allem gibt er die alle bindenden Gesetze. Er selbst aber ist, da die Gesetze seinem Willen entspringen, ihnen nicht unterworfen. Er ist absolut, »legibus solutus«. Natürlich untersteht er dem göttlichen Gesetz; da er aber im Einzelfall entscheidet, was als göttliches Gesetz zu gelten hat, beeinträchtigt ihn das nicht allzusehr.
Bodin gab damit die juristische Theorie des Absolutismus, der für lange Zeit die europäischen Staaten beherrschen sollte. Eine Monarchie, wie Bodin sie empfiehlt, war es, mit der die Bourbonen im 17. Jahrhundert ein starkes Frankreich bauten. Im 18. Jahrhundert freilich, als die Zeiten sich gewandelt hatten, richteten sie es mit der gleichen Selbstherrlichkeit zugrunde.

4. Jurisprudenz: Die Rezeption des römischen Rechts

Das von Glossatoren und Postglossatoren zu neuer Blüte gebrachte und den Zeitverhältnissen angepaßte römische Recht strahlte von Italien auf die anderen europäischen Länder aus. Verhältnismäßig früh, schon im 13. Jahrhundert, ist sein Einfluß in England, Frankreich und Spanien zu bemerken. Die Aufnahme römischer Rechtsbestandteile geschah in diesen Ländern allmählich und in einem begrenzten Maße, so daß es nicht zu einer »Überfremdung« des Rechts kam.
Anders verlief die Entwicklung in Deutschland. Hier waren die Voraussetzungen andere: Man empfand das deutsche Kaiserreich als Fortsetzung des römischen Imperiums. Zum römischen Reich gehörte das römische Recht. Dieses hatte deshalb in Deutschland keinen so starken Beigeschmack der Fremdheit wie anderswo. Die deutschen Juristen, die es übernahmen, scheinen auch nicht das Gefühl gehabt zu haben, etwas Fremdes nach Deutschland zu bringen. Deutsche Kaiser wie Friedrich Barbarossa zogen schon sehr früh Bologneser Juristen als Berater heran. Die eigentliche »Rezeption« vollzog sich erst wesentlich später, in der Hauptsache zwischen 1450 und 1550, dann aber viel vollständiger als in den Nachbarländern.
Mehrere Gründe außer der eben angeführten Gleichsetzung des deutschen Reiches mit dem römischen muß man zum Verständnis dieses Vorgangs heranziehen. Einer ist die Umbildung und Auflösung der deutschen Gerichtsverfassung. Ein anderer ist die allgemeine humanistische Geistesrichtung des Zeitalters. In deren Rahmen muß man die Rezeption sehen. Die Hinwendung auf das römische Altertum erstreckte sich auch auf das römische Recht. Ein anderer Grund für Deutschland liegt darin, daß die deutschen Juristen fast alle an den Universitäten

Italiens studierten und hier römische Rechtsquellen und Rechtsbegriffe aufnahmen. Ein weiterer liegt in der großen Zersplitterung des einheimischen Rechts, im Fehlen eines selbstbewußten deutschen Juristenstandes und einer einheimischen Rechtswissenschaft, die das deutsche Recht bearbeitete. Wegen der Schwäche der Reichsgewalt gab es kein einheitliches deutsches Recht, sondern eine Fülle von Partikularrechten. Diesen gegenüber erschien das begrifflich durchgearbeitete römische Recht überlegen.

Vom 16. Jahrhundert an trat in Deutschland der römisch gebildete gelehrte Richter an die Stelle des Schöffen. Im Mittelpunkt der neuen Entwicklung stand das Reichskammergericht, zunächst zur Hälfte, bald aber ausschließlich mit Doktoren des römischen Rechts besetzt. Das römische Recht verdrängte nicht die Partikularrechte. Es trat in die bestehenden Lücken als ein allgemeines, »gemeines« Recht. Ihm waren die örtlichen Sonderrechte koordiniert in der Weise, daß bei Kollision von Normen das örtliche Recht den Vorzug hatte (»Landrecht bricht gemeines Recht«).

Die Aufnahme des römischen Rechts ist eine folgenschwere Wendung im geschichtlichen Schicksal des deutschen Volkes und Staates. Jahrhundertelang haben die Rechtsgelehrten, je nach ihrer mehr deutschrechtlichen oder römischrechtlichen Grundeinstellung, über ihren Wert oder Unwert gestritten. Fest steht auf der einen Seite, daß die Aufnahme nach den Zeitverhältnissen wohl unvermeidlich war; daß mit ihr auf der anderen Seite die Deutschen Werte aufgegeben haben, die ihnen jahrhundertelang heilig gewesen waren.

Der Vorgang der Rezeption gehört mehr in die Rechts- und allgemeine Sozialgeschichte als in die Geschichte der Rechtswissenschaft. Aber auch für diese ist er das grundlegende Ereignis in der Wende vom Mittelalter zur Neuzeit. Die Rezeption war im Grunde eine Übernahme nicht des alten römischen, sondern des italienischen wissenschaftlichen Juristenrechts des 13. und 14. Jahrhunderts. In unserem Zusammenhang muß ich sie auch deswegen anführen, weil sonst die weitere Entwicklung der Rechtswissenschaft ganz unverständlich bleiben würde. Diesen Grundvorgang ins Auge zu fassen, ist wichtiger als einzelne Namen von Juristen des 16. Jahrhunderts anzuführen, zumal gerade in Deutschland die Arbeit dieser Juristen sich auf das einzelne und die Praxis beschränkte.

Neuntes Kapitel

Universale Mathematik

Die Wissenschaften im 17. Jahrhundert

> *Fürwahr, aus alledem folgt, daß die, welche den rechten Weg zur Wahrheit suchen, sich mit keinem Gegenstand beschäftigen dürfen, von dem sie nicht eine den arithmetischen und geometrischen Beweisen gleichwertige Gewißheit zu erlangen imstande sind ...*
> *Betrachtet man dies aufmerksamer, so erkennt man schließlich, daß man zur Mathematik genau all das rechnen muß, bei dem nach Ordnung und Maß geforscht wird; und daß es hierbei gar nicht darauf ankommt, ob man dieses Maß nun in den Zahlen oder in den Figuren oder den Gestirnen oder den Tönen oder in irgendeinem anderen Gegenstande zu suchen hat. Es muß also eine bestimmte allgemeine Wissenschaft geben, die all das erklärt, was der Ordnung und dem Maße unterworfen, ohne Anwendung auf eine besondere Materie, als Problem auftauchen kann. Diese kann man, nicht mit einem fremden, sondern mit einem alten und in allgemeinen Gebrauch übergegangenen Worte, bezeichnen als universale Mathematik ...*
>
> René Descartes

Ein deutlicher Unterschied trennt die Wissenschaft des 15. und 16. Jahrhunderts von der des europäischen Mittelalters – trotz der zahlreichen Übergänge und obwohl die Ansätze des Neuen an vielen Stellen schon im Mittelalter zutage liegen. Er rechtfertigt es, mit dem 15. Jahrhundert eine neue Periode der Wissenschaftsgeschichte beginnen zu lassen. Von da an bis zur Gegenwart ist die Entwicklung der Wissenschaft ein einheitlicher Vorgang, nicht ohne weiteres einer eindeutigen Gliederung in Unterabschnitte zu unterwerfen, vor allem keiner, die für die Gesamtheit der Wissenschaften Gültigkeit hätte. Betrachtet man die einzelne Wissenschaft für sich, so sind die Einschnitte deutlich. In den von alters her bestehenden Wissenschaften sind die Akzente mit dem Auftreten großer Männer, mit den neuen Ideen und Entdeckungen, die sie brachten, mit dem Umschwung der Methode gegeben. Andere Wissenschaften, wie zum Beispiel im 17. und 18. Jahrhundert die Chemie, im 18. Jahrhundert die Geologie, im gleichen Jahrhundert die Nationalökonomie, im 19. Jahrhundert die Soziologie und die Psychologie konstituierten sich erst in den Jahrhunderten der Neuzeit als festgegründete selbständige Gebiete. Sie alle haben sich inzwischen zu ganzen Bündeln neuer Einzeldisziplinen ausgewachsen.

Die Zäsuren für die einzelnen Wissenschaften fallen nicht zusammen, weder für die beiden Hauptgruppen der Natur- und Geisteswissenschaften, noch innerhalb dieser. Die exakten mathematischen Naturwissenschaften haben einen anderen Entwicklungsgang als die Wissenschaften vom Leben und von der Erde. Vollends innerhalb der Geisteswissenschaften bestehen tiefreichende Unterschiede je nach Gegenstand und Methode, vor allem auch nach den geistesgeschichtlichen Antrieben und Entstehungsgründen.

Angesichts dieses Bildes könnte man versucht sein, die neuzeitliche Entwicklung nach Wissenschaftsgruppen oder auch nach Einzeldisziplinen getrennt zu behandeln: etwa je ein Kapitel über Mathematik der Neuzeit, eines über Physik, eines über Chemie und so weiter. Das böte den Vorteil, daß die Stetigkeit innerhalb jedes Gebiets sichtbar würde. Es hätte den Nachteil, daß es nicht mehr wäre als eine Nebeneinanderstellung von einzelnen Fachgeschichten, bei der es dem Leser überlassen bliebe, Einflüsse, Querverbindungen, Parallelerscheinungen oder Divergenzen nachträglich festzustellen und sich über den Zusammenhang des Ganzen Gedanken zu machen. Die Synopsis, die Gesamtansicht ginge verloren.

Doch nicht allein dem berechtigten Bedürfnis des Lesers nach Zusammenschau und Zusammenfassung würde dabei nicht entsprochen. Solche Aufspaltung würde dem wahren Gang der Wissenschaftsentwicklung nicht gerecht. Wenn die Wissenschaften in verschiedenem Rhythmus und auch manchmal in ganz verschiedenen Richtungen voranschritten, sie lebten doch keineswegs isoliert nebeneinander. Allgemeine Geistesbewegungen drückten jeder Wissenschaft, wenn auch nicht gleichzeitig und nicht in gleichem Maße, ihren Stempel auf. Fortschritte der einen wurden zum Ansporn für die andere. Methoden, die sich in der einen bewährt hatten, wurden in die andere übernommen: man denke nur an das Eindringen des mathematischen und mechanischen Erkenntnisideals der Naturwissenschaft in das Reich der Geisteswissenschaften.

Also kein unverbundenes Nebeneinander von Fachgeschichten! Da die Stoffmasse aber schon um der Übersicht willen eine gewisse Aufteilung verlangt, so bietet sich als nächstliegendes Einteilungsprinzip das nach Jahrhunderten an. Allerdings, »eine geschichtliche Darstellung nach Jahrhunderten einzuteilen« – sagt Goethe – »hat seine Unbequemlichkeit. Mit keinem schneiden sich die Begebenheiten rein ab; Menschenleben und -handeln greift aus einem ins andere ...« Es ist selbstverständlich, daß Jahrhundertgrenzen keine scharfen Zäsuren bedeuten können. Die Natur tut uns nicht den Gefallen, das Leben großer Männer immer zwischen solche Grenzen einzuschließen. Ich habe zum Beispiel Galilei und Kepler, deren Wirken beträchtlich ins 17. Jahrhundert hineingreift, im vorigen Kapitel behandelt, weil man sie noch zu der Generation der ersten Bahnbrecher rechnen kann.

Ist nun die Einteilung nach Jahrhunderten rein willkürlich, nur durch den Kalender bestimmt? Wohl doch nicht: »Alle Einteilungsgründe« – so setzt Goethe den angeführten Gedanken fort – »sind, wenn man sie genau besieht, doch nur von einem Überwiegenden hergenommen. Gewisse Wirkungen zeigen sich entschieden in einem gewissen Jahrhundert, ohne daß man die Vorbereitung verkennen oder die Nachwirkung leugnen möchte.« Gibt es ein solches »Überwiegendes«? Unter den Vorbehalten, die sich aus dem bisher Gesagten ergeben, kann man behaupten: Jedes der vier neuzeitlichen Jahrhunderte zeigt in der Gesamtheit der Wissenschaften ein bestimmtes Gepräge, einen bestimmten Zeitgeist.

Das 17. Jahrhundert brachte die bündige Formulierung des neuen mathematischen und mechanischen Erkenntnisideals und sein allmähliches Ausgreifen auf alle Gebiete des Wissens. Das 18. Jahrhundert kann man betrachten unter dem Leitwort »Natur und Vernunft« – freilich diese Begriffe genommen in der ganz einmaligen Abschattung und Verknüpfung, die ihnen dieses Jahrhundert gegeben hat. Das 19. Jahrhundert brachte den Entwicklungsgedanken, der im 18. Jahrhundert schon vorgebildet wurde, zum Durchbruch in den biologischen und den Geisteswissenschaften.

Für unser eigenes Jahrhundert wird man nicht leicht schon ein Leitwort auszusprechen wagen. Es ist noch nicht abgelaufen, und als seine Kinder können wir kaum das Gemeinsame in ihm sehen – es kommt uns eher wie ein Chaos vor. Für die Wissenschaft werde ich aber nicht fehlgehen, wenn ich ausspreche, daß es ein Jahrhundert des Umbruchs ist, eine Zeit der Revolution und der Erschütterung der Grundlagen in fast allen Wissensgebieten; und weiter, daß in vielen Köpfen zwar keine klare Idee, aber doch ein Gefühl von einer gewissen Einheit oder Konvergenz dieser verschiedenen revolutionären Umwälzungen vorhanden ist. Ich will versuchen, diese schlagwortartige Kennzeichnung der Jahrhunderte – mehr ist es zunächst nicht – in den folgenden Kapiteln mit Leben und Sinn zu erfüllen.

Mit dem 16. Jahrhundert begann das moderne naturwissenschaftliche Denken seinen Siegeslauf. Die Lawine setzte sich in Bewegung, die das Gesicht der abendländischen Gesellschaft und der Welt gänzlich verändern sollte. Blicken wir einen Augenblick voraus auf diesen Vorgang im großen, auf das Tempo und die Art und Weise, wie das Neue ins allgemeine Bewußtsein drang und sich im gesellschaftlichen Leben, ja im äußeren Bilde der Landschaft ausprägte, so scheinen die Hauptschritte auch in dieser Beziehung mit den Jahrhunderten zusammenzufallen. Im 17. Jahrhundert drang die neue Weise des Erkennens in alle Wissenschaften ein, aber noch nicht in das Bewußtsein der Massen, ja nicht einmal aller Gebildeten, und von den äußeren Folgewirkungen des Neuen hatte man kaum eine Ahnung. Im 18. Jahrhundert bemächtigte sich das neue Denken der Masse der Gebildeten; man begann die kommenden Umwälzungen zu ahnen, und in der zweiten Hälfte des Jahrhunderts begannen sie auch. Erst im 19. Jahrhundert aber begann das Neue im Denken des Mannes von der Straße seine Rolle zu spielen, erfaßte die Massen; nun erst setzten auch die äußeren Veränderungen durch die Technik mit ganzer Wucht ein.

Soviel zur Periodisierung. Im Augenblick, da wir in die überwältigende und verwirrende Fülle des wissenschaftlichen Lebens der neueren Jahrhunderte eintreten, betone ich noch einmal, daß von nun an die Darstellung nur außerordentlich lückenhaft sein kann. Schon in reiner Katalogform würden die wichtigeren Namen und Entdeckungen viele Bände füllen. Zwischen einem solchen Katalog und unserem Vorhaben besteht der gleiche Unterschied wie zwischen einer vollständigen Landkarte Frankreichs und einem Bildband mit ausgewählten Ansichten seiner Landschaften und Städte. Von dem, was die Landkarte enthält, zeigt das Bilderbuch nur kleine Ausschnitte, und diese immer nur unter einem einzigen Blickwinkel. Wie aber der Bildband im Gegensatz zur Karte das Wenige, was er zeigt, anschaulich macht und vermöge dieser Anschaulichkeit am Ende doch einen Eindruck von der Atmosphäre und Eigenart des ganzen Landes gibt – ja mindestens für denjenigen, der nie in Frankreich war und dem die Kartenzeichen keine lebendige Anschauung zurückrufen, sogar einen besseren als die Landkarte: so sollen Ausschnitte und Beispiele unter bestimmten Leitgedanken am Ende auch einen Eindruck geben von Eigenart, Strebungen und Hauptetappen der modernen Wissenschaftsgeschichte. Dabei ist auch zu bedenken: Ein Gemälde als Ganzes ist nicht immer dann am vollkommensten, wenn die in ihm enthaltenen einzelnen Figuren bis ins kleinste ausgeführt sind.

1. Das neue Erkenntnisideal

Die Naturforscher des 16. und des beginnenden 17. Jahrhunderts, allen voran Galilei, verkörpern ein neues Ideal und dementsprechend eine neue Methode der Erkenntnis. Sie verkörpern es: sie folgen dem Ideal und sie verwenden die Methode; dagegen war es nicht ihr Hauptziel, sie ausdrücklich und systematisch zu formulieren. Sie äußerten sich darüber beiläufig, nur mit einem begrenzten Grade der Verallgemeinerung.
Auch Francis Bacon kann wie bei der Würdigung des Novum Organon bemerkt wurde und wie die Betrachtung der Arbeiten Galileis und der anderen Forscher deutlich gemacht haben wird, nicht im vollen Sinne das Verdienst zugesprochen werden, daß er das Wissenschaftsideal der neuen Zeit formuliert habe. Bacon lehrte eine induktive Methode; die eine Komponente der neuen Methode, das Vertrauen auf Erfahrung und Experiment rückte er in den Vordergrund. Die andere Komponente, die Mathematik, verkannte er. Gerade die mathematische Methode war es aber, die den Männern des 16. und 17. Jahrhunderts fast noch wichtiger schien als das Experiment. Man höre folgende Äußerung Galileis:

> Nichtwissen ist der beste Lehrer gewesen, den ich jemals gehabt habe; denn, um in der Lage zu sein, die Wahrheit meiner Schlußfolgerungen meinen Gegnern zu demonstrieren, bin ich gezwungen gewesen, sie durch eine Reihe von Experimenten zu beweisen; obwohl ich, um mich selbst zufriedenzustellen, es niemals als notwendig empfand, viele zu machen.

Was durch diese Worte Galileis hindurchscheint: die Überzeugung, das Experiment sei eigentlich mehr dazu nötig, die Wahrheit zu demonstrieren, zu beweisen und zu bestätigen, als sie aufzufinden; es müsse demnach möglich sein, die Gesetze der Natur auch ohne Experiment aufzufinden, wenn man nur mit der richtigen Methode ausgerüstet ist – dies ist ein bezeichnender Grundzug des neuen Erkenntnisideals. Es war nicht so, daß den Forschern durch ihre Experimente erst die Überzeugung nahegelegt oder aufgezwungen wurde, man müsse die Natur mathematisch interpretieren; diese Überzeugung, man könnte auch sagen dieser Glaube, war eher schon Voraussetzung ihres Experimentierens.

Diese Seite der Sache systematisch formuliert und mit ihren Folgerungen ins Bewußtsein erhoben zu haben, ist in erster Linie das Verdienst des Franzosen René *Descartes* (1596–1650).

Über Descartes' Lebensweg, so reizvoll es wäre, ihn im einzelnen zu verfolgen, hier nur weniges. Im Jesuitenkollegium von La Flêche empfing er die beste wissenschaftliche Bildung und schätzte schon in dieser Jugendzeit über alles »die mathematischen Wissenschaften wegen der Sicherheit und Klarheit ihrer Gründe«; er wunderte sich, »daß man auf so feste und unerschütterliche Grundlagen nichts Erhabeneres gebaut hatte«. Die anderen Wissenschaften lockten ihn wenig. So zog er es vor, sobald es sein Alter erlaubte, im großen Buche der Welt zu studieren. »Und so verwendete ich den Rest meiner Jugend auf Reisen, Höfe und Heere kennenzulernen, mit Menschen von verschiedener Gemütsart und Lebensstellung zu verkehren ...« Nachdem Descartes einige Jahre lang Europa durchstreift und in verschiedenen Heeren Dienst getan hatte, beschloß er, nun ebenso gründlich in sich selbst zu forschen. Er zog sich nach Holland zurück, »in ein Land« – wie er rühmend bemerkt – »wo lange Kriege die Dinge so geordnet haben, daß die Heere, die man hier unterhält, nur dazu dienen, die Früchte des Friedens mit um so größerer Sicherheit genießen zu lassen«. Holland war im 17. Jahrhundert die Heimat des freien Denkens. Zusammen mit Frankreich war es in diesem Jahrhundert daher auch das führende Land im Reiche des Geistes, bis gegen Ende des Jahrhunderts für mehrere Jahrzehnte der englische Geist die Führung Europas übernahm.

Das Problem, über das Descartes in seiner Einsamkeit vor allem nachsann, war die Suche nach einer sicheren Methode der Erkenntnis: Wie kommt es, daß in der Philosophie, auf die doch seit vielen Jahrhunderten die besten Köpfe ihre ganze Mühe verwandt haben, fast alles umstritten und nichts sicher ist? Offenbar mußte man ganz von vorne anfangen! Descartes beschloß, nachdem durch praktische Lebenserfahrung und vieles Nachdenken sein Geist ihm von Vorurteilen einigermaßen gereinigt schien, diesen neuen Weg möglichst ohne jede vorgefaßte Voraussetzung zu gehen. Da es ihm nützlicher schien, eine kleine Zahl von Grundsätzen zu besitzen gegenüber den vielen Regeln der Logik, diese aber wirklich zu befolgen, stellte er folgende Regeln für sich selbst auf:

Die erste war, niemals eine Sache als wahr anzunehmen, die ich nicht als solche deutlich erkennen würde, das heißt sorgfältig die Übereilung und das Vorurteil zu vermeiden und in meinen Urteilen nur soviel zu begreifen, als sich meinem Geist so klar und deutlich darstellen würde, daß ich gar keine Möglichkeit hätte, daran zu zweifeln.

Die zweite: jede der Schwierigkeiten, die ich untersuchen würde, in so viele Teile zu teilen, als möglich und zur besseren Lösung wünschenswert wäre.

Die dritte: meine Gedanken richtig zu ordnen; zu beginnen mit den einfachsten und faßlichsten Objekten und aufzusteigen allmählich und gleichsam stufenweise bis zu der Erkenntnis der kompliziertesten ...
Und die letzte: überall so vollständige Aufzählungen und so umfassende Übersichten zu machen, daß ich sicher wäre, nichts auszulassen.

Wir können den Weg, den Descartes von diesen Grundsätzen aus einschlug, nicht im einzelnen verfolgen. Mit seiner Einsicht, daß, wenn er an allem zweifle, doch gerade in diesem Akt des Zweifelns die unbedingte Gewißheit von der Existenz eines denkenden Geistes gegeben sei (cogito ergo sum), und weiter mit der unmittelbar einleuchtenden Gewißheit von der Existenz Gottes als eines vollkommenen Wesens gewann er zunächst den Maßstab für alles, was er als restlos »klar und deutlich«, als gewiß ansehen wollte.
Hier kommt es nur darauf an, deutlich zu machen, wie sehr Descartes in seinem Denken vom Ideal der Mathematik geleitet war. Er sagt:

Jene langen Ketten ganz einfacher und leichter Gründe, wie sie die Geometer zu brauchen pflegen, um zu ihren schwierigsten Beweisführungen zu gelangen, hatten in mir die Vorstellung erweckt, daß alle (!) möglichen Objekte der menschlichen Erkenntnis auf ähnliche Weise einander folgen, und wenn man nur keine Sache als wahr gelten lasse, die es nicht sei, und stets die notwendige Ordnung beobachte, um das eine aus dem anderen abzuleiten, so könne nichts so entfernt sein, daß man es nicht erreichen, und nichts so verborgen, daß man es nicht zu entdecken vermöchte.

Die sichere Methode der Mathematik ist also der Schlüssel zu aller Erkenntnis. Immer wieder betont Descartes, daß er »bei ihrer Unabhängigkeit von jeder besonderen Materie die Aussicht hätte, sie auf die Probleme der anderen Wissenschaften mit demselben Erfolg wie auf die Algebra anzuwenden«. Er beschreibt, wie er sich übte, seine Methode »an mathematischen Problemen zu handhaben oder auch an anderen, die ich den mathematischen fast ähnlich machen konnte, indem ich sie von allen Prinzipien der anderen Wissenschaften, die ich nicht fest genug fand, ablöste ...«. So wurde Descartes, obwohl man nicht sagen kann, er habe den Wert des Experiments nicht erkannt, doch von seiner Leidenschaft für unbedingte Klarheit und Gewißheit fortgerissen zum Idealbild einer Wissenschaft, in der wie in der Mathematik alles aus wenigen klar festgestellten Prinzipien oder Axiomen deduzierbar sein sollte.
Nur einen Blick braucht man auf die Gedankenwelt von Descartes' großem Nachfolger Spinoza (1632–1677) zu werfen, um zu erkennen, wie sehr auch dieser vom Ideal mathematischer Erkenntnis beeindruckt war. Unternahm er es doch, sogar die Ethik »nach geometrischer Methode« zu entwickeln und von menschlichen Handlungen und Leidenschaften »in derselben Weise zu handeln, als wenn ich es mit Linien, Flächen, und Körpern zu tun hätte«. Spinoza ging darin noch über Descartes hinaus, daß für ihn auch die Seele selbst so gut ein Teil der gleichsam mathematischen Weltordnung war wie alles andere, Gott aber nichts anderes als diese Ordnung selbst. Auch der dritte überragende Denker des Jahrhunderts, Leibniz, selbst einer der größten Mathematiker, war vom Ideal universaler Mathematik durchdrungen.

In derjenigen Wissenschaft, die mit ihrer Klarheit und unumstößlichen Gewißheit das Muster aller Wissenschaften wurde, leistete Descartes selbst Bahnbrechendes. In den eigentlichen Naturwissenschaften fehlte ihm und seiner Zeit noch das Rüstzeug, das neue Wissenschaftsgebäude im einzelnen auszuarbeiten. Dies und damit in einem gewissen Sinne die Vollendung des Baues, den Descartes im voraus entworfen hatte, war das Werk der Newton, Boyle, Huygens – alles Männer, die der auf Descartes folgenden Generation angehören und in der zweiten Hälfte des Jahrhunderts wirkten.

Verweilen wir, bevor wir uns zu diesen Männern wenden, noch einen Augenblick bei einigen weiteren Folgen des Descartesschen Denkens. Solche Folgen mußten entstehen für die Wissenschaften vom Leben, weil Descartes auch die lebenden Organismen in seine mechanische Welterklärung einbezog. Sie entstanden weiter für die Geisteswissenschaften, die, zumal sie selbst kein so bestechendes Erkenntnisideal und keine derart gesicherte und erfolgversprechende Weise des Vorgehens besaßen, sich an dem neuen Ideal ebenfalls auszurichten begannen.

Für die Welt- und Lebensauffassung des europäischen Menschen wurde folgendes höchst bedeutsam. Für Descartes gibt es zwei »Substanzen«: Denken und Ausdehnung. Descartes hinterließ seinen Nachfolgern die schwierige Aufgabe, das Verhältnis zu bestimmen, in dem beide zueinander stehen. In dieser Aufgabe ist zum Beispiel das sogenannte psychophysische Problem enthalten, die Frage nach dem Verhältnis von Körper und Geist (oder Seele) im Menschen, in dem beides ja offenbar in irgendeiner Form verbunden ist. Jeder der Nachfolger Descartes' fand dieses Problem vor und löste es auf seine Weise. Wenn auch das philosophische Denken im 19. und stärker im 20. Jahrhundert das Verhältnis anders sieht als Descartes, so hat doch dieser »Vater des modernen Denkens« den beim Durchschnittsmenschen vorhandenen Begriff von »Wirklichkeit« bis heute bestimmt.

Dies alles gehört jedoch in die Geschichte der Philosophie. Aber ein Aspekt dieser Problematik, nämlich die Auswirkung der »cartesianischen Entzweiung« auf das Problem der Erkenntnis, hängt unmittelbar mit den positiven Wissenschaften zusammen; das Erkenntnisproblem in seiner modernen Gestalt hat sich, richtig besehen, sogar in erster Linie aus den positiven Wissenschaften heraus ergeben. Die Wechselwirkung zwischen Philosophie und Einzelwissenschaften ist hier besonders deutlich zu sehen. So richtig es ist, daß man Wissenschaftsgeschichte nicht ohne Bezugnahme auf die Philosophie verstehen kann – weshalb wir auch trotz unserer Beschränkung auf die positive Wissenschaft immer wieder die Philosophie hereinziehen müssen –, ebenso wichtig ist es, darauf hinzuweisen, daß die Entwicklung der philosophischen Erkenntnislehre ohne die Wissenschaftsgeschichte schlechthin unverständlich ist. Die Problematik der menschlichen Erkenntnis, welche die Denker des 17. und 18. Jahrhunderts von Locke über Berkeley und Hume bis Kant bewegte, ist hervorgewachsen aus der Entwicklung der Wissenschaften, wie sie diese Männer vor Augen hatten. Wenn wir also nicht nur das

Wachstum der Wissenschaften, sondern auch ihre Wirkungen betrachten wollen, müssen wir das Erkenntnisproblem mit einigen Strichen andeuten.

2. Das neue Erkenntnisproblem

Jedem Naturding können wir mit zwei ganz verschiedenen Fragen gegenübertreten. Die eine lautet: Wozu ist das da? Die andere lautet: Woraus besteht es, wie ist es beschaffen, und welchen Gesetzen gehorcht es in seinem Verhalten? Nehmen wir ein Organ, etwa das Auge, als Beispiel. Die Antwort auf die erste Frage wird etwa lauten: Es ist zum Sehen da, es ist ein Teil des menschlichen oder tierischen Organismus und dient der Orientierung dieses Organismus im Raume durch Auffinden der Nahrung, Erkennen von Feinden und so weiter. Die Antwort auf die zweite Frage wird lauten: Es ist ein Körper von der und der Gestalt, besteht seiner Struktur nach aus Zellen, seinem Stoff nach aus den und den organischen Verbindungen; der Einfall von Licht ruft in ihm die und die Reaktion hervor.

Im Denken des Mittelalters hatte die erste Frage den Vorrang. Das ermöglichte eine geschlossene und verhältnismäßig befriedigende Ansicht des Weltganzen: Die Sonne ist geschaffen, daß sie dem Menschen leuchte. Pflanzen sind geschaffen, daß der Mensch sich von ihnen nähre. Der Mensch ist geschaffen, daß er sich auf Erden bewähre und Gottes Willen diene. Den Vorteilen einer solchen Auffassung steht ein großer Nachteil gegenüber: Sie hilft uns nicht recht weiter, wenn wir es darauf absehen, die Dinge zu beherrschen.

Kepler, Galilei und ihre Zeitgenossen verlegten das Schwergewicht auf die zweite Frage. Nicht, daß sie die Frage nach Sinn und Wesen ganz beiseite schoben; aber sie erklärten, daß diese nicht in die Naturwissenschaft gehöre. Zu wissen, daß die Dinge von Gott zu einem bestimmten Zweck geschaffen sind, ist gut; aber man möchte wissen, *wie* Gott sie gemacht hat. So sagte Boyle, einer der wissenschaftlichen Pioniere dieses Jahrhunderts: Wenn ich eine Uhr sehe und nach einer Erklärung verlange, so höre ich zuerst, dies sei ein Instrument, von einem Uhrmacher gemacht und bestimmt, die Zeit anzuzeigen. Das ist richtig; aber ich wäre doch beschränkt, wenn ich damit schon zufrieden wäre und nicht auch noch wissen wollte, wie Feder, Räder, Unruhe, Zeiger im einzelnen beschaffen sind und wie sie zusammenwirken.

Um solches zu erfahren, muß man also den zweiten Weg einschlagen und muß ganz präzise Fragen stellen: *quantitative* Fragen. Warum? Zunächst fällt uns Keplers Wort ein, der menschliche Geist sei am besten geeignet, quantitative Verhältnisse zu erfassen. Aber diese Beschaffenheit des menschlichen Geistes allein würde nichts nützen. Man will ja auf die quantitativen Fragen quantitative Antworten und Ergebnisse. Man muß also die Mathematik auf die Natur anwenden. Das ist möglich! Denn – dies ist die Grundüberzeugung, Descartes hat sie ins System gebracht – die Natur selbst ist so beschaffen, daß sie solche Antworten erteilt! Sie gehorcht mathematischen Gesetzen. Gott selbst hat sie nach solchen Gesetzen geschaffen. Man wende also die Wissenschaft vom Quantitativen auf die Natur an, und siehe, die Natur gibt die richtigen Antworten. Das Experiment bestätigt es, und der Erfolg in bezug auf die Beherrschung der Natur bestätigt es auch.

Nun, scheint es, haben die Menschen endlich den richtigen Weg ins »Innere der Natur« gefunden. Nun halten sie endlich die eigentliche Wirklichkeit der Natur in ihren Händen. Aber:

Hier kommen wir zu einem der verblüffendsten und schwierigsten Paradoxe in der Geschichte des Denkens. Die Begriffe und Methoden, welche die spezialwissenschaftlichen Forscher anwandten, um riesige neue Kontinente von Tatsachen und Gesetzen zu gewinnen, sind — was immer ihre letzte und theoretische Rechtfertigung sei — unbestreitbar darin überwältigend erfolgreich, daß sie die Menschen instand gesetzt haben, ihre physische Umgebung zu handhaben und zu kontrollieren. Jedoch, eben diese Methoden zwangen praktisch nachdenklichere Männer dazu, die Frage zu erheben, von was eigentlich dieses wissenschaftliche Wissen ein Wissen sei und welches seine tatsächliche Beziehung wäre zu der Welt, die es zu beschreiben vorgibt (Randall).

Wie ging das zu? Descartes hatte in der Welt des Raumes nur Ausdehnung und Bewegung als Grundbegriffe zugelassen und kühn ausgerufen: »Gebt mir Ausdehnung und Bewegung und ich will das Universum konstruieren.« Wenn wir einen Naturgegenstand erblicken, so erkennen wir an ihm zweifellos, daß er im Raume ausgedehnt ist und daß er sich bewegt. Aber daneben erkennen wir noch eine ganze Reihe anderer Dinge, zum Beispiel welche Farbe er hat, wie warm er ist, wie er schmeckt und riecht. Wird die Wissenschaft, wie es Descartes tut, auf das Quantitative und Meßbare beschränkt, so gehören nicht nur alle Gefühle und Werte nicht in sie hinein, sondern auch solche Dinge wie Farbe, Temperatur, Geruch, Geschmack haben keine Stätte in ihr. Im gleichen Sinne sagt schon Galilei über die Wärme:

Aber vor allem anderen möchte ich das betrachten, was wir Wärme nennen, in bezug auf sie zweifle ich sehr ernsthaft, ob nicht der allgemein angenommene Begriff sehr weit von der Wahrheit entfernt sei, insofern sie für ein wahres accidens (Merkmal), eine Erregung oder Qualität gehalten wird, welche wirklich in dem Stoffe wohnt, den wir als erhitzt wahrnehmen. Doch ich sage, daß ich mich durch Notwendigkeit gezwungen fühle, sobald ich ein Stück Materie oder eine körperliche Substanz erkenne, es zu begreifen, als in der und der Gestalt geformt, als klein oder groß im Verhältnis zu anderen Körpern, als an diesem oder jenem Orte befindlich, zu dieser oder jener Zeit, als in Bewegung oder in Ruhe befindlich, als einen anderen Körper berührend oder nicht, als eines oder vieles; auch kann es durch keinerlei Einbildungskraft von diesen Bedingungen getrennt werden: Aber, daß es weiß oder rot sein muß, bitter oder süß, tönend oder stumm, von angenehmem oder unangenehmem Geruch, finde ich mich nicht geistig gezwungen, es als von solchen Bedingungen notwendig begleitet anzusehen: so daß, wenn die Sinne es nicht begleiten, vielleicht weder Vernunft noch Einbildungskraft von selbst zu ihnen gelangt wäre. Daher werde ich zu der Annahme geführt, daß diese Geschmäcke, Gerüche, Farben usw., vom Gesichtspunkt des Objekts gesehen, in welchem sie zu wohnen scheinen, nicht mehr sind als bloße Namen, und ihren einzigen Wohnsitz im wahrnehmenden Körper haben, so daß, wenn das Tier (das wahrnehmende Wesen) entfernt würde, alle diese Qualitäten entfernt oder vernichtet würden . . .

Damit war die alte Ansicht des Demokrit wieder in Kraft getreten,

Farbe, Geschmack und so weiter seien nichts als »bloße Meinung«, in Wirklichkeit gebe es nur Atome und leeren Raum. (Auf die Atomlehre, die in dieser Zeit zu neuem Leben erwacht, komme ich noch zurück.)

Wenn nun alle diese Eigenschaften nicht in den wirklichen Dingen wohnen – wo sonst? Offenbar in dem, was Descartes als zweite Substanz neben dem Ausgedehnten angenommen hatte: im Denken. So begann sich die Kluft aufzutun zwischen der Welt der Anschauung, in der wir alle, auch der Naturwissenschaftler, uns täglich bewegen, und dem mathematischen Universum der Physik – eine Kluft, die sich in der weiteren Entwicklung der Naturwissenschaften immer mehr vertieft hat, bis in der gegenwärtigen Physik überhaupt kein Platz mehr für die Anschauung blieb.

Aber dies war nicht die einzige Kluft. Descartes konnte noch glauben, der Geist des Menschen sei von Gott so geschaffen, daß er die Axiome und Gesetze, nach denen sich alles im Raume bewegt, von sich aus erkennen könne. Und Spinoza versicherte, daß Denken und Ausdehnung nur zwei Teilansichten einer und derselben Sache seien. Aber beide Versicherungen hatten keinen Bestand.

Wie ist es möglich, so mußte man fragen und so fragte man alsbald, daß das Bild der Welt, das wir täglich mit den Sinnen wahrnehmen, und das andere Bild, das die physikalische Wissenschaft zeichnet, gar so weit auseinanderfallen? Was gibt uns eigentlich die Gewißheit, daß das letztere das wahre und wirkliche Bild sei? Woher kommt die Sicherheit dieser Wissenschaft – ist sie überhaupt so sicher? Müssen wir nicht mit einem noch radikaleren Zweifel als dem des Descartes anfangen und noch genauer als er zunächst das Vermögen des menschlichen Verstandes zu wahrer Erkenntnis prüfen?

Das Erkenntnisvermögen des menschlichen Verstandes prüfen: John *Lockes* (1632–1704) Werk, welches die Reihe der Versuche, dieses Problem zu meistern, eröffnet, trägt den kennzeichnenden Titel: *Ein Versuch über das menschliche Verstehen* (Understanding). Die Mathematik und alles, was auf ihr aufbaut, beginnen doch mit bestimmten Grundannahmen oder Axiomen, aus denen sich alles Weitere ergibt. Wo kommen diese her? Sind sie dem Menschen angeboren? Es ist das Schwergewicht der Beweisführung Lockes, zu zeigen, daß dies keineswegs der Fall ist, daß vielmehr alles, was wir im menschlichen Bewußtsein vorfinden, von außen hineingekommen ist. Es gibt keine angeborenen Ideen! Der menschliche Geist ist zu Anfang wie ein leeres Blatt, eine Tabula rasa. Alles kommt erst durch Erfahrung hinein. Die einzigen Kanäle aber, durch die Erfahrung hineingelangen kann, sind die der Wahrnehmung, sind die Sinne.

Damit ist nun das Schwergewicht auf die sinnliche Erfahrung gelegt. Aber das Problem ist damit keineswegs gelöst! Es ist eher noch viel verwickelter geworden. Wie verhält es sich nunmehr mit der Sicherheit der Wissenschaft? Was hat das System, das wir, von Sinneseindrücken ausgehend, in unserem Geiste aufbauen, mit der wirklichen Welt zu tun? Wo ist die Brücke zwischen beiden?

Wir müssen unseren Ausflug in die Philosophie hier abbrechen. Ich verfolge nicht weiter, wie Lockes Nachfolger *Berkeley* (1684–1753) und David *Hume* (1711–1776) mit dem Problem weiterrangen, wie sich dabei die genannte Kluft immer mehr zu vertiefen schien; während auf der anderen Seite doch die mathematische Naturwissenschaft selbst im Werke Newtons und seiner Zeitgenossen auf dem begonnenen Wege erfolgreich fortschritt und ein Gebäude errichtete, das für die Ewigkeit gegründet schien; wie endlich Immanuel *Kant* (1724–1804), unter dem Eindruck der Humeschen Beweisführung einerseits, des Newtonschen Weltgebäudes andererseits, die Lösung fand, die lange Zeit endgültig schien. Hier sollte nur angedeutet werden, wie das moderne Problem der Erkenntnis aus dem Ansatz der neuen mathematischen Naturwissenschaft im 16. und 17. Jahrhundert erwachsen ist.

I. Mathematik

Die beiden wichtigsten Ereignisse in der Mathematik des 17. Jahrhunderts, auf die ich meinen Bericht beschränke, zählen zu den wichtigsten in der gesamten Geschichte dieser Wissenschaft: die Erfindung der analytischen Geometrie und der Infinitesimal- oder Unendlichkeitsrechnung. Mit ihnen erreicht die mathematische Abstraktion eine Höhe, die es unmöglich macht, den eigentlichen Inhalt dieser neuen Entdeckungen auf wenigen Seiten allgemein verständlich zu schildern. Ich führe hier die Namen der wichtigsten Männer an und versuche anzudeuten, um welches Problem es sich bei diesen neuen mathematischen Entdeckungen handelt, in welcher Richtung die Lösung gefunden wurde und welche Auswirkungen die neuen Rechnungsarten hatten.

1. Projektive und analytische Geometrie: Fermat, Pascal, Desargues, Descartes

Zusammen mit seinem *Discours de la Méthode* ließ *Descartes* drei Abhandlungen erscheinen: *Dioptrik, Die Meteore* (d. h. Luft-, Wettererscheinungen) und *Die Geometrie*. Die letztere interessiert uns hier. Sie enthält die Grundgedanken der analytischen Geometrie. Während die philosophischen Werke Descartes' durch ihre Klarheit bestechen, bemühte er sich hier nicht so sehr um Verständlichkeit – auf das, wie er dazu bemerkt, andere nicht so leicht behaupten können, sie hätten das gleiche schon vor ihm gewußt. Er bemühte sich auch nicht, alle denkbaren Folgerungen und Anwendungsmöglichkeiten der neuen Methode erschöpfend darzustellen. Es genügte ihm, das Werkzeug zu liefern, mit dem man sicher weiterarbeiten konnte. Er selbst wollte etwas viel Umfassenderes und hatte noch andere Pläne und Interessen. Auch wollte er, wie er fast herablassend bemerkt, der Nachwelt noch etwas zu entdecken übriglassen: »Ich hoffe, daß unsere Enkel mir nicht nur für die Dinge Dank wissen werden, die ich hier auseinandergesetzt habe, sondern auch für diejenigen, die ich absichtlich übergangen habe, um ihnen das Vergnügen zu überlassen, sie zu erfinden.«

Bevor wir einen Blick auf die Descartessche Erfindung werfen, gedenken wir seines Zeitgenossen und Landsmannes Pierre *Fermat* (1601 bis 1665). Fermat war wie Vieta im Hauptberuf Jurist und beschäftigte sich nur in seinen Mußestunden mit Mathematik. Als Fermats Schriften nach seinem Tode veröffentlicht wurden, stellte sich heraus, daß er die Grundlagen der analytischen Geometrie unabhängig von Descartes auch gefunden hatte. Weil aber Descartes seine Ergebnisse früher veröffentlichte, fiel ihm der Hauptanteil des Ruhmes zu. Am bekanntesten sind Fermats Arbeiten aus dem Gebiet der Zahlentheorie.

Unter dem Namen des »Fermatschen Problems« ist der Satz des Fermat bekannt geworden, daß es für die Gleichung $x^n + y^n = z^n$, sobald n größer ist als 2, keine ganzzahligen x, y, z gibt. Für $n = 2$ gibt es bekanntlich zahlreiche ganzzahlige Lösungen wie zum Beispiel $3^2 + 4^2 = 5^2$ oder $12^2 + 5^2 = 13^2$ und so weiter. Fermat behauptet also, es könne keine zwei Kubikzahlen geben, deren Summe wieder eine Kubikzahl ergibt, und entsprechend für alle höheren Potenzen. Durch die Jahrhunderte haben die Mathematiker versucht, für diesen offenbar richtigen Satz einen allgemeinen Beweis zu finden, angespornt auch durch einen beträchtlichen, später allerdings entwerteten Geldpreis, der dafür ausgesetzt war. Nach und nach sind Einzelbeweise für n-Werte bis hinauf zu 100 und sogar darüber gefunden worden, ein allgemeiner Beweis jedoch nicht.

Zusammen mit seinem Landsmann Blaise *Pascal* (1623–1662), dem großen religiösen Denker, begründete Fermat die Wahrscheinlichkeitsrechnung. Pascal ist außerdem zusammen mit Girard *Desargues* (1593 bis 1662) maßgeblich an der Grundlegung eines weiteren Zweiges der Mathematik beteiligt: der projektiven Geometrie.

Eigentlich müßte man Desargues zuerst nennen. Von ihm, dem Älteren, kam der Grundgedanke. Desargues war Architekt und Ingenieur in Lyon. Vielleicht hat ihn seine Tätigkeit als Baumeister, bei der er mit Problemen der Perspektive zu tun hatte, zu seinen mathematischen Gedanken angeregt. Seit Jahrhunderten waren die Phänomene der Perspektive teils in der Optik, teils für die Malerei und andere Künste von Gelehrten und Kunstschriftstellern erörtert worden. Desargues war darin ein echtes Kind seines mathematischen Jahrhunderts, daß auch die Perspektivprobleme sich in seinem Kopfe gewissermaßen mathematisierten. Die zwei wichtigen neuen Schritte, die er tat, waren folgende. Die Eigenschaften der einzelnen Kegelschnitte hatte man von alters her untersucht. Desargues ging davon aus, daß man alle Kegelschnitte als Projektionen von Kreisen oder Kreisteilen behandeln kann. Er fand dabei eine Reihe von Eigenschaften, die allen Kegelschnitten gemeinsam sind. Der zweite Schritt bestand in der Einführung des »unendlich fernen Punktes« in die Geometrie. Nimmt man einen solchen Punkt an, so wird zum Beispiel der Unterschied zwischen parallelen und sich schneidenden

Linien überbrückt, denn man kann sagen, daß zwei parallele Gerade sich im Unendlichen schneiden. In dieser Betrachtungsweise kann man beispielsweise auch einen Zylinder als einen Kegel auffassen, dessen Spitze in unendlicher Ferne liegt.

Desargues legte seine Gedanken in einer Schrift nieder, die den Titel trug: *Erster Entwurf eines Berichts über die Ereignisse beim Zusammentreffen eines Kegels mit einer Ebene.* Er kleidete sie, sei es aus Lust am Schrullenhaften, sei es auch, um die Früchte nicht für jedermann zu leicht greifbar zu machen, in so wunderliche Formen und Umschreibungen, daß nur ganz wenige ihren bedeutsamen Kern erkannten. Pascal erkannte ihn sofort: als Sechzehnjähriger bekam er Desargues' Schrift unter die Augen und beschloß sofort, dessen Gedanken weiterzuverfolgen.

Desargues' Entwurf geriet später ganz in Vergessenheit. Erst im 19. Jahrhundert wurde die Schrift in einem Bücherkarren am Seineufer wiederentdeckt. Aber auch für Pascals daran anknüpfende Gedanken war die Zeit noch nicht reif. Erst das 19. Jahrhundert griff sie auf und erkannte ihre Tragweite.

Kehren wir zur analytischen Geometrie zurück. Was ist das Wesentliche an ihr? Sie ist eine »Algebraisierung der Geometrie«. Sie schlägt die Brücke zwischen Geometrie und Algebra, indem sie lehrt, wie man die Sätze der Geometrie durch Rechnung finden und beweisen kann, und zwar sowohl für die Behandlung von ebenen wie auch von räumlichen Gebilden. Descartes selbst verwendet das heute übliche und später nach ihm benannte kartesische oder rechtwinklige Koordinatensystem wenig.

Damit ist ganz allgemein die Möglichkeit gewonnen, geometrische Gebilde in algebraischer Form zu definieren. Es läßt sich leicht zeigen, daß jede mögliche geometrische Definition z. B. des Kreises, sobald man sie in algebraische Form umsetzt, immer wieder auf die gleiche Kreisgleichung führt, welche damit als vollständige, alle einzelnen Eigenschaften des Kreises wiedergebende Definition erwiesen ist.

Man sieht, die neue Methode ist gewissermaßen zweigleisig. Welch ein Unterschied scheint zu bestehen zwischen einer algebraischen Gleichung und einer geometrischen Zeichnung! Und doch besteht in jedem Moment zwischen beiden eine eindeutige Beziehung. Ich kann mit der Zeichnung konstruktiv nach den Regeln der Geometrie umgehen; ich kann mit der Gleichung rechnen nach den Regeln der Arithmetik und Algebra wie mit jedem beliebigen Zahlenausdruck. Zwischen beiden aber muß an jeder Stelle die ursprüngliche Beziehung fortbestehen.

Mit seiner Erfindung gab Descartes den Mathematikern ein Instrument von unvergleichlicher Wirksamkeit in die Hand. Hier war er seinem Ideal nahegekommen: nicht einzelne Sätze aufzufinden, sondern den Schlüssel, der zu jedem gewünschten Satz führt. So ist der Stolz vollauf berechtigt, mit dem Descartes feststellt, niemand vor ihm und insbesondere die Alten nicht, das heißt die Griechen, habe einen solchen Zauberschlüssel besessen, da sie sonst die Mühe gescheut hätten, darüber so viele dicke Bücher zu schreiben, in denen schon allein die Anordnung ihrer Lehrsätze erkennen läßt, daß sie nicht im Besitze der wahren Methode waren, die alle diese Lehrsätze liefert, so daß sie nur diejenigen, die ihnen begegnet sind, aufgelesen haben.

Was für ein schwerfälliger Umweg, mühsam jede einzelne Kurve, jedes geometrische Gebilde und jede seiner Eigenschaften nacheinander zu durchforschen, wenn man alle Kurven, Flächen, Körper den zu immer höheren Ordnungen aufsteigenden Gleichungen zuordnen kann und wenn man ihre Eigenschaften, und seien es Hunderte, in einer einzigen Gleichung darstellen beziehungsweise sie aus dieser ableiten kann!

Mit seiner analytischen Geometrie gab Descartes der Mathematik eine Methode

von einer Gewalt und von einer Universalität, wie sie bisher in der Mathematik noch nicht bekannt war. Eine Methode, die alle bisherigen aufzuheben und zu überwinden bestimmt war, die mit Hilfe des Funktionsbegriffes alle Wissenschaften revolutionieren und regenerieren sollte, die zu den Begriffen Raum und Zeit in Beziehung stehen (Emile Boutroux).

2. Infinitesimalrechnung

Man kann sich dem Kernproblem der Unendlichkeitsrechnung von verschiedenen Seiten her nähern. Ein Weg geht aus von der Physik, genauer der Dynamik, weil man es in ihr mit Größen zu tun hat, die sich in der Zeit ändern. Einer gleichförmigen Geschwindigkeit kann man mathematisch noch mit verhältnismäßig einfachen Mitteln beikommen. Veränderliche Geschwindigkeiten wie zum Beispiel die Schwingung des Pendels oder das Schwingen einer Saite geben schwierigere Probleme auf. Einzelne Probleme dieser Art waren von Galilei und anderen gelöst worden. Es gab jedoch keine allgemeine Methode dafür. Der Stand der Bewegungslehre forderte sie geradezu.

Ein anderer Zugang ergibt sich in der Lehre von den Kurven bei dem sogenannten Tangentenproblem. Die Tangente an einer Kurve wird in jedem Punkte eine andere Richtung haben. Gibt es eine allgemeine Formel, ein Richtungsgesetz gewissermaßen, aus dem man die Tangente in jedem Punkt einer Kurve, deren Gleichung gegeben ist, berechnen kann? Und umgekehrt: Wenn dieses Gesetz bekannt sein sollte, kann man aus ihm die zugrunde liegende Kurvengleichung gewinnen? Das erste ist das normale, das zweite das umgekehrte oder inverse Tangentenproblem. Man sieht, dieses Problem ergibt sich zwangsläufig aus der von Descartes geschaffenen analytischen Geometrie. Tatsächlich war dieser auch schon auf das Problem gestoßen und hatte seine Bedeutung erkannt. Die allgemeine Methode zu entwickeln, in jedem beliebigen Punkt einer Kurve eine gerade Linie zu ziehen, die die Kurve unter rechtem Winkel schneidet (das heißt also rechtwinklig auf der Tangente im Schnittpunkt steht), nennt er »nicht nur das allgemeinste und nützlichste Problem, das ich weiß, sondern auch das in der Geometrie zu wissen ich mir jemals gewünscht habe«.

Ein drittes Aufgabengebiet, das zu Infinitesimalproblemen hinführt, ist die Quadratur von Kurven, also die Aufgabe, den Inhalt von Flächen zu berechnen, die von Kurven begrenzt sind. Dem zur Seite steht die entsprechende Aufgabe der Kubatur, also der Inhaltsberechnung von Körpern mit krummen Begrenzungsflächen.

Es war eine der Großtaten von *Leibniz*, daß er 1673 den unmittelbaren Zusammenhang des zweiten und dritten Problems erkannte. Doch verweilen wir erst noch einen Augenblick bei den Männern, deren Arbeiten die endgültige Lösung vorbereiten halfen. Der geschichtliche Verlauf zeigt, daß sie aus allen drei eben gekennzeichneten Richtungen (und aus noch anderen) dem Kern des Problems immer enger auf den Leib rückten.

Wir wissen, daß schon die Antike sich mit Quadraturproblemen befaßt hatte, daß namentlich *Archimedes* schon ziemlich weit in ihrer Bearbeitung vorgeschritten war. Sobald im 16. Jahrhundert seine Arbeiten und die des *Pappos* bekannt geworden waren, setzte die Arbeit an diesen Fragen wieder ein. Unter denen, die an Kubaturproblemen arbeiteten, war *Kepler*, auf dessen mathematische Arbeiten wir bei dieser Gelegenheit nachträglich noch einen Blick werfen können, zumal der Anlaß bemerkenswert war, der ihn dazu brachte, sich mit Kubaturen ausführlich zu befassen.

Kepler erlebte im Jahre 1612, als er sich in Linz an der Donau aufhielt, eine überaus reiche Weinernte. Als er selbst einen größeren Posten des billig gewordenen Getränks kaufte, erlebte er, wie der Verkäufer eine Meßlatte durch das Spundloch bis an die gegenüberliegende Faßwand einließ und so den Inhalt des Fasses bestimmte. Das brachte Kepler auf das Problem, eine genaue Formel für Umdrehungskörper von der Gestalt der Weinfässer zu finden. Er fand sie binnen weniger Tage; aber das Problem ließ ihn nicht wieder los. Zweierlei beschäftigte ihn weiterhin. Das eine war die Aufgabe, für Weinfässer die Form zu finden, die bei möglichst kleiner Oberfläche, damit auch geringstem Materialverbrauch, ein möglichst günstiges Fassungsvermögen bietet – ein Problem also, das man als Maximumaufgabe bezeichnen kann. Außerdem wandte sich Kepler nun zu anderen Körpern von ähnlicher Gestalt wie etwa »apfelförmigen«, »olivenförmigen«, »zitronenförmigen« und so weiter. Drei Jahre später ließ er seine *Nova Stereometria Doliorum Vinariorum* – Neue Stereometrie der Weinfässer – erscheinen. Sie enthielt die Kubaturen von nicht weniger als 92 Umdrehungskörpern der genannten Art.

Bald darauf rückte der italienische Jesuit Bonaventura *Cavalieri* (1598 bis 1647) dem Problem der Quadratur zu Leibe. Er stellte im Prinzip bereits ganz ähnliche Überlegungen wie später Leibniz an. Die Aufgabe, eine durch Kurven begrenzte Fläche zu »quadrieren«, besagt ja, wie schon der Name ausdrückt, nichts anderes, als ihre Fläche in ein Quadrat oder eine Summe von Quadraten zu überführen. Cavalieri dachte sich die zu quadrierende Fläche zusammengesetzt aus unendlich vielen gleichen Quadraten, die damit zu Punkten zusammenschrumpften. Man kann dann auch annehmen, die Fläche bestehe aus unendlich vielen parallel nebeneinander stehenden »Streifen« solcher Punkte – die in Wirklichkeit nur Linien sind. Betrachten wir daraufhin ein gleichschenkliges rechtwinkliges Dreieck. Der rechte Winkel sei unten rechts Δ. Denken wir es aus senkrechten Streifen der geschilderten Art zusammengesetzt, so wird der Streifen am weitesten links nur einen »Punkt« lang sein, der folgende zwei und so weiter. Bezeichnen wir die Gesamtzahl der Streifen mit n, so muß sich der Flächeninhalt des Dreiecks aus einer Reihe von der Form $1 + 2 + 3 + \ldots + n$ ergeben. Die Formel für die Summe aller Glieder einer solchen Reihe war Cavalieri bekannt. Sie lautet: $\frac{1}{2} n^2 + \frac{1}{2} n$. Da n »sehr groß« (unendlich groß) ist, kann man das zweite Glied vernachlässigen. Der Inhalt des Dreiecks ist also $\frac{1}{2} n^2$, was augenscheinlich stimmt und der herkömmlichen Formel entspricht.

Ist die Fläche von einer krummen Linie begrenzt, so wird es darauf ankommen, ob man die Reihe richtig ansetzen kann. Hier kam der Engländer John *Wallis* (1616–1703) einen Schritt weiter. Er fand Formeln, den Inhalt von Flächen zu berechnen, die von Kurven begrenzt sind, zum Beispiel für den Fall, daß die Kurve eine Gleichung von der Form $y = x^m$ hat. Darunter fällt die Parabel ($y = x^2$). Bei anderen Kurven stieß er jedoch wieder auf unlösbare Schwierigkeiten. Schon beim Kreis kam er nicht zu Rande. Die Formel des Kreises lautet

$$x^2 + y^2 = a^2$$

oder, nach y aufgelöst:

$$y = \sqrt{a^2 - x^2},$$

wobei a den Radius bezeichnet. Setzt man $a = 1$ (Einheitskreis), so ergibt sich

$$y = \sqrt{1 - x^2}$$

oder, was dasselbe ist,

$$y = (1 - x^2)^{1/2}.$$

Es kam also darauf an, diesen Ausdruck zu einer Reihe zu entwickeln. Man kann die Aufgabe etwas allgemeiner fassen. Einen Ausdruck von der Form $1 - x^2$, allgemeiner jeden Ausdruck, der aus zwei additiv oder subtraktiv verbundenen Gliedern besteht, nennt man ein Binom. Gibt es eine allgemeine Formel, die angibt, wie man eine beliebige Potenz eines Binoms bildet? Wallis fand sie nicht.

NEWTON Isaac Newton fand sie, kaum daß er von Wallis' Arbeit Kenntnis genommen hatte. Er fand den sogenannten binomischen Lehrsatz, der es erlaubt, jede Potenz eines solchen Binoms, sei der Exponent positiv oder negativ, ganzzahlig oder gebrochen, in eine Reihe von bestimmter Form zu entwickeln. Ich habe die Frage angedeutet, auf die dieser Lehrsatz die Antwort gibt. Den Satz selbst hier zu entwickeln und zu erläutern, würde zu weit führen.

Newton fand den Satz im Jahre 1665. Aber es dauerte fast vier Jahrzehnte, bis er ihn veröffentlichte. Das geschah schließlich erst 1704 in einem Anhang zu seiner Optik.

Ebensolange wartete Newton mit der Veröffentlichung der noch wichtigeren Entdeckung, die sich nun daran anschloß. Er fand nach seinem eigenen Zeugnis die Differential- und Integralrechnung ebenfalls in den Jahren 1665 und 1666. Die öffentliche Bekanntgabe erfolgte ebenfalls erst 1704 und dann noch in unvollständiger Form. Inzwischen hatte Leibniz die gleiche Entdeckung gemacht und bereits wesentlich früher als Newton veröffentlicht. Daran knüpft sich eine der erbittertsten Prioritätsstreitigkeiten der Wissenschaftsgeschichte. Heute steht so gut wie fest, daß beide Männer die gleiche Entdeckung gemacht haben; Newton zuerst, Leibniz danach (1675), aber unabhängig von Newton; daß Leibniz seine Entdeckung zuerst veröffentlichte (1684), Newton erst zwanzig Jahre später.

Im Prinzip stimmen beide Entdeckungen überein. In bezug auf den Weg, der die beiden Männer zur Entdeckung führte, und die Schreibweise, die sie für die neue Rechenmethode vorschlugen, besteht dagegen ein Unterschied. Ich habe die Wahl, entweder die Entdeckung des einen oder die des anderen ausführlicher zu schildern. Da ich eine eingehende Würdigung von Leben und Werk Isaac Newtons lieber für den Physik-Abschnitt aufspare, entscheide ich mich an dieser Stelle für Leibniz. Das ist außerdem dadurch gerechtfertigt, daß die von Leibniz vorgeschlagene Schreibung sich durchsetzte und heute allein herrscht.

LEIBNIZ Die Persönlichkeit Leibnizens rechtfertigt es, daß wir vor dem Eingehen auf die Differentialrechnung diesen erstaunlichen Mann und sein Gesamtwerk etwas näher ins Auge fassen, sowenig man auch dem Riesenmaß beider in der Kürze gerecht werden kann. Gottfried Wilhelm Leibniz wurde 1646 in Leipzig geboren, zwei Jahre vor dem Ende des Dreißigjährigen Krieges, der Deutschland verwüstet und das geistige Leben hier fast zum Erliegen gebracht hatte. Der Frühreife studierte in seiner Heimatstadt und anschließend an der Universität Altdorf Jurisprudenz, Theologie und Philosophie. Im diplomatischen Auftrag des Kurfürsten von Mainz ging er darauf einige Jahre nach Paris. Hier empfing er in vierteljährigem Aufenthalt die entscheidenden Eindrücke, wurde vertraut mit dem Werk Descartes', las Spinoza, lernte Huygens kennen und wurde vor allem mit der Mathematik vertraut, die er bis dahin kaum ernsthaft betrieben hatte. Von 1676 ab lebte Leibniz in Hannover als Ratgeber und Vorsteher der Bibliothek des Herzogs Johann Friedrich von Braunschweig. Hier blieb er, abgesehen von ausgedehnten Reisen, bis zu seinem Tode im Jahre 1716. Kurz vor seinem Ende war er in Ungnade gefallen; allein sein Tod hinderte, daß er in der Emigration endete. Nur sein Sekretär folgte seinem Sarge.

Leibniz war vielleicht der letzte Europäer, der noch alle Gebiete des Wissens übersah und beherrschte. Auf allen zeichnete er sich aus. Am bekanntesten ist er als Philosoph, obwohl die Form, in der er seine philosophischen Gedanken niederlegte – in Briefen und kleineren, teilweise polemischen Abhandlungen, aber niemals in einem zusammenfassenden Werk – ihre Ausbreitung und Wirkung sehr behinderte. Bedeutend ist er auch als Historiker und als Jurist. Auf theologischem Gebiet war Leibniz führend an den zu seiner Zeit lebhaften Bestrebungen beteiligt, die Konfessionen wieder zu versöhnen. Als Philologe erkannte er die Bedeutung einer vergleichenden Sprachforschung. Er schrieb auch eine *Naturgeschichte der Erde.*

Leibniz bemühte sich überall um die Förderung der Wissenschaften. Auf seine Initiative ist die Gründung der Preußischen Akademie der Wissenschaften im Jahre 1700 zurückzuführen. Leibniz regte ähnliche Gründungen in Dresden, Wien und Petersburg an. In anderen Ländern waren Akademien, wie wir bei dieser Gelegenheit vermerken können, schon früher entstanden. In Italien war die platonische Akademie von Florenz schon 1470 gegründet worden. Sie hatte etwa fünfzig Jahre bestanden. In Rom gab es schon seit 1498 eine Accademia antiquaria, die hauptsächlich Geschichte und Archäologie pflegte. Andere italienische Städte gründeten ebenfalls Akademien, teilweise nur von kurzem Bestand. Am bekanntesten wurden die 1560 gegründete Akademie von Neapel, die 1603 gegründete Accademia dei Lincei in Rom und die 1657 gegründete Accademia del Cimento in Florenz. Einige dieser Akademien pflegten vornehmlich die Naturwissenschaften. In Frankreich erweiterte Richelieu im Jahre 1635 einen kurz zuvor gegründeten Privatverein zur Pflege der französischen Sprache zur Académie Française. 1666 gründete Ludwig XIV. die Académie des Sciences. Die englische Parallelerscheinung werden wir im folgenden Abschnitt kennenlernen.

Leibniz gründete 1682 zusammen mit Otto *Mencke* die erste private wissenschaftliche Zeitschrift in Europa, die *Acta Eruditorum.* In dieser Zeitschrift erschien 1684 die Abhandlung *Nova methodus pro maximis et minimis* und kurz darauf eine diese ergänzende, *Geometria recondita* (abgekürzt) genannte Abhandlung. Beide zusammen enthalten Leibniz' wichtigsten Beitrag zur Mathematik.

Die Geschichte der hier mitgeteilten Entdeckungen reicht um neun Jahre vor den Zeitpunkt dieser Veröffentlichung zurück. Leibniz hatte, wie sich aus seinen erhaltenen Aufzeichnungen ergibt, die entscheidenden Erkenntnisse bereits im Oktober 1675 in Paris gewonnen. Die Geschichte ist durch die spätere Forschung so gut wie restlos aufgehellt, aber zu verwickelt, um sie hier zu erzählen. Der Anlaß zur jetzigen Veröffentlichung war nicht der Wunsch Leibnizens, seine Entdeckung in ausgearbeiteter Form der wissenschaftlichen Öffentlichkeit vorzulegen. Vielmehr hatte der mit Leibniz seit 1675 bekannte E. von *Tschirnhaus* (1651 bis 1708) in den Acta eine Reihe von Aufsätzen veröffentlicht, in denen er Gedanken Leibnizens unvollständig, teilweise unrichtig und vor allem ohne Nennung des Urhebers preisgab. Leibniz wählte nun aus seinen vielen Ausarbeitungen über die Differentialrechnung eine – nicht die klarste – aus und ließ sie drucken.

Die Arbeit zeigt deutlich den andersartigen Ausgangspunkt gegenüber Newton wie auch die diesem überlegene Schreibweise (Notation). Newton war von der Mechanik, genauer der Bewegungslehre ausgegangen. Eine Größe x verändert sich in der Zeit. Sie ist demnach eine veränderliche oder »fließende« (fluent) Größe. Es kommt darauf an, das Maß dieser Veränderung, die Fluxion, mathematisch präzis zu erfassen. Diese

Fluxion bezeichnet Newton mit x. Die kontinuierliche Veränderung wird aus »unendlich kleinen« Veränderungen bestehend gedacht, die Zeit aus »unendlich kurzen« Zeitmomenten. x ergibt sich aus beiden Werten.

Leibnizens Denkansatz ist insofern allgemeiner, als er die Vorstellung fallenließ, die Veränderung müsse in der Zeit vor sich gehen. Für die Schreibung gelang Leibniz ein genialer Griff. Er schrieb einfach dx (d = Differenz), wo Newton x geschrieben hatte. Für das Integral – bei Newton x' geschrieben – führte Leibniz das Integralzeichen $\int$ (ein verlängertes s = summa) ein. (Der Ausdruck »Integral« stammt nicht von Leibniz.) Diese Schreibung bringt das Wesen der Rechnung klar und einprägsam zum Ausdruck und schließt Verwechslungen aus.

Diese kurzen Andeutungen müssen für den Leser unbefriedigend bleiben, der eine eingehende inhaltliche Würdigung erwartet. Sie zu geben ist jedoch unmöglich. Die Probleme, besonders die erkenntnistheoretischen, die in dem ganzen Gedankengang stecken und die schon bei flüchtiger Beschäftigung jedem aufsteigen, der die Beweisführung verfolgt, gehören zu den verwickeltsten der Mathematik. Auch heute sind sie noch nicht endgültig bereinigt. Wenigstens etwas ausführlicher den Gedankengang nachzuzeichnen, auf dem Newton oder Leibniz zu ihren Ergebnissen kamen – dem steht ein anderer Einwand entgegen: das meiste an der Gedanken- und Beweisführung beider ist nach heutigem Urteil unhaltbar; es ist gesagt worden, daß es heute nicht einmal in einem Logikkurs für Anfänger zugelassen würde! Tatsächlich sind klare und haltbare – wie gesagt nicht unbedingt endgültige – Ansichten über den tieferen Gehalt des Kalküls und über Begriffe wie Stetigkeit, Grenzwert, Differentiation erst im 19. Jahrhundert durch *Cauchy* und andere entwickelt worden.

Wie ist es aber dann möglich, daß Newton und Leibniz trotz falscher Beweisführung zum richtigen Ergebnis kamen, daß auch ihre Nachfolger, die den Kalkül im 18. Jahrhundert ausbauten und in mannigfacher Weise praktisch anwendeten, zu richtigen Ergebnissen gelangten? Darauf ist zu antworten, daß ein solcher Vorgang in der Mathematik – und in der Wissenschaftsgeschichte überhaupt – nichts gar so Seltenes oder Auffallendes ist. Instinkt oder Intuition ergreifen oft das Richtige, auch da, wo eine strenge logische Beweisführung noch fehlt. Auch die heutige Wissenschaft verwendet erfolgreich Methoden, deren letzte Grundlagen ihr nicht immer durchsichtig sind.

Die Entdeckung der Infinitesimalrechnung, auf eine geradezu dubiose Weise zustande gekommen und auf unsicheren Füßen stehend, gab doch der Mathematik und darüber hinaus der exakten Naturwissenschaft ein Werkzeug in die Hand, wirksamer als alle, die sie bis dahin besessen hatten. Ein regelrechter Stein der Weisen war gefunden. Endlich hatte man ein mathematisches Hilfsmittel, um dem kontinuierlichen Fluß des Geschehens in Raum und Zeit beizukommen. Ungeahnte Ausblicke auf neue Kontinente eröffneten sich für die Mathematik. Die Erfolge der modernen Naturwissenschaft und ihre Anwendungen in der neuzeitlichen Technik sind möglich geworden durch die Verbindung der Galileischen experimentellen Methode mit der Infinitesimalmathematik von Newton und Leibniz. Ihre Verknüpfung brachte in einem Jahrhundert der Naturforschung mehr Erfolge und tiefere Einsicht als die davor liegenden Jahrtausende zusammen. Die wichtigsten Gleichungen der modernen Naturwissenschaft haben fast durchgehend die Form von Differentialgleichungen, die aus dem Kalkül entwickelt worden sind. Die Mathematiker der folgenden Generationen stürzten sich – zum Nutzen der Naturwissenschaft, zum Schaden vielleicht für andere Zweige der Mathematik, die erst wesentlich später wiederaufgenommen und fortgeführt wurden – auf die neue Methode. Leibniz selbst sprach mit Stolz – mit berechtigtem Stolz – aus, daß die neue Methode »Wahrheiten erkennen lehrt ohne jede Anstrengung der Einbildungskraft und uns den gleichen Vorteil über Archimedes verschafft wie Vieta und Descartes uns über Apollonios gegeben haben«. Genau dies ist die Meinung eines Beurteilers von heute: »Schwierigkeiten, die Archimedes in Verwirrung gestürzt hätten, wurden nun mit Leichtigkeit überwunden durch Leute, nicht wert, den Sand zu streuen, in den dieser seine Diagramme zeichnete.« Oswald Spengler hat im »Untergang des Abendlandes« die bestechende, jedoch von vielen angezweifelte These aufgestellt, daß mit der Schöpfung der Unendlichkeits-Mathematik die dynamische, ins Unendliche strebende »faustische Kulturseele« sich ihren adäquaten Ausdruck in der Mathematik geschaffen habe.

Nur eines der zahllosen Probleme, die eine tiefergehende kritische Auseinandersetzung mit der infinitesimalen Methode aufzuwerfen hätte, sei abschließend angedeutet. »Der kontinuierliche Fluß der Erscheinungen in Raum und Zeit« ist es, den die neue Methode mathematisch bewältigen lehrt. Darin liegt die stillschweigende Voraussetzung beschlossen, daß dieser Fluß tatsächlich kontinuierlich ist. Ist das so sicher? Sind die Naturabläufe stetig? Ist es wahr, daß die Natur »keine Sprünge macht«? Die Frage ist schon im 18. Jahrhundert erörtert worden. Die neueste Entwicklung der Physik, insbesondere die Quantentheorie, haben ihr neue Nahrung gegeben. Wie, wenn nicht nur die Energie (wie die Quantentheorie zeigt), sondern auch Zeit und Raum diskontinuierlich, aus kleinsten »Quanten« zusammengesetzt wären? Dann wäre die Infinitesimalrechnung, trotz der überwältigenden Erfolge, die sie gezeitigt hat, am Ende doch erwiesen als eine nützliche, aber unzutreffende Hypothese. Die Rechnung mit unendlich kleinen Größen müßte dann ersetzt werden durch eine Methode, die mit »sehr kleinen«, aber nicht unendlich kleinen, sondern endlichen Größen rechnet.

Wir müssen noch einmal zu Leibniz zurückkehren.

Leibnizens wichtigsten Beitrag zur Mathematik habe ich vorhin den Kalkül genannt. Ermißt man seine Bedeutung, so muß es schlechthin unmöglich erscheinen, daß Leibniz noch etwas vollbracht haben sollte, das für die Mathematik noch wichtiger wäre. Und doch wird eine andere Tat dieses Mannes von sehr sachkundigen Beurteilern für mindestens gleich bedeutsam gehalten, ja noch über die Erfindung des Kalküls gestellt!

Im Jahre 1666 schrieb der zwanzigjährige Leibniz eine von ihm selbst als »schülerhaften Versuch« bezeichnete Arbeit *De arte combinatoria.* Leibniz erwägt darin die Möglichkeit einer »universalen Charakteristik«. Es soll eine Art von universaler Mathematik sein: ein Kalkül des Denkens, der wie ein mathematischer Kalkül in angemessenen und handlichen Symbolen ausgedrückt und dessen Handhabung festen Regeln unterworfen ist. Ein solcher Kalkül würde das Denken leiten und es, von reinen Tatsachenirrtümern abgesehen, praktisch unfehlbar machen. Es liegt übrigens im Zuge solcher Gedanken, daß Leibniz einer der ersten war, die eine Rechenmaschine ersannen. Er beschreibt sie in seiner 1710 verfaßten *Descriptio machinae arithmeticae.*

1679 vertraute Leibniz den Gedanken seinem Lehrer und Freund Huygens an. Leider wählte er ein triviales und recht wenig angemessenes Beispiel, um die Sache zu erläutern. War es dieserhalb, war es aus anderen, in persönlichem Verhältnis beider Männer wurzelnden Gründen – Huygens faßte jedenfalls offenbar nicht, was Leibniz meinte; er lehnte den Gedanken brüsk und nicht ohne Spitzen ab. Leibniz blieb gleichwohl bei seiner Idee. Er widmete ihr in den folgenden Jahrzehnten »einen Teil seiner Freizeit«. Er legte dabei den Grund zu dem, was man heute symbolische Logik nennt. Leibniz blieb in den Anfängen stehen, aber wie so oft: es waren die ersten Schritte, die immer am schwersten sind, in der richtigen und zukunftweisenden Richtung. Es ist fast paradox: Die beinahe undurchdringlichen Schwierigkeiten, die der calculus dem eindringenden Verständnis bietet und die weder Leibniz noch Newton meisterten, wurden im 19. Jahrhundert schließlich gelöst unter Zuhilfenahme eben der Methoden der mathematischen Logik, mit denen Leibniz den Anfang machte. In diesem Sinne sagt Bell: »Das größte Werk Leibnizens, vom Standpunkt der modernen Mathematik, ist nicht seine Verbesserung der Differential- und Integralrechnung, so groß das auch war, sondern sein Kalkül des Denkens.«

Fast zwei Jahrhunderte lang, bis um die Mitte des 19. Jahrhunderts, blieb dieser geniale Gedanke in der Vergangenheit ruhen. Dann griffen ihn endlich Mathematiker und Philosophen, unter denen der Deutsche Gottlob *Frege* herausragt, auf. Leibnizens Nachlaß, im 20. Jahrhundert noch immer nicht voll ausgewertet, mag noch weitere Überraschungen bergen.

II. Astronomie

BEOBACHTENDE UND MESSENDE ASTRONOMIE Die Entdeckungen Galileis und seiner Zeitgenossen mit ihren verhältnismäßig einfachen Fernrohren waren der Anfang einer bis heute nicht abreißenden Kette. Jede Verbesserung des Fernrohrs erschloß einen neuen Bereich und neue Wunder. Im Sonnensystem brachte das 17. Jahrhundert unter anderem die richtige Erkenntnis des Saturnringes. Galilei hatte schon an diesem Planeten zwei Anhängsel entdeckt. Man hielt sie zunächst für kugelförmige Körper, ähnlich Monden. Weitere Beobachtungen ergaben sonderbare Formen dieser Erscheinung, die man sich nicht erklären konnte, bis Christian *Huygens* (1629–1695) im Jahre 1655 die zutreffende Erklärung gab. Huygens fand die Erklärung erst durch Beobachtungen mit einem von ihm selbst gebauten besseren Fernrohr.

Ich selbst fühlte ein großes Verlangen, diese Wunder des Himmels zu betrachten; da ich zu meiner Verfügung nur die gewöhnlichen fünf- oder sechsfüßigen Fernrohre hatte, begann ich mich in der Kunst des Linsenschliffes mit jeder möglichen Sorgfalt und Eifer zu üben, und es reut mich nicht, selbst Hand angelegt zu haben. Nachdem ich viele Schwierigkeiten überwunden hatte . . ., stellte ich schließlich die Linsen her, mit denen ich das sah, was mir der Anlaß wurde, das Folgende zu schreiben; denn als ich ständig meine Fernröhre auf Saturn richtete, fand ich einen anderen Anblick, als die meisten meiner Vorgänger früher zu sehen geglaubt hatten. Denn seine sehr nahen Anhängsel erschienen mir nicht als zwei Planeten, sondern als etwas ganz anderes, während ich einen einzigen Planeten, der nichts mit diesem Anhängsel zu tun hatte, sah, einen Mond, der den Saturn in 16 Tagen in größerem Abstand zu umkreisen scheint.

Das »ganz andere« war die Erkenntnis: Der Saturn ist von einem dünnen, nirgends zusammenhängenden und zur Ekliptik geneigten Ringe umgeben, dessen Größenverhältnis zum Durchmesser des Planeten Huygens mit 9 : 4 angibt. Mit diesem Saturnring war zum erstenmal im Weltenraum ein Körper entdeckt, der nicht Kugelgestalt hatte. Huygens glaubte sich für eine so umwälzende Behauptung gewissermaßen entschuldigen zu müssen:

Ich glaube übrigens hier die Gelegenheit benützen zu müssen, denen zu antworten, denen es neu und vielleicht fremdartig erscheint, daß ich nicht nur einem Himmelskörper eine solche Gestalt zuschreibe, die bisher noch bei keinem gefunden worden ist, während man im Gegenteil von ihrer runden Gestalt fest überzeugt war . . ., ferner, daß ich außerdem diesen festen und beständigen Ring – so sehe ich ihn an – so um den Saturn lege, daß er mit ihm durch keine Bindung, keine Kette verknüpft ist und, daß er trotzdem in gleicher Entfernung bleibt und mit Saturn sehr rasch fortbewegt wird. Wer so denkt, muß in Betracht ziehen, daß ich hier nicht aus Willkür und bloßer Erfindungslust diese Hypothese aufstelle, wie die Astronomen ihre Epizykel entwerfen, die am Himmel niemals zu sehen sind, sondern, daß meine Augen – und mit den Augen unterscheiden wir die Gestalten aller Dinge – den Ring deutlich genug zeigten. Übrigens gibt es keinen Grund, warum es nicht unter den Himmelskörpern eine solche Gestalt geben könnte . . .

Giovanni *Cassini* (1625–1712) entdeckte bald darauf, daß der Ring aus zwei getrennten Teilen besteht, und fand nach dem von Huygens entdeckten ersten Saturnmond noch vier weitere. Cassini, der in Paris wirkte, nimmt in der beobachtenden und messenden Astronomie des 17. Jahrhunderts einen hervorragenden Platz ein. Seine Messungen ermöglichten es ihm, die allgemeinen Ausmaße unseres Sonnensystems zum erstenmal einigermaßen genau zu berechnen. Cassini bestimmte die Entfernung des Mars und den Durchmesser der Erdbahn. Diese Kenntnis ist die Voraussetzung für jede Messung entfernterer Sterne.

Die außerordentlich kleinen Winkel, die bei solchen astronomischen Arbeiten gemessen werden müssen, konnten nur mit neuen Instrumenten zureichend bestimmt werden. Zu diesen gehört das *Mikrometer*, etwa um die Mitte des 17. Jahrhunderts an mehreren Stellen zugleich erfunden. Im Okular des Fernrohrs bringt man einen feinen Spinnwebfaden an. Man stellt das Fernrohr so ein, daß der Faden gerade das Licht eines Sternes auslöscht. Man dreht weiter, bis der nächste Stern verdeckt wird, und liest den Winkel zwischen beiden Stellungen ab.

RÖMER MISST DIE LICHTGESCHWINDIGKEIT Die von Galilei entdeckten Monde des Jupiter treten bei jedem Umlauf in den Schattenkegel, den der Planet auf der der Sonne abgekehrten Seite in den Raum wirft. Da diese Verfinsterungen gut zu beobachten sind und bei gleichmäßigem Umlauf der Satelliten mit Regelmäßigkeit eintreten müssen, war *Galilei* auf den Gedanken gekommen, sie als eine Art Uhr zu benutzen und zur Standortbestimmung von Schiffen auf See zu verwenden. Cassini hatte Zeittabellen für diese Verfinsterungen ausgearbeitet.

Im Jahre 1676 ging der junge dänische Astronom Olaus *Römer* (1644 bis 1710) daran, diese Tafeln zu überprüfen und damit die Verfinsterungen nochmals genau zu beobachten. Er fand, daß die errechneten Zeitwerte zwar als Mittelwerte stimmten, daß aber die Verfinsterungen tatsächlich bald etwas früher, bald etwas später eintraten, als sie nach den Tabellen hätten eintreten müssen. Die größte Abweichung betrug acht Minuten nach jeder Seite. Und zwar traten die Verfinsterungen früher als berechnet immer dann ein, wenn die Erde auf ihrer Bahn um die Sonne sich in nächstmöglicher Entfernung zum Jupiter befand; und umgekehrt später, wenn die Erde den Gegenpunkt erreicht hatte und damit am weitesten von Jupiter entfernt war. Die Annahme lag nahe, daß diese Abweichungen nicht etwa auf Unregelmäßigkeiten im Umlauf der Monde beruhten, sondern darauf, daß das Licht bei einer größeren Entfernung eine entsprechend längere Zeit bis zum irdischen Beobachter braucht. Römer kam zu dem Ergebnis, daß die Abweichungen unter dieser Annahme gut zu erklären waren. Da ihm ein einigermaßen genauer Wert für den Durchmesser der Erdbahn bekannt war, brauchte er nun nur diese Strecke zu dividieren durch die Zeit, die das Licht brauchte, sie zu durchmessen (nämlich 16 Minuten, die Summe der größten Abweichungen nach jeder Seite). Er erhielt damit für die Lichtgeschwindigkeit einen Wert von etwas über 300 000 km pro Sekunde – einen Wert also, der dem heute bekannten schon recht nahe kommt.

Damit war einwandfrei klargestellt: Das Licht bewegt sich mit zwar sehr großer, aber doch endlicher Geschwindigkeit durch den Raum. Ich erwähnte, daß dies schon Empedokles gelehrt hatte. Auch Galilei war davon überzeugt gewesen. Allerdings hatte der Versuch, den er anstellte, um es zu beweisen, keinen Erfolg gehabt. Galilei hatte mit zwei Spiegeln gearbeitet, die in Sichtweite auf zwei benachbarten Hügeln gehalten wurden. Die Entfernung war viel zu gering und die Galilei mögliche Art der Zeitmessung viel zu grob, als daß er hätte zu einem Ergebnis kommen können. Erst im 19. Jahrhundert gelang es mit sehr verfeinerten Instrumenten und Meßmethoden, die Lichtgeschwindigkeit auch in irdischen Größenverhältnissen zu messen.

DESCARTES' WIRBELTHEORIE Descartes hatte festgestellt, daß Ausgedehntsein im Raume zu den nicht wegzudenkenden Eigenschaften der Materie gehört. Er dachte sich aber auch umgekehrt jeglichen Raum notwendig von Materie erfüllt. Um diese Vorstellung durchzuführen, mußte er außer der sinnlich wahrnehmbaren Materie noch eine zweite Art einführen. Diese »primäre Materie« dachte er sich aus ganz feinen Teilchen bestehend. Im Zusammenhang mit dieser Annahme entwickelte Descartes eine Theorie der Himmelsbewegungen:

Die ganze den Himmelsraum erfüllende Masse dieser Teilchen rotiert um die Sonne nach der Art eines Wasserstrudels. In diesem riesigen Strudel schwimmen feste Körper, die Planeten also, ähnlich wie Korken in einem Wasserstrudel schwimmen. Und wie jeder im Wasser schwimmende feste Gegenstand die ihn umgebenden Wasserteilchen wieder in wirbelnde Bewegung versetzt und eine Art Strudel hinter sich zurückläßt, so bestehen um die Planeten herum kleinere Wirbel der Primärmaterie. Die kreisende Bewegung des Wassers ist am schnellsten nahe dem Mittelpunkt des Strudels. So soll es auch im Weltraum sein, und so erklärt Descartes die Tatsache, daß die der Sonne näheren Planeten schneller als die äußeren umlaufen.

Eine genauere Übereinstimmung dieser Theorie mit den von Kepler entdeckten quantitativen Gesetzen der Planetenbewegung war nicht herzustellen. Obwohl Newton und andere dies alsbald nachwiesen, hielt sich die Descartessche Wirbeltheorie, vor allem wohl wegen ihrer Anschaulichkeit und leichten Verständlichkeit, noch weit bis ins 18. Jahrhundert hinein besonders auf dem europäischen Festlande. Dies ist der Grund, weswegen sie erwähnt werden muß; außerdem stellt sie immerhin schon einen Versuch dar, die Bewegungen am Himmel den gleichen Gesetzen zu unterwerfen wie die Bewegungen auf der Erde.

Descartes' Theorie wurde abgelöst durch die Himmelsmechanik Isaac Newtons, die nun ihren Siegeszug antrat. Da die vereinheitlichende Leistung Newtons am besten hervortritt, wenn man seine Gravitationstheorie im Zusammenhang betrachtet, sei sie in den folgenden Abschnitt verwiesen.

III. Physik und Chemie

1. Universelle Gravitation. Newton

NEWTONS LEBEN UND WERK Der Historiker der Philosophie, wenn er zum größten Namen seiner Wissenschaft, zu Immanuel Kant kommt und die Verpflichtung spürt, zunächst vom Leben dieses Mannes zu erzählen, gerät in gelinde Verlegenheit. Über die Gedanken und Werke Kants kann man beliebig dicke Bücher schreiben – aber seine Biographie kann sehr kurz ausfallen. »Er lebte ständig in Königsberg, teilte seine Zeit genau ein und blieb unverheiratet« – damit ist schon das Wesentliche gesagt. Ähnlich ist es in der Geschichte der Wissenschaft mit dem

Manne, der nach dem Urteil der meisten Gelehrten in der unabsehbaren Reihe ihrer Heroen der größte ist. Auch bei ihm ist das Werk alles. Fast noch mehr als Kant hat er seine ganze Lebenskraft seinem Werk gegeben. Kant war immerhin gesellig, ein geistreicher Plauderer und beliebter Redner; er liebte Literatur, Musik, auch ein gutes Mittagsmahl. Newton war immer ernst. Liebe zum anderen Geschlecht scheint ihn niemals berührt zu haben. Künste und Musik bedeuteten ihm nichts. Kleidung und Nahrung waren ihm gleichgültig. Auch von den tragischen Kämpfen, die das Leben vieler großer Forscher verdunkelt haben, ist bei Newton fast nichts zu spüren. Er hatte nicht lange um Anerkennung zu ringen. Mit 25 Jahren wurde er Professor. Von materiellen Sorgen blieb er verschont. Sein Leben ist äußerlich undramatisch.

Newton wurde 1642 – im Todesjahr Galileis (Galilei war an dem Tage geboren, da Michelangelo starb) – im Gutshaus von Woolsthorpe bei Grantham in Lincolnshire geboren. Sein Vater war vor seiner Geburt gestorben. Newton besuchte die Schule in Grantham. Er zeichnete sich nicht durch Eifer oder besondere Leistungen aus; aber er war ein Grübler, Spintisierer und beschäftigte sich gern mit allerlei mechanischen Spielereien und Basteleien. Als sein Stiefvater starb, mußte er die Schule verlassen. In der heimischen Landwirtschaft fühlte er sich unglücklich. Auf den Rat eines Onkels schickte ihn die Mutter zum Studium nach Cambridge. Hier erst öffnete sich ihm die Welt der Mathematik und Naturwissenschaft, von der er in der Schule so gut wie nichts gehört hatte. Er las Kepler, Descartes' Geometrie und vieles andere. Die Pest des Jahres 1665 trieb ihn zunächst nach Hause zurück. Hier in der ländlichen Stille scheint ohne äußeren Anlaß fast mit einem Schlage sein Genie erwacht zu sein. Hören wir den greisen Newton selbst über diese Jugendzeit:

> Zu Beginn des Jahres 1665 find ich die Methode, Reihen zu approximieren, und die Regel, jede Potenz irgendeines Binomens auf eine derartige Reihe zu reduzieren (der binomische Lehrsatz). Im Mai desselben Jahres fand ich die Methode der Tangenten des Gregory und Slusius, und im November hatte ich die Differentialrechnung, und im Januar des nächsten Jahres hatte ich die Farbtheorie, und im Mai darauf hatte ich Zugang zu der umgekehrten Differentialrechnung, und im selben Jahre begann ich zu denken, daß die Schwerkraft sich auch auf den Mond erstrecke, und . . . aus Keplers Gesetz von den periodischen Umlaufszeiten der Planeten leitete ich ab, daß die Kräfte, welche die Planeten in ihren Bahnen halten, im umgekehrten Verhältnis zu den Entfernungen von den Mittelpunkten stehen müssen, um die sie sich drehen; dabei verglich ich die Kraft, die erforderlich ist, um den Mond in seiner Bahn zu halten, mit der Schwerkraft an der Oberfläche der Erde und fand, daß sie ziemlich genau paßten. Alles das war in den Pestjahren 1665 und 1666, denn damals war ich in der ersten Blüte des Alters, in dem ich Erfindungen machte, und beschäftigte mich mit Mathematik und Philosophie mehr als zu irgendeiner anderen Zeit seither.

1666 war Newton 24 Jahre alt! Nach seinem Bericht hatte er damals schon alle Hauptprobleme seines Lebenswerkes aufgeworfen und im Prinzip auch gelöst. Sein weiteres Leben diente der Ausarbeitung des Entworfenen. Es sind, wie man sieht, drei Hauptthemen, denen seine Arbeit galt. Das eine ist die Infinitesimalrechnung, die bereits im Mathematikabschnitt behandelt wurde. Das zweite ist die Farbtheorie, die im folgenden, der Optik gewidmeten Abschnitt behandelt werden soll. Das dritte ist die Gravitationstheorie und ihre Anwendung auf die Planetenbewegungen. Sie soll uns in diesem Abschnitt beschäftigen.

Verfolgen wir aber zunächst Newtons Lebensgang weiter. Bald nach seiner Rückkehr nach Cambridge wurde er zum Mitglied des Trinity College gewählt. 1669 erhielt er den Lehrstuhl für Mathematik. Der Inhaber dieses Lehrstuhls, Barrow, ein namhafter Gelehrter, gab ihn auf, um für den Würdigeren Platz zu machen.

Seit 1645 bestand in London ein privater Kreis von Männern, die sich der Pflege der Wissenschaft widmeten. Da die meisten Konservative waren, mußten sie während des Bürgerkrieges im geheimen tagen – deshalb nannten sie sich auch »Invisible (unsichtbares) College« – und zeitweilig außerhalb Londons zusammenkommen. Nach der Restauration des Königtums (1660) konnten sie nach London zurückkehren. 1662 wurde dieser Kreis durch königliche Urkunde zur »*Royal Society* of London for Promoting Natural Knowledge« (Londoner königliche Gesellschaft für die Förderung der Naturwissenschaft) erhoben. Ab 1662 gab die Gesellschaft ihre berühmte Veröffentlichung *Philosophical Transactions* heraus. Die Gesellschaft wurde vom König sehr gefördert. Ihre Tätigkeit hat wesentlich dazu beigetragen, daß England im Zeitalter Newtons die unbestrittene Führung in Philosophie und Naturwissenschaft übernehmen konnte. In den Kreis dieser Männer, unter denen sich auch Hooke, Boyle und weitere später zu nennende Gelehrte befanden, trat Newton ein.

Zwei Jahrzehnte lebte Newton im Cambridge. Allerdings arbeitete er keineswegs konsequent und stetig an den Problemen, die ihn so früh beschäftigt hatten. Er befaßte sich nebenher viel mit theologischen Fragen. Außerdem scheint er nach Berichten anderer – von ihm selbst gibt es kaum Äußerungen darüber – viel Zeit auf alchimistische Versuche verwandt zu haben. Jahre hindurch hielt er sich meist im Frühjahr und Herbst wochenlang in seinem Laboratorium auf mit Versuchen, über die er zu niemand sprach und auch nichts veröffentlicht hat. Wissenschaftliche Erfolge in der Chemie waren ihm anscheinend nicht beschieden.

Teils wegen solcher Ablenkung, teils auch, weil Newton wie viele Gelehrte seiner Zeit eine gewisse Scheu davor hatte, seine Ergebnisse zu veröffentlichen, zog sich das Werden der Newtonschen Gravitationstheorie vom ersten Erkennen des Problems bis zum fertigen Ergebnis über 20 Jahre hin.

Kopernikus hatte gezeigt, daß die Planeten um die Sonne kreisen. Kepler hatte die Bahnen als Ellipsen erkannt und die Gesetze des Umlaufs gegeben. Welche Kraft aber läßt die Planeten und Monde kreisen, und warum bewegen sie sich gerade in Ellipsen? Mit dieser Frage war Kepler nicht ins reine gekommen. Nach zeitgenössischen Berichten soll ein vom Baume fallender Apfel Newton zuerst auf den Weg zur Lösung gebracht haben. Sollte die Kraft, die den fallenden Körper zur Erde zieht, die gleiche sein wie die, die verhindert, daß die Planeten geradlinig in den

Raum hinausfliegen, und sie statt dessen zwingt, um die Sonne zu kreisen? Sollte die Anziehungskraft der Erde, die den Apfel in Bewegung setzt, ihre Wirkung so weit durch den Raum erstrecken, daß sie auch den Mond in seiner Bahn hält?

Newton begann sofort das Problem durchzurechnen. Dazu benötigte er: 1. die Entfernung des Mondes von der Erde, 2. die Umlaufzeit des Mondes (aus 1. und 2. ist die Geschwindigkeit des Mondes pro Sekunde zu errechnen), 3. die Fallbeschleunigung auf der Erde. Es kam nun darauf an, nachzuweisen, daß der Mond in jeder Sekunde um gerade so viel von der geradlinigen (tangentialen) Bewegung abgelenkt wird, wie er von der Erde angezogen wird – daß seine Bahn also dadurch zustande kommt, daß er in jeder Sekunde der Erde ein Stück entgegen»fällt«. Newton erkannte, daß die Wirkung einer solchen anziehenden Kraft dem Quadrat der Entfernung umgekehrt proportional sein muß. Unter dieser Voraussetzung kam er mit seiner Rechnung nach seinen eigenen oben angeführten Worten zu einem »ziemlich genauen« Ergebnis, aber doch nicht zu einem ganz befriedigenden. Wahrscheinlich war der von ihm zugrunde gelegte Wert für die Mondbahn nicht richtig. Newton ließ jedenfalls die Sache zunächst auf sich beruhen und rührte sie zehn Jahre lang nicht mehr an.

Ziemlich gleichzeitig mit diesen ersten Überlegungen Newtons wurde der Gedanke der universellen Gravitation von zwei anderen Gelehrten ausgesprochen. Der eine war der italienische Mathematikprofessor Giovanni Alfonso *Borelli* (1608–1679), der auch in der Geschichte der Physiologie einen Namen hat. In einem 1666 erschienenen Buche führte er aus, die Kreisbewegung der Himmelskörper könne dadurch zustande kommen, daß eine Kraft von der Sonne den Planeten mit genau der gleichen Stärke anzieht, wie sich der Planet vermöge seiner Eigenbewegung von der Sonne zu entfernen strebt. Der zweite war der Engländer Robert *Hooke* (1635–1703), damals Vorsteher der Royal Society. In einer ebenfalls 1666 verfaßten Abhandlung sprach er die gleiche These aus. 1674 – Newton schwieg noch immer – führte Hooke in einer zweiten Abhandlung den Gedanken weiter. Er unternahm es, die Bewegung der Planeten aus drei Prinzipien zu erklären: 1. Es herrscht universelle Gravitation. 2. Ein Körper bewegt sich in gerader Richtung weiter, solange er nicht durch eine Kraft von dieser abgelenkt wird. 3. Die anziehenden Kräfte nehmen mit zunehmender Entfernung ab. In welchem Verhältnis sie abnehmen – nach dem Gesetz der umgekehrten Quadrate nämlich – sagte Hooke nicht.

Dies war der Punkt, an dem Newton durch einen Brief Hookes im Jahre 1679 wieder in die Debatte gezogen wurde. Ändert sich die Gravitation im umgekehrten Quadrat zur Entfernung? Und wenn sie dies tut, kann man berechnen, daß die Bahnen der Planeten dann Ellipsen sein müssen? Newton wußte die Antwort. Er hatte inzwischen die bei seiner früheren Berechnung benutzten Werte berichtigt und ein befriedigendes Ergebnis erzielt. Aber noch weitere fünf Jahre vergingen, bis Newton, wiederum angestoßen durch Fragen Hookes und des Astronomen Hal-

ley, sich endlich daranmachte, seine Ergebnisse für die Royal Society niederzuschreiben. Das war 1684. Nun konzentrierte Newton sich endlich auf diese Niederschrift. 1687 erschienen seine *Naturalis philosophiae principia mathematica* (Mathematische Prinzipien der Naturlehre).
1699 wurde Newton zum Vorsteher der staatlichen Münze in London ernannt. Seine Aufgabe war nicht leicht, denn die englische Währung stand damals auf schwachen Füßen. Newton löste die Aufgabe gründlich und mit Erfolg. Er mußte sich mit Währungsproblemen befassen, wie es auch Kopernikus getan hatte, er erkannte die Beziehungen zwischen Gütermenge und umlaufender Geldmenge und andere Gesetze des Geldwesens. Seine schöpferische wissenschaftliche Tätigkeit war mit dieser Zeit beendet. Was er veröffentlichte, war weniger Neues als Darlegung früher gewonnener Erkenntnisse. Am wichtigsten ist seine *Optik* (1703). Im Anhang zu dieser veröffentlichte Newton den binomischen Lehrsatz und seine »Fluxionsrechnung«.
Newton war von 1703 ab Präsident der Society und starb hochgeehrt im Jahre 1727.

PRINCIPIA MATHEMATICA Nachdem wir das Gravitationsproblem schon in seiner allmählichen Entstehung bei Newton und anderen verfolgt haben, können wir einige Ausschnitte aus Newtons Hauptwerk betrachten. Das Werk besteht aus einer Einleitung und drei Büchern. Die beiden ersten Bücher bringen die allgemeinen Sätze, das dritte wendet sie auf das Weltsystem an.
Newtons Ziel finden wir gleich im ersten Satz des Vorworts an den Leser ausgesprochen:

> ... die Neueren haben, nachdem sie die Lehre von den substantiellen Formen und verborgenen Eigenschaften aufgegeben haben, angefangen, die Erscheinungen der Natur auf mathematische Gesetze zurückzuführen.

Da Newton ein geschlossenes System geben will, bezieht er alle schon vor ihm bekannten Sätze, soweit er sie benutzt, in seine Darstellung ein. So sind von den drei »Grundgesetzen der Bewegung«, welche Newton zu Anfang gibt, die beiden ersten von ihm nicht neu entdeckt, sondern nur präzis formuliert worden:

> 1. Gesetz. Jeder Körper beharrt in seinem Zustand der Ruhe oder der gleichförmigen geradlinigen Bewegung, wenn er nicht durch einwirkende Kräfte gezwungen wird, seinen Zustand zu ändern.
> (Erläuterung): Geschosse verharren in ihrer Bewegung, sofern sie nicht durch den Widerstand der Luft verzögert und durch die Kraft der Schwere von ihrer Richtung abgelenkt werden ... Die großen Körper der Planeten und Kometen aber behalten ihre fortschreitende und kreisförmige Bewegung in weniger widerstehenden Mitteln längere Zeit bei.
> 2. Gesetz. Die Änderung der Bewegung ist der Einwirkung der bewegenden Kraft proportional und geschieht nach der Richtung derjenigen geraden Linie, nach welcher jene Kraft wirkt.

In der Erläuterung und einem Zusatz wird hier der Satz vom »Parallelogramm der Kräfte« gebracht.
Das dritte Gesetz stammt von Newton selbst:

3. Gesetz. Die Wirkung ist stets der Gegenwirkung gleich, oder die Wirkungen zweier Körper aufeinander sind stets gleich und von entgegengesetzter Richtung.
(Erläuterung): Jeder Gegenstand, welcher einen anderen drückt oder zieht, wird ebenso stark durch diesen gedrückt oder gezogen. Drückt jemand einen Stein mit dem Finger, so wird dieser vom Steine gedrückt. Zieht ein Pferd einen an einem Seil befestigten Stein fort, so wird das erstere gleich stark gegen den letzteren zurückgezogen . . .

Das dritte Buch: *Vom Weltsystem*, beginnt mit folgenden grundlegenden *Regeln zur Erforschung der Natur:*

1. Regel. An Ursachen zur Erklärung natürlicher Dinge nicht mehr zuzulassen, als wahr sind und zur Erklärung jener Erscheinungen ausreichen.
2. Regel. Man muß daher, soweit es angeht, gleichartigen Wirkungen dieselben Ursachen zuschreiben.
3. Regel. Diejenigen Eigenschaften der Körper, welche weder verstärkt noch vermindert werden können, und welche allen Körpern zukommen, an denen man Versuche anstellen kann, muß man für Eigenschaften aller Körper halten.

Zur Erläuterung der dritten Regel bemerkt Newton:

Die Eigenschaften der Körper werden nämlich nur durch Versuche bekannt, und man muß daher diejenigen für allgemeine halten, welche im allgemeinen mit den Versuchen übereinstimmen und die weder vermindert noch aufgehoben werden können.

Die Folgerung für die Schwerkraft:

Sind endlich alle Körper in der Umgebung der Erde gegen diese schwer, und zwar im Verhältnis der Menge der Materie in jedem; ist der Mond gegen die Erde nach Verhältnis seiner Masse, und umgekehrt unser Meer gegen den Mond schwer; hat man ferner durch Versuche und astronomische Beobachtungen erkannt, daß alle Planeten wechselseitig gegeneinander und die Kometen gegen die Sonne schwer sind, so muß man nach dieser Regel behaupten, daß alle Körper gegeneinander schwer seien.

Hier ist das Prinzip der allgemeinen Gravitation ausgesprochen.
Das mathematische Erkenntnisideal des Jahrhunderts, von dem Newton ganz durchdrungen ist, haben wir greifbar vor uns, wenn Newton mit Bezug auf seine Ableitung der Schwere ausruft:

Möchte es gestattet sein, die übrigen Erscheinungen der Natur auf dieselbe Weise aus mathematischen Prinzipien abzuleiten.

Auch ohne die Erläuterungen und Beweise wird die Art, wie Newton nun das Prinzip der allgemeinen Gravitation auf die Erscheinungen anwendet, deutlich in den folgenden Lehrsätzen, mit denen der Abschnitt *Von den Ursachen des Weltsystems* beginnt:

§ 1. Lehrsatz. Die Kräfte, durch welche die Monde Jupiters beständig von der geradlinigen Bewegung abgezogen und in ihren Bahnen erhalten werden, sind nach dem Mittelpunkte Jupiters gerichtet und den Quadraten ihrer Abstände von demselben Punkte umgekehrt proportional.
§ 2. Lehrsatz. Die Kräfte, durch welche die Planeten beständig von der geradlinigen Bewegung abgezogen und in ihren Bahnen erhalten werden, sind nach der Sonne gerichtet und den Quadraten ihrer Abstände von derselben umgekehrt proportional.

§ 3. Lehrsatz. Die Kraft, welche den Mond in seiner Bahn erhält, ist nach der Erde gerichtet und dem Quadrat des Abstandes seines jeweiligen Ortes vom Zentrum der Erde umgekehrt proportional.
§ 4. Lehrsatz. Der Mond ist gegen die Erde schwer; er wird durch die Schwere von der geradlinigen Bewegung abgezogen und in seiner Bahn erhalten.
§ 6. Lehrsatz. Die Jupitermonde streben zum Jupiter, die Saturnmonde zum Saturn, die Planeten zur Sonne, und werden durch die Kraft ihrer Schwere stets von der geradlinigen Bewegung abgezogen und in krummlinigen Bahnen erhalten.
§ 8. Lehrsatz. Alle Körper sind gegen die einzelnen Planeten schwer, und die Gewichte der ersteren gegen jeden Planeten sind in gleichen Abständen vom Mittelpunkt des letzteren der Menge der in den einzelnen Körpern befindlichen Materie proportional.
§ 9. Lehrsatz. Die Schwere kommt allen Körpern zu und ist der in jedem enthaltenen Menge der Materie proportional . . .

Die folgenden Lehrsätze fügen die Keplerschen Gesetze in das System ein und bringen die Berechnung der Bahnen und Achsen der Himmelskörper im einzelnen. § 24 handelt vom Gewicht der Körper in verschiedenen Gegenden der Erde. Hier werden unter anderem die Versuche ausgewertet, die *Richter*, *Halley* und andere mit dem Pendel in verschiedenen Erdbreiten gemacht hatten. Sie hatten übereinstimmend ergeben, daß die anziehende Kraft der Erde in Äquatornähe etwas schwächer wirkt als nach den Polen zu, so daß die Erde keine genaue kugelförmige Gestalt haben kann, sondern am Äquator aufgebaucht, an den Polen abgeflacht ist. Newton kommt zu dem Ergebnis, »daß die Erde am Äquator ungefähr 17 Meilen höher sein müsse als an den Polen«.
§ 28 beschäftigt sich mit Ebbe und Flut als Wirkungen der Schwerkraft von Sonne und Mond.

ZUR WÜRDIGUNG UND KRITIK Niemals zuvor hatte die Naturwissenschaft ein so imposantes Gebäude hervorgebracht wie das Werk Newtons. Nicht viel mehr als eine Generation nach Galilei wurde bereits ein Riesenschritt über sein Werk hinaus getan. Was Galilei induktiv aus den beobachteten Tatsachen erschlossen hatte, war mit den Ergebnissen Keplers zu einem geschlossenen System vereinigt. Der fallende Stein auf Erden und die Sterne am Himmel gehorchen den gleichen Gesetzen. Dadurch war ein Weg eröffnet, den Geheimnissen in den Fernen des Weltalls durch irdische Versuche auf die Spur zu kommen. Für einen großen Teil der unbelebten Natur waren die Gesetze gefunden; für weitere Teile konnte man hoffen, sie mit den gleichen Methoden aufzufinden. Die ganze Welt eine einzige, mechanischen Gesetzen gehorchende Maschine! Die Physik der folgenden zwei Jahrhunderte baute weiter auf der von Newton gelegten Grundlage.
Die Differentialrechnung war das Werkzeug, das Newtons Erfolg erst möglich machte. Es ist später nachgewiesen worden, daß Newton zu den Ergebnissen der Principia mit Hilfe seiner neuen Rechenmethode gekommen ist. Nachträglich hatte er jedoch seine Ableitungen und Beweise, um sie allgemein verständlich zu machen, in die Sprache der alten Geometrie übersetzt.
Wie sehr der Erfolg der Newtonschen Methode durch eine Beschränkung,

durch den Verzicht auf die Frage nach dem Wesen ermöglicht wurde, erkennt man leicht, wenn man seine zu Beginn des Werkes gegebenen Ausgangsdefinitionen ansieht. Am Anfang steht die Definition des Begriffs der Masse: »Die Größe der Materie wird durch ihre Dichtigkeit und ihr Volumen gemessen.« Das heißt, wir erhalten die Masse, wenn wir das Volumen eines Körpers mit seiner »Dichte« multiplizieren. Was ist aber Dichte? Darauf gibt es nur die Antwort: Dichte ist die Masse eines Körpers, dividiert durch sein Volumen! Was Newtons Satz wirklich enthält, ist nicht mehr als die Annahme: Zu jedem Körper gehört eine bestimmte Größe, die Masse genannt werden soll.
Ähnlich ist es mit anderen Voraussetzungen. Es sind Ausgangsannahmen, Axiome, von denen es scheint und jedenfalls Newton schien, daß sie keines Beweises bedürfen. Das dachte auch Euklid von seinen Axiomen. Die Mathematik nach Euklid hat allmählich erkannt, daß diese keine feststehenden Grundwahrheiten sind, sondern zwar sehr sinnreiche, aber im letzten keineswegs notwendige Annahmen. So erkannte auch die Physik lange nach Newton, daß seine Axiome sich nicht von selbst verstehen. Die gleichen Schwierigkeiten ergeben sich auch für die das Ganze tragenden Grundbegriffe Raum, Zeit, Ort und Bewegung.
Newton unterscheidet absolute und relative Zeit.

Die absolute, wahre und mathematische Zeit verfließt an sich und vermöge ihrer Natur gleichförmig und ohne Beziehung auf irgendeinen äußeren Gegenstand. Sie wird so auch mit dem Namen Dauer belegt. – Die relative, scheinbare und gewöhnliche Zeit ist ein fühlbares und äußerliches, entweder genaues oder ungleiches Maß der Dauer, dessen man sich gewöhnlich statt der wahren Zeit bedient, wie Stunde, Tag, Monat, Jahr.

Der gleiche Unterschied wird für den Raum gemacht:

Der absolute Raum bleibt vermöge seiner Natur und ohne Beziehung auf einen äußeren Gegenstand stets gleich und unbeweglich. – Der relative Raum ist ein Maß oder ein beweglicher Teil des ersteren, welcher von unseren Sinnen durch seine Lage gegen andere Körper bezeichnet und gewöhnlich für den unbeweglichen Raum genommen wird, zum Beispiel ein Teil des Raumes innerhalb der Erdoberfläche; ein Teil der Atmosphäre; ein Teil des Himmels, bestimmt durch seine Lage gegen die Erde . . .

Desgleichen für den Ort:

Der Ort ist ein Teil des Raumes, welchen ein Körper einnimmt, und nach Verhältnis des Raumes entweder absolut oder relativ . . .

Endlich auch für die Bewegung:

Die absolute Bewegung ist die Übertragung eines Körpers von einem absoluten Orte nach einem anderen absoluten Orte; die relative Bewegung die Übertragung von einem relativen Orte nach einem anderen relativen Orte . . .

Newton erkennt, daß absolute Bewegung nur in einem absoluten Raum festgestellt werden kann:

Bewegt sich z. B. der Teil der Erde, in welchem ein Schiff sich befindet, gegen Osten mit einer Geschwindigkeit von 10010 Teilen; das durch Wind und

Segel angetriebene Schiff hingegen gegen Westen mit einer Geschwindigkeit von 10 Teilen; geht endlich der Schiffer im Schiffe gegen Osten mit einer Geschwindigkeit von einem Teile: so bewegt sich der letztere wirklich und absolut im unbewegten Raume gegen Osten mit einer Geschwindigkeit von 10001 Teilen und relativ auf der Erde gegen Westen mit einer Geschwindigkeit von neun Teilen.

Die Frage ist nur: Wo sollen wir den »absoluten« Raum finden, wenn die Erde sich um die Sonne bewegt, die Sonne sich im Milchstraßensystem bewegt und auch die Milchstraße sich im All mit Riesengeschwindigkeit bewegt? Dies letztere wußte Newton noch nicht. Er nahm an, irgendwo in den äußeren Fernen des Weltraums befänden sich tatsächlich riesige unbewegliche Massen, an deren absoluter Ruhe alle andere Bewegung gemessen werden könne. Diese unbewegten Massen kann man allerdings nicht sehen. Deshalb sagt Newton:

Die wahren Bewegungen der einzelnen Körper zu erkennen und von den scheinbaren scharf zu unterscheiden, ist übrigens sehr schwer, weil die Teile jenes unbeweglichen Raumes, in denen die Körper sich wahrhaft bewegen, nicht sinnlich erkannt werden können.

Trotzdem hielt Newton an der Grundannahme eines absoluten Raumes fest und setzte zur Beschreibung von Bewegungsvorgängen ein solches Bezugssystem voraus. Und nicht nur er, sondern die ganze Physik nach ihm bis ins 19. und 20. Jahrhundert.

2. Optik

KEPLER. SNELL. DESCARTES. GRIMALDI Was bisher aus älteren Zeiten von der Optik erwähnt wurde, gehört vorwiegend der mathematischen Optik an, welche die mathematischen Gesetze der Fortbewegung, Zurückwerfung und Brechung des Lichts studiert. Im 17. Jahrhundert trat daneben die physikalische Optik hervor. Im Mittelpunkt standen die drei Fragen nach der Fortpflanzungsgeschwindigkeit des Lichts – für die als wichtigste Arbeit die des Dänen Olaus Römer bereits bei der Astronomie erwähnt wurde –, nach der Natur der Farbe und der Natur des Lichtes selbst. Für die Farbenlehre sind die Arbeiten Newtons grundlegend, für die Theorie des Lichts vor allem die von Huygens. Die physiologische Optik, also die Lehre vom Sehvorgang im Auge, wurde hauptsächlich durch Kepler gefördert.
Nochmals müssen wir von einer neuen Seite auf Keplers Werk zurückkommen. Im Gegensatz zu der im Altertum, zum Beispiel bei Euklid herrschenden Ansicht: das Licht sei eine Ausstrahlung des Auges, welche auf den Gegenstand trifft – hatte Al-Hazen richtig die Lichtstrahlen als von leuchtenden Gegenständen ausgehend und auf das Auge treffend beschrieben. Kepler baute in seiner *Dioptrik* auf dieser Lehre auf. Er führte aus: Das ins Auge einfallende Licht wird durch die »Linse des Auges« auf der Netzhaut zu einem Bilde geformt, und das auftreffende Licht ruft durch Reizung der Netzhaut eine chemische Veränderung hervor. Die Natur dieser Veränderung konnte er nicht erkennen; aber man

sieht, daß er die Vorgänge im Prinzip richtig deutete. Kepler erklärte auch richtig die Kurz- und Weitsichtigkeit, sowie das räumliche Sehen aus dem Zusammenwirken beider Augen.

Das *Brechungsgesetz* war den Alten nur annäherungsweise bekannt gewesen. Genau formulierte es der Holländer Willibrord Snell (*Snellius*, 1591–1626). Veröffentlicht wurde es allerdings erst 1637 durch René *Descartes*. Es ist umstritten, ob Descartes es unabhängig von Snellius gefunden hat. Wahrscheinlich hatte es ihm dieser mitgeteilt.

Wie wir bei seiner Wirbeltheorie sahen, nahm *Descartes* an, das Weltall sei überall mit feinsten Teilchen einer besonderen Art Materie angefüllt. Auf dieser Vorstellung baute Descartes ein vollständiges System der Optik auf, gab auch Erklärungen für das Entstehen der Farben. Wir erwähnen das System nur kurz, weil es grundlegende Irrtümer enthielt: Descartes glaubte, das Licht pflanze sich unendlich rasch fort; er kam auch auf die alte Ansicht zurück, das Licht sei eine Ausstrahlung des Auges. Sein System hielt sich deshalb nicht lange.

Die Frage nach der Natur des Lichts wurde zuerst entscheidend gefördert durch den italienischen Jesuiten Francesco *Grimaldi* (1618–1663). Grimaldi machte eine Reihe optischer Versuche und beschrieb sie in einem Werk über Licht und Farben, das kurz nach seinem Tode veröffentlicht wurde. Einer der Versuche ist folgender:

Drei Platten aus lichtundurchlässigem Material liegen parallel mit geringem Abstand übereinander. In die beiden oberen ist je ein kleines kreisrundes Loch geschnitten, in die untere nicht. Die Löcher in den oberen Scheiben liegen genau übereinander. Licht fällt von oben senkrecht durch die beiden Löcher auf die unterste Platte. Wenn das Licht sich geradlinig fortpflanzt, so muß auf dieser ein scharf abgegrenzter kreisförmiger Lichtfleck entstehen. Außerhalb dieses Kreises muß es völlig dunkel sein, denn Lichtstrahlen könnten nur unter Abweichung vom geraden Wege dahin gelangen.

Aber was ergab sich? Der Lichtfleck war nicht scharf begrenzt. Es war vielmehr ein weicher Übergang vorhanden, ein regenbogenartiges Band von Farben um den hellen Fleck herum. Außerdem zeigte der Rand einen rhythmischen Wechsel von Hell und Dunkel.

Dieses Experiment und weitere konnten befriedigend nur erklärt werden, wenn man das Licht – wie schon Leonardo da Vinci – mit Wellenbewegung in Zusammenhang brachte. Grimaldis Vermutungen gingen in diese Richtung. Er brachte aber keine klare Deutung zustande.

NEWTON »Im Jahre 1666 hatte ich die Farbtheorie«, schrieb *Newton* in dem weiter oben angeführten Rückblick. Keplers Optik hatte Newton schon als Student gelesen; aber bevor er seinen Lehrstuhl erhielt, hatte er keine eigenen optischen Versuche angestellt. Er begann damit, indem er auf einem Jahrmarkt ein kleines Prisma kaufte. Solche Prismen wurden wegen des schönen Farbenspiels, das sie geben, schon seit längerer Zeit als Spielerei hergestellt. Die Erscheinung war also vielen bekannt. Aber Newton war der einzige, der sie planmäßig untersuchte.

Newtons erster Versuch war denkbar einfach. Doch er ergab gleich das Wesentliche. Newton bohrte in den Fensterladen seines Zimmers ein kleines Loch, durch das ein Sonnenstrahl ins verdunkelte Zimmer fiel. Diesen Strahl ließ er durch sein Prisma gehen und dann auf einen Schirm fallen. Dreierlei sah er. Erstens rückte der Lichtfleck als ganzes, sobald man das Prisma dazwischenschob, auf eine andere Stelle. Zweitens veränderte er seine Form und sein Aussehen. Statt eines kreisrunden Flecks entstand ein Band, dessen Länge sich zur Breite etwa wie 5 : 1 verhielt. Drittens war dieses Band nicht weiß, sondern bestand aus Streifen in den bekannten Farben des Regenbogens, wobei das rote Ende der ursprünglichen Position des Lichtflecks am nächsten und das violette am fernsten lag. Damit war erwiesen, daß weißes Licht zusammengesetzt ist aus sieben Arten von Licht verschiedener Farbe. Die Auflösung in Einzelfarben beim Durchgang durch das Prisma kam offenbar dadurch zustande, daß die einzelnen Arten von Licht verschieden stark gebrochen werden, das rote am wenigsten, das violette am stärksten.

Ein zweiter Versuch bestätigte das. Newton hielt ein zweites Prisma hinter dem ersten in den Lichtstrahl, jedoch in umgekehrter Stellung. Das farbig aufgespaltene Licht schloß sich beim Durchgang durch das zweite Prisma wieder zum weißen Licht zusammen.

Weitere Versuche bei veränderter Anordnung ergaben stets die gleichen sieben Farben in der gleichen Folge, die damit als nicht weiter zerlegbare Grundbestandteile des weißen Sonnenlichts festgestellt waren. Newton veröffentlichte 1672 den ersten Bericht über seine Versuche. Obwohl jedermann sie leicht nachprüfen konnte, wurden Newtons Folgerungen angegriffen. Die sich daran anschließenden Streitigkeiten trugen wesentlich dazu bei, daß Newton mit Veröffentlichungen später zurückhaltend war.

Übrigens war Newton zu seiner Beschäftigung mit den Farben eigentlich dadurch veranlaßt worden, daß er nach einem Weg suchte, sie loszuwerden. Ihn störten nämlich bei astronomischen Beobachtungen die im Teleskop auftretenden farbigen Lichtringe. Konnte man nicht ein Fernrohr bauen, in dem solche Störungen nicht auftreten? Er war sich durch seine Versuche nun klargeworden, wie solche Erscheinungen entstehen, sah aber keinen Weg, sie zu vermeiden, wenn das Teleskop, wie seit Galilei üblich, ausschließlich aus Linsen zusammengestellt war. Newton setzte deshalb einen gekrümmten Spiegel an die Stelle der einen Linse und erfand so das *Spiegelteleskop*. Später fand man, daß bei Verwendung zweier verschiedener Glassorten für eine Linse chromatische Fernrohre auch mit Linsen gebaut werden können.

Newtons Beschäftigung mit den Farben mußte ihn auch auf die Frage nach der Natur des Lichts führen. Über Newtons Stellungnahme zu dieser Frage besteht das weitverbreitete Vorurteil, Newton habe sich für die Korpuskulartheorie erklärt – die Lehre also, daß das Licht aus feinen Körperchen besteht, die sich durch den Raum bewegen; damit habe er sich gegen die richtigere Wellentheorie gestellt und den Fortschritt der Optik gehemmt.

Das ist nicht ganz richtig. Zunächst hat Newton in dem Streit beider Theorien überhaupt nicht endgültig Stellung bezogen. Er ging immer von seinen experimentellen Ergebnissen aus. Er betonte, daß zunächst diese Ergebnisse als solche feststünden, unabhängig davon, wie man über das Wesen des Lichts denke. Newton war der Meinung, keine der beiden Theorien reiche aus, um alle bekannten Erscheinungen restlos zu erklären. Um zum Ausdruck zu bringen, daß er sich selbst nicht entscheiden wolle, kleidete er seine diesbezüglichen Erörterungen in die Form von »Fragen« am Schluß der *Optik*.

Am nächsten scheint Newton eine Mischung von Korpuskular- und Wellentheorie gelegen zu haben. Das Licht wäre danach zu denken als aus Teilchen bestehend, die selbst nicht Wellen sind, aber im »Äther« Wellen erregen. Dieser Äther, dem wir hier begegnen und der eine große Rolle in der physikalischen Theorie spielen sollte, ist nach Newton zu denken als aus feinsten Teilchen bestehend, viel dünner und elastischer als Luft, aber doch ihr irgendwie ähnlich; nicht homogen, sondern zusammengesetzt aus einem trägeren Hauptbestandteil und verschiedenen feineren »ätherischen Geistern«. Die Äthertheorie war nicht sehr klar und nur ein Notbehelf.

Bekanntlich ist die Entwicklung der Optik so verlaufen, daß nach Newton zunächst für lange Zeit die Wellentheorie zu einem eindeutigen Siege kam – wenn auch manche Physiker noch hartnäckig an der Korpuskulartheorie festhielten, die sie durch die Autorität Newtons gestützt glaubten –, daß aber die neueste Physik doch nicht mit der Wellentheorie auskam und schließlich zu etwas gekommen ist, was man oberflächlich in der Tat für eine Mischung von Korpuskular- und Wellentheorie ansehen könnte. Daraus könnte man folgern: Also sei Newton mit der Verbindung beider, die ihm offenbar vorschwebte, doch auf dem richtigen Wege gewesen. Das wäre jedoch nicht korrekt. Denn die Erscheinungen, welche die neue Wendung der Physik veranlaßten, waren zu Newtons Zeit nicht bekannt. Tatsächlich konnten alle damals bekannten optischen Erscheinungen mit der Wellentheorie einwandfrei erklärt werden; so daß es gerechter ist zu sagen: Nicht Newton, sondern Huygens und seine Nachfolger waren auf dem richtigen Wege.

HUYGENS Der Holländer Christian *Huygens* (1629–1695) ist der einzige unter den Naturwissenschaftlern des 17. Jahrhunderts, der nach Vielseitigkeit und Ursprünglichkeit seines Genies einen Vergleich mit Isaac Newton aushalten kann. Huygens' wichtigere Arbeiten liegen genau auf denselben Gebieten wie die Newtons: Er war ein bedeutender Mathematiker – er führte ja Leibniz in die Geheimnisse dieser Wissenschaft ein und stand in lebhaftem Austausch mit ihm. Er leistete einen wesentlichen Beitrag zur Astronomie, der weiter oben erwähnt wurde. In der Physik liegen seine Hauptverdienste wie die Newtons in der Mechanik und in der Optik.

Huygens' Lichttheorie ist niedergelegt im *Traité de la lumière* – Traktat über das Licht – den er 1678 der Académie des Sciences in Paris vorlegte. Als Buch erschien die Abhandlung 1690. Auch Huygens legt die Vorstellung der Äthers zugrunde, als eines feinen und schmiegsamen Mediums, das den ganzen Raum gleichmäßig erfüllt. Er macht sich aber ganz frei von der Vorstellung, daß das Licht aus Teilchen bestehe, und erklärt alle Lichterscheinungen so, daß der leuchtende Körper in diesem Medium Störungen hervorruft, die sich als regelmäßige Schwingungen nach allen Seiten ausbreiten.

Einer der Einwände Huygens' gegen die Korpuskulartheorie war folgender. Lichtstrahlen können einander durchkreuzen, ohne sich zu stören. Wenn ein Strom von festen Teilchen auf einen anderen trifft, so muß mindestens ein Teil der Körperchen miteinander zusammenprallen; diese Teilchen müßten auf ihrem Wege gebremst werden und zu Boden fallen. Nichts dergleichen ist aber zu beobachten. – Huygens zeigte im einzelnen, daß die Wellentheorie nicht nur die Durchkreuzung von Lichtstrahlen, sondern auch alle anderen bekannten Beobachtungsergebnisse besser erklärte. Er vermochte zum Beispiel mit dieser Theorie zu erklären, warum beim Grimaldischen Versuch kein scharf abgegrenzter Schatten entsteht. Eine andere Erscheinung, die Huygens erklären konnte, war die von dem Dänen Erasmus *Bartolinus* 1670 entdeckte Doppelbrechung durch den Kalkspatkristall.

Schallwellen sind longitudinal. Jedes Luftteilchen bewegt sich hin und her in der Richtung, in der der Schall sich fortpflanzt. Wasserwellen sind transversal. Die einzelnen Wasserteilchen schwingen auf und nieder, das heißt sie bewegen sich rechtwinklig zur Fortpflanzungsrichtung der Wellen. Wie schwingen Lichtwellen? Huygens erklärte sie nach Art der Schallwellen, als longitudinal. Natürlich konnten es, da das Licht sich im Gegensatz zum Schall auch im luftleeren Raum fortpflanzt, nicht Luftteilchen sein, welche die Schwingungen vollführen. Hier half die Annahme des Äthers, der auch den luftleeren Raum erfüllt. In diesem Punkte war Hooke, der die Annahme transversaler Wellen bevorzugte, auf dem richtigeren Wege. Aber es sollte noch sehr lange dauern, bis die richtigen Einsichten Hookes und Huygens' verbunden wurden. Den größten Teil des 18. Jahrhunderts hindurch kam die glänzende Lehre Huygens' nicht zur rechten Wirkung, weil man – irrtümlicherweise, wie wir gesehen haben – die Korpuskulartheorie durch den großen Newton gestützt glaubte. Erst gegen und nach 1800 bauten Young und Fresnel die Wellentheorie weiter aus und führten sie zum Siege.

Huygens' zweites Hauptwerk ist das *Horologium oscillatorium* aus dem Jahre 1673. Von Uhren, wie es der Titel anzeigt, handelt nur etwa die Hälfte des Werkes. Die andere Hälfte bringt neue Erkenntnisse für die Mechanik. Huygens befaßte sich mit der Theorie der Schwingungs- und Kreisbewegung. Für die Kreisbewegung fand er die Beziehungen zwischen der Zentrifugalkraft, der Geschwindigkeit des sich drehenden Körpers, dem Durchmesser des Bewegungskreises und der bewegten Masse. Für die Pendelbewegung fand er die Beziehungen zwischen der Länger eines Pendels und seiner Schwingungsperiode.

Diese Erkenntnisse verwertete Huygens bei der Konstruktion seiner

Pendeluhr, die er 1657 erfand, 1658 patentiert erhielt und in der eben genannten Schrift beschreibt. Von Wasser- und Sanduhren haben wir früher gehört. Sie haben den Nachteil, daß sie nach einer gewissen Zeit ablaufen; man muß sie dann neu in Gang setzen durch einen Eingriff, der die Zeitmessung stört. Galilei hatte die Vorteile erkannt, die sich aus der Verwendung des Pendels als Zeitmesser ergeben, war aber mit der praktischen Konstruktion einer Pendeluhr noch nicht zu Rande gekommen. Es kam vor allem darauf an, dem schwingenden Pendel etwas neue Energie zuzuführen, damit es nicht durch Reibung und Luftwiderstand allmählich zum Stillstand käme. Diese Energie, zum Beispiel der Zug des aufgehängten Gewichts, mußte aber so zugeführt werden, daß die gleichmäßige Schwingung des Pendels nicht beeinträchtigt wurde. Das heißt praktisch, das Pendel mußte die Zeitmomente der Zufuhr neuer Energie selbst bestimmen. Dies gelang Huygens mit der Anordnung, die man heute mit einem der Elektrotechnik entnommenen Ausdruck Rückkopplung nennt.

3. Gase

Die jedermann bekannten Schwierigkeiten, Gase zu erkennen, zu isolieren oder sonst mit ihnen umzugehen, ließen erst sehr spät ein wissenschaftliches Studium der Gase aufkommen. Die seltsamen Eigenschaften der Luft, die ungreifbar, scheinbar unwägbar und auch unsichtbar ist und doch im Sturm beträchtliche Gewalt ausüben kann, die offenbaren Beziehungen zwischen der Luft und dem Atem der Lebewesen ließen in alten Zeiten Vorstellungen entstehen, durch die die Luft mit der Seele oder auch mit dem Göttlichen fast gleichgesetzt wurde.

Nebel, Dämpfe und ähnliches waren mit im Begriff eingeschlossen, wenn man im Altertum von »pneuma« oder »spiritus« sprach – Wörter, die in diesem Bedeutungsgehalt kaum zu übersetzen sind. In der Physiologie glaubte man an »Lebensgeister«, die im Blute transportiert wurden. Dieses geheimnisvolle Etwas glaubte man in flüssiger Form einfangen, gewissermaßen kondensieren zu können. Unsere Wörter »Weingeist« oder Spiritus (in der modernen Bedeutung) lassen noch solche Vorstellungen anklingen.

Wie erwähnt, war es in der Neuzeit der Holländer *van Helmont*, der als einer der ersten mit dem Studium der Gase begann und der auch das Wort »Gas« prägte. In der Wahl dieses Wortes klingt möglicherweise noch die Verbindung mit »Geist« nach; nach anderen hängt es mit »Chaos« zusammen.

Der Bahnbrecher exakter quantitativer Forschung war auch auf diesem Gebiet *Galilei*. Berühmt ist sein experimentell geführter Nachweis, daß die Luft schwer, also ein materieller Körper ist. Galilei wog auf einer genauen Waage eine Flasche, in die er Luft hineingepreßt hatte, indem er die Gewichte durch hinzugefügte Sandkörner so genau wie möglich abstimmte. Dann ließ er die gepreßte Luft aus der Flasche. Diese wurde leichter. Galilei fügte auf der Gegenschale Sandkörner hinzu, bis das

Gleichgewicht wiederhergestellt war. Der Versuch ist in den *Dialogen über zwei neue Wissenschaften* beschrieben. Es ist kein Zweifel, fügt Galilei hinzu, daß das Gewicht der hinzugefügten Sandkörner dem Gewicht der jetzt entwichenen Luft entspricht. Aber wieviel wiegt die Luft tatsächlich im Verhältnis zu Wasser oder irgendeinem anderen schweren Stoff? Galilei gibt einen Weg an, das zu ermitteln. In ein Gefäß, das nur die »natürliche« (das heißt dem atmosphärischen Druck entsprechende) Menge Luft enthält, wird Wasser hineingezwängt, ohne daß Luft entweichen darf. Die Luft wird komprimiert. Das Gefäß wird gewogen. Dann läßt man, indem man das Gefäß aufrecht hält und öffnet, die Luft heraus, die durch das Wasser von ihrem Platz verdrängt war. Die Waage erweist das Gefäß jetzt als leichter. Die Gewichtsdifferenz gibt das Gewicht der Luftmenge, die durch die eingepreßte Flüssigkeitsmenge verdrängt wurde.

Ein Problem hatte Galilei nicht lösen können. Der Herzog von Toscana hatte einen Brunnen graben lassen, 40 Fuß tief. Eine Pumpe – Pumpen kannte man seit alter Zeit – sollte das Wasser heraufbringen. Etwas Unerhörtes geschah. Das Wasser stieg nicht höher als bis etwa sechs Fuß unterhalb der Erdoberfläche. Galilei wurde um Rat gefragt, aber auch er wußte keinen.

TORRICELLI UND PASCAL **Die Lösung des Rätsels fand Galileis Schüler** Evangelista *Torricelli* (1608–1647). Er erriet die Ursache und stellte, um seine These zu erproben, folgendes Experiment an. Eine lange, dicke Glasröhre – die Herstellung hatte viel Mühe gemacht –, die an einem Ende verschlossen war, füllte er mit Quecksilber, verschloß das untere Ende mit dem Daumen, tauchte dieses Ende in ein mit Quecksilber gefülltes Becken und ließ die Öffnung frei. Das Quecksilber in der Röhre sank, aber nur bis zu einem bestimmten Punkt. Eine etwa 75 Zentimeter hohe Säule blieb stehen. Zweierlei war bewiesen: Ein Vakuum ist möglich. Seit Aristoteles hatte man geglaubt, die Natur habe einen »horror vacui«, einen Abscheu vor dem Leeren. In Torricellis Röhre oberhalb des Quecksilbers war aber eine solche Leere, denn keine Luft konnte dort hineindringen. Zweitens war klargeworden, daß es der Druck der Luft ist, welcher der Quecksilbersäule das Gleichgewicht hält. – Torricelli hatte Quecksilber gewählt, weil es schwer ist und nicht verdampft; er konnte leicht beweisen, daß bei Wasser die Säule entsprechend höher sein müsse, jedoch niedriger als die 40 Fuß, die der Brunnen tief war. So war das »Versagen« der Pumpe erklärt.

Torricellis Behauptung über den Luftdruck fand viel Widerspruch. Blaise *Pascal* bestätigte sie durch ein nicht weniger berühmtes Experiment. Pascal sagte sich, wenn die Quecksilbersäule durch den Druck der Luft gehalten wird, so muß die Höhe der Säule bei wechselndem Luftdruck ebenfalls wechseln. Pascal lebte in Rouen. Er wiederholte das Experiment Torricellis zunächst am Fuße und auf der Spitze des Turms der dortigen Kathedrale. Die festgestellte Differenz schien ihm jedoch zu gering, um einwandfreie Schlüsse zuzulassen. Ein Schwager Pascals im

Bergland der Auvergne wiederholte auf Bitten Pascals den Versuch. Am Fuße eines Berges ließ er einen Versuchsapparat mit zwei Beobachtern zurück. Den anderen trug er auf den Berg hinauf. Es ergab sich ein deutlicher Unterschied von mehreren Zentimetern. Als er abwärts ging, stieg die Höhe seiner Quecksilbersäule und hatte am Fuße des Berges wieder die gleiche Höhe wie die dort verbliebene.
Auf Torricellis Entdeckung beruht das Quecksilberbarometer. Heute werden meist andere Formen von Barometern verwendet.

OTTO VON GUERICKE Ohne von Torricellis und Pascals Versuchen etwas zu ahnen, stellte Otto von *Guericke* (1602–1686), Bürgermeister von Magdeburg, eine Serie berühmt gewordener Versuche an. Guerickes Ausgangspunkt war ein Problem der Astronomie. Die Planetenbewegungen waren ja das große Thema dieser Jahre. Bewegten sich die Planeten im luftleeren Raum? Guericke meinte, es müsse so sein, weil sie sonst durch den Widerstand der umgebenden Luft allmählich zum Stillstand kommen müßten. Guericke war vom gleichen Geiste wie Galilei. Die Frage müsse am besten experimentell geprüft werden, sagte er sich: man müsse versuchen, selber ein Vakuum herzustellen.
Zuerst versuchte er, aus einem mit Wasser gefüllten Gefäß das Wasser herauszupumpen, ohne daß Luft eindringen konnte. Das erwies sich zunächst als unmöglich. Es dauerte nicht lange, bis trotz aller Vorsicht die Luft mit lautem Zischen in das Gefäß drang. Mit einem doppelt verstärkten Kupfergefäß kam Guericke etwas weiter. Zwei Männer konnten mit äußerster Kraftanstrengung eine Weile pumpen. Aber dann zersprang das Gefäß mit gewaltigem Krach. Ein dritter Versuch gelang. Guericke ging einen Schritt weiter und pumpte die Luft aus einem Gefäß, ohne es vorher erst mit Wasser zu füllen. Mit der Änderung, die er dazu an seiner Pumpe vornehmen mußte, erfand er die *Luftpumpe*.
Guericke ersann eine Reihe von Versuchen, die schlagend die gewaltige Kraft des Luftdrucks bewiesen. Am bekanntesten sind seine sogenannten Magdeburger Halbkugeln. Zwei Halbkugeln von etwa einem halben Meter Durchmesser wurden lose aneinandergefügt und dann durch eine Luftpumpe leergepumpt. Es bedurfte der Kraft von acht Pferden an jeder Halbkugel, um sie auseinanderzureißen. Guericke führte seine Experimente auf dem Reichstag dem Kaiser vor.

BOYLE Der Engländer Robert *Boyle,* dem wir im folgenden Abschnitt erneut begegnen werden, und sein Assistent Hooke machten mit Hilfe der von Guericke erfundenen Luftpumpe – die sie dabei verbesserten – weitere Versuche mit der Luft. Sie untersuchten ihr Gewicht und ihre Elastizität. Dabei entdeckten sie das Gesetz, das man in den angelsächsischen Ländern meist nach Boyle benennt (auf dem Kontinent auch nach dem Franzosen *Mariotte,* der es ebenfalls formulierte): Das Volumen eines Gases – gleichbleibende Temperatur vorausgesetzt – nimmt ab im umgekehrten Verhältnis zu dem darauf ausgeübten Druck. Verdoppelter Druck läßt also das Volumen des Gases auf die Hälfte zusammenschrumpfen. Wird der Druck wieder auf die Hälfte reduziert, nimmt das Gas sein altes Volumen wieder ein. – Natürlich läßt sich das nicht beliebig fortsetzen, da man sonst durch immer weitere Steigerung des Drucks schließlich das Gas praktisch auf das Volumen 0 müßte zusammendrängen können. Das heißt, das Gesetz stimmt nur für Drücke, die einen bestimmten Wert nicht übersteigen.

4. Die Struktur der Materie

Die im Altertum von Leukippos und Demokritos entwickelte und von Epikur und Lucrez glänzend vertretene Atomtheorie war das ganze Mittelalter hindurch unbeachtet geblieben. Man neigte mehr zu der auf Aristoteles zurückgehenden Annahme einer stetigen Beschaffenheit der Körper. Das 17. Jahrhundert griff die alte Atomtheorie wieder auf, weil sie seinem Bedürfnis nach mathematischer Naturerklärung entgegenzukommen schien.

Als Wiedererwecker der Theorie gilt vor allem der Franzose Pierre *Gassendi* (1592–1655). Gassendi ist der Gegenspieler seines Zeitgenossen Descartes in der Philosophie; doch darin, daß die Naturvorgänge mechanisch zu erklären seien, ist er mit ihm einig. Gassendi vertrat wie Demokrit die Ansicht: Alle Materie besteht aus Atomen, und außer den Atomen gibt es nichts als leeren Raum. Die Atome bestehen alle aus dem gleichen Stoff, hart und unzerstörbar, ähnlich Sandkörnern, nur viel kleiner. Sie unterscheiden sich durch ihre Größe und ihre Form. Gassendi gab eine im Prinzip zutreffende Deutung der drei Aggregatzustände fest, flüssig und gasförmig mit Hilfe der Atome. In anderen Punkten irrte er.

Doch nicht Gassendi allein – die meisten großen Naturforscher, die wir in diesem Kapitel betrachtet haben, neigten zur Atomtheorie. Das gilt schon für Francis Bacon, der auch die Wärme als Bewegung der Atome erklärte. Es gilt für Galilei, es gilt in gewissem Sinne für Descartes; es gilt vor allem auch für Boyle und Newton.

Bei Newton findet sich gleich im Vorwort der *Principia* die Bemerkung: »Möchte es gestattet sein, die übrigen Erscheinungen der Natur [das heißt die in den Principia nicht behandelten] auf dieselbe Weise [nämlich wie Newton hier die Bewegungen der Planeten, Kometen, Monde und des Meeres aus der Gravitation ableitet] aus mathematischen Prinzipien abzuleiten! Viele Beweggründe bringen mich zu der Vermutung, daß diese Erscheinungen alle von gewissen Kräften abhängen können. Durch diese werden die Teilchen der Körper nämlich, aus noch nicht bekannten Ursachen, entweder gegeneinander getrieben und hängen alsdann als reguläre Körper zusammen, oder sie weichen voneinander zurück und fliehen sich gegenseitig.« Dies ist, wenn es auch nur beiläufig ausgesprochen ist, schon ein Schritt über die alte Atomtheorie, die auch noch Gassendi vertrat, hinaus, indem Newton hier von *Kräften* spricht, die zwischen den kleinsten Teilchen wirken sollen.

In ganz ähnlichem Sinne heißt es bei Boyle, er betrachte die Erscheinungen der Natur »als verursacht durch die örtliche Bewegung der materiellen Teilchen, indem eines gegen das andere trifft«.
Wir brauchen diese Dinge hier nur zu streifen. Diese Männer sahen wohl das Ideal einer Theorie, die alle Erscheinungen auf die Bewegungen der Atome und die von ihnen ausgehenden oder auf sie wirkenden Kräfte zurückführte. Aber es war noch ein weiter Weg bis zu diesem Ideal zurückzulegen. Erst mit dem Ende des 18. Jahrhunderts kam man ihm tatsächlich näher.

5. Boyle. Anfänge der wissenschaftlichen Chemie

An mehreren Stellen unserer bisherigen Wanderung haben wir auf das Wissen gedeutet, das sich durch die Jahrhunderte allmählich ansammelte auf dem Gebiet, das wir heute Chemie nennen. Es waren nur kleine Ausschnitte, die dabei sichtbar wurden; jeder nähere Blick zeigt, daß an zahllosen Stellen verstreut beim Beginn der Neuzeit schon eine große Menge von Wissen auf diesem Gebiet angesammelt war – soviel, daß eine einigermaßen ausgewogene Fachgeschichte der Chemie immerhin etwa 15 bis 25 Prozent ihres Raumes der Zeit vor dem 17. Jahrhundert zuteilen muß. Und doch: Sobald man sich vergegenwärtigt, welchen Umfang die Chemie und ihre Anwendung heute haben, sobald man nur einen Augenblick an die Tausende von chemischen Fabriken in allen Industriegebieten der Welt denkt, an die schlechthin unübersehbare Zahl der Stoffe, die sie herstellen, der Verfahren, die sie anwenden, an das Maß von Wissen, auf dem dieses alles aufgebaut ist – so wird man zu dem Urteil kommen, daß im 17. Jahrhundert das Reich der Chemie eigentlich noch wie ein riesiges praktisch unbetretenes Neuland dalag.
Wir wissen nicht, wie groß das unbetretene Neuland sein mag, das wir auch heute noch vor uns haben. Aber der Chemiker, der heute auszieht, neues Land zu erobern, hat ein gewaltiges Arsenal von Instrumenten und Techniken; seine Ausbildung hat ihm mindestens die Richtung angegeben, in der er gehen muß; er trägt schon eine Landkarte in seinem Kopfe, auf der die noch bestehenden »weißen Flecken« erkennbar sind. Zu Beginn des 17. Jahrhunderts besaß man nichts dergleichen. Es war das Verdienst des Engländers Robert *Boyle* (1627 bis 1691), daß er der nun entstehenden Wissenschaft der Chemie einen Aktionsplan gab, eine Ausgangshypothese und die Richtung, in der sie – wie sich zeigte, erfolgreich – voranschreiten konnte.
Wir haben Boyle schon mehrfach als führendes Mitglied der Royal Society erwähnt. Boyle war eines aus der großen Kinderschar des berühmten Earl of Cork. Er war ein Wunderkind, das Latein und Französisch spielend lernte, mit acht Jahren nach Eton geschickt wurde und mit vierzehn Jahren die Ergebnisse Galileis in Florenz studierte. Mit siebzehn Jahren beschloß Boyle, sein Leben der Wissenschaft zu weihen.
1661 erschien Boyles Buch *The Sceptical Chymist* – Der skeptische Che-

miker – skeptisch, weil Boyle mit großem Mißtrauen auf alles blickte, was bisher in der Chemie versucht worden war:

Die Chemiker haben sich bisher durch enge Prinzipien, die der höheren Gesichtspunkte entbehren, leiten lassen. Sie erblickten ihre Aufgabe in der Bereitung von Heilmitteln, in der Extraktion und Transmutation der Metalle. Ich habe versucht, die Chemie von einem ganz anderen Gesichtspunkt zu behandeln, nicht wie dies ein Arzt oder Chemiker, sondern ein Philosoph tun sollte. Ich habe hier den Plan einer chemischen Philosophie gezeichnet, die, wie ich hoffe, durch meine Versuche und Beobachtungen vervollständigt werden will. Läge den Menschen der Fortschritt der wahren Wissenschaft mehr am Herzen als ihre eigenen Interessen, dann könnte man ihnen leichter nachweisen, daß sie der Welt den größten Dienst leisten würden, wenn sie alle ihre Kräfte einsetzen, um Versuche anzustellen, Beobachtungen zu sammeln und keine Theorie aufzustellen, ohne zuvor die darauf bezüglichen Erscheinungen geprüft zu haben.

In Boyles Buch treten, ähnlich wie in Galileis Dialogen, drei Personen auf. Der eine vertritt Aristoteles und die alte Lehre von den vier Elementen Feuer, Wasser, Luft und Erde. Der zweite ist ein Anhänger des Paracelsus und der Alchimie. Der dritte ist der »Skeptiker«, der die Ansichten und Beweisgründe beider in Stücke zerreißt. Wir brauchen dem nicht nachzugehen, wie Boyle, unter steter Bezugnahme auf Experimente, im einzelnen zeigt, daß den alten sogenannten Elementen keineswegs dieser Name zukomme. Wichtiger ist das Ergebnis: Da die Existenz der vier Elemente durch kein einziges Experiment erwiesen ist, kann diese Lehre nicht als wahr angesehen werden. Ein Stoff, der nicht völlig homogen ist, sondern noch in mehrere wenn auch noch so kleine Mengen anderer Stoffe zerlegt werden kann, darf nicht Element genannt werden. Elemente sind nur einfachste und völlig homogene Stoffe, die auf keine Weise weiter zerlegt werden können (heute müßte man sagen: die *mit chemischen* Methoden auf keine Weise weiter zerlegt werden können).

Boyle sagt nicht, wieviel Elemente es gibt und welche es sind. Er gibt gewissermaßen nur das Signal: Sucht die Elemente – und sucht sie mit dem Experiment!

Die Chemie folgte diesem Befehl. Allerdings recht langsam! Erst das 18. Jahrhundert begann, das Boylesche Programm mit realem Gehalt zu erfüllen. So können wir die Chemie für dieses Kapitel schon verlassen, wollen aber noch einige von Boyles Einzelergebnissen erwähnen.

Bei ihren Versuchen mit der Luftpumpe stellen Boyle und Hooke fest, daß in einem Gefäß, aus dem sie den größten Teil der Luft gepumpt hatten, kein Tier leben konnte. Auch Verbrennung war darin nicht mehr möglich. Luft war also sowohl zur Atmung wie zur Verbrennung unentbehrlich. Sie fanden auch, daß es offenbar ein bestimmter Bestandteil der Luft war, der diesen Prozessen diente. Luft war demnach ein Gemisch, in dem der hier benötigte »aktive« Bestandteil mit anderen vermengt war. Ähnliche Versuche, die der englische Jurist und Chemiker John *Mayow* (1643–1679) anstellte und 1674 veröffentlichte, führten ihn zum selben Resultat. Tatsächlich gelang es Boyle sogar, den Sauerstoff zu isolieren, ohne daß er dessen gewahr wurde. Man war hier auf der Schwelle zur richtigen Deutung der Verbrennung und der Atmung. Und doch gelang dies erst ein rundes Jahrhundert später. Das war hauptsächlich die Schuld der sogenannten Phlogiston-Theorie, mit der wir im nächsten Kapitel die Betrachtung der Chemie wieder aufnehmen werden.

IV. Biologie: Die Mikroskopisten

Das wichtigste Ereignis in der Biologie des 17. Jahrhunderts vollzog sich, so könnte man sagen, außerhalb der Biologie: die Erfindung des Mikroskops. Die Wissenschaftsgeschichte sollte von Superlativen wie »größte«, »wichtigste« und so weiter möglichst wenig Gebrauch machen. Doch vom Mikroskop läßt sich sagen, daß es wie kaum ein anderes einzelnes Instrument die Entwicklung der Wissenschaften beeinflußt hat. Seine Einführung bedeutete eine neue Epoche. Jede wesentliche Verbesserung, die es im Laufe der Jahrhunderte erfuhr – zuletzt zum Elektronenmikroskop – leitete wiederum ganz neue Entwicklungen ein.
Das Mikroskop war, wie das Teleskop, von Roger Bacon zumindest vorhergesehen worden. Erfunden wurde es um 1620. Mehrere Männer können, wiederum wie beim Fernrohr, auf den Ruhm der Erfindung Anspruch erheben, vor allem der Holländer Cornelius *Drebbel* und die Brillenschleifer Hans und Zacharias *Janssen*. Auch Galilei hat sich mit dem Gedanken an ein Mikroskop beschäftigt.

HOOKE Was das Mikroskop für das Studium der lebenden Substanz bedeutet, sprach als erster der schon genannte Robert *Hooke* (1635 bis 1703) in seiner 1667 durch die Royal Society veröffentlichten *Micrographia* aus:

Das nächste, das mit Bezug auf die Sinne geschehen muß, ist das Ausgleichen ihrer Unzulänglichkeiten durch Instrumente und sozusagen durch das Hinzufügen künstlicher Organe zu den natürlichen; dies ist für eines von ihnen in den letzten Jahren mit reichem Segen für alle Arten nützlichen Wissens durch die Erfindung optischer Gläser gesehen ... Es ist nicht unwahrscheinlich, daß durch diese Hilfen die Feinheit in der Zusammensetzung von Körpern, die Struktur ihrer Teile, das verschiedenartige Gefüge ihres Stoffes, die Instrumente und die Weise ihrer inneren Bewegung und alle die anderen möglichen Erscheinungsweisen der Dinge im größeren Umfang entdeckt werden können.

Aus der Fülle der Beobachtungen und Entdeckungen, die Hooke in seinem Werke mitteilt, interessiert in unserem Zusammenhang die Anwendung des Mikroskops auf das Studium des Baus der Organismen. Hier beschreibt Hooke als erster, daß die scheinbar einheitliche pflanzliche Substanz des Flaschenkorkes in Wirklichkeit aus »kleinen Kasten oder Zellen« zusammengesetzt sei. Neben der Entdeckung der Sache schuf er mit dem Wort »Zelle« auch gleich ihre bleibende Bezeichnung. Bald darauf folgte dieselbe Entdeckung an tierischen Strukturen.
Für Hooke waren die mikroskopischen Studien nur ein Teil seines weit-

verzweigten Forschens. Andere Forscher widmeten ihnen ihr ganzes Leben.

LEEUWENHOEK Ein solcher Mann war der Holländer Antony van *Leeuwenhoek* (1632–1723). Er hatte keinerlei wissenschaftliche Ausbildung genossen. Er lebte in Delft, wahrscheinlich als Inhaber eines kleinen Geschäfts. Das Mikroskopieren war sein Hobby und seine ganze Leidenschaft.

Leeuwenhoek richtete sein selbst erbautes Mikroskop einfach auf alles, was ihm einfiel und was ihm interessant erschien, ohne vorgefaßtes Ziel und ohne eigentliche wissenschaftliche Methode. Aber das machte nichts: es gab ja weder eine wissenschaftliche Literatur über den Gegenstand, die er hätte studieren müssen, noch irgendwelche Vorbilder. Es war einfach lauter Neuland, was er vor sich hatte, und wohin er blickte, fand er Neues. Selten hat ein Mensch als erster so viele neue Dinge erblickt wie dieser Leeuwenhoek. Er sah die ersten Bakterien und ist damit der erste Bakteriologe. Als er einen Tropfen trüben Wassers aus einem Teich auf einer selbst konstruierten Vorrichtung unter seine Linse brachte, sah er ihn erfüllt von wimmelndem Leben: Tiere verschiedener Farbe, verschiedener Größe und mannigfacher, höchst abenteuerlich anmutender Gestalt – eine ganz neue Welt. Leeuwenhoek hatte die Protozoen (Urtierchen, Einzeller) entdeckt.

Jahr für Jahr konnte Leeuwenhoek die gelehrte Welt in Briefen an die wissenschaftlichen Akademien, hauptsächlich die Royal Society in London, mit neuen Funden überraschen.

SWAMMERDAM Ein Landsmann Leeuwenhoeks, Jan *Swammerdam* aus Leyden (1637–1680), Arzt von Beruf, widmete ebenfalls sein Leben der Forschung mit dem Mikroskop. Doch konzentrierte er sich im Gegensatz zu jenem auf ein Gebiet: Insekten. Es gelang Swammerdam, eine subtile Technik des Sezierens unter dem Mikroskop auszubilden. Mit ihrer Hilfe studierte er eine ganze Reihe kleiner Organismen und entdeckte ihren komplizierten anatomischen Bau. Seine Beobachtungen legte er in seiner mit hervorragenden selbstgefertigten Zeichnungen versehenen *Biblia Naturae* nieder.

In den kleinsten Tieren finden wir beständig und überall so viel Ordnung, Plan, Schönheit, Weisheit und Allmacht des großen Baumeisters, wie sie die Eingeweide der größten Tiere zeigen. Denn diesen größeren Tieren sind alle anderen, wie klein sie immer seien, ähnlich in den größeren Umständen von Gehirn, Nerven, Muskeln, Herz, Magen, Eingeweiden und den der Fortpflanzung sowie jedem anderen sinnvollen Zweck dienenden Teilen; so daß man in gewisser Weise versichern könnte, Gott habe nur ein Tier geschaffen, obwohl eingeteilt in eine unendliche Anzahl von Arten oder Gattungen, die voneinander abweichen in den Gestalten und Biegungen und in der Ausdehnung ihrer Glieder, wie gleichermaßen in Gliederung, Bau und Lebensweise.

Das Werk Swammerdams blieb auf seinem Gebiet unübertroffen für mehr als hundert Jahre. Er selbst aber hatte seine Kräfte mit der unendlich mühsamen Arbeit überanstrengt und starb mit 43 Jahren.

Zwei uralte Vorurteile wurden durch Swammerdams Arbeiten ein für

allemal erschüttert. Das eine war die auch noch von *Harvey* vertretene Ansicht, Insekten und niedere Tiere seien äußerlich geformte, aber im Innern undifferenzierte Haufen organischer Substanz ohne ausgebildete Organe. Das zweite war die Meinung, solche kleinen Organismen entständen durch Fäulnis aus unbelebtem Stoff. Diese Ansicht hatte auch Leeuwenhoek bekämpft.
Ein anderer Biologe, der diese Meinung bekämpfte und den wir bei dieser Gelegenheit erwähnen können, war der Italiener Francesco *Redi* (1626–1698). Er bewies experimentell, daß Maden nur im Fleisch entstehen, wenn es nicht vor Fliegen geschützt wird. Aber weder Redis noch Swammerdams Entdeckungen genügten, um der alten Ansicht von der »Urzeugung« aus Unbelebtem den Garaus zu machen. Die höchst komplizierten Lebensgewohnheiten der internen Parasiten verwirrten das Bild. Sie wurden erst im 19. Jahrhundert durch Pasteur und Koch aufgeklärt.

MALPIGHI Ein Landsmann Redis war Marcello *Malpighi* (1628 bis 1694). Zusammen mit dem Engländer Nehemiah *Grew* (1641–1712), der praktischer Arzt und zugleich Sekretär der Royal Society war, gehört Malpighi zu den Begründern der Histologie (Gewebelehre), wobei Grew sich mehr auf die Pflanzen konzentrierte, während Malpighi sowohl Pflanzen wie Tiere untersuchte. Malpighi entdeckte die roten Blutkörperchen und die Schichten der Haut. Er studierte den pflanzlichen und tierischen Embryo, die Struktur der Drüsen; unter anderem auch Anatomie, Physiologie und Lebensgewohnheiten der Seidenraupe.
Bei dem engen Zusammenhang der allgemeinen Biologie mit den medizinischen Wissenschaften, insbesondere der Anatomie und Physiologie des Menschen, ist es selbstverständlich, daß die meisten Entdeckungen, welche die vorstehend genannten Männer am Mikroskop machten, auch für die Medizin von erheblicher Bedeutung waren. Malpighi selbst bereicherte die Medizin durch eine unten noch zu nennende mikroskopische Entdeckung. Umgekehrt stellen die Fortschritte in der Physiologie des Menschen, vor allem die Entdeckung Harveys, auch Marksteine für die Entwicklung der Biologie dar.

V. Medizin

IATROPHYSIK UND IATROCHEMIE Die Spuren des mathematischen und mechanischen Erkenntnisideals, wie es Descartes formulierte und wie ich es als Signum des 17. Jahrhunderts bezeichnete, suchen wir auch in der Medizin nicht vergeblich. Die Gedanken Descartes' und der Aufschwung der Physik und Chemie führten dazu, daß man auch in der Medizin versuchte, die Funktionen des Organismus wie eine Maschine zu verstehen und aus den Gesetzen der Physik und Chemie abzuleiten. Aus diesem Bestreben gingen die beiden Schulen der Iatrophysiker und Iatrochemiker hervor. Die erste machte sich hauptsächlich physikalische

Gedanken zu eigen. Einen ihrer Vertreter oder mindestens Vorläufer, *Sanctorius*, habe ich mit seinen Versuchen über den Stoffwechsel schon im vorigen Kapitel erwähnt. Die andere mehr an der Chemie orientierte Schule begründete Franz de la Boë *Sylvius* (1614–1672), Professor in Leyden. Sylvius war nicht der erste, der chemische Gesichtspunkte in die Heilkunde brachte; aber er tat es erstmals systematisch. Er begründete das erste chemische Universitätslaboratorium. Sylvius baute ein ganzes medizinisches Lehrsystem nach chemischen Gesichtspunkten auf. Wir übergehen die Einzelheiten, denn die Bedeutung beider Schulen ist begrenzt, weil trotz der richtigen Grundgedanken das physikalische und erst recht das chemische Rüstzeug der Zeit noch zu beschränkt und zu grob waren, als daß sie mit Erfolg auf die feinen Vorgänge im Organismus hätten angewandt werden können.

HARVEY William *Harvey* (1578–1657) wird keiner der genannten Schulen zugezählt. Doch die epochemachende Entdeckung, die ihm gelang und die die Physiologie erst zum Range einer exakten Wissenschaft erhob, liegt in der durch Descartes vorgezeichneten Linie: Anwendung mechanischer Prinzipien auf die Funktionen des Organismus. In England geboren, studierte Harvey in Padua, kehrte dann in seine Heimat zurück und wurde Professor der Anatomie und Chirurgie in London, auch Leibarzt zweier Könige.

Obwohl Leonardo da Vinci, Michael *Servet* (1511–1553), der spanische, in Genf als Ketzer hingerichtete Arzt in seinem 1553 erschienenen Buch *Christianismi restitutio* und andere der Entdeckung des Blutkreislaufs nahe gekommen waren, hatte sich doch bis zu Harveys Zeit die alte irrtümliche Ansicht des Galenos über die Bewegung des Blutes in den Adern gehalten. Galen erklärte die Entstehung des Blutes unmittelbar aus der Verarbeitung der Nahrung in der Leber, das Pulsen des Blutes in den Adern als ständiges rhythmisches Hin- und Herfluten. Das unterschiedliche Aussehen des Blutes in Venen und Arterien wurde damit erklärt, daß das Blut in den Arterien die »Lebensgeister« trage. Das Blut sollte durch winzige Poren von der rechten in die linke Herzkammer gelangen und dort mit diesen Lebensgeistern gleichsam immer wieder aufgeladen werden.

Den ersten Hinweis auf die Unhaltbarkeit dieser Ansicht erhielt Harvey möglicherweise in Padua durch seinen Lehrer *Fabricius* von Aquapendente. Dieser hatte entdeckt, daß die Venen ihres Baues wegen das Blut nur in einer Richtung durchlassen können. Fünfzehn Jahre lang arbeitete Harvey, nachdem er nach England zurückgekehrt war, an der Aufgabe, eine andere Erklärung für die Bewegung des Blutes zu finden. Er studierte die Herztätigkeit bei zahlreichen lebenden Tieren. Außerdem stellte er, was methodisch interessant und bedeutsam ist, quantitative Überlegungen an. Doch lassen wir ihn selbst sprechen:

Damit uns aber nicht irgend jemand nachsagt, wir böten nur Worte und stellten nur köstliche Behauptungen ohne irgendwelche Begründung auf, und wir führten Neuerungen ein ohne triftigen Grund, so stellen wir drei Sätze auf, aus denen

diese Wahrheit meines Erachtens zwingend folgt, und die Sache sich offenkundig ergeben wird:
Erstens, daß das Blut ununterbrochen und anhaltend aus der Hohlvene in die Arterien in so großer Menge durch den Herzschlag hinübergeleitet wird, daß es durch die aufgenommene Nahrung nicht nachgeliefert werden kann und so, daß die gesamte Menge binnen kurzer Zeit dort hindurchgeht;
zweitens, daß das Blut gleicherweise ununterbrochen und anhaltend in jedes beliebige Glied und jeden Körperteil mittels des Arterienpulses hineingetrieben wird und eintritt in einer viel größeren Menge, als dies für die Ernährung genügt bzw. als durch den Gesamtvorrat nachgeliefert werden könnte;
und entsprechend drittens, daß die Venen selbst dieses Blut immerwährend in das Herz zurückführen.
Wenn dies sichergestellt ist, wird es meiner Meinung nach greifbar werden, daß das Blut aus dem Herzen in die Gliedmaßen und von hier wieder zurück in das Herz kreist, zurückrollt, vorwärts getrieben wird, zurückströmt, und so gleichsam eine Art Kreisbewegung vollführt.

Die Stelle ist entnommen aus Harveys berühmtem Buche *Eine anatomische Studie über die Bewegung des Herzens und des Blutes bei den Lebewesen.* Es erschien 1628. Harvey beschrieb genau und zutreffend die Vorgänge in ihren einzelnen Phasen. Eine Lücke blieb in seiner Lehre vom Kreislauf des Blutes. Die Kapillaren, durch die das Blut von den Arterien zu den Venen gelangt, konnte er mit bloßem Auge nicht sehen. Die Lücke wurde bald nach Harvey mittels des Mikroskops durch den eben erwähnten Malpighi geschlossen.

SYDENHAM Das Hereinziehen physikalischer und chemischer Gesichtspunkte in die Medizin, wie es die Iatrophysiker und Iatrochemiker unternahmen, bedeutete angesichts des damaligen Wissensstandes auf diesen Gebieten eine gewisse Gefahr für die Heilkunde. Allzu einfach und schematisch war die praktische Therapie, die man aus solchen Lehrgebäuden entwickelte. Der Gefahr, die Medizin könnte das Hauptziel, nämlich das Erkennen der Krankheit am einzelnen Menschen und ihre Heilung, aus dem Auge verlieren, traten vor allem die praktischen Ärzte entgegen, unter ihnen der Engländer Thomas *Sydenham* (1624 bis 1689). Sydenham war sein ganzes Leben lang praktischer Arzt. Sein erheblicher Einfluß auf die Richtung, die die Medizin einschlug, ging zum größten Teil aus dieser praktischen Tätigkeit hervor und nicht aus den wenigen von ihm verfaßten Schriften. Sydenham legte besonderen Wert auf das Erkennen des individuellen Krankheitsprozesses in seinen verschiedenen Stadien, er teilte die Symptome nach diesen Stadien ein. Mit verhältnismäßig einfachen therapeutischen Hilfen wie Brech- und schweißtreibenden Mitteln suchte er den Organismus des Kranken in seinem natürlichen Abwehrkampf gegen die Krankheit zu unterstützen. Sydenham erkannte auch die in vielen Fällen heilsame Wirkung des Fiebers. Er brachte den hippokratischen Grundsatz, der Arzt sei der Helfer der Natur, wieder zu Ehren.

DER ÄRZTLICHE STAND Wir übergehen weitere Einzelheiten, um noch einen Blick auf die Entwicklung des Ärztewesens im 17. Jahrhundert zu werfen. Die oberste Klasse unter den Ärzten bildeten die, die nach einem regelrechten Medizinstudium durch eine Universität zur praktischen Ausübung der Heilkunst autorisiert waren. Eine staatliche Approbation gab es noch nicht. Diese »medici puri« (reine Ärzte) waren sehr angesehen. Durch besondere Tracht und entsprechend würdevolles Auftreten wahrten sie dieses Ansehen. Die meisten praktischen Handreichungen hielten sie allerdings für unter ihrer Würde. Ihre Haupttätigkeit bestand im Stellen der Diagnose und im Verordnen einer Arznei.

Was etwas mehr handwerklichen Charakter trug, insbesondere die Arbeit des Chirurgen, war den Wundärzten überlassen, die sich ebenfalls eines gewissen, wenn auch geringeren Ansehens erfreuten. Die Geburtshilfe war noch immer fast ausschließlich in den Händen der Hebammen. Doch begannen die Chirurgen, sich Eingang in dieses Gebiet zu verschaffen.

Weit unter den Chirurgen standen die Bader. Zu ihrem Zuständigkeitsbereich gehörte die »niedere Chirurgie« wie Schröpfen und Aderlassen. Neben diesen drei Klassen ausgebildeter Heilkundiger gab es zahlreiche, meist auf bestimmte Leiden spezialisierte Kurpfuscher. Sie übten ihr Gewerbe wie Steinschneiden oder Starstechen im Umherziehen aus.

Der ärztliche Unterricht an den Universitäten bewegte sich zum großen Teil noch immer in den Bahnen des Herkommens. Galenos und Avicenna waren immer noch Autoritäten. Erst allmählich wurde, u. a. unter dem Einfluß des schon genannten Sylvius, die bereits von Paracelsus geforderte und geübte Unterweisung der Lernenden am Krankenbett üblich und ein geregelter klinischer Unterricht eingerichtet. Die Universität Leyden, an der Sylvius wirkte, war in diesem Jahrhundert in der Medizin führend.

VI. Geographie

ENTDECKUNGEN Ich habe im vorigen Kapitel die Entdeckungsgeschichte mit einiger Stetigkeit verfolgt bis zu dem Punkt, da im großen Entdeckungszeitalter die Menschheit erstmals eine Vorstellung vom Ganzen der Erdoberfläche in groben Umrissen gewann. Im einzelnen darzulegen, wie der damit gesteckte Rahmen in der Folge weiter ausgefüllt wurde, ist nicht möglich. Ich hebe deshalb von diesem Jahrhundert ab nur bezeichnende Ausschnitte hervor.

Im 17. Jahrhundert ist dies die Suche nach dem sagenhaften Südland, das seit Ptolemäus in allen Köpfen spukte. Das Südland sollte sich rings um den Südpol ausdehnen, aber bis in gemäßigte oder sogar tropische Zonen erstrecken. Auch Vespucci glaubte daran. Als Magalhães die Straße zwischen Patagonien und Feuerland durchfahren hatte, glaubte man, er sei damit am Nordrande dieses Kontinents entlanggefahren.

Zunächst bemühten sich die Spanier, die Frage zu klären. Das begann schon im 16. Jahrhundert. Dabei wurde 1526 Neu-Guinea entdeckt, in der zweiten Hälfte des Jahrhunderts eine Reihe weiterer Inseln im Pazifik. 1605 stießen Pedro Fernandez de Quiños und Luiz Vares de Torres auf Land, das sie wiederum für den Südkontinent hielten und deshalb »Australia del Espiritu Santu« (Südland des Heiligen Geistes) tauften. Damit erschien der Name Australien zum erstenmal auf einer Karte. Sie waren jedoch auf den Neuen Hebriden gelandet.

Mit der Gründung der Holländischen Ostindischen Kompagnie im Jahre 1602 übernahmen die Niederländer zunächst die führende Rolle – mit dem Ergebnis, daß der Glaube an das Südland allmählich aufgegeben werden mußte. 1616 erblickten und tauften zwei Holländer das Kap Hoorn. Schon vorher hatte der Engländer Francis *Drake*, der 1577 bis 1580 die zweite Weltumseglung vollbrachte, festgestellt, daß Atlantik und Pazifik südlich der amerikanischen Landmasse in breiter Front zusammenhängen.

Die wichtigsten Entdeckungen machte der Holländer Abel Janszoon *Tasman* im Dienste des holländischen Generalgouverneurs von Ostindien, van Diemen, von 1642 ab. Tasman umfuhr, ohne es zu wissen, auf der ersten Reise den ganzen australischen Kontinent im Süden. Er landete auf dem später nach ihm benannten Tasmanien. Er erkannte nicht, daß es eine Insel war; aber es war klar, daß ein Südland, wenn es existieren sollte, nicht so weit nach Norden reichen konnte, wie man geglaubt hatte. Tasman kam auf weiteren Reisen nach Neuseeland, wiederum ohne dessen Inselnatur zu erkennen; er hielt es für ein Stück Südkontinent. Er erforschte ferner die Umrisse Neuguineas und Teile der australischen Nord- und Westküste. Klarheit über Australien brachte jedoch erst das 18. Jahrhundert.

GEOGRAPHISCHE THEORIE Neben den Kartographen, die den Ertrag der Entdeckungen auswerteten und unter denen der Name *Mercators* hervorragt, stehen schon im 16. Jahrhundert die Männer, welche die abendländische Geographie über das Erzählen von Merkwürdigkeiten fremder Länder hinausführten und ihr eine feste theoretische Basis zu geben begannen: die sogenannten *Kosmographen*. Die beiden bekanntesten sind *Apian* mit seiner 1524 erschienenen *Cosmographia* und Sebastian *Münster*, dessen 1544 erschienenes Werk den Titel *Cosmographia universalis* trägt. Während bei Apian die Geographie ganz auf Mathematik und Messung abgestellt ist, legt Münster das Hauptgewicht auf die Beschreibung der Länder und ihrer Bewohner. So beginnt bereits hier die Trennung von mathematischer und politischer Geographie. An der Wende zum 17. Jahrhundert steht der deutsche Geograph und Altertumsforscher Philipp *Clüver* (1580–1622). Er bereiste den größten Teil Europas. Von seinen Hauptwerken begründete *Italia antiqua* die historische Geographie; die *Introductio in universam geographiam* blieb für 100 Jahre ein maßgebendes allgemeines Lehrbuch.

Bernhard *Varenius*, ebenfalls ein Deutscher, Doktor der Medizin, ist nur 28 Jahre alt geworden (1622–1650). In seinem Todesjahr erschien seine *Geographia generalis*, die als wissenschaftliche Grundlegung der physischen Erdkunde angesehen wird. Das Buch war fast vergessen, als

Newton seinen Wert erkannte und es 1672 neu herausgab. Das Werk ist ein Muster logischer Ordnung und knapper, präziser Sprache. Varenius unterscheidet eine allgemeine Geographie, welche die Erde im ganzen betrachtet, von der speziellen, die sich auf die einzelnen Länder bezieht. Die allgemeine gliedert er in drei Abteilungen: Der »absolute« Teil behandelt die Formen, Abmessungen und Substanzen der Erde, die Verteilung von Land und Wasser, Gebirge, Wälder und Wüsten, die Atmosphäre. Der »relative« Teil handelt von Breiten, Längen, Klimazonen. Der »vergleichende« Teil bringt nicht ganz das, was man unter diesem Titel erwartet. Es ist die Rede von der Lage von Orten und ähnlichem; der auf den Menschen bezogene Teil der Geographie ist wenig berücksichtigt.

VII. Geisteswissenschaften

1. Das Ideal einer Wissenschaft vom Menschen

Descartes' Ideal der Erkenntnis und seine Methode waren an der Mathematik als Vorbild orientiert; keineswegs aber waren sie eine beschränkt fachlich-mathematische Angelegenheit. Sie waren weder von ihm so gedacht, noch blieb ihre Wirkung auf ein Fachgebiet begrenzt. Ihre Bedeutung für die Geisteswissenschaften war nicht geringer als für die exakten Naturwissenschaften. Sie war eher noch größer, aus mehreren Gründen:

Die Männer, die unter der Inspiration des geometrischen Ideals das glanzvolle Gebäude der neuen Astronomie und Physik aufführten, verfielen ihm nicht so ausschließlich, daß die Schattenseite des Descartesschen Denkens, nämlich sein etwas einseitiger abstrakt-deduktiver Charakter, sich zum Schaden der Wirklichkeitsnähe auswirken konnte. Die Naturwissenschaftler blieben davor bewahrt, weil sie zugleich Experimentatoren waren. Das wirkte als ständiges Korrektiv gegenüber allzu einseitigem deduktivem Verfahren. Von Newton insbesondere kann man sagen, daß er etwa in der Mitte zwischen dem reinen Mathematiker Descartes und dem reinen Experimentator Hooke steht, daß er beide Extreme in fast idealer Form zu verbinden wußte.

In den Geisteswissenschaften war dieses Korrektiv nicht in gleicher Art und Wirksamkeit vorhanden. Die Geisteswissenschaften haben sich immer gern an naturwissenschaftlichen Idealen und Methoden ausgerichtet. Das geschah später im 19. Jahrhundert, als sie den vornehmlich aus der Biologie kommenden – und für sie in der Tat überaus fruchtbaren – Entwicklungsgedanken aufgriffen. Das geschah auch im 17. und 18. Jahrhundert, als sie sich am Ideal einer mathematisch-mechanischen Erkenntnisweise begeisterten. (In beiden Fällen kam das Ideal selbst übrigens eigentlich nicht aus einer Fachwissenschaft, sondern aus der Philosophie.) Ohne das Korrektiv der experimentellen Methode, welche freilich auch in ihnen viel schwieriger zu handhaben und in weitem

Umfang gar nicht durchzuführen ist, gerieten die Geisteswissenschaften noch ausschließlicher als die Naturwissenschaften in den Bann des mathematischen Ideals. Man glaubte, aus wenigen ein für allemal feststehenden Axiomen ein geschlossenes System errichten zu können. Es war im Grunde noch ein scholastisches Ideal, nur daß an Stelle der aristotelischen Logik die euklidische Geometrie getreten war.

Noch in anderer Hinsicht läßt sich behaupten, daß das mathematische Wissenschaftsideal für die Geisteswissenschaften eine überragende Bedeutung erlangte: Es ließ eigentlich erst Vorstellung und Begriff einer Wissenschaft vom Menschen entstehen, die an Strenge und Allgemeingültigkeit hinter der Physik nicht zurückstehen sollte. Dazu waren zwei Voraussetzungen nötig. Die Erkenntnis, oder richtiger die Überzeugung, mußte sich durchsetzen, daß der Mensch in seiner Ganzheit, nicht nur mit seiner körperlichen Seite (dies lehrte schon Descartes) ein Glied der Natur und ihren Gesetzen unterworfen sei. Zweitens mußte man die »geometrische« Methode auf den ganzen Bereich der Natur – einschließlich des Menschen und seiner eigenen Welt – anwenden.

Die Idee einer solchen Wissenschaft vom Menschen wurde im 17. Jahrhundert geboren. Breiter ausgeführt wurde sie erst im 18. Jahrhundert. Das Bemühen ging in zwei Richtungen: auf eine Wissenschaft von der menschlichen Natur selbst und auf eine Wissenschaft oder Wissenschaften von allen Zweigen des geistigen und gesellschaftlichen Lebens der Menschen: von Religion, Politik, Wirtschaft, Gesellschaft und Moral. Die führende Stellung des englischen Geistes im Zeitalter Isaac Newtons erstreckt sich auf diese neuen Geisteswissenschaften. Jedenfalls waren die beiden Männer, die die neuen Möglichkeiten zuerst erkannten und aussprachen, Engländer: Hobbes und Locke. Die folgende Würdigung beider will ihre Bedeutung in dieser einen Beziehung hervorheben, versucht also nicht, ihr Gesamtwerk ins Auge zu fassen, auch nicht ihre Stellung in der Entwicklung der Erkenntnislehre oder der politischen Theorie.

HOBBES Thomas *Hobbes* – 1588, im Jahre, da die Armada England bedrohte, geboren, nach einem wechselvollen Leben, das ihn elf Jahre ins Exil führte, mit 91 Jahren (1679) gestorben – ist einer der machtvollsten und einflußreichsten Denker in der Geschichte der Philosophie. Ganz deutlich ist bei ihm die Erkenntnis, daß der Mensch auch mit seinem geistigen Leben ein Glied der natürlichen Ordnung ist. Als erster unternimmt es Hobbes, die Methoden der mechanischen und mathematischen Naturerklärung konsequent auf alle Gebiete der Philosophie und der Wissenschaft anzuwenden. Er kennt Descartes und bewundert das Werk Galileis. Sein Ziel ist eine »soziale Physik« im vollen Sinne des Wortes.

Ausgangspunkt muß das Studium des einzelnen Menschen und seiner Gedanken sein. Das geschieht am einfachsten durch Selbstbeobachtung, durch Introspektion. Denn: wer immer in sich selbst hineinblickt und erwägt, auf welche Weise er denkt, schließt, fühlt und fürchtet und aus welchen Gründen, der weiß und liest gleichsam daran ab, wie die Gedanken und Gefühle aller anderen Menschen in der jeweils gleichen Lage aussehen.

In diesem Satz Hobbes' tritt unausgesprochen eine Voraussetzung zutage, die der Sozialphilosophie des 17. und 18. Jahrhunderts fast durchgehend zugrunde liegt: die Überzeugung von der Gleichheit der Menschen. Es ist nicht schwer, diese Überzeugung als politische und soziale Apologetik zu erkennen: als die philosophische Rechtfertigung der Forderungen des dritten Standes, welcher im 17. Jahrhundert, in England zuerst, seine Gleichberechtigung und bald darauf die gesellschaftlich führende Stellung erkämpfte.

Was findet man bei solcher Selbstbetrachtung als Ursprung all dessen, was sich im menschlichen Geiste abspielt? Die Sinne! Nichts ist im menschlichen Geiste, was nicht durch die Sinne hineingekommen ist! Das liegt durchaus im Zuge des Descartes'schen Denkansatzes. Materielle Körper und ihre Bewegungen sind das einzig Wirkliche in der räumlichen Welt. Der einzige Weg, auf dem dieses Wirkliche auf den Geist des Menschen einwirkt, ist die physische Berührung mit den Sinnesorganen.

Sind so alle Begriffe aus Sinneswahrnehmungen abgeleitet, so besteht der nächste Schritt darin, die Gesetze aufzusuchen, nach denen sich die Begriffe im Geiste ordnen und verbinden. Sie verbinden sich nach mechanischen Gesetzen, in der Ordnung, wie sie ursprünglich den Sinnen eingeprägt wurden. Wenn der Gedanke an einen Apfel sogleich den an den Apfelbaum wachruft, so deshalb, weil die Eindrücke von beiden in der vorausgegangenen Sinneserfahrung unmittelbar benachbart sind. Die Begriffe hängen zusammen, wie Körper durch Kohäsion zusammenhängen. Die Gesetze der Gedankenassoziation sind also genauso mechanisch zu fassen wie andere Naturgesetze. Denken ist eine in dieser Weise geregelte Abfolge von Bildern im Bewußtsein; Sprache besteht darin, diesen Bildern Namen zu geben. Will man philosophische Schlagworte gebrauchen, so ist die Lehre Hobbes' sensualistisch und nominalistisch. Das Ganze ist die Begründung einer rationalen Psychologie. Diese Grundansicht vom menschlichen Geiste blieb für zwei Jahrhunderte herrschend. Ihre genaue Entsprechung zur Naturerklärung Descartes' und Newtons liegt auf der Hand.

Die Folgerungen, die Hobbes für die menschliche Natur im allgemeinen und daraus weiter für die politische und soziale Theorie zieht, sind zu bedeutsam, um sie ganz zu übergehen; wenn wir auch die Entfaltung der politischen und Gesellschaftsphilosophie in unserem Rahmen nicht im einzelnen verfolgen können. In bezug auf den Staat steht Hobbes mit seinem Eintreten für die Allgewalt der Staatsmacht an der Seite Machiavellis und Bodins. Ähnlich wie Bodin hatte Hobbes in seinem eigenen Vaterlande die zerstörerischen Religionskämpfe erlebt, und gleich diesem stellte er sich auf die Seite des Staates und verfocht eine absolute Monarchie.

Bei Hobbes findet sich auch zuerst die Idee des Gesellschaftsvertrages, die eine so bedeutsame Rolle in den Lehren des 18. Jahrhunderts spielen sollte. Der Gedanke hat seine Wurzeln schon im römischen Recht und im mittelalterlichen Denken. Die spätere Entwicklung des Römischen Reiches und Rechts, in deren Verlauf die ursprünglich beim Volke ruhende gesetzgebende Gewalt ganz auf den Kaiser übertragen wurde, bot ein Modell. Mit der Aufnahme römischer Rechtsgedanken im Mittelalter drang auch in das abendländische Denken die Idee ein, daß die rechtsetzende und ausführende Gewalt des Staates auf einem ursprünglichen Übertragungsakt von seiten der Regierten beruhe. Der Gedanke ist zweischneidig. Er kann zur Stützung der Staatsgewalt verwendet werden; er kann auch, sobald man das Gewicht auf die ursprüngliche Souveränität des Volkes legt, revolutionierend wirken. Hobbes verwandte ihn im ersteren, das 18. Jahrhundert vorwiegend im letzteren Sinne.

Die Form, die der Gedanke des Gesellschaftsvertrages bei Hobbes erhält, beruht auf seiner Einschätzung der menschlichen Natur. Diese Einschätzung ist die gleiche wie die Machiavellis. Der Mensch im Naturzustande – dieser Lieblingsbegriff des 18. Jahrhunderts tritt auch schon bei Hobbes auf – ist ein reißendes Tier, regiert von Leidenschaften und besessen von einem unersättlichen Hunger nach Macht und Besitz. Ohne eine übergeordnete Gewalt, im Naturzustande der Gesellschaft, würde unter den Menschen ein »bellum omnium contra omnes«, ein Krieg aller gegen alle herrschen. Vernunft lehrt die Menschen erkennen, daß soziales Zusammenleben nur möglich ist, wenn die zerstörerischen Urtriebe gebändigt werden, wenn eine übergeordnete Macht aufgerichtet wird, welche die einzelnen einerseits schützt, andererseits einschränkt. So entsteht der Staat, in dem jeder einzelne sein Recht der Selbstbestimmung auf den einen überträgt, der fortan den gemeinsamen Willen verkörpern und ausführen soll – überträgt unter der Bedingung, daß jeder andere das gleiche tue. Man sieht, der Grundgedanke Hobbes' ist keineswegs an die monarchische Staatsform gebunden. Repräsentant des allgemeinen Willens könnte ebensogut ein Parlament sein. Hobbes Nachfolger nahmen auch alsbald diese Änderung vor. Das Wesentliche in der wirklichen politischen Entwicklung und auch in der Hobbes'schen Theorie war nicht die Monarchie, sondern die absolute Staatsmacht.

Diese Gedanken Hobbes sind in seinem berühmten *Leviathan* und in seinem dreiteiligen Hauptwerk *Elemente der Philosophie* enthalten.

LOCKE Wenn man sich die Gedanken Hobbes' vergegenwärtigt hat, kann man sich über John *Locke* (1632–1704) kurz fassen. Denn obwohl Locke gewöhnlich, und nach seinem Einfluß auch zu Recht, als Vater der geistigen Ideen der Aufklärung gilt, welche Europa im folgenden Jahrhundert beherrschen und revolutionieren sollten, so hat er doch nicht viel mehr getan, als die Gedanken Hobbes' durchzudenken und zu popularisieren – wenigstens für den hier betrachteten Teilzusammenhang, indem Locke vom gleichen Ideal einer rationalen Wissenschaft von der menschlichen Natur und Gesellschaft durchdrungen ist wie Hobbes. Locke war es, über den Voltaire sagte, er sei, obwohl kein Mathematiker, doch methodischer und exakter als irgendein anderer gewesen und habe bewiesen, daß man auch ohne Geometrie den »geometrischen Geist« haben könne.

In anderer Hinsicht, als Vertreter des Empirismus in der Erkenntnistheorie, als politischer Theoretiker des Konstitutionalismus, als Vorkämpfer einer vernunftgemäßen Betrachtung, Begründung und Bewertung der Religion und nicht zuletzt als Apostel der Toleranz hat Locke gegenüber Hobbes seine selbständige Bedeutung, so sehr, daß er und Newton zusammen als die beiden wichtigsten Lehrmeister des 18. Jahrhunderts bezeichnet werden können. Wie dieses Jahrhundert die Gedanken Lockes weiter ausführte, bildet den Gegenstand des folgenden Kapitels.

Newton und Locke, an der Schwelle vom 17. zum 18. Jahrhundert stehend, haben eine Doppelstellung inne. Sie sind zum einen Teile Vollender, Newton für die von Kopernikus, Kepler, Galilei eingeleitete Neugeburt der Naturwissenschaft, Locke u. a. für die politische Theorie, die das Ergebnis der englischen Verfassungskämpfe des 17. Jahrhunderts nachträglich zu rechtfertigen hatte. Newton und Locke weisen andererseits in die Zukunft, der eine als Prophet einer mächtigen Wissenschaft von der Natur, der andere als Prophet einer neuen Wissenschaft von der menschlichen Natur.

Was diese letztere anbetrifft, so stellte das 17. Jahrhundert mit Hobbes und Locke erst das Programm auf, das im 18. Jahrhundert ausgeführt wurde. Die geisteswissenschaftlichen Arbeiten des 17. Jahrhunderts erfüllen es noch nicht.

2. Geschichtsschreibung

FRANKREICH Der hervorstechende Zug in der Geschichtsschreibung des 17. Jahrhunderts und auch das, womit diese der späteren Geschichtswissenschaft einen unschätzbaren Dienst erwiesen hat, ist ihr Bemühen um exakte Bearbeitung und Verwertung der Quellen. In Frankreich nehmen neben André *Duchesne* (1584–1640), dem Herausgeber einer großen Quellensammlung, in dieser Beziehung die Benediktinermönche der Kongregation von St. Maurus eine hervorragende Stellung ein. Sie wandten sich gegen jede aus dem Streben nach künstlerisch ansprechender Darstellung erwachsende Verfälschung der Geschichte. Gewissenhaft, mit pedantischer Treue gingen sie daran, Urkunde um Urkunde auszugraben, die Texte exakt festzustellen und in großen lexikonartigen Quellenwerken herauszugeben. Der bekannteste unter diesen Maurinern ist Jean *Mabillon* (1632–1707). Er schrieb eine Geschichte seines Ordens, nachdem er zuvor neun Bände Quellentexte zur Ordensgeschichte herausgegeben hatte. Sein Werk *De re diplomatica* begründete die wichtige Hilfswissenschaft der Diplomatik (Urkundenlehre).

Ein anderes großes Sammelwerk kam ebenfalls von kirchlicher Seite:

die *Acta sanctorum*, eine kalendermäßig geordnete Sammlung von Legenden und biographischen Erzählungen, herausgegeben von Jesuiten, die nach Johann *Bolland*, einem der Mitarbeiter, Bollandisten genannt werden.

Im Werke des französischen Theologen Jacques Bénigne *Bossuet* (1627 bis 1704), *Abhandlung über die Universalgeschichte*, haben wir das Gegenstück zu der pedantischen, aber höchst wichtigen Kleinarbeit der ebengenannten Männer vor uns. Es ist mehr Geschichtsdeutung als Geschichtsdarstellung; und zwar gibt Bossuet – im Zeitalter der beginnenden Aufklärung, als die meisten Gelehrten die religiöse Deutung der Geschichte schon aufgegeben hatten – noch einmal eine christliche Philosophie der Geschichte im augustinischen Sinne.

LEIBNIZ UND MURATORI Leibnizens Leistung als Historiker ist von der Wissenschaft erst spät gewürdigt worden, denn sein Hauptwerk, die Geschichte Braunschweigs, auf die er 24 Jahre Arbeit verwendet hatte, wurde erst rund 150 Jahre nach der ersten Niederschrift im Jahre 1843 herausgegeben. Es ist mit Leibnizens geschichtlichem Gesamtwerk ähnlich wie mit seiner Philosophie: Einiges wurde veröffentlicht, anderes schlummerte in den Archiven. Noch im 20. Jahrhundert wurden unbekannte geschichtsphilosophische Abhandlungen von Leibniz entdeckt. Eine alles einbeziehende gerechte Würdigung seines Werkes steht vielleicht erst noch bevor.

In Anbetracht dessen sowie der Vielgestaltigkeit der Leibnizschen Gedanken und Neigungen, die sich auch in seiner Geschichtsbetrachtung zeigt, ist es schwierig, etwas zur Kennzeichnung zu sagen. Jedenfalls besaß Leibniz, der so vieles in der praktischen Politik, in Geographie, Völkerkunde, Sprachwissenschaft erkannte und sich auch über die Urgeschichte der Erde Gedanken machte, ein universales geschichtliches Bewußtsein von bis dahin kaum erreichter Weite; er selbst ist einer der stärksten Gegenbeweise gegen die Ansicht, welche der Aufklärung den Vorwurf der Ungeschichtlichkeit macht.

Leibniz besaß eine natürliche Freude am Sammeln. Er war unermüdlich im Ausgraben und Durcharbeiten von Akten und Urkunden, legte größten Wert auf peinliche Quellentreue und bestand als einer der ersten darauf, daß geschichliche Urkunden ohne jede Korrektur so zu drucken seien, wie man sie vorfindet. Mit seinen strengen methodischen Grundsätzen steht Leibniz ebenbürtig an der Seite der französischen Historiker seines Jahrhunderts, ja in der kritischen Bewertung der Quellen und ihrer Einordnung in größere Zusammenhänge ist er ihnen überlegen. Es ist kaum übertrieben, daß die deutsche Geschichtsschreibung bis zur Wende vom 18. zum 19. Jahrhundert methodisch nichts wesentlich Neues über das bereits von Leibniz Praktizierte hinaus gebracht hat.

Das italienische Gegenstück zu Leibniz ist Lodovico Antonio *Muratori* (1672–1750), Erforscher des italienischen Mittelalters und einer der fruchtbarsten Autoren in der Geschichte der Historiographie. Muratoris

Wirken gehört im wesentlichen schon dem 18. Jahrhundert an. Es ist jedoch angebracht, ihn des Zusammenhangs wegen schon hier mit anzuführen; denn Muratori setzte mit seinen Quellenwerken die unscheinbare und wenig gewürdigte, aber unschätzbare Kleinarbeit der Franzosen des 17. Jahrhunderts fort. Im 18. Jahrhundert trat eine neue Art von Historikern ins Rampenlicht: brillante Schriftsteller, die sich in wagemutigen geschichtlichen Verallgemeinerungen ergingen, die das allgemeine Bewußtsein viel stärker beeinflußten als jene Kleinarbeit – doch muß man bedenken, daß ohne das Handwerkszeug der Quellen, Akten, Urkunden, Inschriften, ohne Handbücher, Wörterbücher und ohne leichten Zugang zu den Urtexten jedes geschichtliche Bemühen hätte fruchtlos bleiben müssen.

3. Rechtslehre

DIE IDEE DES NATURRECHTS Der Gedanke des natürlichen Rechts ist die bestimmende Idee in der deutschen und europäischen Rechtswissenschaft vom 16. bis 18. Jahrhundert gewesen. Im 16. Jahrhundert wird die Naturrechtslehre ausgebildet, im 17. kommt sie zur vollen Höhe, im 18. Jahrhundert beherrscht sie das ganze Rechtsdenken des Zeitalters.
Sucht man nach den geschichtlichen Gründen dieses für die Wissenschaft wie für das politische und gesellschaftliche Leben gleich bedeutsamen Vorgangs, so muß man zwei Fragen auseinanderhalten. Die eine geht auf die (weit zurückreichenden) geschichtlichen Wurzeln der Idee eines natürlichen Rechts. Die andere geht auf die Gründe, aus denen diese Idee im 16. und 17. Jahrhundert in den Vordergrund trat, und auf die eigene Ausprägung, die sie hier erfuhr.

Die Idee selbst ist, wie wir früher gesehen haben, griechischen Ursprungs. Eine erste weltgeschichtlich wirksame Ausprägung erhielt sie bei den Römern. Das römische ius civile war nur für römische Bürger bestimmt. Welches Recht sollte aber für die zahllosen Völker gelten, die von Rom regiert wurden und deren jedes einen eigenen Kodex von Gesetzen und Gewohnheiten hatte? Im Einklang mit den Lehren der stoischen Philosophie, welche die Natur als einen einheitlichen, rationalen und geordneten Prozeß sah und die grundsätzliche Gleichheit aller Menschen verkündete, suchten und fanden die römischen Herrscher und Juristen jenseits der widerstreitenden Einzelrechte die allgemeinen und grundlegenden Prinzipien, die das Leben der Menschen regieren oder regieren sollen, wie die Naturgesetze die Natur. Das römische ius gentium wurde so seinem Grundcharakter nach ein Naturrecht. Als das römische Recht vom späteren Mittelalter ab im Abendland wieder zu beherrschendem Einfluß kam, wurde auch der naturrechtliche Grundgedanke mit aufgenommen.

Eine andere mächtige Ausprägung hatte das Naturrecht in der Rechtslehre der mittelalterlichen christlichen Kirche erhalten. Dieser zweite Strom naturrechtlichen Denkens ist nicht abhängig von der Aufnahme des römischen Rechts vom 12. Jahrhundert ab, sondern eine selbständige machtvolle Bewegung, die von den Kirchenvätern bis zur Hochscholastik zu verfolgen ist. Beide Ströme verschlangen sich, teils einander befruchtend und ergänzend, teils widerstreitend, in mannigfacher Weise.

Um die Gründe für den neuen Siegeszug des Naturrechts vom 16. Jahrhundert ab zu verstehen, müßte man die gesellschaftliche und geistige Gesamtlage zergliedern. Einer der wichtigsten Gründe liegt auf jeden Fall darin, daß die Auflösung der mittelalterlichen universalen Ordnungen die Einzelstaaten von jeder Bindung außer an ihr eigenes Interesse freigesetzt hatte. Dieser Zustand konnte, wie das Beispiel Machiavellis zeigt, in internationale Anarchie ausarten, wenn nicht irgendein auch die souveränen Staaten in gewissem Ausmaß bindendes Rechts- und Ordnungsprinzip gefunden wurde. Als solches Prinzip bot sich das Naturrecht an.

In der Rechtswissenschaft kann man die Naturrechtslehre auch als Gegenströmung gegen die gemeinrechtliche römische Pandektenwissenschaft auffassen. Die Naturrechtslehre wurde zu einem hervorragenden Instrument der Kritik an dem verzopften und oft lebensfernen Rechtsbetrieb. Ein frischer und freiheitlicher Luftzug kam durch sie in das Denken in allen Zweigen der Rechtswissenschaft, in Staatslehre, Strafrecht, Gewerbe- und Grundbesitzrecht und anderem.

Geistesgeschichtlich muß man das Augenmerk vor allem auf die enge Wesensverwandtschaft zwischen der Naturrechtslehre und dem mathematischen Erkenntnisideal der Philosophie und der Naturwissenschaften richten. Das Naturrecht ist nichts anderes als der »mos geometricus« auf dem Gebiete der Rechtslehre. Das darf man nicht so verstehen, daß die Rechtswissenschaft sich bewußt bemüht hätte, diesem Ideal nachzueifern. Das wird schon dadurch ausgeschlossen, daß der Aufschwung naturrechtlicher Gedanken teils gleichzeitig mit Descartes, teils schon vor ihm begann. Man muß vielmehr in der Lehre vom natürlichen Recht eine eigenständige Ausprägung des neuen Geistes sehen, für den wir in Philosophie und Naturwissenschaft Descartes als vornehmsten Exponenten genommen haben. Das Naturrecht ist die Form, in der sich das Rechtsdenken des aufsteigenden Zeitalters der Vernunft ausprägt.

Unter den hervorragenden Denkern des 17. Jahrhunderts gibt es wenige, die nicht in irgendeiner Weise auch zu den Wegbereitern und Verfechtern des Naturrechts gehören. Wenn die folgende Auswahl einige herausgreift und andere unberücksichtigt läßt, so bedeutet das nicht, daß die letzteren die weniger wichtigen wären. Vielmehr sollen Männer, die schon in anderem Zusammenhang gewürdigt wurden, wie Bodin, Hobbes und Leibniz – die auch in der Entwicklung des Naturrechts einen wichtigen Platz haben – hier zurücktreten zugunsten einiger anderer, bei denen das Hauptgewicht ihres Wirkens auf dem juristischen Gebiet liegt und die deshalb an anderer Stelle nicht zu Wort kommen.

OLDENDORP. ALTHUSIUS Als »erster weltlicher Naturrechtslehrer des Abendlandes« ist der Deutsche Johann *Oldendorp* bezeichnet worden. Seine Lebenszeit fällt in die erste Hälfte des 16. Jahrhunderts (1480 bis

1567). Ihn anzuführen ist zweckmäßig, weil sein Werk unter anderem beweist, daß die Entwicklung des modernen Naturrechts nicht erst mit Hugo Grotius, sondern schon ein rundes Jahrhundert vor diesem einsetzt. Oldendorps Werk zeigt auch, wie vielfacher Färbung und Ausdeutung das Naturrecht fähig ist. Bei ihm ist es an Aristoteles orientiert und zugleich von lutherisch-protestantischen Motiven durchsetzt. Schon in Oldendorps in altniedersächsischer Mundart abgefaßten Schrift *Wat byllich unn recht is* (1529) fordert er die Ergänzung des strengen geschriebenen Rechts durch »Billigkeit«:

Recht will fest nach dem Buchstaben gehalten sein. Billigkeit lindert und verändert solche Schärfe. Item: Recht ist das geschriebene Gesetz. Billigkeit ist des Gesetzes untrügliche Setzwaage und Verbesserung, im Bedenken, was Gott dem Herrn gefällig, dem gemeinen Besten und unserem Nächsten am nützlichsten sein möge. Demnach müssen auch alle geschriebenen Rechte, alle Gewohnheiten und Handlungen weltlichen Regiments der Billigkeit stattgeben und weichen ...

Wie sehr diese »Billigkeit« naturrechtlich verankert ist, zeigt folgender Satz:

Auch hängt die Billigkeit nicht von der Macht der Menschen ab, sondern steht frei, unwandelbar. Gott hat sie in deine Vernunft geschrieben und ihr eingebildet.

Eine breitere und systematische Ausarbeitung seiner Gedanken gab Oldendorp in seinem späteren Werk *Elementaria introductio iuris naturae, gentium et civilis* von 1539.

Mehr als ein halbes Jahrhundert nach Oldendorp, aber auch noch vor Grotius, lehrte der Deutsche Johann Althaus (1557–1638), bekannt unter seinem latinisierten Namen *Althusius*. Althusius war Calvinist und wirkte ab 1604 als Stadtsyndikus in Emden. Er ist der erste wissenschaftliche Lehrer der Politik auf deutschem Boden.

Althusius schrieb in späteren Jahren ein umfassendes System des Rechts. Bekannt ist er aber vor allem durch seine *Politik* von 1603. Er versucht darin, Politik als rationale Tatsachenwissenschaft zu begründen und ihr Feld gegen Ethik und Rechtswissenschaft abzugrenzen. Einer der Grundgedanken dieser Schrift ist die Volkssouveränität. Althusius lehrt wie andere die souveräne Gewalt des Staates. Aber er wendet sich – vor allem unter dem Einfluß der holländischen Verfassungsentwicklung – gegen Machiavelli und besonders gegen Bodin, welche diese Gewalt einem Einzelnen, dem Monarchen, zusprechen. Gleich in der Widmung des Althusiusschen Buches heißt es: »Stets bleibt die höchste Gewalt Eigentum des Volkes als Ganzem, ein Einzelner kann sie niemals für sich beanspruchen.« Diesen Grundsatz führt er später weiter aus. Die Macht liegt unteilbar beim Volke. Die Lehre Bodins, nach der die Majestät weder durch das Volk noch durch das Recht beschränkt ist, verwirft er. Die höchste Gewalt im Staate ist weder unbeschränkt noch ewig. Wäre sie über das Recht erhaben, sie wäre reine Tyrannis. Die Träger der höchsten Macht sind unmittelbar an das Naturrecht, an die Grundsätze der Billigkeit und an die Gebote Gottes gebunden. Damit

sind sie aber auch den meisten positiven Rechtssätzen unterworfen, denn ein Rechtssatz, der mit dem Naturrecht und dem göttlichen Recht nicht übereinstimmt, würde gar nicht den Namen eines Gesetzes verdienen.
Dies ist nur einer der zukunftweisenden politischen und staatsrechtlichen Gedanken des Althusius. Ein anderer ist der korporative und föderative Aufbau von Gesellschaft und Staat. Althusius' Lehre wurde nach dem Siege des fürstlichen Absolutismus, dem sie widerspricht, unterdrückt und fast vergessen, bis Otto von Gierke sie im Jahre 1883 wieder ins Licht rückte.

GROTIUS Hugo *Grotius* (1583–1645) – sein holländischer Name ist Huig van Groot – ist einer der ganz wenigen Rechtslehrer der Vergangenheit, dessen Name heute noch auch dem Nichtjuristen bekannt ist. Die Familie Groot war aus Frankreich eingewandert. Huig war ein Wunderkind, bezog mit 12 Jahren die Universität, gab mit 15 bereits ein enzyklopädisches Werk heraus. Er promovierte zum Doktor der Rechte und wurde Advokat in Leyden. Nebenher trieb er humanistische Studien, gab alte Werke heraus und schrieb drei lateinische Dramen. 1603, mit 20 Jahren, wurde er zum amtlichen Historiker der Generalstaaten bestellt.
Im Jahre 1868 wurde ein bis dahin unbekanntes Manuskript von Grotius aufgefunden und veröffentlicht unter dem Titel *De iure praedae* – Vom Recht der Beute. Es ist 1604 abgefaßt und zeigt, daß Grotius bereits mit 21 Jahren die Grundgedanken seines späteren Hauptwerkes von 1625 niederlegte. Den Anlaß zu dieser Schrift lieferte seine Anwaltspraxis. Grotius war Advokat der holländischen Ostindischen Kompagnie. Ein Kapitän der Gesellschaft hatte ein spanisches Schiff in der Straße von Malakka aufgebracht und reiche Beute gemacht. War das rechtlich zulässig? Über die Frage entstand in Holland selbst Streit. Grotius beantwortete sie mit Ja. Zur Verteidigung des Kapitäns legte er dar, daß der Anspruch der Portugiesen, die Meere des Fernen Ostens als ihre Privatgewässer zu betrachten, unhaltbar sei. Das Meer ist frei! Grotius wurde dadurch veranlaßt, sich mit dem Problem der Rechtmäßigkeit von Kriegshandlungen überhaupt zu befassen. Die Freiheit der Meere wurde im späteren holländisch-britischen Gegensatz erneut umstritten. Grotius schrieb dazu sein *Mare liberum*.
Bereits mit 30 Jahren wurde Grotius Pensionär der Stadt Rotterdam. Er kam in die große Politik, ging als Mitglied einer Gesandtschaft nach England. Hier fand er sich in der Idee der religiösen Toleranz, die er schon vorher hochhielt, durch die dortige Praxis bekräftigt und entwarf ein Gesetz, das die religiöse Duldung sichern sollte. 1618 wurde Grotius nach der Einnahme von Utrecht durch Moritz von Nassau zur Einziehung seines Vermögens und lebenslänglicher Kerkerhaft verurteilt. In der Gefangenschaft wandte er sich wieder zu den klassischen Neigungen seiner Jugend und übersetzte griechische Autoren. Seine Frau teilte freiwillig seine Festungshaft. Sie fand endlich einen Weg, ihn

zu befreien. In einer Truhe, in der die Bewachungssoldaten Grotius' gelesene Bücher und gebrauchte Wäsche aus dem Gefängnis zu befördern pflegten, wurde er selbst aus dem Kerker geschmuggelt und entkam als Maurer verkleidet über Antwerpen nach Frankreich. Ludwig XIII. nahm ihn gnädig auf.

Hier im Exil entstand Grotius' wichtigstes Werk: *De iure belli ac pacis* – Vom Recht des Krieges und des Friedens – auf der Grundlage der alten Niederschrift von 1604, die Grotius bei sich trug. Das Buch erschien 1625 auf der Frankfurter Messe. Es brachte seinem Verfasser, wie viele große Werke der Weltliteratur, keine Einnahmen, aber unsterblichen Ruhm. Doch stimmte auch der Ruhm die Gegner in der Heimat nicht günstiger.

Grotius trat schließlich in schwedischen Dienst als Gesandter dieses Landes in Paris. Danach ging er nach Schweden, fühlte sich aber dort unglücklich. Auf der Rückfahrt über die Ostsee wurde sein Schiff bei Danzig an die Küste getrieben. Grotius starb auf der Weiterreise in Rostock.

Bevor wir Grotius' Hauptwerk etwas näher betrachten, muß noch seiner Bedeutung als Theologe und Historiker gedacht werden. Seine Bibelkommentare nach strengen philologischen Gesichtspunkten bilden einen Anfang der wissenschaftlichen Bibelkritik, die bald darauf durch Baruch Spinoza weitergeführt wurde. 1627 schrieb Grotius ein Buch *Über die Wahrheit der christlichen Religion*, gedacht als ein Kodex des Christentums über alle konfessionellen Gegensätze hinweg, getragen von einer gefühlsmäßigen Frömmigkeit, die wenig nach Dogmen fragt. In seiner Einstellung zur christlichen Religion steht er Erasmus nahe. Das geschichtliche Hauptwerk, die *Annalen der Niederlande*, an denen Grotius unermüdlich arbeitete und verbesserte, erschien erst lange nach seinem Tode im Jahre 1657.

Der Mensch, dies ist Grotius' Voraussetzung wie die des Aristoteles, ist ein vernunftbegabtes und geselliges Wesen. Ist er auf Zusammenleben angewiesen, so lehrt ihn die Vernunft, daß geordnetes Zusammenleben unmöglich ist ohne gewisse Gebote und Verbote, ohne Recht. Es gibt allgemeine und universelle Grundsätze, die über und jenseits aller positiven Rechtsordnungen stehen. Ihr Inbegriff ist das Naturrecht. Dadurch, daß Gott den Menschen mit Vernunft begabte, hat er schon den Gedanken dieses Rechts in den Menschen hineingelegt. Es ist daher Gottes Wille, daß die Menschen sich kraft ihrer Vernunft rechtlich zusammenschließen. Es ist bemerkenswert, daß Gott nach Grotius das Naturrecht zwar geschaffen hat, daß aber das vernünftige und natürliche Recht, nachdem es geschaffen, so in sich selber ruht, daß auch Gott es nicht mehr ändern könnte. Ja, es würde sogar gelten, »wenn Gott nicht wäre«. Aus dieser gewagten Formulierung spricht die Sehnsucht, die Grotius' Gedanken zugrunde liegt: nach einer Ordnungsgrundlage, die unabhängig vom religiösen und konfessionellen Streit sein sollte.

Die Bedeutung des Grotius liegt darin, daß er die naturrechtlichen

Grundsätze auf die Beziehungen zwischen den Völkern ebenso anwandte wie auf die Beziehungen zwischen den einzelnen Menschen. Nachdem die als verpflichtend empfundene mittelalterliche Kirchen- und Reichseinheit zerfallen war, stand die europäische Staatenwelt vor der Wahl, nach Machiavellischen Grundsätzen in einen Krieg aller gegen alle einzutreten oder sich gewissen verpflichtenden Grundsätzen, Mindestregeln sozusagen, zu unterwerfen. Diese Grundsätze leitete Grotius aus dem Naturrecht ab. Auch die Staaten bilden eine Gesellschaft. Wenn diese Gesellschaft Bestand haben soll, kann sie allgemein verpflichtende Spielregeln sowenig entbehren wie die Gemeinschaft der Einzelmenschen. Diese Prinzipien bilden das ius gentium, das Völkerrecht. Es kann nicht den Krieg verhindern, aber ihn wenigstens in zivilisierte Bahnen lenken. Es lehrte die Völker und Regierungen bedenken, daß auch zwischen feindlichen Staaten noch gemeinsame Bande der Menschlichkeit bestehen. Kriege müssen so geführt werden, daß diese Bande nicht ganz zerstört werden. Da am Ende jedes Krieges der Friedensschluß steht, muß ein Krieg so geführt werden, daß der Friedensschluß immer möglich bleibt. Kein Staat kann sich für alle Zeiten von der Völkerrechtsgemeinschaft ausschließen, noch kann er von ihr ausgeschlossen werden.

Aus der internationalen Übung der Staaten, die er gut kannte, las Grotius ab, daß neben den Grundsätzen, welche die Vernunft als unabdingbar zeigt, gewisse Regeln bestehen, die nicht so fest im natürlichen Recht verankert sind, sondern ihre Stütze nur in der tatsächlichen Übung der führenden Nationen haben. Völkerrechtlich ist so einerseits ein Inbegriff strenger vernunftgeborener Rechtsregeln, andererseits ein mehr beschreibendes Erfassen der im Leben der Staaten überwiegend befolgten Grundsätze. Grotius, der seiner Natur nach eher ein Beispielsammler als ein übertriebener Systematiker war, wußte wohl, daß in der Praxis beides fast untrennbar ineinanderfließt.

Der Kenner der Rechtsgeschichte sieht, daß Grotius im Grunde wenig sagt, was nicht schon vor ihm gesagt worden wäre. Trotzdem gilt Grotius wegen der Weite seines Blicks, der Geschichte, Theologie, Jurisprudenz und praktische Politik umschloß, und vor allem wegen des gewaltigen Einflusses, den sein Werk ausgeübt hat, mit Recht als einer der vornehmsten Vertreter der Naturrechtslehre und als der eigentliche Begründer des modernen Völkerrechts.

CONRING, PUFENDORF, THOMASIUS Der Helmstedter Professor der Naturgeschichte, der Medizin, später auch der Politik Hermann *Conring* (1606–1681) ist hauptsächlich für die deutsche Entwicklung von Bedeutung: mit seinem Werk *De origine iuris germanici* – Über den Ursprung des deutschen Rechts – hat er gegenüber der Überschätzung des römischen Rechts wieder auf das einheimische deutsche Recht hingewiesen und die deutsche Rechtsgeschichte als Wissenschaft begründet.

Bekannter als Conring ist Samuel *von Pufendorf* (1632–1694), der wichtigste Vertreter des wissenschaftlichen Naturrechts im Deutschland des 17. Jahrhunderts. Wie Grotius befaßte sich Pufendorf auch mit theologischen Fragen und mit geschichtlichen Arbeiten. Von 1677 ab wirkte er als schwedischer Hofhistoriograph in Stockholm. Hier schuf er eine archivalisch genaue Darstellung der schwedischen Geschichte sowie sein einziges in deutscher Sprache geschriebenes Werk *Einleitung zur Historie der vornehmsten Reiche und Staaten in Europa.* Später berief der Große Kurfürst Pufendorf als brandenburgischen Hofhistoriographen nach Berlin. Preußen begann seine große Anziehungskraft auszuüben.

Mit der lutherischen orthodoxen Theologie, die er übrigens selbst vor seinem Rechtsstudium studiert hatte, stand Pufendorf in ständigem Kampf, weil er das Naturrecht ganz unabhängig von theologischen Gedanken als eine rein weltliche Grundwissenschaft vom menschlichen Gemeinschaftsleben begründen wollte. Das war bereits vor seiner Berufung nach Schweden, als Pufendorf noch in Heidelberg den ersten deutschen Lehrstuhl für Völkerrecht innehatte, in seinem Hauptwerk *De iure naturae et gentium* (1672). Es erweist ihn als strengen Systematiker, der mit dem Descartesschen *mos geometricus* auch in der Rechtslehre Ernst macht. Ein kurzer und gemeinverständlicher Auszug aus diesem Werk erschien ein Jahr später. Die kleine Schrift legt eindrucksvoll die Gemeinschaftspflichten des Menschen und Bürgers dar, wie sie sich aus dem natürlichen Recht ergeben. Der Mensch als ein auf Selbsterhaltung und Selbstsicherung bedachtes Wesen, das für sich allein ganz hilflos wäre und auf gesellschaftliches Zusammenwirken angewiesen ist, muß sich mit anderen nach den natürlichen Grundsätzen der Vernunft verbinden.

Die Grundordnung des Gemeinschaftslebens, welche den Menschen lehrt, wie er sich als richtiges Glied menschlicher Verbände verhalten muß, wird Naturrecht genannt. Die Hauptregel des Naturrechts ist diese: Jedermann muß Gemeinschaft halten und dem Ganzen dienen, so gut er kann! Weil nun jeder, der ein Ziel erreichen möchte, auch die Mittel wollen muß, ohne die es nicht erreicht werden kann, gilt alles, was die Gemeinschaft festigt und fördert, als vom Naturrecht geboten und alles, was sie verwirrt oder zerstört, für verboten. Alle übrigen Sätze sind dieser Hauptregel ein- und untergeordnet, wie das natürliche Licht unserer Vernunft deutlich erkennen läßt.

Pufendorfs Wirkung reicht weit. Unter seinen vielen Schülern ragt Christian *Thomasius* (1655–1728) hervor, einer der Philosophen der deutschen Aufklärung, bekannt durch sein mutiges Auftreten gegen Folter und Hexenverbrennungen. Thomasius benutzte als erster Hochschullehrer für seine Vorlesungen in Halle die deutsche Sprache und begründete mit seinen »Monatsgesprächen« die erste deutsche Zeitschrift.

Zehntes Kapitel

Natur und Vernunft

Die Wissenschaften im 18. Jahrhundert

> *O Natur, Beherrscherin aller Wesen, und ihr, derselben angebetete Töchter, Tugend, Vernunft und Wahrheit, seid zu allen Zeiten unsere einzigen Gottheiten, denen allein Weihrauch und Anbetung gebührt! Zeige uns, o Natur, was der Mensch tun müsse, um des Glückes teilhaftig zu werden, das du ihm so wünschenswert gemacht hast. Leite du, Vernunft, seine ungewissen Schritte durch die Pfade des Lebens, und deine Fackel, Wahrheit, möge ihn erleuchten!*
>
> Dietrich von Holbach

> *Aufklärung ist der Ausgang des Menschen aus seiner selbstverschuldeten Unmündigkeit. Unmündigkeit ist das Unvermögen, sich seines Verstandes ohne Leitung eines anderen zu bedienen. Selbstverschuldet ist diese Unmündigkeit, wenn die Ursache derselben nicht am Mangel des Verstandes, sondern der Entschließung und des Mutes liegt, sich seiner ohne Leitung eines andern zu bedienen. Sapere aude! Habe Mut, dich deines eigenen Verstandes zu bedienen! ist also der Wahlspruch der Aufklärung.*
>
> Immanuel Kant

Erster Abschnitt

Der Geist des Zeitalters. Die Naturwissenschaften

»Natur« und »Vernunft« als Leitworte für das Denken des 18. Jahrhunderts hinzustellen ist nichts Neues. Aber es hat nur Sinn, wenn man angesichts der schillernden Vieldeutigkeit dieser Begriffe etwas genauer herauszuschälen sucht, in welchem Sinne sie das 18. Jahrhundert verstand. Das ist vor allem wichtig für einen Begriff wie »Natur«, in welchem für uns Heutige, deren Lebensgefühl durch Romantik und idealistische Philosophie, durch historische Schule und Lebensphilosophie – alles Erscheinungen erst des 19. Jahrhunderts – überall mitbestimmt ist, viele Nebentöne anklingen, die für das Denken des 18. Jahrhunderts noch nicht im gleichen Sinne vorhanden waren.
Zum Beispiel darf man »Natur« für unseren Zusammenhang nicht – wie es heute eine Hauptbedeutung dieses Begriffs ist, wenn wir etwa von einem Stein als einem »Naturding« sprechen – verstehen als die Welt des »Unbelebten oder Außermenschlichen«. Im Gegenteil: der Naturbegriff des 18. Jahrhunderts ist gerade dadurch ausgezeichnet, daß er das Lebendige und auch den Menschen, sowohl mit der körperlichen wie mit der geistigen Seite seines Seins, in sich begreift.

Der Mensch ist ein Geschöpf der Natur; in ihr wurzelt er, ihren Gesetzen ist er unterworfen, ihrer kann er sich nicht entschlagen, selbst im Gedanken nicht kann er aus ihr heraustreten. Es ist vergebens, wenn sein Geist sich über die Grenzen der sichtbaren Welt emporzuschwingen strebt, er sieht sich stets gezwungen, zu ihr zurückzukommen. Für ein von der Natur gebildetes, durch sie bestimmtes Wesen gibt es nichts über dem großen Ganzen, dessen Teil es ist, unter dessen Einflüssen es steht . . . Es gibt und kann nichts geben jenseits des Kreises, der alle Wesen umschließt. – Der Mensch höre also auf, außerhalb der Welt, seinem Wohnplatze, Wesen zu suchen und ein Glück von ihnen zu erwarten, daß die Natur ihm versagt; er lerne vielmehr eben diese Natur und ihre Gesetze kennen und beobachte ihre innere Kraft und die unabänderliche Form, in der sie sich äußert. Dann wende er das Beobachtete auf seine eigene Glückseligkeit an mit stiller Unterwerfung unter die Gesetze, denen nichts ihn zu entziehen vermag . . .

Diese Sätze sind wie auch das an den Anfang gestellte Wort dem Werke des deutschen Barons Paul Heinrich Dietrich *von Holbach* (1723–1789) *Système de la Nature* entnommen, das 1770 in Paris unter dem Pseudonym »Mirabaud« erschien. Holbach ist ausgeprägter Materialist und damit ein ganz radikaler Vertreter des Aufklärungsdenkens. Für ihn ist die Welt »allenthalben nichts als Materie und Bewegung«, »eine unendliche, ununterbrochene Kette von Ursachen und Wirkungen«; Natur »die Zusammenfassung der verschiedenen Stoffe und der mannigfaltig gestalteten und sich eigentümlich bewegenden Einzeldinge«. Aber auch für die weniger radikalen Denker der Aufklärung gilt: Sie sehen den Menschen ganz als Glied der Natur und der natürlichen Ordnung an, und wo von »Naturzustand«, »natürlicher Gesellschaftsordnung« und ähnlichem gesprochen wird, ist dies immer schon vorausgesetzt.

Auch die Entgegensetzung von Natur und Geschichte, die uns geläufig ist, dürfen wir nicht in das Denken des 18. Jahrhunderts hineinlesen. Das Bewußtsein der grundsätzlichen Andersartigkeit der geschichtlichen Welt gegenüber der »Natur« ist erst dem 19. Jahrhundert in voller Stärke eigen.

Endlich hat »Natur« für das 18. Jahrhundert nicht den Unterton des Irrationalen, Ungeordneten; vielmehr ist Natur gerade der Inbegriff eines geordneten Weltganzen, und zwar eines *vernünftig* geordneten.

1. Die Einheit des Natürlichen und des Vernünftigen

In diesem Naturbegriff ist die gewaltige Wirkung des Newtonschen Weltsystems unverkennbar, das hier als Krönung der Arbeiten seiner Vorgänger steht: die Natur durchwaltet von ebenso einfachen wie erhabenen Gesetzen, eine geordnete Welt von unvergleichlicher Harmonie. Newton war der Bahnbrecher, der dies den Menschen gezeigt hatte. »Natur und ihre Gesetze lagen verborgen in tiefer Nacht; Gott sandte Newton, und alles lag in hellem Licht«, sang Alexander Pope.

Dieser Eindruck von der rationalen Ordnung und Gesetzmäßigkeit in der Natur ließ die Gleichsetzung des Geordneten und Vernünftigen mit dem »Natürlichen« entstehen. Umgekehrt wurde nun das, was »vernünftig« schien, auch im gesellschaftlichen Bereich, als das Natürliche bezeichnet. In Abänderung des Hegel-Wortes könnte man sagen, daß jener Zeit alles, was natürlich, vernünftig, und daß alles, was vernünftig, natürlich war.

Da die Ordnung der Natur im Weltgebäude Newtons von unverbrüchlicher Allgemeingültigkeit und streng einförmig war, erhielten die Begriffe »natürlich« und »vernünftig« auch für die gesellschaftliche Betrachtung den Beiklang: das, was allgemein, einförmig, überall vorhanden ist, im Gegensatz zu der an der Oberfläche liegenden Verschiedenheit der menschlichen Einrichtungen. So verstehen wir, warum das allgemeine Vernunftrecht, das überall, zu allen Zeiten und für alle Menschen gleichmäßig und unabänderlich gelten sollte, den Namen »Naturrecht« erhielt.

Das Einfache und überall Vorhandene wurde wiederum in enge Nachbarschaft gebracht oder gleichgesetzt mit dem Ursprünglichen, das vor aller Verschiedenheit vorhanden gewesen ist, mit dem Gesunden oder auch Primitiven. So erhielt der vielgebrauchte Begriff des »Naturzustandes« seinen eigentümlichen Inhalt und seine Anziehungskraft. Ein weitverbreitetes Interesse für das Leben der »Naturvölker« kam auf, von denen man glaubte, daß sie diesem »Naturzustand« am nächsten geblieben waren, insbesondere auch an den amerikanischen Indianern. Die Literatur des 18. Jahrhunderts ist angefüllt mit Erzählungen von solchen »natürlichen« Völkern und Menschen, und nur auf dem Hintergrunde dieser Stimmung begreift man die Anteilnahme, welche etwa die Entdeckungen Cooks in der Südsee erregten. Man ließ »unverbildete« Menschen aus fernen Ländern in der Literatur als Kritiker der bestehenden künstlichen Gesellschaftsordnung auftreten. Dies tat z. B. Montesquieu in seinen *Persischen Briefen*; Voltaire bemühte sogar einen Bewohner des Sirius herbei.

2. Das Natürliche und das Vernünftige als Werkzeug der Kritik in Religion, Moral, Gesellschaft

Auf den ersten Blick mag das eben Erwogene reichlich abstrakt erscheinen. Doch dieser Eindruck verliert sich augenblicklich, wenn man diese Gedanken in die geistige und gesellschaftliche Umwelt stellt, in der sie gedacht wurden. Man erkennt dann sofort, daß ihnen in einem geschichtlichen Augenblick, da der dritte Stand, das Bürgertum, zum entscheidenden Kampf um Befreiung, Gleichberechtigung und schließlich gesellschaftliche Vormachtstellung ansetzte, eine außerordentliche Sprengkraft innewohnen mußte; daß sie zu einer scharfen, fast unwiderstehlichen Waffe der Kritik an allem Hergebrachten werden konnten und wurden.

»Natur« und »Vernunft« im hier skizzierten Sinne waren die geistigen Waffen der neu aufsteigenden gesellschaftlichen Mächte. Die soziale Notwendigkeit hatte sie entstehen lassen, im gesellschaftlichen Kampf fanden sie ihre Anwendung und Rechtfertigung. Mußte nicht der bloße Vergleich zwischen der erhabenen und »vernünftigen« Ordnung der Natur und der zerspaltenen, durch tausend Traditionen, Institutionen,

Sitten, Gewohnheiten, Ideen, Überzeugungen, Herrschaftsformen geschiedenen Welt der Menschen schon als ein Aufruf, das Bestehende zu ändern, wirken? Gebot nicht die Vernunft, in der Welt der Menschen nach ebenso einfachen und unverbrüchlichen Gesetzen zu suchen, wie auch – und das ist das eigentlich Revolutionäre – dafür zu sorgen, daß die Welt nach diesen Gesetzen eingerichtet würde? Wie sollte sich das Bestehende gegenüber dem unwiderstehlichen Appell an die Vernunft rechtfertigen? Laßt uns eine neue Welt schaffen, nach den Grundsätzen der Natur und den Grundsätzen der Vernunft, die beide dasselbe lehren!

Aufklärung ist nach Kants schöner Definition (in seiner Schrift: *Beantwortung der Frage: Was ist Aufklärung?* von 1784) der Ausgang des Menschen aus seiner selbstverschuldeten Unmündigkeit. Habe Mut, dich deiner Vernunft zu bedienen! »Faulheit und Feigheit«, fährt Kant fort, »sind die Ursachen, warum ein so großer Teil der Menschen, nachdem sie die Natur längst von fremder Leitung freigesprochen, dennoch gern zeitlebens unmündig bleiben.« Diese Menschen bedürfen der »Aufklärung«. Zu solcher Aufklärung ist nur eines erforderlich: Freiheit – die Freiheit, »von seiner Vernunft in allen Stücken öffentlichen Gebrauch zu machen«.

Diese Freiheit forderten alle Denker des 18. Jahrhunderts. Sie setzten sie schließlich durch – mit erstaunlichen Ergebnissen. Erstaunlich in einem doppelten Sinne: in bezug auf das ungeahnte Ausmaß der Veränderungen, die sie damit heraufbeschworen, und der Kräfte, die sie freisetzten; erstaunlich freilich auch in dem Sinne: die meisten der großen französischen Aufklärungsdenker – fast keiner von ihnen erlebte die Revolution selbst – wären ziemlich erstaunt gewesen über das, was sie heraufbeschworen hatten, und über den Gebrauch, den die Menschen von der gewonnenen Freiheit machten ...

Die folgenden Bemerkungen wollen nicht diesen Gedanken ausführen, nicht auf die politische Geschichte eingehen oder das Aufklärungsdenken kritisieren. Sie wollen, was lediglich der Abrundung dient, einen kurzen Ausblick auf die Auswirkungen dieses Aufklärungsdenkens in Religion und Ethik geben (die Auswirkung im gesellschaftlichen Bereich wird bei der Staats- und Gesellschaftslehre einbezogen werden) und einige Folgerungen für das wissenschaftliche Ideal der Zeit und für die Gestaltung der Wissenschaften andeuten.

3. Religiöser Rationalismus

Für die Religion ergab sich zweierlei: negativ eine unnachsichtige Kritik der christlichen Überlieferung im Lichte der Vernunft, positiv das Suchen nach einer »natürlichen« und »vernünftigen« Religion. Das war im Grunde schon Erasmus' Ziel gewesen. Ich bemerkte damals, daß der Gedanke, um sich durchzusetzen, noch des Bündnisses mit der Wissenschaft bedurfte. Der Augenblick dazu war jetzt gekommen. Das humanistische Ideal von der Würde des Menschen und der in Philosophie und

Wissenschaft entwickelte Maßstab der Vernunft wirkten nun zusammen und brachten die erste radikale Kritik am Christentum hervor.

Was kann von den Lehren der überlieferten Religion vor dem Forum der Vernunft bestehen? Der Versuch, eine »natürliche« Religion auf vernunftgemäßer Basis zu gründen, wurde schon im 17. Jahrhundert gemacht, in England, wo ja überhaupt bereits im 17. Jahrhundert die Gedanken entwickelt wurden, die im 18. Jahrhundert Frankreich und von dort Europa eroberten. Herbert *von Cherbury* (1583–1648) ging dabei voran. Auch John Locke, dessen eines Werk den bezeichnenden Titel *Die Vernünftigkeit des Christentums* trägt, war führend an diesen Bestrebungen beteiligt.

Überschlägig betrachtet, kann man drei Richtungen unterscheiden, die sich dabei herausbildeten. Zur ersten gehören die konservativen Denker, welche neben der natürlichen Religion die Offenbarung bestehen ließen – *neben* der natürlichen, denn auch sie folgten in weitem Ausmaß dem Zug der Zeit und leugneten die natürliche Religion nicht.

Die zweite Gruppe bilden die Deisten. Nach ihrer Ansicht besteht keine Notwendigkeit, neben der natürlichen und Vernunftreligion noch auf Offenbarung zurückzugreifen. Voltaire, einer der Vorkämpfer des Deismus, bezeichnet »die moralischen Prinzipien, die allen Menschen gemeinsam sind«, als den einzigen Inhalt der natürlichen Religion. Mehr ist nicht nötig, mehr ist vom Übel. Die Deisten richteten eine vernichtende Kritik gegen alle Arten des Wunderglaubens. Sie begannen auch mit einer geschichtlichen Kritik des Christentums.

Die dritte Gruppe ging über beide weit hinaus. Sie war zunächst hauptsächlich in Frankreich vertreten, wo das Bündnis der Kirche mit Königtum und Adel die Opposition zu den äußersten Folgerungen trieb. Diese Gruppe wandte die einmal geschaffene und geschliffene Waffe rationaler Kritik auch gegen die Grundsätze der natürlichen Religion und Theologie selbst. Sie zerstörte auch diese und wurde materialistisch und atheistisch. Zu dieser Gruppe gehörte Holbach.

Am Ende dieses Weges steht Immanuel Kant, hier wie in anderen Zusammenhängen zugleich Vollender und Wegbereiter eines Neuen. Kants Kritik der »rationalen« Theologie, enthalten in seiner *Kritik der reinen Vernunft*, setzte einen Schlußstein; seine Beweise versetzten dem religiösen Rationalismus den Todesstoß. Auf der anderen Seite war Kant bereits stark von der Gegenbewegung gegen diesen berührt, die, in Deutschland unter dem Namen Pietismus, die Religion auf einer ganz anderen Grundlage, nämlich der Frömmigkeit des Gefühls, neu zu begründen begann. Kant zeigte, daß dem Herrschaftsbereich der Vernunft Grenzen gesetzt sind, außerhalb deren sie ihr Recht verloren hat. Mit dieser Grenzsetzung schuf Kant, indem er ein Scheinwissen zerstörte, neuen »Platz für den Glauben«.

4. Ethischer Rationalismus

Die moralischen Ideale des 18. Jahrhunderts gehören in unseren Zusammenhang, weil sie wie die religiöse Entwicklung aus dem Geiste der neuen Wissenschaft mitentstanden und weil sie umgekehrt die allgemeine Geistesentwicklung und das wissenschaftliche Ethos des 19. und 20. Jahrhunderts in starkem Maße mitgeformt haben.

Es war die allgemeine Überzeugung der Aufklärungsdenker, daß in der großen vernünftigen Ordnung der Natur auch ein natürliches Moralgesetz inbegriffen sei, genauso natürlich und genauso unverbrüchlich wie die Newtonschen Naturgesetze – damit freilich auch unabhängig von jeder geoffenbarten Religion! Auch hier waren es die großen Denker des 17. Jahrhunderts wie Spinoza und Locke, die vorangingen.

Das gleiche Richtmaß der Vernünftigkeit und der Brauchbarkeit für den Aufbau einer vernünftig geordneten Gesellschaft, dem die hergebrachte Religion unterworfen wurde, legte man auch an die hergebrachte Ethik. Doch war das Ergebnis hier anders: Während die geoffenbarten Sätze der Religion im Feuer der rationalistischen Kritik stürzten, bestanden die Grundsätze der christlichen Ethik die Prüfung.

Menschenliebe und Gerechtigkeit – sie schienen auch denen, die über Propheten, Wunder und Offenbarung spotteten, so einfach und ursprünglich, so nach natürlichen und vernünftigen Gesetzen für alle Menschen gültig, daß sie nicht angetastet wurden. Dagegen wurde das asketische Ideal des Christentums heftig angegriffen, Klöster und das Zölibat der Priester als »unnatürlich« verworfen. Im einzelnen gründeten die führenden Moralphilosophen des 18. Jahrhunderts wie Antony Ashley Cooper Graf von *Shaftesbury* (1671–1713), David *Hume* (1711–1776), der als Nationalökonom bedeutende Adam *Smith* (1723 bis 1790) oder der schon ins 19. Jahrhundert überleitende Jeremy *Bentham* (1748–1832) die Ethik auf sehr verschiedene Prinzipien: einen besonderen moralischen Sinn des Menschen, das Eigeninteresse, Sympathie und Mitgefühl oder reine gesellschaftliche Nützlichkeit. Doch die hauptsächlichen praktischen Ideale waren allen gemeinsam.

Ein solches Ideal war Humanität. Die Vernunft lehrt, daß alle Menschen mit gleichem Recht geboren werden, mit dem gleichen Recht auf Freiheit, Glück und Achtung durch andere Menschen. Die Menschheit nicht als leerer Begriff, sondern mit lebendigem Inhalt erfüllt und als verpflichtendes Ideal: dies ist einer der großen Gedanken des 18. Jahrhunderts. Aus diesem Geiste der Humanität erwuchsen der Kampf gegen die Sklaverei und ihre endliche Abschaffung, gemeinsam geführt von Christen, die mit der Nächstenliebe Ernst machten, wie von radikalen Aufklärern. Aus ihm erwuchsen die ersten Proteste gegen koloniale Greuel und Ausbeutung, die ersten Anfänge einer menschlichen Behandlung der Geisteskranken und auch der Verbrecher. Aus ihm erwuchs auch das Ideal der religiösen Toleranz. Die Vernunft lehrt, daß kein Mensch gezwungen werden kann, etwas zu glauben, das ihm seine Vernunft als falsch zeigt. Dieses vernunftgemäße Argument vereinigte

sich mit der Praxis religiöser Duldung, die zwischen den protestantischen Gruppen innerhalb Hollands und Englands bereits entwickelt worden war. Das Preußen Friedrichs des Großen, der selbst zu den führenden Denkern der Aufklärung gehört und zahlreichen ausländischen Gelehrten ehrenvolle Zuflucht gewährte, war der erste Staat, der in der Praxis mit der religiösen Duldung vollen Ernst machte.
Aus dem gleichen Geiste aufgeklärter Humanität erhob man sich über nationale Grenzen und Vorurteile, wie es Gotthold Ephraim *Lessing* (1729–1781), einer der vornehmsten Vertreter der Aufklärung und all der eben berührten Ideale in Deutschland, wie es Voltaire und Goethe verkündeten und vorlebten. Die vernünftige Betrachtung von Gesellschaft und Geschichte lehrte endlich den Krieg als barbarisch und vernunftwidrig erkennen und ließ das Ideal des Pazifismus und des ewigen Friedens entstehen, wie es Immanuel Kant mit einer Folgerichtigkeit und einem Wirklichkeitssinn, die bis heute unübertroffen sind, in seiner Schrift *Zum ewigen Frieden* ausgesprochen hat.
Mögen wir heute in vielem über die philosophischen Ideen wie über die wissenschaftlichen Erkenntnisse des 18. Jahrhunderts hinausgelangt sein – die ethischen Ideale, die es schuf, sind bestehengeblieben, sie zu verwirklichen ist heute dringlicher als jemals zuvor.

5. Gegengewichte gegen den Rationalismus

Das 18. Jahrhundert war das Zeitalter des Siegeszugs der Vernunft. Doch wäre es für eine wissenschaftsgeschichtliche Betrachtung höchst einseitig, wollte man nur den Rationalismus als kennzeichnenden Zug hervorheben und nicht die Kräfte berücksichtigen, die sich teils neben ihm, teils gegen ihn, teils im Bunde mit ihm zur gleichen Zeit entfalteten. Erst wenn man sie einbezieht, wird die wissenschaftliche Größe und Fruchtbarkeit des Jahrhunderts sichtbar und verständlich.
Das 18. Jahrhundert brachte einen unaufhaltsamen weiteren Aufstieg der experimentellen Methode, ihre Vervollkommnung und ihre Anwendung auf neue Bereiche des Seins und Wissens. Diese Entwicklungslinie hat ihren Ausgangspunkt, nach der Vorbereitung bei den wegweisenden Denkern des späteren Mittelalters, bei Leonardo und Galilei. Der Erfolg Newtons beruht auf der harmonischen Verbindung zwischen rationalem und mathematischem Schließen und der sorgfältigen Kontrolle jedes einzelnen Schrittes an der Wirklichkeit der Natur, wie sie Erfahrung und Experiment enthüllen. Newton besteht darauf, daß allgemeine Sätze und Grundsätze nur aus der Beobachtung der Erscheinungen abgezogen werden dürfen. Alles, was nicht aus den Phänomenen abgeleitet ist – so sagt Newton ausdrücklich –, heißt Hypothese; und Hypothesen, seien sie metaphysisch oder physisch, seien sie auf »verborgene Qualitäten« bezogen oder mechanisch, haben keinen Platz in einer experimentellen Wissenschaft! Niemals können Argumente der Induktion durch Hypothesen widerlegt werden. In seiner »4. Regel zur Erforschung der Natur« sagt Newton:

In der Experimentalphysik muß man die aus den Erscheinungen durch Induktion geschlossenen Sätze, wenn nicht entgegengesetzte Voraussetzungen vorhanden sind, entweder genau oder sehr nahe für wahr halten, bis andere Erscheinungen eintreten, durch welche sie entweder größere Genauigkeit erlangen oder Ausnahmen unterworfen werden.

In der Chemie brachte das 18. Jahrhundert die ersten wichtigen Erfolge, weil mit der von Robert Boyle geforderten Anwendung der experimentellen Methode auf dieses Gebiet nun Ernst gemacht wurde. In der Wissenschaft vom Lebendigen kam man noch nicht zur eigentlichen experimentellen Forschung – dies ist erst das jüngste Stadium der Biologie –, aber die Hinwendung zu den Tatsachen brachte als notwendige Vorstufe dazu das exakte Beschreiben und Klassifizieren der Lebewesen und das liebevolle Studium der Fossilien hervor.

Es ist etwas zu eng, nur von einem Siegeszug der experimentellen Methode zu sprechen. Dieser ist nur ein Ausschnitt aus der breiteren Geistesbewegung, die man in ihren verschiedenen Ausprägungen als Sensualismus, Empirismus und schließlich Positivismus bezeichnet. In der Philosophie ist der vornehmste Exponent dieser Wendung zum Empirismus der Schotte David *Hume* (1711–1776). Er besteht darauf, daß deduktives Schließen niemals den tatsächlichen Lauf der Natur ermitteln kann. Tatsachen können nur durch Beobachtung und Experiment ermittelt werden. Ja, Hume geht viel weiter und zeigt, daß »Vernunft« selbst ausschließlich aus Erfahrung hervorgeht.

Bis zum letzten Viertel des Jahrhunderts blieben die rationalistische und die empiristische Denkrichtung nebeneinander bestehen. Jeder ihr Recht zu geben und zugleich ihre Grenze zu setzen, war das Werk Immanuel *Kants* (1720–1804) in seiner *Kritik der reinen Vernunft* von 1781.

Das bisher Gesagte gilt mehr für die Naturwissenschaften. Auch die Geisteswissenschaften bedürfen eines Korrektivs gegen die Gefahren eines einseitigen Rationalismus, wie es für die Naturwissenschaft die Einstellung auf Erfahrung und Experiment bietet. Für die Geisteswissenschaften ist ihrer Eigenart gemäß dieses Korrektiv von etwas anderer Art: es ist der historische Sinn. Es ist bekannt, daß im 19. Jahrhundert der Aufklärung und damit vor allem dem 18. Jahrhundert der Vorwurf der »Ungeschichtlichkeit« gemacht wurde. Es ist auch offenkundig, daß das 18. Jahrhundert nicht die gleiche Tiefe und Weite geschichtlicher Besinnung erreicht hat wie das ihm folgende. Aber jede genauere Beschäftigung mit den Geisteswerken der Aufklärung – die Arbeiten von Wilhelm Dilthey und Ernst Cassirer sind hierfür wichtig – zeigt doch, daß ein solcher pauschaler Vorwurf nicht gerechtfertigt ist. Das 18. Jahrhundert hat Denker hervorgebracht, begabt mit ausgezeichnetem geschichtlichem Sinn, die der geschichtlichen Betrachtung ganz neue Räume und Dimensionen eröffnet haben. Nur auf ihren Schultern konnte das 19. Jahrhundert zu seiner eigenen Höhe geschichtlicher Betrachtung und Besinnung gelangen.

Ein zeitlicher Querschnitt durch die Entfaltung des organischen Lebens auf der Erde zeigt Formen und Typen nebeneinander, die ihrer Ent-

stehung nach ganz verschiedenen Zeitaltern angehören. So sehen wir auch in der Geistesgeschichte sich die Schichten überlagern. Das 18. Jahrhundert ist wie jedes andere eine Zeit des Überganges – »Mittelalter« in diesem Sinne. Es vollendete, was das 17. vorbereitet hatte: den Siegeszug der Ratio. Es bereitete vor, was das 19. vollendete: den Entwicklungsgedanken in den Wissenschaften vom Leben und die vertiefte geschichtliche Besinnung in den Geisteswissenschaften.
In einer Hinsicht ragt das 18. Jahrhundert über die Zeiten vor ihm und nach ihm hervor: mit seinem fast allmächtigen Glauben an Berufung und Macht der Wissenschaft. Kaum jemals vorher und nachher war die gebildete Welt so vollkommen von der Überzeugung durchdrungen, daß Wissen die höchste Errungenschaft und der kostbarste Besitz des Menschen sei, berufen und befähigt, die Welt zu verändern und ein wahres »Zeitalter der Vernunft« heraufzuführen.
Für alle hier berührten Tendenzen: den Glauben an Vernunft und Natur und an ihre Einheit, die Orientierung an der Welt der Tatsachen und den unbedingten Glauben an die segensreiche Berufung von »Aufklärung« und Wissenschaft besteht kein großartigeres Beispiel und Sinnbild als die *Grande Encyclopédie* des Denis Diderot und seiner Mitarbeiter.

6. Die grosse Enzyklopädie

Faßt man die Entwicklung der Wissenschaft einmal nicht unter dem Gesichtspunkt der Vermehrung des Tatsachenwissens ins Auge, die sich – je weiter die Wissenschaft fortschritt, um so mehr – in Einzeluntersuchungen vollzogen und in Spezialabhandlungen niedergeschlagen hat, sondern ihren Weg im ganzen, ihre Wirkung auf das allgemeine Bewußtsein und ihre Auswirkungen im gesellschaftlichen Leben der Menschen, so gebührt der Grande Encyclopédie eine ziemlich einzigartige Stellung. Niemals vor dem 18. Jahrhundert ist ein Werk geschaffen worden, welches, von den ersten Gelehrten der Zeit als Gemeinschaftsarbeit geschrieben, den Stand des menschlichen Wissens auf fast allen Gebieten so vollständig darzustellen unternahm wie die Enzyklopädie; und niemals hat ein solches Werk eine dieser vergleichbare Wirkung ausgeübt.
Der Gedanke eines solchen Riesenwerkes geht wahrscheinlich auf Leibniz zurück. Auf seine Anregung hat sich D'Alembert auch ausdrücklich bezogen. Greifbare Vorbilder waren gegeben in dem *Dictionnaire historique et critique* (1695) des französischen Skeptikers Pierre *Bayle*, eines Bahnbrechers der Aufklärungsphilosophie in Frankreich, und in der *Cyclopaedia* (1728) des Engländers Ephraim *Chambers*. Ein französischer Verleger, Le Breton, wollte das letztere Werk in einer französischen Ausgabe herausbringen. Das scheiterte, und er beauftragte statt dessen Denis Diderot, ein neues, gleichartiges Werk auszuarbeiten.
Denis *Diderot* (1713–1784) war damals noch ein junger und wenig bekannter Schriftsteller. Er widmete dem Unternehmen 30 Jahre Arbeit.

Es wuchs in seiner Hand zu einem Riesenwerk. Trotzdem fand Diderot Zeit, außer Dramen und Romanen sowie geistreichen kunstkritischen Abhandlungen, denen Lessing viel verdankt, eine lange Reihe eigener philosophischer Werke zu verfassen. Sie zeigen Diderots Weg zu einem ziemlich konsequenten Materialismus. Hier betrachten wir nur seinen Anteil an der Enzyklopädie.
Diderot sicherte sich die Mitarbeit der namhaftesten Schriftsteller und Gelehrten. Darunter waren Voltaire, Rousseau (dieser lieferte Beiträge über Musiklehre), Holbach, die später noch zu würdigenden Montesquieu und Quesnay, und vor allem Jean Lerond *d'Alembert* (1717 bis 1783), der damals schon ein berühmter Mathematiker war. D'Alembert hat außer seinen mathematischen und physikalischen Werken auch eine Reihe philosophischer Schriften verfaßt. Seine Grundeinstellung kommt deutlich in dem *Discours préliminaire* zum Ausdruck, den er außer naturwissenschaftlichen Artikeln zur Enzyklopädie beitrug und auf den ich unten zurückkomme.
1751 begann das große Werk zu erscheinen unter dem Titel:

Enzyklopädie oder nach Vernunftgründen geordnetes Wörterbuch der Wissenschaften, Künste und Gewerbe. Von einer Gemeinschaft von Schriftstellern. Geordnet und herausgegeben von M. Diderot, von der Königlich-Preußischen Akademie der Wissenschaften und schönen Literatur; und, was den mathematischen Teil betrifft, von M. D' Alembert, Mitglied der Akademie der Wissenschaften von Frankreich, der von Preußen und der Royal Society von London.

Schon die beiden ersten Bände riefen heftigen Widerstand namentlich von seiten der Kirche hervor. Sie wurden beschlagnahmt, die Fortsetzung des Werkes jedoch nicht geradezu verboten. Der zweite bis sechste Band wurden sehr vorsichtig redigiert, um das Werk nicht zu gefährden. Gegenüber Voltaire, der dies beanstandete, wies D'Alembert darauf hin, daß man die ins Auge fallenden theologischen Hauptartikel mit Rücksicht auf die Zensur möglichst zahm gehalten habe (gerade war die Todesstrafe für alle Angriffe auf die Religion eingeführt worden), an versteckteren Stellen aber die eigentlichen Spitzen untergebracht habe:

Wir haben schlechte Artikel über Religion und Metaphysik gebracht. Aber bei theologischen Zensoren und einer solchen Druckerlaubnis möchte ich Sie bitten, bessere zu schreiben. Dafür sind weniger auffallende Artikel da, die alles wieder gutmachen. Eine spätere Zeit wird wohl zu unterscheiden wissen, was wir gedacht und was wir gesagt haben.

Der nächste (7.) Band rief so starke Entrüstung hervor, daß D'Alembert, nicht gerade eine kämpferische Natur, von der Redaktion zurücktrat. Selbst Voltaire drängte, den Plan aufzugeben. Aber Diderot und sein neuer Mitarbeiter Louis *de Jaucourt* führten es unermüdlich weiter. 1765 ließen sie die noch fehlenden zehn Textbände auf einmal erscheinen. 1775–1777 folgten elf Bände mit Tafeln und fünf Ergänzungsbände, 1780 zwei Registerbände. Das vollendete Werk umfaßte so nach dreißigjähriger Arbeit 35 Bände.
Gemessen an seinem großen Umfang fand das Werk erstaunliche Verbreitung. Diderot selbst hatte keinen geldlichen Gewinn von der Arbeit,

die ihn unsterblich machte. Er kam sogar in eine Notlage, die ihn gezwungen hätte, seine Bibliothek zu veräußern, wenn nicht Katharina von Rußland, die ebenso wie Friedrich der Große das Werk hoch schätzte, eingegriffen hätte. Sie kaufte Diderot seine eigene Bibliothek für 15 000 Livres ab unter der Bedingung, daß er selbst sie auf Lebenszeit in Verwahrung behielte. Sie setzte ihm außerdem noch ein Gehalt von 1000 Livres jährlich für seine Tätigkeit als »Bibliothekar« seiner eigenen Bibliothek aus und ließ es ihm auf 50 Jahre im voraus auszahlen. – Einen kaum zu verwindenden Schlag erhielt Diderot dadurch, daß der Verleger Le Breton, um sich vor der Zensur und damit vor geschäftlichen Nachteilen zu schützen, eigenmächtig die Manuskripte verändert und verstümmelt hatte.
Die Einleitung D'Alemberts, die nun noch etwas näher ins Auge gefaßt werden soll, ist, dem Charakter und der Einstellung dieses Mannes entsprechend, weniger ein Kampfruf als vielmehr eine sachliche Darlegung von Einteilung, Methode und Zielsetzung der Enzyklopädie.

Das Werk, das wir begonnen haben und zu Ende zu führen wünschen, hat einen doppelten Zweck: Als Enzyklopädie soll es, soweit möglich, die Ordnung und Verkettung der menschlichen Kenntnisse erklären, und als dictionnaire raisonné der Wissenschaften, Künste und Gewerbe soll es von jeder Wissenschaft und jeder Kunst – gehöre sie zu den freien oder den mechanischen – die allgemeinen Grundsätze enthalten, auf denen sie beruhen, und die wesentlichsten Besonderheiten, die ihren Umfang und Inhalt bedingen.

Den Ausdruck dictionnaire raisonné habe ich hier französisch stehen lassen, weil er kaum getreu im Deutschen wiederzugeben ist. Heute würden wir etwa »kritisches Sachwörterbuch« sagen, doch kommt dabei die besondere und polemische Klangfarbe des Wortes raisonné nicht zur Geltung, was eben bedeutet: an der »Vernunft« (im Sinne des 18. Jahrhunderts) orientiert. Außer den beiden genannten Zielen hatte das Werk noch einen wichtigen dritten Zweck: nicht nur ein Verzeichnis des menschlichen Wissens und Könnens sollte es sein – es sollte vor allem auch die innere Einheit dieses Wissens und die Tendenzen seiner Entwicklung zeigen; es war damit gedacht als eine Waffe der Kritik gegen das Hergebrachte in Gesellschaft und Religion, als ein Arsenal von Angriffswaffen im Kampfe um die neue, vernünftige, freiheitliche Ordnung des menschlichen Lebens.
Die Ausrichtung auf die Praxis und auf praktische Ziele kommt auch in der Einbeziehung der »Gewerbe« zum Ausdruck. Sie entspricht ganz dem Geiste Francis Bacons, und in der Tat gehört dieser Denker, der von D'Alembert hoch geschätzt und von Diderot erst eigentlich wiederentdeckt wurde, zu den geistigen Ahnen des Werkes. Diderot schob viel intellektuellen Ballast der Vergangenheit beiseite. Dafür verbrachte er Tage um Tage in den Werkstätten, um die Geheimnisse der dort angewandten Verfahren zu erkunden und sie in seinen aufsehenerregenden 11 Tafelbänden den Zeitgenossen zeigen zu können. Dies ist eine neue Note in der philosophischen Literatur. Der Geist des bürgerlichen Zeitalters und der industriellen Revolution kündigt sich in ihr an.

Man braucht nur einen Blick auf die einleitenden philosophischen Erörterungen D'Alemberts zu werfen, um zu erkennen, wie sehr auch bei ihm John Locke der große Lehrmeister ist.

Nichts ist unbestreitbarer als die Existenz unserer Sinnesempfindungen. Zum Beweise, daß sie der Ursprung aller unserer Kenntnisse sind, genügt es, zu zeigen, daß sie es sein können: Denn eine gute Philosophie wird einer Schlußfolgerung, die auf Tatsachen oder anerkannten Wahrheiten beruht, stets vor derjenigen den Vorzug geben, die sich nur auf Hypothesen, und wären es die geistvollsten, stützt. Warum annehmen, daß wir rein geistige Begriffe von vornherein besitzen, wenn wir, um sie zu bilden, nur nötig haben, über unsere Sinnesempfindungen nachzudenken? Die folgenden Ausführungen werden zeigen, daß unsere Begriffe in der Tat gar keinen anderen Ursprung haben . . .

Wir wollen die weitere Ausführung dieses Gedankens nicht verfolgen, aber feststellen, daß D'Alembert mit den Folgerungen, die er für die wissenschaftliche Erkenntnis zieht, der Vater des modernen Positivismus geworden ist – wie Wilhelm Dilthey ihn nennt. (Den Ausdruck Positivismus gebraucht D'Alembert noch nicht.) Positivismus im hier gemeinten Sinne ist philosophische und wissenschaftliche Denkrichtung, die sich an das »Positive«, d. h. das Gegebene, Tatsächliche, Empirische hält und bei ihm auch bleibt, ein noch dahinter liegendes Sein als nicht vorhanden oder jedenfalls nicht erkennbar ansieht.
Wie ein unterirdisches Grollen und eine Ankündigung des herannahenden revolutionären Ausbruchs klingt es, wenn D'Alembert schreibt:

Und so ist die Stärke, welche die Natur gewissen Menschen zweifelsohne in der Absicht verliehen hat, sie zum Schutze und zur Stütze der Schwachen zu gebrauchen, im Gegenteil Anlaß zu deren Unterdrückung geworden. Aber je heftiger der Druck ist, desto ungeduldiger wird er von denen ertragen, denen das berechtigte Gefühl es sagt, daß kein vernünftiger Grund zu ihrer Unterdrückung hätte führen dürfen. Aus diesem Gefühl entwickelt sich der Begriff des Unrechts und demzufolge des moralisch Guten und Bösen, nach dessen Ursprung so viele Philosophen gesucht haben, obwohl ihn der Naturschrei, der in jedem Menschen widerhallt, selbst bei den wildesten Völkern vernehmlich macht. Hieraus entstammt auch jenes Naturrecht, das wir in unserem eigenen Innern finden und das die Quelle der frühesten Gesetze ist . . .

Deutlich spricht aus diesen Sätzen die revolutionäre Idee der Gleichheit des Rechts, die Bedeutung des Naturrechts und der Vernunft als Sprengmittel im Kampf um die gesellschaftliche Neugestaltung.
Der zweite Teil des Discours ist für uns interessant, weil er den »Stufengang«, auf dem Wissenschaft und Künste zu dem gegenwärtigen Stande gelangt sind, im Überblick darstellt und damit einen Abriß der Wissenschaftsgeschichte gibt. D'Alembert beginnt nach kurzem Rückblick auf die Griechen und auf das Mittelalter – das er als Aufklärungsdenker natürlich recht gering bewertet – mit der Neubelebung der Wissenschaften durch die Renaissance.
Der Discours préliminaire ist mit seiner klaren, auch dem Nichtgelehrten verständlichen Sprache ein literarisches Meisterwerk. In Frankreich wurde er so hoch geschätzt, daß man ihn im 19. Jahrhundert zum Lehrbuch für die Oberklassen der höheren Schulen machte. Die Enzyklopä-

die als Ganzes hatte in Frankreich und den Nachbarländern eine kaum zu überschätzende Wirkung. Vier ausländische Übersetzungen waren schon 1774 vorhanden. Die Enzyklopädie war *das* Lexikon der Aufklärungszeit, ein vollkommener Spiegel des neuen Zeitgeistes. Sie verbreitete das fachliche Wissen und mehr noch die Überzeugung, daß auch in Staat, Gesellschaft und Religion die Maßstäbe der Vernunft anzuwenden seien, unter den Gebildeten ganz Europas. Neben den Werken Voltaires und Rousseaus ist die Enzyklopädie einer der wichtigsten Beiträge zur geistigen Vorbereitung der Französischen Revolution gewesen.

7. Das metrische System

Das revolutionäre Bestreben, alles Hergebrachte unter Mißachtung jeglicher Tradition wegzuwischen und auf der so geschaffenen Tabula rasa rein rational von neuem zu beginnen, hat auf manchen Gebieten beträchtliche Schattenseiten. Auf einem Gebiet wirkte es sich als eine reine Wohltat für die Wissenschaft aus: bei den Maßen und Gewichten. Das revolutionäre Frankreich schuf das metrische System, nach dem Vorschlage eines Gabriel *Mouton,* der allerdings von der Académie des Sciences mehrfach abgeändert wurde.
Der 40 000 000ste Teil eines Erdmeridians wurde als Grundeinheit der Längenmessung festgesetzt und »Meter« (vom griechischen metron = Maß) genannt. Alle anderen Längeneinheiten sind nach dem Dezimalsystem aus dieser abgeleitet. Flächen- und Raummaße ergeben sich aus den Längenmaßen. Die Grundeinheit für Masse und Gewicht wurde aus dem Längenmaßsystem abgeleitet: ein Kilogramm ist die Masse eines dm^3 (Liters) reinen Wassers im Zustande seiner größten Dichte ($+ 4°$ C). Ein »Normalmeter« und ein entsprechendes Muster für das Kilogramm wurden aus einer Platin-Iridium-Legierung hergestellt.
Das neue System wurde in den Jahren 1791–1799 ausgearbeitet. Obligatorisch eingeführt wurde es in den meisten Kulturstaaten in den ersten Jahrzehnten des 19. Jahrhunderts. 1875 gründeten 19 Staaten die Internationale Meterkonvention. Die heutige Bestimmung des Normalmeters ist von der Bindung an den Erdmeridian gelöst und nur noch an den metallenen Urmeterstab gebunden. Ebenso ist die heutige Normalgewichtseinheit von der Bindung an das Meter gelöst und nur noch an die Masse des metallenen Urkilogramms gebunden. In neuester Zeit wird als natürliche Längeneinheit die Wellenlänge einer besonders scharfen Spektrallinie eines leuchtenden Atoms verwendet.
Auch verwendet jedenfalls die Naturwissenschaft in den angelsächsischen Ländern durchgehend das auf dem metrischen beruhende cgs-System, in welchem cm und g mit der Sekunde (dem 86 400sten Teil des mittleren Sonnentages) verbunden sind. Aus diesen drei Einheiten sind weitere abgeleitet; z. B. wird die Geschwindigkeit in cm/sec gemessen. Auch die elektrischen und magnetischen Maßeinheiten sind aus dem cgs-System gewonnen.

I. Mathematik und Mechanik

Die Mechanik zusammen mit der Mathematik zu behandeln, ist sachlich dadurch gerechtfertigt, daß die reine Mechanik (d. h. die theoretische unter Außerachtlassung ihrer praktischen Anwendungen) nichts als ein Zweig der angewandten Mathematik ist. Mechanik ist die mathematische Betrachtung der Bewegungen von Körpern, der Kräfte, die diese bestimmen, und des Gleichgewichts der Kräfte beim ruhenden Körper. Daß die beiden Wissenschaften gerade für das 18. Jahrhundert hier in einem Abschnitt zusammengefaßt werden, hat jedoch noch andere Gründe. Die »höhere« Mathematik läßt man im allgemeinen mit der Differentialrechnung beginnen. Natürlich bewegt sich auch geschichtlich die Entwicklung der Mathematik nach der Erfindung der Differentialrechnung im 17. Jahrhundert in den »höheren« Bereichen. Die rein mathematische Entwicklung kann daher in unserem Rahmen nicht mehr dargestellt werden. Etwas besser sind ihre Anwendungen in der Mechanik zu verstehen. Auch haben tatsächlich alle großen Mathematiker gerade des 18. Jahrhunderts die Mechanik wesentlich gefördert.

Als dritter Grund kommt hinzu, daß in der Physik des 18. Jahrhunderts gegenüber dem 17. Jahrhundert neue Fragenkreise in den Vordergrund treten. Standen im Zeitalter Newtons Mechanik und Optik an erster Stelle, so erhebt sich jetzt die physikalische Beschäftigung mit der Energie oder wenigstens mit einigen ihrer Formen zu immer größerer Bedeutung. Diesen Gebieten der Physik wollen wir für das 18. Jahrhundert besondere Aufmerksamkeit widmen. Die in diesem Abschnitt gebotene Übersicht beschränkt sich darauf, die wichtigeren Männer aufzuzählen und einiges über ihre Arbeitsrichtung anzudeuten.

DIE BERNOULLIS Was die Familie Bach in der Musik, ist die Familie Bernoulli in der Geschichte der Mathematik. Mehrere Generationen lang brachte sie mathematische Genies von erstem Range hervor. Die Familie stammte aus Antwerpen und wanderte im 16. Jahrhundert religiöser Verfolgung wegen aus. Seit 1622 wurde sie in Basel eingebürgert. Wie oft zeigt die Geistesgeschichte, daß es die Besten sind, die ihr Vaterland um einer Überzeugung willen verlassen! Die Bernoullis machten die Schweiz im 18. Jahrhundert neben Frankreich zum Hauptland der europäischen Mathematik.

Die namhaftesten Bernoullis sind für die Mathematik (andere Angehörige der Familie haben sich in anderen Wissenschaften ausgezeichnet) Jakob Bernoulli (1654–1705), Jakobs Bruder Johann Bernoulli (1667 bis 1748) und Johanns Sohn Daniel Bernoulli (1700–1782).

Die wichtigsten Arbeitsrichtungen der Bernoullis stellen zugleich die Hauptthemen der Mathematik des 18. Jahrhunderts und somit auch der später zu nennenden weiteren Mathematiker dar:

Die Bernoullis machten die von Leibniz begründete Infinitesimalrechnung bekannt und begründeten ihre eindeutige Herrschaft auf dem Kontinent. Das verschaffte dem festländischen Europa einen beträchtlichen

Vorsprung vor England, weil der Leibnizsche Kalkül das Wesentliche des neuen Verfahrens klarer zum Ausdruck brachte und übersichtlicher zu handhaben war als das Verfahren Newtons.
Die Bernoullis wandten die neue Rechnung auf zahlreiche Probleme der Physik an, wobei Daniel B. als erster auch die Flüssigkeiten einer mathematischen Behandlung unterwarf.
Sie gaben den Anstoß zur Ausbildung der Variationsrechnung und zum Aufschwung der Wahrscheinlichkeitsrechnung. Das erste ist das Hauptverdienst Johanns, das zweite das Jakobs durch seine *Ars coniecturandi* von 1703.

EULER. D'ALEMBERT. LAGRANGE Ein einziger nichtfranzösischer Name ist unter den Mathematikern der ersten Garnitur im 18. Jahrhundert: Leonhard *Euler* (1707–1783), in Basel geboren und Schüler der Bernoullis. Da unter den Großen der Wissenschaftsgeschichte nur ganz wenige das sind, was wir uns unter einem einseitigen Spezialisten vorstellen, ist es fast überflüssig, zu berichten, daß Euler sehr vielseitig war. Bei ihm waren es Theologie, Medizin und orientalische Sprachen, die er neben der Mathematik studierte. Euler wirkte zuerst in St. Petersburg. 1741 rief ihn Friedrich der Große nach Berlin. Dort verbrachte er 25 Jahre. 1766 kehrte er nach Rußland zurück. Obwohl er 1769 das Augenlicht verlor und 1777 seine sämtlichen Aufzeichnungen durch Feuer einbüßte, arbeitete er mit ungebrochener Schaffenskraft bis ans Ende seines Lebens.
Die Hauptleistungen Eulers liegen in den bei den Bernoullis angeführten Fragenkreisen. In der Analysis – dem Zweig der Mathematik, zu dem die Infinitesimalrechnung neben der Funktionentheorie und anderem gehört – brachte er in zwei großen Werken das ganze Wissen der Zeit in eine feste logische Ordnung. Für die Mechanik formulierte er Gleichungen für die Bewegung starrer Körper, sowohl in ganz allgemeiner Form wie in der Anwendung z. B. auf die Bewegungen eines geschlagenen Kreisels, eines Golfballs oder in der Himmelsmechanik für die Präzession und Nutation der Erdachse und für die Mondbewegungen. Das Entsprechende leistete er für die Bewegung von Flüssigkeiten. Euler ist ferner einer der Begründer der Variationsrechnung.
Ein Muster gemeinverständlicher Darstellung wissenschaftlicher Probleme gab Euler in seinen *Briefen an eine deutsche Prinzessin über verschiedene Gegenstände der Physik und Philosophie.*
Von dem als Mitherausgeber der Enzyklopädie schon behandelten *D'Alembert* muß hier sein *Traité de Dynamique* als sein wichtigstes Werk für die Mechanik angeführt werden. Eine Differentialgleichung (Gleichung zwischen einer Funktion und ihren Differentialquotienten – die Lehre von den Differentialgleichungen wurde im 18. Jahrhundert geschaffen und ausgebaut) über die Bewegung starrer Körper trägt bis heute D'Alemberts Namen. Er förderte auch das sogenannte Dreikörperproblem, ferner Analysis und Zahlentheorie.
In Turin, jedoch als Sproß einer französischen Familie, die sich dort

niedergelassen hatte, wurde Joseph Louis *Lagrange* (1736–1813) geboren. Als er 17 Jahre alt war, erwachte Lagranges Interesse für die Mathematik. Nach zweijährigem, ohne viel Anleitung durchgeführtem Studium hatte er sich das mathematische Wissen seiner Zeit zu eigen gemacht und konnte bereits ein bis dahin ungelöstes Problem der Variationsrechnung lösen – was seine Genialität beweist, aber auch zeigt, daß es für einen wirklich Begabten damals noch möglich war, sich in kurzer Zeit die ganze mathematische Literatur anzueignen. Mit 19 Jahren war Lagrange Professor der Mathematik an der Artillerieschule von Turin. Als er 25 war, hatte er sich bereits durch seine Arbeiten in die vorderste Reihe der europäischen Mathematiker geschoben. Als er 30 war, berief ihn Friedrich der Große an Stelle Eulers, der nach Petersburg zurückging, nach Berlin als Direktor der mathematischen Klasse der Akademie der Wissenschaften. Dort blieb Lagrange die 20 Jahre bis zum Tode Friedrichs. Den Rest seines Lebens verbrachte er in Paris, geehrt auch in der Zeit der Revolution. In den neunziger Jahren wurde er Präsident der Kommission für die Reform der Maße und Gewichte. Als er starb, gab es kaum ein Fragengebiet der reinen und angewandten Mathematik, auf dem er nicht Bahnbrechendes geleistet hatte: er gab der Variationsrechnung ihre moderne Gestalt, begründete die Theorie der analytischen Funktionen und baute die Lehre von den Differentialgleichungen aus, indem er diese Gleichungen in ganz allgemeiner Form untersuchte.

Für die Mechanik ist Lagranges *Mécanique analytique* von 1788 grundlegend. Das Werk zeigt Lagranges Kunst der klaren Darstellung. Es enthält unter anderem den mathematischen Beweis des sogenannten Prinzips der kleinsten Wirkung, das in hypothetischer Form schon von anderen Physikern wie dem Franzosen Pierre Louis Moreau de *Maupertuis* (1698–1759) aufgestellt worden war.

MOIVRE. LAPLACE Unter Verlassen der zeitlichen Reihenfolge mag Abraham *de Moivre* (1667–1754) an dieser Stelle erwähnt werden, weil er eines seiner Hauptarbeitsgebiete, nämlich die Wahrscheinlichkeitsrechnung, mit Laplace gemeinsam hat. Moivre war Franzose, verließ aber als Hugenotte in jungen Jahren sein Vaterland und lebte in England, wo er sich mit Newton anfreundete und Mitglied der Royal Society wurde.

Als Sohn eines kleinen Häuslers in der Normandie wuchs Pierre Simon *Laplace* (1749–1827) auf. Die Fürsprache D'Alemberts verschaffte dem Zwanzigjährigen eine Anstellung an einer Pariser Militärschule. In Paris erlebte Laplace das ganze Revolutionszeitalter vom Sturz des Königtums durch die Schreckensherrschaft Robespierres, die Regierung des Direktoriums, Aufstieg und Sturz Bonapartes bis zur Wiedereinsetzung der Bourbonen mit; im Wechsel der Parteien stieg er selbst immer höher. Er war Anhänger der Revolution, dann Anhänger Napoleons – der ihn sogar zum Innnenminister machte, allerdings nach wenigen Wochen wieder entließ, weil er »nicht realistisch«

war – und schließlich Anhänger der Bourbonen, die ihn zum Marquis machten.

Laplace war der geborene Mathematiker, Naturprobleme durch Mathematik zu lösen sein Lebenselement. Das eine Hauptgebiet, auf das er seine analytische Methode (»Keine andere Sprache ist einer derartigen Eleganz fähig!« ruft er aus) anwandte, ist die Mechanik, insbesondere die Himmelsmechanik. Da diese Seite seines Werkes bei der Astronomie gesondert betrachtet werden soll, sei hier auf das zweite Gebiet hingewiesen, auf dem er ebenso Grundlegendes geleistet hat. Es ist die Wahrscheinlichkeitstheorie. Seine *Théorie analytique des probabilitées* – Analytische Theorie der Wahrscheinlichkeit – von 1812 ist das klassische Werk dieses Zweiges der Mathematik.

In einem zwei Jahre später erschienenen *Philosophischen Versuch über die Wahrscheinlichkeit* steht die berühmte Stelle vom Laplaceschen »Dämon«. Der Weg der »klassischen« Mechanik von Newton bis zu Laplace war ein einziger Siegeszug gewesen. Mit Hilfe ihrer mathematischen Prinzipien war es gelungen, einen großen Teil der Natur unter Einschluß der Bewegungen der Himmelskörper, soweit man diese schon genau beobachtet hatte, zu beschreiben und zu berechnen. Der schon von Newton geäußerte Glaube, es werde grundsätzlich möglich sein, auch die noch nicht erfaßten Naturerscheinungen auf die gleiche Weise zu bewältigen, erfüllte auch Laplace. Das ganze Universum erscheint in dem vollendet mechanisierten Weltsystem Laplaces wie ein ungeheures System von Massenpunkten und zwischen ihnen wirkenden Kräften. Würde man sie alle kennen, so müßte es – dies ist das von Laplace aufgestellte Ideal – möglich sein, den gesamten Weltprozeß mit Hilfe der Differentialgleichungen der Mechanik zu berechnen:

Wir könnten demnach den gegenwärtigen Zustand des Universums als die Wirkung seines vorhergegangenen Zustands und als die Ursache des Zustandes ansehen, der folgen wird. Eine Intelligenz, welche bekannt wäre mit allen Kräften, durch die die Natur bewegt wird, und mit den verschiedenen Stellungen aller ihrer Teile in irgendeinem gegebenen Moment – vorausgesetzt, sie wäre umfassend genug, um diese Daten der Analysis zu unterwerfen – würde in ein und derselben Formel die Bewegungen der größten Körper wie des leichtesten Atoms zusammenfassen. Nichts würde für sie ungewiß sein; die Zukunft wie die Vergangenheit wären gegenwärtig vor ihren Augen. Der menschliche Geist, in der Perfektion, die er der Astronomie zu geben vermocht hat, bietet ein schwaches Abbild einer solchen Intelligenz. Seine Entdeckungen in Mechanik und Geometrie, vereint mit der der universellen Gravitation, haben es in die Reichweite des Verstehens gebracht, die vergangenen und die zukünftigen Zustände des Weltsystems in den gleichen analytischen Ausdrücken zu fassen. Alle seine Anstrengungen im Suchen nach der Wahrheit veranlassen ihn, sich ständig der Intelligenz, die wir uns eben vorstellten, anzunähern; aber gleichwohl wird er von dieser Intelligenz immer unendlich weit entfernt bleiben.

Der letzte Satz zeigt: Laplace war sich wohl darüber klar, ein dem Menschen nicht erreichbares Ideal zu zeichnen. Aber es ist für ihn, wie die ganze Stelle zeigt, eigentlich mehr ein Gradunterschied zwischen der unendlichen Intelligenz seines »Dämons« und der beschränkten menschlichen. Es handelt sich mehr um eine praktische als um prinzipielle Unerreichbarkeit des Ideals. Die neueste Physik hat offenbar gemacht, daß ein solches Ideal in einem ganz anderen Sinne, als Laplace es sich hätte vorstellen können, für den Menschen prinzipiell unerreichbar ist. Es hat sich nämlich gezeigt, daß im Bereich der Atome die Gesetze der klassischen Physik, der Makrophysik, nicht mehr anwendbar sind, wie man zunächst annahm. So ist es grundsätzlich nicht möglich, die beiden zur Beschreibung der Bewegung eines »kleinsten Teilchens« (eines Elektrons) notwendigen Bestimmungsgrößen, also seine Lage und seinen Impuls (= Masse und Geschwindigkeit) gleichzeitig exakt zu messen. Je genauer man die eine Größe mißt, desto ungenauer (unbestimmter) wird zwangsläufig die andere. Das hängt damit zusammen, daß beim Meßvorgang selbst infolge einer Wechselwirkung zwischen Meßgerät und zu messendem Objekt eine tiefgreifende Änderung des Objekts (etwa des Zustandes des Elektrons) auftritt (»Komplementarität«, Heisenbergsche Unbestimmtheitsrelation).

II. Astronomie

Mit Halley, Bradley und Herschel, einem Dreigestirn genialer Beobachter, mit Kant und Laplace, zwei genialen Theoretikern, erreicht die Astronomie im 18. Jahrhundert eine neue Entwicklungsstufe und so viele neue Erkenntnisse wie kein Jahrhundert vor ihm. Jetzt erst wird sie wirklich Astronomie, nämlich Wissenschaft von den Sternen – und nicht nur von Sonne, Mond und Planeten.

1. Halley

Im Vorwort der Principia spricht Newton seinen Dank an Halley für dessen Anteil am Zustandekommen des Werkes aus. In der Tat hatte Halley durch seine an Newton gerichteten Fragen den Anstoß zur Niederschrift gegeben, die Korrektur besorgt und sogar die Kosten der Veröffentlichung bezahlt. Hier betrachten wir Halleys eigenen Beitrag zur Wissenschaft. Nicht viel jünger als Newton, gehört Edmond *Halley* (1656–1742) mit seinem Leben und Wirken zur Hälfte dem 17., zur Hälfte dem 18. Jahrhundert an und eröffnet deshalb unsere Betrachtung der Fortschritte der Astronomie im neuen Jahrhundert.

Halley hatte schon als Schulknabe begonnen, sich mit Astronomie zu befassen. Zwanzigjährig reiste er nach St. Helena, um Beobachtungen am südlichen Himmel machen zu können. Er katalogisierte dort 351 Sterne, machte auch die Pendelversuche, auf die Newton in den Principia Bezug nimmt. Nach der Rückkehr nach England freundete sich Halley mit Newton an.

Am bekanntesten ist Halleys Beschäftigung mit den Kometen. Seit Kepler war bekannt, daß die Planeten sich in Ellipsen bewegen. Diese Ellipsen weichen nicht sehr von der Kreisgestalt ab. Können Himmelskörper sich auch in sehr exzentrischen Ellipsen bewegen? Ein Komet, der 1682 auftrat, gab den Anlaß zu Halleys Antwort:

Bisher habe ich die Bahnen der Kometen für genau parabolisch gehalten. Aus dieser Annahme würde folgen, daß Kometen – durch eine anziehende Kraft – zur Sonne hin getrieben, aus unendlich entfernten Räumen niedersteigen und durch ihren Fall eine solche Geschwindigkeit erreichen, daß sie wieder in die entferntesten Teile der Welt würden fliegen können. Dabei würden sie sich in dauerndem Flug aufwärts bewegen, um niemals zur Sonne zurückzukehren. Da sie jedoch häufig genug erscheinen und da keiner von ihnen eine hyperbolische Bewegung gezeigt hat, oder eine Bewegung, die rascher ist, als sie ein Komet beim Fall auf die Sonne erreichen könnte, so ist es höchstwahrscheinlich, daß sie sich eher in sehr exzentrischen elliptischen Bahnen um die Sonne bewegen und nach sehr langen Umläufen zurückkehren ... Ich sehe diese Vermutung dadurch bestätigt, daß im Sommer 1456 ein Komet beobachtet wurde, der sich beinah auf die gleiche Weise zwischen Erde und Mond rückwärts bewegte. Obgleich dies von niemand beobachtet wurde, vermute ich derartiges aus seiner Umlaufszeit und der Art seines Vorüberganges. Und wenn ich mich in die Geschichte der Kometen vertiefe, so finde ich mit gleicher Umlaufszeit einen Kometen, der im Jahre 1305 um Ostern herum gesehen worden war, was um die doppelte Umlaufszeit – nämlich 151 Jahre – vor 1456 geschah. Deshalb denke ich, daß ich es wagen darf, vorauszusagen, daß er im Jahre 1758 wiederkehren wird. Und wenn er demgemäß wiederkehrt, haben wir keinen Grund, daran zu zweifeln, daß die übrigen ebenfalls wiederkehren.

Der Komet, um den es sich hier handelt und der alle 75 Jahre wiederkehrt, wird Halleyscher Komet genannt.

Andere Leistungen Halleys betreffen so weit auseinanderliegende Gebiete wie den Erdmagnetismus und die Theorie der Lebensversicherung (Wahrscheinlichkeitsrechnung). Weiter entdeckte er Unregelmäßigkeiten in der Bewegung der Planeten und des Mondes und übersetzte ein Werk des Apollonios aus dem Arabischen, das er dazu eigens erlernte.

Eine folgenreiche Entdeckung Halleys betrifft die Eigenbewegung der Sterne (Fixsterne). Halley verglich den 2000 Jahre vor ihm aufgestellten Sternenkatalog des *Hipparchos* mit der Stellung der Sterne am Himmel zu seiner Zeit. Dabei fand er Abweichungen. Er vermutete, daß sie auf Eigenbewegung der Sterne beruhten. Diese Beobachtung war einer der Anlässe zu der nun neu einsetzenden Aufnahme des ganzen Sternenhimmels in Katalogen und Himmelskarten. Besonders gründlich und umfassend war das Sternverzeichnis, das Halleys Landsmann John *Flamsteed* (1646–1719) aufstellte.

Die genannte Beobachtung Halleys ist eines der ersten Anzeichen des nun einsetzenden Entdeckungsprozesses, durch den sich die Fixsternwelt langsam entschleierte.

2. Bradley

Auf die Fixsterne richtete sich auch das Interesse James *Bradleys* (1693 bis 1762, Mitglied der Royal Society), der neben Herschel der größte Beobachter des 18. Jahrhunderts war. Seit langem nahm die Astronomie an – und auch Kopernikus setzte es voraus –, die Fixsterne seien so weit entfernt, daß die jährliche Bewegung der Erde um die Sonne auf die Stellung der Fixsterne (von der Erde her gesehen) keinen Einfluß hat, d. h. daß die Fixsterne keine sichtbare Parallaxe aufweisen. Tycho Brahe

hatte mit seinen Instrumenten keine Parallaxe bei den Fixsternen gefunden. Wir wissen heute, daß er sie auch mit hundertmal feineren Instrumenten noch nicht hätte feststellen können.
Die verbesserten Fernrohre des 17. und 18. Jahrhunderts ließen erstmalig einige Veränderungen in der Stellung mancher Sterne erkennen. Schon 1680 hatte ein Franzose, Jean *Picard*, eine jährliche periodische Veränderung beim Polarstern bemerkt. Sie war nicht einmal so klein, sie machte rund 40″ (Bogensekunden) aus. Der ebengenannte Flamsteed hatte diese Feststellung bestätigt. War diese Abweichung wirklich die gesuchte Parallaxe, oder was war sie sonst? Diese Frage versuchte Bradley zu beantworten.
Um das Ergebnis vorwegzunehmen: Die Parallaxe zu messen gelang auch Bradley nicht. Das gelang erst hundert Jahre nach ihm mit nochmals erheblich verfeinerten Instrumenten. Doch vermochte Bradley schon nachzuweisen, daß die Parallaxe auf keinen Fall mehr als 1″ ausmachen könnte. Damit war schon ein ungefähres Größenmaß auch für die Entfernung der Fixsterne gewonnen. Es ergab sich, daß der Stern γ Draconis, an dem Bradley besonders eingehende Beobachtungen gemacht hatte, mehr als 400 000mal weiter von der Erde entfernt sein mußte als die Sonne.
Gerade aber an diesem γ Draconis fand Bradley zunächst eine ähnlich große jährliche Veränderung seiner Stellung wie andere am Polarstern! Im Dezember 1725 maß er mit einem eigens dafür eingerichteten Fernrohr den Durchgang dieses Sternes durch den Zenit. Im März 1726 stand er 20″ südlicher. Im Juni erreichte er wieder seine erste Stellung. Dann begann er nach Norden zu wandern und stand im September fast 40″ nördlicher als im März. Bradley erweiterte und prüfte seine Beobachtungen mit einem neuen Instrument an anderer Stelle. Er fand ähnliche Erscheinungen bei einer Anzahl weiterer Sterne.
Eine Erklärung fand er zunächst nicht. Nach dem zeitlichen Verlauf der Erscheinungen war es ausgeschlossen, daß sie mit der Parallaxe zu tun haben konnten. Sie auf ein Schwanken der Erdachse zurückzuführen gelang nicht. Verschiedene andere Hypothesen mußten verworfen werden.

Zuletzt überlegte ich, daß alle bisher erwähnten Erscheinungen von der fortschreitenden Lichtgeschwindigkeit und von der jährlichen Erdbewegung in ihrer Bahn ausgingen. Denn ich bemerkte, daß, wenn sich das Licht im Laufe der Zeit ausbreitet, der scheinbare Ort eines feststehenden Gegenstandes nicht der gleiche sein würde, wenn das Auge in Ruhe ist oder wenn es sich in einer Richtung bewegt, die von der Richtung vom Auge zum Gegenstand abweicht, und daß der scheinbare Ort des Gegenstandes anders sein würde, wenn das Auge sich in verschiedenen Richtungen bewegt ...

Bradley hatte hier die Erscheinung entdeckt, die man seither Aberration des Lichts nennt. Er deutete sie so: In irdischen Verhältnissen nehmen wir als selbstverständlich, daß ein Körper sich da befindet, wo wir ihn erblicken. Im Weltraum mit seinen Entfernungen und Bewegungsgeschwindigkeiten ist das nicht der Fall. Bis das Licht von einem entfernten Stern zu uns dringt, hat der Stern sich um ein Stück weiter bewegt. Außerdem hat sich auch der irdische Beobachter bewegt, und diese Erdbewegung mit der Geschwindigkeit von 30 km pro Sekunde im Zusammenwirken mit der 10 000mal größeren Geschwindigkeit des Lichts ruft die Aberration hervor, durch die alle Sterne um bis zu 20″ gegen ihre wahre Stellung versetzt erscheinen.

Wie Newton durch den fallenden Apfel angeregt wurde, so soll Bradley durch eine einfache Beobachtung zuerst auf die Deutung der Erscheinung geführt worden sein. Er beobachtete, in einem Boot auf der Themse fahrend, wie sich die Stellung des an der Mastspitze befestigten Wimpels nicht nur nach der Windrichtung, sondern auch je nach der Eigenbewegung des Bootes veränderte. Bei stilliegendem Boot wird der Wimpel sich in die Windrichtung stellen. Bei fahrendem Boot, aber windstillem Wetter wird er sich in den »Fahrwind« stellen und nach hinten zeigen. Bei Wind und gleichzeitiger Bewegung des Bootes wird der Wimpel beiden Einflüssen unterliegen. Seine Stellung wird abhängen von der Windrichtung, von der Bewegungsrichtung des Bootes und vom Verhältnis der beiden Geschwindigkeiten.

Bradley wurde so zu der Annahme gezwungen, das Licht bewege sich mit endlicher Geschwindigkeit durch den Raum. Dies hatte zwar schon Olaus *Römer* behauptet. Er hatte sogar die Lichtgeschwindigkeit schon berechnet. Doch überzeugte erst Bradley die wissenschaftliche Welt.

Die gleichen Beobachtungen führten Bradley zu einer zweiten Entdeckung. Schwankungen (Nutation) der Erdachse hatte Bradley zunächst zur Erklärung seiner Beobachtungen nicht brauchbar gefunden. Genaueres Durchrechnen zeigte ihm später, daß die Aberration für sich allein diese auch nicht voll erklären konnte, daß er vielmehr außerdem eine Nutation der Erdachse annehmen mußte. Bradley fand: Die Erdachse macht neben der kreiselartigen Bewegung, die sie in je 26 000 Jahren einmal vollführt (und die die von Hipparch entdeckte »Präzession«, das Vorrücken der Tagundnachtgleiche hervorruft) noch kleinere Schwankungen, die eine Periode von 19 Jahren haben. Man kann also die aus beiden resultierende Bewegung der Erdachse mit der eines leicht wakkelnden Kreisels vergleichen. Präzession, Nutation und Aberration des Lichts müssen bei jeder astronomischen Beobachtung als Korrektur berücksichtigt werden.

In dem Bericht, den Bradley 1747 der Royal Society hierüber vorlegte, äußerte er sich auch über die Eigenbewegung der Sterne. Er kommt zum gleichen Ergebnis wie Halley:

... so zeigte es sich, daß einige Sterne ihre Stellung zueinander wirklich geändert haben, und zwar so, daß es unabhängig von irgendeiner Bewegung in unserem eigenen Sonnenall zu sein scheint und nur auf irgendeine Bewegung der Sterne selbst bezogen werden kann. Hierfür bietet Arktur einen sicheren Beweis; denn wenn man seine jetzige Deklination mit dem Ort vergleicht, wie ihn Tycho Brahe oder Flamsteed bestimmten, so wird man finden, daß der Unterschied viel größer ist, als aus der Unsicherheit ihrer Beobachtungen zu vermuten wäre. Es entspricht der Vernunft, daß unter der großen Zahl sichtbarer Sterne noch andere Fälle ähnlicher Art vorkommen.

Bradley war sich darüber klar, daß es angesichts der vielen Ursachen, welche den scheinbaren Ort eines Sternes bestimmen, noch der Arbeit von Generationen bedürfe, um zu einem einigermaßen richtigen Überblick zu kommen.

3. Herschel

War die Erkenntnis der wahren Verhältnisse im Sonnensystem das wichtigste Ergebnis der Astronomie von Kopernikus bis Newton, so war das wichtigste Ereignis im 18. Jahrhundert die Ausweitung des Blickfeldes auf die ferne Fixsternwelt und der Anfang ihrer Erforschung. Einen der entscheidenden Schritte in dieser Richtung tat Sir William *Herschel* (1738–1822), einer der Größten in der Geschichte seiner Wissenschaft.

Herschel wurde in Hannover geboren. Sein Vater war Musiker in der Hofkapelle. Der Sohn ergriff den gleichen Beruf. Als das seit 1714 in England regierende Haus Hannover die Kapelle nach England holte, war der junge Herschel dabei. In England machte er sich bald selbständig und wurde schließlich Organist in Bath. In den Nächten aber studierte er Mathematik, Optik, Sprachen und – sobald er das erste astronomische Buch in die Hand bekommen hatte – Astronomie, und sogleich ergriff ihn der sehnliche Wunsch, die in den Büchern beschriebenen Wunder des Himmels selbst zu sehen.

Ein gekauftes Teleskop befriedigte ihn nicht. Er begann, selbst eines zu bauen, ein Spiegelteleskop, wie es Newton erfunden hatte. Bei dieser Arbeit unterstützten ihn sein Bruder und seine jüngere Schwester Karoline, die ihm nach England gefolgt war. Sie führte den Haushalt. Sie nahm teil an der Musikausübung, die Herschel als Broterwerb fortsetzte; sie nahm aber auch teil an den astronomischen Beobachtungen, die Herschel nun Nacht für Nacht anstellte. Herschel war ein unermüdlicher Arbeiter. Stunde um Stunde saß er die Nächte hindurch an seinem im Freien aufgestellten Teleskop. Die Schwester half und machte die Notizen. Manchmal nahm Herschel sich nicht einmal Zeit zum Essen, und die Schwester mußte ihn füttern, während er seine Spiegel und Linsen polierte. Bei dieser Lebensweise wurde Herschel 84 Jahre alt, die Schwester 98. Der unermüdlichen Hingabe der Schwester verdankt Herschel einen großen Teil seiner Erfolge.

Mit dem ersten Teleskop war Herschel bald nicht mehr zufrieden. Er baute immer bessere, erhielt auch bald von anderen Aufträge zur Herstellung von Fernrohren.

Nichts Geringeres war Herschels Vorhaben, als den ganzen Sternhimmel systematisch zu beobachten und aufzunehmen. Ein Stern nach dem anderen wurde beobachtet, beschrieben, seine Lage bestimmt. Während seines Lebens führte Herschel diese Operation über den ganzen Himmel hinweg insgesamt viermal durch!

1774 hatte Herschel zu beobachten begonnen. 1780 legte er die beiden ersten Abhandlungen der Royal Society vor. Sie behandelten den veränderlichen Stern Mira und die Berge auf dem Monde. 1781 gelang ihm die Entdeckung, die ihn mit einem Schlage berühmt machte. Er beobachtete einen neuen Stern, der nach Größe und Eigenbewegung zum Sonnensystem gehören mußte. Herschel hielt ihn für einen Kometen. Aber es stellte sich bald heraus, daß es ein Planet war, den wir heute Uranus nennen. Die Berechnung seiner Bahn ergab, daß er fast doppelt so weit von der Sonne entfernt ist wie Saturn, der bis dahin äußerste der Planeten, mit einer Masse, 15mal größer als die der Erde.

Nun wurde der König auf Herschel aufmerksam, ließ ihn holen, um selbst durch das Teleskop zu blicken und den neuen Planeten zu sehen. Bald darauf wurde Herschel zum Royal Astronomer ernannt. Der König ließ für 20000 Pfund Sterling ein neues, für die damalige Zeit gigantisches Teleskop erbauen.

Andere Arbeiten Herschels beziehen sich auf die Rotation der Planeten und ihrer Satelliten. Herschel fand den 6. und 7. Mond des Saturn. Er entdeckte auch die weißen Kappen an den Polen des Mars und vermutete sofort, der Mars habe Jahreszeiten ähnlich wie die Erde, und die Kappen seien Polarschnee.

Herschels bedeutsamste Entdeckungen liegen aber jenseits des Sonnensystems. Herschel erkannte mit endgültiger Gewißheit, daß die Fixsterne nicht »fix« sind, sondern sich bewegen, und daß die Sonne – wie Bradley schon vermutet hatte – ein solcher Stern unter anderen ist und sich ebenfalls bewegt. Er berechnete bereits ziemlich genau die Richtung, in der sich die Sonne bewegt (auf das Sternbild des Herkules zu). Später berechnete Herschel auch überschlägig die Bewegungsgeschwindigkeit der Sonne. Er sprach diese Gedanken aus in einem Bericht *Über die Eigenbewegung der Sonne und des Sonnensystems* von 1783:

Daß verschiedene Fixsterne eine eigene Bewegung haben, ist nunmehr völlig ausgemacht. Seitdem Halley dies zuerst vermutete, wissen wir aus genaueren Beobachtungen, daß Arktur, Sirius, Aldebaran, Kastor, Rigel, Atair u. a. wirklich fortrücken ... daß es im eigentlichsten Sinn keine Fixsterne gibt; allein meine folgenden Gründe werden dies noch einleuchtender machen und keinen Zweifel an der allgemeinen Bewegung des ganzen Fixstern- und folglich auch des Sonnensystems übrig lassen.

Auch Herschel machte sich an die Aufgabe, die Parallaxe von Fixsternen zu messen. Es ging ihm wie Bradley. Die Parallaxe fand er nicht, aber etwas anderes sehr Wichtiges. Herschel ging von folgendem Gedanken aus. Bei zwei Sternen, die von uns aus gesehen als Doppelstern erscheinen, also ganz dicht zusammenstehen, müssen, wenn ihr Beieinanderstehen nur ein scheinbares ist und ihre Entfernungen von der Erde in Wirklichkeit ganz verschieden sind, die jährlichen Parallaxen eine Verschiedenheit in ihrer scheinbaren Entfernung voneinander hervorrufen. Herschel suchte deshalb so viele »Doppelsterne« auf, wie er nur finden konnte. Er fand sehr viele (806), aber das Erwartete traf nicht ein. Es zeigte sich vielmehr, daß es sich bei einem großen Teil um echte Doppelsterne handelte, um zwei Sterne, die umeinander kreisen! Zum erstenmal war damit augenfällig gezeigt, daß Newtons Gravitationsgesetz auch außerhalb des Sonnensystems gilt.

Beim Durchforschen des Sternhimmels mit der Methode des sogenannten Eichens (Abzählen der Sterne in festgelegten Quadraten und Bestimmen ihrer durchschnittlichen Dichte) mußte Herschel zu bestimmten Gedanken *Über den Bau des Himmels* kommen. Unter dieser Überschrift legte er der Royal Society 1785 eine Abhandlung vor, in der es heißt:

> Daß die Milchstraße eine sehr ausgedehnte Schicht von Sternen verschiedener Größe ist, läßt nicht länger den geringsten Zweifel übrig; und daß unsere Sonne wirklich einer der Himmelskörper ist, die zur Milchstraße gehören, ist ebenso augenscheinlich. Nun habe ich diese schimmernde Zone nach fast allen Richtungen besichtigt und geeicht und finde sie aus Sternen zusammengesetzt, deren Anzahl nach Maßgabe dieser Eichungen beständig in dem Verhältnis ab- oder zunimmt, wie sie dem bloßen Auge mehr oder minder glänzend erscheint ...

Herschel wandte also eine Art statistisches Verfahren an. Er zählte in jedem Eichquadrat die Sterne nach Größenklassen ab. (Die Größenklassen sind nach der scheinbaren Helligkeit des Sternes gebildet; die nächsthöhere Klasse hat immer eine rund 2,5mal geringere Helligkeit als die vorhergehende.) So fand er, daß der Raum nicht bis in die entferntesten Tiefen gleichmäßig mit Sternen erfüllt ist, daß die Zahl der Sterne vielmehr von der 10. Klasse an nicht mehr zunimmt. Sie nimmt sogar ab. Herschel bildete sich eine ungefähr zutreffende Vorstellung von der Gestalt der Milchstraße als einer Scheibe, deren Durchmesser etwa fünfmal so groß ist wie die kurze Achse. Herschel nahm allerdings an, die Sonne befinde sich sehr nahe am Mittelpunkt dieser Scheibe. Das ist, wie wir wissen, nicht der Fall.

Ähnliche Erkenntnisse über die Milchstraße sprach der Engländer Thomas *Wright* (1711–1786) in einer bereits 1750 erschienenen *Theorie des Universums* aus. Von ihr wurde Kant angeregt.

Herschel entdeckte beim Durchforschen des Himmels endlich rund 2500 Nebel und sprach aus,

> daß jene Gegenstände, welche Nebelflecke heißen, augenscheinlich nichts anderes als Sternhaufen sind. (Ein Beobachter) sieht ihre Anzahl immer mehr und mehr anwachsen, und wenn er einen Nebelfleck in Sterne auflöst, so entdeckt er zehn neue, die er nicht auflösen kann. Dann stellt er sich eine unermeßliche Schicht von Fixsternen, Sternhaufen und Nebeln vor, bis ... er inne wird, daß alle diese Erscheinungen ganz natürlich durch seinen beschränkten Standort bedingt sind. Beschränkt kann er mit Recht genannt werden, obgleich auf keinem geringern Raum als demjenigen, der ihm vorher die ganze Gegend der Sterne zu sein schien, der aber nunmehr die Gestalt eines krummen, in Äste geteilten Nebelflecken angenommen hat; eines Nebelflecken, der freilich nicht einer der kleinsten, aber vielleicht auch bei weitem nicht der beträchtlichste von jenen unzählbaren Sternhaufen ist, die zum Gebäude des Himmels gehören.

Neben Herschel beschäftigte sich der Franzose Charles *Messier* mit den Nebeln. Er veröffentlichte 1784 einen Katalog, der bereits 103 solcher Nebel verzeichnete.

4. Kant

1755 erschien Immanuel Kants *Allgemeine Naturgeschichte und Theorie des Himmels oder Versuch von der Verfassung und dem mechanischen Ursprunge des ganzen Weltgebäudes, nach Newtonischen Grundsätzen abgehandelt.* Das Werk besteht aus einer Vorrede und zwei Teilen, deren erster, kürzerer von der »allgemeinen systematischen Verfassung unter den Fixsternen, aus den Phänomenen der Milchstraße hergeleitet«, handelt, »imgleichen von der Vielheit solcher Fixsternsysteme«. Selbstverständlich steht Kant in der Naturwissenschaft völlig auf der Höhe seiner Zeit. Aus dem ersten Teil sei hier nur ein Gedanke hervorgehoben:

Ich komme zu demjenigen Teile des vorgetragenen Lehrbegriffs, der ihn durch die erhabene Vorstellung, welche er von dem Plane der Schöpfung darstellet, am meisten reizend macht ... Wenn ein System von Fixsternen, welche in ihren Lagen sich auf eine gemeinschaftliche Fläche beziehen, so wie wir die Milchstraße entworfen haben, so weit von uns entfernet ist, daß alle Kenntlichkeit der einzelnen Sterne, daraus es besteht, sogar dem Sehrohre nicht mehr empfindlich ist; wenn seine Entfernung zu der Entfernung der Sterne der Milchstraße eben das Verhältnis, als diese zum Abstande der Sonne von uns hat; kurz, wenn eine solche Welt von Fixsternen in einem so unermeßlichen Abstande von dem Auge des Beobachters ... angeschaut wird, so wird dieselbe unter einem kleinen Winkel als ein mit schwachem Lichte erleuchtetes Räumchen erscheinen, dessen Figur zirkelrund sein wird, wenn seine Fläche sich dem Auge geradezu darbietet und elliptisch, wenn es von der Seite gesehen wird.

Es folgt der Hinweis auf die von den Astronomen beobachteten und beschriebenen Nebel. Die einleuchtende Erklärung der Nebel ist nach Kant,

diese elliptische Figuren von eben die gleichen Weltordnungen und, so zu reden, Milchstraßen zu halten, deren Verfassung wir eben entwickelt haben; und wenn Mutmaßungen, in denen Analogie und Beobachtungen vollkommen übereinstimmen, einander zu unterstützen, eben dieselbe Würdigkeit haben als förmliche Beweise, so wird man die Gewißheit dieser Systemen vor ausgemacht halten müssen.

Kant war sich, wie man sieht, darüber klar, daß er nur eine Hypothese aussprach: die sogenannte »Weltinsel«-Hypothese. Nach ihr ist unsere Milchstraße ein verhältnismäßig abgeschlossenes System, dem unzählige andere Systeme, in riesigen Abständen auf den im übrigen leeren Weltraum verteilt, an der Seite stehen. Zu Kants Zeit konnte es nur eine Hypothese sein. Noch war nicht einmal die Parallaxe der nächsten Fixsterne bestimmt. Das 20. Jahrhundert mit seinen gewaltig verbesserten Beobachtungsinstrumenten hat die Annahme als berechtigt erwiesen.
Berühmter als dieser Teil von Kants Werk ist der zweite »Von dem ersten Zustande der Natur, der Bildung der Himmelskörper, den Ursachen ihrer Bewegung und der systematischen Beziehung derselben sowohl in dem Planetengebäude insonderheit, als auch in Ansehung der ganzen Schöpfung«. Dieser Teil enthält die berühmte Weltentstehungslehre (Kosmogonie) Kants.

Leider ist Kants Darlegung zu lang, um seinen Gedankengang auch auszugsweise mit seinen eigenen Worten wiedergeben zu können. Heben wir nur hervor: Erstens, es handelt sich hier um die erste rationale und mechanische Theorie der Weltentstehung. Zweitens, Kant stellt sich die Entstehung des Weltsystems etwa folgendermaßen vor: Im Anfang war alle Materie, daraus die Weltkörper bestehen, in einen elementaren Grundstoff aufgelöst, im ganzen Weltraum verteilt. Dies ist der einfachste denkbare Zustand, der auf das Nichts folgen kann. Die allgemeine Ruhe kann nur einen Augenblick dauern. Die zerstreuten Elemente dichterer Art sammeln vermöge der Anziehung die leichtere Materie aus dem sie umgebenden Raum. Das scheint auf die Bildung großer ruhender Materieklumpen hinzuführen. Aber die Teilchen werden bei ihrem Wege zu diesen Zentren aufeinanderstoßen und vom Wege abgelenkt werden. Die geradlinige Bewegung der Teilchen schlägt in Kreisbewegung um. Es entstehen große, zunächst durcheinandergehende Wirbel. Allmählich gleichen sich diese Wirbelbewegungen untereinander zu einer großen Kreisbewegung um einen Zentralkörper aus. Aber auch dieser Zustand kann nicht dauern. Die Anziehung der Teilchen untereinander tut ihre Wirkung und veranlaßt neue Bildungen, »den Samen der Planeten«. Die sich hier zusammenziehenden Massen setzen die allgemeine Umlaufbewegung der Teilchen im gleichen Sinne fort.

Diese Theorie leistet etwas, das Newton noch als unmöglich erklärt hatte. Newton hatte gezeigt, daß die Himmelskörper – einmal entstanden und in Bewegung gesetzt – nach mechanischen Gesetzen in der Weise umlaufen müssen, wie sie es tatsächlich tun. Den ersten Anstoß zur Bewegung hatte ihnen nach Newton der Schöpfer selbst erteilt. Kant zeigt, daß diese Annahme unnötig, daß es möglich ist, auch die ursprüngliche Entstehung der Bewegung und der himmlischen Körper selbst auf mechanische Weise zu erklären.

Kant ließ diese Schrift anonym erscheinen. Die Gründe dafür treten im Vorwort deutlich hervor. Es beginnt:

Ich habe einen Vorwurf gewählet, welcher sowohl von seiten seiner innern Schwierigkeit als auch in Ansehung der Religion einen großen Teil der Leser gleich anfänglich mit einem nachteiligen Vorurteile einzunehmen vermögend ist ... Die Bildung der Weltkörper selber und den Ursprung ihrer Bewegungen aus dem ersten Zustande der Natur durch mechanische Gesetze herzuleiten: solche Einsichten scheinen sehr weit die Kräfte der menschlichen Vernunft zu überschreiten. Von der andern Seite drohet die Religion mit der feierlichen Anklage über die Verwegenheit, da man der sich selbst überlassenen Natur solche Folgen beizumessen sich erkühnen darf, darin man mit Recht die unmittelbare Hand des höchsten Wesens gewahr wird und besorget, in dem Vorwitz solcher Betrachtungen eine Schutzrede des Gottesleugners anzutreffen. Ich sehe alle diese Schwierigkeiten wohl und werde doch nicht kleinmütig.

Da der Verleger während der Drucklegung Bankrott machte und sein Lager versilbert wurde, kam die Schrift kaum unter die Leute. Ein kurzer Auszug erschien 1791, ein vollständiger Nachdruck erst 1797. So kam es, daß Kants bahnbrechende Theorie erst sehr spät gewürdigt wurde.

5. LAPLACE

Bevor wir die Weltentstehungstheorie von Laplace betrachten, die mit der Kants zusammen unter dem Namen der »Kant-Laplaceschen Theorie« bekannt ist, muß wenigstens noch einer seiner sonstigen Leistungen für die Astronomie gedacht werden. Der Ausgangspunkt dieser Arbeit war folgender. Newtons Principia hatten eine Reihe von Grundsätzen festgelegt. Newton hatte sie auch auf das Sonnensystem angewendet. Er hatte dabei jedoch stark vereinfachende Annahmen gemacht. Zwar hatte er begonnen, sich mit dem sogenannten »Dreikörperproblem« zu befassen. Das ist die Aufgabe, die gegenseitige Wirkung von drei Himmelskörpern aufeinander, z. B. Sonne, Erde und Mond, mathematisch zu erfassen. In seinem System aber setzte Newton im allgemeinen voraus, daß die Planeten nur der Einwirkung der Sonne (also nicht ihrer Monde und anderer Planeten) und die Monde nur der Einwirkung ihres Planeten unterlägen. Die Newtonsche Theorie genauer durchzuführen und insbesondere allen Wirkungen Rechnung zu tragen, die aus dem Aufeinanderwirken aller Körper des Sonnensystems entstehen – das war eine äußerst verwickelte Aufgabe, die Newtons Nachfolgern zu lösen aufgegeben blieb.

An der Lösung arbeiteten Euler und Lagrange, deren Leistungen im einzelnen ich hier übergehe. Laplace konnte ihre Arbeiten schon mit verwerten. Seine *Mecanique céleste* (Himmelsmechanik) faßt die gesamten Ergebnisse des 18. Jahrhunderts auf diesem Fragengebiet zusammen.

Die Probleme ergaben sich als notwendige Folgerungen der Gedanken Newtons, aber sie hatten auch praktische Anlässe. Die immer mehr verfeinerten Beobachtungen ergaben zwar im großen und ganzen eine Übereinstimmung mit Newtons System; zahlreiche kleinere Abweichungen traten aber auf, die so lange gegen das System sprechen mußten, bis sie ihm eingefügt werden konnten. Ein anderer Anlaß ergab sich daraus, daß Halley beim Vergleich mit den Hipparchschen Tafeln nicht nur für einige Fixsterne, sondern auch für Planeten Abweichungen festgestellt hatte zwischen der Stellung zur Zeit des Hipparch und der jetzt beobachteten, bzw. derjenigen, die sich aus den Gravitationsgesetzen für die beiden Zeitpunkte ergeben mußte. Ist das Sonnensystem als ganzes stabil? Aufgeworfen war die Frage schon durch Newton (in der Optik). Newton neigte zu der Ansicht, die gegenseitige Einwirkung der Planeten aufeinander werde allmählich Unregelmäßigkeiten hervorrufen, die sich summierten, bis das Ganze eine Um- und Neugestaltung durch die Hand des Schöpfers erfahren müßte.

Laplace bewies mathematisch, daß die tatsächlich beobachteten Unregelmäßigkeiten der Planetenbewegung, z. B. bei Jupiter und Saturn, in Wahrheit periodische Bewegungen über lange Zeiträume hinweg darstellen. Die Periode bei diesen Planeten beträgt z. B. 900 Jahre. So wurden durch Laplace, wie er sich ausdrückt, »Unregelmäßigkeiten, die lange eine Ausnahme von der Theorie der Schwerkraft zu machen schienen, jetzt zu einem ihrer bezeichnendsten Beweise«. Laplace erwies das Sonnensystem als stabil, als in einem Gleichgewicht befindlich; in seiner großartigen Theorie ergaben sich außerdem Formeln für die Gezeiten des Meeres, die Änderungen der Schwerkraft je nach den Breitengraden auf der Erdoberfläche, die Präzession des Frühlingspunktes, die Figur und Umdrehung des Saturnringes und anderes mehr. Man begreift, daß Laplace unter dem Eindruck dieser Theorie von seinem Dämon träumen konnte!

Laplaces Weltentstehungstheorie ist hauptsächlich enthalten in seiner *Exposition du système du monde* – Darstellung des Weltsystems (1796). Laplace ging von folgender Feststellung aus:

> Wenn man (das Planetensystem) mit Aufmerksamkeit betrachtet, so erstaunt man, alle Planeten von Abend gen Morgen und beinah in derselben Ebene um die Sonne, alle Monde nach derselben Richtung und beinah in derselben Ebene mit ihren Planeten um diese Planeten sich bewegen, endlich die Sonne, die Planeten und Monde, deren Umdrehungsbewegungen man beobachtet hat, in derselben Richtung und beinahe in der Ebene ihrer Wurfbewegung sich um sich selbst drehen zu sehen.

Die Voraussetzung ist, wie man inzwischen weiß, unzutreffend für eine Reihe von Monden bei insgesamt 4 Planeten. Für Laplace war sie der Beweis, daß eine so außerordentliche Erscheinung kein Werk des Zufalls sein könne, sondern auf eine gemeinsame Ursache aller dieser Bewegungen hindeute. Die von Laplace behauptete Erscheinung war auch schon Newton aufgefallen, der wiederum keine andere Erklärung wußte als die, daß der Schöpfer selbst mit seiner Hand diese wunderbare Regelmäßigkeit geschaffen habe. Für Newton war es »unphilosophisch«, zu glauben, daß dies alles durch bloße Naturgesetze aus einem Chaos hätte hervorgehen können. Laplace hatte, nach seinem eigenen Wort, »jene Hypothese (d. h. Gott) nicht nötig«.

Laplace sah vielmehr die »allgemeine Ursache« darin, daß alle diese Himmelskörper ursprünglich Teile einer einheitlichen rotierenden Masse gewesen seien. Diese Masse mußte den ganzen Raum des Sonnensystems bis zu den Bahnen der äußersten Planeten und Kometen erfüllt haben, damit ursprünglich in einem sehr lockeren, nämlich gasförmigen Zustand gewesen sein. Diese ursprünglich sehr heiße Gasmasse kühlte sich allmählich ab und schrumpfte dabei zusammen. Je schneller sie sich drehte, um so mehr mußte sie die Form einer flachen Scheibe annehmen; auch die Erde und die übrigen Planeten haben ja, wie Laplace gezeigt hatte, infolge iher Eigendrehung eine an den Polen abgeplattete Gestalt. Schließlich lösten sich am Äquator der Ursonne einzelne Ringe ab. Diese verdichteten sich zu den Planeten. Auf die gleiche Weise entstanden aus den Planeten die Monde.

Man sieht, die Theorie hat mit der Kants einiges gemeinsam, kann aber doch nicht ohne weiteres mit ihr zusammengeworfen werden; denn Laplace wollte das Sonnensystem erklären, Kant aber die Entstehung der ganzen Fixsternwelt. Der Gedanke der Abspaltung der kleineren Körper in Fom von Ringen ist nur bei Laplace zu finden. Die fernere Entwicklung hat die Theorie Laplaces aus verschiedenen Gründen nicht aufrechterhalten. Dagegen entsprechen moderne Weltentstehungstheorien immer noch in manchen Grundzügen der Kants, die demnach die Prüfung der Zeit besser bestanden hat.

Vermerken wir abschließend, daß auch Laplace die Nebelflecken als ferne Welten erkannte und unsere Milchstraße als eine solche Welt unter unzählig vielen. In seinem *Weltsystem* schreibt er darüber:

Es scheint, daß die Sterne, statt in ungefähr gleichen Entfernungen im Weltall zerstreut zu sein, in verschiedenen Gruppen, deren jede aus Milliarden von Sternen besteht, verbunden seien. Unsere Sonne und die hellsten Sterne bilden wahrscheinlich einen Teil einer solchen Gruppe, welche, von uns aus gesehen, sich um den Himmel zu ziehen scheint und die Milchstraße bildet. Die große Menge von Sternen, die man im Gesichtsfeld eines dorthin gerichteten großen Fernrohres erblickt, beweist uns ihre unermeßliche Tiefe, die tausendmal größer ist als die Entfernung des Sirius von der Erde. Wenn man sich von ihr entfernte, würde sie endlich wie ein blasses und zusammenhängendes Licht von kleinem Durchmesser erscheinen ... Es ist daher wahrscheinlich, daß die sternlosen Nebelflecke aus sehr großen Entfernungen gesehene Sterngruppen sind, denen man nur näher zu kommen brauchte, um sie in ähnlicher Gestalt wie die Milchstraße zu sehen. Die gegenseitigen Entfernungen der Sterne, welche jede Gruppe bilden, sind wenigstens hunderttausendmal größer als die Entfernung der Sonne von der Erde ... Wenn man ferner über die geringe Größe und die große Zahl der Nebelflecke nachdenkt, die durch unvergleichbar größere Zwischenräume voneinander getrennt sind als die Sterne, aus denen sie bestehen, so wird es der über die Unermeßlichkeit des Weltalls erstaunten Einbildungskraft schwer, sich Grenzen dabei zu denken.

III. Physik

Die im ersten Abschnitt dieses Kapitels gemachte Bemerkung, im 18. Jahrhundert rücke die Beschäftigung mit der Energie langsam in den Mittelpunkt des Interesses, darf keineswegs so verstanden werden, als habe man damals einen allgemeinen Begriff der Energie besessen und sich mit diesem theoretisch beschäftigt. Rückblickend betrachtet ist es zwar klar, daß die damaligen Forschungen auf einen solchen Begriff hinsteuerten; man sieht auch deutlich, wie die Forschung durch das Fehlen eines solchen Begriffs oftmals gehindert wurde, ihre experimentellen Ergebnisse richtig zu deuten und die an verschiedenen Stellen gewonnenen Erkenntnisse zu einer einheitlichen Theorie zusammenzuschließen. Geschichtlich betrachtet ist es aber klar, daß ein allgemeiner Energiebegriff erst allmählich aus zahlreichen Einzelerfahrungen abgezogen werden konnte. Dem entspricht es, daß auch der Ausdruck »Energie« im 18. Jahrhundert noch nicht verwendet wurde. Thomas *Young* führte ihn im Jahre 1807 ein.

Versuchen wir, uns zunächst von unserem modernen einheitlichen Energiebegriff frei zu machen. Welche Vorstellungen hatten die Wissenschaftler des 18. Jahrhunderts von den Erscheinungen, die wir heute als Formen einer und derselben Energie begreifen? Als der Chemiker Lavoisier 1789 seine Liste der Elemente zusammenstellte, setzte er »Licht« und »Wärme« an die erste Stelle. Er sah sie also, und mit ihm die meisten seiner Zeitgenossen, als etwas Stoffliches, als Substanzen an. Freilich, da noch niemand einen Gewichtsunterschied im Zusammenhang mit Licht- oder Wärmeerscheinungen hatte feststellen oder gar messen können, mußte man diese Stoffe notgedrungen als gewichtslos, als unwägbar betrachten. Beim Erhitzen eines Körpers drang – so dachte man sich – ein Fluidum, ein Wärmestoff in den Körper hinein; bei Abkühlung kam er wieder heraus; er bewirkte auch die Ausdehnung des erhitzten Körpers – aber das alles ohne Gewichtsänderung. Entsprechende Vorstellungen herrschten über Licht, Magnetismus und Elektrizität. Der elektrisierte Körper enthielt ein elektrisches, der magnetisierte ein magnetisches Fluidum, wiederum ein substanzartiges, aber unwägbares Etwas. Übrigens war noch ein weiterer derartiger gewichtsloser Stoff vorhanden, ein »Feuerstoff«, von dem man glaubte, daß er die Verbrennung bewirke. Auf diesen müssen wir bei der Chemie zurückkommen.

Ungeachtet, daß solche Annahmen nach unserem Wissen »falsch« sind, darf man weder von Wert und Bedeutung dieser Theorien noch von den Forschungen, die im Zeitalter und im Zeichen dieser Theorien gemacht wurden, zu gering denken. Als Theorien leisteten sie – nicht alle gleichmäßig gut –, was eine Theorie leisten soll: Sie ermöglichten es, die vorliegenden Erfahrungen zu deuten und logisch zusammenzuschließen, und dienten auch als eine Art Leitseil für neue Experimente. Diese Experimente selbst und die Tatsachen, die sie zutage förderten, behalten ihren Wert und lassen sich als Bausteine auch in neue und verbesserte Theorien einfügen. Übrigens könnte man hinzufügen, daß wir heute zwar wissen, daß Licht und Elektrizität nicht das sind, für was man sie damals hielt; daß wir aber im Grund auch nicht wissen, was sie denn sind. In dieser Beziehung ist die neuere Physik folgerichtig auf dem Wege weitergeschritten, der mit dem Verzicht Galileis auf die Frage nach dem »Was« und nach dem Wesen begann. Wie ist es möglich, daß der Magnet über eine Entfernung hinweg durch den Raum hindurch Körper anzieht oder abstößt? Das 18. Jahrhundert konnte sich nicht vorstellen, wie zwei Körper aufeinander wirken könnten, wenn nicht »etwas« als Medium dazwischen ist; so nahm man ein Fluidum an, das sich zwischen den Körpern bewegen sollte. Wir erklären dies und ähnliches mit der Annahme eines »Feldes«. Wir begnügen uns aber eben damit im Grunde, mit Hilfe dieser Vorstellung die Erscheinung adäquat beschreiben zu können.

Die Erforschung der verschiedenen Energieformen ging, sowohl im Ansammeln des Tatsachenwissens wie in der Theorienbildung, für die einzelnen Formen mit verschiedener Geschwindigkeit und in verschiedener Weise vor sich.

Die Optik haben wir mit Huygens verlassen und brauchen sie erst im 19. Jahrhundert wieder aufzunehmen. Das 18. Jahrhundert hat den schon im 17. Jahrhundert entstandenen Gedanken über die Natur des Lichts nichts Wesentliches hinzugefügt.

Die mechanische Energie war in ihren Wirkungen durch die Bewegungsgesetze gut bekannt. Für diese Energieform wurde auch schon im 17.

und zu Beginn des 18. Jahrhunderts eine Art Erhaltungsgesetz, namentlich von Leibniz, präziser durch Johann Bernoulli und Euler, formuliert. Es stand damit zunächst fest, daß man ein Perpetuum mobile auf mechanischem Wege nicht konstruieren könne. Intuitiv wußte man auch schon, daß es überhaupt kein Perpetuum mobile geben könne. Jedenfalls beschloß die französische Akademie der Wissenschaften schon 1775, keine vorgeblichen Lösungen dieses Problems mehr entgegenzunehmen. *Warum* ist es unmöglich? Das konnte man nicht wissen, bis der Zusammenhang der verschiedenen Energieformen aufgedeckt war.
Auch für die beiden Energieformen, die jetzt betrachtet werden sollen, Wärme und Elektrizität, waren die Ausgangspunkte der Forschung im 18. Jahrhundert verschieden. Wärmeerscheinungen sind dem Menschen von Anfang an vertraut. Die qualitativen Empfindungen der Wärme und Kälte, die Tatsache, daß Wärme von Körper zu Körper abgegeben werden kann, daß Wärme durch Reibung erzeugt wird, daß Wärme die Körper ausdehnt – dies war alter Erfahrungsbesitz. Für eine wissenschaftliche Wärmelehre kam es jetzt auf dreierlei an: Man mußte die bekannten Erscheinungen begrifflich schärfer unterscheiden lernen; man mußte lernen, die Phänomene der Wärme quantitativ zu fassen; und man mußte die Vorstellung vom Wärmestoff überwinden.
Bei der Elektrizität hingegen war zunächst im wesentlichen nur das wenige an Erfahrungswissen vorhanden, was *Gilbert* geliefert hatte. Hier war die Masse der Phänomene erst noch zu entdecken. Die Geschichte der Elektrizitätslehre im 18. Jahrhundert ist deshalb vor allem die Geschichte dieses Entdeckungsprozesses in langen Reihen von Experimenten. Unter diesem Gesichtspunkt, weniger dem der Theorienbildung, soll sie auch hier betrachtet werden.

1. WÄRMELEHRE

BEGRIFFLICHE KLÄRUNGEN »Wärme« war zunächst ein sehr allgemeiner Begriff, der mehrere keineswegs identische Dinge bezeichnete. Insbesondere fehlte die Unterscheidung zwischen Temperatur und Wärmemenge. Den Unterschied erkannt zu haben, ist das Verdienst des berühmten Chemikers *Black*. Er studierte die Zustandsänderungen von Eis zu Wasser und von Wasser zu Dampf. Dabei stieß er auf die Tatsache, daß keineswegs – wie man angenommen hatte – die laufende Zuführung von Wärme in einen Körper eine ebenso laufende Temperaturerhöhung bewirken muß. Er stellte vielmehr fest, daß sowohl während des Schmelzens wie während des Siedens, obwohl laufend Wärme zugeführt wird, die Temperatur unverändert bleibt. Black zog daraus die Folgerung, indem er »Quantität« und »Intensität« der Wärme begrifflich unterschied. Eine weitere Tatsache, auf die Black bei diesen Versuchen aufmerksam wurde, war die, daß verschiedene Substanzen verschiedene Wärmemengen erfordern, um ihre Temperatur um das gleiche Maß zu erhöhen. Damit waren die Begriffe Wärmekapazität und spezifische Wärme gewonnen.

THERMOMETRIE Daß *Galilei* das Thermometer erfunden habe, ist nur bedingt richtig. Seine Erfindung zeigte zwar Wärme und Wärmedifferenzen an und ist damit ein Thermoskop, aber sie ermöglichte kein Messen der Temperatur, weil sie wegen des Einflusses des atmosphärischen Drucks zu verschiedenen Zeiten gleiche Temperatur nicht gleich anzeigte; auch fehlte es noch an einem Bezugssystem als Grundlage und Vergleichsbasis.

Vom atmosphärischen Druck unabhängig macht man die Messung, indem man die Substanz, deren Ausdehnung man als Wärmeanzeiger benutzt, in eine luftdicht abgeschlossene Röhre einschließt. Der erste, der Thermometer in dieser modernen Form benutzte, war der Herzog *Ferdinand II. von Toscana* um die Mitte des 17. Jahrhunderts.

Eine Temperaturskala gewann man zuerst dadurch, daß man gleiche Bruchteile des Rauminhalts der betreffenden Röhre als Merkzeichen verwendete. So ergab sich z. B. eine Skala von 1000 Teilstrichen, deren jeder $^1/_{1000}$ des Rauminhalts der Röhre entsprach. Damit konnte man, solange man dasselbe Thermometer verwendete, schon Wärmevergleichungen durchführen, aber noch fehlte das allgemeine Bezugssystem.

Dafür braucht man zwei Festpunkte. Bereits Newton schlug 1701 vor, den Gefrierpunkt des Wassers als Nullpunkt zu nehmen. Als zweiten Fixpunkt nahm man die menschliche Körpertemperatur. Der Zwischenraum wurde zunächst in 12 Teile = Grade eingeteilt.

Der »Vater der Thermometrie«, Gabriel Daniel *Fahrenheit* (1686 bis 1736), wählte als oberen Festpunkt ebenfalls die Körpertemperatur, als unteren nahm er die niedrigste Temperatur eines Eis-Salz-Gemisches. Diese Skala teilte er zunächst in 12, später in 96 Teile ein. Der Gefrierpunkt des Wassers liegt auf dieser Skala bei + 32° und der Siedepunkt bei + 212°. Die Fahrenheit-Skala wird in den angelsächsischen Ländern bis heute verwendet.

René Antoine Ferchault de *Réaumur* (1683–1751), ein Franzose, der sich große Verdienste um mehrere Gebiete der Naturwissenschaft und vor allem auch um die Verbesserung industrieller Prozesse erwarb, nahm den Gefrierpunkt des Wassers als Nullmarke. Der Siedepunkt liegt auf der Réaumur-Skala bei + 80°; doch ergab sich diese runde Zahl zufällig, denn Réaumur ging von dem Volumen unterhalb der Nullmarke aus und baute seine Skala aus Schritten von je $^1/_{1000}$ dieses Volumens auf.

Für rechnerische Zwecke hat sich die 100°-Teilung des Schweden Anders *Celsius* (1701–1744) am praktischsten erwiesen.

Ein Nachteil aller Flüssigkeitsthermometer liegt darin, daß Flüssigkeiten sich nicht gleichmäßig ausdehnen. Die Schwierigkeit wurde schon im 17. Jahrhundert gesehen. Aber erst im 19. Jahrhundert erkannte Gay-Lussac, daß Gase sich praktisch völlig gleichmäßig ausdehnen und deshalb für wissenschaftliche Thermometrie am besten geeignet sind. Unter den Flüssigkeiten kommt Quecksilber der Gasskala am nächsten. Für extrem hohe oder tiefe Temperaturen werden heute noch andere Meßverfahren verwendet.

Die ersten Schritte zur Messung der Wärme*menge* tat Black. Er sah, daß man eine Einheit für die Wärmemenge gewinnen könnte, indem man feststellt, welche Wärmemenge eine bestimmte Wassermasse um eine bestimmte Temperaturdifferenz erhöht. Nach diesem Prinzip ist die heute international gültige Kalorie bestimmt als die Wärmemenge, die erforderlich ist, um ein Gramm Wasser von 14,5° C auf 15,5° C zu erwärmen. *Laplace* und *Lavoisier* bauten die Kalorimetrie weiter aus.

DIE NATUR DER WÄRME. RUMFORD

Wärmestoff durchdringt alle Körper, er trennt ihre Partikel, indem er zwischen ihnen wohnt, und verhindert ihre Anziehung; er dehnt Körper aus, verflüssigt feste Körper und verdünnt Flüssigkeiten in solchem Grade, daß er sie unsichtbar macht, ihnen die Form der Luft gibt ... Hieraus folgt, daß Flüssigkeiten Verbindungen von festen Stoffen mit Wärmestoff sind, und Gase Lösungen von Stoffen in Wärmestoff, welcher an sich selbst die feinste, leichteste und elastischste aller natürlichen Substanzen ist; dementsprechend kann sein Gewicht nicht angegeben werden ... Alle diese Tatsachen beweisen, daß Wärmestoff eine besondere Substanz ist und nicht eine Modifikation aller Substanzen, wie manche Naturphilosophen sich vorgestellt haben ...

Diese Stelle aus einem zeitgenössischen Werk gibt gut die damals vorherrschende Vorstellung über die Natur der Wärme wieder. Sie zeigt übrigens auch, daß man zahlreiche Wirkungen der Wärme mit dieser Theorie ganz gut erklären konnte. Einer Erscheinung allerdings konnte man mit ihr nicht gut beikommen: dem Entstehen von Wärme durch Reibung. Dieser Vorgang wurde zum Anlaß für die Widerlegung der alten Theorie.

Benjamin *Thompson* (1753–1814), ein junger Amerikaner, hatte am amerikanischen Unabhängigkeitskriege teilgenommen, war danach nach England gekommen und schließlich im Dienste Bayerns gelandet. Hier wurde er wegen seiner Verdienste zum Grafen *Rumford* geadelt, unter welchem Namen er besser bekannt ist. In München befaßte sich Rumford mit der Herstellung von Geschützen. Er beobachtete, daß beim Ausbohren eines Geschützrohres enorme Wärmemengen frei werden. Das war mit der ihm bekannten Vorstellung vom Wärmestoff kaum zu vereinbaren, vor allem, weil die Menge dieses Stoffes sich bei Fortsetzung der Reibung einmal hätte erschöpfen müssen, ferner auch, weil an dem Metall und den Bohrspänen keinerlei Veränderung feststellbar war.

Rumford beschloß, sich genau zu überzeugen. Er ersann eine Vorrichtung, durch die die beim Bohren erzeugte Wärme zum Erhitzen einer größeren Wassermenge benutzt wurde. Nach einer Stunde war die Temperatur des Wassers schon um 47° Fahrenheit gestiegen, nach zwei Stunden waren 200° Fahrenheit erreicht, nach 2½ Stunden begann das Wasser zum maßlosen Erstaunen der Umstehenden zu kochen. Rumford schloß daraus, die Quelle der Wärme bei diesem Vorgang müsse anscheinend unerschöpflich sein; mit seinen Ergebnissen sei die Vorstellung von einer Wärmesubstanz ganz unvereinbar; Wärme müsse vielmehr »eine Art Bewegung« sein.

Damit war – im Jahre 1796 – der richtige Weg betreten. Rumford festigte seine These noch durch andere Experimente. Es muß bemerkt werden, daß nicht alle Physiker der Zeit die Wärmestofftheorie vertraten. Boyle, Newton und auch Daniel Bernoulli scheinen schon dazu geneigt zu haben, Wärme als eine Art Bewegung zu erklären, auch schon bei Francis Bacon ist das angedeutet. Trotzdem und trotz der überzeugenden Experimente Rumfords hielt sich die Wärmestofftheorie noch, bis sie um 1850, als die Umwandelbarkeit von Wärme in mechanische Energie nachgewiesen war, auch von ihren hartnäckigsten Verteidigern fallengelassen werden mußte.
Rumford erfand die nach ihm benannte Suppe. Die Münchener verdanken ihm ihren Englischen Garten.

2. Die Dampfmaschine

Glücklicherweise braucht und pflegt der praktische Erfindergeist nicht mit der Verwirklichung seiner Ideen zu warten, bis die Wissenschaft ihm alle einschlägigen theoretischen Erkenntnisse zur Verfügung stellt. Mit der Wärmetheorie des 18. Jahrhunderts hätte sich kaum eine Dampfmaschine konstruieren lassen. Trotzdem ist diese Wärmekraftmaschine das Produkt eben dieses Jahrhunderts! Die Maschine wurde empirisch entwickelt, ohne wissenschaftliche Prinzipien; und als sie schon längst erfunden war und arbeitete, hatte die Wissenschaft immer noch nicht klar durchschaut, was eigentlich in ihr vor sich ging. Dies ist einer der Fälle, in denen die Technik der Wissenschaft weit vorangeeilt ist.

PAPIN. NEWCOMEN Unter den Erfindern der Dampfmaschine wird gewöhnlich Denis *Papin* (1647–1712) an erster Stelle genannt als derjenige, von dem die Idee ausging. Papin war ein französischer Protestant. Nach der Aufhebung des Edikts von Nantes im Jahre 1685 verließen über 50000 protestantische Familien ihr Vaterland und wurden in Holland, England, Brandenburg seßhaft. Papin kam nach Hessen an die Universität Marburg. Der Landgraf von Hessen unterstützte zunächst Papins Arbeiten, doch gelang es diesem nicht, eine befriedigend arbeitende Maschine zu konstruieren, hauptsächlich wohl, weil die Handwerker, von denen er für die Fertigung der Modelle abhing, unvollkommen und fehlerhaft arbeiteten. Schließlich verlor der Landgraf das Interesse und Papin damit die Geldmittel. Doch er hatte seine Pläne der Royal Society übermittelt; er war früher auch in England gewesen und war mit Boyle und Hooke bekannt. Hooke gab die Pläne einem fähigen Konstrukteur, der sie in die Wirklichkeit umzusetzen verstand.
Dieser Mann war Thomas *Newcomen* (1663–1729). Außer auf Papins Arbeiten konnte sich Newcomen auch auf die Erfahrungen seines Landsmannes Thomas *Savery* stützen, eines Bergwerksingenieurs, der bereits 1698 – unabhängig von Papin, aber nach dem gleichen Prinzip – eine funktionierende Maschine erbaut und ein Patent darauf erhalten hatte.

Die Maschine Newcomens beruhte auf einem etwas anderen Prinzip als die modernen Dampfmaschinen. Sie benutzte nicht den Dampfdruck, sondern den atmosphärischen Luftdruck. (Die Arbeiten eines Torricelli und Guericke über den Luftdruck bilden hier eine von der Wissenschaft gelieferte Voraussetzung.) Die Wirkungsweise war etwa folgende: Über einem kugelförmigen beheizten Kessel befindet sich ein senkrecht stehender, oben offener Zylinder, in welchem ein luftdicht schließender Kolben auf und ab laufen kann. Von der Kolbenstange führt eine Kette nach oben an das eine Ende einer Wippe. Am gegenüberliegenden Ende der Wippe ist die Pumpenstange der Pumpe befestigt, die angetrieben werden soll; dazu ein Gewicht, etwas schwerer als das Gewicht des Kolbens. Man öffnet mit der Hand einen Hahn, durch den Dampf aus dem Kessel in den Zylinder strömt, während der Kolben durch das Gegengewicht oben gehalten wird. Dann wird der Hahn geschlossen und durch einen anderen Hahn, ebenfalls von Hand geöffnet, kaltes Wasser in den Zylinder gespritzt. Der Dampf im Zylinder kondensiert sich sofort. Da dabei eine Zusammenziehung auf $^1/_{600}$ des Dampfvolumens erfolgt, entsteht im Zylinder ein Unterdruck, fast ein Vakuum. Der Druck der atmosphärischen Luft drückt den Kolben daher mit Macht nieder. Auf der anderen Seite der Wippe heben sich Gegengewicht und Pumpenstange. Dann beginnt das Ganze von vorne. Gegengewicht und neu eingelassener Dampf bewegen den Kolben nach oben usw.

Die Maschine arbeitete, wenn auch recht langsam. Aber sie hatte erhebliche Nachteile. Zunächst war sie von der Handbedienung abhängig, welche, wenn man einen einigermaßen gleichmäßigen Lauf erzielen wollte, einiges Geschick erforderte. Nach einer von manchen angezweifelten Überlieferung soll ein Knabe namens Humphrey *Potter*, der eine solche Maschine in Cornwall zu bedienen hatte, zuerst auf den Gedanken gekommen sein, die eintönige Arbeit des Bedienens der Hähne durch die Maschine selbst leisten zu lassen, indem er die Hähne durch einen Seilzug mit der Wippe verband. Erst damit hatte man eigentlich eine richtige Maschine.

Ein anderer Nachteil war der hohe Brennstoffverbrauch. Er war hauptsächlich dadurch bedingt, daß bei jedem Arbeitsgang der einströmende Dampf von neuem die Zylinderwände erwärmen mußte, die sich vorher bei der Kondensation gerade abgekühlt hatten. Dieser Nachteil wurde erst rund 50 Jahre nach Newcomen behoben.

WATT Mit Recht ist der Schotte James *Watt* (1736–1819) unter den Schöpfern der Dampfmaschine der berühmteste, denn er machte sie erst zu der vielseitig verwendbaren und wirtschaftlich arbeitenden Maschine, die die ganze industrielle Technik revolutionieren, ja erst schaffen sollte. Watt hatte an der Universität Glasgow, wo er als Mechaniker angestellt war, ein nach Newcomen gearbeitetes Modell einer Dampfmaschine zu reparieren. Sofort erkannte er ihre Schwächen. Die wichtigsten von Watt ersonnenen Verbesserungen:

1. Watt verlegte den Kondensationsvorgang aus dem Zylinder hinaus in ein besonderes Gefäß, den *Kondensator*. Damit vermied er die ständige Abkühlung des Zylinders durch die Kondensation.
2. Zusätzlich wurde der Zylinder warm gehalten durch Einschließen in einen *Dampfmantel*.
3. Eine besondere *Luftpumpe* erzeugte im Kondensator einen Unterdruck.
4. Watt benutzte den Dampf nicht, um ein Vakuum im Zylinder zu erzeugen, sondern ging dazu über, den *Dampfdruck* selbst die Arbeit leisten zu lassen.
5. Watt ließ den Dampf in einem beiderseits verschlossenen Zylinder abwechselnd auf die obere und die untere Seite des Kolbens einwirken. Die *doppelt wirkende* Maschine arbeitet wirtschaftlicher.
6. Watt ließ die Dampfzufuhr schon aufhören, bevor der Kolben seinen ganzen Weg zurückgelegt hatte, und ließ den Rest der Arbeit durch den *expandierenden* Dampf leisten.
7. Die Maschine Watts hatte zunächst noch den Nachteil, daß sich je nach dem Dampfdruck, also je nachdem ob stärker oder schwächer angeheizt wurde, die Drehzahl änderte. Watt baute zunächst in die Dampfzuleitung eine Drosselklappe ein. Diese mußte aber von Hand bedient werden. Watt baute deshalb einen *Fliehkraftregler*, die bekannten beiden kugelförmigen Schwungmassen, die an beweglichen Stangen an einer senkrechten Welle befestigt sind. Die Welle dreht sich mit der Hauptwelle der Maschine. Die Kugelarme sind mit einem Gleitstück verbunden; an diesem sitzt ein Reglerarm, der die Drosselklappe betätigt. Läuft die Maschine zu schnell, so heben sich die Kugeln infolge der Fliehkraft und verschieben das Gleitstück so weit nach oben, daß der Reglerarm die Dampfzufuhr drosselt. Umgekehrt, wird die Maschine stärker belastet und verlangsamt dadurch ihren Lauf, so sinken die Kugeln und verstärken die Dampfzufuhr.
8. Schließlich wurde durch eine Pleuelstange die auf- und abgehende Bewegung des Kolbens in eine *rotierende Bewegung* umgesetzt. Damit konnte die Maschine nicht mehr nur zum Betrieb von Pumpen, sondern für alle möglichen Zwecke verwandt werden. Diese letzte Verbesserung geht nicht allein auf das Konto Watts.

Watt machte diese Erfindungen in den Jahren 1765–1782. Er hatte mit außerordentlichen Schwierigkeiten zu kämpfen, weil er über keine eigenen Mittel verfügte und weil die Herstellung der verschiedenen Maschinenteile eine Präzision der Bearbeitung erforderte, die alles damals Gewohnte übertraf. Watt überwand alle diese Schwierigkeiten. 1777 wurde die erste von ihm gebaute Maschine in einer Grube in Cornwall aufgestellt.

BEGINN DER INDUSTRIALISIERUNG Bis weit über die Mitte des 18. Jahrhunderts hinaus waren Warenherstellung und Verkehr fast ausschließlich auf menschliche und tierische Muskelkraft angewiesen. Rumford zum Beispiel benutzte bei dem erwähnten Ausbohren von Geschützrohren eine Bohrmaschine, die von Pferden angetrieben wurde. Die ein-

zigen Naturkräfte, die zur Gewinnung von Arbeit ausgenutzt wurden, waren die Kraft der Windes bei Windmühle und Segelschiff und die Kraft des Wassers beim uralten Wasserrad. Das Bedürfnis nach stärkeren Energiequellen entstand in England, das in der industriellen Entwicklung und in der Ausbildung der Dampfmaschine voranging, hauptsächlich aus zwei Industriezweigen: dem Bergbau und der Textilindustrie.
Wachsender Wohlstand und verfeinerte Bedürfnisse erhöhten die Nachfrage nach Gebrauchsgegenständen aller Art, inbesondere auch aus Metall. Zur Metallverarbeitung braucht man große Mengen von Brennmaterial. Da die Wälder dafür nicht mehr ausreichten, begann man verstärkt nach Kohle zu schürfen. In den meisten Erz- und Kohlengruben wurden Wasseradern angeschlagen. Das Wasser aus den Gruben zu pumpen erforderte außerordentliche Arbeitsleistungen, die kaum von Hand geschafft werden konnten und viel Löhne verschlangen. Bei den Bergwerken bestand daher ein lebhaftes Bedürfnis nach mechanisch angetriebenen Pumpen, und tatsächlich dienten die ersten Dampfmaschinen fast ein halbes Jahrhundert lang ausschließlich diesem Zweck.
Die Textilindustrie, die in England seit langem blühte, vermochte im 18. Jahrhundert den Bedarf der wachsenden einheimischen Bevölkerung und den gleichzeitig wachsenden Exportbedarf kaum noch zu decken. Der Engpaß, wie wir heute sagen würden, lag hauptsächlich im Spinnprozeß. Weberei und Färberei hätten mehr Garn verarbeiten können, als die Spinner liefern konnten. Wiederum im rechten Augenblick wurde in England die Spinnmaschine erfunden. Auch ihre Entwicklung erstreckt sich über einige Jahrzehnte, etwa von 1740–1780. Die wichtigsten Namen sind *Wyatt, Paul, Hargreaves, Arkwright* und *Crompton.*
Diese Maschinen erlaubten und verlangten mechanischen Antrieb. Da zunächst das Wasserrad die einzige verfügbare Energiequelle war, drängten sich die Textilbetriebe an den Flüssen zusammen. Das war der Beginn des modernen Fabriksystems. Da eine einzige Kraftquelle viele Maschinen zugleich antrieb, mußten alle diese Maschinen in der Fabrik zusammen aufgestellt werden, und die Arbeiter mußten, anstatt in Heimarbeit zu spinnen und zu weben, zur Arbeit in die Fabrik kommen. Das Jahr 1770 ist in dieser Beziehung ein Wendepunkt (für England). Vorher war die Masse der arbeitenden Bevölkerung zu Hause tätig, danach mehr und mehr außerhalb des Hauses. In anderen Ländern trat der gleiche Umschwung etwas später ein.
Da Wasserkraft gerade in England nur beschränkt und im Wechsel der Jahreszeiten nicht gleichmäßig zur Verfügung stand, entstand in der Textilindustrie ein dringendes Bedürfnis nach einer Maschine, die eine ganze Fabrik treiben konnte. Sobald die Wattsche Dampfmaschine da war, ging man hier zum Dampfbetrieb über, wobei eine einzige große ortsfeste Dampfmaschine in der Regel einen ganzen Betrieb versorgte. Um die Jahrhundertwende erreichte die Textilindustrie mit der Einführung des mechanischen Webstuhls schon einen Grad der Mechanisierung, gegen den die anderen Industriezweige noch weit zurückstanden.

Da die Dampfmaschine nur für größere Leistungen geeignet ist und es andere Kraftmaschinen lange Zeit hindurch nicht gab, wurde die Arbeit, und damit die Arbeiter und ihre Familien, in Fabrikdistrikte zusammengedrängt. Es begann die Wanderung der europäischen Bevölkerung vom flachen Land in die Städte. In Abwesenheit jeder staatlichen Regelung oder Vorsorge wurde sie in enge und höchst ungesunde Mietskasernen gepreßt (es gab ja auch keine Verkehrsmittel, mit denen man aus größerer Entfernung hätte zur Arbeit kommen können) und ihre Arbeitskraft schamlos ausgebeutet. Daß in der Fabrik ein großer Teil der Arbeiten von ungeschulten Hilfskräften ausgeführt werden konnte, drückte auf das Lohnniveau. Da jegliche Schutzbestimmungen fehlten, griffen die Unternehmer auf die billigsten Arbeitskräfte, Frauen und Kinder, namentlich auch Waisenkinder, zurück, die über jedes Maß hinaus beansprucht und ausgenützt wurden. Die tägliche Arbeitszeit für Kinder betrug bis zu 16 Stunden. Krankheit und Sterblichkeit stiegen unter ihnen gewaltig an. Da die Handarbeiter noch nicht organisiert waren und sich auch nicht zur Wahrung ihrer Interessen zusammenschließen durften, da sie im Parlament praktisch nicht vertreten waren, dauerte es lange, bis die schlimmsten sozialen Mißstände beseitigt wurden. Erst 1847 wurde die Kinderarbeit in England durch Gesetz wirksam eingeschränkt.

So brachte die Zeit von etwa 1780–1840, in der die Umwandlung zur modernen industriellen Gesellschaft mit Riesenschritten einsetzte, auf der einen Seite glänzende technische Fortschritte, auf der anderen schamlose Ausbeutung und das Ansammeln von Reichtümern aus Blut und Schweiß der Ärmsten. In beiderlei Hinsicht marschierte England an der Spitze. Diese Zeit und diese englischen Verhältnisse waren es, die Karl Marx zum Gegenstand seiner Studien und zur Grundlage seiner Theorien machte.

3. Elektrizität

ERSTE ENTDECKUNGEN Die ersten Entdeckungen elektrischer Erscheinungen durch die Griechen blieben durch Altertum und Mittelalter bekannt, wie ihre Erwähnung bei verschiedenen Autoren beweist. Doch scheint sich vor William *Gilbert* niemand mehr mit ihnen experimentell befaßt zu haben. Gilbert führte 1600 das Wort Elektrizität ein (von griech. elektron = Bernstein). Gilberts Werk leitete die moderne Entwicklung der Elektrizitätslehre ein. Im Laufe des 17. Jahrhunderts machten einige Forscher, vor allem Otto von *Guericke,* weitere Experimente mit der Elektrizität. Doch erst das 18. Jahrhundert brachte die wesentlichen neuen Entdeckungen.

Gilbert hatte erkannt, daß manche Stoffe durch Reibung »elektrisch« werden, das heißt (für ihn) anziehende Kraft erlangen, andere, insbesondere die Metalle, dagegen nicht. Der Engländer Stephen *Gray* fand 1729 die Erklärung dafür, indem er entdeckte, daß die Metalle die Elektrizität *leiten.* Man konnte nun, mit einem daraufhin eingeführten Namen, unter den Stoffen die »Leiter« (Konduktoren) von den Nichtleitern oder Isolatoren unterscheiden. Man wußte, daß auch ein Leiter, sobald man ihn isoliert, elektrisch gemacht werden kann; daß er bei Berührung mit einem anderen Leiter Elektrizität an diesen weitergibt, wobei die Ladung auf beide verteilt wird; und daß die Ladung bei Kontakt mit der Erde verschwindet.

Den nächsten Schritt tat kurz darauf Charles François *du Fay* (1698 bis 1739), Superintendent der königlichen Gärten in Frankreich. Er fand zwei Arten von Elektrizität. Die eine entstand durch Reiben von Glas, die andere von Harz. Er nannte sie deshalb »Glaselektrizität« und »Harzelektrizität«. Du Fay zeigte, daß gleich geladene Körper einander abstoßen, ungleich geladene einander anziehen.

Weitere Fortschritte setzten voraus, daß man Elektrizität in größeren Mengen zu erzeugen und zu speichern vermochte. Das erste leistete die Elektrisiermaschine, das zweite die Leidener Flasche.

Eine Elektrisiermaschine versuchte schon Guericke herzustellen. Anfang des 18. Jahrhunderts baute man in England zum ersten Male Maschinen, die genug Elektrizität erzeugten, um eine Entladung durch Funken zu ergeben. Die Elektrisiermaschine hat keine wirtschaftliche Bedeutung gewonnen, ist aber ein wichtiges Instrument für das Studium einfacher elektrischer Erscheinungen. Die Maschine besteht in der einfachsten Form aus einer Scheibe, zum Beispiel aus Glas, die mittels einer Kurbel gedreht wird. Ein Reibzeug, zum Beispiel aus Leder, drückt gegen die Scheibe und läßt in ihr Reibungselektrizität entstehen. Ein Metallkamm entnimmt die erzeugte Elektrizität aus der Scheibe und leitet sie zu einem »Konduktor«, meist hohlen Metallkugeln, wo sie gespeichert wird. Durch Berührung des Konduktors mit der Hand kann die Ladung in die Erde abgeleitet werden. Ist sie stark genug, so springt bereits beim Annähern der Hand ein Funke über.

Die bekannte Leidener Flasche erhielt diesen Namen, weil Pieter van *Musschenbroek* sie um 1745 in Leiden erfand. Inzwischen weiß man, daß mindestens noch ein zweiter Gelehrter, der Deutsche *von Kleist*, sie unabhängig von Musschenbroek bereits 1745 erfunden hatte. Musschenbroek verwandte zunächst eine mit Wasser gefüllte Flasche. Bald ging man dazu über, die Flasche außen und innen bis zu etwa Zweidrittel ihrer Höhe mit Zinnfolien zu verkleiden. Musschenbroek mit seiner Flasche war möglicherweise der erste Mensch, der bewußt einen elektrischen Schlag empfand:

> Plötzlich wurde meine rechte Hand mit solcher Gewalt geschlagen, daß mein ganzer Körper wie durch einen Blitzschlag geschüttelt wurde; mein Arm und mein Körper wurden in einer schrecklichen Weise angegriffen, die ich nicht mit Worten beschreiben kann ...

Musschenbroek glaubte sterben zu müssen und schwur, selbst nicht für die Krone Frankreichs als Belohnung einen zweiten solchen Schlag eintauschen zu wollen. Verständlicherweise wurde der elektrische Schlag bald zu allerlei belustigenden Experimenten benutzt. Ein französischer Abbé sandte, um seinen König zu erbauen, einen Schlag durch eine

Reihe von Wachsoldaten, die sich an den Händen hielten. Später wiederholte er das mit mehreren hundert Kartäusermönchen, die bei Herstellung des Kontaktes alle zusammen einen gewaltigen Luftsprung vollführt haben sollen. – Bald erkannte man, daß leichte elektrische Schläge eine günstige Wirkung auf den Körper ausüben können.

FRANKLIN Mit Benjamin *Franklin* (1706–1790) begegnen wir neben Rumford einem der ersten Amerikaner, die in der Geschichte der Naturwissenschaft einen berühmten Namen haben. Franklin, Sohn eines Einwanderers aus England, war zuerst Buchdrucker. Im Umgang mit Büchern erwarb er sich eine umfassende Bildung. Später wurde er Generalpostmeister und nach der Unabhängigkeitserklärung 1776 Gesandter der Union in Paris. Einige Experimente mit der Leidener Flasche lenkten Franklins Aufmerksamkeit von den vierziger Jahren ab auf die Elektrizität. Von seinen beiden wichtigsten Leistungen auf diesem Gebiet ist die eine mehr praktischer, die andere mehr theoretischer Natur.
Identität des Blitzes mit dem elektrischen Funken hatte man schon früher vermutet. Franklin wies sie als erster experimentell nach. Er führte vor, daß er mit der Elektrizität, die er beim Gewitter »aus den Wolken zog«, die gleichen Wirkungen wie mit auf anderem Wege gewonnener Elektrizität erzielen, zum Beispiel eine Leidener Flasche aufladen konnte. Berühmt ist Franklins Versuch aus dem Jahre 1752. Er selbst berichtet über das Verfahren in einem Brief:

... so mag es für die Wißbegierigen von Nutzen sein zu erfahren, daß das gleiche Experiment (d. h. Elektrizität aus den Wolken zu ziehen) in Philadelphia gelungen ist, jedoch in einer anderen und einfacheren Form, die jedermann selbst versuchen mag, nämlich wie folgt:
Nimm ein Kreuz aus zwei schmalen Streifen Zedernholz; die Arme so lang, daß sie gerade zu den vier Ecken eines dünnen Seidentaschentuches reichen, wenn es ausgebreitet ist; befestige die Ecken des Tuches an den Enden des Holzes. So hast du den Rumpf eines Drachens, welcher gehörig versehen mit Schwanz, Schleife und Schnur, in die Luft steigen wird wie einer aus Papier; aber dieser, da er aus Seide ist, ist besser geeignet, Nässe und Wind während eines Gewitters auszuhalten, ohne zu zerreißen. An der Spitze des senkrechten Kreuzarms ist ein Draht mit sehr scharfer Spitze zu befestigen, der etwa einen Fuß oder mehr über das Holz hinausragt. Am Ende der Halteschnur nächst der Hand ist ein Seidenband anzubinden; wo Schnur und Seide zusammentreffen, mag man einen Schlüssel befestigen.
Den Drachen läßt man steigen, wenn ein Gewitter im Anzuge scheint ... und derjenige, der die Schnur hält, muß in einer Tür oder einem Fenster oder unter irgendeinem Obdach stehen, so daß das Seidenband nicht naß wird; und man muß Sorge tragen, daß die Schnur nicht den Tür- oder Fensterrahmen berührt.
Sobald Gewitterwolken über den Drachen kommen, wird der gespitzte Draht das elektrische Feuer aus ihnen ziehen; der Drachen mitsamt der ganzen Schnur wird elektrisiert werden; die losen Fasern der Schnur werden sich in allen Richtungen auseinandersträuben und durch einen angenäherten Finger angezogen werden. Wenn der Regen Drachen und Schnur durchfeuchtet hat, so daß sie das elektrische Feuer frei leiten können, wirst du es reichlich aus dem Schlüssel strömen sehen bei Annäherung deines Knöchels ...

Diese Versuche führten Franklin zur Erfindung des Blitzableiters.
Durch andere Versuche, deren Anordnung im einzelnen wir hier über-

gehen, kam Franklin zu bestimmten theoretischen Schlußfolgerungen über das Wesen der Elektrizität. Nachdem er demonstriert hatte, daß zwei Ladungen der von du Fay entdeckten verschiedenen Elektrizitätsarten sich gegenseitig neutralisieren können, stellte Franklin die Hypothese auf, es gäbe nur eine Art Elektrizität. Diese, nach Art eines »Fluidums« gedacht, ist auch in ungeladenen Körpern vorhanden, ruft aber dann keinerlei feststellbare Wirkungen hervor. Die eine der von du Fay demonstrierten Elektrizitätsarten besteht in einem Überschuß an diesem Fluidum, die andere in einem Unterschuß. Deshalb nannte Franklin die Glaselektrizität nun »positive« und die Harzelektrizität »negative«. So war erklärt, wie sich zwei entgegengesetzte Ladungen neutralisieren können. So konnte auch eine ganze Reihe weiterer damals bekannter Phänomene, unter anderem die Leidener Flasche, erklärt werden.

AEPINUS. PRIESTLEY. CAVENDISH. COULOMB Im Anschluß an Franklins Gedanken unternahm Ulrich Theodor *Aepinus* (1724–1802), ein Deutscher, der in Petersburg als Professor der Physik und Mitglied der russischen Akademie der Wissenschaften wirkte, den ersten Versuch, die mathematische Betrachtungsweise auch auf die Elektrizitätslehre anzuwenden. Mit seiner Theorie versuchte Aepinus auch die 1758 von Johann Carl *Wilcke* (1732–1796) entdeckte Erscheinung der Influenz zu erklären.

Auch die beiden Chemiker *Priestley* und *Cavendish* (S. 405) förderten die Elektrizitätslehre. Priestley wies u. a. nach, daß das Gesetz der umgekehrten Quadrate, das für die Gravitationswirkung gilt, auch für die elektrische Anziehung und Abstoßung zutrifft. Er schrieb auch eine Geschichte der Elektrizitätslehre bis zu seiner Zeit. – Cavendish machte ganze Serien von elektrischen Experimenten. Von ihnen erfuhr aber die Welt erst, als Maxwell die Aufzeichnungen Cavendishs im Jahre 1879 herausgab. Es zeigte sich dann, daß Cavendish einen großen Teil der späteren Entdeckungen vorweggenommen hatte. Er hatte aber, wahrscheinlich weil er seine Ergebnisse noch nicht zur Veröffentlichung reif erachtete, alles zurückgehalten. Diese nachgelassenen Papiere erweisen Cavendish als einen der größten experimentellen Forscher der Neuzeit.

Aus den Beiträgen des französischen Ingenieurs Charles Auguste *Coulomb* (1736–1806) seien wiederum eine praktische und eine theoretische Leistung hervorgehoben. Die praktische: es gelang Coulomb erstmals, die Kräfte zwischen zwei kleinen elektrisch geladenen Kugeln mit einer Torsionswaage zu messen. Dabei fand er unabhängig von den eben Genannten das Gesetz der umgekehrten Quadrate. In der Theorie führte Coulomb – neben anderen – die These ein, daß es nicht eine Art von Elektrizität gäbe, wie Franklin lehrte, sondern doch zwei verschiedene. Partikel der gleichen Art stoßen sich ab; verschiedene ziehen sich an. Im ungeladenen Körper ist ein Gleichgewicht beider Arten vorhanden. Auch diese Theorie vermochte die damals bekannten Erscheinungen zu erklären.

GALVANI Die bisher behandelte Elektrizitätslehre hatte es nur mit statischer Elektrizität zu tun, mit Ladungen, ihrem Verhalten und ihren Wirkungen, aber nicht mit dem elektrischen Strom. Dieser wurde erst im letzten Viertel des Jahrhunderts entdeckt und erforscht, hauptsächlich durch die beiden Italiener Galvani und Volta.
Es war bekannt, daß manche Fische Schläge austeilen. Sobald man den elektrischen Schlag durch die Leidener Flasche kennengelernt hatte, vermutete man, daß jene Schläge auch elektrischer Natur seien. Der italienische Anatomieprofessor Luigi *Galvani* (1737–1798) beschäftigte sich mit Studien in dieser Richtung. Im Jahre 1786 hatte er einen Frosch seziert und auf einem Tisch befestigt, auf dem eine Elektrisiermaschine stand. Als ein Student mit dem Skalpell einen Nerv des präparierten Frosches berührte, beobachtete man eine heftige Zuckung des Froschschenkels. Da das mit der Elektrisiermaschine zusammenzuhängen schien, beschloß Galvani, zu prüfen, ob vielleicht während eines Gewitters auch derartige Wirkungen aufträten. Er präparierte mehrere Frösche und hängte sie auf Messinghaken an seinen eisernen Gartenzaun. Beim Aufhängen geschah es, daß ein Froschbein zugleich mit dem Zaun und mit dem Messinghaken in Berührung kam. Darauf erfolgte wieder die schon beobachtete Zuckung. Galvani wiederholte den Versuch im Zimmer mit gleichem Erfolg. Offenbar bedurfte es keines Gewitters, sondern die Berührung des Frosches mit beiden Metallen gleichzeitig verursachte die Zuckung.
Die Deutung, die Galvani seinen Beobachtungen gab, war freilich irrig. Er glaubte, im Froschschenkel sei eine Elektrizitätsmenge aufgespeichert, die sich bei Berührung mit den beiden Metallen entlade. Er nannte sie »tierische« oder »animalische« Elektrizität.
Mit der Elektrisiermaschine und der Leidener Flasche konnte man beachtliche Mengen Elektrizität erzeugen und speichern. Man konnte einen mächtigen Funken hervorzaubern. All dies aber diente, abgesehen von der Verwendung des Funkens bei chemischen Versuchen, nur zur wissenschaftlichen Demonstration oder zur Erbauung. Wirtschaftliche Bedeutung gewann die Elektrizität erst mit der Entdeckung des elektrischen Stromes. Nun hatte Galvani diesen tatsächlich entdeckt; da er aber falsche Folgerungen aus seinen Beobachtungen zog, fällt der größere Teil des Ruhms, die praktische Verwendung der Elektrizität eingeleitet zu haben, seinem Landsmann Volta zu.

VOLTA Alessandro *Volta* (1745–1827) trat Galvanis Deutung sofort entgegen mit der These, der Froschschenkel sei nicht die Quelle der Elektrizität, sondern nur gewissermaßen das Elektroskop, das die Elektrizität anzeigt. Er bewies das alsbald, indem er demonstrierte, daß eine elektrische Entladung auch zu erzielen ist, wenn zwei Metallplatten nicht durch organische Substanz, sondern durch andere Mittel verbunden werden. Das war 1795. Volta untersuchte eine ganze Reihe von Metallen auf ihre Fähigkeit, diese Wirkung hervorzubringen, und stellte dabei die sogenannte Spannungsreihe der Metalle auf.

Volta fand schnell heraus, daß er die beste Wirkung erreichte, wenn er mehr als nur ein Paar Metallplatten nahm. Auf Grund dieser Erfahrung baute er die berühmte »Voltasche Säule«. Er legte kreisförmige Scheiben aus Zink, angefeuchteter Pappe und Kupfer in dieser Reihenfolge in mehreren Lagen aufeinander. Am einen Ende war also eine Zink-, am anderen eine Kupferplatte. Brachte man einen an einem Ende angeschlossenen Draht in die Nähe des anderen, so ergab sich ein Funke. Er war zwar schwächer als bei einer Leidener Flasche, aber man konnte eine unendliche Zahl von Funken gewinnen, ohne daß die Wirkung erlahmte.

Nach dem gleichen Grundsatz schuf Volta die sogenannte »galvanische Batterie«. Sie besteht aus einer Reihe von hintereinandergeschalteten Zellen oder »Elementen«. Jede Zelle besteht aus einem Glasgefäß mit verdünnter Säure, in das je ein Stück Kupfer und Zink hineingetaucht sind. Die Kupferplatte des einen Elements ist mit der Zinkplatte des nächsten verbunden.

Voltas Batterien sind das Urbild aller später entwickelten. Batterien blieben die einzige Stromquelle bis zur Erfindung des Dynamos. Mit ihnen konnte man zum erstenmal einen stetig fließenden elektrischen Strom erzeugen. Das eröffnete den Weg zu den umwälzenden praktischen Anwendungen der Elektrizität, zunächst jedoch erst zu einer imponierenden Reihe neuer Versuche und Entdeckungen. Da Volta seine Batterien gerade im Jahre 1800 baute, ist hier ein geeigneter Anlaß, die Betrachtung zunächst abzuschließen und im folgenden Kapitel neu zu beginnen mit den Arbeiten, die unmittelbar auf Volta folgten.

IV. Chemie

1. Stahl und die Phlogistonlehre

Die Chemie des 18. Jahrhunderts marschierte auf dem von Boyle gewiesenen Wege voran. Sie marschierte allerdings langsam. Aus den 50 Jahren nach Boyles Tod ist wenig zu berichten. Boyles Gedanken taten nur ganz allmählich ihre Wirkung. Alchimistische Vorstellungen saßen noch fest in vielen Köpfen. Wo man Boyles Gedanken annahm, konnten sie im wesentlichen nur das Alte erschüttern; das neue Gebäude des Wissens auf dem geräumten Gelände war erst noch zu errichten.

Als eine Ursache für das zunächst langsame Fortschreiten der Chemie wird auch oft die Phlogistonlehre des Deutschen Georg Ernst *Stahl* (1660–1734) angeführt. Stahl war Arzt und Professor der Medizin an der Universität Halle, später königlicher Leibarzt in Berlin. Er definierte die Chemie kurz und treffend als die Wissenschaft, »welche zusammengesetzte Stoffe zerlegt und einfache verbindet«. Eine Reihe einzelner Entdeckungen gelang ihm. Doch sein Name ist vor allem mit der genannten Theorie verknüpft.

Sie bezieht sich auf das uralte Problem der Verbrennung. Was geschieht bei ihr? Warum brennen manche Stoffe, andere nicht? Von alters her glaubte man, daß die brennbaren Stoffe das »feurige« Element enthielten, welches bei der Verbrennung entweicht. Die ist im Grunde auch Stahls Theorie, nur in neuem Gewande. »Phlogiston« nennt er dieses feurige Element. Die Theorie besagt: Alle brennbaren Stoffe enthalten Phlogiston. Das Phlogiston entweicht bei der Verbrennung. Manche Stoffe wie Schwefel sind besonders reich daran und brennen deshalb leicht. Auch die meisten Metalle enthalten Phlogiston. Wenn man sie erhitzt, bleibt eine erdartige Substanz, die man »Kalk« nennt, zurück. Gold und Silber, bei denen dies nicht eintritt, enthalten kein Phlogiston.
Nach dieser Theorie konnten die Metalle und alle brennbaren Stoffe keine Elemente sein. Jedermann sieht heute, daß die Theorie grundfalsch ist. Eine alchimistische Vorstellung wirkt in ihr noch nach. Der metallische Zustand galt als etwas Bevorzugtes. Bei Verlust des metallischen Charakters mußte deshalb den Metallen etwas entzogen sein. Die Theorie hielt sich rund hundert Jahre. Sie hielt sich auch in den besten Köpfen, die sich mit Chemie befaßten, zu einer Zeit, da das Experiment bereits immer mehr zur Grundlage der Chemie wurde. Das zeigt, daß sie zu ihrer Zeit von Wert gewesen sein muß. In der Tat erklärte sie eine ganze Reihe von Vorgängen, die man kannte, z. B. die Verbrennung des Schwefels. Nach den Prinzipien Stahls begann in England die Schwefelsäureherstellung im großen. Die Phlogistontheorie ist ein lehrreiches Beispiel dafür, wie eine Theorie als Arbeitshypothese fruchtbar sein und doch die Erkenntnis gänzlich in die Irre führen kann.

2. Black, Cavendish, Priestley

Diese drei Männer, die bekanntesten in der Chemie des 18. Jahrhunderts bis auf Lavoisier, waren alle während des größten Teils ihres Lebens Anhänger der Phlogistonlehre.
Joseph *Black* (1728–1799) war Arzt und später Professor der Chemie in Edinburg. Black entdeckte und beschrieb als erster ein Gas, das von Luft verschieden ist, nämlich das Kohlendioxyd. Er nannte es »fixierte Luft«. Er zeigte, daß Atemluft diesen Stoff enthält.
Black wog auch als einer der ersten bei seinen Versuchen die reagierenden Stoffe vor und nach der Reaktion peinlich genau ab. Die Waage, das wichtigste Instrument des Chemikers, wurde damals noch keineswegs allgemein in dieser Weise gebraucht. In einer Wissenschaft, die es mit Stoffen und ihren »Qualitäten« zu tun hat, mußte sich verständlicherweise die alte qualitative Betrachtungsweise besonders lange halten. Nicht, daß noch niemand auf den Gedanken gekommen war, Stoffe vor und nach der Verbrennung zu wiegen. Manche Chemiker hatten schon festgestellt, daß Stoffe bei der Verbrennung und Metalle bei der »Verkalkung« an Gewicht zunehmen. Aber so fest saß die Phlogistonlehre in den Köpfen, daß man seine Zuflucht zu der Erklärung nahm, das Phlogiston habe ein »negatives Gewicht«!

Die Arbeiten Cavendishs und Priestleys gingen in der von Black eingeschlagenen Richtung weiter. Beide untersuchten vor allem die einfachsten und gemeinsten Stoffe, nämlich Luft und Wasser. Sie erkannten ihre Bestandteile und erwiesen, daß beide keine Elemente sein konnten.

Henry *Cavendish* (1731–1810) war ein wohlhabender Mann aus hochadeliger Familie. Zeit seines Lebens blieb er ein Sonderling, verabscheute das weibliche Geschlecht und jegliche Gesellschaft, mit Ausnahme allerdings der Royal Society. Selbst im Tode wollte er allein sein; er schickte seinen Diener mit bösen Worten fort und starb einsam. Cavendish war ein Fanatiker des Messens und schon damit einer der Pioniere der neuen Chemie. Black hatte das Kohlendioxyd entdeckt. Boyle hatte schon hundert Jahre früher beim Lösen von Eisen in verdünnten Mineralsäuren eine Art von »Luft« gefunden, die sich durch ihre Brennbarkeit auszeichnete und die er deshalb »brennbare Luft« benannt hatte. Es war der Wasserstoff. Cavendish zeigte durch genaues Wiegen, daß beide Substanzen sowohl untereinander wie von gewöhnlicher Luft ganz verschieden sind. »Brennbare Luft« war 11mal leichter als gewöhnliche, »fixierte Luft« $1^1/_2$mal schwerer. Cavendish stellte den Wasserstoff auf ähnlichem Wege wie Boyle her und untersuchte seine Eigenschaften.

Die Erkenntnis, daß Wasser eine Verbindung ist, wird Cavendish ebenfalls zugeschrieben. Doch baute er dabei auf Versuchen auf, die Priestley vor ihm gemacht hatte. Charakter und Lebensschicksal Joseph *Priestleys* (1733–1804) waren denen seines Kollegen und Landsmannes Cavendish geradezu entgegengesetzt. Priestley war ärmlicher Herkunft und wurde Geistlicher. Eine Begegnung mit Benjamin Franklin regte ihn zu naturwissenschaftlichen Studien an. Seine Versuche erregten bald Aufsehen. Er wurde Mitglied der Royal Society. In seinen Stellungen als Geistlicher geriet er wegen seiner Heftigkeit und seinen eigenwilligen Ansichten immer wieder in Schwierigkeiten. Als er nach dem Ausbruch der Französischen Revolution seine Sympathie mit dieser bekundete, wurde sein Haus von einer Menschenmenge gestürmt und zerstört. Priestley floh nach Amerika, wo er verstarb.

Priestley probierte, nachdem er fixierte und brennbare Luft ebenfalls hergestellt hatte (er entdeckte dabei beiläufig, daß man Wasser mit Kohlensäure sättigen kann, und erfand so das Mineralwasser), ob er nicht noch weitere Gase finden könnte. Eine Apparatur zum Auffangen von Gasen hatte bereits der Engländer Stephen *Hales* (1677–1761) ersonnen. Als Sperrflüssigkeit diente Wasser. Priestley ersetzte das Wasser durch Quecksilber und konnte nun auch Gase isolieren, die in Wasser löslich sind. Priestley fand eine größere Anzahl neuer Gase wie z. B. Salzsäure, die er »Salzgeist« oder auch »salzsaure Luft« nannte. Er fand auch das als Lachgas bekannte Stickstoffoxyd.

Am bedeutsamsten wurde aber seine Entdeckung des Sauerstoffs. Durch Erhitzen von Quecksilber an der Luft hatte er rotes Quecksilberoxyd gewonnen. Dieses erhitzte er nach seiner Gewohnheit mit einem sehr starken Brennglas in einem abgeschlossenen Gefäß. Es zeigte sich, daß das Oxyd ein Gas ausschied und sich dabei in Quecksilber zurückverwandelte. Priestley sammelte eine größere Menge des neuen Gases und begann es zu untersuchen. Er fand, daß eine Kerze in ihm besser und länger brannte als in gewöhnlicher Luft, daß glimmendes Holz in ihm aufflammte und schnell verbrannte, daß eine Maus in einer begrenzten Menge des neuen Gases länger am Leben blieb als in der gleichen Menge gewöhnlicher Luft. Er atmete es auch selbst ein und hatte das Empfinden, daß »seine Brust besonders leicht wurde«.

Es war klar: Dieses Gas stellte den zur Atmung und Verbrennung unentbehrlichen Bestandteil der Luft dar und war identisch mit der »aktiven« Luft, welche Boyle und Mayow beobachtet hatten. Priestley nannte das neue Gas »entphlogisierte Luft«. Man nahm nämlich allgemein an, daß »gewöhnliche« Luft einen gewissen Prozentsatz Phlogiston enthalte. Daß eine Kerze unter einer Glocke nicht mehr weiterbrennt, auch wenn noch Luft vorhanden ist, erklärte man damit, daß die Luft nun mit Phlogiston gesättigt sei. Das neue Gas war offenbar sehr begierig, Phlogiston aufzunehmen, denn es förderte die Verbrennung. Daraus schloß Priestley, dieses Gas enthalte gar kein Phlogiston, und so kam er zu seinem Namen.

Mit Hilfe dieses neuen Gases und einer von Priestley ersonnenen Versuchsanordnung entdeckte Cavendish, zu dem wir nun noch einmal zurückkehren, den Verbindungscharakter des Wassers. Priestley hatte einmal zur Belustigung einiger Freunde ein Gemisch von gewöhnlicher Luft und Wasserstoff durch einen elektrischen Funken zur Explosion gebracht und bemerkte, daß nach der Explosion sich eine Art Tau an den Wänden des Gefäßes niedergeschlagen hatte. Cavendish wiederholte den Versuch in größerem Maßstab, verwandte statt gewöhnlicher Luft dabei seine neue entphlogisierte Luft. Die zurückbleibende Flüssigkeit untersuchte er gründlich und mußte sich überzeugen, daß es sich um gewöhnliches Wasser handelte. Damit war klar: Wasser ist zusammengesetzt. Für Cavendish war es zusammengesetzt aus »brennbarer Luft« (Wasserstoff) und »entphlogisierter Luft« (Sauerstoff). Noch immer waren die experimentell gewonnenen Erkenntnisse in die Form der Phlogistontheorie gekleidet. Diese war zu einer eingewurzelten Denkform geworden. Hätten Priestley und Cavendish sich von ihr ganz frei machen können, so nähmen sie in der Geschichte der Chemie den Platz ein, auf dem jetzt Lavoisier steht.

3. Bergmann und Scheele

Diese beiden Männer wirkten in Schweden. Torbern *Bergmann* (1735 bis 1784) war gebürtiger Schwede. Karl Wilhelm *Scheele* (1742–1786) war ein deutscher Apotheker aus Stralsund. Seine Entdeckungen machte er aber in der Apotheke von Köping in Schweden, die er später besaß. Beide erkannten die Phlogistonlehre an, gingen aber bei ihren praktischen Forschungen – auf denen ihr Ruhm beruht – frei von jeder vorgefaßten Meinung ans Werk.

Bergmann war ein Meister der chemischen Analyse. Er entdeckte Blausäure, Oxalsäure, Nickelvitriol, analysierte den Brechweinstein. Wichtiger noch als seine Einzelanalysen wurde das methodische Vorbild, das er gab. In der chemischen Theorie trennte Bergmann als erster die anorganischen und die organischen Stoffe. Er prägte ferner den Begriff der chemischen Verwandtschaft (Affinität). Er sah, daß Stoffe eine verschiedene Neigung haben, Verbindungen miteinander einzugehen. Läßt man eine Verbindung mit einem Stoff reagieren, der eine größere »Verwandtschaft« zu einem der verbundenen Bestandteile hat, so verdrängt dieser den anderen aus der Verbindung. Bergmann war sich auch darüber klar, daß die Affinität durch die Anziehung der kleinsten Teilchen der Stoffe zustande kommen müsse. Der Begriff der Affinität wurde zum Gemeingut der Chemie.

Scheele war einer der genialsten Experimentatoren in der Chemie des 18. Jahrhunderts. Am bekanntesten ist seine Entdeckung des Sauerstoffs unabhängig von Priestley. Seine zahllosen Versuche beschrieb Scheele in peinlich geführten Laboratoriumsjournalen. Unter den von ihm entdeckten und erstmals beschriebenen Stoffen sind Weinsäure, Apfelsäure, Zitronensäure, Harnsäure und Chlor.

4. Lavoisier

Es ist in unserem Rahmen unmöglich, die Entwicklung der analytischen Methoden, des chemischen Instrumentariums und die Entdeckungsgeschichte der einzelnen Stoffe zu verfolgen. Wir wollen uns mehr an die allgemeine chemische Theorie als Leitfaden halten. In dieser ist der Franzose Antoine Laurent *Lavoisier* (1743–1794), allgemein »Vater der modernen Chemie« genannt, die bei weitem bedeutendste Gestalt.

LEBEN UND WERKE Lavoisier entstammte einer Pariser Juristenfamilie und studierte selbst die Rechte. Seine Neigung zog ihn bald zur Mathematik und den Naturwissenschaften hinüber. Er beschloß als Jüngling schon, ihnen sein Leben zu weihen. Mit 21 Jahren gewann er bereits einen Preis der Akademie der Wissenschaften. Nicht lange danach wurde er ordentliches Mitglied der Akademie. Als er 26 Jahre alt war, beschloß Lavoisier, sein Einkommen zu erhöhen, weil der Ertrag des ererbten Vermögens nicht ausreichte für die Bedürfnisse, die seine wissenschaftliche Arbeit mit sich brachte. Er trat, was ihm später zum Verhängnis wurde, der Ferme générale bei, einer Gesellschaft von Steuereinnehmern, die für die Regierung die Steuern und Abgaben eintrieb. Die Steuereinnehmer waren beim Volke verhaßt. Viele gingen ganz rücksichtslos vor und bereicherten sich selbst. Als die Revolution ausbrach, entlud sich die aufgestaute Erbitterung der Bevölkerung. Viele Mitglieder der Ferme wurden vor Gericht gestellt. Obwohl feststeht, daß Lavoisiers Amtsführung völlig korrekt gewesen ist und er sogar gegen Mißstände angekämpft hat, wurde auch er 1791 angeklagt und zum Tode durch die Guillotine verurteilt. Alle Versuche seiner Freunde, wegen seiner wissenschaftlichen Verdienste eine Begnadigung durchzusetzen, schlugen fehl. »La république n'a pas besoin des savants« – »Die Republik hat keine Gelehrten nötig« – lautete die Antwort. Die »Gerechtigkeit« nahm ihren Lauf. Ein Zeitgenosse schrieb: »Einen einzigen Moment nur brauchte man, seinen Kopf abzuschlagen; hundert Jahre werden wahrscheinlich nicht ausreichen, einen gleichen hervorzubringen.«

In den zweieinhalb Jahrzehnten zwischen dem Beginn seiner Laufbahn und seinem Tode im einundfünfzigsten Lebensjahre vollbrachte Lavoisier sein großes Lebenswerk, unterstützt durch die aufopfernde Hingabe und Mitarbeit seiner Frau. Die Wissenschaftsgeschichte verzeichnet meistens nur die Taten der Entdecker und übergeht mit Schweigen den Anteil derer, die, wie Karoline Herschel und Frau Lavoisier, durch ihr selbstloses Dienen diese erst möglich gemacht haben.

Lavoisiers Schriften sind zahlreich. Stets beschreibt er seine Experimente mit größter Genauigkeit, ist nüchtern und zurückhaltend in seinen Urteilen, scheidet Tatsachen von Vermutungen. Das wichtigste Werk ist der *Traité élémentaire de Chimie* von 1789. Aus Lavoisiers vielen Leistungen für die Chemie will ich vier hervorheben.

THEORIE DER VERBRENNUNG Bereits vor Priestleys Entdeckung des Sauerstoffs hatte sich Lavoisier mit dem Verbrennungsproblem befaßt. Durch seine Experimente hatte er sich von drei Dingen überzeugt: Ein durch Erhitzen von Metall erzeugter »Kalk« ist schwerer als das Ausgangsmetall. Auch Schwefel und Phosphor nehmen bei der Verbrennung an Gewicht zu. Findet die Verbrennung in einer begrenzten Luftmenge statt, so verschwindet ein Teil der Luft; die verbleibende Luft ist unfähig, die Verbrennung weiter zu unterhalten.

Priestleys Entdeckung brachte das noch fehlende Glied zu dieser Gedankenkette. Sogleich ersann Lavoisier eine Reihe von Experimenten, um die wahren Verhältnisse, die ihm intuitiv schon klar waren, endgültig aufzuhellen und zu demonstrieren. Er verbrannte zahlreiche Substanzen wie Zinn, Quecksilber, Schwefel, Phosphor, Kohlenstoff in abgeschlossenen Luftmengen und stellte die Gewichtsveränderungen fest. Er bewies damit, daß der verbrennende Stoff immer so viel an Gewicht gewinnt, wie Sauerstoff hinzutritt.

Nun konnte er mit Gewißheit behaupten,

daß das Phlogiston Stahls ein Phantasiewesen ist, dessen Existenz in den Metallen, im Schwefel, im Phosphor, kurz in allen brennbaren Körpern er aus der Luft griff, und daß die Erscheinungen der Verbrennung und der Calcination sich viel leichter und einfacher ohne das Phlogiston erklären lassen als mit demselben.

Etwas skeptisch fügt Lavoisier hinzu:

Ich erwarte nun nicht, daß meine Vorstellungen sofort aufgenommen würden. Der menschliche Geist bequemt sich den vorhandenen Anschauungen, und wer während eines großen Teils seiner Laufbahn die Natur unter einem bestimmten Gesichtspunkt betrachtet hat, kommt nur schwer zu neuen Ideen.

Hier täuschte sich Lavoisier. Seine Ergebnisse waren zu zwingend, als daß die Chemiker sich ihnen hätten verschließen können. Nur Priestley bekehrte sich nicht.

Die Hauptsätze der neuen Verbrennungstheorie, die seither unangefochten gilt, sind: Bei der Verbrennung vereinigt sich der Sauerstoff der Luft mit dem brennenden Stoff. Das Produkt der Verbrennung kann daher nie eine einfache Substanz, nie ein Element sein. Die Luft besteht nur zu einem Teile aus Sauerstoff, zum größeren aus einem anderen Gas, dem Stickstoff, den Lavoisier »azote« nannte, wie er heute noch in Frankreich genannt wird. Das Verhältnis beider nahm Lavoisier mit 1 : 3 an. Auch dem Wasserstoff (Hydrogen = Wassermacher) und dem Sauerstoff (Oxygen = Säuremacher, hier wäre Priestleys Bezeichnung »Feuerluft« treffender gewesen) gab Lavoisier ihre Namen.

Lavoisier unterschied zunächst zwischen Verbrennung und Oxydation. Verbrennung ist immer mit Freiwerden von Wärme und Licht verbunden, Oxydation nicht. Bei seinen Versuchen über die Physiologie der Atmung begann Lavoisier jedoch zu erkennen, daß im Organismus eine »langsame Verbrennung« stattfindet. Seine physiologischen Arbeiten kamen nicht zum Abschluß.

ZUSAMMENSETZUNG DES WASSERS Lavoisier wiederholte Cavendishs Versuch zur Herstellung von Wasser aus Wasserstoff und Sauerstoff. Er verschwieg dabei die Priorität Cavendishs, wie er früher auch beim Sauerstoff den Namen Priestleys nicht erwähnt hatte. Lavoisier bestimmte das Volumenverhältnis, in dem sich die beiden Gase zu Wasser verbinden, mit rund 1 : 2. Es gelang ihm, das gewonnene Wasser analytisch wieder in die beiden Gase zu zerlegen. Damit war jeder Zweifel beseitigt, daß Wasser eine Verbindung ist.

Schon zu Beginn seiner Laufbahn hatte Lavoisier ein anderes bekanntes Experiment mit Wasser gemacht. Es war eine alte Vorstellung der Alchimisten, daß Wasser, wenn man es lange genug kocht, in »Erde« verwandelt würde oder jedenfalls einen Rückstand von Erde ergäbe. Auch Newton glaubte hieran. Lavoisier widerlegte, indem er ganz reines Wasser und ganz reine Gefäße verwandte, das alte Vorurteil.

ERHALTUNG DER MASSE

... denn nichts wird neu geschaffen, weder in den künstlichen Operationen noch in den natürlichen, und man kann den Grundsatz aufstellen, daß bei jeder Operation die Menge der Stoffe vor und nach der Operation gleich groß ist, daß die Qualität und die Quantität der Grundstoffe dieselbe ist, und daß es nur Veränderungen, Modifikationen gibt. – Auf diesen Grundsatz baut sich die ganze chemische Experimentierkunst auf: Man ist gezwungen anzunehmen, daß überall eine wirkliche Gleichheit oder Gleichung besteht zwischen den Grundstoffen des Körpers, den man untersucht, und jenen, die man durch Analyse daraus erhält.

Mit diesen Worten sprach Lavoisier den berühmten Grundsatz von der Erhaltung der Masse aus, auf den ihn seine mit größter Präzision durchgeführten Messungen geführt hatten. Newton hatte den Satz aufgestellt, daß die Masse bei allen *dynamischen* Veränderungen konstant bleibt. Lavoisier fügte hinzu, daß dies auch bei *chemischen* Veränderungen der Fall ist. Der Satz wurde für lange Zeit zu einem allgemein anerkannten Grundsatz der Chemie. Seine Herrschaft hatte allerdings den Nachteil, daß der Blick auf die energetische Seite aller chemischen Vorgänge lange Zeit verstellt blieb.

DIE ELEMENTE Lavoisiers Bestreben im ganzen war nicht auf sensationelle Entdeckungen gerichtet, sondern auf kritische Nachprüfungen des Bekannten. Er prüfte die schon bekannten Reaktionen, er prüfte und verfeinerte die Methoden; aber er ging nicht darauf aus, neue Stoffe zu finden. Zunächst mußte ermittelt werden, was von den schon bekannten Stoffen als »Element« im Sinne der Forderungen Robert Boyles bestehen konnte.

Lavoisier versuchte die Stoffe zusammenzustellen, die als Elemente gelten konnten. Mit wieviel Bedachtsamkeit und kritischer Besinnung er an die Aufgabe heranging, zeigt seine folgende Bemerkung im Traité élémentaire. Das Ziel der Chemie ist,

> die verschiedenen natürlichen Körper zu zerlegen . . . und die verschiedenen Substanzen, welche in ihre Verbindung eintreten, getrennt zu prüfen. Wir können nicht sicher sein, daß das, was wir heute für einfach (unzerlegbar) halten, in Wirklichkeit einfach sei. Alles, was wir sagen können, ist, daß die und die Substanz das Letzte ist, bis zu dem die chemische Analysis vorgedrungen ist, und daß wir mit unserem gegenwärtigen Wissen außerstande sind, sie weiter zu zerlegen.

Die Tafel der Elemente, die Lavoisier aufstellte, enthielt 33 Stoffe. An die Spitze stellte er Licht und Wärme. Beide hielt er also noch für besondere Stoffe. Einige andere Stoffe, die er aufnahm, waren keine Elemente, sondern Verbindungen, die aber mit den Lavoisier zur Verfügung stehenden Methoden noch nicht zerlegt werden konnten. Die Masse, 23 Stoffe, waren bereits echte Elemente: Kohlenstoff, Wasserstoff, Sauerstoff, Stickstoff, Phosphor, Schwefel, Antimon, Arsen, Wismut, Kobalt, Kupfer, Gold, Eisen, Blei, Mangan, Quecksilber, Molybdän, Nickel, Platin, Silber, Zinn, Wolfram, Zink. Auffällig ist, daß die Liste 17 Metalle und nur 6 Nichtmetalle enthält.

Nach Lavoisier kamen in den wenigen Jahren bis 1800 noch vier Elemente hinzu: Uran, Titan, Chrom, Tellur. Wir erhalten einen Eindruck von der rapiden Weiterentwicklung der Chemie in der auf Lavoisier folgenden Zeit, wenn wir hören, daß die Zahl der bekannten Elemente 30 Jahre später sich bereits verdoppelt hatte.

5. Die chemischen Symbole

Je mehr der Wissensstoff anwuchs, um so dringender bedurfte die Chemie einer Zeichen- und Formelsprache, die Stoffe und ihre Verbindungen darzustellen. Die Alchimie hatte symbolische Zeichen für eine Reihe

von Stoffen besessen. Gemäß ihrer Grundanschauung war jeder Stoff eine Art Individuum und das für ihn verwendete Zeichen sozusagen sein Wappen. Aus zwei Gründen war das für die Bedürfnisse einer wissenschaftlichen Chemie ganz ungeeignet. Einmal hätte danach jeder Stoff, also auch jeder zusammengesetzte Stoff, ein eigenes Zeichen erhalten müssen. Die Vielzahl der bekannten Stoffe hätte schon damals Tausende und bald darauf Zehntausende von Zeichen erfordert, die zu erlernen schon eine Wissenschaft für sich geworden wäre. Ferner war diese Symbolik ganz auf das Qualitative abgestellt, sie ermöglichte keine quantitativen Kennzeichnungen.
Lavoisier verwendete den alchimistischen ähnliche Zeichen wie z. B.

▽ Wasser

 Sauerstoff

 Säure

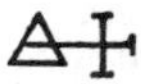 Stickstoff

Da er die Notwendigkeit empfand, quantitative Angaben hinzuzufügen, half er sich damit, daß er nach Art eines Rezeptes vor oder hinter das Symbol die Gewichtsmengen schrieb, die er beim jeweiligen Versuch verwendete. Das war ein Notbehelf.
Mehrere Zeitgenossen Lavoisiers entwickelten schon besser angemessene Schreibweisen. Den größten Fortschritt brachte ein im Jahre 1787 veröffentlichter Vorschlag des Deutschen *Hassenfratz*. Die von diesem vorgeschlagene Schreibung kommt der heute verwendeten schon nahe. Für Elemente wurde der lateinische Anfangsbuchstabe geschrieben. Die Buchstaben waren außerdem durch geometrische Figuren umgrenzt, Metalle mit einem Kreis, andere Stoffe mit Quadraten, Dreiecken usw. So wurde z. B. geschrieben

Ⓐ = Silber (Argentum)

Ⓟ = Blei (Plumbum)

 = Soda.

Solche Zeichen bestanden für Elemente und auch für andere Grundsubstanzen. Um Verbindungen darzustellen, konnten sie zusammengefügt werden, z. B.

Ⓒ = Kupfer
und
— = Sauerstoff

} zu  = Kupferoxyd.

Aus diesen Vorschlägen wurde im 19. Jahrhundert die seither angewandte Schreibweise entwickelt. Allgemeine Angaben über die Mengenverhältnisse der Stoffe in ihren Verbindungen konnten so lange nicht gemacht werden, als die diesen Verhältnissen zugrunde liegenden Gesetzmäßigkeiten noch unbekannt waren.

V. Geologie

Geologie, die Wissenschaft von der Erdkruste, ihrer Geschichte, den Kräften, die sie gestaltet haben und weiterhin umgestalten, umfaßt heute zahlreiche Einzelwissenschaften wie Petrographie (Gesteinskunde), Geophysik und Geochemie, Paläontologie (Lehre von den ältesten Formen des Lebens auf der Erde), Lagerstättenkunde und andere; sie kann als allgemeine Geologie betrieben werden, als historische (Epochen der Erdgeschichte), als regionale (auf einzelne Räume bezogen) und als angewandte Geologie.
In dieser ausgebauten Form ist die Geologie eine Schöpfung des 18., mehr noch des 19. Jahrhunderts. Ich lasse sie deshalb erst von diesem Kapitel ab als selbständigen Titel auftreten. Geologische Beobachtungen und Gedanken über einige ihrer Themen finden sich selbstverständlich schon früher, so bei den Arabern, bei Albertus Magnus. An einigen Stellen habe ich auf sie hingewiesen. Genauere Nachforschung würde enthüllen, daß solche ersten Anfänge viel zahlreicher und sehr weit verstreut sind. Doch das würde nichts daran ändern, daß man von einer wissenschaftlichen Geologie erst vom 18. Jahrhundert ab sprechen kann. Anscheinend mußte erst die Fähigkeit entwickelt sein, die gegenwärtige vor aller Augen liegende Welt in Astronomie, Physik und Chemie exakt zu beobachten und aus dieser Beobachtung exakte Gesetze abzuleiten, bevor der weitere Schritt getan werden konnte, aus der wissenschaftlichen Beobachtung der Spuren, welche die Vergangenheit in unserer physischen Umwelt zurückgelassen hat, wissenschaftliche Rückschlüsse auf diese Vergangenheit zu ziehen.
In den meisten europäischen Ländern sind schon im 16. und 17. Jahrhundert verstärktes Interesse für geologische Fragen und erste Versuche geologischer Theorienbildung zu beobachten. In Italien wäre *Leonardo da Vinci* mit seinen Gedanken über die Fossilien zu nennen, etwas später Antonio *Vallisneri* und Lazzaro *Moro;* in Deutschland Nikolaus *Steno* (1631–1687), Bischof von Hamburg, der auch ein berühmter Anatom war; in England John *Woodward,* der 1695 einen *Versuch einer Naturgeschichte der Erde* veröffentlichte, gestützt auf ausgedehnte Beobachtungen von Fossilien – unter welchem Begriff man damals nicht nur organische Überreste, sondern auch Mineralien mit verstand. Die kosmogonische Theorie beginnt in der Neuzeit mit *Descartes,* der bereits eine Theorie der Erdentstehung durch Abkühlung einer ursprünglich heißen Gasmasse und allmähliche Bildung einer festen Kruste gab. Dieser Gedanke wurde von Leibniz in seiner *Protogaea* weitergeführt, welche erst 1749, also lange nach seinem Tode, veröffentlicht wurde. Diese Gedankenreihe ist der Ausgangspunkt der späteren Theorien von Kant und Laplace, die schon bei der Astronomie geschildert wurden.
Die Kosmogonie kann man ebensogut zur Astronomie wie zur Geologie rechnen; und dies ist selbstverständlich nicht die einzige Stelle, an der sich die Geologie mit anderen Wissenschaften berührt oder überschneidet. Es ist z. B. klar, daß die Paläontologie zugleich in die Biologie und

Entwicklungslehre gehört, und daß Geologie, wenn sie beim zeitlichen Beginn der Vorgänge als Kosmogonie mit der Astronomie zusammenfällt, am anderen Ende der Entwicklung in Geschichte und Geographie übergeht. Die fließenden Übergänge sowohl innerhalb der Zweige der Geologie wie von der Geologie zu anderen Wissenschaften werden wir in unserem zusammengedrängten Überblick laufend überschreiten müssen.

1. Gesteine und Gebirge

WERNER Die wissenschaftliche Geologie wurde nicht von einem einzelnen geschaffen. Aber viele Historiker der Wissenschaft lassen ihre Geschichte mit 1781 beginnen, dem Jahre, in dem Abraham Gottlob *Werner* (1750–1817) an der Bergakademie Freiberg in Sachsen, wo er als Lehrer der Mineralogie und Bergbaukunde wirkte, seine Vorlesungen über »Geognosie« (ältere Bezeichnung für die Geologie) begann.

Werner stellte die geologische Wissenschaft auf die sichere Grundlage der Erfahrung. Ein unermüdlicher Sammler und scharfer Beobachter, prüfte er systematisch alle Arten von Gesteinen und begann mit ihrer Klassifizierung auf der Grundlage der mineralischen Zusammensetzung. Er schied einfache und zusammengesetzte Gesteine, unterschied die Schichten (Formationen) von den sie zusammensetzenden einzelnen Gesteinen und legte damit den Grund zur beschreibenden Gesteinskunde (Petrographie).

Werner war ein geschickter und begeisternder Lehrer. Unter ihm wurde Freiberg zum Mekka der Geologiestudenten Europas. Unter seinen Schülern waren so berühmte Geologen wie Leopold *von Buch* und Alexander *von Humboldt*. Daß fast alle seine Schüler sich im Laufe ihres späteren Lebens von den theoretischen Ansichten ihres Lehrers abwandten, deutet darauf, daß diese weniger gut fundiert waren als seine rein empirischen Arbeiten. In der Theorie gilt Werner als Begründer und Hauptvertreter des sogenannten Neptunismus. Diese Lehre führt alle Gesteine mit Ausnahme der von den tätigen Vulkanen gelieferten auf einen wässerigen Ursprung (daher der Name) zurück. Insbesondere sollte auch der Basalt, um den der Streit hauptsächlich ging, eine Ablagerung des Seewassers sein.

Unter den Gelehrten, die den Neptunismus – zu dem sich auch Goethe bekannte – zu Fall brachten, steht der Engländer Hutton an erster Stelle. Er war es auch, der Werners Schüler vom Neptunismus abzog.

HUTTON Sobald man die Erde nicht mehr in ihrer jetzigen Gestalt fertig aus den Händen des Schöpfers hervorgegangen glaubte, sondern erkannte, daß große und kleine Veränderungen in der Zeit ihr Gesicht geformt haben, mußte die Frage nach den Ursachen dieser Veränderungen die Geister erregen. Wie meistens in den Anfangsstadien einer Wissenschaft suchte man zunächst alles möglichst auf eine einzige Ursache zurückzuführen. Im 17. Jahrhundert wurden Erdbeben als Erklärungsgrund bevorzugt. Das 18. Jahrhundert erkannte die verändernde Macht des Wassers. Wiederum wurde der eine Gesichtspunkt verabsolutiert und mußte für alle beobachteten Erscheinungen herhalten.

In diesem Augenblick trat das Werk des Engländers James *Hutton* (1726 bis 1797) auf den Plan. Hutton war Arzt von Beruf, studierte in Edinburg, Paris, Leiden, lebte später in Edinburg. 1795 erschien seine *Theorie der Erde mit Beweisen und Illustrationen.* Genaugenommen wirkte das Werk nur mittelbar, denn es war so schwer zu lesen, daß es erst der Arbeit von Huttons kongenialem Popularisator John *Playfair (Illustrationen der Huttonschen Theorie,* 1802) bedurfte, um es bekannt zu machen und zu breiterer Wirkung zu bringen.

Hutton ging von dem Grundgedanken aus: Die Prozesse, die in der Vergangenheit auf der Erde gewirkt haben, sind die gleichen, die wir auch heute noch am Werke sehen. Damit wies er Spekulationen aller Art zurück. Der Gedanke wurde von Huttons großem Nachfolger *Lyell* im 19. Jahrhundert fortgeführt und als Prinzip von aller folgenden Geologie aufrechterhalten.

Dem Neptunismus wird der Vulkanismus gegenübergestellt, und Hutton gilt als sein Vertreter; doch war er nicht so einseitig, jegliche Veränderung auf vulkanische Ursachen zurückzuführen. Er erkannte eine Mehrheit wirkender Faktoren an. Er sah, daß das Wasser Boden hinwegschwemmt, Küsten abnagt und alles lockere Material ins Meer trägt. Aber er sah auch, daß viele Gesteine keine Fossilien enthalten und offensichtlich früher einmal in einem geschmolzenen Zustande waren, und weiter, daß manche dieser Gesteine anscheinend von unten her durch anderes Gestein hindurch an die Erdoberfläche gedrungen sind. Er nahm deshalb an, daß im Innern der Erde Hitze herrsche – die Neptunisten waren entgegengesetzter Ansicht – und daß die unterirdische Glut nicht nur Vulkane hervorgebracht, sondern auch ganze Erdschichten verlagert hat. Es war nicht schwer, dafür übergenug Beweise in der Natur zu finden.

Außer eigenen Beobachtungen konnte Hutton zur Stützung seiner Theorie auch die Arbeiten des Franzosen Jean Etienne *Guettard* (1715 bis 1786) über die Vulkane der Auvergne verwerten. Dessen Landsmann Horace Bénédicte *de Saussure* (1740–1799) führte die Bezeichnung Geologie ein.

2. Fossilien

Als Begründer der Paläontologie sind gleichfalls hauptsächlich zwei Männer zu nennen. Ihre Lebenszeit reicht in das 19. Jahrhundert hinein, die entscheidenden Werke wurden auch erst in diesem veröffentlicht; für die Wissenschaften von der Erde und vom Lebendigen ist es jedoch nicht zweckmäßig, gerade die Jahrhundertgrenze als Trennungslinie zu nehmen. Hier ist es angemessener, eine Periode von der Mitte des 18. Jahrhunderts bis etwa 1830 anzunehmen. Sie wird eben durch das Wirken der Werner, Hutton, Cuvier, Lamarck ausgefüllt. Danach beginnt für die Geologie mit Lyell, für die Biologie mit Darwin ein neuer Abschnitt.

CUVIER Georges Léopold Chrétien Frédéric Dagobert Baron *Cuvier* lebte von 1769 bis 1832. Er war Schüler der Karlsakademie in Stuttgart. Mit 30 Jahren wurde er Professor der Naturgeschichte am Collège de France. Im Laufe seines Lebens bekleidete er hohe öffentliche Ämter, sowohl unter Napoleon wie nach dessen Sturz. Er erwarb sich Verdienste um das Unterrichtswesen. Als er starb, sollte er gerade zum französischen Innenminister ernannt werden.
Cuvier war ein genialer Anatom. Seine *Leçons d'anatomie comparée*, die ab 1801 in fünf Bänden erschienen, bezeichnen den Beginn der vergleichenden Anatomie als Wissenschaft. Cuvier verglich bei den verschiedensten Tierarten die entsprechenden Organe wie den Verdauungsapparat oder das Nervensystem und erkannte die Beziehungen zwischen Struktur und Funktion der Organismen und ihrer Teile. Er erwarb ein so umfassendes Wissen, daß er imstande war, aus einem einzigen Knochen das ganze Tier zu rekonstruieren.
Dieses Wissen kam ihm zustatten, als er sich dem Studium der Fossilien zuwandte. Den Anlaß bildete die Auffindung einer großen Menge von Fossilien im Pariser Becken. Cuvier begann systematisch mit der Untersuchung und Beschreibung der einzelnen Knochen, schritt fort zum Rekonstruieren des ganzen Skeletts und von da zum Gruppieren der erhaltenen Formen in Arten, Gattungen und Ordnungen. Ein Teil der erhaltenen Formen entsprach den bekannten und noch existierenden Lebewesen. Andere Formen aber ergaben sich, die es unter den lebenden Tieren nirgendwo gab. Ein Urteil über Cuviers Leistung:

> Eine ungeordnete Sammlung fossiler Knochen in das Laboratorium zu bringen und durch strenge Anwendung der wissenschaftlichen Methode die fehlenden Teile zu ergänzen, bis ein Tier ersteht, das niemals zuvor von einem menschlichen Auge erblickt wurde, kann als eine der größten Leistungen des menschlichen Geistes angesehen werden.

Cuviers Erkenntnisse, niedergelegt hauptsächlich in seinem *Recherches sur les ossements fossiles* von 1821, beziehen sich vor allem auf Wirbeltiere. Cuvier wird als Begründer der Paläontologie der Wirbeltiere angesehen.
Welche Folgerungen waren aus diesen Erkenntnissen für die Erdgeschichte zu ziehen? In der Einleitung des genannten Werkes gab Cuvier einen Abriß der Erdgeschichte, so wie sie sich ihm nach seinen Funden darstellte. Daß Fossilien Reste vergangener Lebewesen sind, war schon allgemein anerkannt. Daß unter ihnen Lebensformen sind, die vor langer Zeit erloschen sind, war durch Cuviers Arbeiten bewiesen. Wie war der Wechsel der Lebensformen zu erklären, wie das Verschwinden alter Formen, wie das Auftreten neuer? Eine ebenfalls schon von anderen Gelehrten ausgesprochene Ansicht zog die biblischen Berichte von der Sintflut zur Erklärung heran. Im Prinzip hielt Cuvier an dieser Ansicht fest, war allerdings durch seine Entdeckungen gezwungen anzunehmen, daß

es eine ganze Serie von Katastrophen gegeben haben müsse. Überall glaubte er Beweise zu erblicken für solche Totalkatastrophen, die das Leben der ganzen Erde oder doch ganzer Kontinente vernichtet hatten. Das Wiederauftreten des Lebens nach diesen Katastrophen in veränderten Formen konnte sich Cuvier nur so erklären, daß nach jeder eine totale oder teilweise Neuschöpfung stattgefunden hätte.

Dies ist die berühmte »Katastrophentheorie«, die nach Cuvier noch lange herrschend blieb. Kennzeichnend ist die folgende Stelle aus dem angeführten Werk:

> Die Risse, die Brüche, die Einstürze der älteren Schichten lassen keinen Zweifel daran, daß plötzliche und gewaltsame Ursachen sie in den Zustand versetzt haben, in dem wir sie jetzt finden; ja selbst die Kraft der Bewegung, welcher die Wassermassen ausgesetzt waren, tritt noch in der Anhäufung von Schutt und Geröll zu Tage, das an diesen Stellen zwischen den festen Schichten eingeschoben ist. Offenbar ist das Leben unserer Erde oftmals von furchtbaren Ereignissen gestört worden. Lebende Wesen ohne Zahl sind als Opfer dieser Katastrophen gefallen; die einen, Bewohner des Festlandes, sahen sich in Sintfluten versinken; die anderen, welche die Tiefen der Meere bevölkerten, wurden aufs Trockene gesetzt, weil sich der Boden der Meere plötzlich hob; ihre Rassen sind auf immer ausgelöscht, und nichts ist auf der Welt zurückgeblieben als einige Reste, die kaum noch der Naturforscher zu erkennen vermag. – Das sind die Schlüsse, die wir notwendigerweise aus den Dingen, die uns auf Schritt und Tritt begegnen, ziehen müssen, und die sich jeden Augenblick bewahrheiten und in allen Ländern. Diese großen und furchtbaren Ereignisse werden allenthalben sichtbar für den, der ihre Geschichte aus ihren Denkmälern zu lesen versteht.

Cuviers großer Einfluß beruht außer auf seinen Entdeckungen auch auf der glänzenden Form, in der er sie darzustellen verstand. Ein Meisterwerk der Darstellung ist auch *Le règne animal* (Das Tierreich) von 1821.

LAMARCK An der Seite Cuviers steht als Begründer der Paläontologie der Nichtwirbeltiere Jean Baptiste Pierre Antoine de Monet, Chevalier *de Lamarck* (1744–1829). Lamarck war zunächst mehr an der Botanik interessiert, gewann 1778 mit seinem Werk *Flore française* die Mitgliedschaft der Académie des sciences und durchforschte dann als Königlicher Botaniker viele Länder Europas. Später wandte er sich zur Zoologie und hier besonders zu den wirbellosen Tieren, unter Einschluß der Fossilien solcher Tiere.

Die Folgerungen für die Erdgeschichte, die Lamarck aus seinen Untersuchungen zog, waren denen Cuviers gerade entgegengesetzt. Wie Cuvier sah er, daß bestimmte Lebensformen verschwinden und andere an ihre Stelle treten, fand aber, daß es unmöglich sei, dafür bestimmte scharfe zeitliche Schritte anzunehmen. Es schien eher ein allmählicher und gradweiser Übergang stattzufinden.

In dieser Gedankenrichtung wurde Lamarck bestärkt durch die Beobachtungen eines britischen Ingenieurs, William *Smith* (1769–1838). Smith baute Kanäle in verschiedenen Teilen Englands. Ihm fiel auf, daß fast alle die verschiedenen in bestimmter Ordnung wiederkehrenden Gesteinsschichten Fossilien aufwiesen, jede Schicht ganz bestimmte, von den übrigen abweichende Arten – nicht völlig verschiedene wiederum, sondern Versteinerungen der gleichen Tiere, z. B. von Ammoniten, in verwandten, aber deutlich unterscheidbaren Formen.

Dies bestärkte Lamarck in der Annahme: In der Entwicklung des Lebens hätten nicht plötzliche durch Katastrophen verursachte Veränderungen stattgefunden (wie Lamarck selbst lange Zeit ebenso wie Cuvier geglaubt hatte) – vielmehr mußten die verschiedenen Formen allmählich und stufenweise auseinander hervorgegangen sein. Mit diesem Gedanken ist Lamarck der Begründer der Evolutionslehre in der modernen Biologie. Der Gedanke der Entwicklung war (wie fast alle Gedanken) in spekulativer Form schon von den Griechen ausgesprochen worden. Nun gab ihm Lamarck eine empirische Grundlage.

In der ersten Hälfte des 19. Jahrhunderts behauptete sich trotz Lamarck die Katastrophentheorie. Manche Denker wie Saint-Hilaire und Goethe bekannten sich zur Entwicklungslehre, vermochten aber die Mehrheit der Gelehrten nicht für sie zu gewinnen. Erst Darwin führte sie zum Siege.

Was in der neueren Biologie »Lamarckismus« heißt, ist nun keineswegs etwa dieser allgemeine Gedanke der allmählichen Entwicklung der Lebensformen aus einander. Diesen hat Lamarck mit Darwin und praktisch aller neueren Biologie gemeinsam. Abweichende Ansichten bestehen nicht darüber, *daß* eine solche Entwicklung stattgefunden hat – denn das zeigen die paläontologischen Befunde ganz eindeutig –, sondern darüber, *wie* sie sich vollzog, welches ihr Mechanismus ist. Zu dieser Frage trug Lamarck eine Theorie vor, die man Lamarckismus nennt und die im allgemeinen heute fallengelassen ist. Sie besteht im wesentlichen aus zwei Grundgedanken:

Der eine geht von der Erfahrungstatsache aus, daß einzelne Organe vieler Pflanzen und Tiere zeitlebens wandlungsfähig sind und sich je nach den Umweltbedingungen, in die sie geraten, verschieden entwickeln. Lamarck verallgemeinerte diese Beobachtungsergebnisse und schrieb den Organismen die Fähigkeit zu, auf jede nur mögliche Änderung der äußeren und auch inneren Entwicklungsbedingungen mit einer für ihn nützlichen Anpassungsreaktion antworten zu können. Zwei Beispiele können das deutlicher machen:

Die Schlangen, die auf der Oberfläche der Erde kriechen, haben es vor allem nötig, die hohen Gegenstände zu sehen und die, die über ihnen sind. Diese Notwendigkeit hat auf die Lage des Sehorgans dieser Tiere Einfluß ausüben müssen; und in der Tat sind ihre Augen in dem hinteren und oberen Teil des Kopfes angebracht, so daß sie leicht wahrnehmen können, was sich über ihnen oder seitwärts von ihnen befindet; was aber in sehr kleiner Entfernung vor ihnen liegt, sehen sie fast gar nicht. Da sie indessen gezwungen waren, diesem Mangel des Sehvermögens abzuhelfen ... haben sie die Gegenstände mit Hilfe der Zunge betasten müssen ... Diese Angewohnheit hat nicht nur diese Zunge dünn, sehr lang und sehr zusammenziehbar gemacht, sondern sie auch dazu gezwungen, sich bei der Mehrzahl der Arten zu spalten ...

Ein anderes, noch berühmteres Beispiel Lamarcks: Die Giraffen mußten unter dem Zwang, das hochsitzende Laub der Bäume zu erreichen, ihre

Hälse immer höher recken. Das summierte sich im Laufe der Generationen, brachte andere Veränderungen im Körperbau, insbesondere beim Skelett und im Bau der Vorderbeine, mit sich und führte schließlich zur heutigen Giraffe mit ihrem außergewöhnlich langen Hals.
Der zweite Grundgedanke Lamarcks zeigt sich schon in den beiden Beispielen: daß die Veränderungen, die ein Einzelwesen unter der Wirkung seiner Lebensbedingungen und des dadurch bestimmten Gebrauchs seiner Organe im Laufe seines Lebens erwirbt oder erleidet, mindestens in einem gewissen Grade auf die Nachkommen übergehen: Vererbung erworbener Eigenschaften.
Soll dieser Mechanismus tatsächlich die Evolution erklären, so muß er sich selbstverständlich auch heute beobachten lassen. In der neueren Biologie brachten die Anhänger Lamarcks immer neue Beispiele und Versuche vor, die das beweisen sollten. Der Streit darüber ging im allgemeinen zuungunsten der Lamarckisten aus.
Mit dem Problem des Lamarckismus befinden wir uns bereits mitten in der Biologie.

VI. Biologie

Mit Cuvier und Lamarck habe ich schon zwei der wichtigsten Biologen des 18. Jahrhunderts behandelt. Ich habe damit auch zeitlich etwas vorgegriffen. Zwischen dem 17. und dem Beginn des 19. Jahrhunderts – dem Höhepunkt von Cuviers und Lamarcks Wirken – liegt in der Entwicklung der Biologie noch ein ganzer Abschnitt. Beide gehören bereits der Epoche an, die man als die der vergleichenden Biologie gekennzeichnet hat, und sie bereiten mit ihren vergleichenden und paläontologischen Studien bereits den Sieg des Entwicklungsgedankens vor. Der größte Teil des 18. Jahrhunderts aber ist von diesem Gedanken noch kaum berührt und zeichnet sich aus durch das Vorwiegen des systematischen Interesses, wie es vor allem der große Linné verkörpert.

1. Linné

Linné entstammte einem schwedischen Bauerngeschlecht. Die Bauern Schwedens führten zu jener Zeit noch keine Familiennamen, sondern nannten sich mit Vor- und Vatersnamen. So hieß Linnés Vater Nils Ingemarsson – Nils, der Sohn des Ingemar –, hatte aber, als er Theologie studierte und Pfarrer wurde, wahrscheinlich im Gedenken an eine alte Linde seines Heimatortes den Beinamen Linnaeus angenommen. Sein 1707 geborener Sohn hieß deshalb Carl Linnaeus. In den Adelsstand erhoben nannte er sich später Carl von Linné.
Der junge Linné sollte Theologie studieren, aber seine Vorliebe zog ihn zu den Naturwissenschaften. Er studierte Medizin und konnte schon in jungen Jahren Vorlesungen über botanische Fragen halten, die von meh-

reren hundert Hörern besucht wurden. Botanische Studienreisen durch Lappland machten ihn zuerst bekannt. Zur Promotion begab er sich nach den Niederlanden. Der Mediziner Boerhaeve verschaffte ihm hier eine Anstellung als Direktor eines Botanischen Gartens bei Haarlem. In die Heimat zurückgekehrt, wurde Linné zunächst praktischer Arzt in Stockholm, bis er 1741 einen Lehrstuhl für Medizin in Upsala erhielt, den er kurz darauf mit dem für Botanik vertauschte. Schon vorher hatte er die Schwedische Gesellschaft der Wissenschaften gegründet und wurde ihr erster Präsident. Linné starb 1778.

Eine ganz ungewöhnliche Begabung für das Formale und Lust am Klassifizieren zeichneten Linné von Anfang an aus. Spielerisch wandte er sie auf alle möglichen Gegenstände an; mit wissenschaftlichem Ernst auf das Reich des Lebendigen, zuerst in einer kleinen Schrift *Systema naturae* (1735). Das Manuskript hatte er schon in den Niederlanden bei sich. Ein Gönner sah es und ließ es sofort auf seine Kosten drucken. Es war ein Heft von 14 Folioseiten. Als das »System« 1788 die dreizehnte Auflage erlebte, war es angewachsen auf 12 Bände mit 6000 Seiten. In ihm und in den *Species plantarum* (1753) steckt Linnés Lebensarbeit. (Es sind nicht die einzigen, aber die wichtigsten Schriften.)

Das System umfaßt die drei »Reiche« der Mineralien, Pflanzen und Tiere. Seine Bedeutung für die Mineralogie ist jedoch begrenzt. Die glücklichste Hand hatte Linné in der Botanik. Hier verfügte er aus eigener Anschauung über das umfassendste Wissen.

Für die Welt des Lebens ist die oberste Unterscheidung die zwischen Pflanzen und Tieren. Die Bewohner jedes Reiches werden zunächst nach den Grundzügen ihres Baus in große Hauptgruppen unterteilt, die Linné »Phyla«, (Stämme) nennt. Die weitere Unterteilung lautet: Klasse – Ordnung – Familie – Gattung (Genus) – Art (Spezies). Art ist also der engste Begriff. Zu einer Art gehören alle Individuen, die gleiche konstante Eigenschaften von Generation zu Generation aufweisen.

Entsprechend für das Pflanzenreich. Als Einteilungsprinzip nahm Linné bei den Tieren die hervortretendsten äußeren Kennzeichen, bei den Pflanzen ein einziges Kennzeichen: die Fortpflanzungsorgane. Den Menschen reihte er übrigens mit den Affen in die oberste Ordnung der Tiere ein.

Jede Pflanze und jedes Tier wird von Linné mit zwei Namen benannt, die Genus und Spezies bezeichnen. Heute fügt man, wenn man die Linnéschen Bezeichnungen verwendet, zur Unterscheidung von Bezeichnungen anderer Herkunft gewöhnlich noch ein »L.« (Linné) hinzu. Im allgemeinen werden die Linnéschen Bezeichnungen aus der 10., noch von ihm selbst besorgten Auflage des Systems (1758) verwandt.

Da es nicht sehr sinnvoll wäre, einen beliebigen Abschnitt aus der Systematik wiederzugeben, ich Linné aber gern selbst zu Worte kommen lassen will, wähle ich eine Stelle allgemeineren Charakters aus einer späteren Schrift.

Ihnen allen (den Pflanzen) hat Gott eine gewisse Rangordnung vorgeschrieben und sie – gewissermaßen – unter Polizeiaufsicht gestellt. Die *Moose* lassen sich nämlich mit den armseligen Häuslern vergleichen, die sich auf dem magersten Boden niedergelassen haben; diesen decken und nutzen sie, während sie zugleich anderen Pflanzen dienen, indem sie dieselben schirmen, daß ihre Wurzeln nicht unter der Hitze verdorren oder unter der schrecklichen Kälte erfrieren. Sie haben sich gleichsam vorgenommen, den Boden urbar zu machen, der von anderen als untauglich verworfen worden ist. Die *Gräser* scheinen innerhalb der Pflanzenwelt den Platz der Bauern einzunehmen und deren Pflichten zu erfüllen. Sie besitzen den größten Teil des Bodens und je mehr sie zertreten und unterdrückt werden, desto mehr arbeiten sie, um sich mit ihren Wurzeln ihr Auskommen zu verschaffen; sie machen die Mehrzahl und die Stärke des Pflanzenreiches aus. Die *Kräuter* hingegen können als der Adel betrachtet werden; sie prunken mit ihren Blättern, prahlen mit ihren überaus herrlichen Blumen und machen mit ihrem Duft, Geschmack, mit ihren Farben und Formen das Reich, dem sie angehören, bewundert und hochgeschätzt. Die *Bäume* gleichen den Fürsten. Sie senden ihre Wurzeln weit in die Tiefe, und sie tragen ihr Haupt hoch über den anderen Gewächsen. Sie schützen diese vor heftigen Stürmen und vor Vernichtung durch allzu große Wärme und Kälte, sie befeuchten sie gleichsam mit ihrem Tau und versorgen sie in ihrem abgefallenen Laub mit Nahrungsstoffen und bereiten ihnen durch ihre Üppigkeit noch andere Vorteile. An den Moosen und Flechten haben die Bäume auch noch Bediente, welche sie mehr zum Prunk als zum eigenen Nutzen halten . . .

Die Hauptverdienste des Linnéschen Systems sind: sein ganz umfassender Charakter, der es für die kommenden Generationen von Biologen zu einem einzigartigen Hilfsmittel machte; Linnés Bestehen auf einer knappen, aber genauen Beschreibung jeder Art; die feste Nomenklatur, bei deren Schöpfung Linné eine bewundernswerte Erfindungsgabe und Treffsicherheit bewies. Nachdem er die ganze antike Mythologie ausgeschöpft hatte – z. B. bei der Benennung der Schmetterlinge, wo uns Apollo, Priamus, Hektor, Paris begegnen –, ehrte Linné auch viele seiner Fachgenossen, indem er Pflanzen- oder Tierarten nach ihnen benannte – nicht ohne Humor übrigens: Nach seinem Landsmann Brovallius z. B. benannte er die Pflanzenfamilie Brovallia; eine Art heißt nach dem jungen und bescheiden auftretenden Kollegen Brovallia demissa (die Bescheidene); eine andere nach demselben, aber später recht selbstbewußt gewordenen Herrn Brovalli elata (die Stolze); eine dritte Art nannte Linné, nachdem er sich mit Brovallius überworfen hatte, Brovallia alienata (die Entfremdete).
Die genannte 10. Auflage des Linnéschen Werkes beschreibt im zoologischen Teil 4236 Tierarten. Heute liegt die Zahl der Tierarten, die der Wissenschaft bekannt sind, weit über einer Million.

2. Physiologie

Die überragende Erscheinung unter den Physiologen des 18. Jahrhunderts, Haller, behalte ich der Medizin vor und nenne deshalb hier nur ergänzend drei andere Vertreter dieses Fachs.
Der Engländer Stephen *Hales* (1677–1761) ist der »Harvey der Pflanzenphysiologie« genannt worden. Er wies u. a. nach, daß die grünen Pflanzen ein wichtiges Element ihrer Nahrung aus der Atmosphäre entneh-

men. Der Holländer Jan *Ingen-Housz* (1730–1799) zeigte im Anschluß daran und an die Priestleysche Entdeckung des Sauerstoffs, wie im Blatt der Pflanze unter Einwirkung des Sonnenlichts Kohlendioxyd aus der Luft verarbeitet wird. Der italienische Abbé Lazzaro *Spallanzani* (1729 bis 1799), Professor in Reggio, Modena und Pavia, förderte außer der Physiologie der Atmung auch die der Verdauungsprozesse. Spallanzani wies auch bereits nach, daß in Wasser, wenn man es einige Zeit kocht und vor Berührung mit der atmosphärischen Luft schützt, keine Mikroorganismen entstehen. An die »Urzeugung« wurde trotzdem weiter bis auf Pasteur hin geglaubt. Spallanzani förderte endlich die Embryologie, ein Gebiet, das wir erst im 19. Jahrhundert in die Betrachtung einbeziehen.

3. Weitere Wegbereiter des Entwicklungsgedankens

BUFFON Außer von Lamarck wurde der Entwicklungsgedanke, der die Biologie des 19. Jahrhunderts beherrschen sollte, auch schon von Linnés Zeitgenossen Georges Louis Leclerc Comte de *Buffon* (1707–1788) in Frankreich vertreten. Buffons Hauptwerk, die *Histoire naturelle*, hat 44 Bände und erschien von 1750 bis 1804. Buffon ging in einer Beziehung noch einen Schritt weiter als Lamarck. Dieser dachte wahrscheinlich nicht an eine Entwicklung aller Lebensformen aus einer einzigen einfachsten Urform, eher an Veränderungen innerhalb gewisser Gruppen von Lebewesen. Bei Buffon findet sich schon der Gedanke:

Die Arten, wie wir sie heute finden, lassen sich auf eine kleine Anzahl von Familien oder Stämmen zurückleiten, aus welchen möglicherweise alle anderen hervorgegangen sind.

ERASMUS DARWIN Nicht so geistreich wie Buffon, aber nüchterner und klarer hat auch Erasmus *Darwin* (1731–1802) – vor Lamarck! – den Entwicklungsgedanken verfochten. Ein Enkel dieses Erasmus Darwin ist der weltberühmte Charles Darwin, ein anderer Enkel Francis Galton. Er hinterließ zwei Lehrgedichte, *Der botanische Garten* und *Der Tempel der Natur*, und zwei Prosawerke über Tiere und Pflanzen. Er sprach schon die Hypothese eines einzigen Urwesens aus.

Einige Stellen aus Darwins *Zoonomia* (1794) seien hier wiedergegeben. Darwin ist darin bemüht, die Tatsache einer Entwicklung darzulegen und mit Beweisgründen zu stützen – nicht also, ihren Mechanismus zu ergründen. Unter den Beweisen führt er an:

Zweitens, wenn wir die großen Veränderungen bedenken, die bei verschiedenen Tieren durch künstliche oder zufällige Züchtung bewirkt wurden, wie bei Pferden, die wir geübt haben für die verschiedenen Zwecke der Stärke oder der Schnelligkeit, im Lastenziehen oder im Laufen von Rennen; oder bei Hunden, die wir gezüchtet haben auf Stärke und Mut hin ... oder auf Schärfe des Geruchssinns ... oder auf Schnelligkeit ... oder auf Schwimmen im Wasser oder das Ziehen von Schneeschlitten wie die rauhhaarigen Polarhunde; ... wenn wir hinzurechnen die großen Veränderungen in Gestalt und Farbe, welche wir täglich bei kleineren Tieren aus der Domestikation entspringen

sehen ... oder aus dem Unterschiede der Klimate und selbst der Jahreszeiten ...
Viertens, wenn wir in unserem Geiste die große Ähnlichkeit der Struktur ermessen bei allen warmblütigen Tieren, Vierfüßlern, Vögeln und Amphibien wie auch Menschen; von Maus und Fledermaus bis zu Elefant und Wal ...
Fünftens, von ihrem ersten Anfang bis zum Ende ihres Lebens unterliegen alle Tiere laufenden Umformungen, welche z. T. bewirkt werden durch ihre eigenen Anstrengungen als Ausfluß ihrer Wünsche und Abneigungen, ihrer Vergnügen und Schmerzen oder Reizungen oder Assoziationen; und viele dieser erworbenen Formen werden der Nachkommenschaft übermittelt ...
...
Indem wir so nachsinnen über die große Ähnlichkeit der Struktur der warmblütigen Tiere und zugleich über die großen Veränderungen, die sie vor und nach ihrer Geburt durchmachen; und wenn wir erwägen, in welcher winzigen Zeit viele der oben beschriebenen Änderungen der Tiere bewirkt worden sind — wäre es zu kühn, sich vorzustellen: daß in der langen Zeit, seit die Erde zu existieren anfing, vielleicht Millionen von Zeitaltern oder Generationen vor dem Beginn der Menschengeschichte — wäre es zu kühn sich vorzustellen, daß alle warmblütigen Tiere aus einem einzigen Urwesen (filament, dies ist der von Darwin vorgeschlagene Ausdruck dafür) entstanden seien, welche die Große Erste Ursache mit Tierheit ausstattete ...!

Im Zitat bemerkt man unter Punkt 5 den Lamarckschen Gedanken der Vererbung erworbener Eigenschaften; man bemerkt auch den Gedanken Lamarcks, daß die Umformungen auch Anpassungen an *innere* Bedingungen, sogar psychische wie Wünsche, darstellen können. Aber auch Charles Darwins Gedanke der Zuchtwahl findet sich schon beim Großvater:

Die letzte Ursache dieses Wettstreits zwischen den Männchen scheint zu sein, daß das stärkste und aktivste Tier die Art fortpflanzen soll, welche dadurch verbessert würde.

GOETHE Unter den Wegbereitern des Entwicklungsgedankens ist endlich Johann Wolfgang *von Goethe* (1749–1832) zu nennen. Den Kampf der Buffon, Lamarck u. a. gegen Hutton verfolgte er mit lebhafter Anteilnahme. Goethes berühmte Lehre von der »Metamorphose der Pflanze« — die Teile der Pflanze entstehen durch Umwandlung aus einem blattförmigen Urorgan — und seine durchgehende Überzeugung, daß sowohl Pflanzen wie Tiere nach einem einheitlichen Grundplan aufgebaut seien, stehen dem Entwicklungsgedanken zumindest nahe.

Alle Gestalten sind ähnlich und keine gleichet der anderen;
und es deutet der Chor auf ein geheimes Gesetz,
auf ein heiliges Rätsel.

Goethes Naturbetrachtung ist in erster Linie intuitiv. Immer geht es ihm um das Schauen von Formen und von Urbildern. Dabei sucht Goethe stets den eigentlich menschlichen Standpunkt zu wahren. Deshalb sind ihm Mikroskop und Teleskop nicht die wichtigsten Mittel der Forschung, weil sie diesen Standpunkt verrücken und in Dimensionen führen, die zu erkunden der Mensch, wie Goethe fühlt, eigentlich nicht von der Natur geschaffen ist. Bezeichnend ist sein Gegensatz zu Newton in der Farbenlehre. Goethe hat auf seine Farbenlehre außerordentlich viel Mühe verwendet und hielt seine Arbeiten darüber stets mit für das Wichtigste,

was er geschaffen. Bekanntlich ist Goethe der Newtonschen Farbenlehre scharf entgegengetreten. Die weitere Entwicklung der Wissenschaft hat in der Sache Newton recht gegeben, ohne doch damit den Standpunkt Goethes, der mehr die physiologische, seelische und subjektive Seite von Licht und Farbe sah, eigentlich zu widerlegen.
Die Biologie verdankt Goethe vieles, so die Einführung des Wortes Morphologie und die Entdeckung des Zwischenkieferknochens beim Menschen (der allerdings, wie später nachgewiesen, schon anderen vorher bekannt gewesen war). Wichtiger als diese Einzelheiten ist die Tatsache, daß Goethe mit der Macht seiner Persönlichkeit und seines Wortes beigetragen hat, dem Studium der lebendigen Natur die Richtung zu weisen. Diese Richtung ist die auf das ehrfürchtige Schauen des Urgeheimnisses im Wandel ihrer Formen, wie es in den orphischen Urworten oder in den folgenden Zeilen zum Ausdruck kommt:

Und umzuschaffen das Geschaffene,
Damit sich's nicht zum Starren waffne,
Wirkt ewiges, lebendiges Tun.
Es soll sich regen, schaffend handeln,
Erst sich gestalten, dann verwandeln;
Nur scheinbar steht's Momente still.

Vorerst reichten weder Goethes Einfluß noch der seiner gleichgesinnten Zeitgenossen wie Geoffroy *Saint-Hilaire* (1772–1844) und G. R. *Treviranus* (1776–1837) aus, um die Entwicklungsidee in der biologischen Wissenschaft zum Siege zu führen. Treviranus führte mit seiner Schrift *Biologie oder Philosophie der lebenden Natur für Naturforscher und Ärzte* von 1802 wahrscheinlich den Namen »Biologie« erstmals ein.

VII. Medizin

Die theoretische Medizin des 18. Jahrhunderts zeigt in besonderem Maße ein Einfließen von Gedanken aus den aufstrebenden Naturwissenschaften und aus der Philosophie. Fast an jeden der dabei übernommenen Leitgedanken knüpft sich eine ganze medizinische Schule, die einerseits mit dem Neuen, das sie vertrat, anregend wirkte, wegen der Einseitigkeit aber, mit der sie es tat, doch nur vorübergehende Bedeutung gewann. Solche Systembildungen, wie sie sich zum Beispiel an das Wirken des Phlogistikers *Stahl* oder an das seines Hallenser Kollegen und Gegenspielers Friedrich *Hoffmann* (1660–1742) angeschlossen oder wie sie unter den Namen einer »vitalistischen« oder »naturhistorischen« Schule bekannt sind, brachten mit ihrer unvermeidlichen Einseitigkeit die Heilkunde in die Gefahr, von der Empirie in die Spekulation abzugleiten. Gegen diese Gefahr traten Praktiker auf, welche in der Erkenntnis, daß alle theoretischen Grundlagen (noch) unsicher waren, sich keiner bestimmten Schule unterordneten, sondern vorurteilslos das Gute überall hernahmen, wo sie es sahen, und vermöge ihrer rein praktischen Einstellung und der Macht ihrer Persönlichkeit zu einer Einheit verbanden. Zu diesen gehört Christoph Wilhelm *Hufeland* (1762–1836). Für die geschichtliche Betrachtung haben die Schulen und Systeme eine geringere Bedeutung als die empirischen Fortschritte in den medizinischen Einzelwissenschaften, denn diese brachten einen dauernden Gewinn. Die wichtigsten dieser Fortschritte führe ich im folgenden auf.

PATHOLOGISCHE ANATOMIE: MORGAGNI Hätte der große Vesalius seinen Plan durchführen können, nach der normalen auch die Anatomie des kranken Organismus zu studieren und darzustellen, so wäre die pathologische Anatomie wahrscheinlich 200 Jahre früher auf eine sicherere Grundlage gestellt worden, als es tatsächlich geschah. Es geschah – selbstverständlich nicht ohne die Vorarbeit einer Reihe von Forschern des 17. Jahrhunderts – erst im 18. Jahrhundert durch den Italiener Giovanni Battista *Morgagni* (1682–1771). Während einer langen und gründlichen Beschäftigung mit der normalen Anatomie wurde Morgagni durch die Beobachtung von Strukturveränderungen an kranken Organen dazu veranlaßt, diese systematisch zu erforschen. Er setzte das durch mehrere Jahrzehnte fort, bis er als fast Achtzigjähriger sein Buch *Über Sitz und Ursachen der Krankheiten, wie sie der Anatom nachweist* der Öffentlichkeit vorlegte. »Ursache« (causa) ist dabei nicht im modernen Sinne, sondern mehr als »Wesen« zu verstehen. Das Werk berichtet über 640 Sektionen unter genauer Beschreibung aller Symptome und Nebenumstände. Alle weiteren Arbeiten auf diesem Gebiet haben es zur Grundlage.

PHYSIOLOGIE: HALLER Seit Harveys grundlegender Entdeckung begann der Aufschwung der physiologischen Forschung. Ihre Geschichte als selbständige und fest gegründete Wissenschaft anstatt eines bloßen Anhängsels der praktischen Medizin beginnt mit Albrecht *von Haller* (1708 bis 1777), den seine Zeit den »Abgrund der Gelehrsamkeit« nannte. Haller ist einer der vielen Männer in der Wissenschaftsgeschichte, bei denen sich die spätere Hochleistung schon in einer erstaunlichen Frühreife ankündigte. Mit zehn Jahren beherrschte er das Griechische und Lateinische vollkommen. Er studierte in Tübingen und Leiden, erwarb mit 19 Jahren den Doktortitel, war mit 26 Jahren Lehrer der Anatomie und Leiter des Hospitals in Bern, mit 28 Professor der Anatomie, Chirurgie, Chemie und Botanik in Göttingen. Hier gründete er die Gesellschaft der Wissenschaften und die »Göttinger Gelehrten Anzeigen«. Vor allem durch Hallers Wirken wurde Göttingen zu einer der führenden europäischen Hochschulen in den Naturwissenschaften. Später kehrte Haller in seine Vaterstadt zurück und teilte seine Zeit zwischen der Wahrnehmung staatlicher Ämter, dichterischer und wissenschaftlicher Wirksamkeit. Er war einer der fruchtbarsten Schriftsteller in der Wissenschaft aller Zeiten. Die Göttinger »Anzeigen« soll er allein mit über 10 000 Beiträgen bereichert haben. Die Zahl seiner selbständigen Schriften beträgt über 600. Das Gedicht *Die Alpen* begründete seinen Dichterruhm. In Bern schrieb er drei philosophische Romane.

In Bern erschienen auch Hallers *Elementa physiologiae corporis humani* – Grundlagen der Physiologie des menschlichen Körpers – lateinisch geschrieben in acht Bänden. Die Leistung des Werkes ist zunächst systematischer Art: Haller faßt das ganze physiologische Wissen der Zeit zusammen. Die *Elemente* sind das erste umfassende Handbuch der Physiologie seit Galenos. Daneben enthält das Werk eine Reihe neuer Einzelerkenntnisse, hauptsächlich zu folgenden Punkten: der Mechanismus der Atmung, der Automatismus der Herztätigkeit, die Rolle der Galle bei der Fettverarbeitung, Beschreibung der embryonalen Entwicklung, Einteilung der Körperteile in »sensible« und »irritabile« Substanzen. Haller erkannte und bewies, daß Sensibilität eine Eigenschaft der Nerven ist; Irritabilität, die Fähigkeit also, auf Reize zu reagieren, dagegen eine Eigenschaft des Muskelgewebes, unabhängig von den Nerven und auch in abgetrennten Teilen noch nachzuweisen. Hallers Untersuchungsmethoden bezeichnen den Beginn der modernen experimentellen Physiologie.

HISTOLOGIE: BICHAT Der Franzose François Xavier *Bichat* (1771 bis 1802) kann als Fortsetzer der Arbeitsrichtung Morgagnis gelten. Aber er dehnte dessen Betrachtungsweise auf die Gewebe aus und wurde damit zum Begründer der modernen Histologie (Gewebelehre). Mit 25 Jahren begann Bichat zu lehren. Mit 30 Jahren veröffentlichte er seine beiden Hauptwerke *Allgemeine Anatomie in Anwendung auf Physiologie und Medizin* und *Physiologische Untersuchungen über Leben und Tod.* Bichat arbeitete, als ob er seinen frühen Tod vorausgeahnt hätte: 600 Sektionen führte er in dem einen Winter von 1801 durch; im folgenden Jahre ereilte ihn der Tod.

BESONDERE ARTEN DER THERAPIE: MESMER, HAHNEMANN Eigentlich widerspricht es der Beschränkung auf rein empirische Fortschritte, diese beiden Männer mit aufzunehmen. Sie gehören aber zu den bekanntesten Gestalten der Medizingeschichte und sollen darum wenigstens erwähnt werden. Auch reichen die Folgen ihres Wirkens bis in die Heilkunde unserer Zeit.

Franz Anton *Mesmer* (1734–1815), ein mystisch und spekulativ veranlagter Kopf, ging aus von der in der Volksmedizin angewandten Heilweise durch Auflegen eines Magneten. Er erkannte aber bald, daß die Heilwirkung offenbar nicht vom Magneten, sondern von der Person des Heilenden, des »Magnetiseurs«, ausging. Deshalb ging er dazu über, ohne Magneten durch bloßes Auflegen der Hand zu heilen. Schließlich erkannte er, daß es überhaupt keiner körperlichen Berührung bedürfe, daß vielmehr die Konzentrierung seines Willens genügte, um das »magnetische Fluidum« auf den Kranken überströmen zu lassen. Von solchem Fluidum glaubte Mesmer das ganze All erfüllt. Beim Kranken dachte er die Aufnahme magnetischer Energie aus dem allgemeinen kosmischen Kraftfeld gestört; der Arzt sollte sie ihm wieder zuführen.

Mesmers Theorie war falsch und wurde auch von der wissenschaftlichen Medizin seiner Zeit schon als falsch erkannt und verurteilt; unleugbar aber und staunenswert waren seine tatsächlichen Heilerfolge. Von heute aus gesehen wissen wir, daß Mesmer nichts anderes tat, als die uralte seelische Behandlungsmethode wieder zu erwecken. Das war segensreich in einer Zeit, die unter dem Eindruck der Erfolge der mathematischen Naturwissenschaft dazu neigte, gesundes und krankes Leben allzu einfach und mechanisch zu fassen.

Christian Friedrich Samuel *Hahnemann* (1755–1843) ist der Begründer der Homöopathie. Hahnemann war kein Außenseiter wie Mesmer. Er stand auf der Höhe des medizinischen Wissens seiner Zeit, war mit der medizinischen Literatur auch anderer Völker und Zeiten vertraut, erwarb durch Selbststudium eine gründliche Kenntnis der Chemie und Pharmakologie und hat die Therapie mit seinen Anregungen wesentlich bereichert.

Zum Verständnis der Hahnemannschen Gedanken muß man sich klarmachen, daß in der Verwendung von Heilmitteln zu jener Zeit eine ziemliche Verwirrung herrschte. Jede medizinische Schule leitete aus ihrem System bestimmte therapeutische Folgerungen ab. Für den praktischen Arzt war kein System allein ausreichend. So pflegte man sozusagen sicherheitshalber meist mehrere Heilmittel nebeneinander zu verordnen, und um die Sicherheit noch zu erhöhen, diese in möglichst großen Dosen. Hahnemann machte sich daran, beginnend mit der Chinarinde, eine Reihe von Heilmitteln an sich selbst zu erproben. Das war etwas ganz Neues, und die Einführung der Arzneimittelprüfung im Selbstversuch am gesunden Menschen ist eine der Hahnemannschen Neuerungen von bleibendem Wert. Bei seinen Versuchen gewann Hahnemann die Überzeugung, die üblichen Dosen seien viel zu groß und sogar schädlich. Er fand, man könne bei Verwendung winziger Dosen die schädlichen Nebenwirkungen vermeiden, die Heilwirkung aber sogar steigern. Heute spricht man von »homöopathischen Dosen« sogar in der Alltagssprache.

Für die Art des zu verschreibenden Heilmittels stellte Hahnemann den Grundsatz auf: Es sei dasjenige Mittel anzuwenden, das beim gesunden Menschen ähnliche Symptome hervorruft wie die Krankheit, die man bekämpfen will. Demnach ist zum Beispiel Fieber zu bekämpfen mit Mitteln, die beim Gesunden selbst Fieber hervorrufen. Similia similibus curantur – Ähnliches wird durch Ähnliches geheilt, war sein Grundsatz, und nach dem griechischen Wort für »ähnlich« nannte er seine Lehre Homöopathie.

POCKENIMPFUNG: JENNER Schutzimpfung gegen Pocken war den Chinesen seit alter Zeit bekannt. Zu Beginn des 18. Jahrhunderts lernte Lady Montague, die Frau des britischen Gesandten in Konstantinopel, die Impfpraxis der Türken kennen. Man pflegte dort junge Mädchen, insbesondere Sklavinnen, frühzeitig zu impfen, damit sie später nicht durch Pockennarben entstellt wurden. Man impfte durch Einritzen des getrockneten Pockenpustelinhalts von einem an Pocken Erkrankten in die Haut. 1721 machte die Lady dies in England und Europa bekannt. Die Impfung wurde nicht sehr populär. Es ist bekannt, daß zum Beispiel

Friedrich der Große sich vergeblich bemühte, sie in Preußen durchzusetzen.

Edward *Jenner* (1749–1823) war ein Landarzt in der Gegend von Bristol in England. Der Landbevölkerung seines Kreises war seit langem bekannt, daß man von Menschenblattern verschont blieb, wenn man sich vorher mit dem verhältnismäßig harmlosen Blatternausschlag infiziert hatte, der beim Rind vorkommt. Jenner hörte einmal eine Bäuerin sagen, sie werde keine Blattern bekommen, denn sie habe ja die »Kuhpocken« gehabt. Jenner wurde aufmerksam und ging der Sache nach. Er brauchte mehrere Jahre, bis er herausgefunden hatte, daß die Kuhpocken in zwei Formen auftreten, von denen nur eine die immunisierende Wirkung hat, und weitere Jahre, bis er Gelegenheit fand, seine Schlußfolgerungen praktisch zu erproben. Im Jahre 1796 entnahm er aus der Hand einer Melkerin, die mit Kuhpocken infiziert war, etwas Impfstoff und übertrug ihn auf einen achtjährigen Jungen. Der Junge zeigte die Symptome der Kuhpocken in milder Form. Als Jenner ihn einige Wochen später mit echten Menschenblattern infizierte, blieb er gesund.

Jenners Verfahren eroberte die Welt. Schon zu Beginn des 19. Jahrhunderts führten mehrere europäische Staaten die Pockenimpfung durch Gesetz ein. Jenner erlebte noch seinen Ruhm. Sein Heimatland bewilligte ihm eine Dotation, die Göttinger Akademie machte ihn zum Mitglied. Napoleon Bonaparte soll, als er über die Freilassung einer Anzahl britischer Gefangener zu entscheiden hatte, von Josephine an den Namen Jenner erinnert worden sein und daraufhin sofort die Freilassung bewilligt haben mit den Worten: Diesem Namen können wir nichts verweigern.

Jenner war kein einfacher Landarzt, dem eine Entdeckung zufällig in den Schoß fiel. Er war ein aufgeschlossener, gebildeter und vielseitig interessierter Mensch. Er dichtete, musizierte, beschäftigte sich mit geologischen Fragen. Ein Jahr vor seinem Tode legte er der Royal Society eine Studie *Über die Wanderungen der Vögel* vor.

DAS GESUNDHEITSWESEN IM 18. JAHRHUNDERT Im breiten Durchschnitt gesehen, stieg vom 16. bis zum 18. Jahrhundert der Lebensstandard in Europa an. Die Wohnverhältnisse wurden besser, die Menschen reinlicher, die Gewohnheiten feiner. Dies war die eine Ursache dafür, daß sich der allgemeine Gesundheitszustand der Bevölkerung besserte. Die zweite Ursache liegt in der Aufwärtsentwicklung der wissenschaftlichen Medizin und der Blüte des Ärztestandes im 18. Jahrhundert, das als goldenes Zeitalter des Ärztestandes bezeichnet worden ist. Es war »golden« nicht nur darin, daß es den Ärzten eine ausreichende Lebenshaltung gestattete, sondern auch in der durchgehend hohen Auffassung vom ärztlichen Beruf. Die dritte Ursache sowohl für die Besserung der gesundheitlichen Verhältnisse wie für den Hochstand des Ärztewesens war die im 18. Jahrhundert überall verstärkt einsetzende Regelung des Ärzte- und Gesundheitswesens durch den Staat. Preußen ging hier mit seiner Allgemeinen Medizinalordnung von 1725 voran. Auch die militärärztlichen Einrichtungen des preußischen Heeres wurden zum Vorbild für alle Länder.

Wie die gesundheitlichen Verhältnisse sich besserten, spiegelt sich deutlich in den Berechnungen über die mittlere Lebenserwartung, die man in neuerer Zeit auf Grund der in manchen Städten lückenlos geführten Geburts- und Sterberegister angestellt hat. Für Genf zum Beispiel, wo solche Unterlagen vorliegen, ergibt sich folgendes Bild:

Zeitraum:	Durchschnittliche Lebenserwartung eines Neugeborenen:
vor 1600	8 Jahre
1600–1650	13 Jahre
1650–1700	27 Jahre
1700–1750	31 Jahre
1750–1800	40 Jahre

Die Industrialisierung preßte die arbeitende Bevölkerung in ungesunde städtische Mietwohnungen – denen die heute selbstverständlichen sanitären Einrichtungen wie Leitungswasser und Kanalisation fehlten – und brachte zunächst ganz unzureichende hygienische Verhältnisse für große Teile der Bevölkerung. Von der Mitte des 19. Jahrhunderts ab stieg mit den nun einsetzenden Fortschritten der wissenschaftlichen Medizin und der langsamen Besserung der sozialen Verhältnisse die durchschnittliche Lebenserwartung der Menschen wieder stetig an. Die wichtigste Ursache des Ansteigens ist die Verminderung der Säuglingssterblichkeit.

VIII. Geographie

ENTDECKUNGEN Auch im 18. Jahrhundert blieben Australien und die Südsee das Hauptgebiet der Entdeckertätigkeit. Die Entdeckungen waren zum Teil Wiederentdeckungen von Inseln, die früher schon gefunden, aber der Lage nach so ungenau bestimmt worden waren, daß man sie lange Zeit nicht wieder aufgefunden hatte. Weite Teile der Südsee entschleierte der Franzose Louis Antoine de *Bougainville* (1729–1811). An die Spitze traten nun die Engländer. Mit James *Cook* (1728–1778) stellen sie eine der großartigsten Persönlichkeiten der Entdeckungsgeschichte.

Auf Anregung der Royal Society wurde eine Expedition ausgerüstet, um den für 1769 zu erwartenden Venusdurchgang von einer geeigneten Stelle im südlichen Pazifik aus zu beobachten. Unter Cook als Führer nahmen Wissenschaftler wie Sir Joseph *Banks* und D. C. *Solander*, ein Schüler Linnés, an ihr teil. Die Reise begann 1768 und führte von Plymouth nach Rio de Janeiro, dann um Kap Hoorn herum, quer durch den Pazifik nach Tahiti. Die paradiesisch schöne Insel wurde gründlich durchforscht. Dann fuhr Cook südlich um Neuseeland herum und traf die Ostküste Australiens, wo er in der Gegend des heutigen Sydney an Land ging, ohne zu erkennen, daß er hier endlich die gesuchte Terra australis vor sich hatte. Weiter umfuhr er den nördlichen Teil Australiens, wobei er, als das Schiff auf eine Klippe lief, mit knapper Not dem Untergange entrann. Er gelangte nach Timor und Java. Auf der anschließenden Fahrt quer durch den Indischen Ozean starb fast jeden Tag ein Mann der Besatzung an Skorbut. Um die Südspitze Afrikas herum nahm Cook den Weg zum britischen Heimathafen.

Seine zweite Reise 1772–1775 unternahm Cook mit dem ausdrücklichen Ziel, die Frage des Südkontinents endgültig zu klären. Sie brachte jedenfalls die negative Klärung, daß ein solches Land, wenn es existieren sollte, weit südlich des Polarkreises liegen müsse, denn Cook fuhr von Kapstadt aus weit nach Süden bis über den südlichen Polarkreis hinaus. In einem weiten Bogen erreichte er Neuseeland. Von dort machte er einen zweiten Vorstoß nach Süden bis zum 71. Breitengrad, wo ihn das Packeis zur Umkehr zwang. Als Cook, nachdem noch eine Reihe von Südseeinseln entdeckt und erforscht waren, wieder in der Heimat eintraf, lag eine Reise hinter ihm, dreimal so lang wie der Erdumfang. Diese Reise erbrachte die ersten Beweise dafür, daß Skorbut durch geeignete Frischnahrung geheilt oder vermieden werden kann.

Noch ein drittes Mal fuhr Cook aus. Diesmal lockte ihn das alte Ziel der Nord-West-Passage. Er fand sie nicht, kam aber weit nach Norden und erkundete die Küste Alaskas. Die Erkundung dieser Gebiete wurde bald durch Vancouver weitergeführt. Während der dritten Reise fand Cook auf einer der Hawaii-Inseln den Tod. Er war einer der größten Entdecker, ein humaner Vorgesetzter, voller Verständnis auch für die einfachen Völker der Südsee, denen er begegnete, und ganz seiner Forschungsaufgabe hingegeben. Seine Berichte von den Südseeinseln fielen in die Zeit der Philosophie Rousseaus und trugen wesentlich bei zu dem Widerhall, der dieser zuteil wurde.

Mit dem Ende des 18. Jahrhunderts waren die großen Umrisse der Kontinente erkundet bis auf den antarktischen und Australien, das man zwar berührt hatte, dessen südliche und westliche Küsten aber erst in der ersten Hälfte des 19. Jahrhunderts erforscht wurden. Da auch der Nordrand des asiatischen Festlandes durch *Bering* und *Tscheljuskin* entschleiert war, verlagerte sich das Schwergewicht der Entdeckungstätigkeit von nun an in das Innere der Kontinente. So gut wie gänzlich unbekannt war hier vor allem der dunkle Erdteil. Die Europäer wußten mancherlei darüber von arabischen Händlern, die weit in das Innere Afrikas vordrangen, aber fast nichts aus eigener Anschauung. Dem trug der Franzose *D'Auville* Rechnung, als er die Karte dieses Erdteils rücksichtslos von allem reinigte, was nur auf Hörensagen beruhte, und damit einen riesigen »weißen Fleck« entstehen ließ, der den größten Teil des Kontinents bedeckte. Nirgends reichte die bekannte Zone weiter als 300 bis 600 km von der Küstenlinie ins Innere.

1788 wurde die Britische Gesellschaft zur Erforschung der inneren Teile Afrikas gegründet. Damit begann hier die planmäßige Forschungsarbeit. Im Auftrag der Gesellschaft begann der schottische Arzt *Mungo Park* in den Jahren 1795 bis 1797 mit der Erforschung des Nigergebiets.

GEOGRAPHISCHE THEORIE Hier begegnen wir zwei Männern, von denen schon die Rede war, die man aber hier kaum anzutreffen erwartet. Der eine ist Torbern *Bergmann*, der Chemiker. Er veröffentlichte 1766 eine *Physische Beschreibung der Erde*, die schnell auch in deutscher und englischer Ausgabe erschien.

Noch erstaunter wird mancher Leser sein, den Philosophen Immanuel *Kant*, der bekanntermaßen nie aus Königsberg herausgekommen ist, unter den Größen der Geographie zu finden. Doch bilden Kants geographische Vorlesungen, die er von 1757 an hielt, eine wichtige Etappe in der Entwicklung dieser Wissenschaft. Man braucht nur einen Blick in das Inhaltsverzeichnis einer Gesamtausgabe der Kantschen Werke zu tun, um zu erkennen, in welchem Ausmaß sich Kant – in seinen »vorkritischen« Jahren, bevor ihn sein »kritisches Geschäft« restlos in Anspruch nahm – mit erdkundlichen Problemen befaßt hat. Neben einer Theorie der Winde und mehreren Abhandlungen über Erdbeben findet sich eine Vorlesung über physische Geographie mit einleitenden Bemerkungen zur Einteilung der geographischen Fächer. In einer späteren Nachricht über die Einrichtung seiner Vorlesungen im Winterhalbjahr 1765/66 gibt Kant ein etwas umgearbeitetes Schema dafür:

> Diese Disziplin wird also eine physische, moralische und politische Geographie sein . . . Dieser (der physische) Teil, welcher zugleich das natürliche Verhältnis aller Länder und Meere und den Grund ihrer Verknüpfung enthält, ist das eigentliche Fundament aller Geschichte, ohne welches sie von Märchenerzählungen wenig unterschieden ist. Die zweite Abteilung betrachtet den Menschen nach der Mannigfaltigkeit seiner natürlichen Eigenschaften und dem Unterschiede desjenigen, was an ihm moralisch ist, auf der ganzen Erde; eine sehr wichtige und ebenso reizende Betrachtung, ohne welche man schwerlich allgemeine Urteile vom Menschen fällen kann, und wo die untereinander und mit dem moralischen Zustande älterer Zeiten geschehene Vergleichung uns eine große Karte des menschlichen Geschlechts vor Augen legt. Zuletzt wird dasjenige, was als eine Folge aus der Wechselwirkung beider vorher erzählten Kräfte angesehen werden kann, nämlich der Zustand der Staaten und Völkerschaften auf der Erde, erwogen, nicht sowohl wie er auf den zufälligen Ursachen der Unternehmung und des Schicksales einzelner Menschen als etwa der Regierungsfolge, den Eroberungen oder Staatsränken beruhet, sondern im Verhältnis auf das, was beständiger ist und den entfernten Grund von jenen enthält, nämlich die Lage ihrer Länder, die Produkte, Sitten, Gewerbe, Handlung und Bevölkerung . . .

Kant unterschied außerdem noch eine »merkantile« Geographie – wir würden dafür Wirtschaftsgeographie sagen – und eine »theologische« Geographie, worunter er das Studium der Verteilung der Religionen auf der Erde versteht. Der durchdringende und alles ordnende Geist Kants gab auch der Geographie eine Ordnung, an die die großen Geographen des 19. Jahrhunderts – das den größten Aufschwung der Erdkunde brachte – anknüpfen konnten.